2004年雅典奥运会乒乓球公用信号央视制作团队集体照

2004年雅典奥运会羽毛球和现代五项公用信号央视制作团队集体照

2008年北京奥运会篮球公用信号央视制作团队集体照

2008年北京奥运会排球公用信号央视制作团队集体照

2008年北京奥运会乒乓球公用信号央视制作团队集体照

2008年北京奥运会网球公用信号央视制作团队集体照

2008年北京奥运会羽毛球和现代五项公用信号央视制作团队集体照

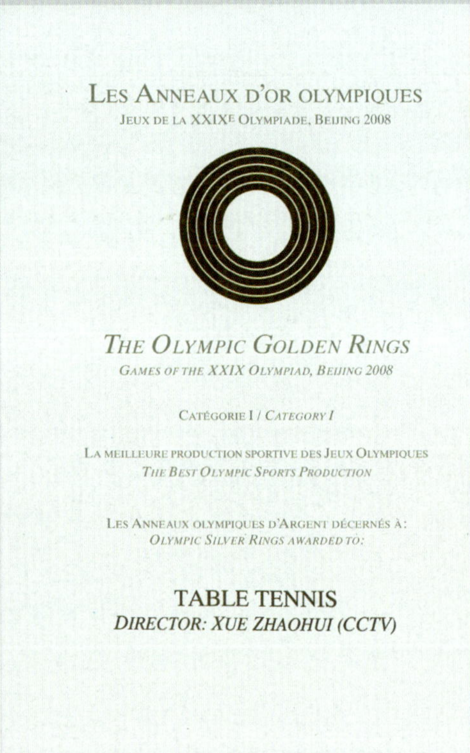

LES ANNEAUX D'OR OLYMPIQUES
JEUX DE LA XXIXE OLYMPIADE, BEIJING 2008

THE OLYMPIC GOLDEN RINGS
GAMES OF THE XXIX OLYMPIAD, BEIJING 2008

CATÉGORIE I / CATEGORY I

LA MEILLEURE PRODUCTION SPORTIVE DES JEUX OLYMPIQUES
THE BEST OLYMPIC SPORTS PRODUCTION

LES ANNEAUX OLYMPIQUES D'ARGENT DÉCERNÉS À:
OLYMPIC SILVER RINGS AWARDED TO:

TABLE TENNIS
DIRECTOR: XUE ZHAOHUI (CCTV)

奥林匹克金环奖《最佳制作》银奖证书

奥林匹克金环奖《最佳制作》银奖奖杯

YUESHENG YU ZHIBIAN

TIYUSAISHI DIANSHI GONGYONGXINHAO ZHIZUOZHUANLUN

程志明　任金州◎主 编

跃升与质变

——体育赛事电视公用信号制作专论

北京师范大学出版集团
BEIJING NORMAL UNIVERSITY PUBLISHING GROUP
北京师范大学出版社

图书在版编目(CIP)数据

跃升与质变——体育赛事电视公用信号制作专论/程志明，任金州主编.—北京：北京师范大学出版社，2011.6
ISBN 978-7-303-11578-5

Ⅰ.①跃… Ⅱ.①程…②任… Ⅲ.①运动竞赛－电视节目－视频信号－制作 Ⅳ.①TN941

中国版本图书馆CIP数据核字(2010)第194397号

营销中心电话 010-58802181 58808006
北师大出版社高等教育分社网 http://gaojiao.bnup.com.cn
电子信箱 beishida168@126.com

出版发行：北京师范大学出版社 www.bnup.com.cn
北京新街口外大街19号
邮政编码：100875
印　刷：北京联兴盛业印刷股份有限公司
经　销：全国新华书店
开　本：184 mm × 260 mm
印　张：26.75
字　数：646千字
版　次：2011年6月第1版
印　次：2011年6月第1次印刷
定　价：75.00元

策划编辑：陈佳宵　　责任编辑：陈佳宵　张彦彬
美术编辑：毛　佳　　装帧设计：李尘工作室
责任校对：李　菡　　责任印制：李　啸

编委会名单

序 一

PREFACE

让体育比赛更有魅力

中央电视台副总编辑　李　挺

对于电视体育转播者以及对电视体育转播有兴趣的人来说，打开这本书，一定会发现价值。因为在此之前中国人还没有写过这样的书，另外，我们需要这样一本书。

现代体育在某种意义上讲是由于电视的转播而使其更具专业性和广泛性。我们所看到的电视体育节目，其最核心和最基础的工作就是体育赛事电视公用信号制作。

电视公用信号的制作专业性很强、要求很高，它集最现代的电视制作理念、电视制作技术、电视转播操作方式为一体，体现了电视转播的最高水平。标准的体育电视公用信号制作，根据赛事不同，由十几台或几十台摄像机，加上现代综合制作技术平台完成。可以说，是用十几双或几十双眼睛为观众的一双眼睛服务。因此，高水平的电视转播既源于赛事又高于赛事。

这本书由中央电视台的体育公用信号团队创作，是他们多年来实践和思考的结晶。它不是一种理论教科书，也不是纯粹的实践指南，而是通过创作者的亲身经历，把理论的东西和实际的操作结合起来，生动、系统地展示了如何制作体育电视公用信号，具有很强的实用性，对普通读者来说，也有揭秘性。

中国的体育事业发展很快，自 2008 年无与伦比的北京奥运会后，中国已进入体育大国行列。中国的体育赛事公用信号制作水平也提升很快，中央电视台的转播团队已成为国际赛场上公用信号制作的生力军。

现代体育正由仅重视竞赛结果，向强调由竞赛带动全民健身方面发展；由单纯的体育领域向大的文化融合。体育电视公用信号制作也要有更高的标准、更专业的水平，从而让体育比赛更有魅力！

序二

PREFACE

为“央视制造”骄傲

中央电视台体育频道总监　江和平

如果说奥运会是竞技体育运动的王冠，而每个运动员都梦寐以求获得这王冠上的明珠，那么我们说：每颗明珠都有赖于电视公用信号制作团队的努力才能够更加熠熠生辉，被全球亿万电视观众所关注并为之顶礼膜拜、欢欣鼓舞。

体育赛事电视公用信号是为多家转播商提供的达到国际标准的源信号，是体育赛事电视转播的基石。体育赛事，特别是奥运会的电视公用信号制作队伍，必须是一支配合默契、技术熟练、制作观念先进、制作水平高超的团队。只有这样的团队，才能制作出被世界电视媒体和各国观众共同认可的高质量、高水平的电视信号。2008 年北京奥运会，中国电视人就展示了这样一支团队的力量。他们在严格遵守奥运会制作标准的同时，成功应用了高新技术手段，创新制作手法，通过画面深入挖掘比赛参与者的拼搏精神和人性光辉，为电视观众呈现了更加精彩的奥运赛事。可以说，他们的表现让世人惊羡，他们的成就将载入史册。

应该承认，在全球体育电视制作市场上，中国的信号制作团队还是一个初出茅庐的“年轻人”。作为奥运会电视公用信号制作的首秀，中国人第一次出现在 2004 年雅典奥运会的电视制作舞台上。这支由中央电视台派出的 58 人团队以初生牛犊不怕虎的精神，凭借细致扎实的备战和演练，在雅典一鸣惊人，出色地完成了乒乓球、羽毛球和现代五项三个项目的电视公用信号制作任务。他们用卓越的表现打消了国际奥委会电视制作机构最初的疑虑，从而在 2008 年为中国电视人赢得了更多的机遇。在北京奥运会上，中国人改写了自 1992 年巴塞罗那奥运会以来东道国只有少量团队参与信号制作的历史。全国 10 家电视台派出 16 个团队，共 549 人（中央电视台 244 人，其中武汉台 15 人、厦门台 15 人加入；北京台 67 人；上海台 82 人；天津台 38 人；广东台 38 人；辽宁台 38 人；江苏台 27 人；浙江台 15

人），承担了足球、篮球、排球、乒乓球、羽毛球、网球和现代五项 7 个项目的公用信号制作任务。其中，中央电视台负责并承担了除足球以外的 6 个项目的制作任务，制作公用信号时长达到 738 小时，约占北京奥运会电视公用信号总量的五分之一。经此一役，中央电视台的公用信号制作团队在国际体育市场上的影响力得到极大地扩展，获得了更为广阔和高端的生存空间。特别值得一提的是，2012 年伦敦奥运会体操公用信号制作也将由中央电视台负责。众所周知，体操、田径和游泳是奥运会电视信号制作难度最大、分量最重的三大项目。中央电视台信号制作团队能够承担体操信号制作任务，标志着这一团队已经跨入世界一流团队之列。这是一次质的飞跃！

探寻中央电视台信号制作团队迅速崛起并获得跨越式发展的内因，我们不难发现，除了恰逢其时的机会把握和勤奋的工作态度之外，善于学习和总结是他们的一大法宝。这支团队的带头人，中央电视台体育频道综合部主任程志明，涉足体育报道逾 32 年，具有丰富的实践和经验。在新世纪的头一个十年，他在频道同仁们的协助下，一手打造了这支具有极强战斗力的团队，堪称中国电视公用信号制作行业的探索者和奠基人。他勤于学习和研究的能力与态度，经常让身边的人赞叹不已。这样的学习精神，已经成为他所带领的这支团队的集体自觉。在雅典奥运周期中，程志明与他的团队积极学习国际先进经验并结合中央电视台的实际情况，摒弃过去导演一个人手忙脚乱一把抓的旧有模式，把导演的职责"一变六"，化繁为简，合理分工，从而极大地提高了工作效率，实现了信号质量的高度稳定和不断提升，这才有了当前"央视制造"的团队品牌和欣欣向荣的市场格局。长期以来，这支团队从上到下全面养成了及时总结实践经验和加强专业探讨的工作作风和习惯，从而在制作理念和实际操作中达到了不断改进和完善的良好效果。

读者手中捧着的这本论文集，是中央电视台乃至中国电视界的公用信号制作人员多年积累的理论精华、心血之作，共包含 90 余篇文章，50 多万字，涉及 18 个工种。这些论文也许不像文学经典那样字字珠玑，但确实在字里行间都体现着写作者对行业的倾情热爱和从实践中得来的智慧之光。作为电视公用信号制作者，可以从这本涵盖该行业各个方面的论文集中得到极具专业性的指导；对一般性的电视或媒体工作人员了解与信号制作相关联的业务也不无裨益；即使是基本与之无关的普通读者，相信也能从本书中了解更多的电视制作知识，了解这个积极进取的优秀团队，从而更加理解和支持中国的体育电视事业。

作为中央电视台体育频道总监，我为我们的这支团队感到自豪和骄傲，并郑重地将这本论文集推荐给您。希望您能在阅读中感受到他们用摄像机捕捉每一个镜头时坚毅凝神的目光，在选取最佳电视画面时高度严谨的心理思辨，以及在为广大电视观众奉献精彩的电视信号之后无法抑制的泪水与笑声。

是为序。

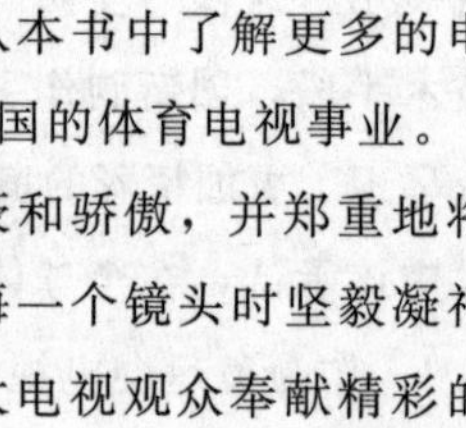

写在前面的话

原中央电视台体育频道综合部主任　程志明

至今，有几个情景依然清晰地印在我的脑海深处。

第一个情景是2002年2月19日(星期二)，春节长假后上班第一天，上午10：30左右，在中央电视台22楼体育节目中心主任马国力的办公室，他平静地告诉我，已经和雅典奥运会电视转播有限公司总裁罗梅罗先生签了合同，中央电视台将制作雅典奥运会乒乓球和羽毛球两个比赛项目的国际公用信号，他决定让我担任领队，率领58人的队伍去完成这项任务，当月底报名单，可能还有一个现代五项比赛项目，是否让我们制作信号，没有确定，仍在商谈中(该项目最终还是由中央电视台制作了)。最后，他神情严肃地说："这是中国首次制作奥运会电视国际公用信号，同时关系到2008年北京奥运会的电视公用信号制作前景，我不希望那个时候各个比赛场馆的电视公用信号制作区里看到的都是外国人，而没有中国电视人，那是一种耻辱，因此你们雅典之行必须成功，不能失败！否则我没有脸面和本钱去向国际奥委会申请制作2008年北京奥运会电视国际公用信号。"我了解这位老领导，讲话一向言简意赅，掷地有声。对这个突如其来的任务，我都没有思考的时间，但是，敢于迎接挑战是我这个湖北佬骨子里的东西，所以我想都没想就应了这件十分棘手的任务。其实事后相当长一段时间我心里都很发虚，因为我压根儿不懂什么是奥运会电视国际公用信号制作。这真可以说是无知者无畏啊！

另一个情景出现在2003年7月2日(星期三)上午9：30左右，希腊首都雅典市区北边的一栋米黄色三层小楼，奥运会转播有限公司的会议室里坐进了几十位不同国家的电视人，黄皮肤的中国人颇为显眼，有我及我台播出和传送中心转播部副主任姜柏宁、乒乓球导演薛昭晖、羽毛球导演孙伟。这是奥运会转播有限公司针对每一个比赛项目的信号制作团队的所做的例行培训。同行们来自不同的国家，他们操着浓重的口音，讲着大家共同使用的英语，听起来那叫一个头痛，更要命的是他们使用了大量的电视国际公用信号制作行业的专门词汇，尤其是那些他们自己创作的缩略词，更是让我们如听天书，如读梵文。这时的雅典室外温度高达42℃，尽管室内空调温度已经调得很低了，可是我还是觉得身上一阵阵冒汗，恐怕哪个环节听不懂，回去怎么向弟兄们传达?！不耻下问，大家利用各种空隙时间向专家们请教，点点滴滴都不放过，连续四天的紧张培训，使我们几个门外汉对奥运会电视国际公用信号制作有了粗浅的了解，知道了什么是制作理念，什么是标准，什么是规范，什么是国际化，什么是人性化，等等。悄然中我们踩着巨人的肩膀开始了向奥运会电视国际公用信号制作高山攀登的艰苦旅程。

最后一个情景发生在2004年8月23日(星期一)下午16点左右，雅典奥运会乒乓球最后一项决赛结束没多久，在乒乓球馆旁边的电视信号制作区的大餐厅里，身着浅蓝色工作装的各国信号制作人员齐聚一堂，一个简单而热烈的告别活动在这里举行，电视信号制作主管、英国人尼尔·奥顿先生用力击掌，示意大家安静，随后他动情地大声说了一段让在场的我们备感意外的话："今天的信号是我见到过的世界上最棒的，你们做的太出色了，祝贺你们，请在场的所有喜欢中国人的同事们起立，为他们鼓掌!"这时所有的其他国家的同行们齐刷刷站了起来，带着真诚的笑容看着我们，使劲鼓掌，我和我的同事们既感到意外，也很激动，谁也没想到原先表情刻板的英国"老板"，最后会这样"感情用事"，我们也纷纷站立起来，一起鼓掌，热泪在大家的眼眶里转动。更让大家想不到的是尼尔先生当场给每个人发放了纪念T恤衫，T恤衫正面是乒乓球信号制作团队"全家福"照片，背面写着中文"您永远的美好回忆，谢谢"和英文"Thanks for the memory"。后来我了解到，为了印制这个T恤衫，尼尔先生事先悄悄地询问了我们的场地导演初元鹏，中文该如何写，并且要求绝对保密，因为他要给大家一个意外惊喜。顿时大厅里沸腾了，大家捧着T恤衫，有的互相在T恤衫上签字，有的展开T恤衫一起合影，看不懂中文的老外追着中国人好奇地询问，欢声笑语在大厅里久久回荡。

其实在国内，体育赛事的电视直播信号制作已经有很久的历史，各种综合性运动会和单项体育赛事的比赛实况中央电视台和各省市电视台也都制作过，也同样向国外提供过公用信号，积累了一定的实践经验和知识，创造过值得骄傲的历史。由于客观原因，大家从来没有机会参与奥运会电视国际公用信号制作，对于它的理念和特征、标准化和规范化的操作流程很少有人知晓，更谈不上在理论上进行系统的研究和总结了。雅典奥运会为中国体育电视人打开了一扇窗户，大家突然发现，体育赛事的电视国际公用信号制作的形态和内涵已经大大超出我们的想象，它已经形成了一种独特的文化现象，建立起了一个工业化的生产体系；它有自己的灵魂，有自己的客观行为准则，有一套高效的生产程序；它弱化个人作用，强化集体功能，弱化自选动作，强化规定动作；它强调任何创作都是受到约束的，所有环节都要按照标准有序衔接，把风险降到最低，把生产效能提到最高，使不同国度的电视制作人员可以摆脱意识形态的干扰，在同一个平台上进行公正平等的业务较量和交流。在雅典的培训期间，根据外国专家的建议，我做出了冒险的决定，请乒乓球和羽毛球两位导演把切像师的位置让出来，由我台的技术人员来担任，因为奥运会的公用信号制作程序化非常高，环节复杂，信息量大，如果由专业技术人员来操作，不仅可以把程序化过程做得更标准、更细微、更安全，同时可以解放我们的导演，解放他们的双手，让他们把更多的精力用在信号制作的整体把握和宏观调控上，把导演的"戏份"做得更足。在这里我发自内心地感谢体育频道竞赛部年轻有志向、善于思考、勤于磨炼的乒乓球导演薛昭晖、羽毛球导演孙伟，是他们的高度理解和支持，使我的冒险决定获得成功，更要感谢中央电视台播出和传送中心转播部姜柏宁副主任，一位视电视事业为生命的女性，精心挑选了两位年轻、有天赋、责任心强的切像师陈辰、师旭，开启了技术部门和节目部门拥抱式的亲切合作和融洽的幸福之旅。从2004年雅典奥运会，到2005年的多哈西亚运动会、2005年的墨尔本英联邦运动会、2006年多哈亚运会，中央电视台多次接受外国电视主播机构的邀请参与电视国际公用信号制作工作，得到广泛好评，"中国制造"品牌的影响力越来越大。到了2008年北京奥运会，"中国制造"达到前所未有的高峰，中国电视人一口气拿下7个比赛项目的信号制作任务(奥运会共28个项目)，仅中央电视台一家就承担了6个比赛项目，创造了自1992年巴塞罗那奥运会首次采用多个国家电视机构合作，共同制作公用信号的模式之后，历史上东道国制作公用信号数量最多的纪录。2008年12月16日，在瑞士洛桑国际奥委会总部，中央电视台体育节目中心主任江和平捧回了由国际奥委会和国际体育记者协会共同评选的奥林匹克金环奖《最佳制作》银奖，它不仅是对中央电视台北京奥运会乒乓球项目信号制作水平的高度赞赏，也是对中国体育电视国际公用信号制作团队大踏步走向世界舞台、走向国际的高度肯定。

"吃水不忘掘井人"，此时我想到了北京科学教育电影制片厂的张砥生、焦磊、周一、叶永森、王炜、陈景一等老摄像师，从2002年起，是他们毫无保留地向刚刚从中国传媒大学摄像专业毕业，进入中央电视台体育节目中心的王江涛、宋涛等十位年轻人传授知识，告诉他们如何应对比赛场上纷繁复杂的场面，用传、帮、带的方式使这些幼苗茁壮成长起来；此时，我想到了中国传媒大学的副校长、博士生导师任金州先生，中国传媒大学影视艺术学院院长、教授李兴国先生，中国传媒大学影视艺术学院总支书记兼副院长、教授毕根辉先生，电视与新闻学院院长、硕士生导师高晓红女士，在他们与学校各级领导和老师们的鼎力支持下，中央电视台和中国传媒大学联手合作，采用超常规的方式，实现了教学创新和改革，从2005年入学的摄像专业学生中为2008年北京奥运会电视国际公用信号制作培养人才，以弥补中央电视台体育专业摄像师的不足，最终实现了双赢；我还想到了协助央视完成北京奥运会羽毛球和乒乓球副场地信号制作任务的浙江电视台、厦门电视台和武汉电视台的兄弟姐妹们，他们以热情、勤奋、努力、刻苦的精神面貌，勇于面对人生的新课题，在北京奥运会上，用最漂亮的镜头证明了他们无愧于优秀的称号！

说句良心话，中央电视台体育赛事电视公用信号制作在短短五年的时间里由弱到强，产生了翻天覆地的变化，应该感谢那些外国专家的指导，应该感谢他们用心血总结出来的理念和标准，如果没有这些成熟的范例和经验，我们不可能在这么短的时间里迅速接近国际水平，我们是站在巨人的肩膀上发展起来的。可喜的是，我和我的同事们没有沉醉在胜利和喜悦之中，也没有为我们所取的成绩沾沾自喜，从雅典回来后我就想，我们应该从实践中总结点什么，不能让这些感受和经验随着时光白白溜走，应该通过我们的思考和总结，或者称之为"知识管理"的方式，把它们固化成文字，既是对我们工作的积极的总结，也为后来者提供一个有益的参考。之后我陆续写了数万字的文章，从标准化、规范化、国际化三个角度，比较系统地阐述了奥运会电视国际公用信号制作的特征和特性，建立了基本的理论体系。我的同事们，无论是体育节目中心的，还是我台技术部门的，大家纷纷拿起笔，从各自的角度，畅谈体会，理论得失，有的高屋建瓴，有的细致入微，几年下来大家写的文章已经达 90 多篇，总计 50 多万字，文章涉及 18 个工种，基本实现该领域各个角落的全面覆盖。尽管有的文章的观点还不是很成熟，有的文章的论点还有待商榷，有的文章还稍显稚嫩，但是字里行间透着好奇和冲动，勤奋和努力。“众人拾柴火焰高”，正是大家的努力，大家的合作，大家的思想汗水的浇灌，使得体育赛事电视公用信号制作的理论研究这棵幼苗得到精心呵护，茁壮成长。今天，到了收获的日子，把大家的文章集结成册，既是对历史的负责，也是对这些年来，为体育赛事公用信号制作付出大量心血和汗水的同事们的尊重和交代。

目录

CONTENTS

节目部分

全面论述

单项导演

慢动作导演

助理导演

字幕导演

现场导演

摄 像

电子新闻采集（ENG）公用集锦拍摄

其 他

技术部分

全面论述

切像师

音 频

转播系统

慢动作操作

字幕操作

特种设备

其 他

节目部分 JIEMUBUFEN

全面论述

程志明，高级记者，原中央电视台体育频道综合部主任。自1979年起采访报道了包括全国运动会、亚洲运动会、世界杯足球赛、冬季奥运会、夏季奥运会等各类大型国际赛事。作为实践的领导者和理论的开拓者，率中央电视台体育制作团队参与了雅典奥运会、多哈亚运会、北京奥运会等多个大型国际体育赛事电视国际公用信号的制作工作，赢得广泛好评，成为国际赛场上电视公用信号制作的世界一流团队。

浅谈奥运会电视国际公用信号制作理念和标准

奥运会电视国际公用信号是指按照奥运会电视委员会提出的要求和标准制作出来，被世界电视媒体公认的高质量、高水平、各国观众都可以接受的电视信号，它要完全符合奥林匹克精神——公正和平等。这里需要解释的是，所谓“电视公用信号”和观众通常所说的“电视转播”其实是两个概念。以雅典奥运会为例，各国观众看到的电视转播画面实际上已经经过各国电视工作者的加工。他们是在公用信号的基础上，增加了演播室包装，添加了各种片头和片花甚至广告，配上了各国自己语言的解说等。那么电视公用信号是如何产生的？这里不妨把它的工作原理解释一下：它是由分布在各赛场的电视制作区（TV COMPOUND）的电视信号制作队伍，用摄像机和话筒把比赛的精彩场面采集和拾取下来，经过导演对镜头的流畅切换，配上慢动作和字幕，组装成电视信号成品，经过制作区的技术控制中心（TOC）传送到国际广播中心（IBC）的信号收集、分配与传输中心（CDT），再由它按照预先约定把信号传输给各国的电视机构，各国电视机构可以按照各自的需求对信号进行再加工，然后呈现给观众。简单解释，信号到达国际广播中心之前是“制作概念”，各国电视机构加工后播出就是“转播概念”。

电视国际公用信号制作是一门特殊的行当，从某种意义上来讲它是各国电视机构实力的象征。多年来，欧美国家占据着奥运会电视国际公用信号制作的主导地位，以2004年雅典奥运会为例，参与公用信号制作的电视台除了亚洲的中国、日本和韩国，其他均来自欧美国家。而对于首次参与奥运会公用信号制作的中国电视人来讲，它是一个全新的事物，无论是它的理念和标准，还是它的制作方法和程序，都非常陌生。但欧美人对这些已经再熟悉不过了，他们有着十几年甚至更长时间的奥运会公用信号制作的经历。然而，2004年

8月14日到27日，由中央电视台体育节目中心、播出传送中心、技术制作中心和北京科学教育电影制片厂的58名编导、技术人员组成的电视国际公用信号制作队伍，代表中国电视人，在雅典奥运会上凭借自己的实力和拼搏精神，出色地完成了乒乓球、羽毛球和现代五项三个项目的公用信号制作任务，为祖国和人民，为中央电视台赢得了荣誉。其中乒乓球信号得到了雅典电视委员会主任罗梅罗先生的高度赞誉："信号制作得如此精美和传神，不可思议，它是奥运会历史上最好的乒乓球信号。"

雅典奥运会中央电视台制作队承担的乒乓球和羽毛球项目我们比较熟悉，但是对现代五项(由射击、击剑、游泳、马术障碍跳和追逐跑组成，比赛分散在三个场地)就非常陌生了。更困难的是，雅典奥运会电视委员会要求我们对现代五项的五个小项目全部提供直播信号，这在奥运会现代五项赛事电视公用信号制作历史上还是头一次，难度非常大。为了确保在雅典奥运会上首次亮相成功，在长达一年多的时间里，我们58名编导、技术人员，转战祖国南北，进行了650多个小时的连续的高强度练兵，严格遵循雅典奥运会电视委员会提出的公用信号制作理念和标准，一丝不苟地进行程序化的操作和演练，不断发现问题，解决问题。特别是到达雅典奥运会前线后，大家以难以想象的工作热情和团结精神投入到实战中，心往一处想，劲儿往一处使，一丝不苟，兢兢业业，一步一个脚印地登上了胜利的顶峰。回首走过来的路程，大家深刻地感受到中国电视人要想在世界体育大赛的电视信号制作舞台上争得一席之地，必须了解奥运会电视国际公用信号制作的发展历史，接受并且深刻领会、理解世界先进的信号制作理念和标准，熟悉国际通用的制作方法和程序，学会并熟练地运用在实战中。

一、 先进的电视公用信号制作标准的出现是历史的必然

人类对奥运会这样大型的国际赛事的电视公用信号制作出现在1936年的柏林奥运会，尽管当时的规模还很小，影响也不大，但是它毕竟掀开了人类体育电视公用信号制作的第一页。在这之后的很长一段时间里，按照惯例，凡是获得奥运会主办权的国家，必须独自承担奥运会电视公用信号的制作和传输任务。虽然在以往的奥运会上，有的奥运会承办国跨国邀请了其他国家的电视机构帮助制作国际公用信号，但是那毕竟是小规模、友好合作的形式，而且制作理念和标准也不能达到充分的统一。实践证明这种做法是不科学的，存在着很大的不确定性，不能保证质量，很难满足全球电视观众的需求。而且，个别承办奥运会的国家在提供信号时明显偏向本国运动员，严重违背了奥林匹克精神，这也迫使国际奥委会必须考虑一条新的出路。这时，一个绝好的创意在一个绝顶聪明人的大脑里生成了——组织一支"多国部队"，挑选世界各国的精英，统筹租赁电视设备，确定奥运会电视国际公用信号制作的理念，制定统一的电视信号制作标准，这个人就是时任西班牙国家电视台总工程师的玛诺洛·罗梅罗先生。1992年在西班牙巴塞罗那举行的奥运会上，罗梅罗先生的理想变成了现实，并且获得了广泛的好评。实践证明这种做法省钱、省力、省时间，安全可靠，最重要的是形成了一个完整的"套路"，一条精美的"工业化生产流水线"，它包括理念、标准、组织结构、岗位职责等，包罗万象，甚至连餐券应该是什么样子都考虑到了。可以说，整套操作程序完全标准化了，它使运动会每一项赛事的电视信号的制作质量从方方面面得到保证，同时也保证了赛事信号采集的公正性。自此以后的亚特兰大奥运会、悉尼奥运会、盐湖城冬季奥运会等大型综合性国际赛事的电视公用信号制作都是按照这个模式运营的。2008年北京奥运会同样也是按照这种模式操作，关键是我们中国电视人如何去理解它、领会它、实践它、发展它，让它为中国电视事业留下一份实实在在的遗产。

二、奥运会电视国际公用信号制作的核心理念

奥运会电视公用信号制作的核心理念是"公正和平等"、"运动和激情"，它们像两条无形的线始终贯穿在电视信号制作的过程中。

体育比赛本身是残酷的，既然是比赛就会有输赢，就必定要分出名次来，那么如何公正地、不带任何倾向性地把赛场上运动员精彩拼争的场面用电视手段采集下来、传播出去，这是电视信号制作过程中极其重要的一个环节。奥运会电视委员会为此专门解释说："要用不懈的努力力争对每一位奥运会选手进行公正、平等的报道，无论是实时，还是重放，要多角度地对每一位运动员的动作作紧凑、富有表现力的拍摄。"从委员会解释中不断出现的"每一位"，可以体会到他们对"公正和平等"有着何等的良苦用心。电视委员会的专家们甚至毫不客气地提出了如何做到"公正和平等"的具体要求。例如，当你成为奥运会电视委员会的雇员时，你必须非常清醒地认识到此时此刻你的身份已经发生变化了，你不是哪个国家的电视工作者，你是国际奥委会电视委员会的一名工作人员，是在为全世界观众服务；再如，当两位运动员在场上角逐时，你的镜头在采集场上精彩画面的同时，一定要记住运动员镜头的分配比例，通常是50％对50％。不同国家观众的镜头比例也是如此，给A国家观众5秒，给B国家观众的也得5秒，特别是双方运动员比赛进行得非常激烈紧张时，更加要注意镜头的分配比例，千万不能因为场上的选手或者观众是你的同胞而把镜头更多地给他们，这是绝对不允许的，观众也会很不满意；再如，一些比赛的参赛运动员较多，比赛开始前，在时间允许的情况下，尽量要给每一个运动员镜头，不论这个运动员名气大小，不论是来自大的还是来自小的国家，要一视同仁、公正和平等，比赛开始后，镜头可以比较多地给成绩好的运动员；再如，奥运会电视委员会对颁奖仪式非常重视，专门制作了"颁奖仪式电视镜头图表"，而且要求信号制作队伍对颁奖仪式"进行周到的报道"。该图表详尽地描述了颁奖仪式的电视画面采集全过程，对获得不同名次的运动员的镜头景别做了专门的规定，尤其是近景，第三名选手和第一名选手必须一致，而且，上台领奖选手的集体镜头出现得频率很高，"公正和平等"的心理暗示性非常明确。

体育比赛，运动员是赛场上的"国王"，他们在场上"厮杀拼争"的激烈场面是观众关注的焦点，构成了公用电视信号采集的主体内容，运动员喜怒哀乐的各种情绪对千变万化的比赛气氛起到了画龙点睛的烘托作用，它与力量的角逐形成了鲜明的对照。为此，奥运会电视委员会提出了"运动和激情"理念，要求信号制作者"利用精确的镜头选择和慢动作重放对赛事提供详尽的信息和深刻的内容，提升观众对运动员所做出的努力的理解和赞赏，体现奥运会比赛内在的戏剧性"。电视委员会的专家们对这段话的解释非常直白，"奥运会不是一个单项的赛事，它是全世界各国运动员的大聚会，也是全世界人民的体育节日，男女老少都会很关注，如果我的奶奶已经八十多岁了，或者说我的小孩才七、八岁，如何让这么大年龄差距的观众都能看懂比赛，能吸引他们，就需要我们的编导人员细心地研究赛事，精心地设计镜头，充分地使用现代化的设备，象马克·吐温写小说一样，用'讲故事'的手法，生动地把运动员在赛场上龙争虎斗的精彩场面，把运动员在赛场上喜怒哀乐的神情传达给观众，让他们去品味。我们的目的就是让所有的观众都能够看懂、看明白，而且喜欢看奥运会比赛"。正是出于这种理念的考虑，在机位的设置、镜头的处理等方面，专家们提出了许多非常具体的要求，甚至对乒乓球比赛中我们常用的纵向主机位的摆放位置，他们都要反复斟酌，仔细测量，尽可能使观众看到精彩的细节。

三、 奥运会电视公用信号制作标准化体现在各个环节

应该说奥运会电视委员会对信号制作工作程序的标准化要求反映在各个层面上，无论是队伍组建和人员管理、岗位设置、工作流程安排、镜头和字幕的使用，还是电视信号制作区的搭建，无不渗透着"标准"的作用。

1. 岗位分工科学化

这个环节可以从"一大"和"一小"两个方面来分析。大的方面是指奥运会电视委员会电视公用信号整个制作队伍的岗位安排，小的方面是指作为电视信号制作链最前端的，即每一个赛场的电视制作区的内部岗位分工情况，从中就可以看出电视委员会对标准理解得多么透彻。

首先从"大"的方面来说。雅典奥运会共有28个比赛项目，30多个场地，全部要提供直播公用信号。雅典奥运会沿用以往的做法，由国际奥委会授权的国际体育广播公司与雅典奥运会组委会组成的雅典奥运会电视委员会，即"AOB"，按照以往的制作情况，雇用了世界20个国家的高水平制作队伍参与信号制作。除了亚洲的中国、韩国、日本，澳洲的澳大利亚、新西兰，美洲的加拿大和古巴，其余的都是欧洲国家，占了13个席位。这种分工既尊重了传统也发挥了各个国家的特长，对保证信号质量的延续性非常有益。例如，澳大利亚和往届奥运会一样，包揽了游泳、跳水、花样游泳、水球等水上项目，古巴继续制作他们擅长的棒球项目，难度很大的田径还是交给了在这方面具有很大优势的芬兰、瑞典和西班牙，而且分工非常细。如：芬兰承担跑步和投掷项目，瑞典负责跳高和跳远项目，西班牙则侧重于马拉松和竞走项目。亚洲的日本仍然从事他们擅长的体操、艺术体操和柔道项目的信号制作，韩国的射箭和跆拳道竞技水平本身就很高，信号制作也不含糊，所以他们当之无愧再次负责这两个项目。而中国中央电视台参与了乒乓球和羽毛球项目的公用信号制作，这不仅考虑到中国运动员在这两个项目方面竞技水平高，而且也考虑到中央电视台编导人员不但熟悉项目而且熟悉运动员，便于操作，事实证明这种科学的做法收效很明显。另外还有一层重要的意义是，为中央电视台备战北京奥运会打下良好的基础。

从"小"的方面来说，雅典奥运会电视委员会对公用信号制作队伍的人员数量和岗位安排应该说是精打细算而且是很科学的，因为他们要考虑到成本和合理性。以中央电视台参与的乒乓球、羽毛球和现代五项为例，总共58人，其中27人制作乒乓球信号，31人制作羽毛球和现代五项信号(两个项目共用一个信号制作团队)。其中导演这个工种，分工非常有条理性。在国内，制作一场赛事的电视信号，通常就一个导演，调机、切换、慢动作、字幕等，大事小事一肩挑。看上去节省了人力，但是，这里面存在着极大的风险。而奥运会则把导演的岗位分为五种：总导演、助理导演、慢动作导演、字幕导演和场地导演，再加上一个切换员，共6个人。我们把它形象地称为"1变6"。导演们通过实践深深感到这种科学的有条理性的岗位分工对信号的制作质量能起到极大的保证作用，大家各司其职，责任清楚，强化了专业意识，把过去一个人一肩挑的风险"转嫁"给了一个集体，可靠性大大增强。总导演可以腾出更多的时间进行宏观考虑，更好地把握全局。特别是在比赛场次安排得很多、很密的情况下，中间少有喘息机会时，集体的力量就凸显出它的优越性了，不但可以打硬仗，而且可以打持久战。例如，雅典奥运会羽毛球信号制作，8月18日这一天，制作时间达15个小时之多，由于比赛多次超时，把制作人员吃午饭的时间压缩到只有2分钟。在时间紧、身体极度疲劳的情况下，总导演有序调动，各岗位人员像打仗一样，以最快的速度轮流就餐，然后迅速到岗，保证了信号制作始终处于良好状态。

2. 工作流程严谨化

奥运会电视信号制作队伍的工作流程标准化可以从一个"点"和一个"面"来加以分析。

首先，工作人员每天到岗后必须要在签到簿上签上名字和到达时间，同时领取当日的饭票；工作结束后，每个人还要在签到簿上签上名字和离开时间，电视制作区主管每天要对每一个工作人员的出勤情况和表现写出评语，信号制作任务全部结束后要上交给上级主管部门备查考评。如果哪个制作队伍纪律涣散，并且直接影响到信号制作，或者出现了重大的事故，这个国家的电视台就有可能失去参与下一届奥运会电视信号制作的资格。正是这小小的一“点”纪律要求，看似不起眼，却从最基础的方面强化了队伍的战斗力，保障了信号制作标准化程序平稳的实施。至于“面”，也就是电视委员会规定的信号制作的工作流程，它像一本教科书，还像最简单的“1＋1”数学公式，但它却直接关系到整个信号制作质量的好坏，关系到整个电视信号制作的大局。尽管工作流程千篇一律，十分枯燥，十分机械，类似于体操比赛中的“规定动作”，但是每一个制作队伍必须严格执行，不允许有一分一秒的差错。在信号制作的工作流程上，清清楚楚地标明了各个工种进入状态的时间，何时调试设备，何时进行单边传送，何时适时地切出字幕提示信息把数次的单边传送分割开来，何时开始传送国际声，何时开始传送画面，切出什么样的画面，何时切出片头进入现场，等等。比赛结束后，切出全景画面，保持规定时间；再播放限定时间的本场赛事的精彩集锦和慢动作；再切出场地大全景，保持规定时间；然后接黑场，再回到全景画面，等待事先约定的单边传送；结束画面通常是大全景叠加下次传送时间字幕。如果比赛复杂，头绪多，或者场次多，变化多，这种“规定动作”的数量会随着增加，而且也会更复杂，但是，只要严格按照流程操作，及时应对各种可能发生的情况，避免随意的“即兴创作”就能保证不出差错，无论在什么场地传输出的信号都是同等标准的。

3. 镜头运用人性化

奥运会电视委员会对电视镜头的人性化处理有自己的一套心得。他们反复地强调运动员是赛场上的“国王”，是主体，导演应该把更多的镜头对准运动员，充分表现了他们对运动员的尊重，对运动员劳动的尊重。例如，当摄像师把镜头对准运动员时，他得到的“指令”是不能使用仰拍的手法，只能平视拍摄，要尊重运动员，要让观众看清楚，要尊重观众的收视权利。再如，导演在切换镜头时，节奏不要太快，要考虑视觉效果，要考虑观众能不能看清楚，更不能出现甩镜头现象，这是对电视观众的极大不尊重。再如，导演在调镜头时，碰到现场穿着过于暴露，举止很不文雅的观众，一定要避开，因为收看奥运会电视节目的还有许多是穆斯林国家的观众，一定要尊重他们的习俗和禁忌。再如，当镜头对准运动员时，一定要尽可能地给正面、不要给背面，否则也是十分不礼貌的。对现场观众的镜头，电视委员会也提出了非常人性化的要求。例如，给观众的镜头长度不得少于5秒钟，尽可能避免瞬间切走的现象，如果需要移动镜头时，一定要做到平稳，电视委员会的专家们认为，现场观众也是奥运会重要的组成部分，对他们同样要给予尊重。

4. 字幕使用规范化

在奥运会电视委员会颁发的信号制作实施手册中，对字幕的使用有着极其严格的要求，种类特别多，非常复杂，用我们字幕员的话来形容，就是“细得不能再细了”。奥运会字幕的最大特点就是信息量大，字幕显现时机合理，搭配适当，最大可能地替观众着想，让观众看清楚。在使用字幕时，专家们提出了一些规范化的要求。例如，当镜头还处在运动状态时，最好不叠加字幕，这样做视觉效果不好，对观众是一种不尊重的做法。再如，当镜头给运动员、教练员或者官员近景时，构图要合理，要给字幕预留空间，叠加字幕时一定要倍加小心，千万不能把字幕贴在人脸上，哪怕是一秒钟都不能容忍，这是极其不尊重人的做法。另外，字幕的切出时间长度，也有它的内在规律，通常也是从人的视觉习惯和效果来衡量的。例如，一幅单条的字幕，只是简单地介绍姓名、年龄、国别等，一般维持在4秒钟。如果是8位运动员都列在同一幅字幕上时，时长起码要达到15～20秒，编导人员一定要了解观众的心理需求，要让他们看清楚。总之，作为电视信号一个重要的组成部分，字幕的处理方式是一门很值得研究的学问，需要科学的态度和规范的操作方法。

5. 电视制作区设置正规化

前面提到奥运会电视公用信号制作区(TV COMPOUND)都修建在紧靠比赛场馆附近，它负责向奥运会国际广播中心提供成品信号源。雅典奥运会的各个电视信号制作区的设置非常正规，它通常由7个部门组成：管理组、技术协调组、信号制作组、后勤保障组、信号传输组、评论席组和信息组。在这7个组中，制作组是核心部分。形象地说，如果把电视制作区比作厨房，那么制作组扮演的角色就是大厨，其他工种都是围绕着制作组提供服务的。为了保证信号的制作质量，电视委员会在挑选人员时非常注重标准。如果参与过奥运会信号制作，英语流畅，熟悉体育，懂得电视，则是最佳人选。由于电视委员会广招天下人才，所以每个电视制作区通常由10多个国家的人员组成，像一个小"联合国"。

为了保证电视信号制作人员工作的顺利进行，每个电视制作区在生活保障方面做了细致的规划，例如，每个制作区根据人员的多少，按比例修建会议室、办公室、餐厅、厨房、冰库，还有洗手间。这些建筑都是临时的。既然有厨房，就会有厨师，雅典奥运会所有的电视制作区里的厨房都配备了持有专业证书的高级厨师，还有厨师助手数人不等。为保证饮食的安全和质量，雅典奥运会组委会有关部门向全世界招标，结果，美国一家餐饮公司中标，承担了奥运会所有电视制作区的餐饮供应和人员服务。他们的操作方式都是标准化的，所有餐厅的食谱都是一样的，只是个别地方略有区别。比如，如果今天中午吃快餐，那么全电视制作区的餐厅里都会摆放着一模一样的快餐盒。对部分就餐者来说，也许很不合胃口，但是要想到电视制作区的人员达到4000人这个"可怕"的数字时，你就会理解为什么要标准化了。连就餐都如此讲标准，更不要说比它复杂得多的信号制作了。

此文发表在2004年10月

中央电视台《电视研究》奥运专刊

它不是一个普通的"车间"

——体育赛事广播电视综合制作区功能解析

程志明

按照目前的国际潮流，大凡重大的国际体育赛事，如夏季奥运会、冬季奥运会、洲际运动会(如英联邦运动会)，以及一些单项的大型国际赛事，组委会都会根据需要，招标组建相应的广播电视转播有限公司，划拨专项资金，用于搭建管理广播电视转播的国际广播中心(IBC)，然后从世界各地雇用成熟的信号制作人员或队伍，租用价格合理、性能稳定的电视制作设备，组合成高效能的"工业化生产流水线"，以达到向世界各地的广播电视客户提供高质量的广播电视信号产品的目的。相应地，组委会和广播电视转播有限公司也会从电视信号产品的制作过程中获得利润。而要达到这样的目的，处在生产广播电视信号产品最前端的广播电视综合制作区的作用就显得分外重要。如果我们把国际广播中心比作一个"工厂"，那么分布在各个比赛场馆的广播电视综合制作区就是它的一个个"车间"，它生产的广播电视信号产品的质量对大型运动会影响力的传播起到至关重要的作用。如果运动会赛事项目多，直播信号需求量大，那么广播电视综合制作区的数量就会相应增多。

被我们称作"车间"的广播电视综合制作区在国际上被业内人士称为"Broadcast Compound"。这些制作区通常紧靠比赛场馆搭建，主要便于各种电缆线的走线和相关设备的安放。其设施基本上都是临时建筑，使用的材料也大都轻便，易拆卸安装。广播电视综合制作区的规模要根据赛事规模的大小而在面积上有所区别，制作人员的数量也不一样，但功能层面基本相同。通常，一个中等规模的赛事项目(如拳击、乒乓球、举重、羽毛球、击剑、跆拳道、柔道或摔跤等)的广播电视综合制作区的面积在1500平方米左右，可以容纳转播车或者临时搭建的转播工作间、工具车或者工具间、信号传输工作间、卫星车(视情况需要)、音频车(视情况需要)、发电车(附带油罐)、厨房或者餐车(附带大型冷藏室)、餐厅、洗手间、办公室、库房等各种车辆和设施。制作区的人员通常在70人左右，涉及7个职能层面，分别是：制作区主管、技术主管、信号制作队、后勤主管、信号传输组、评论席组和信息组。

一、制作区主管(Broadcaster Venue Manager，BVM)

通常广播电视综合制作区设主管一人(如果赛事规模较大，则需要配备相应数量的副主管或者助理人员)。主管是制作区的最高领导人，通常由组委会广播电视转播公司委派，受广播电视转播公司制作部的直接领导。其主要负责整个制作区内各个职能岗位之间的协调工作，特别是在场地竞赛和制作区之间，主管是最主要的联系桥梁，只有主管才能直接与场馆主管交涉各种重要事宜。在广播电视综合制作区，大家的分工是非常明确的，任何事情都不能越级或者跨岗位去处理。

广播电视综合制作区主管主要承担以下职责：

- 负责该赛事所有与广播电视公用信号制作有关的方案制订。
- 监督广播电视综合制作区的建立和系统设备是否到位。
- 监督技术支持和制作队伍到位与合作。
- 监督信号制作的流程和质量。
- 监督信号传输是否顺畅。
- 监督后勤保障是否细微全面。
- 监督评论席协调是否通畅。
- 监督信息传递是否快捷，有没有遗漏。
- 协调各广播者(有报道权)对信号制作的特别需求，如单边信号等事宜。
- 协调制作区和比赛场馆之间的联系。
- 监督制作区人员出勤情况。
- 解决突发性的事件。
- 每日要对当天的广播电视信号制作的整体工作情况写出书面报告，送交广播电视转播公司制作部备案。

二、技术主管(Venue Technical Manager，TECH MGR)

技术主管在广播电视综合制作区有着举足轻重的地位，其需要统筹整个制作区广播电视技术事宜，所以技术主管必须是广播电视技术专家。通常制作区设技术主管一人，受制作区主管的直接领导。如果赛事规模较大，则需要配备技术副主管以及相应的助理人员，具体人数视情况而定。

技术主管承担的职责如下：

- 在运行前期，参加信号制作技术方案的制定，负责制作队伍与系统提供商之间的协调和所有技术方案的落实。
- 运行期间，分管制作区以及场馆内所有与广播电视综合制作有关系统和设备的安装、调试、使用、维护和交接。按照广播电视转播公司的技术规范和信号标准，检查电视画面和声音的技术质量，解决出现的问题。

- 检查制作区的整体供电以及备用电源的准备情况。
- 协助各广播者(有报道权)做好场地报道位置安排事宜，提供可靠及时的技术支持。
- 分管制作区技术传输中心工作。
- 负责协调广播、电视与场内赛事技术层面出现的所有问题。
- 监督所有与广播电视转播有关的岗位技术人员的技术操作。

三、 信号制作队伍(Production Crew)

作为广播电视综合制作区这个“车间”里的一个重要工种，电视公用信号制作队是制作区的核心队伍，也是单个工种中人员最多的。通常重要赛事的电视国际公用信号都是按照组委会广播电视转播公司提出的要求和标准制作的，它要符合组委会广播电视转播公司提出的特定的理念。对电视公用信号的组装和传输过程我们可以这样定义：“用摄像机和话筒把比赛的精彩场面采集和拾取下来，经过导演对镜头的流畅切换，配上慢动作和字幕，组装成电视信号成品，经过制作区的技术控制室(TOC)传送到国际广播中心(International Broaelcast Center，IBC)的信号收集、分配与传输中心(CDT)，再由它按照预先的约定把信号传输给各国电视机构，各国电视机构按照各自的需求对信号进行再加工后最终呈现给观众。”需要说明的是，我们通常把信号到达国际广播中心之前的工作阶段称为“公用信号制作”，而各国或地区电视机构按照各自需求进行再加工之后播出的阶段称为“电视转播”。

说到公用信号制作队伍，它通常由两个部分组成，一个是“保障部分”，另一个是“制作部分”。“保障部分”主要包括转播车、工具车等设备和技术保障人员。设备是由转播公司从某个国家或地区的电视台或者电视设备公司租用的，并按照标准配置了相应的技术保障人员(按照中等规模的比赛项目，通常需 4 个人)。“保障部分”的技术人员根据制定好的技术方案进行设备的安装和系统调试，确认没问题之后便移交给信号制作人员使用，就是我们要说的“制作部分”。而参与信号制作的队伍和人员情况比较复杂，有的是某国家或地区的电视台的人员整建组成，有的是广播电视专业公司的制作团队，或者是由一些在信号制作方面有丰富经验的个人(国外称为自由职业人)临时组队而成。通常的情况是，“保障部分”的设备及随同设备而来的人员是某个国家或地区的，而“制作部分”的制作人员则是另外某个国家或地区的，相互之间根本不熟悉。所以“保障部分”和“制作部分”的融合与默契非常重要，双方人员都要经验丰富，能在较短的时间里形成战斗合力。

作为信号制作队伍的“制作部分”，通常设有领队(或者制片人、总导演兼领队)、技术总管、总导演、分项导演(包括助理导演、慢动作导演、场地导演、字幕导演)、切像师、慢动作操作员、视频主管、视频调控员、主调音师、音频助理、字幕操作员等职能岗位，根据工作需要还会设置翻译、勤杂工等岗位。这些岗位的职能作用大致如下：

- 领队(Team Manager，Team MGR)：受制作区主管的直接领导，主要负责信号制作队伍内部的人员管理和协调，信号制作计划的落实，对信号的整体质量负有直接责任。

- 技术总管(Team Technical Coordinator，Team TECH COORD)：负责策划和制订公用信号制作技术方案。作为制作队伍的技术总负责人，通过与设备提供方以及制作区技术主管协调，解决导演以及制片人提出的任何技术性问题。对信号的技术质量负责。

- 制片人/总导演(Producer/Director，PROD/DIR)：根据主办方的制作理念和标准，确立制作信号的整体方案。监督落实公用信号制作的全部细节，包括摄像机机位的设置和微调、字幕慢动作等特技统筹、重放次序等。根据赛事转播的进程随时向相关工种提出制作要求。

• 助理导演(Assistant Director，AD)：协助导演完成各项工作，具备全方位的统筹协调能力，必要时可作为总导演的替补。日常工作是为总导演准备比赛资料，协助总导演进行机位调配和切换，在比赛公用信号制作过程中负责提示各个工种之间的环节连接，并随时听候总导演调遣。

• 场地导演(Spotter，SPOT)：顾名思义，场地导演的工作岗位就在比赛场地里，其主要责任是向比赛制作人员提供与比赛相关的场地信息，并依据总导播的要求，协调与场地相关的公用信号制作事宜。

• 慢动作导演(Assistant Producer，AP)：协助总导播完成与慢动作相关的特技工作，对慢动作操机员提出选取重放素材和精彩片段编辑的要求，完成慢动作重放的合理组合以及编辑后精彩片段的适时重放。

• 字幕导演(Font Coordinator，Font CRD)：负责落实总导演对信号制作的字幕要求并制订方案。熟悉主办方提交的制作手册中所有有关字幕内容的规范标准。指挥字幕操作员完成字幕的预期制作和准确调用，掌控上字幕的形式、时机、时长。

• 切像师(Vision Mixer，VM)：按照总导演要求，完成视频切换台及监视墙的设置。准确无误地执行总导演和分项导演对各个信号源的组接和切换要求。信号源包括：摄像机讯道、字幕、特效、慢动作及精彩重放、插播录像等。

• 慢动作操作员(Videotape Operator，VTR OP)：根据慢动作导演要求，进行通道设置，对赛事中的有效镜头及时进行片段的存储、整理和调用。根据导演的任务分配和制作要求，完成赛中、赛后的精彩画面的编辑和重放。

• 字幕操作员(Character Generator Operator，CG OP)：负责公用信号制作中字幕部分技术环节(含计时记分)的协调工作。熟悉制作手册中的所有字幕内容。根据字幕导演的指令，准确调用字幕信息，完成公用信号的成品制作。

• 摄像师(Camera Operator，CAM OP)：按照总导演的要求熟练准确地操作摄像机，提供比赛需要的有效画面。能胜任以下摄像任务：固定、手提、轨道、斯坦尼康、特殊摄像、水下摄像、自动编程摄像、摇臂式摄像、航拍、机动车拍摄、电子现场制作、超级慢动作摄像、无线摄像、有线常规摄像、替补摄像。

• 主调音师(Audio Supervisor，AUDIO SUP)：根据赛事特点规划音频制作的整体方案。制作过程中负责调控主调音台。根据主办方要求，提供符合标准的音频信号。对音频信号的总体质量负责。

• 音频助理(Audio Assistant，AUDIO ASST)：协助主调音师，铺设电缆、架设话筒、跟踪拾音等。

• 视频主管(Vision Control Operator Senior，VISOPSNR)：负责视频系统技术方案的落实。包括：整套系统的设置、调整和运行，满足导演组技术需求，保障应急系统的有效、顺畅。对视频信号的技术质量负责。

• 视频调控(Vision Control Operator，VISOP)：负责摄像机技术指标的调控。其中包括：设备状况的预调整，制作过程中的光圈、底电平及色匹配等。

四、后勤主管(Broadcast Logistics Manager，LOG MGR)

古人云“兵马未到，粮草先行”，还有俗语说，“开门七件事，柴米油盐酱醋茶”。说的都是关乎人的日常生活的切身利益的事情，如果把它的含义引申用在广播电视信号制作上，则是突出强调了后勤保障工作的重要性。而对于负责后勤保障的人来说，整个制作区人员的吃住行问题是直接关乎信号制作的大事。为此，广播电视综合制作区专设后勤主管一人，如果项目规模大、人员多、事情繁杂的话，还要增设相应的副主管，同时还要安排几个勤杂工。他们承担起综合制作区全面的后勤保障工作，其中包括以下事宜：

- 证件办理及各种票证，以及场地背心的发放。
- 交通安排。
- 住宿安排。
- 办公室相应设备的配置和管理。
- 厨房、餐厅设备的配置和管理，物品消耗的补充。
- 每日制作区人员出勤登记。
- 制作区内的清洁卫生及相关的卫生设备的配置和管理。
- 制作区防火措施的制定和相关防火设备的配置和管理。
- 各种车辆进出制作区装卸物品的联系和管理。
- 制作区保安工作的实施。
- 制作区人员医疗救急处理。
- 与转播公司相关服务事宜的联系。
- 制作区出现的一些突发需求和事宜的处理。

五、 信号传输组(Transmission Crew)

当公用信号制作正在进行时，也就是信号产品在“装配线”上进行组装的时候，同时进行的是信号传输，它是由设在制作区的“技术控制室”(Technical Operations Centre，TOC)负责实施的。具体的工作流程是，信号经制作区“技术控制室”传输至“国际广播中心”，之后信号就地进行分配。与庞大的国际广播中心的控制中心相比，制作区的“技术控制室”就是个小小的工作间，工作量和承担的压力要小得多。

制作区“技术控制室”的主要工作，包括该中心设备的安装和运行，与国际广播中心(IBC)的信号传输通路测试，监控传输的信号画面和声音质量，负责与国际广播中心的联系，负责制作区与国际广播中心的通信联络，解决有报道权的广播者的单边需求，如传输新闻、素材等。通常情况下，制作区“技术控制室”设主管一人(Technical Operations Centre Supervisor，TOC SUP)，设技术员若干人，设电信主管一人。

六、 评论席组(Commentary Crew)

评论席是制作区的另外一个重要组成部分，各个广播电视评论员的声音都是通过它传递出去的。为了维护拥有报道权的广播者的利益，保证电视转播的顺利，评论席的位置通常都搭建在体育场馆的视线较好的位置(通常仅次于主席台)。评论席的数量多少不一，根据需求量搭建。负责评论席的技术人员，会认真地根据各个广播者事先预定的需求，提供相应的设备和技术保障服务。为了保证评论席设施运转顺畅，通常要设置专门的技术管理人员进行调控，随时准备解决出现的各种问题，特别是一些意想不到的情况。

评论席组通常设主管一人(Commentary Manager，COMM MGR)及若干人员人员，如果转播规模大，需求多且复杂，人员会相应增加。

七、信息组(Information Crew)

信息组的主要职责是协助拥有电视报道权的电视机构完成相关的采访和报道工作，例如安排新闻采访摄像机拍摄的位置，安排混合区记者采访事宜，安排电视机构单边服务事宜，严禁没有购买报道权的电视机构的记者携带设备进入场地，同时对一些携带了小型录像设备的观众或者工作人员在拍摄比赛画面时及时予以劝阻和制止，必要时要没收设备，从而保证赛事广播电视报道权不被侵犯。信息组工作人员还承担着组委会的相关文件和信息的传递任务，他们每天要及时把文件和信息发放到制作区相关工种的人员手中，并张贴在制作区醒目的位置。这些文件有组委会的各种通知，信息包括每日的比赛安排表、比赛的进程情况、比赛结果等。担负此项工作的人员责任心要非常强，要脑勤、眼勤、嘴勤、手勤、脚勤，要把看似简单的工作做到滴水不漏。

一般情况下信息组设主管一人(Broadcast Information Manager，INFO MGR)，助理数人。

以上我们解析了综合制作区也就是“车间”里各个职能岗位功能的基本作用，勾勒了一个大致的形象。那么岗位功能作用清楚了，究竟什么样的“员工”适合在这些岗位发挥作用就成了一个我们必须探讨的重要问题。由于岗位多、特性不同，需要的人的条件也不尽相同。这里我们不妨把广播电视综合制作区的主管称为“车间主任”，作为一个主要分析坐标，根据我们的观察和体会把它粗线条地罗列了以下若干个条件：

• 对广播电视国际公用信号制作的理念有深刻的理解。

• 有丰富的广播电视节目制作经验，特别是有数次大型国际体育运动会广播电视公用信号制作的经历，例如奥运会、世界杯等。

• 有很强的管理和协调能力，善于同任何国家和地区的任何类型的人打交道。

• 熟知国际公用信号制作流程。

• 熟悉专项体育竞赛规则和相关知识。

• 英语纯熟，无论是书面语还是口语，尤其在专项体育和广播电视制作知识方面，甚至包括广播电视技术方面的知识也要通晓。

• 良好的国际信号制作人际关系，尤其是在这个领域里有很丰厚的人脉资源。

• 考虑事情细致周到，发现和解决问题能力强，反应快，特别是处理突发事件的能力要非常强。

这里，我们可以用2004年雅典奥运会乒乓球广播电视综合制作区主管作为一个例证：

该制作区主管是英国人，名叫奈尔·奥赫顿。他曾经在英国广播公司(BBC)、路透社、英国天空电视台，以及一些电视公司参与电视节目的编辑、直播、制作等工作，参加了六届奥运会的电视报道或广播电视公用信号制作，担任过制作区主管助理或主管。他业务熟练，经验丰富，工作责任心极强，为人谦和，善于管理和协调。雅典奥运会期间，他把乒乓球广播电视综合制作区管理得井井有条，信号质量得到组委会广播电视转播公司的高度赞赏。

由于各个职能岗位所执行的任务目标不同，对主管的要求也不尽相同，除了以上一些必备条件外，还必须具备相应的特定条件，例如“技术主管”“技术控制室主管”在电视技术方面的能力要更加突出，“后勤主管”则在处理后勤保障事务方面应该具有更加细微和周到的能力等。至于“主管”以下的各个岗位的工作人员应该具备的条件只是在高低程度上有所不同而已，大致都在上述这个范围内。需要特别强调的是，由于国际体育大赛的广播电视综合制作区里的人员来自世界各地，语言交流能力至关重要，无法面对面清晰地表达会耽误工作，另外也会影响自身的形象。总之，制作区里的各个岗位都有它的学问和特性，因而对人员就会产生不同的特定要求。

此外需要特别强调的是，运动会组委会的广播电视转播公司通常会在国际广播中心(IBC)设置一个质量控制中心(Quality Control Center，QCC)，并且指派专门的协调员(Coordinator)定向监督和检查公用信号制作的质量和过程，一旦发现问题会马上提醒制作区主管和信号制作导演。通常每个协调员负责3到5个信号制作项目，而且，每天比赛结束后，他们要对每个信号的制作质量按照等级做出评判，并汇报给广播电视转播公司高层管理人员。从这个意义上讲，各个公用信号制作区看似独立，和其他制作区没有任何关系，但是在质量控制中心，在众多专家们面前，各个制作区实际上是一个统一的舞台，形成了一种竞争的关系。各自的信号质量如何，水平怎么样，流程执行得是否规范流畅，在质量控制中心一目了然。用一位导演的话来形容就是“仿佛背后有数双锐利的目光注视着你，形成一种无形的压力，逼迫你不能出任何差错，必须全力以赴做好！”

应该说从多年的国际上的实践来看，这种“广播电视综合制作区”的模式能够得到国际广播电视界的普遍认同，必然有它生存的道理，最成功的经验就是规范化、标准化、国际化。从它的功能划分来看确实有它的生存妙招，最大的特点是岗位功能清晰，分工合理，充分发挥了各自的作用，相互连接顺畅，特别是它能适应由不同国家和地区的电视从业人员临时组成的“杂牌军”在较短的时间内形成战斗合力，搭建了一条精美的“工业化流水生产线”。这样在机制上对处在最前端的源头信号质量起到了有效的保障作用。所以从整个“电视转播”这个大的“生产链”来看，广播电视综合制作区绝对不是一个简单的环节，一个普通的“车间”！

此文发表在2007年6月
中央电视台《电视研究》体育频道业务专刊

由“一变六”引发的思考

——体育赛事电视公用信号制作杂谈

程志明

记得有一篇文章是这样描述电视台的导演在制作电视体育赛事公用信号（转播）时紧张忙碌的情形：“只见导演眼睛紧盯着众多的，让人眼花缭乱的电视显示屏，不时地下达着各种口令，十指翻飞按动着键盘，像弹钢琴般的优美，电视画面不停地变换着，或激昂，或舒缓，或豪放，或柔美，挥洒自如，气势磅礴，仿佛不是在转播一场体育比赛，而是在指挥着千军万马进行一场酣畅淋漓的厮杀，让人紧张得透不过气来。”

尽管上述这段描述多了一点文学色彩，但是它却从旁观者的角度鲜明地刻画了电视体育赛事公用信号制作（转播）时导演工作的本质特点：压力大，责任重，精神高度紧张，注意力高度集中。经常看到的情况是导演一个人掌控着面前的一大堆键盘，不时下达各种口令，调机位，上字幕，慢动作回放，和场地联络等，眼睛片刻不敢离开屏幕，手不能按错键盘，必须果断下达口令，否则精彩情形稍纵即逝。由此我们可以对导演艰辛的工作和出色的能力报以深深的敬意。但是，从这个“挥洒自如，气势磅礴”的过程中，我们会注意到这样一个现象：几乎所有的事情导演一个人都包了，这还不包括前前后后的各种杂事，可谓“千斤重担一肩挑”。但一个人的精力是有限的，能量是有度的，特别是目前公用信号制作量和难度的大幅度增加，这种高度紧张的工作，稍有疏忽就会酿成大错，这样的教训可谓多矣，一“肩”挑此重任谈何容易！当然，这种操作模式并非我国才有，在国外，一些国家的电视人也喜欢这种“一肩挑”的工作方式，而且已经形成了一种习惯或者叫模式。

坦率地讲，这是一种非常不安全的落后的操作模式，极其封闭，不透明，“责任”的流向呈“糨糊”状，不仅对掌控者没有好处，在某种程度上来说对整个团队的责任意识也是削弱，所有的风险都系在一个人身上，很多时候出了差错而查不清原因，甚至导演自己都会很懊恼。如果说公用信号制作（转播）的场次少，比赛时间短，过程比较简单，加之转播的机位数量不多，这种情况下，“一肩挑”的模式还能应付，但是在体育赛事公用信号制作（转播）机位越来越多，慢动作路数和字幕数量急速增多，质量要求越来越高，强度越来越大，场次越来越多，程序越来越复杂的情况下，这种操作模式恐怕就难以适应了，而且明显落伍了，对导演“一肩挑”的工作模式的挑战变得更加现实、严峻和残酷。

根据资料显示，欧美许多国家的电视台很早就摒弃了这种传统的安全系数很低的不规范、不专业的工作模式，它们在制作公用信号制作（转播）的实践过程中提炼出了“导演组”的概念，把一个人的“单打独斗”变成多人的“集体行动”，把一个人承担的风险分摊到几个人身上，原本复杂的事情变得简单起来。这不是一个简单的概念问题，也不仅仅是简单地增加人数，而是一种观念、习惯的改变，是和国际接轨的需求，需要智慧、胆量、勇气、信心和决心。本文要说的“一变六”就是尝试着从“复杂的事情简单化处理”的思路切入，谈谈公用信号制作“导演组”概念的科学性。

一

所谓“一变六”就是把原来一个导演做的工作细化分成六个工种，形成一个“导演组”，即总导演、助理导演、慢动作导演、字幕导演、场地导演和切像师。根据近几年中央电视台参与的雅典奥运会（乒乓球、羽毛球和现代五项共 3 个项目）、多哈亚运会（篮球、排球、乒乓球、羽毛球、击剑、武术共 6 个项目）、东亚运动会（田径、游泳、跳水、花样游泳、足球、篮球、网球、曲棍球、举重、体育舞蹈共 10 个项目）、澳门葡语系运动会（足球、室内五人制足球、排球、沙滩排球、篮球共 5 个项目）、英联邦运动会（乒乓球、羽毛球和举重共 3 个项目）、西亚运动会（足球和排球共两个项目）的国际公用信号制作的收获和体会，大致把这“导演组”六个岗位的职能做如下界定（也适用于体育赛事的电视转播）：

1. 总导演（Director）

总导演是这项工作的总指挥和核心，公用信号制作或者转播的各个环节都是围绕着总导演的指令而进行的，总导演要对比赛的电视信号制作质量负全面责任。其职责范围包括：根据个人对赛事转播的理解，赛事的特点、规模及赛事的级别，提出信号制作或转播计划。计划包括：转播系统、摄像机数量和种类、摄像机镜头的倍数及数量、慢动作重放的通道和岗位、画面的扫画形式、字幕的种类和数量、后期素材的插播；根据场地及设备情况确定摄像机机位、流动机的活动范围，并协调技术部门共同绘制准确的摄像机机位图。在视/音频系统构建完毕之后，总导演有责任对所有摄像机机位、字幕内容及数量、慢动作重放通道的设定、监视墙的布设、话筒的位置、拾音效果等进行确认。如果比赛主办方已经确定了摄像机机位的数量以及位置，总导演有责任进行核实，如果确实有不合理的地方，可以根据具体情况提出调整建议。

在信号制作（转播）过程中，总导演的职责是按照主办方的制作理念和标准，熟练有序且于播出之前，调度所有视/音频系统的可利用“资源”。通过各个工种的准确操作，有效地实现转播意图。具体包括：摄像机各个机位的画面处理、摄像机各个讯道镜头的组接、慢动作重放及精彩重放的切入时机、字幕的播放次序及时机、视/音频的合理组接等。总导演的思路应清晰、语言应简练、速度应迅捷，向各工位，包括切像师、助理导演、场地导演、慢动作导演、字幕导演发出准确及权威性的口令，以便实现自己的创作意图。此外总导演还要对赛事信号制作的计划和进程了如指掌，并且做好应对各种突发性事件的准备，做到沉着应战，临危不乱。

2. 助理导演（Director's Assistant）

协助总导演做好各项工作，具备全方位的统筹协调能力，熟悉各个工种的岗位职责，必要时相当于总导演的替补甚至其他专项导演的替补。助理导演要随时听从总导演调遣，随时为总导演提供所需信息，甚至提出解决的办法。通常情况下要掌控赛事信号制作计划，熟悉整个制作流程，做到烂熟于心。负责提示各个工种信号制作流程，包括景别、内容、时长等，通常采用倒计时的方式。要及时提醒总导演信号制作过程中出现的突发情况，并采取应急措施。要为总导演准备比赛资料、协助总导演进行机位调配和切换，及时把最新的信息通知总导演和各个岗位的工作人员，控制制作流程每一个环节的时间，确保准确无误。还要负责单边信号的传输，协调播音员提供公用信号的解说，负责比赛之后集锦的传送等工作。

3. 慢动作导演(Assistant Producer)

这是一个锦上添花的工作岗位。其任务是在赛事直播过程中，在合适的时机内以最短的时间播放最精彩、最流畅、最生动的重放画面组接。

信号制作前期，导演要对摄像机机位的设置、镜头的配制有所了解，根据赛事的特点以及主办方的制作标准与操作人员一起设计慢动作的记录和重放通道。与总导演沟通制作理念，与切像师确定通道、扫画方式及指挥口令，与摄像师沟通，记录完成有效的可用画面，与音频调音师确定音效等。

在信号制作过程中，指挥慢动作操机员在正确的时机“打点”，根据制作规范或场景特点在总导演准许的有限时间内，给各工种发出准确口令，有序地完成各个通道有效素材的重放。另外，配合总导演完成各场次和全天的精彩重放的编辑。根据赛事的要求完成一天的赛事集锦回传任务。慢动作导演要注重与总导演的沟通，所有的慢动作播出一定要符合总导演的思路，符合整个信号的节奏。

4. 字幕导演(Font Coordinator)

负责整体赛事信号制作的字幕协调工作。前期，根据赛事特点或主办方的制作手册，决定字幕格式、字体、内容及规范。当赛事与场内计时记分系统有关时，字幕导演要及时与场内计时系统沟通，确定通道、解决通信手段。播出前与操作员一起对字幕进行仔细审核和校对。制作中，其有权利决定字幕播放的时间和时机，但是一定要符合组委会的标准和要求，符合总导演的思路，符合信号制作的规律和节奏，同时要熟悉赛程和参赛的教练员和运动员。要与场地导演和计时记分系统的工作人员保持畅通无阻的联系。“不能出错”对于字幕导演来说是一个无法做出保证但又必须保证的挑战。

5. 场地导演(Spotter)

这个岗位是除了摄像师之外，总导演在比赛现场上的第二只眼睛，至关重要。场地导演的主要职责是向信号制作队伍提供一切所需信息，并协调赛场上所有与电视信号制作有关的事宜，其中包括熟悉场地各种情况，各个部门的负责人，与裁判长沟通，及时了解比赛的信息，协助总导演做好单边服务的场地准备，以及字幕播放时需要确认的事宜。对可能产生的变化能够做到心中有数，如果有变化能够迅速通知总导演和各个工种，保证信号制作的顺畅和安全。

6. 切像师(Vision Mixer)

通俗来说，这个岗位就是总导演的手，所有的画面都是通过他组接出去的，是信号制作流程的最后一道工序，岗位异常重要。切像师负责视频切换台的技术调整，根据摄像机、慢动作重放、字幕及特技要求进行切换台设置。设置工作的目的是要以最简便安全的方式实现复杂操作。切像师不但要熟悉视频切换台每一个按键，同时要熟悉不同厂家及不同型号的视频切换台，以完成异地制作的要求。在制作过程中，要根据总导演的制作要求，切换时要严格按照总导演的口令，不能主动掺入自己的思想。切像师的工作内容包括：镜头切换、插入字幕、特效、播放录像机等。切像师同样要熟悉项目，熟悉赛程，熟悉各个工种，充分理解导演的指挥意图，把握切换时机，把最好的画面呈现给观众。

通过对“导演组”各个岗位分工及其功能的界定，我们可以对“一变六”的科学性得出几个初步的结论：

(1)强调团队配合，注重集体力量。

(2)在很大程度上解放了总导演，使总导演有时间去更加深刻、更加细致地谋划大局、把握大局。

(3)把过去“千斤重担一肩挑”的状况，变为“千斤重担众人挑”。把过去一个人承担风险改为风险大家共同承担，大大保证了信号制作的安全性和可靠性。

(4)大家分兵把口，各司其职，责任清楚，强化了专业意识和集体意识，调动了大家的积极性。

(5)信号制作质量得到了强有力的保障，大大减少了出错的概率。

(6)适合打“持久战”。大型国际性赛事一般赛程都很长，有的比赛项目的公用信号制作时间长达十几天，每天长达十几个小时，没有一个集体力量的支撑是不可能完成任务的。

(7)过去导演一个人的封闭的操作模式变为一个开放的透明的操作模式，给每一个岗位的人员带来了向纵深发展的空间和机会。

(8)岗位工作内容定向，工作人员注意力容易集中，效率高。

(9)更加专业化、规范化、人性化。

(10)对人员的素质提出了更高的要求，如团队意识要强、纪律意识要强、专业业务水平要高、外语交流能力要强等。

岗位职责的专一化对人员的要求也更加专业，在选择人员时有了更加清晰的方向。例如，在选择“场地导演”时，如果要与外国同行合作，要求外语水平要高，能够表达清晰、交流顺畅，同时与人打交道的能力要非常强，在紧急的情况下，能够果断迅速解决问题；例如选择“慢动作导演”，侯选人一定要具有很强的审美能力，想象力要超常的丰富，具有一定的浪漫气质，有强烈的创作欲望；选择“字幕导演”，应该注重考察侯选人是否办事严谨稳重，条理清晰，认真细致，有较强的英语阅读和表达能力；选择“切像师”，这个岗位的人选最好从技术人员队伍里寻找，节目人员最好不要介入这项技术性工作，因为技术人员更了解切换台的性能和特征，操作起来得心应手，特别是遇到紧急情况时，技术人员处理起来更加从容，保险系数更高。选择“切像师”的条件最重要的是具有很强的服从性，理解总导演的意图快且清晰，喜欢和热爱这个岗位，同样要喜爱体育，年纪轻最好。

用辩证法看问题，世界上任何事物都有它的两面性，就“一变六”而言，这种“导演组”的构架确实有它独到的地方，但是也有人提出异议，认为这种模式制约了导演的创造力和想象力，限制了个性发展。也有人认为，为了保证运动会电视公用信号制作的整体质量，就必须限制个体的个性，张扬集体的个性，否则各个导演自行其是，自由发挥，信号制作的规则势必被打乱，最后受影响的是信号质量和观众。为此，奥运会、足球世界杯等大型赛事的信号制作都制定了统一的理念和制作法则，确保信号质量达到专业化、标准化、国际化。因此从这个意义上讲个人的个性必须服从集体的个性。

总而言之，欧美电视专家在制定公用信号制作规则时，把“工业化生产”的先进概念引进了电视公用信号制作的全过程。因为公用信号制作是个大的概念，它所涉及的范围相当广，从整个电视公用信号制作机构的组建、团队的大范围选择、设备的大数量租赁到制作区的搭建、技术保障、后勤支援等，整个操作过程充满了“大工业化生产”的痕迹。例如合理化的生产组织、科学化的管理方法以及特别强调集体的作用。总的来说，这种操作模式，把本来很复杂的工程进行了充分解剖，把块状的“物体”变成条状的，一项一项细分，把重要岗位的工作内容剥离成多份，分摊到更多的人身上，每一个人都做到位了，整合在一起就是一件完美的“艺术品”。

此文发表在2007年6月
中央电视台《电视研究》体育频道业务专刊

杨斌，高级记者，中国电视艺术家协会会员。2000至2010年先后担任中央电视台体育中心竞赛部主任、中心副主任，体育频道副总监，主管赛事的制作和播出。多次参加奥运会、亚运会、足球世界杯、全运会等国际、国内重大体育赛事报道和公用信号制作的组织工作，领导的团队每年均有多个电视作品在国内乃至国际上获奖；撰写并发表过多篇论文，参与了《体育赛事电视公用信号制作标准研究》部分校审工作，主编了《体育赛事电视公用信号制作标准指南》，并担任《英汉/汉英 体育赛事电视公用信号制作词汇手册》顾问。

奥运理念指导下的电视公用信号制作特点

电视公用信号制作对于中国的媒体和观众来说，可能还是一个比较新的概念，但是在国际大型体育运动赛事中，这已经是一个重要的组成部分。与我们熟悉的"转播"概念不同，它是在奥运会电视委员会的指导下，按照共识的理念和统一的标准，由分布在各个赛场的电视制作区(TV COMPOUND)的电视信号制作队伍，用摄像机和话筒把比赛的精彩场面采集和拾取下来，经过导演对镜头流畅与合理的切换，再配上慢动作和字幕，组装成电视信号成品，经过制作区的技术控制中心(TOC)传送到奥运会国际广播中心(IBC)的信号收集、分配和传输中心(CDT)，由它把信号分配给预先订购的各国电视机构；各国电视机构再根据本地观众的需求，进行演播室包装，增加片花、广告等才形成一个完整的体育比赛转播节目。国际上，电视公用信号的制作有非常严格的标准。如奥运会的电视公用信号，就是按照国际奥委会电视委员会提出的要求和标准制作的，要达到世界电视媒体共同认可的高质量、高水平。总体来说，在奥运理念的指导下，电视公用信号制作正逐渐形成以下几个特点。

一、 专业化是体育比赛公用信号制作的基础要求

专业化的要求与国际上公用信号的制作模式有很大的关系。奥运会电视公用信号制作采用"多国模式"，挑选各国的电视精英，统一租赁设备，统一制作。要使来自不同国度的电视工作者制作出统一的电视信号，就要实行专业化的操作，制定统一的标准。目前，中国的国际信号制作团队正在不断适应这种专业化的要求。

"专业化"包括理念层面的专业化和技术层面的专业化。

无论是在国内还是国外，制作体育比赛的公用信号，都要秉承"公正和平等"(Fair and Equal)的理念，这也是奥运会电视公用信号制作的核心理念。即不论信号制作人员来自哪里，在画面采集时都要公正地、不带任何倾向性地把赛场上运动员精彩拼搏的场面记录下来，这是电视公用信号制作者必须秉承的公正性。奥运会电视委员会的专家们还提出了对"公正和平等"的更加具体的要求，例如，当场上双方进行激烈的对决时，一定要按照规定分配针对不同运动员的镜头比例，一般是50%对50%，对不同国家的观众也是如此。绝不能因为选手或者观众是自己的同胞而把镜头更多地对准他们。不论运动员名气大还是名气

小，大国还是小国的选手，镜头都应该给到，特别是比赛开始之前介绍运动员时尤为重要。

除了公正、平等的信念之外，人性化的记录也是必须秉承的理念。奥运会电视公用信号制作另一个核心理念是“运动和激情”(Motion and Emotion)。我们不仅要关注比赛，更要关注比赛中的人。将运动员和现场观众喜怒哀乐的情绪记录下来，也是比赛的组成部分，可以使比赛显得更加生动和真实。在实际操作中，慢动作回放是表现情绪的重要手段，但此时的慢动作已经不仅仅局限于角度的变化，重现比赛片段，而着重突出细节和强调故事化的表达。此外，人性的记录还体现在镜头对于赛场中人的尊重，奥委会电视委员会规定，给观众的镜头不能少于5秒，移动镜头时，一定做到平稳，尽量避免瞬间切走的现象。“利用精确的镜头选择和慢动作重放，完整提供详尽的信息和深刻的内容，提升观众对运动员所做出的努力的理解和赞赏，体现奥运会比赛内在的戏剧性。”

二、市场化是体育比赛公用信号制作的必由之路

专业化操作为公用信号制作的市场化奠定了基础，谁掌握了专业化操作的标准，谁就具备了进军这个市场的条件。在奥运会公用信号制作的“多国部队”中，很多项目的制作者并不是国家电视台的工作人员，而是私人公司的雇员。他们常年从事相关项目公用信号的制作，技术熟练，经常在世界大赛的赛场上看到他们的身影，这种公司化、市场化的运作在国外已经非常普遍。

纵观国外在公用信号制作领域已经占有一席之地的公司，一律具有两个特点，一是知名的品牌，二是有效的项目营运。如澳大利亚的“GFORCE”电视制作公司，大部分跳水、游泳、花样游泳的信号制作者都是这个公司的雇员，这就体现了品牌的力量。优秀的品牌可以让团队拥有更多的机会，获得自身的生存与发展。而品牌的建立一方面需要推广，另一方面是建立在自身实力的基础上。像美国男子篮球职业联赛(NBA)、一级方程式锦标赛(F1)、环法自行车等著名赛事的制作公司都是具有品牌力量又成功运营的范例。

此外，如何将制作团队的人才、设备、经费做最合理的应用，取得最好的效果，还涉及项目管理的运作方式。所谓项目管理，就是在有限的资源约束下，运用系统的观点、方法和理论，对项目涉及的全部工作进行有效的管理。这就需要懂得体育电视产业的项目管理者，依据市场需求组织各方力量构成团队，通过宏观管理视角配置公用信号制作中的各个市场要素以及其他资源，运用项目的成本管理，用较少的投入获取较大的回报。

项目管理的核心要素，包括环境、资源和人三个方面。就中国而言，2008年的北京奥运会为中国的体育电视发展提供了前所未有的好环境和丰富的体育资源；通过这几年的大赛经历，中央电视台在乒乓球、羽毛球、网球、篮球、排球以及游泳、跳水、花样滑冰等项目上，已经树立了自己的品牌形象，同时也培养和锻炼了一批优秀的体育电视人才。

目前我国国内的很多体育赛事已经开始进行电视公用信号制作，相应的市场正在逐步形成，如何规范这个市场，是一个值得重视的问题。

三、 国际化是体育比赛公用信号制作的发展方向

公用信号的制作原本起源于对于国际体育赛事的转播，所以国际化是公用信号制作本身蕴涵的发展趋向。尤其是奥运会的公用信号制作队伍，他们被称作是“多国部队”，成员来自世界各地。现在，这种“多国模式”已经被越来越多的国际赛事所接受，成为了保证信号高质量完成的国际惯例。

国际化也是公用信号制作专业化和市场化发展的必然趋势。专业化要求在理念和技术上达到国际化的水平，市场化要求在运作管理上具有市场意识，尽早与国际接轨。现在，电视公用信号制作在国际上已经成为一个特殊的行当，从某种意义上讲，这是在展示各国电视制作实力和电视人的综合素质，同时，这也是一个巨大的国际市场。2004 年雅典奥运会，中央电视台的制作团队承办了乒乓球、羽毛球、现代五项三个项目的公用信号制作，之后在东亚运动会、西亚运动会、英联邦运动会、葡语系运动会和多哈亚运会上，又屡屡表现出色，这使中国的制作团队在信号制作专属的国际领域已小有名气。2008 年北京奥运会，中央电视台向全世界提供了乒乓球、羽毛球、网球、篮球、排球、现代五项等赛事的国际公用信号，加上北京等地方电视台制作的足球等项目，在奥运会历史上，这是中国电视制作团队一次最大规模的实力展示。但是，与欧美职业电视信号制作水平和国际上被认可程度相比，我们从整体上说仍有很大差距。尤其是国内的大多体育赛事的公用信号制作远远未达到国际水平，而只有国内整体水平的提高才能真正提升我们在国际上的竞争力。

市场的规则永远由最强势的一方说了算，我们的体育公用信号制作刚刚起步，在专业上还需要向欧美国家学习，熟悉国际公用信号标准化的制作流程、技术要求，但一味地学习是不够的，我们要在自己擅长的项目上精益求精，形成优势，并争取拿到更多的国际电视公用信号制作项目。

按奥运标准建设体育赛事信号制作队伍

杨　斌

根据中央电视台和北京奥林匹克转播有限公司(BOB)签订的协议，中央电视台和其他地方台在北京奥运会上承担了乒乓球、羽毛球、网球、足球、篮球、排球以及现代五项七项赛事的信号制作任务。中央电视台按奥运标准建设赛事信号制作队伍，是圆满完成北京奥运会任务的基础，也是着眼于未来向“世界大台”迈进的必然。

作为全球电视收视率最高的奥运会，最能体现体育赛事信号制作的技术和艺术水平。

自 1992 年巴塞罗那奥运会以来，奥运会电视公用信号的制作从“主办国模式”发展成为“多国模式”，即由原来主办国的电视机构，自己组织队伍完成赛事公用信号制作任务，变成在全球范围内精选大家公认的多个国家的优秀制作团队组成国际专业电视转播公司，合作完成赛事公用信号的制作。

十多年来，在国际奥运会电视委员会的组织下以及各国参与多届奥运会的实践中，形成了目前国际上最为先进的制作理念和工作方式，制定出一整套成熟的标准和规则。这些成果已被当今世界各国的体育电视工作者所认可，并通用于各种国际赛事中。

奥运会信号制作的核心理念：“公正和平等(Fair and Equal)”“运动与情感(Motion and Emotion)”。

一、 奥运标准即国际标准

如何公正和平等地、不带任何倾向地从现场摄取采集信号，是电视公用信号制作中最为重要的一个原则。

“要用不懈的努力争取对每一位选手进行公正、平等的报道，无论实时，还是慢动作重放，要多角度地对每一位运动员的动作做到紧凑、富有张力的拍摄。”

如何在规范的前提下，利用精确的镜头选择和慢动作重放对赛事提供详尽的信息和深刻的内容，提升观众对运动员赛场上所做出的努力的充分理解和赞赏，体现出奥运会比赛内在的故事性，体现出运动的精髓和人们表现出来的情感，是每位导演长期积累而形成的功力所在。

因为奥运会是全世界各国运动员的大聚会，也是全世界人民的体育节日，如何让全世界的观众都能看懂比赛，被比赛所吸引，就需要我们的制作人员细心地研究赛事的特点，精心设计镜头，用“讲故事”的手法，把比赛的精彩画面和运动员的喜怒哀乐传达给观众，让他们在欣赏中去品味。要做到这些，也并非易事。在实际操作中，慢动作回放是表现情绪的重要手段，此时的慢动作，已经不仅仅局限于胜负、角度的变化和重现比赛的片段，而是突出运动过程中的细节和强调故事化的表达。例如雅典奥运会上由中央电视台负责信号制作的一场乒乓球单打比赛——王皓对瓦尔德内尔。比赛结束后，慢动作导演选用一连串的镜头表现了被称为“乒坛常青树”的老瓦，面对初次参加奥运会的小将，从开始的踌躇满志到中途力不从心以至无可奈何的表情，把选手心理变化的过程展示给观众，使观众在欣赏之余会在心中生出比赛之外的味道。

奥运会公用信号制作标准有许多人性化的规定，始终把运动员作为赛场上的主角而充分尊重他们，尽可能给正面而不是背影，对观众也要同样尊重，每次镜头不能少于5秒；要避开穿着过于暴露、举止不雅者，尊重像穆斯林国家观众的生活习俗和心理要求；不能在镜头运动的过程中叠加字幕，更不能把字幕叠加在人的脸上等等。

二、专业化是实施奥运标准的重要基础

岗位分工专业化是国际公用信号制作科学化的核心。以往我们缺乏经验、设备落后、岗位分工不明确。自从我们的制作团队参与国际大型赛事以来，岗位安排变得愈加细致和科学。以导演工种为例，以前在国内制作一场赛事的电视信号通常一个导演集策划、调机、切换、慢动作、字幕于一身。但这种小手工作坊式的运作模式很难应付复杂的体育赛事，并且效率低、易出错，无法完成当前纷繁复杂、瞬息万变的比赛信号制作。现在，国际标准把导演工作细化为六个工种：总导演、助理导演、场地导演、字幕导演、慢动作导演、切换员，即通常所说“一变六”模式。分工明确，责任到人，这不仅仅是人员数量的增加，更是制作理念的变化。

岗位分工的专业化还体现在分工明确而详尽。比如导演与切换员的关系，从国际惯例来说，导演属于创作团队，而切换员则属于技术团队。让技术人员来切换，他们对技术设备的熟悉程度较高，技术操作更为严谨。同时，如果现场设备一旦出现问题，排障能力更强。这样，导演就可能把更多的精力投入到信号制作的全局把握上。

在电视公用信号制作的技术与导演合作问题上，中央电视台体育节目中心的导演、摄像与播出传送中心的视频制作人员通过多年的探讨和磨合，将原来负责慢动作制作、特技制作的导演换成播送中心的技术人员，将音频调整和制作交由技术制作中心的音频制作技术人员来操作，体育节目中心的导演只负责转播时调机和视频连接。这种做法将导演与视、音频技术人员的分工在发挥各自的专业优势的基础上进一步明确。

这种模式的基本思路是将创作与制作合而分之，这样分工的考虑主要是：第一，信号切换由技术人员操作时，技术方面的问题他们最熟悉，出现问题时排障及处理起来快捷而准确，保证了信号不中断、不出问题。而这些技术人员在与体育导演长时间的合作配合过

程中，逐步对所切换的体育项目有了全面的了解，自己也有了一定的创作经验。第二，体育导演由于不直接操机切换，在激烈的体育比赛转播中就可以集中精力去观察现场情况，思考镜头表现重点，处理画面、慢动作、字幕、特技等相关联、相配合的问题。特别是篮球、排球、足球等比赛现场情况复杂、机位多、镜头转换频繁、慢动作多、字幕量大的项目。第三，为了保证制作水平，细化分工，实现岗位专业化是一个必然的方向，它为保证体育信号制作向更深、更专、更精的方向发展提供了基本保证。

专业化将一个“导演全能时代”终结。它用现代工业标准化、专业化理念，制作理念为电视公用信号制作质量的提升提供了有力的保障。它通过一系列量化方式和标准化的程序限制并制约了体育比赛信号制作的随意性和个人化方式，保证了赛事信号更具国际性、普遍性、通用性，能为各国信号用户所接受。事实上，专业化的规范并不排斥导演富有创造性的个性发挥。这如同体育比赛中的规定动作和自选动作，在高质量地完成规定动作后，自选动作漂亮地、富有创造性地完成才会使整场比赛更加完美，更具观赏性。

三、 实践是执行奥运标准的试金石

按照奥运标准制作赛事公用信号需要各个工作岗位人员在日常完成任务时做到相对稳定。国外成熟的公用信号制作团队往往有比较稳定的合作关系，他们常年只从事一两个项目的赛事信号制作。这样一方面可以保证团队能够在长期合作中熟悉所转播的比赛项目和这个项目中的运动员，了解各转播岗位彼此的工作习惯，遇到紧急情况，总导演知道该让谁去处理更合适；另一方面，团队能长期共同关注所转播项目的发展，在制作中捕捉到该项目最典型的技术动作，传递出该项目最专业的精神和特点。因此，在公用信号制作过程中每个环节执行奥运标准，不是理论问题，而是要主动、自觉地在实际操作中落实。在平时每一场赛事转播中都能严格执行工作流程是执行奥运标准最基本的规范化建设。

规范的工作流程就像一本教科书，尽管千篇一律，甚至相当枯燥，但是却直接关系到整个信号制作质量的好坏。只有信号制作的各个环节都严格按照流程操作，才能保证无论在任何场地传输出的信号都是同等标准。

中央电视台按照奥运标准制作体育赛事电视公用信号是从备战雅典奥运会开始的。在雅典奥运会上，中央电视台派出节目和技术部门组成的58人制作团队完成了乒乓球、羽毛球和现代五项三个项目的国际电视公用信号制作任务，并开始走向国际赛事的舞台。之后在东亚运动会、西亚运动会、英联邦运动会、葡语系运动会、多哈亚运会和女足世界杯赛场上，都有中央电视台制作团队的身影。尤其是在2006年多哈亚运会上，中央电视台派出150多人的队伍，负责乒乓球、羽毛球、篮球、排球、击剑、武术共六个项目公用信号制作，完成540多个小时。亚运会结束后，组委会电视转播有限公司董事长、英国人阿拉斯塔先生称赞中国中央电视台制作团队“忠实地执行了信号制作标准，为其他国家做出了榜样”。电视转播有限公司信号制作部主任、英国人迈克先生在发来的感谢信中是这样评价的：“CCTV制作团队在亚运会信号制作工作中扮演了重要的角色。坦率地说，我从来没有碰到过比你们更为勤奋的制作队伍，能够在所有负责制作的项目中提供如此稳定而优质的电视信号。我想你们已经为2008年北京奥运会的电视信号制作打下了一个良好的基础。从个人来讲，我期望着在世界上任何一个地方与你们再次相遇。”

实事求是地说，中央电视台体育赛事公用信号制作经过近几年的锤炼和考验，在国际上已经小有名气。为了不断总结、提高，近几年我们在重要赛事结束后召开的信号制作研讨会有几十次；在中国传媒大学有关部门人员的协助下，还出版了《体育赛事电视公用信号制作标准指南》一书。我们会再接再厉，把我国的信号制作水平提升到新的、更高的层次。

多哈亚运会向雅典奥运会看齐

——电视国际公用信号制作标准浅析

程志明

2006年12月15日，卡塔尔首都多哈，神圣的亚运之火熊熊燃烧了15天之后缓缓熄灭。本届亚运会是2008年北京奥运会之前的最后一次综合性大赛，也是最接近奥运会规模和标准的运动会，虽然其竞技水平无法与奥运会相比，但是它向世人展示了人类的聪明才智和恢弘的历史场景。

多哈亚运会是历史上设项最多、规模最大、参加人数最多的一届运动会，也是在阿拉伯国家首次举办的亚洲运动会。为此，卡塔尔政府对此届运动会高度重视，投入巨资，全力打造一个崭新的国家形象。由于卡塔尔国家面积小，人口少(只有70万，其中本国人口才20万)，体育设施严重缺乏，大部分体育场馆都需要新建，也没有任何公共交通设施。此外，安全保卫、场馆运营、赛事安排、人员住宿、电视转播、媒体协调、志愿者组织、证件办理、甚至天气情况等，都需要大量的专业人员来统筹规划和管理，这是一个用常规思维所无法解决的大问题。

然而，面对这些棘手的问题，卡塔尔人自有他们的高招，那就是“我出钱，你干事”。他们利用本国充足的资金优势，出钱雇用外国人来替他们完成这次极具风险的挑战，弥补了自身的不足。有的媒体把这种做法称之为“国际智慧”，也有的媒体把它形象地描绘成“多国部队”。确实，在多哈亚运会期间，仅运动员、教练员和官员就达到11000多人，媒体记者5000多人，再加上众多的旅游者，小小的多哈市承受着巨大的压力。为接待好这些远道而来的客人，卡塔尔政府临时雇用了6000名司机，8000名保安人员，以及数千名管理人员，还有16000名志愿者，他们来自世界90多个国家和地区，充分显现出卡塔尔举办本届亚运会的国际化思路。

一、嫁接“国际智慧”

作为亚运会的重要展示橱窗，电视信号制作和转播更能够表现出卡塔尔举办亚运会的国际化理念和开放性的思维方式。本届亚运会共有39个比赛项目，按照计划要对其中37个项目提供直播电视国际公用信号，而且，开幕式、闭幕式、游泳、田径、体操等项目还要提供高清晰度电视信号，统一使用16：9的转播格式，这在亚运会历史上都是第一次。但是，卡塔尔本国只有“半岛电视台”，设备少，专业人员更少，不借助外来力量，是绝对不可能完成亚运会这样大规模的电视信号制作和转播任务的。所以，卡塔尔政府采纳了外国专家的建议，把亚运会的电视信号制作和国际广播中心的建设的重大工程向外招标。结果，国际管理集团下属的Media公司 和 HBS公司最终联手拿下了该项目，并与组委会合作成立了“多哈亚运会转播有限公司”(DAGBS)，全权经营多哈亚运会电视国际公用信号的制作和转播业务。

其实这种做法并不是什么新创，最近几届的夏季和冬季奥运会都是由国际奥委会的“奥林匹克转播公司”(OBS)和承办奥运会国家组委会联合成立一个合股公司来经营运动会的全部电视信号制作和转播业务。实践证明，这种做法非常科学，可以通过这种统筹的方式，最大限度地挖掘资金的潜力，调动全世界最专业、最敬业、最有活力的队伍和人员，组成一支不属于任何国家的“最超脱”的电视信号制作团队。它有着自己的理念、标准、组织结构、岗位职责，形成一个完整的“实操套路”，一条精美的“工业化生产流水线”。这种方式可以合理地使用资金，省力、省钱、省时间，安全可靠，保质保量，风险小，易于管理和运营。自巴塞罗那奥运会之后的亚特兰大奥运会、悉尼奥运会、盐湖城冬季奥运会和雅典奥运会等大型综合性运动会的国际电视公用信号制作都是按照这种模式操作的。

赢得多哈国际电视公用信号制作和转播运营权的国际管理集团媒体公司(Media)和东道国转播服务公司(HBS)在体育赛事电视转播运营方面都是世界级高手。Media公司原名为世界管理集团TWI公司，是世界上最大的电视节目制作公司，对体育赛事信号制作尤为擅长。该公司有40多年的历史，在亚洲包括中国在内有很多分公司，熟知亚洲的情况，世界上许多大型运动会的转播和体育赛事节目制作都是由该公司承担的，在业内非常有名气，在多哈亚运会上，Media公司承担了十几个项目的信号制作任务。HBS公司的历史比不上Media公司，但一提到2002年韩日世界杯足球赛和德国世界杯足球赛，电视信号制作国际专署领域的同行都会异口同声地提到HBS公司，是它成功担当了运营这两届世界杯电视信号制作和转播的主角。它通过各种渠道，从世界各地，主要是欧洲征召了专业足球电视信号制作队伍和人员，把世界杯电视信号制作和转播搞得红红火火。该公司是世界上专门经营足球和其他重大体育赛事电视信号制作和转播的公司，有着成熟的管理理念和实操经验。2010年的南非世界杯足球赛的电视信号制作和转播依然是该公司运营的。两个巨头公司利用各自的优势，组合成一个强有力的团队，招募了1900名来自五大洲的专业电视信号制作队伍和人员，成功地演绎了亚运会历史上首次真正意义上的“多国部队”协同制作信号的壮观场面。专业的信号质量得到卡塔尔国家领导人的高度赞赏，也得到了亚洲各国用户的普遍好评。

嫁接“国际智慧”的另外一个重要亮点是多哈亚运会的开、闭幕式设计和电视转播，卡塔尔政府为此投入了1.2亿美元。承接此项重任的是曾经导演过悉尼奥运会开幕式的著名导演、澳大利亚人大卫·阿特金斯。为了保证开、闭幕式的道具高质量完成，他们把制作工厂设在澳大利亚首府悉尼，工厂的面积异常的大，有12.5万平方米，雇佣了30多位长期工，在工作紧张的高峰阶段，工人会增加到180名。工厂负责人是曾经承接制作悉尼奥运会开、闭幕式道具工程的埃德蒙兹和斯巴克斯，他们有着丰富的经验。尽管道具制作工程从2006年2月才开始，但不到四个月就全部完工。之后所有的道具用轮船海运到多哈，保证了亚运会仪式的需要。

二、“平衡”即是“公正”

电视信号制作不是场上的裁判，它的责任是要非常客观地把比赛场上发生的任何一个事件用电视手段把它采集下来并传播出去，这就需要一套游戏规则。奥运会电视信号制作人员通过十几年的实践和摸索，总结出了“公正和平等”(Fair and Equal)的电视信号制作核心理念，它是对标准的精确解释，而且还有非常具体的规定。例如，当两位运动员在场上角逐时，摄像机镜头在采集赛场上精彩画面的同时，还一定要注意运动员镜头的时间分配比例，通常是50%对50%。不同国家观众的镜头比例也是如此，给A国家观众5秒，那么给B国家观众也得5秒，特别是双方运动员比赛进行得非常激烈紧张时，更要注意镜头的分配比例，千万不能因为场上的选手或者观众是自己的同胞而把镜头更多地给他们，这是绝对不允许的，观众也会很不满意。总之，在比赛场上，必须一视同仁。

相对于“公正和平等”的理念，多哈亚运会电视转播有限公司则用了另外一个词，叫做“平衡”(Balance)，作为信号制作的核心理念。对此，多哈亚运会电视转播有限公司电视信号制作部主管迈克·韦尔默特先生在接受笔者的采访时解释说，从做计划开始就把标准定在向奥运会看齐，力争有新的突破。亚运会提倡信号制作要讲求“平衡”，这和奥运会历来提倡的“公正和平等”的理念在本质上是一致的。他强调说，既然你们成为了多哈亚运会电视转播有限公司的成员，你们必须明白你们的身份已经转变了，你们已经不再是所属国家的电视工作者，而是亚运会电视转播有限公司的成员。在这个特定的时间段里，所做的一切必须要为公司负责，无条件地服从公司提出的信号制作理念、标准、纪律等，要时刻记住你们提供的是“主播台”信号，它有着至高无上的权威性和独有性，必须严格地按照公司提出的“平衡”的理念去约束自己的电视信号制作行为，确保所提供的信号是公平正直、没有偏私的，除非是合理的编辑思路的需要，一般情况下，不得无故突出某支队伍或某个运动员，或某个人物。说到这，他还特地举了个例子：赛场上来了个大人物，坐在贵宾席上，我们做信号的就不能随便给他单个的特写镜头，即使你把他看作是一般的观众，也不能给镜头。除非信号制作主管要求，你才可以给镜头。那么在什么情况下才能自主决定给贵宾席镜头呢？迈克先生解释说，如果贵宾席有一组人，例如两、三个人，就可以给，但是次数不能太多。比赛还是主体，运动员是赛场上的主角，他们是最重要的，还有为运动员摇旗呐喊的观众也很重要。

运动场上，运动员拼杀激烈，受伤是难免的事情，而且经常来得很突然，如何处理这些场面，有关“平衡”理念也被细化到这些情节上。标准要求，如果赛场出现了运动员受伤的情况，镜头必须及时跟上，但是不要干扰运动员和医护人员治疗，要用“讲故事”的手法把运动员受伤的过程向观众交代清楚。如果运动员受伤的场面过于血腥，这时，摄像师一定要与被拍摄物体保持较远的距离，不要给近景，更不能给特写，特别是不要强行拍摄，或者干扰运动员，这样做是非常不礼貌的。此外，对运动员受伤的过程，不要连续用慢动作重放，更不能用图解的方式，而要用一种平和的态度和爱心去处理镜头，维护运动员的尊严，这也是非常人性化的处理方式。

和雅典奥运会一样，本届亚运会电视信号制作也专门制定了“颁奖仪式镜头图表”，详细地描述了颁奖仪式电视画面的采集全过程，对获得不同名次的运动员的镜头景别做了专门的规定，要求各个制作团队要忠实地按照图表的要求去做，当然不排除导演根据场上的具体情况进行一定的调整，但主旋律是不能变的。无论是冠军还是亚军、季军，凡是登上领奖台的运动员，都必须有获得近景镜头的待遇，不能厚此薄彼，要做到“平衡”，做到公正。

三、 翻版“多国部队”模式

本届亚运会沿用了奥运会的电视信号制作模式，招募了来自五大洲的1600多名专业电视人员，共35支队伍参与了电视信号制作，完成了2300个小时的信号量，形成了“多国部队行动”，充分体现了信号制作的国际化，这在亚洲运动会的历史上开了先河。本届亚运会电视信号制作的国际化理念的出现和“多国部队”的组成，既有它的现实情况，也有它的历史原因。第一届亚运会于1951年在印度首都新德里举行，运动会共设立了6个项目，有11个国家和地区派队参加了比赛，所有比赛项目的电视转播都是由印度国家电视台自己完成的。之后，历届亚运会的电视信号制作基本上都是由主办国自己承担，也有个别亚运会承办国邀请了几个国家的电视台参与了信号制作，但基本上还是围绕着自行制作的模式运转，处在小作坊式的工作状态，要求比较低，没有统一的标准，更没有成熟的理念，甚至可以说一个国家一种风格，非常混乱。有的国家在制作信号时，全然不顾“公正和平等”的原则，更不会去考虑什么“平衡”，而把镜头一味地对准自己国家的运动员、教练员，即使本国运动员的成绩很差，镜头照样很多，而得了冠军和好名次的国家和地区的运动员的镜头却很短，甚至根本就没有，使得观众非常不满意，这种情况同样发生在1992年巴塞罗那奥运会之前的历届奥运会上。当然，这种情况的发生，主要缘于观念的困惑。但庆幸的是，卡塔尔政府头脑很清醒，没有把本届亚运会经营成海湾国家的小作坊式的试验田，而是索性大开国门，全盘接受“国际化”概念，利用国际上成熟的操作模式，引进“多国部队”，让专业人员做他们最擅长的项目。这样做风险小，成功率就大大得到了保证。

说到国际上成熟的操作模式，可以以雅典奥运会为例，它的制作队伍有来自欧洲的英国、法国、瑞典、芬兰、西班牙、希腊、瑞士、匈牙利、斯洛文尼亚、捷克、丹麦、波兰、意大利，美洲的古巴、加拿大，大洋洲的澳大利亚和新西兰，亚洲的中国、日本和韩国。在分配制作项目时，基本上遵照着本国优势项目优先的原则，这样可以最大化地发挥制作队伍的长处，同时确保信号制作的质量。例如，澳大利亚制作游泳、跳水、花样游泳等项目，日本制作体操项目，韩国制作跆拳道和射箭项目，新西兰制作帆船项目，瑞典、芬兰和西班牙制作田径项目，匈牙利制作击剑项目，中国制作乒乓球和羽毛球项目等。需要说明的是，欧美国家的制作队伍的成员大部分是“自由职业者”，他们不属于我们常说的某某“单位”的职工。即使是某国家电视台的工作人员，但是他们的个人身份就是“自由职业者”，正式员工很少，而且很多人是临时从各个国家招聘来的，只签了几个月的临时合同。事实证明，此种做法效果很好。

那么本届亚运会“多国部队”都来自哪些国家和地区呢？从下面的表格中，读者会得出大概的印象。

比赛项目	制作队伍	备注
开、闭幕式	多哈亚运会电视转播有限公司	主要由澳大利亚人组成
跳水	澳大利亚	
游泳	澳大利亚	
花样游泳	澳大利亚	
水球	加拿大、英国	英国提供ENG信号
射箭	韩国	
田径	英国	
马拉松	新西兰	
竞走	新西兰	
羽毛球	中国中央电视台	
棒球	韩国	
篮球	中国中央电视台	
健美	印度	
保龄球	法国、英国	英国提供ENG信号
拳击	加拿大	
皮划艇	法国	
国际象棋	英国	提供ENG信号
台球	英国	
公路自行车	新西兰	

（续）

比赛项目	制作队伍	备 注
场地自行车	加拿大	
马术三日赛	英国	
马术障碍赛	英国	
马术盛装舞步	英国	
马术耐力赛	英国	提供ENG信号
击剑	中国中央电视台	
足球	卡塔尔半岛电视台、葡萄牙、比利时、法国	
高尔夫	英国	
体操	日本	
艺术体操	日本	
蹦床	日本	
手球	丹麦	
曲棍球	澳大利亚	
柔道	韩国	
卡巴迪	印度	
空手道	韩国	
赛艇	法国	
橄榄球	法国	
帆船	新西兰	
藤球	泰国	
射击	韩国	
垒球	韩国	
软式网球	澳大利亚	
壁球	澳大利亚	
乒乓球	中国中央电视台	
跆拳道	韩国	
网球	英国	
铁人三项	新西兰	
排球	中国中央电视台	
沙滩排球	加拿大	
举重	韩国	
摔跤	韩国	
武术	中国中央电视台	

从上面表格中我们可以清楚地了解到，欧美国家的信号制作队伍仍然占据着统治地位，一些难度较大、科技含量较高的项目依然操控在他们手中。但需要说明的是，来自欧洲、美洲、大洋洲国家的信号制作队伍并不是某个国家的电视台的整建制队伍，大部分是私人公司。例如，澳大利亚长期以来基本上垄断了跳水、游泳、花样游泳的信号制作，在世界性大赛的赛场上经常见到他们的身影。其实，他们并不是澳大利亚国家电视台的工作人员，而是澳大利亚的一家叫“G FORCE”的私人电视制作公司的员工，他们公司承包了这个项目，所雇用的人员大都是自由职业者，这种情况在国外非常普遍。这和我们中央电视台的队伍由本台人员组成的模式完全不同。虽然我们相对缺乏经验，也不像他们拥有充足、熟

练的专业人员，特别是在制作理念和观念方面我们还比较陈旧，但是，本届亚运会，亚洲的中国、韩国、日本、印度和泰国等，承担了18个项目的信号制作任务，制作的信号量占了亚运会信号制作总量(2300小时)的一半以上，大约1200个小时，信号质量也得到组委会和客户的高度认可。这说明，我们亚洲人有能力、有潜力在信号制作方面迎头赶上欧美。

特别需要强调的是，本届亚运会中国中央电视台派出了由体育节目中心、播送中心、技术制作中心和中国传媒大学组成的一支151人的高素质(含整体外语水平)的专业制作队伍，平均年龄26岁，承担了篮球、排球、乒乓球、羽毛球、击剑和武术六个项目的信号制作任务。这种大规模地派队伍到国外参加亚运会的国际电视公用信号制作，在中央电视台历史上，甚至在中国电视历史上都还是第一次，意义非常重大。在此之前的几年里，中央电视台派队参与了东亚运动会、西亚运动会、英联邦运动会、葡语系运动会等大型综合性运动会的电视信号制作，在接受新的观念、队伍的建设、人员整体素质的提高等方面，均收益匪浅，积累了不少经验，制作水平有一种脱胎换骨的变化。但我们清醒地认识到，能有这样的进步，是因为从一开始，我们就站在欧美专家提供的高标准的平台上，如果没有他们通过长期实践总结出来的经验和体会，进而制定出了完善的理念和标准，我们怎么可能有机会站在巨人的肩膀上去攀登高峰，怎么可能有机会和欧美国家的优秀制作队同台竞技，所以这几年中央电视台制作队在认清现实和差距的前提下，努力在实践中完善自己，提高自己，发挥自己的长处并且力求有所发展、有所创新。为做好多哈亚运会信号，为祖国争光，为中国电视人争气，大家在国内抓住一切机会练兵。在多哈亚运会上，大家严格按照标准操作，尽心尽力、保质保量地做好每一个画面，大家勤奋工作的劲头和友好相处的态度得到各国专家和同行们的公认和好评。中央电视台承担的六个项目，共制作了514场比赛，541个小时的制作量，占亚运会信号制作总量的五分之一。组委会电视转播有限公司董事长、英国人阿拉斯塔先生称赞中国中央电视台制作队“忠实地执行了信号制作标准，为其他国家做出了榜样”。电视转播有限公司信号制作部主任、英国人迈克先生在给中央电视台制作队发来的感谢信中评价道：“中央电视台制作队在亚运会信号制作工作中扮演了重要的角色。坦率地说，我从来没有碰到过比你们更为勤奋的制作队伍，能够在所有负责制作的项目中提供如此稳定而优质的电视信号。从个人来讲，我期望着在世界上任何一个地方与你们再次相遇。”

四、 设备配置量力而行

通常情况下，大型综合性运动会的比赛场馆旁都会停放各种大小不一的转播车辆，供信号制作和转播使用。例如雅典奥运会，仅转播车就有57辆之多，还有350多辆技术车辆，其中包括技术保障车辆、音频制作车、升降车、移动跟踪拍摄专用车、发电车、卫星车等等，种类繁多。可是多哈亚运会却完全不同，特别是在各个体育场馆边上，大家看不到熟悉的转播车和技术保障车，取而代之的是一间间白色简易机房，里面摆放的是“箱载式设备野外制作系统(Fly—away kits)”，也就是我们常说的电子现场制作(EFP)，另外还有不少设备也同样安置在这些简易机房内。这些设备大部分是从英国或者其他欧洲国家的私人公司租来的。雅典奥运会大量使用转播车，主要原因是雅典与欧洲各国地理距离近，转播车从陆地就可以直接开到场馆，非常便捷。但是多哈亚运会则完全不同，周边国家没有这么多的设备和技术人员，所以只有大量地使用便于运输的“箱载式设备野外制作系统”，才可能解决信号制作问题。此外，这种设备可以根据赛事规模的大小进行任意的组合，非常方便。

坦率地讲，对一些重要的赛事项目，电视转播有限公司还是敢于投入的，例如，开闭幕式、游泳、跳水、田径、体操、自行车、网球等。跳水和游泳历来是由澳大利亚制作的，他们不仅专业技术过硬，他们的设备也是世界一流的，有水下移动跟踪摄像机、池边轨道移动摄像机、自由落体式摄像机、空中钢缆移动摄像机等。尤其要提及的是，专门用于拍摄跳水的自由落体式摄像机，全世界只有三台，其中英国有两台，澳大利亚有一台，都是所属公司各自分别研制的，技术对外保密，设备只租不卖。而且，租用设备时，必须由他们的技术操作人员陪同。这样做主要是为了技术保密，租用设备的费用非常高。本届亚运会跳水使用的“自由落体式”摄像机是英国广播公司(BBC)的，不但是高清的，技术上也有了创新。马拉松比赛中，信号制作投入了33台摄像机，动用了3辆摩托车，两架直升机。即使是竞走比赛，信号制作设备和人员的投入规模也和马拉松一样。

此外，本届亚运会的电视信号制作在新技术、新设备投入方面下了很大工夫。例如，首次使用了英国一家公司最新研制的氦气球空中移动遥控摄像机，它是一个巨大的气球，球体为白色，内置一个摄像机，球体上安装有风扇，可以驱动球体前后左右移动，用它做全景镜头非常方便，可以随时变化高度、角度，它是通过地面人工遥控操作的。另外，在本届亚运会的开闭幕式、田径、游泳等比赛项目的信号制作中，频繁使用了空中钢缆移动摄像机，对丰富画面、活跃信号气氛起到了很大作用。

当然，多哈亚运会和雅典奥运会在电视信号制作上是无法相提并论的，通过下表我们可以更直观地看出两者之间的差距，对增长我们的见识或许有一些帮助。

项　目	雅典奥运会	多哈亚运会	备　注
信号制作人员	3900人	1900人	
转播车	57台	两台主要供制作单边信号	
摄像机	1000台	644台	
系统内摄像机配置	最少9台，最多44台	最少6台，最多29台	按照赛事项目配置
录像机	450台	200多台	
直播公用信号量	3500小时	2300小时	
各种技术车辆	350辆	100多辆	
使用公用信号电视台	200多家	100多家	全世界范围
电视观众人数	35亿	15亿	

需要说明的是，本届亚运会的电视信号制作所使用的设备，绝大部分是“箱载式设备野外制作系统”，也就是国内常说的“EFP”，共投入了36套。转播车仅有两辆，供单边信号制作使用。

应该说负责运营本届亚运会国际电视公用信号制作的Media公司和HBS公司为亚运会国际电视公用信号制作所搭建的运营机构、操作系统，制定的工作理念、质量标准、工作流程，甚至小到慢动作的“扫换动画”要求几乎完全参照奥运会的模式，努力向奥运会看齐。通过确定正确的工作理念，采用成熟的操作方式，雇用专业的管理和制作人员，合理地使用资金，辅之以流畅的运营程序，就保证了多哈亚运会这样大规模赛事的公用信号制作获得极大成功，把一件难度非常大的事做得有条不紊，有声有色，赢得了尊重和赞誉。

此文发表在2007年2月
中央电视台《现代电视技术》

珍贵的文化遗产

——北京奥运会和残奥会电视公用信号制作杂谈

程志明

2008年北京奥运会在举世瞩目和高度赞扬声中落下帷幕，它不仅让全世界看到了欣欣向荣的社会主义中国的巨大发展和进步，也让全世界看到了勤劳勇敢的中国人民的热情和能力。作为奥运会的组成部分，电视公用信号制作同样获得了极大的成功，借用北京奥林匹克转播有限公司首席执行官罗梅罗先生的话来形容，就是“全世界没有一家持权转播商投诉”！没有“投诉”就意味着成功，伟大的成功！北京奥运会电视信号制作集中了世界上20个国家的优秀制作团队，对28个项目的比赛进行直播公用信号的制作，制作量达到3800个小时，全部采用高清制作格式和5.1环绕声，无论是规模、难度和创新程度都堪称奥运会历史之最。

一、“欧洲军团”实力强劲

奥运会电视公用信号制作是西方人按照他们的思路和概念创造出来的由“多国部队”和“多国设备”组合成的一种先进的“工业化生产”模式，它有着共识的理念和标准，大家按照“游戏规则”有条不紊地完成各自的工作，保质保量地完成“信号产品”的生产要求。这种独特的运营方式目前已经演变成一种行业，一种文化现象，得到行业人士的大力推崇。1992年巴塞罗那奥运会是奥运会电视公用信号制作历史上启用这种先进模式的开篇之作，它彻底消灭了以往历史上获得奥运会主办权的东道主国家在制作电视公用信号时产生的杂乱无章、偏袒不公、水平不一，甚至粗制滥造的不良现象，保证了电视信号制作的公正性和信号质量的稳定性。目前这种理念清晰、标准统一、操作规范、流程精细、组织严密的“工业化生产模式”在许多世界性运动会和大型国际赛事的电视信号制作中得到广泛采用。

北京奥运会的电视公用信号制作也不例外，完全沿袭了这种国际流行的运作方式，参照的依然是“尊重传统优势”“使用成熟的队伍和人员”“发挥专业性和专长”的科学概念。参与信号制作团队的格局没有太大的变化，欧洲仍然占据主导地位，一些占有传统优势的信号制作团队仍然统治着各自擅长的项目。例如，澳大利亚7台依然占据着游泳、跳水、水球项目的信号制作领地。日本放送协会(NHK)电视台还是控制着体操项目。芬兰和瑞典两家电视台不仅包揽了开闭幕式的电视信号制作，而且在他们拿手的田径项目方面继续独领风骚。韩国、古巴、波兰、加拿大等国家的电视机构重复着在雅典奥运会上的射箭、棒球、摔跤和拳击等项目的信号制作。

如果拿雅典奥运会和北京奥运会做个比较，就可以清晰地看出其脉络的延续性。参与雅典奥运会电视公用信号制作的国家电视机构或联合体共有20个，其中欧洲国家有13个，美洲2个，大洋洲2个，亚洲3个。参与北京奥运会电视公用信号制作的国家电视机构或联合体共有20个，其中欧洲11个，美洲5个，亚洲3个，大洋洲1个。尽管在北京奥运会上，欧洲参与信号制作的国家减少了两个，但是丝毫没有动摇它们的统治地位。这不仅仅从参与的国家数量上得出结论，更重要的是欧洲国家电视机构参与的比赛项目的信号制作难度也相对大一些，而且对电视设备，尤其是特种设备的要求更高、更苛刻。在这方面，欧洲国家的电视机构有着完善的市场机制、规范的运作程序、大量的先进设备、丰富的专业人力资源，这些也恰恰是其他国家所欠缺的。雅典奥运会与北京奥运会在电视公用信号制作队伍方面的比较参见以下两表。

雅典奥运会电视公用信号制作队伍一览表

项目		制作团队
开、闭幕式		芬兰/瑞典
田径	径赛	芬兰
	田赛	瑞典
	马拉松	西班牙
	竞走	西班牙
体操	竞技体操	日本
	艺术体操	
	蹦床	
游泳	游泳	澳大利亚7台
	花样游泳	
	跳水	
	水球	
赛艇		瑞士
皮划艇静水		瑞士
皮划艇激流		法国3台
帆船		新西兰
足球		希腊、斯洛文尼亚、意大利、捷克
篮球		希腊
排球		雅典奥运会广播有限公司
沙滩排球		希腊
乒乓球		中国
羽毛球		中国
网球		英国
棒球		古巴
垒球		加拿大
曲棍球		斯洛文尼亚
手球		丹麦
射击		雅典奥运会广播有限公司
射箭		韩国
击剑		匈牙利
柔道		波兰
跆拳道		韩国
摔跤		波兰
拳击		加拿大
举重		希腊

（续）

项目		制作团队
自行车	场地	西班牙
	山地	法国3台
	公路	西班牙
铁人三项		西班牙
现代五项		中国
马术		雅典奥运会广播有限公司

北京奥运会电视公用信号制作团队一览表

项目		制作团队
开、闭幕式		芬兰国家广播电视公司(YLE)/瑞典国家电视台(SVT)
田径	径赛	芬兰
	田赛	瑞典
	马拉松	比利时法兰德斯广播公司(VRT Belgium)
	竞走	比利时 VRT Belgium
体操	竞技体操	日本 NHK
	艺术体操	
	蹦床	
游泳	游泳	澳大利亚7台
	花样游泳	
	跳水	
	水球	
	现代五项(游泳)	
马拉松游泳		英国广播公司(BBC)
赛艇		英国 BBC
皮划艇静水		英国 BBC
皮划艇激流		斯洛文尼亚国家电视台(TV SLOV)
帆船		美国自由职业者(Fveelance)
足球		中国北京台、上海台、天津台、广东台、辽宁台
篮球		中国中央电视台
排球		中国中央电视台、北京电视台
沙滩排球		巴西环球电视台(TV Globo)
乒乓球		中国中央电视台、武汉台、江苏台
羽毛球		中国中央电视台、厦门台、浙江台
网球		中国中央电视台、上海台
棒球		古巴广电总局(ICRT)
垒球		韩国放送公社(KBS)
曲棍球		斯洛伐克国家电视台(Slovak TV)/捷克国家电视台(Czech TV)
手球		丹麦自由职业者(DEN F'lance)
射击		美国自由职业者(US F'lance)
射箭		韩国 KBS

（续）

项　目		制作团队
击剑		匈牙利电视台(MTV，HUN)
柔道		日本富士电视台(Fuji TV)
跆拳道		日本 Fuji TV
摔跤		波兰电视台(TVP，POL)
拳击		加拿大广播公司(CBC)
举重		希腊广播公司(ERT，GRE)
自行车	场地	哥伦比亚电视台(Columbian FL)
	山地	哥伦比亚 Columbian FL
	公路	比利时 VRT Belgium
	小轮车	斯洛文尼亚 TV SLOV
铁人三项		比利时 VRT Belgium
现代五项		中国中央电视台
马术		加拿大 CBC

二、“中国制造”成为亮点

自从1992年巴塞罗那奥运会首次实行“公用信号世界做”的模式之后，凡是获得奥运会主办权的东道国通常只能派出为数很少的电视制作团队参与电视公用信号制作。以2004年的雅典奥运会为例，东道国希腊只参与了篮球、举重、沙滩排球和足球(两块场地)三个半项目的信号制作。但是，北京奥运会则完全不同，东道国电视机构大范围地参与了信号制作，全国共10家电视台，派出16个团队，共549人(中央电视台244人，其中武汉台15人、厦门台15人加入；北京台67人；上海台82人；天津台38人；广东台38人；辽宁台38人；江苏台27人；浙江台15人)，承担的项目多达7个，分别是足球、篮球、排球、乒乓球、羽毛球、网球和现代五项，首次改写了自巴塞罗那奥运会之后东道国少量参与信号制作的历史。我们用实力赢得了国际同行的高度赞扬和尊重，取得了历史性的突破。在“世界制造”的大范畴中的“中国制造”成为一大亮点，给国际奥委会和世界体育电视界留下了深刻的印象。

中国体育电视人在北京奥运会能得到这样的机会，与在雅典奥运会的首次亮相便一举成名是分不开的。作为中国体育电视界代表的中央电视台制作团队58名人员在赴雅典前的一年多的时间里，完成了650多个小时的演练，严格按照奥运会的理念、标准和流程进行规范化操作，苦练基本功，从而在雅典奥运会的乒乓球、羽毛球和现代五项3个项目的实战中赢得了良好的“第一印象”，这极大地增强了中国体育电视人的竞争力，为在北京奥运会上争得了更多制作项目的机会。从58人到549人，这不仅仅是数字的变化，更重要的是说明中国体育电视信号制作的整体实力有了长足的提升。为备战北京奥运会，中央电视台和各兄弟省市电视台都进行了高强度的严格演练，如中央电视台在2007、2008年两年间，利用各种单项赛事和“好运北京测试赛”等机会，全面展开实战演练，多达3700小时，积累了丰富的实战经验，特别对那些首次参加奥运会信号制作的人员来说，具有启蒙、入门、建立信心、敢于上阵、勇夺胜利的现实意义。参加过雅典奥运会信号制作的人员积极传授经验，起到了正确的引领作用。北京奥运会，中国体育电视信号制作军团“吃掉”了所有足球主场和分赛场的信号制作任务，投入了北京、上海、天津、广东、辽宁五个台的精兵强将。此外，北京台还参与了男子排球赛事的信号制作；上海台承担了网球1号和2号场地的信号制作任务；江苏台负责第3和第4号球台的信号制作工作；浙江台承担了羽毛球第3号场地的信号制作任务。作为中国信号制作团队“旗舰”的中央电视台派出了5支队伍，共244人(其中，央视本部167人、武汉台15人，负责乒乓球第2号球台；厦门台15人，负责羽毛球第2号场地；中国传媒大学45人；北京科学电影制片厂两人)，平均年龄30岁，负责制作篮球、排球、乒乓球、羽毛球、网球和现代五项总共6个项目的信号任务，完成的节目量为738小时，占北京奥林匹克有限公司(BOB)3800小时总量的近五分之一，信号制作质量、执行标准及团队的合作沟通能力均得到外国同行以及国际奥委会和BOB高层的一致好评。BOB首席执行官罗梅罗先生称赞中央电视台信号制作团队经验丰富，业务能力强，表现了国际大台制作团队的良好职业素质。

三、 残奥会央视挑大梁

北京残疾人奥运会是紧接着北京奥运会之后的一项重大国际赛事，和后者相比，虽然项目和参与运动员少一些，但是它的意义和复杂程度丝毫不亚于后者，尤其是残疾人比赛的电视公用信号制作有着特殊的难度。本届残疾人奥运会共设置了20个比赛项目，就项目数量而言和雅典残疾人奥运会基本相同，但是就电视信号制作量来说，北京残疾人奥运会是创造历史纪录的。雅典残疾人奥运会的电视公用信号制作项目是7个，而北京残疾人奥运会则增加到12个。按照惯例，残疾人奥运会通常是由主办国的电视机构完成所有的信号制作，雅典残疾人奥运会是由希腊的数家电视台组成联合体完成的。而北京残疾人奥运会则由中央电视台挑大梁，承担了12个公用信号中的9个半项目的制作任务，投入6个团队，281人；北京电视台负责两个半项目的公用信号制作，投入两个团队，122人。此外，中央电视台还承担了13个项目的“ENG赛事集锦拍摄”任务，共投入了24个小组，72人。如果再加上中央电视台负责制作残疾人奥运会开、闭幕式公用信号的130人，以及为上述团队做辅助工作的人员(约41人)则达到524人，这样两家电视台参与北京残疾人奥运会电视信号制作的人员相加共达到646人。谈到公用信号制作量，根据最后的统计，中央电视台制作的公用信号总量为542个小时，北京电视台制作的公用信号总量为203个小时。另外，中央电视台负责的“ENG赛事集锦拍摄”的素材总量达654小时。这样庞大的规模是相当可观的。中央电视台与北京电视台分别承担的公用信号制作项目如下表所示。

北京残疾人奥运会公用信号制作情况一览表

中央电视台承担项目：

项 目	制作类型
开、闭幕式	转播车
田径	转播车
游泳	转播车
七人制足球	ENG＋转播车
柔道	转播车
坐式排球	ENG＋转播车
轮椅篮球(预赛)	转播车
轮椅橄榄球	转播车

（续）

项　目	制作类型
乒乓球	转播车
场地自行车	转播车
轮椅网球	ENG＋转播车
射箭	ENG
田径（马拉松）	ENG
自行车（公路）	ENG
赛马	ENG
五人制足球	ENG
盲人门球	ENG
举重	ENG
划船	ENG
帆船	ENG
射击	ENG

北京电视台承担项目：

项　目	制作类型
轮椅篮球	转播车
硬地滚球	转播车
轮椅击剑	转播车

残疾人奥运会对中国体育电视人来说是非常陌生的，而且是中国体育电视人第一次面对这样大规模的由残疾人参与的国际体育大赛，没有任何经验可以借鉴，许多项目大家从来没有见过，甚至没有听说过。要在短时间里熟悉赛事和规则，了解比赛的规律和特点，制作出高质量的信号，向全世界提供最佳的服务，困难可想而知。为此，中央电视台和北京电视台分别进行了高强度的演练。大家利用各种测试赛了解比赛的规则，熟悉项目，熟悉竞赛程序。有的比赛安排在外地，中央电视台制作团队就专程把转播车开到那里进行现场制作，即使不播出，也当作直播演练。有的项目根本没有安排比赛，中央电视台制作团队就安排人员到运动员训练现场进行观摩和学习，请教练员或者相关的专家讲解比赛，加深对规则和整个赛事流程的了解，或者观看以往的国际比赛录像带，从中寻找规律和特点，尽可能把自己调整到最佳的状态。

首先，制作团队在制作残疾人奥运会比赛电视信号时完全遵循奥运会的制作理念，本着“公正和平等”的原则，对各国和地区的运动员一视同仁，真实客观地记录了精彩的比赛场面，让观众看到残疾人运动员奋勇拼搏的感人情景，感受残疾人运动员自强不息的奋斗精神和高尚风貌。其次，制作团队成员怀着爱心和真情，尽心尽力去捕捉残疾人运动员最感人的每一个动作和神情，去展现运动员在比赛中最美好的瞬间，坚持用最正面、最恰当的镜头去描绘残疾人运动员激战赛场的壮观场面。再次，制作团队为了适应残疾人比赛的特殊情况，在摄像机机位的架设、画面的构图等方面，都给予了细心的考虑。例如，坐式排球比赛，由于运动员是坐在场地上，这和通常的排球比赛全然不同，因此，必须要把相关的机位降低高度，拍摄的方法也要做相应的调整，让观众很舒服地欣赏残疾人运动员的精彩比赛。

中央电视台在北京残疾人奥运会电视公用信号制作中承担的另外一项重要任务是“ENG

赛事集锦拍摄”。它是使用单个或几个摄像机完成一场赛事的完整记录或者把一场赛事的主要精彩段落和重要节点记录下来形成拍摄素材，后期制作的编辑按照场记单从多项赛事的拍摄素材中精心挑选精彩画面，再插入其他直播公用信号的内容组合成“赛事集锦”，长度通常为30分钟，或者60分钟。这种“赛事集锦”式的电视公用信号制作方式在大型国际比赛中经常使用。几十分钟的“赛事集锦”把全天精彩比赛悉数囊括在内，电视客户使用起来非常方便。这短短几十分钟的“赛事集锦”，对中央电视台制作团队而言，却是前所未有的巨大挑战。

北京残疾人奥运会共设置了20个大项赛事，其中有9项赛事全程提供直播公用信号，3项比赛只在决赛时提供。这样其余的项目(共13项，其中10个项目全程拍摄，3个项目拍摄小组赛等)就必须使用“ENG赛事集锦拍摄”的方式弥补直播信号的不足。本届残疾人奥运会“赛事集锦”每天向全世界的客户普发两次，分别是北京时间下午的16：00和晚间的24：00，每次一个小时。拍摄队伍共24支，72人，每3个人分为一组，岗位分别是摄像师、助理摄像师和场记员。“赛事集锦”拍摄对摄像师要求很高，不仅要能够独立拍摄，而且要有“讯道”的感觉，要有“整体感”，对拍摄的机会要把握到位，特别是关键节点的拍摄决不能丢失，为后期制作创造最好的画面条件。因为摄像机少，又不能丢失重要画面，摄像师有时要经常挪动摄像机，放置在最佳角度，工作强度很大。由于要和各种岗位的外国人打交道，作为场记员不仅要熟悉赛事规则，更重要的是要懂得英语，而且口语要流利，书写也要整洁流畅易辨认，书写用词也要求准确专业，因为后期制作的编辑在挑选画面时的主要依据就是出自场记员笔下的“场记单”。另外从某种角度来讲，场记员还扮演着导演的角色，其要清楚地了解所需要拍摄的内容，随时提醒摄像师。

为了保证出色完成任务，中央电视台体育节目中心在内部进行挑选，寻找合适的摄像师和场记员，通过报名和考核的方式，确定了72位人选。请BOB外国专家对他们进行“突击培训”，从基础概念讲起，讲理念，讲要领，讲流程，讲标准，讲细节，格式化“规定动作”，使24组队伍的人员从思想和操作上能够做到“整齐划一”。这样就可以保证各组的拍摄质量处在同一个水平线上。三次针对性非常强的培训，强化了大家对“赛事集锦拍摄”的了解和执行标准的意识，加深了对残疾人奥运会特殊性的认识。此外，大家在研讨中清晰了许多概念，发现了其中逻辑性很强的规律，细化出一系列可行的操作模式和方法，为出色完成任务打下了良好的基础。由于工种的特殊性，前往青岛拍摄帆船比赛的摄像师和场记员，是经过专门挑选，具有在船上拍摄的经验和好水性。实践证明这种有针对性的人员挑选对保证任务的完成起到良好的作用。在乘船拍摄帆船比赛时，由于风大浪高，缺少特种稳定设备——陀螺仪，也不能用支架，摄像师杨青就想了个“土办法”——用自己的身体做支撑，肩扛摄像机，随着海浪的起伏而蹲下站起，保证了画面高质量完成，有时连续工作长达8个小时，非常辛劳，赢得了外国专家的高度好评。像这样感人的事例还有很多，充分表现了中国体育电视人的聪明才智和坚韧精神。

如果把北京奥运会和残疾人奥运会比作两场“大戏”，那么来自世界五大洲的电视公用信号制作团队就是这两场“大戏”的忠实传播者。作为其中一支重要力量的中国制作团队不仅向全世界观众交上了一份满意的答卷，也赢得了国际同行的充分信任和尊重。这使每一个投身于此的中国体育电视人备感荣耀和自豪，而更重要的是这份珍贵的文化遗产将激励一代乃至下一代中国体育电视人锲而不舍地去追求和攀登更高的目标。

此文发表在2008年10月

中央电视台《电视研究》体育频道奥运专刊

体育赛事电视公用信号的故事化创作与保障因素

杨　斌

近年来，中央电视台体育赛事电视公用信号制作队伍积极参与雅典奥运会、东亚运动会、西亚运动会、英联邦运动会、多哈亚运会和北京奥运会等大规模、综合型运动会的公用信号制作，制作水平大幅度提升，获得国际同行的广泛赞誉，提升了中国团队在该领域的国际影响力和知名度。在这个过程中，中国制作团队对体育赛事电视公用信号的故事化创作有了更深刻的认识，并能自觉地为故事化创作提供保障条件，从而切实提高了故事化创作的能力。

一、体育赛事电视公用信号创作：标准化与故事化

1. 从“导播”到“导演”：电视信号制作凸显“创作”

2006年6月，北京奥林匹克转播有限公司(BOB)的专家组对雅典奥运会的28个项目的信号制作进行评审时，只对其中的两个项目无法提出异议——希腊的沙滩排球和中国的乒乓球。专家组认为，这两个项目的信号制作不仅仅在技术上是一流的，同时还非常富有美感，不仅完美地提供了规定的标准镜头，而且对人的性格的刻画、对人的感知的描述非常细微、生动。这是继雅典奥运会总结之后进入北京奥运周期以来中国制作团队获得的又一次褒奖。

中国在雅典奥运会国际公用信号制作中的精彩亮相是中国制作团队自2002年接受任务以来积极探索信号创作的结果，而来自国际专家的肯定更坚定了中国团队走创作路线、探索操作模式的决心。

2004年12月，在进入北京奥运周期3个月的时候，中央电视台体育中心对信号制作队伍进行了重新组织，其中，信号制作“导播”被改称“导演”。这不仅仅是名称的改变，更是制作理念的改变，赋予了“导演”创作的主动权和创作使命。同时，为了方便导演集中精力于某个方面的创作，以前由一名“导播”承担的工作分给了六名“导演”，即总导演、助理导演、慢动作导演、字幕导演和场地导演，再加一个切换员，这是央视体育中心赛事制作改革中的重要步骤，通常称为“一变六”。六名导演都要求有创作的意识、热情和能力。

2. 规范化与标准化：国际电视公用信号创作的基础

如果把创作更多地定义为自由发挥，那么，遵循国际电视公用信号制作的规范和标准是自由发挥的基础和前提。

“运动与情感(Motion and Emotion)”“公平与公正(Fair and Equal)”是逐渐为国内所熟悉的电视信号制作的核心理念。笔者认为可以这样理解这四个词：突出运动之美感、突出情感之动人是国际电视公用信号制作外在的表达方式，诉诸观众的感性。根据规定，“运动项目的竞技过程是奥运会电视公用信号制作的主体内容”，而情感增加了电视公用信号的信息维度，使其更富于运动肌理的表现力；通过均衡的镜头表现参赛双方强调公平与公正的奥运精神是国际电视公用信号制作内在的追求，诉诸观众的理性，如国际奥委会电视委员会严格规定赛前各个参赛队的画面和声音信息应当是对等的，各方观众和拉拉队的信息表现力也要相同。

奥运会国际信号制作的主要规范与标准都是基于“公平与公正”的原则，包括镜头的长度、镜头数量、镜头的景别、回放精彩镜头的长度、插入字幕的位置、字幕的字体，等等。统一的标准和规范还体现信号制作的职业化和专业化：模式统一、流程统一，不论制作人和场地如何变化，基本效果一致。

镜头的规范化在颁奖仪式信号上表现得最为典型。2004 年雅典奥运会的颁奖仪式信号制作手册有分镜头图解，而 2006 年多哈亚运会的电视信号制作也专门制定了“颁奖仪式镜头图解”，详尽描述了颁奖仪式电视画面采集的全过程，对获得不同名次运动员的镜头景别作了专门的规定，要求各制作队伍忠实地按照图表要求去做。其中要求主旋律，即规范化的东西不能改变：无论是冠军还是其他名次的选手，凡是登上领奖台的运动员，都必须有获得近景镜头的待遇，不能厚此薄彼，要做到“平衡”、公正。

3. 故事化：国际电视公用信号创作的发挥空间

机械地执行信号制作规范会制作出标准统一、千篇一律但可能呆板而缺乏灵动表现力的信号。把握整场比赛的跌宕起伏，并用镜头的切换表现出来才是信号制作团队的终极使命，这就是用镜头讲述赛场故事。故事的梗概就是比赛的基本过程，而故事的细节就是比赛的精彩镜头。赛场故事的表达靠的是信号制作者的镜头表现能力。

“运动与情感”“公平与公正”的核心制作理念除了规定镜头的规范外，对电视信号的故事化创作也有促进和理论化作用。

以“运动与情感”为例，奥运会对电视公用信号记录和表现运动项目的要求之一就是“镜头切换要准确地反映比赛进程，要有内在的逻辑性”，这种反映比赛进程的内在逻辑就是故事化，如乒乓球从发球到落地的全过程。“情感”往往通过特写刻画细部，如运动员的手上动作、眼神、面部表情、晶莹的汗珠、嘴角的变化，再如观众情绪随比赛跌宕起伏表现为兴奋或沮丧，等等。表现情绪的镜头具有很强的表现力，纯化和强化体育比赛的现场信息。运动员或教练员一个眼神的特写，比赛中精彩动作或者赢球后激情爆发的慢动作处理，都构成了情感与美的传达，力量与个性的张扬。

“公平与公正”也是如此。按照规定，当两名运动员进行角逐时，要保证二者的镜头分配比例大致为 50%对 50%；不同国家观众的镜头比例也是如此。其实，运动员在比赛中情感的戏剧性积累与变化都蕴涵在镜头的平均分配与反复切换过程中了。

在 2006 年多哈亚运会上，中央电视台负责乒乓球比赛的总导演薛昭辉在导播间适时地要求 2 号机将景别推至特写，将中国选手郭跃和对手头上的细密汗珠表现得非常细腻，决赛时，特写推到了运动员的眼部。这种结合比赛进程、通过运动员表情这一情感外显所实现的故事性捕捉和戏剧性展示无疑使比赛看起来更有味道。这些信号制作中的经典镜头都是制作者努力捕捉、主动创作、精心讲述的结果。

二、 体育赛事电视公用信号故事化创作的保障因素

故事化创作是体育赛事电视公用信号制作的必然要求和信号制作队伍的努力方向，具体说来，故事化创作得以实现的保障因素有以下几方面。

1. 硬件：设备保障与机位设置

巧妇难为无米之炊。硬件设备无疑是信号制作的“米”。今天，电视观众看到的体育赛事远比五十年前、二十年前、五年前的精彩，很重要的因素是硬件技术的步步飞跃。全世界的共同智慧创造了种类繁多、功能丰富的体育赛事电视信号采制设备。购买、租赁等途径增强了采制设备的全球共享性。

大型综合性运动会通常需要整合世界优质设备资源。例如，雅典奥运会仅转播车就有57辆，这还不包括350多辆技术车辆，其中有技术保障车、音频制作车、升降车、移动跟踪拍摄专用车、发电车、卫星车等。精良而种类齐全的采制设备为制作者实现创作意图提供了技术保障。

除了有足够数量、足够先进的设备外，摄像机机位的合理布置是采集到所需信号的重要保障。在2007年的墨尔本世界游泳锦标赛中，一直擅长并承担过雅典游泳赛事国际公用信号制作的澳大利亚信号制作团队在游泳比赛场馆设置了24个摄像机机位，为世界奉献了一场丰盛的水上运动电视大餐。

中国信号制作队伍通常用租赁的方式解决高端特种设备不足的问题，比如2006年中国网球公开赛上的“鹰眼”系统，不仅可以为观众解惑，有时候甚至能够左右比赛结果，这样的设备无疑是信号制作者的良好助理。不过，租用“鹰眼”的费用也不菲。

2．摄像师：第一双眼睛

公用信号制作行业对摄像师工作的形象说法是：摄像师是导演在现场的第一双眼睛。“第一双”和“眼睛”两个词生动并准确地描述了现场摄像对于导演实现故事化创作的基础性和功能性意义。

2006年美国网球公开赛第四轮比赛，赛前宣布将该项赛事作为告别赛的美国老将安德雷·阿加西面对德国年轻选手B.贝克尔，因为连续征战、力不从心而处于劣势，很有可能就此遗憾地告别网坛。这时的现场摄像师在看台上找到了阿加西的妻子、同为网坛巨星的格拉芙以及他们的孩子。镜头中的格拉芙眼神中充满了对丈夫的爱怜，而导演也适时地将这样的眼神通过电视信号传遍全球。中央电视台体育频道的网球解说员因而带着观众回顾了阿加西辉煌的网球生涯以及他与格拉芙的传奇爱情故事。体育赛事电视信号制作的故事化创作以此得到了近乎完美的体现。

如果现场摄像没有捕捉到看台上格拉芙那个动人的眼神，那么，电视导演和演播室的解说员都只能从比赛本身去引导观众告别阿加西了，但效果显然没有那个眼神带来的故事动人。

在制作公用信号的时候，摄像师往往被要求在完成规定动作的前提下尽量主动去发现现场的生动与精彩。摄像师位置的特殊性和重要性要求从事者同时拥有纯熟的业务技术、强烈的新闻敏感、深切的人文情怀、牢固的观众服务意识，尤其是积极创作的激情。

3．导演：电视信号创作的灵魂

导演是信号制作的设计者、制作团队的指挥者、声画的合成者、创作思想的决策者。信号制作的质量与导演的判断力和业务水平有很大关系。因此，用“灵魂”一词来形容导演在电视公用信号创作中的重要性一点也不过分。

在多哈亚运会乒乓球比赛的电视信号制作过程中，导演的灵魂作用得到了淋漓尽致的体现。女单决赛中，当中国队的郭跃以3∶2的局分暂时领先中国香港选手帖亚娜时，导演插入了一组帖亚娜及其教练的表情特写，在这一过程中，现场组织事件、使用蒙太奇切换来讲故事、表现情绪细节等都应用得非常恰当得体。在之后的决胜局中，导演又穿插了一组郭跃、教练，帖亚娜、教练的交叉剪辑，通过表情、手势等细节，传递了一种紧张而富有期待感的情绪，终于比赛本身的戏剧性出现了，此局帖亚娜并未如第6局一样挽回局势，而是毫无起色地直到赛点。

实际上，决胜局悬念感的出现是建立在之前一局里所进行的情感和节奏的积累之上的，这说明体育赛事电视信号制作过程中的故事化和戏剧化是在遵循规范的基础上，由导演通过适时把控现场比赛进程并以个性化的镜头捕捉和切换成就的。导演的“灵魂”作用也在其中得到了鲜明地体现。

中国电视信号制作队伍承担北京奥运会7个比赛项目的公用信号制作，是自1992年巴塞罗那奥运会开始采用多国制作队伍以来由主办国承担项目最多的一次。只要继续坚持并着力保障信号制作过程中的故事化创作理念，全世界观众就都有理由期待在以后的赛事上通过电视画面看到更多生动的赛场故事。而中国的体育电视人也期待中国在国际公用信号制作方面有更大的飞跃。

参考文献

程志明．多哈亚运会向雅典奥运会看齐——电视国际公用信号制作标准浅析．现代电视技术，2007(2)

钟新．北京奥运会与中国体育电视的国际化．中国广播电视学刊，2007(4)

苗炜．五魁首．上海：上海文艺出版社，2005

奥运赛事电视转播节奏与观众收视心理节奏的契合

杨 斌

奥运会的电视转播被业界总结为“三最”：全球收视率最高；电视转播机构收益最高；最能体现体育电视技术与艺术水准。业界对赛事公用信号制作划分出的三个层次更准确地表达了最高技术与艺术水准所应达到的境界：第一个层次是记录比赛的基本过程和结果，告诉观众比赛的基本情况，并不突出细节和情绪；第二个层次是规范化，即在统一的标准下制作信号，程序规范、流程统一、模式一样，不论制作人和场地如何变化，基本效果一样；第三个层次是故事化与戏剧性，让观赏体育赛事电视转播成为人们极大的享受。“记录”和“规范”是基础，“故事化与戏剧性”是升华。

在讲述故事、表现戏剧性的诸元素中，节奏是体现进程与张力的重要元素。近年来，体育电视人对电视信号制作的规范和标准关注较多，推广了奥运赛事的制作理念，大大提升了中国体育赛事电视信号制作能力。

本文认为，奥运赛事电视转播节奏关系到如何最有效地利用转播的每一分钟，如何最有效地服务观众，而与观众收视心理节奏的契合是电视转播节奏的理想境界。本文旨在通过对影响转播节奏的一些重要环节的探讨，增强体育电视人的节奏意识。

一、镜头切换要准确讲述竞技过程，形成转播与收视的基本节奏

电视信号制作和转播的基本功能是记录运动员完成运动项目的全过程，尤其是比赛过程中的关键环节以及戏剧性的变化。如果比赛场地相对较小，例如乒乓球场地，这个竞技过程理论上可以通过一个固定机位的一个固定长镜头来记录。不过，这样的记录几乎没有突破个人视野的局限，即坐在电视机前的观众能看到的内容和坐在比赛现场某个角落里的观众所看到的内容没有多大不同，媒介对人体的延伸功能和现代电视语言丰富的表现力都无法得以发挥。如果硬件设备许可，在运动员的前、后、左、右、上、下设置多机位，既能最大限度地记录比赛，又能够通过合理的镜头切换满足观众从不同角度、不同距离观看比赛的需要，真正实现媒介对人体的延伸。例如奥运会的篮球比赛设了十几个机位，而记录美国男子篮球职业联赛的机位多达二十几个。

多路信号记录和一路信号播出注定镜头切换是必然的。镜头切换遵循的基本逻辑是，导演在深刻地理解比赛逻辑、及时地捕捉现场变化后通过镜头语言将比赛的过程和进展的节奏传达给观众，让观众了解竞赛的基本过程和结果。而观众感受到的转播节奏可以形成收视心理的基本节奏，使转播节奏与收视心理节奏基本一致，即同起、同伏。两种节奏基本一致也证明转播成功地调动了观众的注意力和情绪。

奥运会是大众参与度最高的体育盛会，因此，奥运会国际公用信号制作标准特别强调"要让八岁的孩子和八十岁的老人都能看得明白"，而这样的观众定位所影响的内容定位就是，将赛事做成超越体育之上，突出人类共享体育精神、奥运精神的奥运故事。这已经成为奥运会国际信号制作的重要理念。因此，大众而不是少数专业人士能够理解的竞赛节奏和奥运故事节奏才是奥运会赛事转播的基本节奏。

二、 慢动作特技放大重要细节，满足观众观赏的心理期待

很多观众认为，到现场看比赛的主要优点是能够真正成为赛场的一部分，感受到赛场跌宕起伏的热烈气氛，而不足是不能像在电视机前那样"近距离"观看到比赛的细节。很多观众选择在家里看比赛也是因为可以看到更多、可以看得更真切。这主要得益于摄像机对动作细节的捕捉和制作者对镜头的慢动作回放。

奥运会公用电视信号制作标准规定，慢动作、字幕等辅助信息与基本信息配合要准确，时机适当，制作者要通过特写、精彩动作或胜利后激情爆发的慢动作处理来实现传达现场情绪的效果。因此，观众通常在每个精彩动作后至少能看到两次不同角度的慢动作回放，从而加深了对细节的印象。刘翔创造历史、女排雅典夺冠这样的镜头在中国转播时则以更高的回放频次给观众反复回味精彩过程、精彩细节的机会。在男子 110 米栏冲刺的时候，观众看到这个瞬间即逝的过程似乎被一帧一帧地分解开来，让观众看清每一个人冲刺时的步伐、姿态、表情，并能准确地分辨出运动员迈过终点线的先后顺序，而一个定格的图解画面清楚地显示出刘翔的绝对优势(与后面运动员拉开的距离)。这样的画面比转瞬即逝的场面更容易刻在观众的记忆里。

借助于数字技术、慢动作处理等，以放大细节为目标的制作技术成为电视转播商努力寻求的突破点和创新点。在这方面，美国全国广播公司(NBC)不惜成本购买大量的单边注入点就是为了多设置机位，以便能捕捉更多的细节用于制作时的再创作。比较而言，NBC 对细节和慢动作回放的重视甚至超过了奥运会电视公用信号制作标准。仔细观察 NBC 播出的镜头，就会发现，同样是跳远的慢动作，NBC 把动作放得更慢，并且特别突出地用超慢镜头强调选手跃起、腾空、展开的姿态，让观众更充分地体会到运动之美。又如，NBC 用慢动作将运动员 10 米台跳水全过程分解为起跳、做动作、展开身体、入水等几个关键环节，并用白色线条标示起跳角度、展开程度、入水角度等细节，这些特技镜头很好地配合了解说员的解说，成为转播制作创新的重要标志。

慢动作特技放大了动感与情感，以时间的拉长满足观众驻足观赏的心理期待，也为制作者和转播者提供了无限的创作空间。

三、 现场同期声增强运动项目的内在节奏，满足观众感受全息现场的心理期待

电视的震撼是由画面和声音共同创造的。音频制作越来越受到重视。奥运会电视公用

信号制作要求，突出每个项目声音的细微差别，项目特点要在声音上有所反映。声音采集设备记录下的比赛项目同期声如跑步声、划水声、落入沙坑的声音等一定要“像”，一定要是可辨别出个性特色的项目声音，并且由于同期声的适当放大能增强比赛过程的节奏感。从这个意义上来说，音频制作比画面制作更难，更具有创作的意味。

随着单声道、立体声、环绕声等音频采制技术的发展，世界电视界音频制作的整体水平大大提高。经过音频设计师们的长期摸索，不同功能的话筒逐步找到合适的摆放位置以拾取和创造最好的声音效果。体操运动员在鞍马上旋转时手掌与鞍马有节奏的摩擦声，跳远运动员踏上跳板、着陆沙坑的声音，乒乓球、羽毛球、网球触网的声音，运动员手击排球、脚踢足球的声音都能得到较为理想的采集和制作。

不过，由于电视接收机功能和家庭音响设备不足的原因，大多数观众在家里看比赛时往往感受不到赛场同期声的魅力，出现只见足球飞、听不见声响的收视效果。可见，要将魅力现场全部展现给观众，除了信号制作者的努力外，还需要家用设备制造商、电视观众个人的共同努力。

四、现场解说反映项目节奏、调节转播节奏，满足观众获得信息、宣泄情绪的需要

比赛现场解说具有如下基本功能：描述现场状况，如运动员正在做准备动作；解释现场现象；提供背景信息，如画面中的人物是谁，有什么有趣的故事；替代观众宣泄情绪，如一个精彩动作令观众感叹，而解说员的一个“漂亮”“太完美了”替观众表达了此刻的心情，不过，解说员的情感宣泄也一定要有度。其实，重大国际比赛中，观众能更多欣赏到的是他们对情感宣泄的准确把握，与远离赛场的中国人跳动着同一节奏的脉搏。人们不会忘记那个时刻，2004 年雅典奥运会上 110 米栏的决赛中，中央电视台一位解说员在十几秒的时间这样说：“比赛开始，刘翔起跑非常顺，现在排在第一位 ……刘翔在冲刺，刘翔！刘翔赢了！刘翔赢了！刘翔创造了历史！一个黑头发、黄皮肤的中国人成为了世界飞人!”此时此刻，此情此景，解说员与观众的情感融为一体，心中共同升腾着荣誉感。

对现场解说更高的要求是：一方面，解说的节奏能恰到好处地反映项目的节奏，并与项目内在节奏保持基本一致。例如，长距离径赛通常是起跑快、中间匀速、最后快速冲刺的基本节奏，解说的节奏也应基本保持一致。又如，马术节奏比较慢，解说也应该像其比赛那样舒缓而优雅。解说的基本节奏与项目的内在节奏一致需要解说员深刻地理解项目的精髓，并有丰富的解说经验能适时地调节节奏。另一方面，解说员要能通过解说适时地调节转播的节奏，这可以通过背景信息的增减来实现。例如，在长距离比赛的中程电视画面变化不大、现场新增信息不多，观众感觉到有些节奏缓慢而枯燥时，解说员应尽可能补充关于运动项目或者运动员的背景信息，这些解说信息填补了现场画面新信息少的空白，有利于增强转播的节奏感，减少画面拖沓感。又如，径赛项目尤其是短跑项目的准备过程往往比较长，抢跑等犯规动作更延长了准备时间，这时，就特别需要解说员能补充背景信息，让观众能进一步熟悉参赛运动员。

影响转播节奏的因素除了以上论及的四个方面以外，还有赛后第一时间采访、插入专题、插入广告等环节。不过，所有元素要遵循的原则应该是一致的，即由电视转播形成的节奏要能恰当地再现比赛节奏，并适时合理地调节转播节奏以契合观众的收视心理节奏。

郁洁，1983 年进入中央电视台。担任 1998 年和 2002 年世界杯足球赛、2000 年和 2004 年奥运会等报道的总导播，2006 年多哈亚运会、2008 年北京奥运会、2009 年第十一届全国运动会、2010 年温哥华冬奥会报道的播出负责人。人物片《体育，我心中的太阳》获 1996 年亚广联体育电视片大奖。

国际信号制作中客观记录与艺术表现的关系

在 2004 年雅典奥运会上，中央电视台成功完成了乒乓球、羽毛球、现代五项三个比赛项目的国际信号制作，积累了经验，锻炼了队伍，但对国际信号制作中所蕴涵的客观记录与艺术表现功能在认识上还有出入，因此有必要理清两种功能之间的关系以及这两种功能与奥运会国际信号制作理念的关系，以便更好地完成国际信号制作工作，服务于广大受众。

一、国际信号制作及其核心理念

国际信号制作是与体育赛事的电视转播紧密相连的，可以说它是体育赛事电视转播的基础。以奥运会为例，承担国际信号制作的国家或部门在奥委会电视委员会的指导下，按照大家共识的理念和统一的标准，由分布在赛场的电视从业人员将比赛的影像和声音采集下来并进行相应的加工处理，打包成电视信号传播出去。各国再依据本国的需要，将接收到的信号加入字幕、解说等以适合本国的播放。其中，在比赛的影像和声音的采集阶段，摄像和编导并不能随心所欲地进行拍摄和制作，而是要按照一定的原则和规范进行，因此便产生了奥运会的电视公用信号制作核心理念，即“公正和平等”“运动和情感”。这一核心理念正是对国际信号制作中的客观记录功能和艺术表现功能在原则上的抽象概括，同时，记录与表现功能也是核心理念在国际信号制作中的具体落脚点。

二、国际信号制作中的客观记录功能

客观记录主要是指在国际信号的制作过程中要本着实事求是的态度，不带个人偏见地将现场情况全面准确地记录并传达出去。它包括两个层面，第一是按照具体的规则和标准，完整准确地记录内容，比如《雅典奥运会电视广播工作者会议手册》上就对摄像机和镜头及配件规格，机位安放设置和平台规格，场馆照明条件和供电线路等都作了要求。第二是指除将比赛的画面、声音记录下来外，还要将比赛中选手和观众的情绪，赛场的环境等作为"场"信息传达出来，真实地记录并反映出现场气氛。目前来讲，这一层面的客观记录功能并不完善，电视信号在制作上只强调了"饱满，具有感染力地拍摄每个运动员的表现"，却忽视了记录现场的声音。许多体育赛事的现场氛围传达主要还是依靠解说员的情绪来感染观众，现场的声音几乎感受不到。因此在对国际信号制作的客观记录功能的理解上不应只停留在第一层面，还需在第二层面上加深认识。

客观记录还表现在要公平公正地表现参赛各方，在镜头的使用和镜头的分配时间上一定要平等，对于成绩一般的运动员在画面表现力上也要适当地照顾。

三、 国际信号制作中的艺术表现功能

艺术表现主要是指对美的表现，是对观众审美情趣的关照。体育运动中蕴藏着大量美的元素，其中包括整体美，它表现在集体项目的群体组合和活动中，比如篮球、足球比赛中的战术配合；形式美，技术、形状、结构和动作组合美；人体美，包括形体美、动作美和健康美。

电视与体育结合时，根据其自身的艺术表现特点，博取各家艺术之长，综合各种艺术表现方式的优势，将体育之美传达得更加广泛透彻。

首先，电视的艺术表现功能毋庸置疑，它是指"根据电视艺术创作的物质手段、传播媒介、传播方式、传播特征、欣赏环境和审美心理等多种因素，从观察体验生活到具体进行审美把握，自始至终地运用电视艺术创作特有的思维方式和审美意识进行创作。"

其次，电视艺术的表现范畴是兼容性的，电视可以加入造型艺术、戏剧艺术、音乐艺术等各种艺术形式。它是多种艺术元素的融合体，综合运用多种艺术元素以表现同一客体，丰富了表现形式和表现手段，从而开辟出电视艺术所独有的表现范畴。

最后，电视的艺术表现手段主要是画面语言与有声语言。画面语言手段是指电视制作者"用以构成视觉形象的各种因素和方式，体现创作构思的各种手段和技法的总和。这其中主要包括构图、光效、色彩、影调等诸多语言表达方式。"除此之外，电视的画面语言还在整体上形成了一定的语法结构，按照蒙太奇的思维组合画面，讲述故事，形成意义。有声语言手段包括人声、音乐、音响等声音手段，对画面语言形成的画面形象进行相应的补充，是情绪表达、气氛传达不容忽视的重要手段。

国际电视公用信号制作在坚持客观记录的基础上，综合运用电视艺术的表现手段，对丰富比赛内容，满足受众审美需求方面具有重要意义，同时也是贯彻电视公用信号制作中"运动与情感"这一核心理念的具体手段，达到客观、细致、全面、有表现力地展现运动，饱满、透彻、富有感染力地传递情绪的要求。

在国际信号制作中，电视艺术表现手段主要应用在以下几个方面。

1. 故事化的讲述

《奥运会电视转播手册》中规定，要用"讲故事"的方式来为观众呈现比赛。故事的戏剧性在体育比赛中得到了完美体现，故事的发生、发展、高潮、结局段落以及悬念展开、深入、解决都分别契合着比赛中的各个过程。

故事化的讲述在国际信号制作中主要体现在摄像在拍摄时要追求最完美的构图，最具冲击力的视觉效果，抓住最美的运动瞬间以及最能体现人物心理活动的细节部分。单独画面是整个故事的细小段落，要完成故事的整体叙事还需要导播的润色加工，利用分切镜头表现各方运动员、教练、观众的关系，处理好分切节奏和镜头顺序，传达现场气氛。故事

的讲述方式要符合受众的观看水平，要让8岁的儿童和80岁的老人都能看懂。

2. 人性化的表现

人是体育比赛中的主体，欣赏体育比赛其实是在关注人的活动，国际信号制作中人性化的表现既包括表现人在体育运动中的美和在比赛中顽强拼搏的精神，又包括表现场外的教练员、观众面对比赛时表现出的身体活动和情绪变化。从人的身上寻找故事，才能在整体上将关于体育的故事表现得精彩、完整。

3. 情绪化的渲染

情绪是故事讲述中重要的极具戏剧张力的元素，恰当地渲染和表达情绪是故事感染他人的关键所在。体育比赛现场情况瞬息万变，运动员、教练员和观众的情绪也是变化无常。及时准确地向电视受众传达赛场情绪，让电视观众感受到现场气氛的变化就需要借助电视的艺术表现手段。情绪的合理渲染需要导播与摄像默契配合，需要国际信号制作者对所制作的体育赛事有充分的理解，并且做好前期准备，为后期制作留存可利用的创作空间。

2004年雅典奥运会男子乒乓球单打决赛，中国选手王皓对韩国选手柳承敏，中央电视台负责国际信号电视制作，本文仅选取现场紧张气氛最浓烈的决胜局来分析国际信号制作中主要是通过哪些手段体现故事性和艺术性的(见下表)。

	镜头内容	镜头数量(镜头总数为102)	所占百分比
中方	王皓	31	30%
	中方观众	4	4%
	中方教练	2	2%
韩方	柳承敏	33	32%
	韩方观众	4	4%
	韩方教练	2	2%
其他镜头	慢动作回放	5	5%
	双方选手	21	21%

由上表可以看出，此局比赛公正、平等地分配了镜头数量，符合奥运会国际信号制作理念和标准，完成了客观记录功能。并在此基础上合理运用了具体的艺术表现手段，其中包括以下几点。

1. 特写镜头

特写镜头是一种超常规的镜头，是指拍摄人的面部或某个局部，一件物品或物品某个细节的镜头。国际信号制作中特写镜头的运用主要是对人物面部表情的关注。体育比赛紧张激烈，比赛选手的面部表情往往是其当时心态的反映，放大面部细节就是对其心理活动的窥视，正如电影美学家贝拉·巴拉兹所说："它(特写镜头)不仅使人的脸部在空间上同我们更加接近了，而且它超越空间进入另外一个领域，即心灵的领域。"

2. 慢动作回放

应用高速摄像机，将比赛过程中关键的细节部分加以回放。它同时具备了两种主要功能，一是记录功能，通过对观众没有及时注意到的比赛细节回放，解答观众心中的疑问或帮助裁判员判断。二是表现功能，时间上的延展造成情绪上的舒缓以扩展心理感受空间。值得一提的是，国际信号的制作同样包括比赛结束后的精彩回放段落(highlight－the most interesting or most exciting part of something，最有趣或最让人兴奋的段落)。制作这部分时，导播利用慢动作、音乐、视频等特技手段，穷尽体育的魅力。

3. 镜头切换组合

镜头切换组合是讲故事的基本手段，用以形成意义，划分段落，连接成篇，交代选手、观众、教练的关系。同时，也能用于设置悬念，造成紧张的气氛，如乒乓球比赛，先是接发球者面部表情，然后发球者动作，以表现两军对垒的紧张气氛。另外，切换组合可以形成切换节奏，如乒乓球比赛临近赛点时，加快节奏，表现气氛的骤然紧张之势。

4. 特殊角度画面

不同于一般的人眼观看方式，比如以乒乓球台为机位高度，表现球从发球、过网到接发球的整个运动过程，提供了全新视角，提升了观众观看兴趣。但这种特殊角度的画面数量不宜过多，主要目的是为了缓解观众观看比赛时形成的视觉疲劳。

四、 客观记录与艺术表现的关系

1. 客观记录——真实的相对性

国际信号制作的客观记录遵循的是“最严格意义上的真实”，不仅要求严格按照时间、空间与动作顺序，完整记录真实事件，而且事实本身的真实要求在屏幕上依旧能被观众感知，达到逻辑上的真实。但纯粹的客观记录、纯粹的真实并不存在，时代、社会、制作者的主观认识都在影响着客观记录的真实。因此，导演在镜头上难以做到平均分配，“获胜优先”的原则就已经暗示了国际信号制作中是有倾向性的，并且是客观存在的。

2. 受众需求——国际信号制作的着眼点

探讨客观记录与艺术表现的关系时应将受众需求的满足放在首位，无论是偏向客观记录还是偏向艺术表现，电视观众的直接评判标准就是这场比赛是否“好看”。它具有双重含义，一是“好看”来源于比赛本身，观众的注意力主要集中在比赛的过程；二是对比赛过程的转播体现了这场比赛的“好看”，“好看”的比赛依赖于有效地体现“好看”的手段。观众感受到的真实是来自于比赛自身的真实，所以信号的制作者要以现场比赛的真实为基础，对真实进行创造性的处理。

3. 度的把握——客观记录与艺术表现的平衡点

国际信号制作者始终应明确的是，艺术表现只是手段而不是最终目的。在完成客观记录功能以及满足受众需求的基础上才能允许进行个人艺术性创作，以此为依据的艺术表现留下的空间并不大。体育是力与美的艺术，也是人类意识层面美的表现，因此说国际信号制作的艺术表现可以与客观记录并行不悖，只是艺术表现在度的把握上要考虑周全。如果为了讲述故事、渲染气氛而频繁切换镜头，滥用特写或慢动作等，会将整个比赛过程拆分得支离破碎，国际信号制作便失去了其原本的目的。

中国在国际信号制作方面尚处在起步阶段，与发达国家的电视信号制作水平相比还有一段差距，对国际信号的制作理念的理解还需辅以更多的实际操作经验。有人说中华民族是性格内敛的民族，但是笔者认为，中国人在表面平静的性情下是一颗颗遇火升腾的心，中国的国际信号制作者们会以自己的热情感染全世界电视机前的每一位观众。

孙伟，2001 年世界大学生运动会田径公用信号导演；雅典、北京两届奥运会羽毛球和现代五项公用信号制片人、导演；第四届全国体育大会开、闭幕式总导演。

试论体育比赛电视信号制作导演职责

体育比赛电视制作是指运用电视手段将赛场进行的体育比赛转换成电视画面和电视声音的过程。其目的就是让电视观众也能感受到体育的魅力，得到审美的满足和情绪的宣泄，使电视观众在家也有“身临赛场”的感受。完成这一过程要靠多方面的协作，涉及的电视工作岗位包括导演、摄像、慢动作操作、字幕协调、技术监控、调音、场地协调、解说、传送、电力等。导演则是这诸多岗位的核心，赛事电视制作各个环节的工作都是围绕导演赛前或实时的思想而进行的，导演应该对体育赛事电视制作的质量负全责。

一、导演工作的理念

2004 年雅典奥运会，笔者作为导演参加了羽毛球项目和现代五项项目的电视制作工作，这是中国电视人第一次做奥运会赛事的电视制作。在工作中感受最深的就是雅典奥林匹克转播有限公司(AOB)提出的制作核心理念：运动和情感(Motion and Emotion)。

运动(Motion)，就是不但要准确、清晰、流畅、完整地记录比赛的运动轨迹，还要反映出比赛的细节；镜头切换不仅要反映比赛的进程，还要有内在的逻辑性、有故事性。比如，羽毛球比赛时，发球裁判的过手、过腰判断手势一定要及时表现出来，再配以发球的慢动作就为观众解释了裁判判罚的原因；足球比赛中的越位也是同样表现的，边裁手势接运动员跑位镜头的慢动作；田径比赛时运动员的抢跑一定要有慢动作来给予反映，等等。

情感(Emotion)，这也是满足观众审美需求的重要组成部分。体育比赛的电视制作，说到底是用镜头反映比赛中的主体，包括运动员、教练员和现场观众。人都是有情感的，尤其在特定环境下，其表情是非常丰富的。他们的情绪要靠我们的镜头去捕捉，靠慢动作的重放去反映。通过一个表情、一个手势、一个眼神等肢体语言，对运动员、教练员和现场观众情绪进行刻画和表现能传达竞技体育中的紧张感、荣誉感、失落感等。如果能借助几个画面的叠加会使这种刻画更深刻。雅典奥运会羽毛球女单决赛中国的张宁对荷兰的张海丽，张宁在赢得最后一分后的镜头是这样切换的：张宁欢呼跳跃，兴奋地与对手握手，跑向教练，与教练热烈的拥抱，观众的反应，对手的反应，一系列镜头下来，将胜者和负者以及观众的情绪充分地表达了出来。

二、 导演工作的特点

1. 导演工作的新闻性

新闻是新近发生或正在发生的事实的报道。体育比赛电视导演所做的工作就是将正在发生的事件告诉观众，使观众在电视上所看到的比赛与赛场上的同步，从新闻定义来讲，可以说导演工作具有鲜明的新闻性。

2. 导演工作的客观性

导演工作是对比赛客观事实的反映，因而其具有客观性。这就要求导演工作首先要真实地呈现比赛，既让观众看清过程又让观众看清细节，要公平、公正地反映所有参赛运动员。奥运会的电视制作充分体现了这一点，比如要求我们给双方运动员的介绍要完全一致，包括时间的长短等。其次还要把握获胜优先的原则，即优先表现获胜者，比赛结果出来后，不论获胜的是哪个国家的运动员，导演都要侧重表现胜者以及他们的观众。美国的电视导演在客观性方面倾向性极其明显，只要有美国选手参赛，不论成绩如何，镜头表现出来好像都是冠军，所以美国人很少被邀请制作奥运会的电视信号。

3. 导演工作的专业性

导演工作的专业性包含两方面内容，首先对电视表现手段非常清楚，比如电视蒙太奇理论、切换点的选择、切换节奏变化的掌握，以及不同景别、运动画面的衔接等。还要熟悉摄像机的使用、慢动作的操作、切换台的功能以及一些新的电视技术的应用，导演就是电视制作各个环节的行家。其次，导演工作的专业性还表现在对体育项目的专业上，即导演要非常熟悉所制作的体育项目，最好有过从事该项目的体验。对于导演来讲，必须深入了解项目的运动规律和基本特点，以专家的角度导演比赛，并制定出最优化的电视表现方案，包括机位的位置、镜头倍率的大小、比赛的关键点等；必须深入研究运动员尤其是优秀运动员的资料和相关背景，以便在导演过程中讲出故事来。

三、 导演工作的操作原则

第一，根据比赛级别和设备情况合理地设立岗位和机位。奥运会导演工作模式是，由制片人(兼导演)、助理导演、导演助理(慢动作)、字幕协调、现场协调以及切换员六个职能岗位共同完成，这种细化的分工有利于高强度、长时间的制作，保证其质量。但也不是所有比赛必须按此模式操作。在国内的一些比赛的电视制作就可以只保留导演和导演助理，切换由导演来做，想到就能切出，效果也很好。国际业余田径协会在其电视指南中指出，不是摄像机位越多越好，增加机位的数量并不一定能够保证制作的质量，比赛的制作质量是由导演和制作人员来决定的。雅典奥运会的制作部主任西班牙人佩德罗先生也表达了同样的意思，差的导演是用6个机位拍出3个机位的画面，好的导演是用3个机位拍出6个机位的画面。

第二，虽然体育比赛有其不可预知性，但其进行的过程是有规律的，导演要能够分析出其中的规律，并利用电视手段来规范地予以表现。如隔网运动球的往来，足球、篮球比赛前后场不断转换等，导演要根据比赛规律，在赛前与各岗位人员一起制定相应的规范流程，具体如足球罚任意球各机位如何拍、进球后如何表现；羽毛球的加分如何表现；径赛的短跑如何拍、抢跑如何表现，长跑各个机位如何分工等，还包括各种情况下慢动作的顺序、出字幕的时机以及突发事件的处理预案等。总之，凡事预则立。

第三，在体育比赛的电视制作中一些关键性的“比赛场景”不能漏掉。比如足球的进球不能漏掉；田径的冲刺不能丢；羽毛球的关键落点要有；篮球的投篮得分不能漏掉等，类似硬伤坚决不能出现。在大型比赛比如奥运会制作中，赛前赛后的固定流程，也一定不能有差错。

导演是整个制作队伍的核心，对政治素养、业务能力、协调能力、创新能力等素质都有较高要求。这就要求从事该工作的人员，在实际工作中有目的地锻炼自己，多参与比赛电视信号的制作，不断总结经验，完善自我，从而提高我们体育比赛电视制作导演工作的整体水平。

北京奥运会电视公用信号制作策略分析

孙 伟

2008年北京奥运会已经圆满地落下了帷幕。无论赛事组织还是电视制作都得到各方面的称赞。正如国际奥委会主席罗格先生的评价，这是一届真正的无与伦比的奥运会。

北京奥运会上中央电视台共派出了五支制作团队、244人服务于北京奥林匹克有限公司(BOB)，提供七个项目的电视公用信号，这是中央电视台首次大规模参与到世界最高水平的体育电视制作中，加上地方台的参与，北京奥运会电视公用信号制作也是历届奥运会东道主媒体参与项目和人数最多的一届。经过这次奥运会，在制作理念和制作手段方面都为中国电视媒体留下了宝贵经验，有助于提高中国的体育电视制作整体水平。

一、 保证公平公正性的策略

奥运会是全世界人民的共同盛会，各国运动员完全平等地参与其中。他们的精彩表现通过电视手段传播到世界各个角落。共有两百多个国家和地区转播了北京奥运会，大约40亿的电视观众收看了比赛。提供公平公正的奥运会比赛的电视画面，是对奥运会公用信号制作的基本要求。

1. 组织形式上的保证

为了制作好北京奥运会的电视公用信号，国际奥委会下属的奥运会广播服务公司(OBS)与北京奥组委合资专门成立了北京奥林匹克转播有限公司(BOB)。这是一个专业化程度极高、保持完全中立的临时性的电视制作机构，专门为购买北京奥运会报道权的转播商提供电视信号服务。这一制作模式，首先在组织结构上是独立的，不依附于任何国家，只受国际奥委会的指挥。这样就使得奥运会电视公用信号制作的公平公正性有了根本保证。在悉尼奥运会和雅典奥运会也都成立了类似的独立运作的电视制作公司，效果很好，这一制作模式将会在今后举办的奥运会中沿用。2005年英联邦运动会和2006年卡塔尔亚运会公用信号制作就借鉴并采用了这一制作模式。

2. 增加奥运会比赛公用信号制作的数量

北京奥运会BOB提供的电视直播信号是历史上最多的一次，共90路、3800个小时的直播信号(雅典奥运会是79路)。BOB的策略就是尽可能多地为持权转播商提供比赛电视公用信号，使他们能够得到各自想要的比赛画面。以羽毛球项目制作为例，奥运会的羽毛球比赛通常是在三块场地同时进行，悉尼奥运会时仅提供一块场地的电视直播信号，雅典奥运会时两块场地有电视直播信号，北京奥运会上三块场地都有直播信号，尽管其中两块场地提供的只有四个机位简单制作的画面，但毕竟使得那些来参加奥运会但成绩又不突出的选手有机会出现在电视上，从而体现了奥运会制作对运动员的公平公正性。BOB 对那些实在无法提供转播信号的比赛，也在尽力用单机拍摄集锦的方法予以弥补，目的就是为了最大程度地体现对运动员的公平公正性。提供更多场地、场次的比赛直播信号，应该是奥运会电视公用信号制作不断发展的方向。

3. 制作理念要求制作团队具体镜头表现要公平公正

在北京奥运会上，BOB 明确指出，要绝对公平公正地拍摄每一名(队)奥运会参赛运动员(队)，要对运动员出色的表现进行生动的展示。所以任何想借助使用公用信号来特别突出自己国家运动员的想法都是不现实的。于是迫使某些媒体在比赛场地又架设自己的单独制作系统，来满足自己播出节目的需要。比如美国的 NBC，奥运会公用信号的最大买家，多届奥运会都使用了自己单边系统。中央电视台由于是北京奥运会东道主，为了突出中国元素，也首次在中国强势项目的六个场地设置了自己的多机位制作系统。这可以从侧面看出公用信号制作对东道主也是没有倾斜的。

二、 专业化策略

为了制作出高质量的电视公用信号，BOB 在世界范围内招募了各个体育项目顶尖的制作队伍。这是一支“多国部队”，至少有来自 20 个国家的 36 支制作团队参与其中。芬兰国家广播电视公司(YLE)和瑞典国家电视台(SVT)负责田径项目制作；日本放送协会(NHK)制作体操项目；英国广播公司(BBC)制作赛艇、皮划艇项目；古巴广播公司(CBC)负责棒球制作；中国中央电视台(CCTV)制作乒乓球、羽毛球项目，等等。其中的许多队伍已经多次制作世界大赛，包括奥运会在内的同一项目。BOB 的策略就是选用成熟的专业化的队伍来制作奥运会的公用电视信号，所选的每支制作队伍都必须熟悉体育项目和精通电视制作，能够熟练运用多角度的镜头和慢动作回放来明确地、有洞察力地讲述出比赛过程的故事性。既让观众看明白比赛，体验到运动之美，又能使观众情绪得到升华，体验到运动中的情感之美。从而提高观众对运动员的表现和对奥运会比赛中戏剧性变化的欣赏兴趣。

经过 2004 年雅典奥运会的实践，中央电视台已经开始在自己的常规电视制作中，按照这个思路培养自己专业化的制作队伍，相对固定地建立起了多支电视公用信号制作队伍来应对北京奥运会。从 BOB 的评价来看，中央电视台制作团队很好地完成了 BOB 的制作要求。这为今后参加国际电视制作，打下了良好的基础。

三、 应用先进技术的策略

北京奥运会为了提高电视观众收看奥运会的全新体验，进一步提升观众对奥运会的关注度，应用了许多先进的技术手段。北京奥运会第一次全部采用先进的 16∶9 高清格式(高清电视)进行电视转播。2004 年雅典奥运会只是个别项目尝试了高清制作，可以说北京奥运会标志着体育电视制作从标清到高清的全面转变。为此，BOB 租来了 60 部高清电视转播车和相应的摄像、录像设备，以及使用了新一代的高清 Agile 字幕机，来制作各个场馆比赛的公用信号。这使得奥运会的电视公用信号的制作站在了全新的、更高的平台上。根据以往经验，先进技术设备往往先应用在体育赛事电视制作中，可以说这为今后电视节目信号全面高清发展之路做了良好的铺垫。

北京奥运会电视公用信号的声音制作全部采用先进的5.1环绕声。5.1环绕声是一种通过增加更多的声道来加强现场声的制作技术，它最大的优势是能准确地记录来自四面八方的现场声音，产生空间深度感和为平面的电视画面带来立体感。北京奥运会公用信号制作第一次以5.1环绕声形式进行转播，其目的是为电视观众提供有趣的并且富有感染力的声音，使观众听起来很自然并且能有透视感，从而增强该项目转播的现场感和立体感，达到“身临其境”的效果。具体来讲，BOB实施以5.1环绕声左前、右前、中间、低频效果、左右环绕声道结构，来处理混合多个声音来源，包括体育项目自身的特殊声音；比赛场地现场环境声音；摄像机话筒拾取的现场声音；开场动画片头音乐等。

北京奥运会的部分体育比赛，在公用信号电视制作时使用了先进的虚拟技术，其目的还是为了进一步增强电视观众对体育比赛的理解和感受，或者在比赛中让其更好地识别出关键的信息。北京奥运会电视制作使用虚拟技术的项目有：田赛中的部分项目以及马拉松、竞走、游泳、赛艇、皮划艇、帆船和自行车中的部分项目。所使用的虚拟图形字幕与整体的BOB字幕体系风格是相匹配的。超高速慢动作技术的运用不仅仅将比赛场面通过慢镜头清晰回放，更是把现场和电视的观众眼睛不能、也不太可能捕捉到的细微之处，通过超级慢放显示于画面上。我们看到的射击比赛子弹出膛、击中飞碟的瞬间，乒乓球滚网的颤动落台，运动员肌肉的颤动等，都是应用了此技术。还有全球定位系统(GPS)定位技术也被应用在一些项目的信号制作中。

四、 制作中规范化策略

BOB为了保证北京奥运会所有的电视公用信号制作的一致性，在许多方面都进行了规范。

慢动作重放的规范。BOB要求在慢动作重放时规范使用统一的五环扫画。为此，BOB设计了高清的奥运五环扫画，用于直播和慢动作之间的过渡，以期给观众留下这是奥运会比赛转播的深刻印象。所有的慢动作由25帧软边的奥运五环扫画引出，从屏幕的左边移动到右边，多个慢动作相接需要12帧叠画处理，当慢动作结束时再用五环扫画从屏幕的右边移动到左边，意味着重新回到直播信号中。BOB关于多角度慢动作回放制定规范的顺序原则有：线路慢动作、超级慢动作、景别较紧的动作慢动作、其他角度的慢动作等。

字幕的规范。BOB专门设计制作了规范的高清格式图形字幕，及时可靠地应用在所有比赛电视信号制作中，使得整个奥运会电视公用信号制作的字幕风格达到高度统一，并且对字幕系统作了规范的操作要求，有很强的操作性。

制作中流程的规范。BOB要求在公用信号制作时，为了方便持权转播商使用奥运会电视公用信号，在每次的比赛信号传送时都要有明确的规范，比如片头、赛前程序、赛后程序、单边采访传送、片尾等。如遇到非正常原因，比如天气原因，比赛暂停，如何提示等也都有规范的流程，从而保证了持权转播商从容地结合各自的节目包装使用电视公用信号。

颁奖仪式制作的规范。奥运会项目比赛的最后部分是颁奖仪式，在这里获得优异成绩的运动员将得到奖牌，他们的国旗将升到奥运会赛场上空，冠军选手所属国家的国歌将响起。BOB已经和北京奥组委负责颁奖仪式的部门密切配合以确保电视公用信号能够充分展现出这个时刻的神圣和激情，并且制定了详细规范的分镜头以确保北京奥运会所有项目的颁奖仪式大体一致。比如，规定颁发奖牌的顺序依次是铜牌、银牌和金牌，运动员和颁奖嘉宾身份名字在字幕上都要交代清楚，明确指出制作时不能有国旗和运动员之间叠画到一半停下的处理等。

集锦制作的规范。奥运会的制作团队在每次转播结束后，必须编辑5分钟的比赛集锦，来为BOB和持权转播商的新闻编辑提供素材。它不但包含之前的精彩比赛集锦，还应该包括所有奖牌得主的表现和反应，一些没有切出的精彩的慢动作回放，特别是超级慢动作反映的运动员在比赛中的动作、情绪以及富有表现力的观众画面等。

综上所述，北京奥运会电视公用信号制作在BOB的策略指导下，运用先进的制作理念，依靠专业化的制作队伍，使用最新的电视技术和制作设备，规范地、全方位地来展现奥运赛场上运动员拼搏求胜的精彩过程，从而使奥运会公用信号制作整体水平达到了新的高度。我们也希望经过北京奥运会电视公用信号制作的锻炼，在方方面面受到启发，学到些真东西，并应用在今后的节目中，从而达到提高国内体育赛事电视公用信号制作水平的目的。

史志刚，中央电视台体育频道制片人。参加过包括1996年至2008年的各届夏季奥运会、亚运会和全国运动会等重大赛事的直播报道。北京奥运会期间担任火炬接力直播信号负责人和中央电视台单边报道组组长。

体育电视信号制作中的奥运理念及影响

北京奥运会注定要写进历史，其原因在于它不仅给中国乃至全世界的电视观众带来了一次豪华的视觉盛宴和精神大餐，而且对中国的体育电视从业人员而言，它带来的是一次电视制作理念上的革命，其影响力超乎寻常，甚至是空前的。

北京奥运会的电视制作首次实现了全高清制作，开了奥运会历史的先河。其间，中央电视台领衔十家本土电视台组成的中国制作团队在足球、篮球、乒乓球、排球、网球、羽毛球、现代五项七个项目上担纲，创下了自1992年巴塞罗那奥运会之后历史上主办国电视台制作项目最多的纪录，其制作能力和水平得到国际电视界的高度认可和赞誉，为中国电视走向更宽广的国际舞台打下了坚实的基础。这样辉煌的成就，除了中国广阔的体育电视资源多年培育出的较强的电视制作力量外，还在于不断深入人心的奥运理念在中国所起到的作用。

2004年雅典奥运会之后，北京奥运会的临近所起到的“催化”效果开始渐露端倪。一方面，在雅典奥运会上，中央电视台派出两支队伍，制作了三个项目的奥运会比赛信号。这在当时的全国电视体育界里，还仅仅停留在“谈资”的水平上。谈论者并不能深刻地领会到在奥运会的“信号制作赛场”上，如何操作自己的摄像机、如何切换镜头才算遵循了“奥运理念”。而雅典奥运会之后，北京奥运会的“召唤”，则起到了更为深刻、更加有力的作用。在全国的专业会议、论坛的发言里，“信号制作”这四个字逐渐取代了概念模糊不清的“转播”，“理念”“讲故事”“镜头语言”等字眼，频繁在各种论文和讲话中出现。一些在地方上稍有名气的导演逐渐变得谦虚起来，中央电视台体育中心的年轻人开始以一系列大赛当家导演的资历和经验在“圈子”里逐渐抬起头来，这种现象并不是个案，而是成规模地出现。央视信号制作队伍频频受到邀请，走出国门。显然，央视的信号制作实力在奥运光芒的照耀下稳步前行，已然步入国际舞台。另一方面，能够加入奥运电视队伍的荣誉感也给了奥运会信号制作理念在更大范围内传播的绝佳机会。截至北京奥运会期间，多年活跃在国内电视体育信号制作的一些主要电视台几乎都经历了奥运理念的洗礼，即便没有亲自参加奥运会的信号制作大会战，央视也都将奥运理念直接或间接地在合作中传播给了一些兄弟台。

奥运理念，就像是一支开得饱满的蒲公英，借着北京奥运会的东风飞扬起来，开始在中国电视体育界飘飘撒撒落地生根了。

那么，什么是奥运标准？什么是奥运理念？

体育迷们也许会留意这样一个事实，发生在不同的国家、甚至不同的场次的同一项目的比赛，电视转播效果会有所不同。

十分典型的一个例子是2005年在日本的排球世界杯中日女排之战的赛后部分。中国队取得胜利后，镜头却始终在一位又一位难过、沮丧的日本队员身上，充满喜悦、相互祝贺的中国队员从电视画面上完全消失，迟迟得不到出镜“待遇”。这样的信号制作让中国观众十分郁闷和反感。事后相当长的时间里，受到激怒的中国观众甚至因这场糟糕的转播迁怒于“日本人”，乃至影响了中日关系。一场本来是“友谊第一、比赛第二”的精彩大战，一次本来应该遵循正常程序进行的信号制作却偏离了轨道，让人如鲠在喉。事实上，日本的电视导演把中国观众的收视需求抛到一边，操控镜头表达了他个人对于日本队失利的一种情绪和立场。但是，作为国际公用电视信号的提供者而言，他的这种加入个人倾向的行为是缺少职业道德的表现，理应受到谴责。

可以适当想象，如果上面的情况发生在奥运会比赛的电视转播中，以奥运会的影响力和传播力，后果将是多么严重。

奥运理念落实到电视转播上，就是奥运会电视信号的制作理念，它所倡导和执行的奥运会电视信号制作标准，不仅能够完全避免恶性事件的发生，而且能满足不同人群欣赏比赛的需求。

奥运会的电视信号制作，要求所有制作人员秉持客观公正、公平对待各方的原则使个人的情感因素对电视画面的影响降到最低程度，真正使“胜不骄，败不馁”得到最切实的体现，无论强弱、贫富、种族，在赛场上，就都能够得到最公正的“电视表现”。输掉比赛的一方，也应该有足够的电视镜头，让观众有足够的时间用心灵去鼓励、抚慰他们。同时，“胜者优先”的原则，也使得比赛中的胜利者得到“稍多”的上镜时间，使得胜利的喜悦和激情得以充分表达，这也是完全符合大众传播规律和人们的心理体验的。所以，电视信号制作的普适性和合理性，也是它能够在奥运赛场上甚至其他地方得以生存的重要原因。

一届和谐、精彩的奥运会，一届任何人在任何地方看到的都是他们所喜欢的、所梦想的奥运会，一届现场只有几百万人次光临却得到数十亿人赞叹的奥运会，就是奥运理念的骄人战绩，它使来自世界各地的导演、摄像和信号制作的管理者从意识上统一起来，“流水线式”批量地生产出符合标准的奥运会电视“产品”。

电视“信号制作”是电视“转播”的源头。“信号制作”之于“转播”，就好比“做菜的过程”之于“端上餐桌”，是电视画面的主导环节。奥运之后，在体育电视信号制作的领域，参加过奥运会战的人们以及没能亲身体验但也在电视上“见到”奥运理念的人们都深深地被这种理念所征服。

在央视的群体里，奥运理念早已深入人心。为了以更好的状态或者说为了能够更加完美地在实战时体现奥运理念，在电视制作方面，央视投入了大量的精力进行演练；对于制作质量的追求也直接带动了设备的更新和对于“跟国际接轨”更深入的理解。雅典奥运会之后直到今天，“奥运理念”加身的央视团队的龙头带动作用愈加突出，在一些主要项目上在国内创出了品牌，并主导国内体育电视信号制作领域。

1997年、2001年和2005年的全国运动会，中央电视台每届只参加了两到三项比赛的电视制作。然而，2009年的山东全运会，央视团队受邀制作项目达到十二个。基本可以肯定的是，央视羽毛球、乒乓球两支甚至更多团队将继续加入2012年伦敦奥运会。

这受益的不只是电视，可能还有连锁反应。体育比赛更加好看了，中央电视台甚至中国电视界在国际上的知名度提高了，收视人群增加了，会不会产生新的机会、新的市场？我们是不是正处在一个超级大的体育产业市场成熟的前夜？

奥运理念在应对规模如奥运会这样大的综合性运动会方面确实能很好地保证电视产品的整体水平和质量标准。然而，在某些巧夺天工的“手工”产品面前，“批量”产品显露出局限性也属正常。体育比赛富于悬念，富于变化，电视制作本身也是富于个性、手段和手法多样、各显神通的领域。在奥运会期间，如果受条条框框的约束，会使信号制作人员在应变方面可能过于程序化，从而失掉一些“精彩瞬间”、个性化的发挥和表现。在规范化操作的基础之上，一些项目的电视制作在某种程度上可以说要比奥运会来得更“炫”、更具个性，比如足球世界杯赛、美国男子篮球职业联赛、游泳世界锦标赛的电视制作等。而且由于这些大赛的影响力也十分可观，相比奥运会“成熟、安全”的原则，它们往往成为电视制作领域里前沿技术、高新手段诞生的摇篮。

应该指出的是，对于中国的电视制作领域而言，虽然我们不清楚奥运理念诞生的准确时刻，但不争的事实是，奥运理念是“舶来品”。它的产生绝非偶然，而是根植于电视技术和制作比较发达的沃土。它在奥运会的电视制作上取得了成功，解决了国内关于电视制作规范和标准的问题，在电视制作团队建设、体育电视制作的规模化生产方面影响深远，是解读国外日新月异、持续高水平电视体育制作根源的一把钥匙。

王格胜，男，现任厦门广电集团电视节目中心副主任。以导演身份带领厦门电视台制作团队参加北京奥运会、第二届亚洲室内运动会国际公用信号的制作工作，连续六年担任厦门国际马拉松赛电视直播总导演，作品获得过中国广播电视新闻奖现场直播一等奖、全国体育节目一等奖和福建电视新闻奖、创新奖等奖项。

亲历电视公用信号制作的“奥林匹克”

北京奥运会的成功举办，不仅在奥林匹克发展史上留下了辉煌的一页，而且对每一个有幸参与其中的人都会留下终生铭记的美好回忆。对于我和我的14名厦门广播电视集团同事而言，能有机会直接参与北京奥运会电视国际公用信号的制作，在这个汇聚全世界顶尖电视制作人的大舞台上占得一席之地，并通过与国际同行们齐心协力、密切合作为奥运会的电视转播贡献自己的一份力量，无不感到骄傲和自豪。更重要的是，通过参与奥运公用信号的制作，适应国际团队之间的合作和管理模式，完全按照国际标准执行严格、规范的工作流程，了解世界电视制作的最新技术和工作方式，学习国际先进的制作理念，大家在开阔眼界、增长见识和积累经验的同时，从中收获了将终身受益的宝贵财富。

一

一届“有特色、高水平”的奥运会离不开能代表世界最高水准的电视国际公用信号。奥运会电视国际公用信号是指按照奥运会电视委员会提出的要求和标准制作出来的电视信号，它要完全符合奥林匹克的公正和平等精神，充分展示运动员的风采，表现体育运动的激情和魅力，是世界电视媒体公认的代表最高质量、最高水平、最规范的电视信号。北京奥运会电视公用信号制作是在北京奥林匹克转播有限公司(BOB)的统一组织下实施的，这家由国际奥委会和北京奥组委共同组建的公司需要服务的对象是遍布世界的两百多家持权转播商、超过40亿的电视观众。为了完整、完美地向电视观众呈现北京奥运会的盛况，BOB以“国际化、标准化、规范化”为原则，制订了严密的工作计划和工作标准，统一了制作流程和信号质量规格，租用了最先进的高清电视技术设备，集中了全世界最优秀的电视信号制作队伍。

北京奥运会电视国际公用信号制作队伍是一支由来自20多个国家、4000多名工作人员组成的“多国部队”。在欧美发达国家仍占据着包括奥运会在内的国际大型体育赛事电视国际信号制作主导地位的情况下，北京奥运会对于中国体育电视人来说，是机遇，也是挑战，更是展示、证明自身实力的机会。在激烈的竞争中，包括中央电视台、厦门电视台在内的10家国内电视台脱颖而出，获得了北京奥运会电视国际公用信号的入场券，承担了羽毛球、乒乓球、足球、排球、篮球、网球、现代五项七个项目的电视信号制作任务。这也是自奥运会电视转播采用公用信号制作制度以来，东道主国家承担制作项目最多、提供公用信号时间最长的一次。在这场被一名国内资深电视人称为“中国电视体育人不能输的比赛”中，中国电视体育人齐心协力，不是凭借天时地利，而是依靠精心的准备、雄厚的实力、顽强拼搏的精神，像中国体育健儿一样交出了一份令人满意的成绩单。厦门电视台凭借转播厦门国际马拉松赛、海峡两岸高校赛艇赛等一系列大型赛事所积累的经验和所表现出的制作水平获得了 BOB 的青睐，跻身 2008 年北京奥运会国际公用信号制作团队之列。在近三周的工作时间内，由领队、导演、摄像、视频、音频、慢动作和字幕等工种组成的 15 人厦门电视台制作团队转战北工大体育馆、国家会议中心和奥体中心等北京奥运会比赛场馆，独自承担了羽毛球比赛 2 号场地 28 场比赛的电视信号制作任务，并与中央电视台制作团队合作制作了羽毛球 1 号场地 1/4 决赛阶段后近 40 场比赛及现代五项中射击、击剑、马术和追逐跑四个项目的电视公用信号。

二

正如一句西方谚语所说的那样：“罗马不是一天建成的。”厦门电视台能够有机会在奥运会公用信号制作这样的“荣誉殿堂”中找到自己的位置，同样经过了长期艰苦、细致、扎实的准备。近年来，以奥运会公用信号制作团队为主干力量的厦门电视台大型活动策划和制作队伍承担了厦门几乎所有重大政治、经济、文艺和体育活动的策划、执行和直(录)播任务，每年直(录)播活动都在 100 场以上，其中还不乏像中国国际投资贸易洽谈会、世界合唱比赛、中央电视台中秋晚会、厦门国际马拉松赛等这样规格高、规模大、影响远的重大活动。特别是在明确参加北京奥运会公用信号制作之后，这支本着“好中选优”原则组建的 15 人队伍，在厦门广电集团的大力支持下积极练兵，参加了在中国举行的所有高水平羽毛球赛事和现代五项比赛的电视信号制作，其中包括中国羽毛球公开赛、世界羽毛球大师系列赛和“好运北京”奥运会羽毛球测试赛、世界杯现代五项分站赛等重大赛事。在制作这些赛事的电视转播信号时，团队完全按照 BOB 制定的北京奥运会电视公用信号制作标准和流程设置工作岗位、设定工作目标、分配工作任务、完成工作程序。这些针对性极强的实战演练让团队成员对羽毛球和现代五项两个运动项目的特点有了较为充分的了解，对电视公用信号的标准和制作流程从概念上的认识转化为了工作的实战指南，对自己工作岗位所承担的职责从每一个环节上进行了细化落实。

在通过赛事实战练兵的同时，团队还通过定期的业务学习强化对公用信号的认识，通过反复观摩雅典奥运会，汤尤杯等最高水平羽毛球比赛的录像资料。比较奥运会公用信号与单项赛事电视信号标准的异同，学习别人的长处、找准自己需要提高的方向。我们还先后邀请了中央电视台雅典奥运会羽毛球公用信号制作团队总导演、中央电视台雅典奥运会公用信号制作团队总领队、北京奥运会羽毛球竞赛组织负责人分别以《羽毛球公用信号制作的要求》《奥运电视公用信号制作的原则》和《北京奥运会羽毛球赛事组织》为主题对团队授课培训，他们所传授的理论知识、实战心得和经验教训让大家受益匪浅。

三

应该承认，即使进行了充分的准备，到了奥运赛场我们还是发现挑战无处不在。但也正是因为有了充分的准备，我们团队才可以从容应对挑战，有条不紊地开展工作。北京奥运会全部使用高清技术设备制作电视信号，BOB 投入的 60 多辆高清转播车大多是从国外租赁的，我们团队使用的转播车由比利时提供，技术保障团队也来自比利时。进入北工大羽毛球馆电视制作综合区的第一天，我们看到的第一幕便是技术保障团队汗流浃背忙碌的身影。当我们发现为羽毛球比赛三套电视转播系统提供设备安装、调试等全部技术保障的仅有 6 名工作人员时，不得不佩服这支团队的业务能力和工作效率。也许是因为人少的缘故，我们进场前几天与他们的沟通就不是那么顺畅。一是因为他们每个人的分工非常明确，解决具体问题首先必须找对了负责该项工作的人，所以前几次在彼此不熟悉的情况下，常常是听到好几遍“sorry(对不起)”，在转播车和场馆间跑了个来回之后才能找到解决问题的人。二是他们有自己的一套工作进程，什么时候完成什么工作完全按计划行事，所以有时当我们提出的要求尽管是迟早都得解决的问题，但如果与他们的工作进程不能吻合，得到的答案也只能是让人无可奈何的“sorry”。三是在按章办事上他们没有一点的含糊，制作团队提出的任何要求如果不是 BOB 制作手册规定的内容，就很难得到他们的认可和回应。即使是我们的导播根据平常的切换习惯想对机位的序号进行一下调整，虽然是几分钟内就能解决的事情，但凡事较真的国外技术员还是要在征得 BOB 技术主管的同意后才肯完成这样的举手之劳。如果对设备配置提出新的要求，哪怕是增加一个摄像机伺服这样的小物件，也同样需要 BOB 的场馆技术经理出面解释、协调。

为实现“最优秀的团队使用最先进的设备、制作出最好信号”的目标，无论是团队组成、人员分工还是技术资源配置上，国际化已成为大型体育赛事电视信号制作的必然选择。总结此次我们与国外团队合作的经验，我们的体会是首先在语言表达上要能熟练使用英语对话，能够直接向对方提出要求、表达意见和交流看法；其次在沟通的技巧上一定要相互尊重，处处以“合作优先”为出发点，以问题得到圆满解决为目的，表现出足够的耐心；第三点是在关键问题上除了按章办事，还要善于依靠组织(BOB)力量，争取主管机构的理解，请他们适时出面协调、帮助解决问题。

在与比利时技术保障团队合作完成技术设备的安装调试后，连续三个晚上我们在运动员结束适应场地训练(大部分队伍适应场地训练时都会采用封闭方式)后进行了多次演练。这种临战演练如同高考前的总复习和模拟考，虽然只能请志愿者上场扮演选手比赛，但这却是发现问题、解决问题、细化流程、突破难点的最后机会。同时，由于设在国际广播中心(IBC)的 BOB 质量监控中心也会通过调看演练信号了解制作团队的临战状态并检查流程执行过程中的规范性，所以团队每一个成员不能有一丝怠慢，都必须完全按实战要求完成好每一个规定动作。每一次演练既是对工作流程增加印象、对公用信号标准加深理解的过程，也是一个巩固、提高、完善的过程。更重要的是，一些细节上可能存在的疏漏因为问题得到及时发现消除了隐患。比如，执行赛前运动员介绍流程时，在分别介绍双方身份后我们按以往通常的做法又使用了 15 秒的双视窗特技进行对比介绍，但 BOB 为保证所有项目和所有场地公用信号执行统一的标准，取消了双视窗对比介绍的流程。正是 BOB 质量监控中心发现问题后及时给予了纠正，避免了正式比赛时可能因为这个“画蛇添足”而破坏了信号标准的一致性。

“练兵千日，用兵一时。”从 8 月 9 日即奥运会开幕的第二天到奥运会闭幕的前一天，我们团队度过了紧张而又充实的整整两周时间。单独完成了羽毛球 2 号场地 28 场比赛的公用信号制作，又与 CCTV 制作团队合作制作了羽毛球 1 号场地最后阶段后 40 场比赛及现代五项射击、击剑、马术、追逐跑四个项目的电视公用信号。尽管是连续的高强度工作，但团队的每一个成员都始终如一严守工作纪律，牢记岗位职责，以饱满的工作热情和齐心协力的团队精神投入到工作中，在这个全世界顶尖电视制作机构和制作人同场竞技的舞台上展示了职业素养和专业水平，交出了一份合格的答卷。

四

回顾加盟 BOB 参与奥运会公用信号制作的过程，我们深刻感受到要想在世界体育大赛的电视信号制作舞台上争得一席之地并取得成功，必须做到以下三方面。第一，必须建立一支勤奋学习、常打硬仗、善打硬仗、恪尽职守、乐于奉献且能团结一心的高水平的专业队伍。按照 BOB 挑选制作团队的原则，任何一支队伍都必须是精通业务、经验丰富、来之能战的成熟队伍。厦门电视台团队的 15 名成员多年来都在一起合作，不仅各有所长而且在大型活动直播上都是身经百战，组合在一起所产生的合力能立即转化为战斗力。第二，必须深刻领会、坚决执行奥运会公用信号的核心理念。奥运会是规模最大、影响面最广、关注度最高的体育盛会，在这场盛会中央舞台上表演的是来自世界各地的一万多名体育精英。在他们为国家荣誉拼搏的同时，数十亿电视观众中既有人为心目中的英雄光荣和梦想的实现而欢呼，必然也有人为自己国家的选手功亏一篑而黯然神伤。所以奥运会公用信号以"公正和平等""运动和情感"作为核心理念，以准确表现运动项目特点和全面、客观、公正记录比赛进程为准则，在让所有层次的电视观众都能看懂比赛的基础上，达到满足不同国家和地区、不同文化背景、不同性别、不同年龄电视观众收视需求的目标。以我们团队转播的羽毛球比赛为例，由于羽毛球是我国的传统优势项目和夺金热门项目，在制作有中国选手参赛的电视公用信号时，作为导演更应该克服主场意识，将"公正和平等"的原则牢记在心，千万不能因为对阵中一方是自己的同胞而让其成为拍摄的主角。同样按照"胜方优先"的原则，尽管在我们转播的比赛中就包括了中国头号女双、混双意外出局的冷门场次，比赛结束时我们也感到非常惋惜和遗憾，但还是必须首先重点跟拍国外选手获胜后激情欢呼的画面，抓拍获胜方观众庆祝胜利的镜头。第三，必须了解、接受、熟悉世界先进的信号制作理念和标准，适应、掌握并能熟练运用国际通用的制作方法和程序。奥运会公用信号制作无论从哪个方面看都是一项极其复杂的工程，只有通过建立一套高效运转的管理体系并依靠先进的制作理念和统一的标准才能保证这项复杂工程的顺利实施。因此在组织机构框架、队伍组建、人员管理、岗位设置、工作流程安排、镜头和字幕使用、电视信号制作区配置及管理等各个层面上，标准就成了一切工作的指南和所有行为的准则，作用无处不在。曾多次参加奥运会采访报道，并担任中央电视台雅典和北京奥运会制作团队总领队的程志明就以"六化"精辟地概括了奥运会公用信号制作所采用的标准：即岗位分工科学化、工作流程严谨化、镜头运用人性化、慢动作重放细节化、字幕使用规范化和电视制作区设置正规化。

坦率地说，作为城市电视台派出的制作团队，在平常的工作中由于人力所限，分工专业化程度不高，细节的把控上缺少精密度，往往导致作业规范性不够，工作中多少有些"游击"性质。这次能成为奥运会公用信号制作"国际大部队"的一员，学习规则的过程也是一个不断提高认识、不断更新观念、不断取得进步并逐步与国际接轨的过程。这也是我们此次北京奥运之行的最大收获之一，并将成为一生受用的宝贵财富。在国际奥委会与北京奥组委签订成立 BOB 的合同上，就明确规定通过本次奥运会电视公用信号的制作要为中国留下丰富的体育赛事直播人才。虽然与人才的标准也许还有相当一段距离，但我们起码在这个造就人才的摇篮里度过了一段最重要的成长时光，收获了向着"更高、更快、更强"目标前进的动力、信心和决心。

在奥运电视公用信号制作中讲故事

王格胜

毫无疑问，即使在包括互联网在内的新兴媒体咄咄逼人的竞争局面下，电视在传播奥运会的所有媒体中无论从影响力的广度还是深度上仍然占据着绝对的统治地位。在这样的情况下，能代表体育节目制作最高技术和艺术水准、能体现国际最先进制作理念和方式、能被世界范围内最广大电视观众所接受的国际公用信号就成为了一届“高水平、有特色”的奥运会必不可少的组成部分。

虽然奥运会公用信号制作有一整套严密、规范的工作流程和模式，但随着电视技术日新月异的发展、体育竞技水平不断提高导致比赛对抗程度的更加激烈以及电视观众对体育赛事更多、更深的了解，奥运会公用电视信号制作显然不能停留在竞赛的表层和人物的浅层，满足于记录比赛的过程和结果，而应该“利用精确的镜头选择和慢动作重放对赛事提供详尽的信息和深刻的内容，提升观众对运动员所作出努力的理解和赞赏，体现奥运会比赛内在的戏剧性”，达到“高质量信号前提下的富有情节性、故事性的精彩赛事转播”的目标。

如果说一届“无与伦比的奥运会”可以比作一部构思精巧、高潮迭起、精彩不断的鸿篇巨制，比赛则是故事展开的最大一条主线，电视公用信号制作就是要本着“公正和平等”的原则，用生动、流畅、富有感染力的镜头语言将其中每一位人物即奥运会参赛选手的“运动和情感”呈现给全世界的数十亿受众，让他们“阅读”比赛的同时，同样体验到无与伦比的享受。所以，在很大程度上，制作信号过程中讲故事的能力和技巧性也就成为衡量一名电视公用信号导演水平高低的重要标准。

一、 了解、熟悉体育项目特点和规律是讲好故事的前提

正如一位专家所言：用镜头好好讲故事是态度问题，用镜头讲好一个故事是技术问题，而用镜头讲一个好故事则是“情怀”问题。所以，要在体育信号制作中好好讲故事、讲好一个故事并能讲出一个好故事，从小的方面来讲就是要了解、熟悉所负责转播的体育项目，掌握并能熟练运用先进的电视转播技术，在态度和技术上首先过关；从大的方面来说就是要对奥林匹克运动有足够的热情、对奥林匹克精神有深层次的理解，对所从事的工作有崇高的荣誉感，在境界上达到“情怀”的高度。

实际上，在北京奥林匹克转播有限公司(BOB)面向全世界招聘公用信号制作团队时，基本上就沿用了多年来国际大型综合性运动会所形成的惯例，即遵照本国优势项目优先的原则，尽量让来自优势运动项目国家的制作团队承担该项目的信号制作。例如，澳大利亚制作游泳、跳水、花样游泳等项目；日本制作体操、柔道等项目；韩国制作射箭项目；希腊制作举重项目；古巴制作棒球项目；英国制作赛艇项目；瑞典、芬兰和西班牙制作田径项目；匈牙利制作击剑项目；中国制作乒乓球、羽毛球和排球等项目。即使是北京奥运会国内团队承担的足球、篮球和网球等项目虽然从竞赛意义上讲不是我国的传统优势项目，但却在国内有非常广的普及面和雄厚的群众基础，也是关注程度较高的几个项目，特别是近些年团队又通过参与亚洲杯、亚锦赛、亚运会、女足世界杯信号制作积累了丰富的经验。网球运动近年来在国内发展迅速，中国网球公开赛和大师杯总决赛等国际一流赛事相继落

户北京和上海，让中国电视人有了近距离了解、熟悉这项运动的机会，并为团队提供了通过实战练兵与国际接轨、从而迈向奥运大舞台的平台。

除了对体育项目的特点和规律了然于心之外，制作团队特别是团队的灵魂人物——导演还应该对该项目的夺金重点候选运动队和运动员有比较深入的了解。这不仅是因为这些明星运动队和运动员本身受到的关注程度高，更重要的是在比赛这条故事主线上除非被爆冷门，甚至有很大的可能性在金牌争夺战这样的高潮大戏中出场。对他们的战术特点、历史战绩甚至个人成长经历、社会背景了解得越多，就越有可能在信号中融入人文的元素，把故事讲得丰满鲜活。以制作羽毛球混双项目首轮比赛高凌/郑波对英国选手罗布森/埃姆斯的比赛信号为例，分析故事的主线(比赛)就会发现，虽然中国选手是夺金的最大热门，但他们的对手也是世界一流选手，所以这场强者之间的对决一定会是激情四射，胜负存在很大的悬念，这种悬念无疑是最好的故事元素。而具体到故事中的四个主角，英国组合两人合作多年、个人实力平均、配合默契；而中国组合高凌无论是资历、技术、成绩、大赛经验还是对比赛的控制能力都明显在郑波之上，在中国队的战术中处于主导地位，是主角中的主角，因此在比赛过程中要特别注意通过细节的捕捉来表现她是如何带着搭档打的，比如郑波失误时高凌通过动作和语言及时给予提醒与鼓励，比赛后大度地向对手表示祝贺并及时安慰年轻的队友等。虽然比赛结果不尽如人意，但她所演绎的故事却不失精彩，值得回味和珍藏。

总之，制作团队只有全面、深入了解所负责的项目的运动规律，熟悉该项目的特点、竞赛规则和比赛节奏，才能把握住比赛重心，设计、制定出最优化的电视表现方案，用流畅自然的镜头语言好好讲故事。而对重点选手的了解则可以把故事讲得更有情感、更加引人入胜。

二、 掌握故事化的叙事方式是讲好故事的保证

对于如何在信号制作过程中凸显“公平和公正、运动和情感 ”的核心理念，BOB在向每个制作团队导演发布的《制作手册》中，做了如下明确的阐述。

1. 要用坚持不懈的努力对每一位奥运参赛选手进行绝对公正、平等的报道。

2. 要用准确的实时画面和恰到好处的慢动作重放生动讲述富有内涵的比赛故事。

3. 无论是实时，还是慢动作重放，要多角度地对每一位运动员的动作做紧凑、富有张力的拍摄。

4. 通过音频、音效系统体现出各个奥运比赛项目声音上内在的细微差别。

5. 适时使用图形清晰、信息准确的字模。

6. 合理调度机位，根据统一的制作流程和标准拍摄颁奖仪式。

7. 充分表现奥运比赛内在的戏剧性，提升观众对运动员所作出的努力的理解和赞赏。

在这些文字中，不难发现肩负为北京奥运会公用电视信号制定标准重任的专家们已经将电视公用信号制作的层次推向了一个新的高度，即在规范化、标准化高质量信号基础上充分表现比赛内在的戏剧性，实现富有情节性、故事性的精彩赛事转播，让观众通过电视观看比赛的同时产生身临其境的感受，从镜头中察言观色、透视运动员的内心世界，从而更加欣赏奥运选手为成就光荣、实现梦想所付出的艰苦努力。掌握并能熟练运用故事化的叙事方式无疑是讲好故事的保证。在电视公用信号的制作中，导演不仅要对与观众交流的“语汇”——画面和音响尽在掌握之中，更要精通“语法”——镜头间排列、组合和连接的手法、技巧和规律。因为“富有戏剧性的环节既是体育比赛所蕴涵的，同时也是通过画面意义

的重新组合而诠释出来的”。体育比赛的魅力就在于比赛过程中扣人心弦的激烈对抗和跌宕起伏，比赛中几乎每一个球、每一分、每一局，运动员都在与对手斗智斗勇，想方设法控制对手、占据主动或摆脱对手的控制、变被动为主动。比赛双方此起彼伏局面的转换在结果上不仅导致比分的变化，也必然带来了双方心理和情感上的变化。一位优秀的导演要善于用生动的镜头语言和精巧的画面组合描述这种变化，通过捕捉比赛细节和选择典型动作、戏剧性情节及场面来反映人物情感，打开故事情节，解读比赛内涵，讲述比赛故事。

尽管时隔多年，但很多中国观众还是对雅典奥运会女排决赛中中国队绝地反击、完美登顶的经典胜利记忆犹新。而中国队主教练陈忠和也以他面对险境时从容不迫的微笑征服了无数球迷，并被认为是中国队创造奇迹的重要原因之一。转播镜头中，无论是领先还是落后，无论是中国队打出漂亮的战术进攻还是出现失误，电视观众永远都会看到一张从容淡定的笑脸。他气定神清的微笑给了队员们极大的支持、鼓励和信心，蕴涵着克敌于从容淡定之中的力量。而他的对手、俄罗斯队主教练卡尔波里得势失势时总是喜怒于形，在场边不时声色俱厉地呵斥队员。他的焦躁无疑让队员背上了患得患失的包袱，由怕失误而导致紧张、出现连串的失误，功亏一篑也就不足为奇。也许是卡尔波里“性格教练”的大名在外，在转播中导演有意识地使用对比手法跟拍两位主教练的举手投足和面部表情，并通过画面的串接来反映教练指挥与队员发挥之间的作用和反作用关系、组合出比赛的故事情节：一方是教练以微笑鼓励队员、队员越打越有自信的良性循环，一方则是教练怒火中烧、对队员恶语相加导致队员惊慌失措、越打越乱的恶性循环。所有故事情节组合在一起，就自然形成了一个特别有吸引力的精彩故事。

需要指出的是，在画面组合中，如果说实时拍摄的画面构成了故事发展的主线，慢动作回放画面则是妙笔生辉，往往起到锦上添花的作用。在奥运会每个项目的公用信号制作中，几乎一大半的机位都是为慢动作回放服务的。以羽毛球转播为例，高处的主机位 1 号机加上场地右角的 2 号机、场地右侧球网两边的 3 号机、4 号机和游动机位 5 号机就可以实现把比赛过程交代清楚、把故事讲完整的目标。羽毛球决赛阶段比赛的转播机位达 12 个之多，就是为了给慢动作回放不论是角度还是内容上提供足够多的选择，通过多中挑精、精中选彩为观众提供释疑解惑、蕴涵美感、具有震撼力的慢动作，把比赛的亮点放大、做足，从而把故事讲得更加富有情节性和吸引力。特别是作为公用信号组成部分的赛后慢动作集锦中，画面的组合更应该是在信息整合的基础上，讲述一个浓缩精华、主题鲜明的故事，并让整个故事在一种高潮的氛围中画上圆满的句号。

总之，随着电视观众欣赏水平的不断提高，比赛已经不再是简单的双方选手之间紧张精彩的对决，原来粗放式的电视制作方式已经很难适应现代观众越来越精细化的欣赏要求。于是导演的工作就不能只停留于纯粹技术层面的“呈现”，而应该是“融合”的概念，要充分调动每个岗位上的工作人员用心去捕捉到镜头里的故事，并熟练运用蒙太奇手法切换、串接画面，尽力把赛事内涵展现给观众，让比赛变得“有血有肉”的同时帮助观众清晰而流畅地感知比赛过程的每一个环节和细微之处，展现体育的人文精神和奥林匹克运动的魅力。

三、 坚持以人为本的原则是讲好故事的关键

体育赛事公用信号高标准、高规范性的要求是奥运会公用信号制作专业化，信号国际化和通用化的基本保证，BOB 通过类似现代工业标准化生产的方式来实现信号制作的完美度。在此基础上，比赛的本质依然是“人”，而人物恰好是故事的灵魂。坚持以人为本的原则是讲好故事的关键。为此，奥运会电视委员会将“运动和情感”作为与“公平和公正”并重

的核心理念，要求信号制作者“多角度地对每一位运动员的动作都要做紧凑、富有张力的拍摄”，深入、生动地表现人物情感，提高比赛的观赏性。

运动员在镜头语言讲述的故事中是理所当然的主角。他们在场上“厮杀拼争”的激烈场面构成了电视公用信号采集的主体内容，而他们在比赛过程中所宣泄的各种喜怒哀乐的情绪与力量的角逐形成了鲜明的对照，对千变万化的比赛气氛起到了画龙点睛的烘托作用。作为公用信号的导演，除了从运动本身的技术、技巧的角度将比赛完整呈现给观众之外，还应该追求一种人机合一的境界，通过近景、特写镜头和回放画面展现运动员内心的东西或情绪上的起伏变化。连续担任雅典奥运会和北京奥运会乒乓球公用信号制作总导演的薛朝晖就因为在转播过程中强调通过人物的刻画展示比赛的戏剧性而受到广泛好评，形成了被称为“故事片”式的赛事转播理念。薛朝晖转播风格的代表性作品当属雅典奥运会的乒乓球男子单打决赛，在转播中为了能传神地表现比赛双方的情感细节，他将场地内球台右侧球网两边的 3 号机和 4 号机、9 号大型超慢摄像机与游机 7 号机的功能用到了淋漓尽致，通过这些机位的近景和特写镜头聚焦于人、突出细节、表现情绪、制造悬念、烘托气氛，生动地把运动员在赛场上龙争虎斗的精彩场面、喜怒哀乐的神情传达给了观众，增强了比赛扣人心弦的力量。正是因为坚持以运动员为中心，不论是中国新星王皓初次面对这种生死大战考验时显得心理准备不足、稍显紧张的状态，失误丢分时短暂的茫然表情还是韩国选手柳成敏放开手脚、拼命搏杀、气势逼人的斗士形象都给观众留下深刻印象，甚至烙在了观众的脑海里。

不仅仅是场上的运动员，场边的教练和场下的观众同样是比赛不可或缺的组成部分。比赛过程中，教练作为队员的命运共同体，其对比赛的投入程度不亚于队员，从他们的面部表情和肢体语言上往往就能看出战局的发展是否如其所愿。所以如果能在合适的点上把教练的反应呈现给观众，不仅丰富了转播的画面、增加了故事讲述的角度，而且会使故事的情节更加完整，故事的内容更具吸引力。现场观众是赛场内一道亮丽的风景，实际上比赛过程中随着比赛局势和激烈程度的变化他们与运动员之间一直保持着积极的互动和情感的交流，观众的参与也是比赛更生动、形象的内涵。可以说通过在转播中表现这种互动和交流，既让电视观众更能欣赏到比赛的魅力，更加体会到冠军的来之不易和胜利的自豪与荣耀；又可使他们更加理解体育文化和体育精神，每一场胜利、每一块金牌都绝对不只是个人努力的结果，同时也凝结了集体的智慧和力量，荣誉属于个人，更属于团队、民族、国家。

总之，“人”是体育比赛本质和核心所在，这一事实决定了体育转播中坚持以人为本的原则的重要性和必要性。坚持以人为本原则也是对运动员的尊重，对他们付出努力的肯定。如同精彩故事对主要人物的形象塑造离不开人物典型特征的刻画一样，在体育赛事转播中也只有将场上“人”的因素展现得更加清晰，把人的文章做足、做活、做出深度，将比赛的内涵完整地呈现给电视观众，镜头语言讲述的比赛故事才能吸引观众，并给他们带来情感的共鸣和美的享受。

金曦阳，浙江电视台体育节目制片人、导播，参加过北京奥运会、女足世界杯等国际赛事的电视公用信号制作。

关于地方电视机构体育赛事电视公用信号制作的一点思考

2008年8月3日至12日，笔者以浙江奥运会羽毛信号制作团队导演身份参加了北京奥运会。虽然主场地信号是央视完成的，我们只是负责副场地的信号，机位也不多，但制作流程和标准是一样的。我们在制作过程中与央视的制作团队以及国际制作团队一起工作，接触到了体育赛事电视公用信号制作最先进的制作理念和工作方式。经过全体团队成员共同努力，最终圆满完成了任务，受到北京奥林匹克转播有限公司(BOB)以及央视同行的赞许，这是对我们几年来坚持不懈努力的肯定，我们在感到欣慰的同时，觉得在体育赛事电视公用信号制作方面应该有许多经验和理论的东西值得总结和探讨，也有很多的问题亟待解决。

一、现状和生存环境

许多地方电视机构由于得不到吸引观众的主流体育节目资源，体育节目逐渐趋于萎缩。制作体育赛事的人手少，什么都得干，什么都要制作(如浙江台平时连文艺类、活动类的直播、录播节目都在制作)。遇到大赛就把平时在一起合作过的各个频道的摄像、慢动作操作员等召集起来，完成后再回去干自己的工作，往往是刚磨合得熟练些，下次又换人了。因此很少有条件专人专项固定制作一种类型的赛事。

大型国际赛事信号制作是电视机构实力的象征，但许多地方电视机构并没有意识到，或不重视这点。地方电视机构要实现制作标准化，跟国际接轨困难很大。

随着经济的发展，一些地方这几年赛事资源还是不少的，如浙江省内，主要以国内的赛事为主。有中国男子篮球职业联赛(CBA)、乒超联赛，还有男女排球联赛、足球超级联赛、中国大学生篮球联赛(CUBA)、中国女子篮球职业联赛(WCBA)等，有的联赛如CBA、乒超联赛同时有三支队伍在省内打，这些都是相对固定的赛事。零星的如围棋、武术散打、羽毛球、网球、赛车这些我们都去制作过电视信号，但国际性的赛事就相对比较少。

另外一个重要的外部原因是，大部分地方制作的体育赛事信号，在地方电视媒体播出后收视率都不高，因为赛事水平不高，与普通民众关系不大，远不及新闻、电视剧之类节目的关注度高。需要电视转播的往往都是地方政府、体育局或某个俱乐部单方面的行为，体育赛事转播市场正常的供求关系远没有形成。

标准的制定是由游戏的拥有者或行业的领跑者决定的，目前我们体育赛事电视公用信号制作者要走的第一步是先按国际标准来做。随着我国体育赛事竞技水平在国际赛场上的提升，许多项目的国际标准也逐渐会由我们来制定。当这个项目在国内的普及程度高了，民众对它的熟悉度、关注度、参与度提高了，人人都以会玩或通晓这一项目为荣时，自然会对这个项目的电视信号制作提出更高要求，从而促进这个赛事项目电视公用信号制作水平的提高。

中国的乒乓球、羽毛球在国际上是绝对优势项目，在国内也拥有一定的受众市场，我们理应在电视信号制作上领先一步。

其他项目我们国家也有金牌，许多奥运会项目，普通民众关心的只是中国拿多少金牌，而不是这个项目本身。这些赛事的拥有者们为了推广赛事，觉得能有电视转播已经很不错了，很少会对电视信号制作质量提出太高的要求，更不会像足球世界杯那样设立电视委员会，或像奥运会那样设立转播有限公司，由精通电视信号制作的专业人员来协调、监督公用信号制作，电视公用信号制作水准自然不会很高。

市场形成要靠各方努力，需要加大普通民众的体育参与度，加大针对普通民众的体育设施、赛事经费、宣传投入甚至赛事衍生产品的开发等。只有民众真正喜欢体育了，市场需求形成了，我们国内的体育赛事电视公用信号制作才有源动力。

当然我们不能等市场形成了再去提高制作质量，凡事预则立，不预则废。要想提高地方电视机构体育赛事电视公用信号整体制作水平，首先应从制作理念进行改观，树立新的与国际接轨的制作理念。

二、 制作理念的转变

中国的体育赛事电视公用信号制作之路和中国的工业化发展的路子差不多：从简单的模仿加工到创新改造，直到整个行业全面转型提升，继而提高国际竞争力。

目前我们大多数地方电视机构的制作团队可以说还处在模仿阶段。按照国际标准模仿，通过努力完全可以模仿得像模像样，前提是要有足够的经济实力和人力物力，以及足够多的练兵时间和国际赛事的制作机会。

经过国内大型赛事电视公用信号制作（全运会、国内联赛等）、国际性大型赛事电视国际公用信号制作特别是参与了北京奥运会赛事电视国际公用信号制作之后，地方电视机构的赛事电视公用信号制作水平逐渐成熟，制作理念也在转变，新的制作理念逐渐确立。

体育赛事电视公用信号制作是一个复杂的系统工程，导播是这个系统的核心和灵魂。地方电视机构在国内赛事信号制作中，导播的模式由于受人力物力等因素的限制，在很长一段时期内，实行的都是一个导播“统包”制，导播兼切换员，指挥调度摄像、慢放、字幕、音控、视频，甚至还要参与后勤等繁杂事务。对于规模不大，制作要求不高，机位少的赛事（国内赛事比较多），一个训练有素的导播也许还能应付过来。但碰到高规格的大型的国际性赛事，就有点行不通了，需要职能细化、分工明确，多人协调配合才能完成。在当今奥运会各单项比赛的公用信号制作中，导播工作主要由总导播、助理导播、场地导播、慢动作导播、字幕导播、切换导播（视频切换员）这六个职能岗位共同完成。[①]

目前许多地方电视机构，已经逐步在一些大型体育赛事电视公用信号制作时按照这一

---

① 任金州、马国力主编：《体育赛事电视公用信号制作标准研究》，北京，中国传媒大学出版社，2005。

模式运作。只是因为种种原因还不够完善。

例如，由于培养机制的问题，一些地方由技术部门培养专门的单项体育赛事切换员不太可行，导致岗位的专一性和稳定性不能保证。而长期以来导播兼切换员已经很熟练了，切换工作还不如导播自己来。总导播兼切换员、导播助理、场地导播、慢动作导播、字幕导播的一分为五的形式在较长一段时期里还是比较通行，虽然导播兼切换员，可能对导播的总体指挥有所影响，但有了其他导播分担了工作，已经很大程度上把总导播解放出来，有更多精力投入到节目的制作和创新上，这已是很大的进步，效果也很明显。但从发展的角度来看，导播工作一分为六是大趋势，各地方电视机构制作团队都应逐渐按照模式发展，以尽快提升制作团队体育赛事电视公用信号制作水平。

三、 团队协作的重要性

导播组分工细化了，团队中各个岗位分工明确后，需要通力合作、默契配合，形成相对稳定的合作关系，才能高质、高效地完成任务。

我们可以从一些体育集体项目比赛中得到启发，例如排球是经过了16人制、12人制、9人制，最后是6个人在打。现在即使一方9个人，一方6个人进行比赛，人多的一方也未必能取胜。因为随着比赛水平和个人能力的提高，比赛不用那么多人了，人多了反而互相牵制，通过团队协作，人少的一方反倒可能取胜。我们认为，在体育电视公用信号制作时，情况也有相同之处，电视公用信号制作不能因细分了岗位责任制，仅仅做好份内工作就万事大吉，同样需要团队成员之间相互协作。

团队成员之间形成合作、帮助的氛围也能适当弥补某些因技能上的不足造成的损失；而团队成员中只要有一两个人各顾各或个性太强，就会给整个制作团队造成难以弥补的损失。在信号制作过程中，一旦某个岗位发生差错，团队成员间互相埋怨，产生心理隔阂，必然造成注意力不集中，差错就会接二连三地发生。

团队成员的技能可以通过不断的练习逐渐熟练甚至精通，而缺少团队合作的精神，单纯的技能是无用武之地的。由于机制和外部环境的原因，地方电视机构的体育信号制作团队，其成员技能水平参差不齐，团队协作精神尤显重要。

四、 岗位的专一性和稳定性

体育赛事公用信号制作团队要提高制作水平，制作团队岗位的专一性和稳定性也很重要。

“制作团队岗位的专一性，一方面要求制作团队成员所承担的比赛项目具有单一性；另一方面要求在制作环节上每个岗位，特别是导播团队每个岗位具有专门性和不可替代性。”[①] 然而由于种种原因做到这点对大多数地方电视机构来说很难。以浙江台为例，体育赛事信号制作的人手少，很难分出人来组成多个制作团队，各种类型的比赛都要由同一个制作团队去完成，因此对每一个制作的项目都要有所了解，在制作岗位上尽量使用合适的相对固定的制作人员，在相对制作比较多的项目上确立自己的专一性，并且在不同的类型赛事信号制作中学会触类旁通，努力弥补专一性不强的弱点。

“岗位的稳定性能使导播团队成员彼此熟悉各自的工作习惯，对项目内容和专业要求有

---

① 任金州、马国力主编：《体育赛事电视公用信号制作标准研究》，北京，中国传媒大学出版社，2005。

相似的认知能力，要尽量避免导播团队中各个岗位人员不必要的内外部流动，长期、稳定的合作关系，能使团队成员合作默契，保证信号制作质量。”①而这点恰恰又是地方电视机构所欠缺的。还以浙江台为例，女足世界杯信号制作团队成员就是从各个频道召集来的，平时很少制作体育节目，更别说专门制作足球电视信号了。我们只能按个人特点在几个关键岗位上用相对固定的几个人，硬是把女足世界杯比赛转播圆满完成。奥运会羽毛球制作团队也是这样，在2008奥运年赴全国各地练兵140多小时，收到很好效果，一定程度上弥补了人员稳定性差造成的不足。

五、细节决定成败

通过参与奥运会电视公用信号制作，我们接触到了信号制作的标准化理念，也按照标准去制作了信号，效果还是很明显的。有了规范和标准后，效率提高了，差错减少了，制作水准提高了。但这才刚刚起步，因为只按标准去做还不够，还要去研究细节，使制作更精细化。我们国内的体育赛事电视公用信号制作即使按标准流程制作了，除了少数几个项目能达到国际一流水准外，大多数项目离国际一流水准还差得很远。这里面有多种因素的制约，但其中很多地方还是在细节问题上。

画家通过长年作画能对一种颜色观察得细致入微，常人看起来相同的颜色在他们眼里却千差万别。我们的信号制作也是一样，一些看起来简单的东西，在不断重复中，有心人就能看出细微差别，就能讲出故事来。央视的乒乓球信号制作团队，之所以能成为雅典和北京奥运会电视公用信号制作团队中的佼佼者，正是从一些细节上入手的。

细节意味着严谨、务实、一丝不苟；注重细节意味着把小事做细，把简单的事做到极致。细节决定成败，这个道理不难懂，可要是真的做起来，却实属不易。把事情做细，是一个习惯问题。如果不能养成细致的好习惯，也只能是想得通，做不来。即便能做得来，也不会坚持长久。而细致的习惯是要用心来养成的。细节不只是反映在制作技巧中，也反映在团队的方方面面：生活、作息、守时、自律……

在信号制作中注重细节的研究，其实就是在追求差异化，在同一标准下，寻求与众不同的风格。如果我们每次信号制作都在一些小事上不断更新和进步，每天都把制作技能稍微改进一点，综合起来很长时间后就会有很大的进步。

① 任金州、马国力主编：《体育赛事电视公用信号制作标准研究》，北京，中国传媒大学出版社，2005。

王伟维，先后多次参与了亚运会和奥运会的报道；负责多届全国保龄球赛事的电视信号制作任务；在北京奥运会参与了体操和乒乓球项目的单边综合制作。

试论体育赛事公用信号制作中的奥运模式与传统模式

在北京奥运会上，中央电视台和其他兄弟台合作成功完成了七项奥运会比赛的国际电视公用信号制作任务，这是自奥运会实行“联合制作”模式以来作为东道主获得制作国际电视公用信号最多的一次。中央电视台共有五支制作队伍，244 人完成了 738 小时的公用信号制作，占北京奥林匹克转播有限公司(BOB)总信号量 3800 小时的近 1/5，中央电视台在北京奥运会上作为电视信号制作的主力军是继 2004 年雅典奥运会中央电视台完成了乒乓球、羽毛球和现代五项三个国际电视公用信号的制作之后又一次大的飞跃和提高。北京奥运会还首次开创了奥运会电视信号全部采用高清标准的新纪录，而雅典奥运会只有开、闭幕式和体操等部分比赛项目采用了高清信号。中央电视台的电视制作队伍也从过去传统的转播模式完成了到奥运模式的转变。

1. 奥运模式的由来

奥运模式的电视信号制作概念来源于奥运会电视公用信号。自有电视转播以来，历史上奥运会的电视转播信号多是由奥运会举办国提供，但有的举办国受自身条件的限制，不能够完全满足电视公用信号的需求，这样出现了由其他国家共同完成奥运会电视公用信号制作的情况，即国际奥委会电视委员会根据奥运会转播要求委托有一定实力的国际电视机构来制作奥运会电视公用信号。以前的电视公用信号没有统一的制作标准和操作程序，这样在转播奥运会比赛当中就会产生许多问题。例如，没有一套规范的信号制作标准和信号制作的理念，往往制作出来的电视信号水平参差不齐。在比分、运动员介绍等字幕要求上没有统一规范，慢镜头回放出在什么地方，要说明什么含义都显得比较随意，在镜头画面的表现上也没有严格的要求，这就容易造成承担制作公用信号的国家在关键时刻把握不住那种热情与冲动，会把镜头更多地对准自己国家的运动员而不顾他国电视观众的感受。为了制止和纠正这种利用手中的转播权力过度宣扬和突出本国运动员的不公平现象，国际奥运会电视委员会在 1996 年亚特兰大奥运会上提出了“公正和平等，运动和情感”作为奥运会电视公用信号制作的核心理念，制定出了一套新的、完整的电视信号制作标准。所有参与制作公用信号的国家都要按照这个标准执行，这就是我们为了区别于传统转播模式而称之为的奥运模式。

2. 奥运模式与传统模式的理念不同

体育转播是利用电视这一现代化大众传播媒体实时再现体育比赛的完整过程，它包括体育比赛的内容、进程和结果。首先是真实记录体育比赛，将实时发生的事件传达给电视观众。其次运动员是体育赛事的主体，因此它需要表现运动员的情绪、力量和技术，在千变万化的赛场风云中捕捉运动员的情感表现，激发观众的兴趣指向，满足观众的娱乐需求和审美需求。

“公正和平等”就是要求奥运会电视公用信号不能以个人的喜好来表现比赛，它要求真实、客观、完整、流畅地记录奥运会比赛的过程。所有比赛镜头不能偏袒某一方，不能根据自己的喜好把镜头只对准一方运动员，甚至对两国观众的镜头表现也作出了严格规范。新的奥运会电视公用信号制作理念克服了狭隘的民族主义热情，“公正和平等”的电视信号受到了世界人民的欢迎。

“运动与情感”就是在客观记录体育比赛过程的同时，要以饱满的，具有表现力和透视感的镜头表现主题，通过电视蒙太奇突出比赛悬念，烘托比赛气氛，把体育的美感，运动的张力传达给观众。这也是奥运信号制作理念中重要的表现内容。

传统模式的电视信号制作由于没有明确的制作理念，因此在转播中难以把握对赛事双方的客观公正，所表现出的往往就是导演或制作团队对某一方运动员的喜好和偏袒。这种或多或少的关注和倾向会影响电视转播的客观公正性，扭曲观众的兴趣取向，使观众产生厌恶和抵触情绪。

3. 操作程序的不同

(1)信号的区别。奥运会国际电视公用信号是提供给购买了播出版权的公用信号，包括片头片尾，完整流畅的比赛画面，背景声音以及配有标准格式的英文字幕。它的特点是没有解说的“干净信号”。这样便于各国电视媒体接收到这样的公用信号再根据自己节目的需要进行再加工。而传统模式只是一般意义上的电视转播，与奥运会公用信号的区别就是它配有解说，是完整的播出信号，在形式上、操作上、理念上没有严格的规定。需要说明的是，奥运模式与奥运会公用信号制作是相同的概念，因此，本文所谈的奥运模式可以是没有解说的“干净信号”，也可以是有解说的播出信号。

(2)设备技术标准的不同。奥运模式在设备技术方面都有严格的标准，比如对某一项比赛的摄像机数量的要求、机位的设定以及每一个机位的镜头倍率大小、机位的角度、高低、场内灯光照明的要求、微型摄像机的设置、拾音话筒的数量和安装位置等，都必须按照奥运会公用信号制作手册的标准执行。传统模式的设备技术就没有统一的要求，比赛场地的照明亮一点暗一点，机位多一个少一个都没有科学的量化标准，一般以导演的经验为准。因此，制作出来的信号难以保证高质量，高水平。

(3)岗位分工的不同。奥运模式的电视信号制作是导演负责制，在导演下面设立助理导演、字幕导演、慢动作导演、场地导演、镜头切换操作员。在字幕导演和慢动作导演下面还设有操作员，转播中导演负责调度摄像师，对于镜头的切换导演只对操作员发口令，字幕和慢动作镜头分别由字幕导演和慢动作导演负责；而传统模式与奥运模式除制作信号的理念不同之外，最大的不同在人员分工和操作程序上：传统模式也是导演负责制，但没有字幕导演和慢动作导演，因此导演在转播中要负责镜头切换、上字幕、上慢动，传统模式的操作是源于过去体育比赛的转播规模不大，分工不细，设备的操作不专业化，因此完成一般的赛事转播导演总还感觉顺利；而现在的赛事转播规模已经不同以往，对信号制作的质量也有了更高的标准。体育转播时间少则一两个小时，多则七八个小时，在这样长时间的转播工作中如果按照传统模式，导演常常会手忙脚乱，顾此失彼。而分解这些工作让每一项工作都由专人负责，让每个工种的导演和操作员只专心负责自己的部分，这样出错的概率也就大大降低。

4. 当今我国电视信号制作的现状

从我国各省市地方电视台在体育信号制作方面的现状看仍然沿袭的是传统模式，这主要受两方面的影响：第一，奥运模式毕竟传入我国不久，这种全新的电视信号制作模式还不为人们所了解，虽然在北京奥运会上中央电视台和其他地方电视台接下了国际电视公用信号制作的任务，但除雅典奥运会央视先期使用了奥运模式的操作，地方电视台还是第一次接触奥运模式，对于它的理念还只是尝试和了解。第二，大多数人认为镜头的切换应该是导演的工作，因为导演掌握着完整的镜头流程和比赛流程，与其发口令由操作员切换镜头还不如自己操作来得得心应手。因此，到目前为止我国各地方电视台的体育电视信号制作仍然是沿袭着传统模式。在这里我们可以讨论传统模式中导演对以口令切换镜头的担心：当体育比赛有些镜头切换快到操作员反应不过来的情况如何处理？实际上这种问题也是可以解决的。通过实践我们发现体育赛事可以分成大的段落，每一段的镜头切换都是有规律的，导演只需要在赛前与切换操作员将过去的比赛录像进行细致研究，事先把镜头流程进行约定，特别是一些特殊镜头的切换，在转播中提示操作员就可以顺利准确完成镜头的切换。

5. 今后的发展趋势

(1)奥运模式与传统模式的关系。随着当今科技的发展，电视信号制作标准的提高，奥运模式的诞生也是顺应电视信号制作发展的需要而产生的，奥运模式的产生是在传统模式的基础之上，是经过长期的实践从传统模式中演化而来的。奥运模式注重的是标准，一切操作都是标准化；传统模式注重的是经验，导演的经验决定标准。但如果没有传统模式的经验，没有电视人经过多年的实践摸索和经验总结，奥运模式也不会达到今天这样完善的制作理念和操作标准。

(2)奥运模式的特点。奥运会是世界上级别最高的体育赛事，而奥运模式的电视信号制作同样代表了现代电视信号制作的最高水平。奥运模式的主要特点表现在：①团队专业化，信号制作队伍所有的编导人员和技术人员在业务上是绝对的专业，只有业务精尖的团队才能够制作出高水准的电视信号。②操作程序化，每一个工种在信号制作的流程中做到了程序化，每个人在操作中把标准变成了一种习惯，这样就提高了操作的精准度，减少了出错的概率。③工作标准化，从信号制作开始到结束一切都按照标准执行，一切都有章可循。

(3)结论。由于当今电视技术的不断发展，电视信号制作的标准越来越高，传统模式已经越来越不能适应当今电视信号制作的发展需求，奥运模式代表了当今体育信号制作的最高水准，它具有先进的理念和科学的标准化操作，奥运模式已经为更多的人们所认识、所接受。特别是经过了2008年北京奥运会，奥运模式将会更多地被运用到体育赛事的电视信号制作中去，我国的体育电视信号制作水平也将会有全面的提高。

蔡燕江，2004年进入体育赛事公用信号制作领域，作为导演组成员制作过大量足球及其他项目的赛事，并作为主联络官多次负责如亚运会、女足世界杯等大型赛事的总体制作协调工作。

当缪斯吹响开场哨

——关于体育电视信号制作的美学探讨

虽然体育比赛的转播早在几十年前就已经开始，但体育赛事电视信号制作这个概念的兴起，在中国不过是近十年的事情。随着中国人走进奥运会电视制作团队的阵营，进而在本土的北京奥运会上拿下七个项目，并大放异彩获得国际的认可，体育赛事信号制作也在电视业务范畴内由零星的概念逐步上升为显学。其理论架构和学术格局都存在着巨大的真空。从美学意义上来探讨电视信号制作对于促进信号制作的实践效果和提升行业的制作标准以及理顺从业者的指导性思维，无疑具有非常重要的意义。本文从与信号制作理念息息相关的若干文艺学和美学的概念出发，力图探求信号制作的某些一般性规律和普遍经验。

一、“作为意志和表象的世界”：体育电视公用信号的主客体认识

一直以来，人们对于体育比赛的电视制作都存在着误读，即认为这不过是采用电视制作手段将比赛过程转化为电视信号并提供给观众的一次技术性操作而已。这样的误读，带来的是部分从业者对信号制作水平的忽视和“有声有影就行了”的错误观念。随着时代的发展，电视观众对于体育比赛画面和声音的要求越来越高，从而对国内同行提出了新的诉求。经过近十年的努力，中国的电视体育工作者终于能够自豪地将自己与世界最高水平的制作团队比肩。而对于行业的理论整理和思维提升也就相应地被提到了议事日程。首先，我们必须将体育电视信号放到审美的范畴来认识，也就是说，将比赛电视信号作为审美客体来加以认定。

体育比赛的电视信号由视频画面、音频(包括国际声和解说声)、字幕和若干特效等组成。较好的比赛信号画面流畅，角度多样，声音清晰丰富且有层次感，字幕及时准确；较差的信号则画面质量差，角度少，声音干瘪单调，字幕缺失率较高且不合时宜。好的比赛信号，如奥运会、世界杯和一些重要的单项赛事等，给观众带来的不仅是比赛过程本身，还有比赛中体现的节奏和美感，悬念丛生，扣人心弦。这样的电视信号不仅是一种技术产品，而且是体现在电视屏幕上的流动的叙事与造型结合的艺术，为观众带来美的享受。

“当我们称一个对象为美的时候，我们的意思是说这对象是我们审美观赏的客体。”①电视作为20世纪中叶才逐渐在全世界普及的一种大众媒介，其播放的内容一直不被看做是和电影、绘画等等量齐观的艺术作品。从诞生的那天起，电视似乎就被打上了普通大众消费品的标签并被限制在这样的范畴内，直到20世纪末，电视作品的艺术价值和审美价值才逐渐被人们所认知。而体育赛事的电视制作与转播，更是被人们认为不过是一种社会性次生娱乐方式通过大众媒介传播到观众眼球和耳朵里的比赛的延伸。而事实上，电视信号的产生，经过了制作人员的先期讨论和镜头设计，通过机位和人员的设置，精选最佳的角度和时机，将比赛中的有效元素传达给观众。应该说，这已经是一个技术作品的产生过程。清晰流畅、叙事紧凑自然的比赛画面是对精彩赛事现场的再现，并且让观众在如痴如醉的观看过程中完成了不自知的审美体验。如此，比赛信号自然就成为独立的审美客体。当然，作为审美客体，电视信号也就蕴涵着叔本华所谓的“意志和表象”的统一。任何作为表象的审美客体，如果不同主体发生审美联系，就不成其为审美对象，就无所谓美。“一切表象，不管是哪一类，一切客体都是现象。唯有意志是自在之物。”②这是叔本华唯意志论的本体论观念。我们当然没有必要落在这种客观唯心的窠臼里。事实上我们在此所说的意志，特指体育电视信号中所涵盖的主观性审美意识，恰恰与电视观众作为审美个体或者群体的主观意志相关联。本文仅借用叔本华的名著名称来说明电视信号作为一种艺术作品与主体密不可分的关联性，强调艺术作品的阅读者也就是这里所指的电视观众的主体情感审美意识与行为的重要性，从而指出信号制作的基础不仅在于复现赛事的过程，更在于依托画面、音响、字幕等手段传达和反映人物情感，引起观众作为欣赏主体对于电视信号审美客体的审美需求和行动，从而真正意义上使比赛的电视信号达到完善，成为具有美学意义的复合性电视文本。

二、 客观原则和主体性原则

一万个人对同一个艺术作品就有可能产生一万种不同的阐释和理解。千百年来，审美的过程本身就存在着太多的争论和指斥。笔者在卢浮宫看到著名雕塑“断臂的维纳斯”时，也曾考虑过是否真的应该砍掉其双臂。如果让双臂环于脑后作为某种支撑，是否更能体现出雕塑的形体美和头部的五官神态的超然？米开朗基罗的雄浑荡涤与拉斐尔的柔美细腻孰优孰劣，其实也是没有正解的无头公案。美有其客观性，也常常依赖某种主观。黑格尔在不朽著作《美学》第三卷中对于戏剧体诗有这样的论述：“而在各种语言的艺术中，戏剧体诗又是史诗的客观原则和抒情诗的主体性原则这二者的统一。这就是说，戏剧把一种本身完整的动作情节表现为实在的，直接摆在眼前的，而这种动作既起源于发出动作的人物性格的内心生活，其结果又取决于有关的各种目的、个别人物和冲突所代表的实体性。”③在叙事艺术中，戏剧的展现是其艺术水准高下的基本判别。体育比赛在过程和形态上，可以被看作是在体育场或者体育馆上演的一出具有高度整一性的戏剧。它的动作被电视信号制作手段“表现为实在的，直接摆在眼前的”，而比赛的运动员们的动作的展开离不开他们“人物性格的内心生活”，即其思维和感情，并且比赛的结果也无疑取决于“有关的各种目的”，即领先并最终获胜。另外，“个别人物和冲突所代表的实体性”也是比赛引发悬念并吸引观众观

---

① ［德］叔本华：《作为意志和表象的世界》，25页，北京，商务印书馆，1982。

② 同上书，165页。

③ ［德］黑格尔：《美学》第三卷（下册），朱光潜译，241页，北京，商务印书馆，1991。

看的基本元素。目前来说，我们很多信号制作工作者都存在着某种偏颇，而这将导致对于比赛信号的概念偏差和随之而来的制作缺陷。一种悖论是：我们转播的是比赛，只需要关注场上的比赛过程。初听起来，这种论点并无不妥。但是，这忽略了黑格尔关于戏剧体诗的二元论中的主体性原则：各种目的和人物的性格冲突被弱化甚至漠视，导致比赛的过程完整到了完美，而人物性格和目的的冲突却缺失到了迷茫。另一种悖论是：过度的主观情绪表达导致赛事的客观性受损。法国网球公开赛的电视信号在全世界享有盛名，业内人士都给予了高度评价。但在笔者看来，有时候电视导演在制作信号时采用了过多的间离手段如风格化的镜头、选手的虚拟画面和色度调整等，导致压球时时发生，观赛的连续性和投入性被偏离。就网球而言，一些大师赛的信号似乎在把握戏剧表现的二元对立统一方面解决地更加合理。即使在我们看待一些极端的例子时，也不难窥到这些叙事作品在客观性和主体性上的统一。比如在19世纪和20世纪曾盛行一时的自然主义和唯真实论作品，也具有明显的抒情性和性格展现。所以说，在当代人类的文化认知语境中，对于叙事和造型结合统一的电视作品的解读，天然地存在着史诗系统与抒情诗系统纵横交叉的先验性思维架构。

三、再现—表现运动和情感（Motion-Emotion）

在确定了对于体育赛事电视公用信号的客观性与主体性双重层次的综合解读后，我们就不得不面对客观再现与主观表现这又一对矛盾共同体。电视制作人员采用技术手段将体育比赛转化为声光电信号传递给电视观众，需要对赛事的必要元素和完整过程给予平易而精美的客观再现。其能指概念的核心在于客观和完整。其所指概念则衍生于主观表现的二次创作和解读。如果审视一下在国际电视体育界公认整体公用信号水准要求最高的奥运会的相关标准，我们可以发现，客观再现与主观表现的直接对应物，便是我们经常挂在嘴边的Motion和Emotion。

作为奥运会电视公用信号制作标准的“Motion-Emotion”，仅仅是在近几年才被上升到理论意义的层面来探讨。我们来看一下相关论述：

> Motion：运动项目的竞技过程是奥运会电视公用信号制作的主体内容。
>
> Emotion：情感部分提供给我们的是最基本的信息量，主要目的是要为已有的信息量进行层次区分和意义补充，增加基本信息量的维度，使原始信息更生动、更有表现力。说到底，情感是对人的关注。但情感的部分是奥运会电视公用信号制作中添彩的部分，而不是它的基础。①

在上面的论述中，运动和情感作为两个分裂的概念被提出。其中，情感被看作一个次要概念，理由是它只是“添彩的部分，而不是它的基础”。这种将运动和情感割裂的表述，恰恰是局限了一些公用信号制作者的认识境界的深层思想基础。虽然，竞技过程是公用信号制作的主体内容，但竞技过程中所体现的情感是内在而生的，并非外来的“补充”和“增加”。比赛运动场景蕴涵着本体性的情感元素，而且在比赛过程中无所不在。而从艺术作品的表现途径来说，对运动中蕴涵的情感只能是去再现和阐发，而非仅仅从外部叠加信息量

---

① 任金州、马国力主编：《体育赛事电视公用信号制作标准研究》，11页，北京，中国传媒大学出版社，2005。

那么简单。否则，只能看到赛事信号作为审美客体的“表”，而没有探触到其深层次的“里”，即其内在的本体性情感元素。情感的部分不仅是电视公用信号中添彩的部分，更是它的基础。一场比赛，胜负是最大的悬念所在。求胜欲望是运动员最基本的行动动机。随着比赛的进程，悬念忽缓忽急，变数不断增大，运动员、裁判员等比赛参与者的动作、表情都传达着内在情感的无形的变化。观众就是在这样的过程中完成对电视信号作品的审美体验的。而电视信号制作者则是竭尽全力利用电视手段去调动观众的这种情感认知和审美体验。“将体育比赛的现场进行纯化和强化处理，将现场的信息通过情绪表达出来。利用画面构图，不同位置的摄像机的视角变化及运动，画面切换，慢动作回放，来实现这种效果。比如，运动员或教练员的一个眼神的特写，比赛中精彩动作或赢球后激情爆发的慢动作处理，都构成了情感与美的传达，力量与人性的张扬。”①上述的摄像机运动、画面切换、慢动作回放等既是提供画面与声音的技术性操作，同时也是情感与美传达的手段。二者浑然一体，密不可分。

综上所述，我们需要停止对运动与情感的概念分割，并将二者重新审视和理解，看做是赛事公用信号的审美客体的双层内涵。只有这种双层内涵被高度同一地认知和衡量，赛事公用信号才能完成其审美价值。关于这一点，存在主义哲学家萨特有相关的论述：“运动的情感内核，是人对艺术作品的创造性阅读活动的必需。人们用感情来重新创造审美对象。如果审美对象是动人的，它只能通过我们的眼泪显现它。如果它是好笑的，它将得到笑声的承认。”②

四、对体育赛事的解读——接受美学和萨特的存在主义美学

电视信号本身还不能成为完整的作品，作为声光电信号的表象，它只是文本的载体。只有通过审美性消费，即经过观众的观看和接受过程后才最终完成其美学价值。从接受美学的角度说，也就是完成作品—作者—读者的三位一体。读者的解读是对艺术作品的终极完善，这种解读，不仅是对声画的接受，更是对比赛过程的情感体验与诉求。场上的细节刻画和人物个性特征及反映的表达，实际上既是表象，也是审美者的意志体现。场上运动员的喜怒哀乐，通过画面表现出来。这里有一个移情作用，即主体与客体的情感合一。

即使比赛画面并没有出现较多的个人特写、人物关系刻画或者突发事件，但比赛仍然是以情感为基础的。一场橄榄球迷看来精彩绝伦的超级大战，对于毫不关心也不懂规则，并且对橄榄球不具备任何情感基础的观众来说，就像是一群疯子在做一个抢球的游戏。而即使只有两个机位制作的地掷球赛事，对于一个地掷球迷来说，也有极大的审美价值。这里的情感诉求，第一，取决于电视作品的阅读者即观众是否对作品有审美期待；第二，取决于观众在观看比赛也就是审美过程中的解读方式和接受层次与维度。在体育赛事电视公用信号的审美过程中，绝对不能囿于赛场上的画面表象，而忽略了审美主体即观众的主体意志。自20世纪60年代以来，对于作品、作者与读者之间不可或缺的互动关系，读者对于作品的解读的重要性，越来越多的理论学者给予了充分的肯定和重视。因此，信号制作的文本如果仅仅是将比赛的画面过程进行复现，而其中的情感、情绪表达和审美趣味不足甚至匮乏，这样的信号制作将是失败的。

---

① 杨斌、任金州主编：《体育赛事电视公用信号制作标准指南》，3页，北京，中国传媒大学出版社，2007。

② 李寿福主编：《西方现代文艺理论研究》，412页，杭州，杭州大学出版社，1991。

五、 人性化情感表达的增强有待制作人员理念的提升

萨特认为，阅读是一个“预测和期待的过程”，“没有期待没有未来、没有无知状态，就不会有客观性”，就不会有作品的真正价值。电视制作人员的任务就在于不仅在技术上对比赛场面进行再现，而且要预先了解观众的阅读需求，也就是他们所“预测和期待”的是什么。大多数情况下观众的期待性是他们所不可知的，但是根据人类审美的一般经验，我们大致可以掌握绝大多数比赛情境下观众所希望看到的比赛进程画面和其中蕴涵的情感与审美内容，比如在争议、罚分、得分、受伤等情况下所应实现的镜头流程，以及在不同的特定情境下应该重点注意的创作要点。这样的创作要点，无不牵涉着场上场下的比赛参与者的情感冲突、流露和交锋。对于我们的赛事信号制作者来说，需要提高自身的审美认识，彻底摒弃“有声有影就行了”或者只重视赛场内比赛画面的落后观念，对比赛进程中多方参与者的复杂情感加以预期和分解，并在信号制作过程中关注这些情感的变化并作出相应的影像传达，从而真正将体育电视信号制作提升到大众深层审美的高度，与电视观众一起，共同完成体育电视审美活动的终极完型。

王诤，中国传媒大学教师，自2003年起关注电视国际公用信号制作，2005年起作为中国传媒大学奥运摄影班项目具体项目执行人配合中央电视台完成多哈亚运会、北京奥运会等多项大型体育赛事制作任务。

体育电视公用信号制作空间呈现手段未来发展趋势刍议

北京奥运会已经离我们渐行渐远，虽然那是一个特别值得怀念的时刻，但是我们终究要面向更广阔的未来。中国体育电视工作者已经用自己的实际行动实现了北京奥运会的电视公用信号制作标准，达到了世界一流的制作水平。但是面对未来，我们也应该及时掌握电视技术发展的动向，将新的制作理念和电视技术有机地结合起来，为广大电视观众做出更好看的体育赛事直播信号。

奥运会电视公用信号制作技术并不是世界上最高的电视制作技术，奥运会的工作模式只是相对接近最高水平中技术质量最稳定的一个批量化生产电视信号的模式。在北京奥运会上，为了保证各项赛事相对一致的制作水平，仅有少量的最新的电视技术设备投入试运行，如超高速摄像机用于乒乓球转播、“鹰眼”系统运用于网球转播等。在现代体育比赛中，因为篮球、足球、橄榄球、棒球、网球等几个大项目的高度商业化，电视制作水平也相应地水涨船高。2009年，中央电视台转播了美式足球大联盟（NFL）的超级碗总决赛，美国男子篮球职业联赛（NBA）的全明星赛，澳大利亚网球公开赛等各单个项目最高水准的比赛，从这些项目电视信号制作的发展上，我们能看出一些电视公用信号制作发展的端倪。

奥运会的电视公用信号制作理念自1996年亚特兰大奥运会起，形成了“运动与情感”的核心制作理念。时至今日，这个概念依然没有过时，包括各种提法都是围绕这个理念，以运动和情感为纲，结合“讲故事”的阐述方式，把一场体育比赛呈现给电视观众。如果说电视工作者所面对的广大电视观众按照对体育比赛的热情可以分几个档次的话，那我们就可以按照下面档次的划分来分步实现观众对体育比赛的诉求。

首先是对比赛实况的真实记录，不管电视制作水平发展到什么阶段，把一场比赛忠实地记录下来都是先决条件，我们在利用眼花缭乱的新奇电视技术之余都不能忽视这个客观诉求。但是，随着电视交互能力的加强，未来我们也必然要面对电视观众个人对比赛中某一单方面的关注要求。

其次是展现运动员的情绪，运动其实跟人的情感是紧密相关的，在运动中可以还原最真实的情绪。在制作体育赛事公用信号时我们需要经常在一个运动过程开始之前和结束之后给特写镜头体现运动员的情绪，这已经基本上成为信号制作的一个规律。

最后是对运动细节的展现，运动员之所以异于常人，就是超强的身体机能在运动技巧的掌控下实现力与美的释放。力量爆发的瞬间、技巧呈现的过程是一场比赛除了输赢之外最能够打动观众的地方，我们的电视工作者也在想方设法争取将更多的运动细节给电视观众展现出来，慢动作的发明甚至后来超级慢动作的出现，都是为了把运动中的细节尽可能清楚地呈现出来，这也是观众在看体育比赛中深层次的追求使然。

综上所述，我们可以就未来体育电视发展中的几个方面进行研究，特别是技术手段的发展和新技术如何更为合理地运用到电视制作中有一个相对的探讨，并试图对电视公用信号制作的未来发展趋势有所研究。

制作一场体育比赛的电视公用信号，主机位画面也就是通常所说的全景画面在所有的切出画面中占的比例要达到70%甚至更多，观众看比赛主要看的就是大全画面。不同的项目全景画面拍摄方式会有一点区别，比如足球比赛，基本上就是五分之三的场地；篮球，三分之一的场地，而且我们看 NBA 的电视转播，即便是全景机位也会有幅度比较大的推拉镜头。其实，电脑和电视高仿真游戏早就把我们的视野进行了开拓，接下来本文要描述的集中未来技术发展趋势都跟电脑游戏有关。

日本科乐美公司和美国依埃(EA)公司分别是现在足球和篮球游戏的执牛耳者，开发出来的实况足球系列游戏和 NBA live 系列游戏仿真度相当高，除了电脑的 AI 水平比较高，画面漂亮之外，其画面视角的选择也让我们耳目一新。因为游戏的先天优势，可以克服很多物理障碍，实现镜头与镜头之间的平滑过渡，这其中最不可操作的是模仿运动员的视角进入比赛场中。现在也有的项目比如冰球 NFL 的转播中把守门员的视角带入到转播中，实现类似 F1 转播的效果，但是在足球和篮球中，这一点还因为摄像机本身的物理特性无法实现。

最新的 NBA live09 游戏中，蜘蛛眼摄像机(SPIDERCAM)拍摄的画面已经跟全景画面结合作为 BROADCAST 视角成为主视角。SPIDERCAM 现在已经被越来越频繁地使用到电视制作中，2006 年多哈亚运会期间就在游泳馆试用了这个装备。北京奥运会期间，在水立方也架设了 SPIDERCAM 用于拍摄游泳比赛。最近几年，因为工程技术和电气控制单元的快速发展，SPIDERCAM 已经被大量地运用于体育赛事的电视制作中，SPIDERCAM 必将会越来越多地呈现到电视观众面前。SPIDERCAM 之所以能够被如此大量地使用，并且将来会成为电视制作的主力，是因为其有如下几个特点。

第一，SPIDERCAM 可以在体育场馆内实现三维空间的立体呈现，通过技术人员的配合，移动、升降形成的视觉感受可谓是移动轨、摇臂和直升机拍摄三者的完美结合和功能的放大，而且 SPIDERCAM 运动平稳，还可以用编程操作，实现多次运动的重现，这都是传统的拍摄手段所无法比拟的。

第二，SPIDERCAM 甚至在将来有替代全景主机位的可能，SPIDERCAM 从空中拍摄的画面可以根据需要利用运动从全景直接推到特写，这是传统机位无法实现的。以扣篮大赛为例，SPIDERCAM 滑动跟随运动员助跑扣篮，用移动的方式代替推拉镜头，有“全程跟随”的视觉语言表述方式。

第三，SPIDERCAM 的运用可以使我们突破传统的越轴概念，通常主机位都设置在体育场的一侧，在对面设置反打机位利用 SPIDERCAM 可以直接通过运动的方式实现越轴概念，这样不用在屏幕下方挂反转视角的角标就能让观众理解画面已经实现越轴的效果，解决了特殊需要环境下的视觉语言问题。

第四，SPIDERCAM可以深入到比赛中，在电视制作中呈现了赛场内处处都可以观看比赛的概念，在一定程度上丰富了视觉语言和机位设置，特别是用相对运动的方式实现导演的创作意图。

三维赛场还原技术也越来越多地为我们所用，技术人员利用三维技术将体育场馆直接还原为一个三维建模的电视沙盘。在这样一个电脑沙盘上，可以准确地模拟赛场中的情况，用精准的技术手段突破人类本身的认知障碍，对体育比赛获得更加公平的竞赛环境大有裨益，并且能够为观众更好地解释体育比赛技战术环境，三维赛场还原技术也必将逐渐普及到体育赛事的电视制作中。

不论是SPIDERCAM还是三维赛场还原技术，其实都是为了拓展我们观察赛场的视角，让电视机前的观众能够最大限度地体会将体育赛场和赛场中的运动空间化、立体化呈现的效果。在未来的数字电视技术时代，利用数字电视传输能力和表现能力的拓展，也必将为观众带来一个全新的视觉体验。

回到我们一开始为体育赛事电视制作所提到的满足不同档次观众收视要求的进阶需求开始，SPIDERCAM的运用和三维赛场还原技术都能很好地将这四种不同的要求以一个相对简单的方式有效地整合到一起，未来体育电视制作空间呈现手段的发展必将有这些新技术手段的实现和运用作为配合。

宋涛，2002 年进入中央电视台体育频道工作，先后参与了包括 2004 年和 2008 年奥运会、2006 年亚运会、英联邦运动会、全运会等 200 多个赛事的公用信号制作工作，累计制作比赛 3000 多场、信号时长达上万小时。

从雅典到北京，再到伦敦

——体育赛事电视公用信号制作新技术的应用与展望

自 1992 年巴塞罗那奥运会以来，奥运会电视转播公用信号的制作已从"主办国模式"发展成为"多国部队"模式，即由多个国家的电视媒体团队组成国际性电视转播组织合作完成公用信号的制作。2004 年雅典奥运会，中央电视台派出了 50 人的电视制作团队，为乒乓球、羽毛球和现代五项 3 个项目制作了国际公用信号。2008 年北京奥运会，中央电视台更是派出了 240 多人的制作团队参与国际公用信号的制作转播工作。在制作过程中也见到和应用到了全新的技术和方法。

一、电视信号质量标准的演变

在 1996 年亚特兰大奥运会上，电视公用信号为隔行扫描 25Hz 的普通电视信号。2000 年悉尼奥运会，电视公用信号开始使用 720×568 分辨率逐行扫描 25Hz 的标清信号，当时的电视信号清晰程度已经远远高于亚特兰大奥运会。2008 年北京奥运会所有比赛开始全部用高清信号来制作。(高清信号为：1080i 和 720p，1920×1080 分辨率同是国际认可的数字高清晰度电视标准。原正交平衡调幅制(NTSC)国家采用的是 1080i/60Hz 格式，而欧洲以及中国等一些原帕尔(PAL)制国家则采用了 1080i/50Hz 格式。)

正是由于北京奥运会的推动，高清电视设备在中国开始大面积的普及，高清液晶、高清等离子电视总是摆在商店最显眼的位置。各电视台开播高清频道，网络电视开发网络高清机顶盒等。从北京奥运会开始确定了电视国际公用信号的新标准——高清信号。

二、视频设备的更新与变化

下面以雅典、北京奥运会羽毛球比赛转播为例：

在雅典羽毛球比赛转播中，信号源为标清电视信号，一号场地共有 11 台摄像机，特殊机位有五台固定摄像机，一台高速摄像机。在北京奥运会羽毛球比赛转播中，信号源为高清电视信号，一号场地共有 15 台摄像机，特殊机位有四台固定摄像机，一台屋顶移动遥控摄像机，三台高速摄像机，一台超级高速摄像机。从设备上来说，北京奥运会要比雅典奥运会提高了很多。下图为雅典、北京奥运会羽毛球机位图比较。

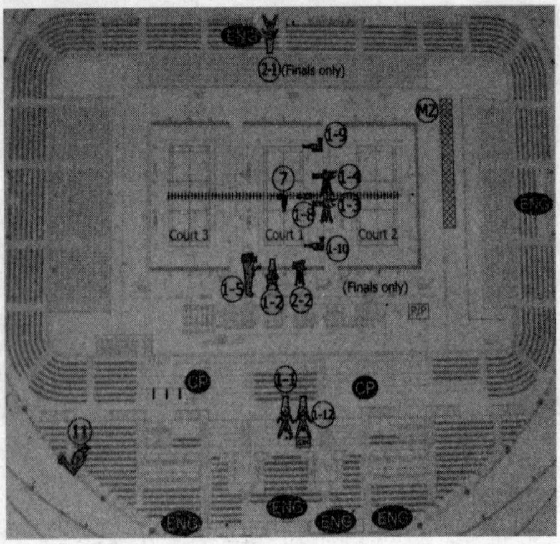

雅典

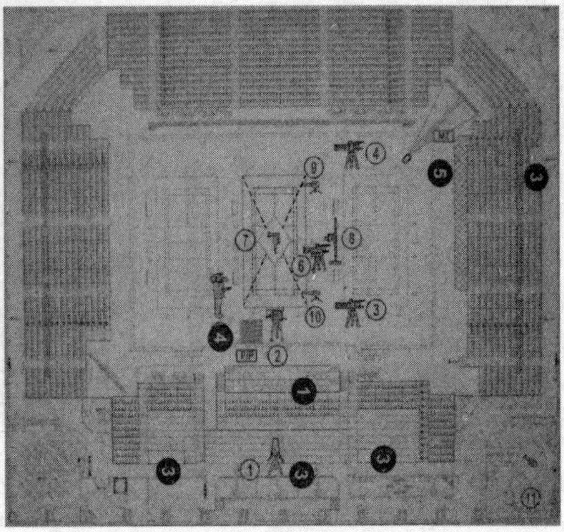

北京

不光是摄像机的数量，同时在摄像机的功能上北京奥运会也有了很大的提高。这里尤其要提及的是超级高速摄像机，原有的普通摄像机每秒拍摄 25 帧画面，高速摄像机每秒拍摄 75 帧画面，而超级高速摄像机能够每秒拍摄 1000 帧画面。但由于光线和照度的要求，在室内羽毛球比赛中超级高速摄像机只使用的是每秒 300 帧的画面，这对于普通摄像机和高速摄像机已提高了 12 倍和 4 倍的速度。所以，当羽毛球在以近每小时 300 公里速度飞行时，通过回放超高速慢动作能让观众看清球在飞行时的旋转和变化，更加展现了比赛场上的细节。由于超级高速摄像机对光线和照度要求过高，现在还不能做到完美的展现，但随着科学技术的提高和完善，相信超级高速摄像机会被更广泛地应用到体育赛事的电视转播当中。

三、 音频设备的更新与变化

在雅典奥运会上，所有场地音频开始提供了双声道立体声。而在北京奥运会上在一些比赛项目中开始使用在电影制作中常用的 5.1 声道立体声，同时应用了很多全新的音频设备。如在北京奥运会足球比赛中，常能看到有人在比赛场边手持高指向性话筒收集运动员在脚接触球时产生的声音；在游泳和跳水比赛中使用防水话筒收集运动员拍打水花产生的声音；在羽毛球、网球、篮球、排球中，使用一种纽扣话筒隐藏安装在球网上，采集球与球网碰撞产生的声音。更多的特种音频话筒在不同的位置采集着场上不同的声音，让坐在电视机前的观众有身临其境的视听感受。

四、 字幕系统上的更新与变化

由欧米茄提供的北京奥运会电视公用信号字幕系统中，使观众在电视画面中能看到比雅典奥运会更多的字幕信息。在许多场地都能看到欧米茄提供的测速仪，如测算网球运动员发球直接得分时，发出球的时速；在射箭比赛中，箭离开弓后的最快速度；体操运动员在鞍马比赛时助跑的速度等。使电视观众坐在电视前能够更多地了解场上的比赛信息。同时，字幕虚拟技术在游泳和田径比赛中得到应用，如显示泳道或赛道运动员国籍、姓名和所在的道次。在游泳比赛中，虚拟字幕系统与计时记分系统连接，当运动员冲刺触摸到泳壁时，会在第一时间显示出前三名到达的运动员的国籍和姓名，使电视观众在最短的时间内看清谁是冠军。

五、 特殊设备在北京奥运会上的使用

在北京奥运会上，又有许多特殊电视转播设备开始使用。如“鹰眼”回放系统，当移动物体速度过快时，人眼将会把这个物体看成一条线或一个面，这就是视觉停留现象。所以在网球比赛中，开始使用英国一家科技公司研发的“鹰眼”回放系统。在球场周围，架设6～10 台固定高速摄像机，同时拍摄飞行的网球，把几台摄像机所拍摄的画面传输到电脑主机上，通过画面、球速、球场边线距离等一些数据的计算，可得出球在空中飞行的轨迹与球场边线的位置关系，从而得到球在落地时与球场边线的关系。这套回放设备，最早使用在国际职业网球联合会（ATP）、国际女子网球协会（WTA）的系列赛事上，逐渐在全球的网球赛事中得到推广。在北京奥运会上，国际网联也同意使用“鹰眼”回放系统，这也是“鹰眼”系统第一次在奥运会上使用。

高空钢缆摄像机，在鸟巢、顺义水上中心、居庸关长城大家会经常看到有一台摄像机被几根钢缆吊在空中，因此有人形象地称它为“蜘蛛”摄像机。它时而快速移动，时而俯冲，时而上升。“蜘蛛”摄像机是通过在比赛场地周围架设 4 个钢筋高塔，每个高塔上都有由电脑控制的马达收卷钢缆器，利用电脑控制系统和数控设备，同时控制每根钢缆的不同长度和不同的收放速度，形成摄像机在空中移动的立体空间。所以，观众在电视画面上就能看到像直升机一样拍摄的俯冲、拉升、运动员头顶上跟随拍摄的画面。同时，在顺义水上中心，还使用了由遥控直升机搭载微波遥控摄像机的空中拍摄设备。

不光有空中拍摄设备，在游泳、跳水、花样游泳等水上项目的电视转播过程中，也应用了水下摄像机。有能在水下移动的、有能和跳水运动员一样形成自由落体的摄像机等水下高技术设备。

随着新技术的发展，新科技的发明，会有更多的科学技术应用到体育赛事当中，同样也会有更多的科技成果应用在电视节目的制作当中，所以我们要抓住良机了解世界的新技术、新方法、新设备，为更好地制作电视节目做好准备。同时，我们不光要在硬件上达到要求，还要在自身的软件上充实自己，学习国际上的先进知识和理论，为我国的电视公用信号制作水平更上一层楼作出更大贡献。

陈政，先后参加过多哈亚运会、墨尔本英联邦运动会、北京奥运会等大型体育赛事公用信号制作。

体育赛事电视公用信号制作中团队配合意识的基础

众所周知，体育转播是团体作战，信号制作队伍是由导演领衔各工种有机组合起来的团队。赛事信号制作水平的高低很大程度上取决于制作团队的配合默契程度。一个转播团队的成熟不可能一蹴而就，需要科学的系统资源配置和长时间的磨合。就像一部机器的运转，各个零部件需要在一个高效的系统中不断磨合，才能达到最佳运转效果。团队配合的默契程度是衡量一个团队是否成熟的重要标准，如果说电视转播是上层建筑，那么团队配合意识就是基础建设中的重要组成部分。团队配合意识的提高是一个渐进的过程，它的基础就是对团队各工种的熟悉了解，身处一位，却能做到一专多能，触类旁通。

下面用比较通俗诙谐的语言形容之。

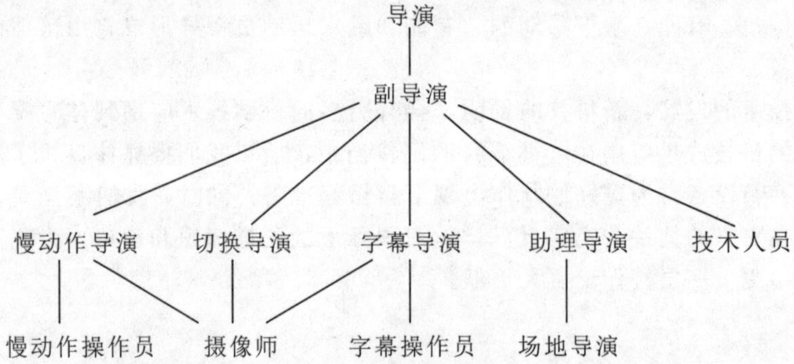

导演："老大"，最后拍板的人物，大权在握，相对应也是扛雷的，所有决定由导演来做，当然所有责任由他承担。

副导演：导演的左膀右臂，分管所有其他部门，协调各种事宜，最后向导演汇报。

慢动作导演：决定慢动作放什么、什么时候放的灵魂人物。如果你是电视机前的观众，刚才上厕所去了，回来发现球已经进了，懊悔不已的时候就只能期待这位仁兄的表现了。

切换导演：十个手指异常灵活也容易抽筋的人，就是他决定此时此刻你看到什么画面。

字幕导演：什么时候在画面上给出字幕信息，取决于字幕导演。比赛比分信息这是最基本的，如果要想知道赛场上哪位运动员的具体数据，如得分多少、助攻多少等，就等这位兄台什么时候心情好就能知道了。当然，字幕导演心情不好，字幕也还是要出的，因为导演在边上等着看。干这活得心细，一点错都不能出，要不麻烦挺大的。您想想，中国男足对阵日本男足，这边日本队刚进一球，画面字幕立马显示中国队 1∶0 领先，您说他是粗心呢还是太爱国？

助理导演：脏活累活总得有人来干吧，助理导演来给大家分忧了。赛前准备，执行制作流程，协调场馆各部门各种事宜，满足各工种需求，能不惊动导演的尽量不要惊动他，你不能因为肚子饿了这点小事去请示吧。总而言之，有事您说话，一切都有助理导演在。

慢动作操作员：慢动作导演的"手"，慢动作导演只管在后面盯着屏幕吆喝："这个进球不错，我要了，准备好，一会有空就放出去。"剩下的活儿就留给慢动作操作员了，倒轮，找进球，打入点出点，准备好慢放速度，备好了等着。等什么时候切换导演有空了吼一声"有慢动作没"，"有"，"慢一，走着！"万事大吉。说起来容易做起来难，实际情况是，慢动作导演看不过来那么多的机位；这时候慢动作操作员就得有主见了，你负责的这几个机位，你得挑选出合适的慢动作备着，慢动作导演一吆喝："刚刚那个动作哪路有？""我这儿有我这儿有，都备好了"，"放！"这可以用两句俗语来总结。遇上一个好的慢动作操作员，摄像师就谢天谢地了，不会白干！如果慢动作操作员不准备好，等着慢动作导演把这个进球的各个角度慢动作都看一遍，比赛也该结束了。

摄像师：奋战在转播第一线的灵魂人物，是导演的眼睛。第一手接触比赛现场，给出什么镜头，导演就得用什么镜头。很大程度上，转播水平的高低首先取决于摄像师素养的高低。电视转播过程中任何工种都和摄像师有着密切联系，毕竟画面是工作的基础。如果把比赛形象地比喻成菜市场，那么摄像师就是负责买菜的厨子，你把菜买回去，别的厨师才能开始做饭。很多时候，导演都是坐下来和摄像师来讨论拍摄问题的，虚心听取摄像师的意见。讨论的时候各抒己见，大家把观点摆出来，"百家争鸣，百花齐放"。最后，当然还是要由导演拍板。总而言之，摄像师是转播过程中的第一手创作人员，重要性不言而喻。

字幕操作员：随时保持和赛场官方记录信息台同步，丝毫不差地把信息提供给字幕导演。工作看似简单，实际上却很难，官方有时也会出错。

现场导演：这里就可以形象地称现场导演为所有人的耳朵。这要求现场导演要有极高的专业知识水平，比如做篮球项目的现场导演就得懂篮球，能够预判比赛进行情况，通过通信系统及时把信息反馈给导演和摄像师，供导演和摄像师参考。打个比方，篮球赛场上比赛突然中止了，大家都莫名其妙，导演不知道发生什么了，摄像师也不知道发生什么了，观众就更不知道了。这个时候现场导演必须得掌握第一手情报，马上告诉导演和摄像师："某位球员一时疏忽，穿的球裤号码和上衣号码不符，裁判要求更换后才继续比赛。"摄像师立即给出球员裤号码和上衣号码镜头，再给出裁判一脸神圣的表情，观众就都明白了。

我们的转播团队构成从节目创作流程上来看，就像一个金字塔结构，首先说明，这里没有行政级别构成，职位没有高低贵贱，大家都是一个队伍的，职责有所不同而已。单从学术角度出发，通过此结构图，便于讨论问题，那我们就从金字塔的底层说起。

慢动作操作员，其直接领导者是慢动作导演，与摄像师是同一战壕的战友。只有当慢动作操作员了解了慢动作导演的意图后，才能出色地完成任务。但是一个人是完不成任务的，必须和战友配合，所以慢动作操作员还必须了解战友摄像师的工作职能和个人风格，必须要一专多能，触类旁通。

一个慢动作操作员在操作慢动作设备的同时，得了解慢动作导演和摄像师的工作常识；得知道摄像师如何处理一次进攻的手法，才能找出最佳的入点和出点；得明白慢动作导演出慢动作的意图及其如何与切换导演配合，才能备好最佳角度的慢动作在最佳的时机等待口令，把最精彩的慢动作展现给观众。说慢动作操作员是慢动作导演的"手"，就是慢动作导演通过摄像师这双眼睛看到的东西，要用你这双手来完美地表现出来，会其心，领其意，表其形，这就是一个好的慢动作操作员。

摄像师，金字塔结构的底层，贯穿于整个金字塔，他几乎和所有的工种部门都有联系，几乎任何工种任务的完成都依赖于摄像师提供的画面。鉴于他在金字塔结构中的特殊地位，也就决定了他的工作的特点，以下以第二人称对其展开论述：

(1)身为一名摄像师，你得懂得慢动作操作员的基本操作程序，你才能给出合适的起幅和落幅，方便他打入点和出点。

(2)你得了解慢动作导演的职能和他个人的风格想法，你才能给出他想要的慢动作画面。

(3)你不仅要了解其他工种，更得了解自己的工种。一场体育转播有数十位摄像师，你得知道别的摄像师在拍摄什么东西，才能做到心中有数，人无我有，人有我优。大家都有自己的职能划分，比如1号机是大全景机位，你总不能也给一个大全景跟人家抢活儿吧。了解别的机位在拍摄什么，做到把握全局，就能明白这个时候应该干什么了。这里有个小窍门：多看反送。

(4)你了解切换导演的工作，知道他是怎样展开工作的，拍摄起来可谓事半功倍，你总是可以在最合适的时机提供最佳画面，最大程度上避免甩镜头的发生。好的摄像师可以做到逼着切换导演切你的镜头，这个时候我给的画面最好，舍我取谁。

(5)你了解了字幕导演的工作，就知道了字幕导演大概什么时候要出什么字幕，提前就给好了合适出字幕的景别，字幕导演会由衷地赞美你。

(6)你了解了助理导演的工作，就知道了整个转播流程，知道什么阶段该干什么活儿，也知道助理导演能帮你解决什么范围内的问题。

(7)你了解了场地导演的工作，就能知道场地导演能给你提供什么信息，更好地帮助你完成工作。

(8)你了解了导演的工作，你就得运筹帷幄了，“全局皆在我心”，初步具有了当导演的能力，能不能当就看你的努力程度了。

场地导演，大家的耳朵，转播车的情报来源，类似于侦察兵的工作。场地导演只有了解了总导演的需求和摄像师的工作职能范围才能配合好团队完成工作。很多时候，场地发生的状况千奇百怪，突如其来，这个时候场地导演是距离事件发生地最近的人物，他可以接近记录台，第一手掌握信息。摄像师也是处于第一线的人物，但是场地发生状况的时候，摄像师还有任务在身，依然得提供画面。总不能让摄像师扔下机器去询问发生了什么。这重任就落在了场地导演身上，场地导演掌握了信息及时反馈给导演和摄像师，这样导演和摄像师可以做到有的放矢地完成任务。根据比赛项目的不同，场地导演需要肩负的责任也有区别，例如篮球比赛，三个防守球员同时防守一个进攻球员，裁判吹哨了，这时谁也不知道裁判判的是谁犯规，那这时候电视画面不能停下等裁判，摄像师会第一时间根据自己的判断给出一个球员的近景或是交代别的画面，这时候就需要场地导演能够看懂裁判的手势及时把信息反馈回来，摄像师才能马上给出正确的犯规球员近景。还有很多场外的元素其实也是比赛的一部分，比如哪位球员的家属或粉丝团来到了现场，摄像师虽然也在现场，但各个机位都有自己的任务，这时候场地导演就得负责给摄像师提供情报了。

慢动作导演、切换导演、字幕导演、助理导演、副导演、总导演，这里就不再一一叙述，而统称为导演组。其中心点还是围绕一个：团队配合意识。要想提高团队配合意识，首先就要打好基础，熟悉了解各个工种，甚至能够胜任各个工种。做到一专多能，触类旁通。比如，慢动作导演如果具有摄像师的能力，就能在对摄像师表达自己想法的时候非常明确、科学、具体；反过来，摄像师具有了慢动作导演的能力，就能更好地理解慢动作导演的想法，去完美地实现它。

当然，团队配合意识的提高，不仅仅是靠对各工种的熟悉，还依赖于一套科学的系统程序。熟悉团队构成，一专多能，是我们提高团队配合意识的基础，也是提高电视转播水平的基础。经验的积累，时间的磨合，会让转播团队的水平达到一个新的高度。

史攀，2004年进入央视体育频道，参加了奥运会、亚运会、全运会等大型赛事的公用信号制作。

谈电视信号制作中的团队合作

1994年，组织行为学权威、美国圣迭戈大学的管理学教授斯蒂·芬罗宾斯首次提出了“团队”的概念，即为了实现某一目标而由相互协作的个体所组成的正式群体。在随后的十年里，关于“团队合作”的理念风靡全球。

团队合作是一种为达到既定目标所显现出来的自愿合作和协同努力的精神。它可以调动团队成员的所有资源和才智，自动地驱除所有不和谐和不公正现象，并且会给予那些诚心、大公无私的奉献者适当的回报。

一、团队合作在电视信号制作中的重要性

1. 团队合作是成功的基础

在电视信号制作中分工很细，岗位也很多，其中涉及的部门也很多，合作精神成了工作的监督，只有团队意识和合作意识才能让人有凝聚力、有动力。成绩属于大家，那么责任也是由每个人每个岗位共同承担的。在体育比赛电视信号制作中各个岗位协同作战、互相配合、互相支持是顺利转播的基础所在。可以说，没有配合、没有协作、没有团队意识的工作是失败的转播。

2. 团队合作是提高的动力

只有每个人每个岗位通力协作才能进步，如果事不关己，高高挂起，不可能提高效率和水平，在电视转播中优秀的团队会把每个部门凝聚在一起。印象很深刻的是在马来西亚制作亚洲杯的团队，其中包括体育竞赛部、转播部、音频部，近三十人的团队在那一刻完全融为了一体。他们知道自己不仅代表着中央电视台，更代表了中国电视转播水平。大家通力合作最终得到了同行们的认可。当国家荣誉和个人荣誉在这一刻凝聚的时候，团队的每一个成员也都抱成了一团。只有在工作中通力合作，竭尽所能，才可能出色地完成任务，既得到别人的尊重也使自己得到提高。

二、团队合作的四大基础

1. 建立信任

要建设一个具有凝聚力并且高效的团队，第一个且最为重要的步骤，就是建立信任。

这是一种坚实的以人性脆弱为基础的信任。

以人性脆弱为基础的信任在实际行为中到底是什么样的？像团队成员之间彼此说出“我办砸了”“我错了”“我需要帮助”“我很抱歉”“你在这方面比我强”这样的话，就是明显的特征。以人性脆弱为基础的信任是不可或缺的。

这意味着一个有凝聚力的、高效的团队成员必须学会自如地、迅速地、心平气和地承认自己的错误、弱点、失败、求助。他们还要乐于认可别人的长处，即使这些长处超过了自己。

电视信号制作中每个岗位都有其存在性和必需性，信任是建立合作的基础，只有彼此信任和尊重、良好的配合，工作才能得到预期的效果。

2. 良性的冲突

团队合作一个最大的阻碍，就是对于冲突的畏惧。这来自于两种不同的担忧：一方面，很多管理者采取各种措施避免团队内部的冲突，因为他们担心丧失对团队的控制，以及有些人的自尊会在冲突过程中受到伤害；另一方面则是把冲突当作浪费时间。他们更愿意缩短研究和讨论时间，果断做出自己认为早晚会被采纳的决定，留出更多时间来实施决策，以及他们认为是“真正的”其他工作。

无论是上述哪一种情况，决策者们都相信：他们在通过避免破坏性的意见分歧来巩固自己的团队。然而他们的做法其实是扼杀建设性的冲突，将需要解决的重大问题掩盖起来。久而久之，这些未解决的问题会变得更加棘手。

团队领导和他的团队需要做的是，学会识别虚假的和谐，引导和鼓励适当的、建设性的冲突。这是一个杂乱的、费时的过程，但这是不能避免的。否则，一个团队建立真正的承诺也只是不可能完成的任务。

3. 学会决策

要成为一个具有凝聚力的团队，成员们必须学会在没有完善的信息、没有统一的意见时做出决策。而正因为完善的信息和绝对的一致非常罕见，决策就成为一个团队最为关键的行为之一。

但如果一个团队没有鼓励建设性的和没有戒备的冲突，就不可能学会决策。这是因为，只有当团队成员彼此之间热烈地争论，直率地说出自己的想法时，领导才可能有信心做出充分集中集体智慧的决策。不能就不同意见而争论、交换未经过滤的坦率意见的团队，往往会发现自己总是在一遍遍地面对同样的问题。实际上，在外人看来机制不良、总是争论不休的团队，往往是能够做出和坚守艰难决策的团队。

需要再次强调的是：如果没有信任，行动和冲突都不可能存在。如果团队成员总是想要在同伴面前保护自己，他们就不可能彼此争论，也不可能对彼此负责。

4. 无怨无悔

卓越的团队不需要提醒，成员也会竭尽全力工作，因为他们很清楚需要做什么，他们会彼此提醒注意那些无助于成功的行为和活动。而不够优秀的团队一般对于不可接受的行为采取向领导汇报的方式，甚至在背后说闲话。这些行为不仅破坏团队的士气，而且让那些本来容易解决的问题迟迟得不到处理。

承担责任看似简单，但实施起来却很困难。教会领导如何就损害团队的行为批评自己的下属是一件不容易的事情。但是，如果有清晰的团队目标，有损这些目标的行为就能够轻易地纠正。

团队合作往往能激发出团体不可思议的潜力，正所谓“同心山成玉，协力土变金”。一个团体，如果组织涣散，人心浮动，人人自行其是，甚至搞“窝里斗”，何来生机与活力？又何谈干事创业？在一个缺乏凝聚力的环境里，个人再有雄心壮志，再有聪明才智，也不可能得到充分发挥，只有严密有序的集体组织和高效的团队协作，懂得团结协作克服重重困难，才能创造奇迹。

杨济鸿，2006年进入中央电视台体育频道，从事编辑工作，历任导演助理、字幕导演、慢动作导演等职。参与过奥运会、足球世界杯、中国网球公开赛等重大赛事的制作。

奥运会国际公用信号制作的艺术表现

——在北京奥运会男子乒乓球赛事制作中的实践与经验

艺术，是对美的发现和开掘；艺术，要创造出新颖、独特的艺术境界。通过艺术表现，能给人以美的感受，使人们的精神世界得以陶冶和升华，电视艺术也是如此。通过国际公用信号制作来实现更好的艺术表现，对于更高程度地提升奥运会体育赛事电视制作水平和更高层次地满足广大人民群众的精神文化需求，具有重要的理论意义和现实意义。

一、奥运会国际公用信号制作及其在北京奥运会的实践

1. 奥运会国际公用信号制作

奥运会国际公用信号是指按照奥运会电视委员会提出的要求和标准制作出来的、符合奥林匹克精神，体现了公正和平等原则、充分展现了运动员的风采，并能被世界电视媒体所公认的高质量、高水平的电视信号。

国际奥委会电视委员会对国际公用信号的制作要求和标准非常科学和具体，概括而言，其主要包括三个方面。第一，理念标准，即制作人员应保持中立态度，不可有偏向性；第二，岗位标准，通过制定岗位规范，合理分解和详细规定了各个岗位的具体任务；第三，制作标准，其制作标准就类似于制作流程，对具体画面、字幕等都有详细的规定，需要严格参照执行。奥运会国际电视信号制作与传统的电视转播不同，一般先由国际奥委会所指派的国家，分别提供专门设备和人员共同参与完成奥运会项目的国际信号制作。在制作的过程中，首先由参与者根据标准采用技术设备采集比赛场景，并经导演对镜头进行合理调节、慢动作配置和字幕填写，从而形成电视信号；之后，由上述电视信号主办城市设立的国际广播中心的主控，按着事先提出的需求配给各个国家和地区持权转播商，由其重新对信号进行再加工后进行播放。

巴塞罗那奥运会之前，奥运会电视国际公用信号的制作和提供往往由主办国来负责完成，但是受限于主办国的立场、技术和资源的限制，各项赛事的电视信号水平参差不齐，

很难满足各国观众的需求。1992 年的巴塞罗那奥运会对此进行了改革，并通过挑选各国电视制作精英、统筹电视设备、明确制作理念、制定统一标准的方法完成了电视国际公用信号制作的创新。

我国首次参与奥运会电视国际公用信号的制作始于雅典奥运会，2004 年，中央电视台组成了电视国际公用信号制作团队，承担了羽毛球、乒乓球和现代五项奥运会项目的电视国际公用信号制作，获得了一定的实践经验。但北京奥运会则是我国电视制作单位最为全面地引入和实践国际公用信号制作的一次难得的机遇。

2. 北京奥运会对国际公用信号制作的实践

2008 年 8 月 8 日，源自太阳神的奥林匹克圣火，超越政治、宗教和文化的差别和距离，寄托着人类对光明和温暖的向往，在中国北京国家体育场“鸟巢”点燃。这是奥运盛会首次在中国举办。一个有着三千年历史的东方古都主办奥运会，对于中国和奥林匹克运动都具有伟大而深远的意义。

飞速崛起的体育电视艺术，也跟随着北京奥运会的脚步，深深地介入了我国广大观众的生活，成为人们精神文化生活中一个重要的组成部分。但奥运会体育电视不同于新闻报道、专题采访和一般纪录性节目，它需要有自己独特的表现方式和艺术手段。如果将其等同于其他电视宣传性节目，那么，体育电视的艺术质量很难得到真正的提高。而在北京奥运会体育赛事的电视转播中引入作为其基础组成部分的国际公用信号制作，摒弃了以往在比赛的影像和声音采集阶段，制作者随心所欲地进行拍摄和制作的弊端，更多地遵循统一的原则、标准和规范进行制作，提供出符合奥运会标准的国际公用信号。在完成北京奥运会客观记录功能的同时，更好地实现艺术表现功能。

国际公用信号制作作为一门新兴的艺术，有相对独特的思维方式和艺术表现形式，这正如戏剧有戏剧的审美方式，电影有电影的审美方式。当然，国际公用信号制作的独立品格，也恰恰体现为各种艺术特性的相互渗透和交融，通过不同的角度、不同的表现手法和有血有肉的艺术细节，共同构成了电视屏幕上一个颇具特色的电视新品种。因此，在北京奥运会期间的男子乒乓球赛事制作中，我们广泛地运用国际公用信号制作手法开展实践，生动地记录下了奥运会乒乓球赛的一幅幅精彩画卷，其不仅真实地向全球传播了北京奥运会男子乒乓球的比赛盛况，而且也成功地实现了体育赛事转播中的艺术表现，其具体实践对于中国体育电视艺术意义非凡。因此，北京奥运会也为我们提供了更好地研究和分析在我国体育赛事的转播中通过公用信号制作来实现艺术表现的重要机遇。

二、 北京奥运会男子乒乓球赛事中实践国际公用信号制作的经验

国际公用信号制作，不仅要遵循奥委会电视委员会提出的要求和标准，而且作为电视制作的一个门类，亦要有电视作品特有的艺术表现功能。在北京奥运会男子乒乓球的赛事期间，我们顺利完成了国际公用信号制作任务，主要的心得和经验如下。

1. 角度——艺术眼光的试金石

“生活是多么广阔，生活是海洋。”一位诗人这样说。但是，要从广阔的生活海洋中采撷一滴水珠，让它辉映出事件的本质和方向，却非一件易事。虽然任何一种艺术都是事物的形象反映，但不同的艺术样式，对事物的反映又有着明显的差异，这差异集中表现在对反映事物角度的选择上。戏剧、电影反映事物的角度，多是选取矛盾冲突的激烈点，因而长期以来形成一种传统观念：没有冲突就没有戏剧，没有矛盾也难以构成电影。体育电视公用信号制作则不然，它对角度的选择，有着自己独特的观点——它不仅可以依据传统思维

方式，通过矛盾冲突表现生活，而且可以表现“冲突淡化”或“无冲突”的事件。它所选择的反映事件的角度，可避开生活中存在的矛盾冲突，从平淡无奇入手，来展现和揭示赛事现场的和谐、优美和诗意。

在北京奥运会乒乓球男团决赛后的颁奖仪式上，获奖的三个团队的运动员，在整个的颁奖过程中，特写画面多次出现。传统的制作手法往往更多地展现获胜的冠军团队，而国际公用信号制作的艺术表现手法，并不只是突出表现三个团队间的竞争和对抗，也不只是展示获胜的冠军团队，而是巧妙地采用了将运动员与所在国家的国旗的画面相对应的方法来实现其艺术表现。这种特别的、交相辉映的艺术画面，通过特别的艺术角度，既体现了一种公正和平等，更体现了对运动员和运动员所在国家的尊重。

在随后的乒乓球男单项目中，中国队表现得异常出色：中国队三大名将霸占了四强中的三席，并最终包揽了金、银、铜牌。此时乒乓球赛电视制作组并没有只选择突出表现冠军的风采，削弱对银牌和铜牌获得者的表达，而是选择三人手捧鲜花站在领奖台上，注视国旗同唱国歌，透过三人的背影，给出一个过肩镜。这时，画面里同时展现了三面冉冉升起的五星红旗，通过此种艺术表现手法，有效地向国内电视观众传递了强烈的自豪情感，也使得运用国际公用信号制作的此次赛事转播，从艺术的角度完美展示了独特的效果。

2. 表现——比赛现场的艺术升华

现代电视节目的一个重要特征，就是在反映事件的时候，重在“表现”，而不是“再现”事件。所谓“表现”，就是调动一切技术和艺术手段，集中表现某种意念、情绪、感情或思想，通过这种“表现”，揭示事件中那最有诗意的、最富内容的深刻思想内涵。这种思维方式，是对传统的“再现”事件(实际上多是刻板地照搬事件)的一个重要突破，是反映比赛整个事件的艺术升华。

2008年北京奥运会中国乒乓球男团面对苏斯、奥恰洛夫和波尔组成的“德国战车”，中国男乒未给对手任何机会，1小时30分钟便结束战斗，3比0横扫德国队，夺得冠军。全场球迷高歌《歌唱祖国》，刘国梁教练和三名运动员并肩向球迷致谢，球迷们高涨的热情彻底激励和感染了他们。刘国梁教练张开臂膀，揽住三名运动员相拥而泣，他肩膀颤动，面对无数镜头，始终高举双手，不曾擦去眼角的泪水，场面感人至深。而在转播中，并没有用繁文缛节的画面，不厌其烦地、滴水不漏地去表述一个有头有尾的完整故事，而是从现场选取几幅有表现力的画面，几句有感染力的话语，去表现、渲染、深化这种不可名状的情感和思想。所以，与其说是一场比赛纪实，不如说是屏幕上一首耐人寻味的朦胧诗，一幅引人深思的写意画，充分发挥了体育电视艺术感人的表现力。

3. 细节——艺术的丰腴血肉

如果说情节是艺术的筋骨，那么细节则是艺术的血肉。若只有筋骨，则只是僵死的“骷髅”；而有了血肉，才是鲜活的生命。从这个意义上讲，电视艺术实际上就是细节的艺术。大凡感人的电视节目，无不是通过细节来激发观众情绪的，使之达到爆发点——或感人至深、或催人泪下、或引人发笑。电视节目应该调动一切艺术手段，竭力渲染意念情绪，追求底蕴，以充满诗情画意的、深沉含蓄的细节，震撼和深化观众的灵魂。

在细节的具体运用上，可多采用中近景，特别是特写，即将人和物近距离地推到观众面前，观众可以清晰地看到物体的具体形态和细致变化；真切地看到人物面部的细腻表情，甚至于唇角的微颤、眉梢的耸动……这便为塑造人物性格特征，揭示丰富的内心世界，奠定了有利的基础。

在国际公用信号制作中，慢动作是最能体现细节的表现方式。其能抓住球体的旋转乃至运动员脸部汗珠落下的瞬间，在瞬息万变的比赛中，观众就能在慢动作回放时，以独特的视角清晰地看见乒乓球在被击打的那一瞬间发生的球体的旋转，并能看到汗珠是如何滑过运动员的脸颊滴滴滚落的。无论是展示运动员赢球后的笑逐颜开，还是刻画运动员输球后的沮丧和懊恼，抑或是高超的站位和精彩的击球，都可以组成慢动作回放的任意一部分。这些鲜活的镜头，为赛事转播平添了一份生动的元素，推动着赛事扣人心弦的进程。

除了慢动作的细节展现，中近景镜头的切换也有着异曲同工之妙，这些国际公用信号制作的艺术表现手法在2008年北京奥运会男子乒乓球赛制作中也得到了广泛的运用。奥运会乒乓球男单决赛，马琳击败了王皓。那一刻，球场陷入了出奇的安静，旋即爆发出雷鸣般的欢呼声和掌声，全场观众自发地唱起了《歌唱祖国》。为了传达现场激动不已的情景，渲染气氛，摄像师并没有转而把镜头给向观众或是王皓等人，而是用不同机位的中近景刻画马琳的心声，他的庆祝方式是：在几度跳起、挥拳，又狠狠地亲吻胸前的国旗之后，回到场边的座位上，把自己的脸深深地埋进毛巾里，久久不动。当他拿开毛巾时，汗珠滚滚的脸上已是泪流满面。他挥舞着鲜艳的五星红旗，此时红旗、泪水、汗水交相辉映，形成独特的景观。这一组马琳的镜头不仅深刻地刻画出了马琳不可自已的激动心情，而且把整场比赛的转播推向了一个情感的制高点，使观众的心灵为之震颤，与作品要表达的思想感情有机地融汇在一起，此种赛事制作手法的使用，为整场赛事转播注入了鲜活的艺术生命。

三、 总结

“好看”的比赛依赖于有效地体现“好看”的艺术表现手段。观众感受到的真实是来自于比赛自身的真实。2008年北京奥运会男子乒乓球赛事转播中，广泛运用了国际公用信号的制作方法，以现场比赛的真实为基础，加入自身理解，对真实进行艺术化处理，运用独特的视角、高超的艺术表现形式和具有感染力的细节，创造出观众喜闻乐见的体育电视艺术。它不仅给中国乃至全世界的电视观众带来了一次豪华的视觉冲击和丰盛的精神享受，而且对于中国的体育电视人而言，它更是带来了通过国际公用信号制作来实现对体育电视艺术表现更深的思考和更高的艺术追求的重要体验。

单项导演

体育电视转播镜头切换所遵循的新闻价值原则

孙 伟

体育电视转播是体育电视节目中最重要的节目形式之一，是体育频道节目的支柱。它是运用多机位的电视手段同步将赛场进行的体育比赛带给电视观众的过程，由于能让观众在家中实时地感受到竞技体育的魅力，体育电视转播深受广大观众欢迎。本文试着从新闻理论中新闻价值的角度分析一下该节目形态在具体制作中多机位镜头切换所遵循的一些新闻价值原则。

新闻的定义是：新近发生或正在发生的事实的报道。而体育电视转播就是对正在进行比赛的报道，符合新闻的定义，因而这种节目形态应属于新闻的范畴。只不过其长度比通常意义所讲的新闻要长的多，或者说它由一系列新闻片断所组成。我们就可以借用新闻理论来分析一下该类型节目在具体制作中镜头切换所遵循的新闻价值原则。

新闻价值是新闻事实适应社会需求的各种素质的总和，包含的素质越多，新闻价值就越大。其核心强调从社会需求即受众需求出发把握新闻价值，也就是把观众想看什么的需求放在首位。在进行体育电视转播时，导演在镜头切换时首先要考虑的应该是观众的第一需要。新闻价值的构成因素分为不变要素和可变要素：不变要素包括真实性和新鲜性，这是新闻价值的基本要素；可变要素包括重要性、接近性、显著性、趣味性，这些是提升新闻价值的要素。

新闻价值的不变要素真实性和新鲜性是与体育电视转播始终伴随的。由于体育比赛本身是实实在在进行的，有运动员、有裁判和买票看比赛的现场观众，而体育比赛电视转播是同步反映该比赛进程的，所以其中的真实性是毋庸置疑的(除非是打假球)，同时所表现的内容是正在发生的事实，其结果谁也不知道，其悬念一直值得观众期待，只要进行现场直播就能保证其新鲜性，因而该类型的电视节目本身可以说具备新闻价值的基本要素。

新闻价值的可变要素——重要性、接近性、显著性、趣味性，在体育比赛转播制作中如何体现，也就是如何在镜头切换中应用，从而来提升体育比赛转播的新闻价值。

新闻价值中重要性因素是指新闻内容的重要程度，用在体育电视转播就要求转播所表现的内容，无论是哪个体育项目，一定是当时最重要、最关键的内容，这也是多机位镜头切换的依据。我们以足球、篮球、田径为例来具体分析。

在足球比赛转播中，由于比赛大部分时间是在进行攻防转换的传接球，这时候表现攻防过程足球的线路就比较重要，所以导演多选择全景机位表现，称之为主机位；运动员争抢头球、犯规时为让观众看清谁在争抢、如何犯规，近景机位(包括慢动作)就应该被切换；运动员射门时，其过程包括射门选手与球门的全景机位，然后切换射门后的记录运动员反应的近景机位、教练反应近景机位、观众反应中、全景机位以及各个角度的近景、特写慢动作的切出。足球场上的任何变化只要是符合重要性因素原则就是进行镜头切换(包括慢动作)，都应该及时反映出来传达给电视观众。如果两个重要内容同时都需要表现，比如进球后比赛又马上开始并有射门的可能，这时就要以正在进行比赛的为先，保证新鲜性。

在篮球转播中，篮球比赛攻防的传球线路、挡拆过程、投篮是观众要看到的重点，表现这些内容的全景机位就是篮球转播切换最多的主机位；比赛中运动员投篮后的反应切换用近景机位来表现、比赛中教练的激烈反应也是切换的理由，在慢动作切换时也一定在"死球"时进行，可以说重要性因素也是篮球转播中切换的重要原则。

在田径的转播中，同样以捕捉观众兴趣为重点来进行镜头的切换。在深入研究运动员的背景和潜力后，导演要知道观众喜爱的运动员和试图卫冕的冠军，以及从伤病中恢复或最近在一些赛事有上佳表现的运动员，这些人都是观众比较关心的重要内容，需要用更多镜头来表现，因而是在镜头切换中需要特别关注的。田赛中争夺金牌的运动员之间的竞争是很重要的内容，导演在镜头切换时要充分运用"对决原则"，来展现有可能争夺冠军的选手们之间的竞争以及心理变化。

在体育电视转播时，现场观众、气氛的切换也是很重要的，因为为运动员欢呼、呐喊的现场观众与电视观众有一定的相似性，是接近性因素。他们的激情表现会使电视观众受到感染，形成共鸣。2004 年奥运会我们在转播羽毛球比赛时，当有中国运动员决赛时，现场观众手持大小国旗挥舞，五星红旗赛场飘扬的场面想必给中国电视观众也带来一种自豪和满足感。

新闻价值中显著性因素是指新闻中的人物、事件的知名程度。越是著名、越是显要，越能吸引观众。在体育转播镜头切换中就是导演要除了关注有名气的运动员外，发现现场的一些名人、政要和相关人士，增加转播内容的显著性因素，提升体育电视转播的价值。还是以 2004 年奥运会羽毛球转播为例。一场英国人参加的比赛，他们的首相布莱尔来到现场，我们的镜头立刻予以表现，这无疑增加了电视观众的兴趣点。NBA 转播、网球四大公开赛转播对体育名人、演艺明星甚至运动员家属的镜头表现十分及时充分也是基于这个因素。

新闻价值中趣味性因素指新闻内容使受众产生的兴趣程度。电视体育转播就要对比赛中的一些意外的插曲以及富有人情味的内容在镜头中给予表现。正在比赛的场馆中突然飞进一只鸟，有球迷突然冲入场地，各种有特点的现场球迷(小孩、老人)，赛事吉祥物的出场和表演，还有当运动员受伤后其他选手的主动关心等人文的内容都是镜头切换的依据。

总之，体育电视转播在多机位镜头切换时要以新闻价值特别是可变要素中的因素为考量，将赛场比赛的精彩过程、比赛细节、人文内容充分展示给电视观众，提高电视体育转播节目的价值，从而最大限度地满足观众的需求。

靳燕文，1995年进入中央电视台体育部，作为编辑参加了第一届中国男子篮球职业联赛（CBA）电视转播创办工作。1998年任篮球节目制片人，全面负责篮球节目播出和比赛信号制作。2003年任体育竞赛部一组组长，负责足球、篮球、排球三项赛事播出与制作。先后制作了六届NBA中国赛、六届斯坦科维奇杯洲际篮球赛、三届亚洲篮球锦标赛、两届亚运会篮球比赛和一届世界女篮锦标赛，2008年作为总导演制作了北京奥运会篮球比赛。

残奥会轮椅篮球信号制作之专业化思考

北京残奥会共有20个比赛项目，其中田径、轮椅击剑、轮椅网球、场地自行车、轮椅橄榄球、柔道、坐式排球、游泳、乒乓球、硬地滚球、轮椅篮球11个项目由我国提供电视直播信号。作为北京残奥会主转播机构——北京奥林匹克转播有限公司(BOB)邀请中央电视台和北京电视台分别承担9.5个和2.5个比赛项目制作，其中的0.5指的就是轮椅篮球。参加北京残奥会轮椅篮球比赛的12支男队和10支女队分别在国家体育馆和北京科技大学体育馆进行小组预赛，由北京电视台全程制作比赛信号；北京科技大学体育馆只在前五天举行20场小组预赛，随后将进行轮椅橄榄球比赛，由制作过北京奥运会篮球比赛的中央电视台团队负责这两个项目的国际信号制作。

经历了北京奥运会篮球比赛的制作，我们对国际信号制作的专业化、标准化、规范化有了更进一步的认识和理解，也为残奥会轮椅篮球制作提供了理论指导。本文拟结合残奥会实际制作体验，从专业化视角对轮椅篮球国际信号制作进行探讨。

轮椅技术与篮球技术同样重要。轮椅篮球顾名思义就是在轮椅上进行的篮球比赛，轮椅技术和篮球技术犹如轮椅的两个轮子，是比赛中不可或缺的组成部分。轮椅就是残疾人行动的“腿”，篮球技术是建立在轮椅之上的，如果“腿”不灵活，篮球技术就无法实现。作为国际轮椅篮球联合会形象大使、加拿大队12号队员帕特里克·安德森除球技精湛外，其令人眼花缭乱的车技也为人称道。本届残奥会他不仅稳居得分榜榜首，还名列篮板球、助攻和封盖三项技术统计第3位，技术之全面令所有选手望尘莫及，因此有“轮椅乔丹”的美名。

残奥会轮椅篮球比赛规则是由国际篮球联合会颁布的最新比赛规则和国际轮椅运动协会颁布的轮椅篮球比赛规则两部分组成，其中还专门对轮椅——比赛中的特殊装备进行了相应的规定，如轮椅整体高度不能超过53厘米，有三个或四个轮子的，大轮最大直径不超过69厘米等。在轮椅篮球比赛过程中，经常会看到两辆急速飞驰的轮椅就要相撞的一瞬间、运动员轻轻一转轮就化险为夷的场面，这正是残疾人运动员展示其运动能力的精彩时刻，也让观众充分体验到竞技的精彩，感受视觉的震撼。

经过第一天4场比赛的制作实践，我们及时发现了在制作理念上的偏差，于是在随后的工作中及时纠正并逐渐掌握了制作要领。在制作过程中时刻提醒自己要突出轮椅、突出残疾人运动员驱动轮椅的精彩技术。从赛前介绍出场队员、面向国旗奏歌开始，我们就要求场地内3台摄像机务必保证给出“车全”的景别，尤其是队员得分后回防或运球到前场这个过程，摄像师无论是从半身拉出来、还是从小全推上去，务必要带上轮椅，只有这样才能在电视画面中准确无误地告诉观众这是轮椅篮球比赛。此外在播出两队首发队员字幕和暂停比分字幕的时候，两名篮下摄像师在画面构图时注意在运动员“车全”的下方留出合适的空间播出字幕，这样既解决了画面构图问题，还突出了轮椅篮球的特征。

从奥运会篮球比赛转战到残奥会轮椅篮球比赛现场，我们不仅在制作理念上有所转变，在制作方式上也做了相应的调整。

首先是要协调解决场馆相关设施和电视信号制作设备问题。北京科技大学体育馆是奥运会柔道比赛场地，其灯光照明和摄像机平台都是专门为柔道比赛设计的。残奥会期间有轮椅篮球和轮椅橄榄球两个项目在这里举行，比赛场地比柔道赛场大了一倍，残疾人运动员比健全人少了一半，原来制作柔道比赛的摄像机位置，尤其是灯光照明完全不适合残奥会信号制作需要，主机位过高愈发显得坐在轮椅上的运动员矮小，加上篮板和篮架的遮挡，画面效果非常不好。在只有6台摄像机可供使用的情况下，我们想方设法将上述负面影响减少到最低，真正实现“两个奥运同样精彩”的目的。3台主机位置无法改变，尽量发挥另外3台场地摄像机的作用。考虑到轮椅体积大、遮挡范围广的特点，我们也适当提高了摄像机的高度，还突破常规将一端篮下的摄像机放在篮架另一侧“跳轴”的位置，以保障摄像师能够最大限度地拍摄半场比赛。球场两端灯光照度严重不足，在告知BOB的前提下，提请机房视频工作人员根据景别变化随时调整光圈，确保所有摄像机拍出来的画面在颜色和亮度上整齐划一。

按照BOB制作手册要求，在运动员每一次得分后都要给队员近景并上个人得分字幕，这个要求本身没有问题，但在实际制作过程中要随机应变，不能为了做好这件事而影响观众欣赏比赛。因为在比赛过程中不仅有得分，还有队员犯规、摔倒和换人等情况发生，而且除了得分字幕，还有篮板球、三分球、助攻、封盖等技术数据。例如，在国家体育馆，日本与墨西哥女队比赛进行到第三节，墨西哥队主力队员9号卢西娅·巴斯克斯·德尔加进攻得手后迅速驱车回防，按照制作惯例接下来要切出她的近景画面并出得分字幕，正当导演实施这一进程时，日本队突然采取前场紧逼防守，令对手猝不及防、忙中出错，日本队抢断成功并将球投进篮筐，而此时镜头还停留在刚才得分的墨西哥队员身上，对这一瞬间发生的事件根本来不及反应，观众只看到了比分变化却不明白球场上到底发生了什么。

在比赛中运动员是主角，是明星，而教练员与裁判员都是比赛的辅助部分。但在个别比赛电视画面中，摄像机却经常对准双方教练和裁判员，究其原因不外有两条，一是摄像人员还在按照健全人篮球比赛的模式进行制作；二是导演对轮椅篮球比赛规则不熟悉，需借助裁判员的手势来判断现场发生的情况。尽管在制作理念和制作方式上需要在实际工作中不断完善，但有许多专业化的工作是需要提前进行准备的。针对上述问题，我们在比赛开始前，将摄像人员与分项导演召集在一起，共同学习轮椅篮球比赛规则。最终确保摄像人员和导演能提前准确地判断现场发生的情况，并在第一时间通过镜头和慢动作等手段进行准确无误的转播。

信号制作专业化还体现在制作人员的专业素养和敬业精神。例如，2008年9月7日澳大利亚对英国男队轮椅篮球的比赛过程中，为争抢一个篮板球，英国队员将澳大利亚队员推倒在地，在人仰车翻的澳大利亚队员和举手示意犯规的英国队员之间，位于篮下的6号摄像师不仅拍到了犯规的全过程，还巧妙地将镜头的落幅给了犯规队员。尤其值得提出来的是我们编辑的赛事梗概缩编(Summary)得到了BOB负责人Fleming先生的高度评价。赛事梗概缩编是残奥会制作团队以前从未做过的特殊要求，每场比赛结束后将比赛编成 3 分钟的短片传给 BOB，BOB 再组织专人精编、汇合成每天的赛事集锦提供给持权转播商。

对残疾人关爱是社会进步的标志。在轮椅篮球比赛现场，掌声最热烈的是送给摔倒在地的运动员独自坐起来，或在他人帮扶下坐起来。这掌声既有对残疾人运动员自强自立精神的鼓舞，也有对残疾人之间互助合作精神的感动，更体现了广大观众对残疾人运动员的关心和鼓励，而我们电视制作人员应该做的就是将这些精神传递给千千万万的电视观众。

北京残奥会的成功举办，不仅让中国对残疾人运动有了全面了解的机会，还激发了越来越多的中国残疾人从事体育运动。从 1960 年第一届残奥会起，就有了轮椅篮球比赛。残奥会上，轮椅篮球是收视率最高的比赛之一。目前，有 80 多个国家和地区开展了这个项目，在欧美还有每年一度的轮椅篮球联赛。在德国，每年的联赛分 4 个层次进行，全国有上千支队伍。在日本，仅名古屋一地就有 200 支轮椅篮球队。

中国是世界上残疾人数最多的国家，虽然轮椅篮球运动在中国只有 20 年的历史，但随着中国经济实力的增强，中国残疾人康复水平的提高，尤其经过北京残奥会的成功举办，将有越来越多的残疾人参加体育运动，中国残疾人体育事业将有跨越性的大发展，我们从事电视体育转播报道的工作人员对残疾人体育运动的发展有义不容辞的责任。

精神寓于运动　运动改变人生

——北京残奥会轮椅橄榄球信号制作心得

靳燕文

2008 年 9 月 12 日，是北京残奥会轮椅橄榄球第一个比赛日。距比赛开始还有 1 个多小时，许多文字和摄影、摄像记者纷纷赶到北京科技大学体育馆。尽管是第一次制作这个项目的比赛信号，但在现场气氛的影响下，我们也逐渐融入比赛当中，而且随着比赛渐入高潮，我们也完全被这项新奇的体育运动所吸引，更为残疾运动员自强不息的拼搏精神所感动。

轮椅橄榄球是一项新兴的竞技体育运动。1977 年，加拿大颈椎伤残的退伍军人为了肢体康复发明了坐在轮椅上进行对抗的橄榄球游戏活动。1990 年，国际轮椅橄榄球锦标赛首次在国际轮椅运动协会举办的世界轮椅运动会上作为表演项目出现，并介绍到美、英、日和澳大利亚等 22 个国家和地区。1993 年，作为国际轮椅运动联盟附属的国际轮椅橄榄球协会成立，并于 1994 年成为国际残奥会成员。第一届世界轮椅橄榄球锦标赛于 1995 年在瑞士举行，共有 8 支队伍参赛。在 1996 年美国亚特兰大残奥会上，男子轮椅橄榄球比赛被列为表演项目，美国队获得冠军。在 2000 年悉尼残奥会上，作为正式比赛项目，男、女队员混合组队参加，美国获得金牌，澳大利亚取得银牌，新西兰夺得第三名。在 2004 年雅典残奥会上，轮椅橄榄球共有 8 支队伍、100 名运动员参加了比赛。新西兰队击败加拿大队，夺得冠军，美国队战胜英国队，获得第 3 名。

2005 年中国首次举办全国轮椅橄榄球锦标赛，有北京、广东、云南等 10 个代表队参加。2007 年云南昆明全国残疾人运动会上也设立了轮椅橄榄球比赛项目，北京队在参赛的 8 支队伍中脱颖而出。参加 2008 年北京残奥会的中国轮椅橄榄球队就是以北京队教练和主力队员为班底组建的。

轮椅橄榄球是一项奇特的比赛项目。轮椅橄榄球是在轮椅篮球的基础上，融合了橄榄球和冰球的比赛规则，专门为残疾程度较重的人设计的一项游戏活动。为了能使运动员在轮椅上安全而公平地进行比赛，轮椅的高度不能超过 53 厘米。比赛中所使用的球与排球相似，周长为 65 至 67 厘米，重量在 260 至 280 克之间。每场比赛分 4 节，每节 8 分钟，第 1、3 节后休息 1 分钟，中场休息时间为 5 分钟。出现平局要进行 3 分钟加时赛。每场比赛各队都有 4 次暂停的机会，每次暂停 1 分钟，加时赛有 1 次暂停的机会。在比赛过程中运动员可以把球放在大腿上移动，也可以把球直接传给队友，还可以击地传球。运动员必须在 10 秒钟内做出传球或运球动作，而且持球方在 15 秒内要把球传过或运过中线到达对方半场。最后，比赛得分多的一方获胜。

轮椅橄榄球最奇特的是人员组成方式。从 2000 年悉尼残奥会第一次作为正式比赛项目开始，它是残奥会上唯一一项可以男女混合组队的集体球类项目。北京残奥会共有三名女性轮椅橄榄球运动员，分别来自英国、加拿大和中国。

轮椅橄榄球运动员都是成功康复的医学奇迹。残疾运动员能够走向奥运赛场，同样是要通过艰苦的训练，而且一定会比健全人承受更多身体上的痛苦。但是，他们锲而不舍、永不放弃的精神征服了世界。轮椅橄榄球是残奥会上残疾程度最重的项目，参加比赛的 12 名运动员都是脊椎严重损伤而导致下身瘫痪、上肢不同程度残障的重度残疾人，这些人日常生活起居全部需要专人护理，平时行动完全依靠轮椅。

北京残奥会参加轮椅橄榄球比赛的 96 名运动员中，其中年龄最大的是 1961 年出生的加拿大队员帕拉迪斯；澳大利亚队员赖利·巴特则是最年轻的运动员，虽然只有 19 岁，却是当今世界上最佳的轮椅橄榄球运动员；日本队员岛川慎一是被公认为世界上移动速度最快的轮椅橄榄球运动员。

轮椅橄榄球根据参赛队员上身躯干的平衡能力、移动能力以及操控轮椅、传接球能力划分伤残等级分，从 0.5 分到 3.5 分共有 7 个等级，每支参赛队由 12 名队员组成，4 名上场队员的等级分不能超过 8 分。第一天八支参赛球队出场亮相令我们非常吃惊。整齐的服装和队形、个性化的装扮，如果不是坐在轮椅上，很难相信他们是一群高位截瘫的残疾人。文身和墨镜，五颜六色的头发和各种各样的发式，表明他们与正常人一样都有一颗追求时尚的健康心态；新西兰队赛前的毛利舞，失去双手和小臂、只能用大臂驱动轮椅和传接球的美国队队员斯普瑞格，都让我们从心底里感到震撼和钦佩。

中国轮椅橄榄球队自然成为人们关注的焦点。队员们都曾经拥有健康强壮的身体，只是一个偶然的意外或伤害，瞬间改变了他们的命运。队长程双苗，曾是北京武警部队的一名特警，在一次训练中脊椎不慎受损造成高位截瘫；女队员张文莉曾是一名体育教师，在一次跳水中脊椎受到猛烈撞击造成全身瘫痪；23 岁的陈君，曾经是一名风华正茂的大学生，因在大学校园里见义勇为被歹徒刺伤脖子，致使终身瘫痪。由于颈椎严重受损致使下肢瘫痪、上肢也不同程度残障，他们只能长期卧床，需要专人护理。进入国家队后，他们又重新看到了希望。由于手指灵敏度和力度都很差，别说传接球，就连摇动轮椅都是一个巨大的挑战。于是他们就从驱动轮椅练起，每天要训练四五个小时，几天就磨坏一副手套，白天带着尿不湿进行训练，晚上还要进行直立康复，自己无法站立，就请护工将自己捆绑在特制的装备上。尽管中国队由于组队时间短、整体水平较弱，加上比赛器材落后等原因，每场比赛都以大比分落败，但中国队的进步已经得到了参赛各队高度评价。

轮椅橄榄球电视信号制作是一个全新的挑战。为了备战残奥会，从 2007 年我们便着手从文字和视频两方面下手收集资料。橄榄球运动在中国不普及，轮椅橄榄球就更是很少听说了。对电视制作者来说，仅从字面来理解比赛规则远远不够，更需要观摩以往比赛录像带，学习和借鉴国外同行的经验。后来通过中国残疾人联合会，我们与国家轮椅橄榄球队取得了联系，并得知中国队将与加拿大队进行一场内部教学比赛，就果断抓住这个千载难逢的机会。首先请国家队教练结合他们手中的雅典残奥会比赛DVD给我们全体制作人员讲解比赛规律和规则、介绍这项运动的历史起源及发展现状，紧接着实际制作了一场中国队与加拿大队的交流比赛。

通过这唯一的一次实际彩排，不仅使我们对这项运动有了一个初步了解和感性认识，而且为中国队员的感人事迹和拼搏精神所感动。

为了表示对参赛队员的尊重，我们在国际信号中不仅播出4名首发队员的字幕，还将8名替补队员的字幕也列在电视屏幕上；为了表示对女性队员的钦佩，在有英国、加拿大和中国队参加的比赛开始前，都要通过电视镜头特地向观众介绍其中的一名女性运动员；为了表示关爱，当他们在每次摔倒后重新坐起来的时候，我们都用现场观众的掌声带给他们鼓励；为了表现轮椅橄榄球运动的魅力，在我们的国际信号里既有躲闪腾挪、熟练高超的轮椅操控，也有长传助攻、掩护得分的橄榄球技术；为了表现比赛的紧张激烈，我们既抓住了一方队员叫暂停的细节，也没丢掉另一方队员为防守成功而兴高采烈的反应。比赛期间正好是一名英国队员的生日，全场观众热情地唱起了生日快乐歌，比赛结束后英国队打出了巨幅标语"谢谢中国"。

国际奥委会名誉主席萨马兰奇说：残疾人运动是唤醒人类良知的运动。北京奥组委执行主席、中国残联主席邓朴方说：观看奥运会比赛会撩拨人的神经，而观看残奥会比赛则会震撼人的心灵。五天的轮椅橄榄球比赛很快结束了，我们不仅熟悉和掌握了这项新奇运动的制作规律，更重要的是我们从那些活跃在赛场上的残疾运动员身上感悟到了生命的意义、看到了精神的力量。

真情付出　演绎精彩

——2008年北京奥运会篮球信号制作有感

靳燕文

2008年8月24日，当我们在奥运会五棵松篮球馆电视制作区与北京奥林匹克转播有限公司(BOB)电视制作部副部长、现奥林匹克转播公司(OBS)副总经理 Mike Klatt 先生握手话别的时候，衷心地感谢他给了我们这次制作篮球比赛电视信号的机会，他很高兴地说："机会是平等的，你们的工作已经证明你们是最优秀的制作团队，我相信还有更多机会等着你们。"从最初的担心到惊喜，再到最后的喜出望外，作为BOB制作部副部长，同时兼任体操、游泳、田径和篮球比赛电视信号协调制片人，Mike先生的感触是最深的。因为相对于已经连续几届制作奥运会体操和游泳比赛的日本放送协会和澳大利亚7台而言，第一次负责篮球信号制作，而且平均年龄不满30岁的中国团队是他最为担心的。

一、 一段难忘的经历

从8月5日制作团队报到，到24日制作工作全部结束，整整20天时间。20天在人类生命的长河里不过是短短的一瞬间，但在我们每个人的记忆中却是一段终生难忘的体验过程。那是一段严格践行奥运制作理念的过程——无论对阵双方是哪两支球队，无论这两支球队实力多么悬殊，无论现场比分差距多么大，我们用镜头、慢动作和字幕等电视语言公平公正地诠释比赛过程。那是一段全身心投入激情创作的过程——把多年来我们在转播与制作篮球比赛过程中积累起来的知识和经验，用中国人特有的思维模式、通过现代化电视手段完美地表现出来。那是一段享受创作过程的经历——作为比赛过程的忠实记录者，虽然无法决定比赛的结果，但我们已经学会享受比赛的过程，尤其是享受制作比赛的过程，因为忘我的艺术创作本身能带给我们无穷的快乐。那是一段几代中国电视人实现梦想的过程——我们的前辈、我们的老师为争取奥运信号制作做出了卓越贡献，尽管奥运会工作现场不再有他们的身影，但我们工作中每取得一点成绩都凝聚着他们的心血，正是他们的精神支撑我们走到最后。

二、 一份平静的自信

8月24日，当最后一场男篮决赛制作全部结束后，来自美国德州、戏称是布什总统同乡的篮球信号制作经理 Douglas Wren 和特地从 BOB 质量控制中心赶到五棵松体育馆的项目制片人 Mike Klatt 先生激动地与我们导演组每个工作人员拥抱，庆祝篮球信号制作工作圆满成功。此次篮球比赛信号制作开创了两个纪录，一是工作时间最长——从8月9日开始，16天制作215个小时，占全部电视信号的1/15。二是工作强度最大——10天小组赛，每天3个制作单元、6场比赛，一支半队伍，每天4个小时的休息时间。尽管开幕前三天我们还在制作和转播国际篮联“钻石杯”女子篮球比赛，尽管一名摄像人员因故未来报到，使本来就人员紧张的摄像队伍更加捉襟见肘，尽管 BOB 质量控制中心的电视专家提醒我们可能面临“星期一综合征”的考验，但篮球制作团队的每个人都表现得相当平静。这份平静是自信的表现，而自信源于中国人实现百年奥运梦想的决心和信心，源于我们渴望参加篮球信号制作、为中国电视开创历史的强大动力。

二、 一笔宝贵的财富

“会当凌绝顶，一览众山小。”如果说奥运会是当今最能体现世界体育水平的竞技场，那么经历了北京奥运会电视制作的工作人员都收获了一份终生受用的精神财富。尽管每个人由于工作岗位和工作时间各异，但有一点是共同的，那就是有过这种巅峰体验的人今后无论再面对任何赛事，都能从容淡定、应对自如。

通过这次奥运会的磨炼和洗礼，我们还收获了一支专业过硬、具备国际竞争力的篮球信号制作团队。与悉尼和雅典奥运会相比，北京奥运会篮球比赛在赛制和比赛规则上都做了较大改动：女篮预赛和男篮预赛隔天进行，复赛阶段不进行排名赛，由原来的84场比赛减少到76场，但首次实行每节10分钟赛制，每场比赛实际用时比原来多出20分钟。通过计算纯比赛时间，北京奥运会与雅典奥运会比赛时间相差无几，但参加电视制作人员却是雅典奥运会的2/3，而且10天小组赛同样是每天6场比赛。面对如此艰巨的制作任务，由中央电视台播送中心和体育节目中心等四个部门的65名工作人员组成的篮球制作团队，尽管来自不同的部门、从事不同的工作，但面对人员少、工作量大、持续时间长等困难，大家相互鼓励、相互帮助，精诚合作，严格贯彻执行导演组的工作安排和创作要求，最终超越了身体和心理的极限，实现了小组赛信号安全、平稳、精彩的阶段性目标，也赢得了 BOB 的初步认可，为后面半决赛和决赛的成功制作奠定了基础。

在篮球制作团队中最值得称赞的是18位摄像人员，其中14人是中国传媒大学摄像专业的应届毕业生，他们的出色表现不仅得到导演组的交口称赞，也赢得了中外电视同行的一致好评。制作经理 Douglas Wren 先生把负责给明星球员、替补球员和观众摄像的2号机称为“明星摄像机”，美国 NBC 现场评论员对 3 号机的出色表现赞不绝口。

我们的工作在获得外国同行好评的同时，也得到了其他工作团队的认可。从 2008 年 4 月“好运北京”篮球测试赛开始，在与北京奥组委、BOB 和体育场馆等部门工作人员合作过程中，由于共同的工作目标和认真负责的工作态度，我们与许多人都成为了有“奥运”情结的好朋友。

四、 一种开放的胸怀

作为一支年轻的制作团队，我们的进步源于平时工作中的认真钻研和辛勤积累，归功于学习和借鉴欧美篮球之所长，最终形成了自己的制作特色。在认真研读悉尼和雅典奥运会《电视制作手册》之后，组织导演组集体观摩历届奥运会篮球比赛录像，分岗位进行交流和讨论，最后大家形成的共识是：严格做好规定动作、严谨做好自选动作。与字幕相比，慢动作是最能够集中反映制作团队整体水平和实力的部分，于是我们对慢动作导演和操作员提出了较高的要求，希望实时慢动作和集锦能够成为展示我们制作理念的窗口。每一个压哨球、每一次无球队员犯规、每一个精彩助攻、每一次激烈拼争，甚至是脚踝受伤坐在替补席上的马奴·吉诺比利也因其在场下的精彩表现而在慢动作中有重放。

胸怀宽广、博采众长是一支职业制作团队应有的素质和胸怀。8 月 10 日是西班牙男篮小组赛第一场比赛，由于现场导演工作失误，我们在赛前用镜头和字幕介绍主教练的时候“张冠李戴”，错将助理教练当成主教练，恰好被一位在转播车上负责字幕和技术统计工作的西班牙小伙及时发现，在他的帮助下，在球员热身的时候我们再次找到真正的主教练，并加上字幕进行更正。

在紧张工作之余，我们还与制作经理 Douglas Wren 先生探讨中美电视工作模式的异同，登上棒球转播车参观古巴电视团队的工作场景，对比三个国家不同的工作模式，我们从中学习和借鉴了一些有益的经验和做法，对组建一支具有国际竞争力的电视制作团队更有信心了。

五、 一个坚定的信念

北京奥运会的成功举办坚定了中国人的信心，奥运会篮球比赛电视信号制作的成功也坚定了我们制作团队的信心。

立足中国、面向世界是我们这支年轻团队的宏远目标。代表 BOB 在篮球比赛现场工作的制作经理 Douglas Wren 先生先后参加了七届奥运会(包括三届冬季奥运会)国际信号制作工作。小组赛结束后，他多次表示：凭借我们的专业化水平及对工作的敬业精神，完全有实力到美国去制作美国男子篮球职业联赛(NBA)、美国大学生篮球联赛(NCAA)等篮球比赛信号。8 月 13 日下午，NBA 高级副总裁 Peter Skrodelis 先生来到转播车上，对我们制作的篮球信号给予了较高评价，并再次邀请我们制作 10 月 18 日在五棵松体育馆举行的 NBA 中国赛。

经历了奥运会的洗礼，我们用实力证明了我们已经具备了参与国际重大赛事的制作能力，同时也赢得了越来越多的制作机会。与欧美电视机构相比，我们拥有得天独厚的优势，首先是从工作态度来说，我们是一支渴望加入奥运会电视制作的大家庭，以规范和提高制作水平的新生力量；从重视程度来说，我们将获得奥运会制作机会视作一种至高无上的荣誉；从制作成本的性价比来说，中国制作团队年轻而理念成熟，吃苦耐劳却从不抱怨；从管理角度分析，中国制作团队工作规范却不墨守成规，对信号制作常常提出创新理念。正是基于上述优势，我们更加坚定了参与国际竞争、改写中国电视历史的信念。

郭琸，1988 年调入中央电视台体育部从事体育赛事报道工作。曾从事过记者、编辑、制片人和导演工作，担任 2006 年多哈亚运会、2008 年北京奥运会排球赛事转播总导演。

对排球电视信号制作未来发展的几点思考

2008 年北京奥运会，中央电视台电视国际公用信号制作队伍与北京电视台合作，完整地制作了北京奥运会排球项目的国际电视公用信号，其中，中央电视台团队制作了在首都体育馆的排球项目电视信号。赛后，排球项目电视信号得到了北京奥林匹克转播有限公司(BOB)的高度评价，我们作为全程参与该项目信号制作并为之努力三年的团队和工作人员，颇感欣慰。

近年来，我们团队参加了在宁波北仑举办的国际女排精英赛、多哈的亚运会等一系列国际国内大型排球赛的电视公用信号制作任务，根据工作需要还收录了瑞士国际女排精英赛和世界女排大奖赛总决赛等一系列国际最顶尖的赛事公用信号。可以说，完成奥运会的转播是让我们站到了世界排球项目电视公用信号制作更高的一个台阶上。

每向一个更高的山峰跨越，我们就需要在现在的台阶上打下坚实的基础。北京奥运会，第一次使用了全高清的电视公用信号制作技术，对于电视公用信号制作的发展来说，从数字标清到全高清的转变，是浓墨重彩的一笔。但是，这一笔绝对算不上是划时代的，顶多是一个从量变到质变中积累的过程。我们应该清楚地看到，在整个北京奥运会电视公用信号制作过程中，没有什么新的电视技术像是 2000 年悉尼奥运会上游泳项目中泳道覆盖国旗这样的前卫创新项目；在排球项目的电视公用信号制作历程中，也缺少如三大球中另外两项足球、篮球那样不断丰富的电视技术进步。在足球项目尝试成功的超级高速慢动作摄像机已经在奥运会的乒乓球、羽毛球中进行进一步试验，篮球项目直接是根据美国 NBA 的电视理念设计篮球馆，并搭建相应的电视公用信号制作系统。被中国人民多年来当作精神榜样的中国女排在首都体育馆进行比赛的时候，我们电视人除了精确按照 BOB 的要求提供好比赛信号之外，应该思考一下应该怎样做才能让广大电视机前的观众看到更精彩的电视转播。

作为电视工作人员，笔者十年来一直从事排球项目的转播，在多年的工作经验中逐渐有了一些思考，希望这些思考能够成为今后在排球电视转播中丰富电视手段的改进方向，从而做出更加精彩、更加好看的电视信号。

一、 如何同时兼顾专业球迷和普通观众的需求

由于中国女排的优异战绩和光辉荣耀，在中国电视观众中培养了相当一批的排球爱好

者，他们对排球运动的特点非常熟悉，而且也非常熟悉参加排球项目的运动员，这些观众构成了排球赛事的忠实观众；同时他们也是观看比赛之后发表意见最多，对排球电视公用信号制作要求最高的一群人。但是，还有很多观众可能是第一次看到排球项目，或者仅仅是因为大型赛事的热度和感召力才来观看排球转播，他们对排球项目的特点不是很熟悉。如何让更多的电视观众因为关注到了排球的转播，继而喜欢上排球这个项目，再开始成为排球项目转播的忠实观众，这是我们应该在后奥运时代思索的问题，也是我们应该作为一个电视人科学实践发展观必须要思考的一个重要问题。

除了我们一直在寻找的能够深入浅出地为大家带来精彩赛事解说的体育解说员、评论员，观众能够收集电视节目信息的最好的手段就是电视转播的画面。在这个问题上，我们考虑的不仅仅是电视公用信号的制作，还有利用公用信号进行合理包装之后的电视转播画面。我们经常陷入矛盾的一个问题是，如果表现得太简单，普通观众一样有可能看不懂，而且会让专业观众烦躁；如果表现太复杂，那会有很多人看不出来这些表现的真正技巧。

在解决这个问题上，很重要的一点是让我们自己导演团队和摄像团队的成员更准确地理解排球运动，熟悉排球运动，就像那些真正的学问大家，越是学问高，越能够利用浅显的道理为普通人讲授学问。

二、 如何能让排球的对抗性更好的体现到电视屏幕前

可以说，排球是三大球项目中唯一一个不是依靠某一超级球星个人改变整个队伍比赛结果的项目，排球项目也有体育明星，排球的团体配合是排球项目的一个很重要的特点，也是其迷人魅力之所在，但是我们深入地来看这个问题，排球的配合就是为了通过团队的力量来实现两个集体的对抗，排球项目的合作性特点是要最终体现它的对抗性特点。

我们来仔细看排球转播中机位的设置，比如奥运会的13个机位，如果大致按照排球项目的运动特点来说，能够比较明显地体现排球运动对抗性特点的机位，有网口的遥控机位，还有场地内的两个机位。其他的所有的机位，除了主机位本身既可以体现排球的合作性特点，又可以体现两队的对抗性特点之外，基本上都是以反映排球的合作性特点为主。因为排球的对抗是面对面的，中间只隔着一道网，所以在客观条件下，表现对抗是一件很难的事情。但是同样是隔着一道网的体育项目，比如羽毛球、乒乓球和网球，是怎么样来体现对抗性特点的呢？笔者觉得可以在体育馆45度角设置次高机位对穿镜头，用45度次高机位是不是可以通过一个过肩镜头的方式来展现进攻与防守交织的概念，这个我们可以尝试。但这种技术含量很高的镜头，要更专业的球迷才能体会到其中的精彩，而且，究竟把这样的镜头是插在实况中，还是插在慢动作回放的集锦中，这个需要导演有更好的专业意识。

排球有攻的一方就有防守的一方，通常我们对一次得分的处理方式是全景＋关键得分手＋球队欢庆＋发球手＋慢动作回放＋发球，但在整个体系中缺乏表现失球一方的反应。其实很多时候失球一方的反应还是很有表现力的，可以作为与获胜一方的对比，充满了戏剧冲突。我们长期以来遵守的信号制作标准一方面是对获胜方的表现至上，另一方面就是在得分到发球之间的表现时间有限，是不是能在镜头组合中穿插这些具有戏剧冲突的画面，究竟是不是能够把这样的镜头组合进来，组合进来之后所占的比重是一个什么概念，这些问题需要更深一步地进行研究。

三、 可能发展什么技术来丰富地、立体地、多层次地展现排球项目转播

电视技术在不断进步，从黑白到彩色，从本地到全球，从模拟到数字，每一次技术进

步的核心都是人对该项事物认识能力的提升和想象力的拓展，辅以技术设备的升级获得令人瞩目的效果。电视公用信号制作是一个技术含量比较高的项目，我们制作出来的公用信号可以再加工用于电视转播中，给观众呈现的是一个更优秀的电视节目。

现在很多体育实时分析软件已经进入到电视转播中来，比如箭鱼软件，可以分析运动员的运动轨迹、各种数据等。在排球转播中，其实我们创作人员需要着力向观众介绍的就是排球战术中的线路，可以用先进的体育分析软件将其实时加到转播中来，比如用箭鱼的球路轨迹暂留分析功能(StroMotion)，把一个球从防守到二传，再到主攻或者副攻，再将球击出直到得分的整个线路表现出来。

北京奥运会上，我们在信号制作中已经试着把赞助商欧米茄公司提供的球员发球速度等数据显示在屏幕上，对广大观众来说就是一个很新鲜的信息。比如，对于广大普通电视观众来说，排球的轮转换位是一个很难搞明白的事情，很多人是搞不清楚哪个队员是几号位这个问题，有了新的电视技术，就可以很准确地把几号位、怎样轮转的问题用形象的虚拟技术表现出来。

排球比赛相对其他项目来说，负责判罚球是否出界的边裁是比较多的，因为客观因素，很多时候还是会出现对球是否出界的争议，网球比赛已经引入“鹰眼”摄像系统来判定球是否出界，排球转播中是否能够引入“鹰眼”摄像系统，这个还需要研究，但是我们至少可以去尝试用我们的电视手段把电视观众不明白的事情解释清楚。

以上是笔者对未来排球电视转播，包括电视公用信号制作方面的几点思考，其中还有很多不成熟的方面以及跟实际情况结合得非常紧密的情况需要进行专门的个案分析。希望我们自己能够以北京奥运会的成果为契机，紧随时代发展的脉搏，始终保持电视制作的水平，让观众能够在电视上欣赏到更清楚、更好看、更有吸引力的排球比赛。

王中峰，2003 年进入中央电视台体育中心竞赛部，先后担任“直播周末”“美国男子篮球职业联赛（NBA）”“篮球公园”栏目编导，担任排球信号制作团队助理导演职务五年。

与世界分享

——浅谈专业化、国际化的排球电视信号制作

郭　璋　王中峰

之所以用到“浅谈”一词，是因为体育比赛电视信号制作是一个很宽泛的概念，没有公认的标准。所谓的标准是提供电视服务的标准，如赛前和赛后的流程，全程的字幕以及电视信号的技术指标，至于如何用电视语言来表现一场比赛，任何制作队伍都不敢说自己是标准，所以在此笔者只能浅谈在工作中的一些体会和经验。

电视信号制作其实就是将事件用电视语言表达出来的过程，其目的就是为了传播一个事件。至于排球比赛的电视信号制作，就是将排球比赛带给我们的紧张、兴奋、快乐和体育精神化作电视信号传递给观众，如何更好地用视听语言与观众分享一场排球比赛？我们先宏观地分析一下。

首先，观众在现场不像看转播，转播提供什么画面观众就只能看什么画面，而观众在现场可以用自己的眼睛去捕捉自己感兴趣的信息。其次，现场的气氛可以互相感染，正如话剧离不开舞台一样。

那我们如何用视听语言吸引观众？首先，在转播中，摄像机和麦克风就充当了观众的眼睛和耳朵，这要求我们要提供观众最想看到的画面和最希望听到的声音。其次，要用视听语言来传递渲染一种气氛，从而感染观众。

任何比赛都是以胜负为悬念的，这就为比赛提供了故事性，也是吸引观众的重要因素。一场比赛就是一个队伍或一个人获胜的故事。我们应该怎样用电视语言完成叙事，观众想看的故事点在哪里，我们不妨借用剧本的理论来分析一下排球比赛的故事结构。

美国著名的电影剧作家悉德·菲尔德认为故事是一个整体，其中如动作、人物、场景、片断、偶然事件、情节、大的事件、音乐、地点等，是编织故事的部分。他把所有的剧本都分为三个部分，第一部分：建置。包括建置人物关系、环境、戏剧性前提。这一部分与

排球比赛相对应的就是第一局，在第一局里我们要用镜头配以字幕介绍两队发球队员的名字、身高。究竟谁胜出还是一个悬念。第二部分：对抗。是指主要人物遭遇和征服了一个又一个障碍，最后实现和达到了他的戏剧性需求。这一部分相对应排球比赛就是两队的相持局，如果全场比赛打五局，那对抗段落就是第二、三、四局，如果打四局，那对抗段落就是第二、三局。排球比赛的戏剧性需求其实很简单，就是落后的队伍怎样才能得分。第三部分：结局。结局意味着解决，主人公是死是活，成功了还是失败了。相对应排球比赛就是最后一局即决胜局，哪个队最终获得了胜利，是如何胜利的。悬念一直留到比赛的最后一刻，就是比赛吸引观众的地方，我们努力的方向便是用视听语言呈现比赛悬念。

我们之所以要分析比赛的故事性和戏剧段落，因为它可以在宏观上指导我们怎样才能讲好这个故事，并且吸引人。

其实比赛就是一场戏剧性冲突，两个队伍都想胜出，究竟谁胜，我们要用视听语言来把这个故事讲述给观众看，就像写剧本要有笔墨侧重一样，比赛的不同阶段，着重表现的环节也不一样。现在我们知道了第一个段落最重要的是建置，于是在第一局的主要任务就是介绍队员，按照排球发球的轮转换位用字幕介绍每个队员，经过第一局的前半部分比赛，谁是主攻，谁是副攻，谁是二传，谁是接应，谁是自由人，两队的教练分别是谁，观众有了一个基本的了解。哪个队的进攻好，哪个队的防守不错都已经有了大概的判断，人物关系基本建置起来。如果打满五局，那么第二、三、四局的侧重点就与第一局不同。这个段落是对抗，虽然要讲究镜头的公平，但还是应该有所侧重，因为观众此时关注的是落后的队伍能不能追上来，所以着重表现暂时落后的队伍队员和教练的状态、表情；观众的反应镜头选择也要是支持落后队伍的观众，而且是近景。决胜局就到了结局段落，这个时候队员们拼的就是心理素质，所以侧重细节的表现，比如防守方队员专注的眼神，丢分后教练的反应，得分时观众和队员的反应，裁判的判罚是否有争议，等等。由于每一个球都很重要，所以慢动作的诠释作用在本局就显得相当重要，出慢动作的频率会比前面几局都高。

由此，我们可以看出，在比赛的三个戏剧段落中，每个段落的侧重是不一样的，比赛的戏剧段落可以在宏观上指导我们在不同段落中的工作重心，从而更好地用视听语言完成比赛的叙事。

宏观上虽然有了指导，然而比赛是变化的，对每一局的不同情况应该怎样完成细节上的叙事，笔墨应该如何侧重呢？如果我们把整场排球比赛看作一个整体，那么它的组成如下图所示。

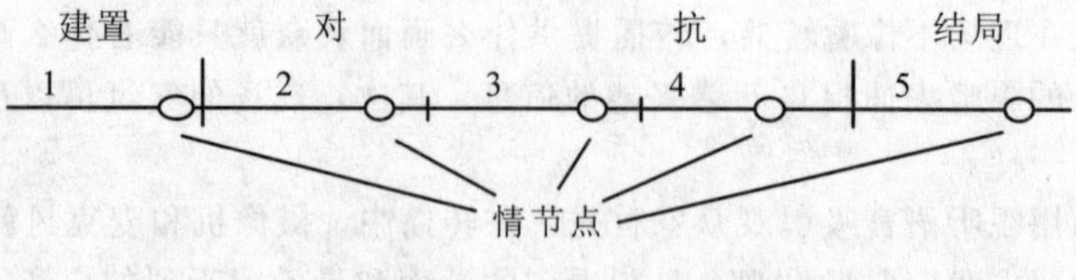

如上图所示，我们发现，每一局都有一个情节点，那么什么是情节点呢？情节点是一个事件，它把故事转向另一个方向，把故事推向前进。在排球比赛中它就是落后队伍扭转了败局，就是主攻受伤结果队伍失去了比分领先的优势，就是某个队伍的连续得分或连续的失误，就是裁判的误判导致一个队伍失掉了整局比赛。正是这些情节点在排球的规则下制造出了悬念，制造出了紧张，推动着比赛的前进。影视作品在紧张的段落镜头的长短数量和普通叙事时候是不一样的，同样，对于比赛的叙事也应该有变化，情节点出现的时候镜头的数量应该要比平时多，以提供更多的信息量，每个环节包括队员兴奋或沮丧，教练的满意与责备，观众的兴奋和紧张，这些关注点镜头的切出频率应该要比平时高，这正是我们工作中容易忽略的。

经过以上分析，我们对比赛的故事结构有了一个认识，从而尽量避免用视听语言在叙事过程中平铺直叙。下面我们来研究一下视听语言本体在比赛中的运用。

电视转播视听语言的视觉元素包括：形象元素、构图章法、光线、色彩、运动和镜头切换(镜头蒙太奇)。

形象元素简单来说就是要拍摄的对象，包括人、景、物。一场排球比赛的形象元素就是赛场内一切可以看到的东西，不同的形象元素的选取和蒙太奇组接会传达出不同的叙事和情感效果。转播质量的高低在这一层面最能得到体现，也是导演意识的主要体现。比如，一个队员扣球失败了，导演这时可以给教练的镜头，可以给场上队员的镜头，可以给观众的镜头。也许导演发现了扣球队员的技术弱点，给出了被这个队员换下场的另一个队员在休息席的表情，所要传达的意思就各不相同了。

构图章法主要有三个要素，即位置、面积、角度。

位置又分为五个方面：即趣味线位置、中央位置、边缘位置、上方位置、下方位置。在排球转播中由于运动范围比较大，所以用到最多的还是趣味线位置和中央位置。趣味线位置也就是将画面竖幅分割成三部分的第一条线，如右图所示。

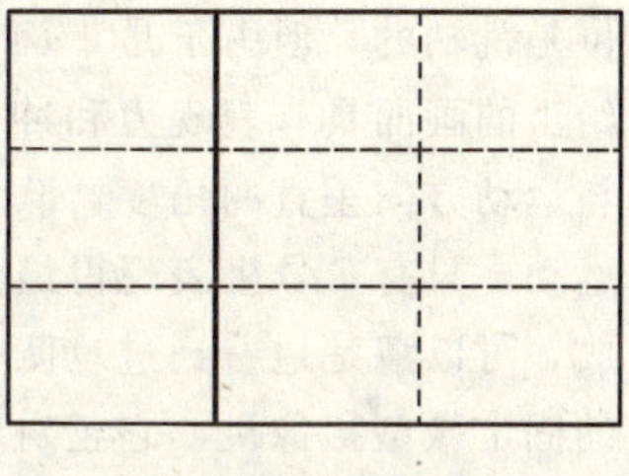
粗黑线为趣味线位置

趣味线位置吸引着人的视觉重力，能够引人注目，突出主体，给人以舒服和赏心悦目的感觉。中央位置就是指将被摄物置于画面中央，有一种稳定、庄重、严肃和权威的感觉。

面积主要是指被拍摄对象占画面比例的大小，面积大，视觉重力大，能够突出主体；面积小，能够揭示被摄对象与环境的位置关系。

角度分为正面、侧面、背面、平角、俯角、仰角。摄像机依据转播的需要在场馆的不同位置进行摆放，如下图所示。

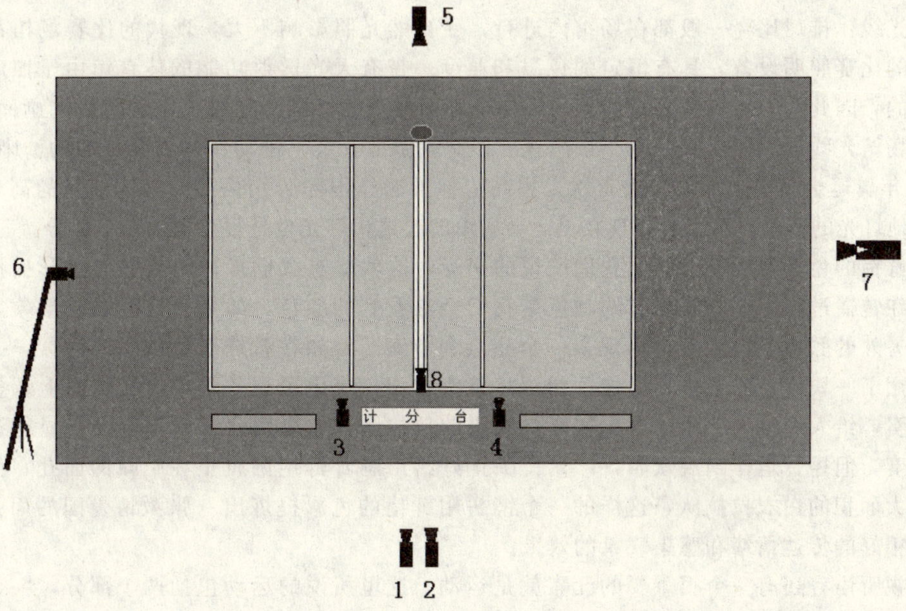

这是排球最基本的机位图。因为多数机位都是带三脚架的固定机位，所以机位的设置决定了机位的角度。由于排球比赛场地比较大，排球运动的范围比较大，速度又很快，最能体现速度和交叉跨度的角度就是场地的侧面，同时，俯角最能统观全局，而且能够避开镜头前的遮挡。于是主机位定在记分台一侧，正对裁判的正上方，镜头轴线与场地的夹角在45度左右，这个角度可以清晰地交代位置关系和战术配合，与1号全景机位并排的是负责给队员发球特写的2号机，因为在这个高度和角度上，2号机可以给出任何一个在场地内队员的近景镜头。在2号机给完发球切到1号全景机的时候，由于角度相似，所以画面自然、连贯。为了能够洞悉场地内的一切活动，我们在场地边记分台旁设置了3、4号机，3、4号机在比赛中能够平角度给出队员侧面镜头，还能够照顾到记分台、裁判、教练、换人和休息席的镜头。3、4号机的灵活使用，为比赛提供了更多的变化角度，使转播显得充满生气。为了连接暂停队员下场和队员上场这两个环节，我们在主机位的左侧设置了摇臂，摇臂缓慢顺滑地升降摇，拓展了转播的镜头空间，起到了承接的作用，让转播舒缓流畅。为了反映比赛的每一个环节，主机位对面专门有5号机来捕捉教练正面的反应镜头，尽管机位是跳轴的，但由于是正面特写，所以在切换过程中并没有让观众产生空间位置的混乱，给出的画面具有表现力和冲击力。7号机也是必不可少的机位，表现运动最好的角度就是与运动方向垂直的角度，队员由后场往网前纵向运动通过1号机可以表现，但如果是横向运动，只有7号机表现得最清楚。7号机是挂着硬盘的高速摄像机，通过7号机慢动作的回放，可以清楚地看到进攻队员的横向移动战术和球的运行线路及落点。我们还使用了网口的固定微型摄像机，它正对着裁判，和裁判的关注重点是一样的，就是为了提供网口队员击球、触网，球是否碰标志杆的镜头，这个固定的机位给了我们公正客观的依据，在比赛中起到了很好的诠释作用。经过分析，大家看到镜头的角度是根据比赛的每个环节设置的，机位越多，角度越多，镜头空间的描述能力越强，关注比赛的环节就越丰富。所以，机位的多少也是我们与国外排球信号制作队伍进行比拼的一个重要条件。

构图这一环节主要是由摄像来把关，很多具体操作手段在这里就不一一赘述。还要强调一点，笔者认为体育转播的构图原则是一个画面只能有一个主题，一个中心内容，要简洁，在一个画面里尽量做到有一个视觉高潮点，即主体趣味中心。

光线：排球比赛一般都在场馆内进行，受自然光照影响不大，现代的比赛场馆都装有标准的比赛照明设备，具有恒定的色温和照度。带有天光透射功能的体育馆由于照度是有变化的，因此我们每场都要重新调白，保证画面颜色的标准。光线决定着转播的画面质量，如果场馆光线好，照度高，电子快门速度控制就游刃有余，慢动作画面会更加的清晰亮丽。2008年奥运会是奥运会历史上首次采用高清标准制作国际公用信号，高清信号的高分辨率对场地灯光的要求更高，所以现在奥运会场馆的改建，灯光也是很主要的一个部分。

鲜艳的色彩在视觉上能给我们愉悦的感受，这就要求我们摄像时要具有色彩捕捉的意识。在转播过程中，两队球衣的颜色是我们经常看到的颜色，如果摄像能够在形象元素上找到另外的颜色，视觉上会给观众一个亮点和节奏。比如在教练布置战术的时候，一个队员使用了一块橙色的毛巾，摄像师缓缓将镜头拉出，带出了这条毛巾，在画面上调整了视觉节奏，给人愉悦的感受。再比如穿白衣服的拉拉队，如果用全景给出画面会显得苍白毫无节奏，但摇臂运作到观众席，广角镜头正好给出画着鲜艳国旗正在呐喊的面孔，他的背景是大面积的白衣拉拉队，这样的一个镜头用鲜艳的色彩提炼出一张激情爱国的面孔，起到了很好的传达情绪和感染气氛的效果。

视听语言还有一个很重要的元素就是运动。这里所说的运动包括两个部分，一个是镜头内部的运动，即我们看到的画面中人景物的运动；另一个是镜头外部的运动，即推拉摇移升降，就是我们说的运动镜头。运动镜头的使用具有强烈的主观色彩，这就是前面所提到的，摄像机代替的就是观众的眼睛，镜头的运动是为了更好地引领观众去关注比赛。推和拉是通过变焦来实现的，推有一种逐渐关注的意思，即在众人中发现某人产生注意和关注，这在我们比赛中最常见到的是场地旁边3、4号机给出的镜头。当死球后，得分队伍欢呼，镜头会从众人抱团欢呼的镜头推到得分队员单人近景上，引导观众关注得分队员。拉镜头，会给人一种被拍人逐渐融入群体或环境的感觉。比如在暂停时3、4号机会给教练布置战术的镜头，镜头起幅是教练严肃的表情，滔滔不绝地布置战术；镜头缓缓拉开，将教练逐渐融入到队员的包围中，使转播变得流畅而又富于变化，避免视觉疲劳。摇和移主要完成一个跟的动作，也带有一种主观关注的色彩，能使画面变得流畅灵动，摇臂的使用就是要完成这个职能。在比赛暂停的时候，运动员下场，可以使用摇臂来摇移侧跟；暂停结束，可以用摇臂侧跟队员入场，如果发球队员在摇臂一侧还要跟着发球队员完成发球动作，这样的镜头会给人一种始终关注队员这个中心的感觉，使镜头与镜头的衔接更加细腻。推拉摇移这些手段既然很主观，那么就一定要慎用，手段都是为了主题服务的，是为了比赛而服务的。在比赛中，为了达到一定的效果，镜头的运动往往是将各种手段复合在一起的。拿排球比赛1号机大全景来说，镜头运动很缓慢，摇和推都是在不知不觉中进行的，这样做是为了营造一种客观的感觉，正如乒乓球和羽毛球的转播，全景使用的是固定镜头，固定镜头具有客观性，这样观众可以自己来选择关注点和信息量。然而排球的场地大，排球飞行跨度长，场上队员比较多，跑动起来必然会分散观众的注意力，所以必须要给观众提供一个观赏范围，于是镜头是缓摇和缓推到组织进攻队伍的半场的，而镜头运动的契机是画面内部球的运动。由此我们看到运动镜头的使用都是有目的和运动的契机的。镜头外部运动带动画面的运动，而镜头外部的运动依据是内部的运动和关注点的变化。只有分析好所要表现的主题，才能选用恰当的运动手段，从而更好地完成比赛叙事，更好地分享一场比赛。

如果说摄像提供的画面充当了观众的眼睛，那么镜头切换组接便是观众的大脑，既然是大脑，我们就要知道自己想要说明什么，下面来分析一下转播视觉语言最后一个环节——切换(蒙太奇)。蒙太奇源于法国，是指导演语法。它分为三个层面，技巧层面、叙事层面和美学层面。技巧层面主要指镜头之间的组接。叙事层面主要是指时空的安排，如平行蒙太奇、交替蒙太奇。转播比赛用到最多的是技巧层面和叙事层面。一场比赛的时空是固定的、线性的，结构方面不用过多考虑，我们的主要工作就是画面组接的流畅和表意准确。

画面组接流畅要遵循一个原则，尽量避免相似角度同景别相同对象的镜头连接，从而避免转播中画面有跳跃的感觉，这也是导演调机的一个重要任务。比如，3、4号机给换人的镜头，如果换上的队员要发球，3、4号机为了关注此队员进行近景跟拍，那么给发球镜头的2号机画面就无法与3、4号机镜头连接。而这时裁判往往已经吹哨示意发球，没有时间用别的镜头倒换，所以直接回到全景，放弃给发球队员发球近景，可见切换的应变能力要强，要及时调整和适应比赛。此外，切换的节奏和切点也很重要，它能够让人在视觉上产生一种韵律感。导演在切换环节中最需要注意的是镜头的叙事蒙太奇，指导演切换挑选适当的镜头来表意。比如，在一个死球后，得分的进攻队员在欢呼，切换可能准备切出失败队伍教练反应，这两个镜头的连接表述的意思为：对方教练拿这个进攻队员没有办法。

经过分析，我们看到了视觉语言在排球转播中的叙事功能和特点，下面我们简要分析一下排球转播中的听觉元素。如果说摄像机是观众的眼睛，那么声音便充当了观众的耳朵。声音是一种对画面的补充和诠释，它能够延展转播的想象空间，让画面变得生动，具有很强的感染力。排球转播过程中，声音系统能够拾到赛场内球鞋与地面的摩擦声、扣球的声音，擦网的声音，队员的喊叫声、教练布置战术的说话声，观众的呐喊声。这些声音都是对空间的一种延展。比如，镜头的全景是两队相持的画面，虽然看不到观众，但观众呐喊的声音我们能听到，我们能够想象看台上的观众情绪有多么高涨。发球擦网而过，因为听到了擦网的声音，我们会想象出球与网擦过瞬间的特写画面。我们甚至从声音上就能判断出扣球是否打手出界。以上提到的某些声音现场观众可能是听不到的，音频工作人员将声音收集过滤提炼后，进行播放，也是对观众收看的一种指引。

以上就排球信号制作从宏观的戏剧性结构，到微观的视听语言基本元素进行了分析，所有的分析都属于排球信号制作的自选动作——即自由创作。然而所谓国际信号，除了自选动作，一定还有规定动作，有国际通用的标准。最后，笔者再谈谈对国际信号制作的理解。

笔者认为国际信号标准分为两个层面，一个层面是标准的岗位分工和岗位配备，即标准的生产流程。另一个层面是标准的产品。岗位分工我们已经讨论过很多次，不再赘述，这里主要想谈谈标准的产品——制作出的信号。

首先从国际信号制作的目的出发，制作国际信号就是为了分享一场比赛，就是提供电视服务，所以制作国际信号首先要提高自己的服务意识。每项国际比赛都有电视转播委员会提供一份赛前的流程，这个流程其实就是制作者要提供的服务项目和服务标准，具体的顺序是可以商量变更的。比如在多哈亚运会上，委员会提供的流程我们做不到，因为比赛组织程序和赛前流程规定的程序是不一样的，流程要求出教练字幕的时间虽然到了，可是这个时间两队的教练都还没有进场，根本无法实现。于是我们与电视转播委员会进行了交涉，变动了流程的顺序，但该提供服务的项目和标准我们都按时按量严格执行，转播委员会也对我们制作的信号非常满意。由此可见，国际标准，主要含义是提供服务的标准，即提供各种信息，比如传送时间、比赛场馆、两队名称、小组积分、两队队员名单、首发名单、教练、裁判字幕等各种信息，以及信息提供的时间长度。

其次国际标准要求我们有一种国际精神，要求我们有公平原则，这也是体育精神的一种体现。在转播过程中，我们要保持自己客观冷静的心态，不能在镜头上传达出褒贬的感情色彩，不能在镜头数量和镜头长度上有所偏倚。

以上便是我们对排球国际信号制作的认识和体会，今后的工作过程中还需进一步的积累经验。希望我们的队伍不断的完善和成熟，在信号制作的国际舞台上占有一席之地，更好地与世界分享排球，与世界分享快乐。

北京奥运会排球国际公用信号制作之我见

——再度理解国际标准

王中峰

中央电视台排球国际公用信号制作队伍成功地完成了北京奥运会排球、北京残奥会残疾人柔道和坐式排球的转播任务，收获了不少经验，对国际信号制作的标准有了更进一步的了解。

经过西亚运动会、多哈亚运会、葡语系运动会、女排大奖赛等国际性比赛的锻炼，中央电视台排球信号制作队伍日趋成熟，各个工种都积累了很多国际大赛经验，在转播过程中能够有机地配合，充分适应不同条件和要求下的信号制作任务。之所以使用“适应”一词，是因为在经历的诸多大赛中，每次比赛的技术设备标准，流程、字幕、慢动作各个岗位的要求都是不一样的。笔者深深体会到对工作提出的首要任务就是适应，在适应的基础上完成好电视服务。

对于北京奥林匹克转播有限公司(BOB)来讲，我们就是被雇用的信号制作队伍，既然受雇于人，就要按照雇主的要求完成工作。

在平时的转播中，设备和制作理念都是按照我们自己的标准来配置和贯彻的，但在国外进行的比赛，我们应邀去制作，转播委员会并不一定能够提供给我们所期望使用的设备和机位，因为转播委员会要进行各方面的考量和协调。然而我们在之前提出的要求必然有其道理，如果没有达到那个要求，在转播的画面上就会反映出来，毕竟这些标准和要求是我们进行了数百场转播实践中总结出来的。有些东西变动一下，表面上看并无大碍，其实不然，当比赛真正开始，很多不确定因素都会呈现出来，比如有些机位高度角度一变，在场上没有队员的情况下看起来没什么不妥，但比赛真正开始，遮挡、构图美感、及时的细节元素捕捉等方面都会出现问题，影响我们的信号质量。

除了设备配置等技术方面的问题，在制作理念上，某些细节我们也与制作经理有着不同的观点。制作经理是转播委员会分派到各个项目进行质量控制的人员，负责节目方面的协调和统一标准，在节目制作过程中，会给出自己的意见和建议。有时候，制作经理会和各工种的导演的理念有不一样的地方，所以就存在一个沟通和相互学习的问题。有些硬性的规定是我们必须遵守的，比如出什么字幕，流程开始和执行的时间等。但如果在理念上有异议，则需要冷静分析，以一切从实际出发为原则，以节目质量为出发点全盘考虑，好的建议我们要虚心接受，不恰当的更改我们也应该据理力争，毕竟我们的出发点是一致的——制作出更好的节目。

在排球信号制作方面来讲，我们的队伍也已达到专业水平，而制作经理虽然从事电视转播工作，但不一定对排球这个项目有很深入的了解，所以当他提出某些建议，我们觉得不妥当的时候，也需要非常自信地阐明观点。比如，在奥运会转播过程中，制作经理提出比赛在换人过程中给下场队员的镜头叠加字幕，因为3、4号机镜头经常有遮挡，所以建议我们用反打镜头，给下场队员的正面，关于此点我们认为不太妥当，首先换人的时候，除了用字幕提示谁下谁上，还应该关注上场队员到底是谁，如果跟下来的队员上换人字幕，那么后面的信息在画面上是无法给出来的。其次，反打画面的机位处在越轴的位置，如果这时裁判吹哨，我们必须迅速切发球队员的镜头，跳轴镜头会让观众感觉很混乱，不知道队伍的站位。制作经理对我们的这一处理表示了肯定。

在赛前流程的执行过程中，我们发现奥运会排球信号制作的流程和竞赛流程不相符，例如赛前流程要求给出B队队员练球镜头，但在竞赛流程里，B队队员已经下场了，练球的镜头就无法给出，对此我们的助理导演跟制作经理进行了沟通，问是否能将介绍B队的时间提前一点，然而得到了否定的回答。我们之前在多哈亚运会上要求给出教练员字幕的意见就得到了采纳。可见这个流程只是一个规范，制定的不科学我们可以提出意见，但改过之后必须严格执行。当然最后更改与否还是要听制作经理的，因为他有他的考量，如果更改，也许会牵扯到使用我们信号的转播商不能在规定的时间里看到我们提供的字幕信息。每次大型的国际比赛，赛前流程都是不一样的，不科学的地方我们都提出过改动的要求，也得到了肯定或否定的回答。有的时候当我们按照国际排联给出的竞赛流程调整我们的转播流程的时候，竞赛流程又有可能执行的不规范，所以有些东西是我们不能控制的，我们只能尽量去做到最好。

经过这些事情，我们又对国际信号制作的标准有了新的认识，这个标准不像我们当初认为的是一个一成不变的真理，而是一种模式以及在这种模式下适应各种条件的能力。简言之，就是要具备一种给什么原料做什么菜，并将其做到最好的一种适应能力。这里的适应不是妥协，而是为了保证水准，应对变化所做出的努力。

经历了奥运测试赛、奥运会、残奥会这些比赛以后，回头细想一下，我们的每一步都在适应。在奥运测试赛中，我们用自己的设备，自己搭设机位平台，克服了一切困难，最后圆满地完成了任务。然而奥运会和奥运测试赛截然不同，机位由BOB来定，不合理的地方我们虽然早就提出来了，可是BOB需要从全局来协调，并没有满足我们的要求，机位角度和位置都不理想，镜头跟球时稍微一甩就出现了遮挡，从每一个摄像到各个工种的导演都要接受和适应这种变化。离比赛开始还有四天，我们被告知字幕导演和字幕操作员被分开了，字幕导演在车上，字幕操作员在字幕间，这是我们从未遇到过的，这无疑增加了字幕导演和字幕操作员沟通的难度。如果所有人都在通话系统里喊话必然会产生十分混乱的局面，于是我们决定字幕导演必须跟字幕操作员在一起，车上另设一人专门负责字幕的上下键。我们用重庆台的设备，技术人员由重庆台和BOB的外国同行组成，我们需要相互认识增进了解，尽快熟悉设备，适应工作环境。工作过程中，由于时间变更，有很多信息需要以书面的形式传达给各个部门，例如流程单的修改发放，单边传送订单的打印等，这些都要使用到电脑和打印机，BOB没有给我们提供专门的设备，媒体办公区也禁止我们进行打印复印等工作，这些都需要我们去适应然后想办法解决。

残奥会从理论上来讲是按照奥运会标准来做的，我们首先制作的是残疾人柔道，之前我们专门到石家庄残疾人柔道训练馆去学习过，了解残疾人柔道的礼仪、规则，有针对性地观看了雅典奥运会柔道项目的录像带，并进行了研讨。当我们按照BOB给出的机位图架设完机器之后，在演练中发现裁判员、运动员入场的时候都是背对我们的，这样就无法给镜头出字幕。经过沟通，竞赛部门同意可以让运动员和裁判员站到场上后再转身面向我们的主机位，而这时已经没有时间给两名队员同时出字幕。我们只能调动两边大倍率镜头从侧面提前跟运动员进场并叠加字幕，虽然完成了规定动作，但看起来总是觉得不够完美。其实这个问题就出在主机位的朝向设置错了，如果换到对面去，运动员上场就不会出现背对镜头的问题。然而问题出来了，我们又不能改动机位，我们只能去适应情况，想办法解决困难。残疾人柔道是按照级别一个组别一个组别地进行，如果结束的早，下个级别可以提前开始，因此BOB给我们的赛前流程是不可能被一一执行的，也没有那么长的时间留给我们走流程，流程中所涉及的相关信息竞赛部门也无法提供，由于我们的项目没有制作经理，因此整个比赛过程中，我们只能按照自己设计的方案进行操作。慢动作也和往常不一样，只出获胜的镜头，因为多放就会压掉下一场比赛的队员介绍。接下来转播的坐式排球同样也遇到了很多问题，机位高度角度不合理，位置不合理，一共六个机位，我们与BOB交涉后改变了四个机位，还有很多问题在这里就不一一赘述。总之经历的这一切，都需要我们去适应，在实践中摸索更好的解决问题的办法。

我们不但要适应这些工作上的变动，还要去适应与我们合作的工作人员。在奥运会中，我们的制作经理是一个很有节目制作经验的外国人，工作认真负责，一丝不苟。只是方式让我们整个团队一时间难以适应。当他的想法和我们的想法不一样的时候，就会在转播车里用英文大喊，甚至带出脏话。我们整个团队对此都表现出了极大的克制和包容，尽管他态度很不友好，我们还是谦虚地听取他有价值的建议，他想法不合理的地方我们也没有跟他争吵，转播结束后进行一番沟通。最后，他对我们整个的转播质量及工作人员的业务素质给予了很高的评价。我们用包容换来了尊重，用敬业换来了赞扬，用适应能力换来更多在竞争中获胜的砝码。

我们排球信号制作这支团队成功地完成了北京奥运会的任务，然而北京奥运已成历史，收获的经验和喜悦将化为动力，我们要从脚下的每一步做起，用严谨和坚韧迎接新的挑战。

薛昭晖，2004 年雅典奥运会、2006 年多哈亚运会、2008 年北京奥运会乒乓球项目公用信号制作制片人、导演；第 48 届、49 届世界乒乓球锦标赛公用信号制作导演。2008 年获国际奥林匹克金指环奖银奖。

细节铸就奥运辉煌

北京奥运会已经渐渐离我们远去，很多亲身参与奥运工作的人都在回味、总结着这一盛会给我们留下的丰厚遗产。就像绵延万里、气势磅礴的长城是由一块块精心磨制的青砖构建而成一样，辉煌而无与伦比的北京奥运也是由一个个精致的细节铸就的。

奥运会电视公用信号制作是一项庞大而纷繁复杂的系统工程，在雅典、北京奥运会上，笔者作为乒乓球项目电视公用信号制作的导演参与其中，体味了其从筹划到实施，乃至最终完成过程中的细致与周密。

一、 方案中的细节

记得 2007 年在北京奥林匹克转播有限公司(BOB)开会时，笔者的一位地方台的同行在拿到北京奥运会电视公用信号制作手册之后不禁发出这样的感慨："这是我见过的最完备、最细致的工作手册了。"的确，在距离北京奥运会开幕还有一年多的时间，在乒乓球项目厚达 289 页的电视工作手册里就已经详细地阐述了与每个工作人员在奥运会工作期间息息相关的各方面的内容：

(1) 机构组成(含岗位分工、岗位职责、各部门负责人及其开始工作时间、联系方式等)。每个工作人员都可以在其中明确自己的位置、职责以及和自己相关的人员的有效的联系时间、联系方式。这对于奥运会电视公用信号制作这样一项庞大的系统工程来说是至关重要的，因为每个工作人员都必须在奥运会开始前的一年中，在各方面做好和自己相关的各项准备工作，这其中也包括和自己的上级以及同事建立好关系的准备。

(2) 转播方案(含奥运转播理念、比赛及信号制作时间、电视制作区位置图以及格局图、摄像机设备清单及机位图、话筒设备清单及位置图、慢动作回放设备及实施方案、灯光布光方案、字幕清单、信号传输系统方案、电力保障方案等)。虽然奥运会的电视转播技术也在随着电视设备及技术的提高而发展，但并不像一些单项世界比赛那样去追求高精尖。奥运会更多的是强调方案的稳定性、方案的可实施性以及 28 个大项电视转播的协调性与一致性。北京奥运会乒乓球项目的转播方案与四年前的雅典奥运会相比变化并不大，更多的工作是将这样一个稳定的转播方案与北京的现实环境相结合，更合理、更有效地去落实每一个环节与细节。例如，北京奥运会乒乓球比赛第一次采取了团体赛赛制，为了使电视转播与现场播报介绍运动员协调同步，工作人员使用秒表计时，控制现场中、英、法三种语言的播报语速。就是这样一个细小的环节，各方工作人员就其方案的合理性与可操作性进行了多次的讨论与修改，并反反复复进行多方面的现场带机演练与磨合。

(3) 后勤保障(含每一类工作人员进出北京的时间及方式、工作人员的装备清单、住宿宾馆的位置交通图以及内部生活设施的说明、各类人员上下班交通工具的配备及使用、乃至每天吃饭所使用的饭票的图样)。我们常说，安居才能乐业。后勤保障工作对工作人员的心态与情绪有着至关重要的影响。北京奥运会由于出色的后勤保障工作，使得工作人员每天能够按时吃到可口的饭菜，工作结束能够有车辆最快地将工作人员送回驻地，最大程度地保障了工作人员的休息。

其实，这些方案的制定是长期积累的结果。因为从 1992 年的巴塞罗那奥运会开始这种模式就一直在延续并被不断地修正，以达到最好的实施效果。而在北京奥运会，方案中的诸多细节在对风土人情、气候环境进行了调研与勘测之后都进行了相应的调整，保证了其得以顺利地实施。

二、 岗位分工与职责中的细节

笔者一直认为，奥运会电视公用信号制作的岗位分工与职责的制定体现了西方大工业化生产的思想，整个制作系统就是一个协调而稳定的工业化生产体系。这种体系的主要特点就是岗位分工细致到位，岗位职责明确到人。以乒乓球制作系统为例(见下图)。

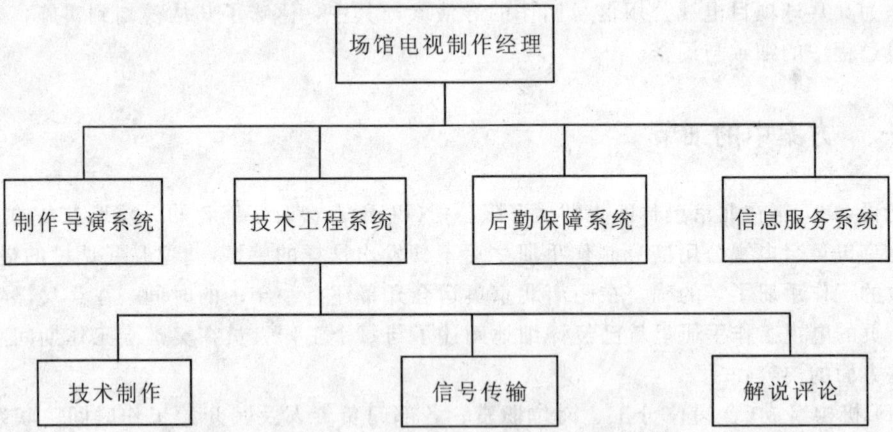

北京奥运会乒乓球项目电视公用信号制作系统机构图

如上图所示，制作导演系统、技术工程系统、后勤保障系统、信息服务系统涵盖了一个电视信号制作工程的方方面面，四大系统在场馆电视制作经理(BVM)的统一指挥下，协调作战。

以乒乓球项目的制作导演系统为例，在我们国内大部分情况下就是导演一个人。而奥运会的电视制作系统则严格地将其定义为一个系统，由五个岗位组成：制片人/导演、导演助理、助理制片人、字幕导演、场地导演。在设置了这些岗位的同时，也严格地规范了每一个岗位的职责。

• 制片人/导演(PRODUCER/DIR)：负责镜头的调度、慢动作回放的调用、字幕的调整以及视频与音频的完美结合。

- 导演助理(DA)：负责赛前、赛中、赛后流程的时间控制以及在转播过程中随时做好导演的助理工作。
- 助理制片人(AP)：协助制片人/导演，并主要负责慢动作回放的素材选择与组接，因此我们又称之为慢动作导演。
- 字幕导演(FORT CRD)：起到字幕操作员与导演之间的桥梁作用。
- 场地导演(SPOT)：为制作团队提供所有相关的各种信息。

由以上岗位分工不难看出，把原来我们习惯的一个导演连调机带切换的传统模式细化为六个岗位(“5＋1”模式，五个分项导演和一个总导演)去完成，作为分化出来的每个分项导演岗位各有侧重，都有着其明确的分工与职责。而每个分项导演在其所负责的局部所投入的精力以及其发掘与研究的程度都远远大于传统意义上的一个导演。作为总导演要做的就是把这五个分化出去的方面更有机地协调组合在一个统一的思路和框架内，这样一来其效率与效果的大幅度提高是显而易见的。

三、 制作流程中的细节

这是一份北京奥运会乒乓球公用信号制作中使用的赛前5分钟倒计时流程表(见下表)。

入 点	出 点	时长(秒)	内 容	字 幕
05：00	04：30	30	片头	
04：30	04：10	20	场馆侧面大全景	比赛项目大标题
04：10	03：40	30	场馆侧面大全景	本节比赛赛事顺序
03：40	03：20	20	观众镜头	
03：20	02：50	30	场馆侧面大全景	晋级图
02：50	02：30	20	观众镜头	
02：30	02：00	30	场馆侧面大全景	本场比赛标题
02：00	01：30	30	介绍运动员A	运动员A个人信息
01：30	01：00	30	介绍运动员B	运动员B个人信息
01：00	00：30	30	裁判员介绍	裁判员个人信息
00：30	00：00	30	比赛场地全景	
00：00			比赛开始	

在北京奥运会乒乓球信号制作工作手册中共有八张这样的流程表，分别规定了团体比赛和单打比赛各个比赛阶段的转播赛前和赛后的流程。据介绍这些规定严格的流程表同样会分发给世界各地的奥运会持权转播商(如中国中央电视台等)，而这些持权转播商会根据这些流程来安排各自电视台在这一项目上的播出时间。由此可见，针对流程中每一个细节的规范执行是奥运会公用信号制作信誉的强有力保证。

四、 制作工艺中的细节

正如前面所谈到的由于岗位分工的细化，制作团队中除总导演之外，每个工作人员所面对的都是局部而单一的工作。因此，奥运会有理由要求每一个受雇的工作人员在其所承担的工作中强化对细节的规范，提高制作工艺的精度。

奥运会一直是以“讲故事”作为其电视信号制作的核心理念，因此在镜头拍摄上强调每一个画面都要有意义，要为整个故事的叙事服务。这就要求无论是导演还是摄像师都要在思想上紧扣赛事的发展，在最准确的时机用最精准的镜头去表现人物(这其中包括比赛双方的运动员、教练员、与赛事相关联的裁判员、一般的观众以及具有特殊身份的观众等)的情绪变化。

奥运会电视信号制作中在另一个重要的理念就是公平、公正原则。众所周知，国际电视转播历史上在这方面有过令人非常不愉快的案例。2003 年 11 月，中国女排在 17 年后重新夺取世界冠军，就在亿万中国球迷期盼一睹女排姑娘的神采和激情时，电视画面中却很难看到她们的身影，反复展现的是日本队员的失落表情。东道主日本电视台在向全世界提供公用信号的过程中丧失了其客观公正的立场，遭到了广大观众的谴责。为了避免这样的事情在奥运会转播中出现，公平、公正原则严格规范了在镜头画面上要平等地、均衡地表现每一位参赛运动员。而对于最为敏感的颁奖仪式，更是严格地制定了由 24 个分镜头组成的转播镜头本，其中每一个镜头的表现形式都以截图的方式进行了阐述，并严格规范了导演的切换方式。

在奥运会电视信号制作的另一个重要的工艺环节——慢动作回放中，对于细节的强调则更是得到了重视。从雅典到北京，两届奥运会的导演经历让笔者深刻地体会到，奥运会虽然是人类最大的体育盛会，但在这里体育竞技已经退居到一个“载体”的位置，更重要的是要表现出在这个“载体”之上所承载的那些有血有肉的人物以及他们的故事，他们的成功与失败、喜悦与沮丧、拼搏与遗憾等。而高清技术、大倍率镜头以及高速乃至超高速摄像机为在慢动作回放中尽情展现这些情绪与细节提供了强有力的技术保证。而从操作层面来讲，笔者的理解是慢动作回放不是简单而机械式的重放，而是具有引导性、指向性以及强调性的重要的电视叙事手段，因此要求从导演到慢动作导演，直至慢动作操作员都要在有限的时间段内节选最精准的慢动作片段并以最具展现力的手段，如变速、静帧等来对赛事中的情节进行阐述。

字幕系统是个费力而不出彩的工种，正确的字幕展现不会受到注意，观众觉得是必然的、理所当然的。一旦字幕无论是在内容的正确性上，还是在上下的时机以及时长上出现问题，立刻就会对观众形成“刺激”。因此，字幕系统又是最强调细节的工作。

北京奥运会的声音系统采用的是全新“5.1”环绕立体声技术。话筒多了，表现力强了，对音响师的要求也就提高了，特别是对于像乒乓球项目在一个空间、四张球台同时比赛、转播的情况下，能够做到每个转播系统真实、生动而准确的表现声音，是调音师多年专业功力和专业素养的集中展现。每一支话筒都必须在位置、方向的摆放上做精准的定位与调试，每一个音源在调音台上被合成了“身临其境”的声音环境。

杨东德，全国电影电视摄影家协会会员，全国电视艺术家协会会员，1984年起先后从事记者、编辑、导演工作。有50多部作品获全国全军新闻专题一、二、三等奖。著有新世纪电视文库中央电视台记者一线手记《走南闯北》一书。

奥运会电视节目制作

第29届奥运会2008年8月8日在北京举行，引来了全世界的目光，而北京奥运会能否成功举行，电视转播成功与否成了不可缺少的重要组成部分。各国的电视工作者都云集北京，进行相关电视信号的制作和赛事报道，为了让全世界观看到精彩的奥运赛事，使观众通过观看电视节目感受到每一个激昂、奋进、冲击力极强的画面。而这些精彩画面的获取，其中包含了电视工作者对奥运赛事节目制作的理解及对时机的把握。如何增进对奥运会电视节目制作的把握，成了电视人应该研究的问题。

奥运赛事制作是按照国际奥组委电视委员会的制作理念进行的。每项赛事的转播的机位设置都有它的标准，我们的电视制作团队首先对比赛场馆进行实地考察，根据场馆大小的不同，适当安排机位。拿北京残奥会轮椅橄榄球项目为例，只设置了六个机位，从机位的数量上来说不算多，怎样在现有的机位把场馆的比赛画面做得更为鲜活和出彩？我们在机位设置时充分考虑到参赛者及比赛项目的特点，用现有的机位、从不同的角度把运动员的画面展示得更为充分。我们在制作理念上强调突出残疾运动员坚强不息的拼搏精神，画面处理上突出轮椅篮球的特点，当运动员投进篮球时，我们会给出进球运动员的中景，展示运动员那种进球喜悦的表情；当运动员相撞摔倒在场地时，我们给出的是运动员倒地又及时爬起的瞬间画面和观众鼓掌的画面，对运动员与观众的展现有机结合，营造了一种感人的氛围。

残疾运动员与一般运动员的电视制作有很大的不同。一般的篮球比赛中运动员突破上篮，人与篮筐的距离很近，电视镜头很容易跟上。而轮椅篮球运动员突破上篮，只有到篮下把球上投，两种投篮动作给电视制作展示造成了不同的效果。而残疾人篮球运动员的镜头画面比较难展示给观众。因为轮椅篮球与篮板间的空间大，造成近景镜头给出的画面不容易捕捉，我们的机位也不能靠近篮下，怕出现摄像与运动员相撞。由此的区别，使篮底的摄像只好撤到篮架边上的一侧，拍摄篮下运动员上篮的动作。

用什么方法展示轮椅篮球进球的动作呢？我们采用了慢动作的方法展示，使得轮椅篮球表现得更加精彩。怎么把轮椅篮球慢动作制作好呢？我们在篮架一侧的摄像机拍摄上篮运动员球出手的位置，球进筐的画面用另一个机位跟近景进球的画面，用镜头的组接，造成慢动作回放。观众看到的是一个精彩的画面。

电视节目制作不是简单的一加一的组接，而是团队的紧密配合。电视节目制作的好坏，与电视制作人对比赛项目的理解有着紧密相关的联系，如比赛规则、明星球员、突发事件等。只有制作人员对转播精心准备，做出的节目质量才是有生命力的。如不精心准备去制作节目，场上出现的问题是无法应对的，所做的节目质量一定不会好。奥运会赛场上出现的感人画面，不止一次在赛场出现。代表加拿大队出战的原中国运动员栾菊杰打完比赛后，从自己的提包里拿出横幅“我爱中国”。还有在 8 月 17 日 50 米男子三资赛的射击赛场上美国运动员埃蒙斯，在大比分领先的情况下，只要打好最后一枪就能拿到射击冠军，然而让大家没有想到的是，他最后一枪只打了一个 4.4 环而获得亚军。中国选手邱健获得了冠军，埃蒙斯没有因为失去冠军而沮丧，而是很有风度地和中国冠军邱健握手。而最感人的画面是埃蒙斯走到妻子凯特琳娜面前，妻子拥抱安慰丈夫，感人的画面让人永远难忘。加拿大人在轮椅橄榄球的赛场打出横幅“中国你好”，与观众互动一幅真切的画面让观众至今难忘。

制作电视信号你必须千方百计把赛事的特点给展示出来，让观众从你的画面中得知比赛项目的趣味性和知识性。

我们在制作轮椅橄榄球时针对此项目的特点进行了认真的学习和观摩，知道了轮椅橄榄球的规则结合了篮球、橄榄球和冰球等项目的特点，轮椅橄榄球每队统一上场队员为四名，每场比赛分为四节，每节八分钟，第一、三节后休息一分钟，第二节后休息五分钟，若出现平局进行三分钟加时赛。轮椅橄榄球最大特点是在场上队员可以相撞，如何将这些特点制作出来，在机位设置时，我们把机位进行了调整，把原先设定的 4 号和 5 号机的底线机位抬高让镜头捕捉运动员把球带进球门底线的画面，使观众一目了然看到得分是否过线有效。如果机位与底线平衡架设，运动员过线的画面就看不清楚，观众就很难判断此次进球是否过线得分。为了表现轮椅橄榄球运动员的激烈程度，在镜头画面处理上，我们做到运动员轮椅与轮椅相撞时给中景画面，进攻防守互不相让时给出小全景画面，给观众交代场上队员激烈对抗的程度，吸引观众的眼球。

制作信号一定要事无巨细，落实好每一个环节，心里一定要有数，哪些画面该出，哪些画面不该出；制作信号不是记流水账，一定要有制作理念，先出哪个画面后出哪个画面，镜头画面的衔接一定要好，而不是杂乱盲目的。中央电视台电视制作团队能得到奥组委的信任，完成奥运会的电视信号制作任务，是全体人员齐心协力的成果。

孙畅，2000 年进入中央电视台体育频道，参与了 2004 年及 2008 年奥运会上羽毛球和篮球项目、2006 年多哈亚运会和英联邦运动会以及世界手球锦标赛等多项赛事的公用信号制作。

从传播效果看 2008 年奥运会中美男篮赛电视信号叙事手法

2008 年 8 月 10 日 22 时 15 分，北京五棵松篮球馆，在上百名摄影记者手中闪光灯的映照下，北京奥运会男篮小组赛 B 组“中美之战”随着姚明和霍华德高高跃起正式开场。《环球时报》记者目测，到场采访的国际媒体记者大概有四五百人，而早在当日清晨，“世界的碰撞”“中美准备好在球场上对抗”等耸动的标题已伴随多家国际媒体的报道传向世界。英国《星期日电讯报》10 日说，“如今，是篮球将中美这两个地球上的超级大国一起拉到球场上”。中国观众对中国队和美国队都毫不吝惜自己的欢呼声。美国《波士顿环球报》10 日说，全世界的目光都在盯着中美之间的篮球对抗。中国媒体将这场篮球赛与 1971 年的“乒乓外交”相提并论，那时的乒乓球比赛奠定了冷战时期中美交流的基础。该报称，这场篮球赛也被人们赋予了改善世界上两大国之间关系的深刻含义。

虽然最终全场比分定格在 70∶101 上，中国男篮负于美国梦八强手，相对来说这是中国男篮与美国男篮在奥运会历史上分差最小的一次。社会各界反响强烈，纷纷盛赞中国男篮努力拼搏，打出了士气，打出了精神。可以说，中美男篮之战通过电视信号的传播，收到了良好的社会效果，意义十分深远。

纵观中美男篮之战电视信号传播效果，让我们具体分析一下比赛电视公用信号制作中的叙事性手法运用对传播效果的影响。

负责 2008 年奥运会篮球电视信号制作的是来自中国中央电视台的制作团队，根据北京奥林匹克转播有限公司（BOB）对篮球信号的制作规则，并考虑到满足各个国家购买方所公认，要体现“公平、公正、取胜者优先”的原则，则需要以物质现实为基础——比赛现场不允许干预和随意中断，拍摄和剪辑要与比赛同步共时进行。鉴于体育比赛本身就极富“故事性”，具备戏剧的冲突元素，采用“讲故事”的叙事性手法现场剪辑一部正在进行的“戏剧”。增加体育比赛转播的可视性和生动性，这符合体育节目受众心理的需求。

中美男篮之战具备了戏剧冲突的所有元素，比赛前各方的广泛关注、明星球员云集、中美“乒乓外交”的历史、布什观战、姚易的 NBA 背景，这些构成了冲突的情节和受关注人物，也形成了故事的基本要素。

电视信号在制作中主要将镜头组接、字幕、慢动作回放、慢动作集锦作为符号表达讲故事、揭示赛事发展变化，展现比赛双方主人公的精神面貌、探寻赛场上的曲折、趣味与情感。基于这一认识，中美男篮之战的奥运会篮球电视信号制作团队主要在“讲故事”上进行了有益的尝试。

拉维奇和斯坦纳提出的传播效果阶梯模式中，传播效果主要包括三个方面，即认知层面、态度层面和行为层面。中美男篮之战电视公用信号作为一种传播形式也必然产生这三个方面的传播效果，认知层面：此战打得非常精彩，群星荟萃，政要云集；态度层面：广大受众在看完这场比赛后得出的结论“中国男篮虽败犹荣，打出了奥运历史上与美国男篮分差最小的比赛”；行为层面：吸引了 1.84 亿中国观众观看，创造央视收视新高。这些都离不开信号制作中叙事性手法“讲故事”的运用对传播效果的影响。

一、运用重复和强化的综合制作手法，突出主力明星对位，强调戏剧冲突

中美男篮之战开赛前的焦点人物，中国男篮是姚明、易建联，美国男篮群星荟萃，可以说个个都是明星，詹姆斯、霍华德、安东尼、保罗个个耀眼，但中国篮球迷最喜爱的，非科比·布莱恩特无疑。本场比赛的核心主力也已跃然纸上，电视信号的核心镜头也再清楚不过了。从赛前的出场亮相开始，到介绍运动员、升旗奏国歌、热身、跳球前准备，运用近景、特写镜头和对切的方式，将中国男篮姚明、易建联的镜头与美国“梦八”科比、詹姆斯的镜头在不同的时空下反复切换和对切，以达到强化两队领军人物、刻画主人公的作用。随着比赛的进程，作为本场戏剧的主人公，他们分别对两队的贡献较大，无论从运动审美和视觉冲击上都有相当大的可视性，通过客观的镜头交代主人公的人物命运、性格特征，并以字幕、慢动作回放和集锦的方式展现赛场上主人公的行为轨迹和运动之美。通过恰当和最佳的拍摄角度、慢动作镜头组合、字幕信息的有效补充，还原赛场上刚刚发生的精彩镜头和主人公的情绪特征。例如比赛刚刚开始，第一个暂停前姚明一个精彩的三分球拉开了序幕，全场欢呼一片，现场气氛热烈，之后孙悦的果敢出手，又添一个二分球，正是中国男篮面对美国“梦八”的敢打敢拼赢得了现场观众热烈的掌声，当第一个暂停开始时，画面先放到了中国男篮的替补席，紧接着飞出了慢动作的奥运五环扫画，第一个慢动作回放就是姚明的三分球从两个角度分别展现，把精彩进球和三分球出手后现场观众的沸腾和姚明兴奋的握拳表情刻画得淋漓尽致，接下来又慢放孙悦在霍华德面前投出的第一个进球，一下子把赛场的气氛掀到了一个小高潮，故事的节奏也制造出来了。当然，本着客观公正的原则，镜头又回到了美国男篮的替补席，慢动作奥运五环扫画带出的是科比的妙传，霍华德在姚明面前的一记重扣的画面，比赛的火药味被烘托了出来。不得不说从戏剧的一开始就抓人眼球，大有看头，如果制作中镜头的分配上不突出明星球员，流于平谈，平均使用球星镜头，不强调对阵双方领军人物的作用；从慢动作和字幕的筛选上如果不做戏剧冲突的考虑，只注重精彩镜头，不考虑明星球员的对位，现场比赛的火药味就无法烘托出来，很难让观众对正在进行的比赛有所期待。这是“讲故事”手法的最大优势，就是通过镜头、切换节奏、字幕、慢动作的回放、重复强调的综合制作手法，适时地梳理比赛发展的脉络及原因，增加直播赛事的生动性，在原本比赛精彩的基础上，起到注解还原增色比赛的作用，从而使比赛看起来更精彩，形成良好的认知效果。

二、充分利用现场的元素刻画人物关系，精心营造叙事过程的"情绪节奏"，为比赛增添更多色彩

如果说赛场上的明星球员是镜头切换的焦点，是整部戏剧的核心人物，那么赛场上的其他球星、替补席、教练、特色观众、重要人物就成为戏剧刻画中不可缺少的人物关系。既要关注赛场上明星球员的表现，又要使比赛观看起来有味道、有色彩。捕捉赛场上的戏剧冲突，就是要做出赛场上的人生，有悲、有喜，有起、有伏，让观众的情绪与主人公的命运联系在一起，与他们一起体味、一起分享赛场人生。

中美男篮之战在信号制作上充分利用了现场的元素，例如，赛前的介绍运动员环节中中国观众反应热烈，其原因有两个方面，一方面作为东道主国家，为中国男篮加油助威，现场观众尤其喜爱姚明、易建联、王治郅等中国球星；另一方面在现场可以一睹美国"梦八"的风采，原本在NBA赛场上才能看到的科比、詹姆斯、霍华德、保罗、基德等明星，可以在现场得以一见。当介绍中国男篮时，在镜头处理上，有一组小全画面介绍明星出场阵容，另外将近景和特写镜头留给了姚明、易建联、王治郅等重点明星，在升国旗奏国歌环节中，现场观众与男篮队员齐唱中华人民共和国国歌，画面与现场音效的配合让人为之一震，先通过小全画面交代中国男篮方阵，紧接着配合现场国歌起，切换到中国国旗的特写，当演奏到"起来，不愿做奴隶的人们"时，用一组移动镜头对准高唱国歌的中国男篮，拍摄到他们每一位的表情和当时高唱国歌的情绪，之后又抓取了一组现场中国观众的镜头与之呼应，另外在国歌的落幅突出了中国男篮核心人物姚明的特写镜头，利用这组画面语言交代了中国男篮作为奥运会东道主国家的特点，表现了宏大的场面，传递出爱国主义的激情。对阵的另一方美国男篮被介绍时，在镜头处理上，先是一组小全镜头介绍美国男篮方阵，特写镜头留给了科比、詹姆斯和霍华德，在升国旗奏国歌环节中，由于考虑到美国总统布什一家人在现场观看比赛这一重大新闻要素，介绍美国球员和国旗的镜头与中国男篮的情况相仿，只是在国歌的落幅给到了科比的特写和中国外交部部长杨洁篪陪同美国总统布什一家人到场观战的鼓掌画面，此镜头切出后，由于现场大屏幕可以同步看到这一信号，现场气氛十分热烈。之后这一画面被平面媒体和网络媒体截屏后进行广泛传播。这场比赛被赋予了"政治外交"的色彩。

在比赛进行的过程中，中美男篮之战的信号制作也是利用赛场上的人物关系，精心营造叙事过程的情绪节奏，例如孙悦与科比的对切，作为当时孙悦有可能在奥运会后赴NBA效力科比所在湖人队的新闻背景，以及场上两人司职同一位置，对位感很强，在比赛中不失时机地进行对切，增强人物的故事性。随着比赛的进程，关注教练与球员间的交流，教练的排兵布阵、情绪交代以及特色观众在比赛中的情绪渲染都会丰富赛场的视角，营造叙事过程的情绪节奏。以中美男篮之战的上半场比赛为例，第一节中国以17：20对美国，应该说在第一节中国男篮外线发挥了很好的作用。除了姚明的3分球外，都是外线得分。响彻现场的声音始终是"中国队，加油!"第二节"梦八"非常重视中国男篮，不敢掉以轻心，基本上主力都在场上，改用全场人盯防守。到22：50时，32：39，中方落后7分。但中国男篮外线发挥了很好的作用，3分球12投8中。内线没有过多地发挥作用，易建联还是零分。到了22：55时，虽然比分拉开了，但中国男篮在当天的比赛中面对强手，表现出的敢打敢拼，让人振奋。第二节投篮命中率没有第一节那么高，自然而然比分会拉开一点，上半场以37：49结束，中国男篮落后12分。赛后莫科说：中国男篮在场上已经拼尽全力了，可圈可点，也算发挥了自己应有的水平，碰到"梦八"实力这么强的队伍，有这样的表现，已经算是非常可以了。上半场信号制作在情绪节奏处理上，更多地把焦点放在赛场上，表

现明星的对位，表现出中国男篮面对美国“梦八”不服输的精神，烘托出赛场上的火药味。

三、运用“团块组合”，客观反映赛场上的戏剧化发展，帮助观众解读比赛

所谓“团块组合”就是将信号制作中的多个元素：画面切换、字幕、慢动作回放、慢动作集锦有机地结合在一起，通过赛场上的客观表现传达出制作者的声音，帮助观众解读比赛，认识比赛。赛场上的情况瞬息万变，随着比赛的进程，突出不同阶段对球队贡献最大的球员，通过镜头语言、字幕的个人技术统计以及慢动作回放加以强调，反映赛场上的戏剧性变化。中美男篮之战的信号制作在叙事手法上就采用了“团块组合”的方式，实时跟踪表现好的两队球员，对球队贡献较大的球员，利用暂停，通过在替补席拍摄该球员近景以及播放该球员最近的精彩进球，之后回到球员上场的近景画面叠加该球员的个人技术统计字幕，以表现该球员目前对球队的作用，帮助观众解读和认知比赛。

四、运用丰富的画面和“两极”的镜头，增强赛场上的视觉审美和调动观众的视觉印象

“讲故事”作为叙事手法非常重要的一点就像写文章一样，词汇要丰富，情节要动人。表现在电视视觉艺术上的叙事就要求镜头要丰富，特写和近景镜头所占比例要大，也就是所谓的“两极”镜头要多，要求信号制作中多切换“近景”“特写”和“大全景”视觉反差大的“两极”画面。因为电视信号毕竟是在家里近距离收看，现场直播比赛运用“两极”画面，更能适应观众的收视心理和收视习惯。同时，也能使赛事直播的故事情节和人物形象更具感染力，“两极”画面的组合也会使视觉效果更具冲击力，从而为观众留下深刻而难忘的记忆。篮球作为视觉欣赏性极佳的运动，由于身体的对抗性较强、攻防转换速度快，不到比赛的最后一刻对阵双方都很难分出胜负，具有很强的观赏性。适时地采用具有冲击力的画面可增强赛场上的视觉审美。

由于篮球比赛需要看排兵布阵、大部分时间都是通过全景画面观看场上十名运动员的跑动，近景和特写就成为最为有利的补充，一般在比赛的间隙、死球、进球、罚球的环节中，运用丰富的镜头组合调动观众的视觉印象。例如，在罚球时，其一是运用球员近景叠加个人技术统计字幕与篮下小全正面拍摄球员投篮过程的镜头进行组合；其二是运用球员近景叠加个人技术统计字幕与背面拍摄球员投篮过程的镜头进行组合；其三是通过篮下摄像机拍摄球员罚球全过程，其中画面构图为带出罚球线两侧拼抢篮板的球员；其四是两个四十五度角机位的组合；其五是球员近景画面与篮板后微型摄像机拍摄球员正面投篮画面的组合；其六是球员近景画面与顶镜遥控摄像机拍摄的上方画面的组合。罚球时的这些镜头组合会随比赛的进程随机调换，目的是丰富比赛画面，调动视觉印象。

中美男篮之战电视信号制作中“讲故事”的叙事手法反映出奥运会篮球信号制作的基本理念，在实践中还需进一步总结、丰富和提高。其实“讲故事”的叙事手法在当今体育赛事电视信号制作中的运用或多或少，但在理论领域里还有待探索和研究，总之它对赛事的传播效果产生了重要的影响。

李冰，1998 年至今就职于中央电视台体育频道，2001 年开始从事中国足球现场直播工作；2002 年至 2007 年担任多项国际重大赛事的播出导演；2003 年开始接触赛事信号制作工作，先后参与大量足球、武术、攀岩等比赛项目的公用信号制作工作。

浅析北京残奥会游泳比赛公用信号的制作

2008 年 8 月，举世瞩目的北京奥运会让这个夏天变得激情澎湃，世界奥林匹克历史上首次庄严打上了中国的烙印，北京奥运会的空前成功让全世界记住了我们的城市；而在接下来的 9 月——在这个北京最为曼妙多姿的季节，震撼出场的残奥会使奥运的热情得以延续。正如同国际残疾人联合会主席菲利浦·克雷文先生在开幕式的致辞中所说：本届残奥会的规模空前，无论是运动员人数、参赛国家数量还是赛事项目设置数量均超过往届残奥会，这是残奥会运动史上的一座里程碑。

北京用实际行动向全世界兑现了“两个奥运，一样精彩”的承诺，除了严谨的组织工作以外，大规模的电视报道是这个承诺得以实现的一座桥梁；而在各大赛事的电视公用信号制作方面，我们倾注的心力与以往任何一届残奥会都不可同日而语；可以说，我们制作并提供的公用信号水平并不低于一个月前的奥运会。作为电视从业人员，我们不仅用更加直观的方式诠释了本届残奥会的规模，更为重要的是，通过残奥会本身，我们向全世界真诚传达了中国对残疾人事业的人文关怀。

当今世界体育的发展已经越来越依托于电视报道的协助。我们无法想象，假如没有电视的参与，体育将会走向何方。奥运会已经走过了漫长的百年征途，从 1936 年德国柏林奥运会第一次采用电视转播至今，各国的电视工作者经过几十年的摸索实践和经验积累，已经使奥运会的电视报道特别是电视公用信号制作体系化运作，一步步走向成熟。从 2002 年开始，中央电视台按照目前国际先进理念组织的公用信号制作队伍，经过了雅典奥运会、东亚运动会、西亚运动会、亚洲杯足球赛多次大型国际运动会的洗礼，到了 2008 年的北京奥运会，可以说已经“百炼成钢”；尽管如此，在北京奥运会之后，面对即将到来的残奥会，信号制作该如何具体操作却依然是一个全新的考验。

一、 在无则可依与无照可考前提下如何进行公用信号制作

笔者有幸加入北京残奥会电视国际公用信号制作团队，并担任游泳比赛项目的助理导演，同时兼任慢动作导演。和其他项目团队情况相仿，大家对即将制作的残奥会项目都缺乏应有的了解。按照以往惯例，最简单快捷的方式就是仔细研究前人的资料，找出其优劣之处，好的方面继续传承和发扬，而不尽如人意之处则避免和改进，正所谓“他山之石，可以攻玉”。然而这次，以往的惯例不得不停止使用，整个导演组必须面临的状况是创建残奥会游泳比赛公用信号制作的新标准。相信这也是参与制作其他项目信号制作的导演组共同的处境。

尽管以往的奥运会举办国也都曾言之凿凿地承诺，奥运会过后的残奥会依然是大家关注的热点，对残奥会的热情绝对不会因为奥运会的结束而冷却……然而现实却是：历届残奥会所面临的处境皆门前冷落车马稀，残奥会成为一个全世界残疾人运动员聚集的特殊运动会而已。1996 年的美国亚特兰大奥运会本身的组织工作便已经备受诟病，之后进行的残奥会的情况便可想而知；2000 年的澳大利亚悉尼奥运会是举世公认的举办最成功的奥运会之一，但悉尼残奥会依然没有给大家留下什么可圈可点的深刻记忆；2004 年希腊雅典奥运会是距离我们最近的一届奥运会，因此在相关工作人员的努力之下，终于找到了非常有限的一点点雅典残奥会的图像资料，然而在认真观摩资料之后，却失望地发现，所谓的残奥会信号制作几乎和远距离单机拍摄区别不大，这是不可能达到北京残奥会的信号制作要求的。我们深刻体会到“两个奥运，一样精彩”的承诺必须集中所有的力量，经过方方面面的努力，把工作落在实处才可能成为现实。

在这种情况下，一切必须从零开始，全面深刻地理解残奥会的意义和相关竞赛规则是顺利制作公用信号的第一步，作为助理导演，在没有理论支持也没有资料参考的情况下，比较清晰地掌握相关常识才可能进行全方位的统筹与协调；而同时作为慢动作导演，在深刻了解所负责的赛事特点之后，才可能在最短的时间之内、最合适的时机播放最精彩流畅和生动的重放画面，从而达到锦上添花的目的。

1. 残奥会的起源

残疾人奥林匹克运动会始办于 1960 年，是由国际奥委会和国际残疾人奥林匹克委员会主办的、专为残疾人举行的大型综合性运动会，每四年于夏季奥运会后举办一届。残疾人奥林匹克运动会的历史相对较短，始于 1948 年。第二次世界大战结束后，英国神经外科医生路德维格·格特曼爵士和一些热心于残疾人事业的知名人士，为了帮助在“二战”中受伤的士兵康复，在伦敦奥运会期间组织了由轮椅运动员(多为脊椎伤残的“二战”老兵)参加的比赛，称为斯托克曼德维尔运动会。1952 年，荷兰退役军人也加入了残疾人运动会，于是成立了国际斯托克曼德维尔运动会联合会，在英国的斯托克曼德维尔首次举办了国际残疾人运动会，当时只有两个国家的 130 名运动员参赛。之后该赛事固定下来，每年都举办国际斯托克曼德维尔运动会，至 1959 年，实际上已举行了 8 届国际残疾人运动会。

经过英国的路德维格·格特曼爵士和意大利的安东尼娅·马里奥教授为期两年的精心组织策划，1960 年，在罗马第十七届奥运会结束两周后，来自世界 23 个国家的 400 名残疾人运动员参加了在罗马举行的第一届“残疾人奥林匹克运动会”。这届运动会后来被正式承认为第九届国际斯托克曼德维尔运动会。而“残疾人奥林匹克运动会”这一称谓，一直到 1984 年才得到国际奥委会的正式批准。

残奥会的比赛项目经过几十年的发展和淘汰，几乎每届都有所变化，有些仅仅是昙花

一现，有些则经久不衰，保留至今。目前，国际残疾人奥林匹克委员会规定的正式比赛项目有射箭、田径、意式滚木球、自行车、马术、击剑、门球、柔道、力量举重、帆船、射击、足球、游泳、乒乓球、轮椅篮球、轮椅橄榄球、轮椅网球、排球18个项目。

而在上述所有被保留下来的常规项目之中，游泳是当之无愧的大项。

2. 关于参赛运动员的分级

在残疾人奥运会的竞赛组织工作中，对参赛运动员进行医学功能分级是竞赛工作必不可少的一部分。根据运动员的运动能力进行系统的医学功能分级，是残奥会有别于奥运会的一个重要特点。进行医学功能分级的宗旨在于维护体育的公平竞争原则，提高残疾人体育运动的竞技性和竞争性。通常情况下，在比赛之前和比赛过程中对参赛选手进行医学功能分级鉴定。游泳是唯一一个各种残疾的运动员都可以参加比赛的项目，包括肢体残疾、视力障碍、脊椎损伤、智力障碍等。根据运动员的伤残情况以及水中的运动能力给出相应的综合评记分，然后根据总分结果进行分级。残疾运动员游泳分为：S级(自由泳、仰泳、蝶泳)；SB级(蛙泳)；SM级(混合泳)。S和SM分为10个级别，SB分为9个级别。大致的分级标准如下：

S1、SB1、SM1：运动员四肢有严重的协调问题，或者不能使用他们的腿、躯体、手，只能稍微活动肩，上下肢运动功能严重受限，下肢推进力受限。游泳中，运动员通常使用背部游动。

S2、SB1、SM2：运动员能用他们的胳膊，但不能用手、腿或者躯体，或者有严重的四肢协调问题。

S3 、SB2、SM3：运动员能适当地用胳膊划水，但不能用腿或躯体；运动员四肢有严重的协调问题，或者严重的四肢短缺以及残体非常短的四肢高位截肢。

S4、SB3、SM4：运动员能使用胳膊，并且手的力量非常的微弱，但不能用他们的躯体或腿；运动员有协调问题，影响四肢，但主要是腿；运动员三肢短缺。

S5、SB4、SM5：运动员能用他们所有的胳膊和手划水，但不能用躯体或者腿；运动员有手足协调问题。

S6、SB5、SM6：运动员能完全使用双臂和双手，以及一些躯体控制，但没有腿功能；运动员有协调问题；运动员同侧两肢截肢；矮小症的特定类型(女性小于130厘米，男性小于137厘米)。

S7、SB6、SM7：运动员能完全使用他们的胳膊和躯体，以及一些腿功能；身体的同一侧有协调或者力量软弱问题；两肢高位截肢。

S8、SB7、SM8：运动员能完全使用他们的胳膊和躯体，以及一些腿功能；两肢截肢；或者一个胳膊不能使用。

S9、SB8、SM9：运动员只有一条腿而且腿部的力量非常微弱；或者有很轻的协调问题；或者有一肢截肢。

S10、SB9、SM10：运动员腿有轻度残疾；运动员关节的灵活运动受到严重限制；运动员双脚畸形，或者一肢的小肢截肢。

根据上述分级原则，简单地说，也就是代表级别的数字越小，伤残级别越高，反之亦然。

也许有人会问：知道了这些，和公用信号的制作有什么关系？关系不仅有，而且非常密切，互成因果。具体地说，当我们了解到残奥会的历史和前身，便不难发现，残奥会最初的设立是一种充满了人文关怀的举动，那么作为职业的电视公用信号提供者，只单纯地复制比赛本身就不可能传达出任何温暖的信息，而这种温暖信息的传达可能比赛事本身更具有震撼力，也更加容易体现残奥会的最终目的；详尽地了解参赛运动员的分级规则，有助于辩证地制定信号制作的方案。因为不同伤残级别的运动员只可能在自身的伤残级别之内创造出超越自身的成绩，S2级和S13级之间没有横向比较的可能性。因此在信号制作的过程当中，镜头的组合与切换必须根据比赛级别的不同采取相应的变化措施。

二、 与普通游泳比赛相比， 残奥会游泳比赛的公用信号制作的侧重

北京奥运会游泳比赛的项目设置情况非常简明清晰：共设34枚金牌，其中室内50米长池游泳32枚，室外10公里公开水域游泳2枚，男女各设17个项目。而北京残奥会游泳比赛项目则没有如此细致的具体项目设置情况，原因是项目太多，总共设置140枚金牌。140和34，仅凭数字之差便足以想见赛事本身差距之大。而在电视公用信号制作方面，也需要具体问题具体分析。

1. 参与切换的机位设置大同小异

这一点并不难理解。就如同在2006年的德国世界杯足球赛决赛当中，负责公用信号制作的HBS在柏林奥林匹克中心体育场为这场举世瞩目的比赛总共设置了26个机位，其中反向机位就设立了4个。这样的超豪华阵容是每一支信号制作队伍梦寐以求的。但是，那毕竟是世界杯，我们更多参与制作的比赛级别不可能与世界杯决赛同日而语，因此我们也不可能使用如此丰富的设备资源。但不同级别的比赛自然也有自己的做法，所谓“有多少水就和多少泥”，只要最主要位置得到保证，比赛信号制作就可正常运行。同理可知，奥运会的游泳比赛要突出的细节是非常多的，除了比赛本身的精彩程度、激烈程度促使公用信号提供者与时俱进地调整制作方案，以及加强高新设备的投入之外，许多国际巨星级别的运动员本身就是特别大的看点，足以吸引大众的眼球。比如本届奥运会在水立方屡创奇迹的美国游泳神童菲尔普斯，奥运会后即将退役的荷兰巨星霍根班德等。与此相比，残奥会的游泳比赛不仅缺乏上述看点，还显得异常残酷。众所周知，游泳是把运动员的伤残暴露无遗的项目，运动员所有的残缺都将清楚地展示在观众面前。这就注定参与到残奥会游泳比赛信号制作的设备将大大缩水。

2. 残奥会游泳比赛公用信号的制作主题

目前国际上比较流行的游泳比赛信号制作都非常倚重水下摄像机，特别是运动员入水的瞬间，导演都会不约而同地选择切换到水下摄像机拍摄的镜头这种能拍摄到令人产生强烈视觉冲击力的水下摄像机却没有出现在残奥会游泳比赛当中，这样的安排是符合比赛本身的特殊性的。因比赛特殊性取消的特殊机位还有顶机位、10米摇臂等。被保留下来的特种设备包括遥控轨道摄像机、“鱼竿”摄像机（也可适当入水拍摄），其余机位均为普通设备。

如同写文章必须设立一个中心思想一样，任何赛事的电视公用信号制作也应有一主题，所有的元素均围绕该主题展开。普通赛事的主题自然是比赛本身，而残奥会的主题却并不只是比赛本身：我们经常用“身残志坚”来赞颂那些在残奥会赛场上奋力搏击的运动员们，我们必须传递出的是对这些运动员们怀有的一种真诚的敬意。我们尊敬这些运动员是因为这些运动健儿们在残奥会上为国家争得了荣誉；更重要的是他们身上那种坚忍不拔的毅力让我们深深折服，每一位残疾人运动员创造出的任何一项成绩都克服了常人难以想象的困难，付出了多于正常人十倍、百倍的艰辛与努力。如何将这种敬意准确、恰当地表达出来就是这一主题的重点。

3. 不刻意回避与不刻意表现

在认真观看了雅典残奥会的游泳比赛资料之后，导演组发现除了比赛本身速度比较缓

慢之外，很难发现该信号是残奥会信号。因为几乎所有运动员出场、入水、冲刺的画面都是大全景或远景，很明显导演是在刻意回避表现运动员身体的残疾。也许导演的最初目的是善意的，但是，仔细考虑之后便发现使用这样的方式表达善意恰恰是对运动员们的不公平。作为残疾人运动员，他们付出了巨大的努力和勇气来参加比赛，并不希望人们忽略他们身体的伤残。因此北京残奥会信号制作的原则就是既不刻意回避，也不过多夸张，用最平行的视线面对每一位参赛运动员。在残奥会之后，一位记者采访在游泳比赛中大放异彩的无臂选手何军权：你觉得作为父亲，你不能给你孩子的是什么？何军权再次展现了他那感动无数观众的充满自信、温暖而朴实的笑容，他回答：我不能给我的孩子拥抱。这样的回答让人无比动容，也让我们这些参与残奥会游泳比赛信号制作的工作人员感到庆幸，正因为严格执行了上述平等原则，我们才没有忽略丢失残奥会的精神力量。

三、 残奥会游泳比赛的慢动作和字幕

任何一场赛事的完整公用信号都必然包括慢动作和字幕这两项至关重要的内容：慢动作诠释精彩与完美，字幕传达解读和补充，当然残奥会比赛的电视公用信号制作也不例外。但是，与普通比赛相比，在残奥会的信号制作过程当中，笔者感到这两项公用信号的基本组成部分有一定的特殊性。

在一场比赛的信号制作过程中，慢动作起着突出精彩、解惑疑问甚至调节比赛制作节奏的重要作用，许多赛事脍炙人口的镜头都是通过慢动作的反复强调才得以广为流传，这些镜头有时是一段比赛的精彩片段，有时也可能是运动员、教练员的某个表情、动作或眼神。在残奥会游泳比赛的过程中，慢动作除了上述功能之外，还必须更加深刻地表达出一种精神力量。虽然随着全世界对残疾人事业的关注增加，残奥会比赛水平也在随之提高，但不可否认的是，作为比赛本身，与奥运会相比，残奥会的可看性要大幅降低，因此，作为慢动作的主要功能之一的重复精彩片段这一主要内容难以突出其自身特色，处理不到位反而会画蛇添足，弄巧成拙。特别是伤残级别相对较高的 S1 至 S3 级的比赛，参赛运动员本身的行进速度就比较缓慢，在慢动作重放中，再把已经很慢的动作处理得更慢，这显然是行不通的；而慢动作保持原速播放，只作单纯重复意义不大。因此，作为慢动作导演，笔者在处理这种伤残级别相对较高的比赛时，经过与具体操作人员的认真探讨协商，最终决定简化、淡化比赛过程，而把注意力集中到比赛结束之后，具体说就是运动员触壁之后的表情、动作以及与邻道选手的互动上。我们记录了许多运动员动人心魄的笑容，也记录了许多运动员赛后热情相拥的感人画面，这些画面向人们传达出了比赛之外的温暖信息。事实也证明了这样做的正确性：BOB 负责监看信号质量的官员几乎每天都要特别提出对慢动作制作的喜欢和满意。当然，在另外一些伤残级别相对较低的比赛中，慢动作的职能也相对完善：从运动员的集体入水到比赛过程中的激烈竞争，再到比赛结束时的表情表现都与普通游泳比赛的慢动作处理相仿。

说到字幕，它的功能与重要性也越来越多地得到重视，在信号制作过程中，多种字幕信息与比赛画面打包呈现。字幕的功能有很多，比如比赛解读功能，包括比赛内容名称、参赛运动员姓名、性别、国籍、时间进程、犯规、世界纪录、赛会记录的提示等诸多内容。字幕无疑是观众更清晰方便地收看比赛的重要桥梁。在残奥会各项比赛当中，字幕的上述功能被传达得无以复加。如前文所示，北京残奥会在取消了某些级别的比赛之后，依然有 140 个比赛项目，十多种比赛级别。仅此一项，便足以想象字幕工作量之巨大了。在这种情况下，就要求信号制作团队中负责字幕的导演必须对比赛规则、比赛赛程熟悉，由于信息

量巨大，字幕系统与场内信息链接就变得格外重要，这也要求字幕导演还必须具备良好的沟通能力。当然这是另一个值得探讨的话题，本文不多做深入探索。

回顾不久前的北京残奥会，相信我们每一位有幸参与其中的电视工作者都感受到了不可言喻的震撼和感动，并且通过残奥会的电视报道与公用信号制作，更加深刻地体会到了“精神寓于运动”这句国际残疾人奥林匹克运动格言的含义。这里所说的精神，就是强者精神。因而也可以说，残奥会是强者荟萃的盛会。人们之所以感动，是因为各国残疾运动员将参加北京残奥会看作是享受生活、享受自由、展示运动之美的平台。他们身有残疾，却把挑战自我、追求生命价值的过程，看作是体验欢乐、友谊、梦想、成功的过程，这是对生命价值更高层次的认知。我们有理由相信，把挑战自我当作人生快乐，是生命活力的不竭动力，是强者精神的最为瑰丽的升华，也必将有力地推动社会发展和时代进步。

王锋，1994年至今一直从事中国足球项目的转播及信号制作工作。先后担任全国足球甲A联赛制片人、足球项目电视公用信号制作总导演、制片人，2005年起担任中央电视台体育竞赛部摄像组组长。作为总导演先后参与制作多项重要足球赛事。

浅谈武术类赛事的电视公用信号制作

李 冰 王 锋

在1990年北京举行的第11届亚运会上，首次将竞技武术列为正式比赛项目；16年后的多哈亚运会，中央电视台的部分工作人员受到组委会的邀请，在第一线制作并提供了武术套路和散手的国际电视公用信号，组委会的多位官员对中央电视台提供的武术比赛信号给予了较高评价，甚至还有不少官员在监看信号质量的过程当中对武术本身产生了浓厚的兴趣。在辛勤的劳动和付出之后，工作成果得到了一定程度的接受和肯定当然让人感到欣慰。但是，我们无法忽视信号制作过程当中暴露出来的一些问题。作为众多体育比赛项目当中的一支，竞技武术显得有些另类和寂寞，上千年的发展历史使得这项灿烂的中华文明不得不承受高处不胜寒的尴尬；作为诸多电视国际公用信号的组成部分之一，竞技武术比赛的画面显得无声无息且备受冷落；作为制作并提供该项目电视信号的工作人员，我们只是完成了这项极具创造性的工作当中的规定动作。1990年至2006年的16年间，五届亚运会足、篮、排、乒、羽、网等备受关注的比赛项目的信号制作水平得到了很大的提高，当初的简单操作与目前的精雕细琢不可同日而语；而作为中国优秀传统文化代表的武术却由于种种原因还在艰难前行。

竞技武术有别于其他任何形式的竞技体育项目，由此也造成了电视公用信号制作上一定的困难。理论依据的缺乏，无则可依的实践都要求当今的电视从业人员必须努力探索出一条适合武术类赛事的电视公用信号制作的途径，从而使这项属于我国的非物质文化遗产当中的瑰宝为整个世界接受和了解！

一、 传统武术与竞技武术

目前，任何一种体育赛事的信号制作已不仅仅需要粗线条地记录比赛过程，更要善于捕捉比赛过程中各种稍纵即逝的细节，使一场单纯的比赛转播变得血肉丰满，并充满戏剧性和人文情趣。做到这一点绝非朝夕之工，除了需要一支相对固定的制作团队(包括导演组和摄像师)大量的实践和积累，更需要整支制作团队对赛事本身的兴趣、热爱和深刻的了解、体会。我们无法想象一群浮躁的、缺乏敬业精神的摄像师和对比赛一无所知的导演组能够出色地完成信号制作任务。而在制作武术类比赛的时候，各位工作人员不能仅仅满足于将赛事规则了然于心。因为武术不仅是一种普通的竞技体育项目，更是中华民族优秀的传统文化遗产之一，是中华文化的精髓和瑰宝。在几千年的发展演变过程中，武术是用中国传统文化作为理论基础逐渐培育而成，除了与我国古典哲学、伦理学、养生学、美学、医学等有密切关联以外，甚至与儒、释、道以及诸子百家思想都有着不可分割的关系。可以这样说，武术是中国人行为、道德、哲学和审美的最佳体现。

目前我国简要地将武术划分为传统武术和竞技武术两大类。传统武术通常是军旅武术和民间武术的统称，军旅武术发展于西周，并随着冷兵器时代的完结失去原有的军事价值；民间武术则沿着"人自为战"的对搏逐渐发展，并广泛吸取古代医学，导引养生术，朝着内容庞杂、功用繁多的方向发展。传统武术的内容丰富多彩，分类方式众多。战国初期的《司马法》中已有长兵、短兵的分类概念；明代戚继光在《纪效新书》中开始有长拳、短打的概念；清初黄宗羲在《王征南墓志铭》中使用了内家拳、外家拳的分类概念；民国陆师通在《北拳汇编》中使用了南派、北派的分类概念……后来随着武术自身的不断发展完善，逐渐形成了以技术特点来分类的概念。如以"遐举遥击"和"放长击远"为特点的长拳类；以"势险节短"和"贴身近靠"为特点的短打类；以拳、脚使用为特点的南拳北腿类；以"圆活柔顺"为特点的圆柔类等。简要了解传统武术的分类法有助于更好地了解武术的技术类别，研究各类技术的共性规律和技法原则。

竞技武术是指新中国成立以后，武术运动作为体育项目与国际体育接轨，为适应现代竞技体育的需要，在继承传统武术精华的基础上，经过不断的改革和创新，发展演变为现代的武术运动。但是，在武术与现代体育接轨以后，遇到了一个尖锐的问题，那就是如何适应现代竞技体育的需要。现代竞技体育要求每个运动项目必须有统一的技术规则，对等的比赛条件，否则不利于公平竞赛原则。但是传统武术历经千年历史，形成了难以计数的拳种和流派，怎么可能将这些拳种和流派全部搬到赛场上去呢？在这种情况下，现代武术竞赛规则产生了，在此基础上，动作外形可比性较强而且易于进行比较的长拳类、拳械项目得到了较快的发展并应竞赛的要求，不断提高艺术表现性。参加竞赛的套路由选用传统套路逐渐变为创编自选套路。而套路的结构布局，由传统的右侧起势，经近似直线的左右往返演练，回到起势位置收势结束变成了路线多变、起、收势在同侧亦可的灵活结构。并在动作中增加了腾空动作和空中造型技术。腾空高、造型美、速度快、气势猛、动作组合难度大、姿势舒展大方等，成为衡量套路演练水平高低的明显标准。

在此赘述武术的历史、发展和简要的规则、标准的原因就是前文所述不仅关系到武术本身，更加与电视信号制作有着紧密的关联。简要地说，武术套路的动作要求和评分准则正是我们在制作信号的过程当中应该重点关注和捕捉的。如果对比赛完全不了解，作为摄像师将会不可避免地遗漏众多的动作细节，而作为导演将会更加无法掌控信号制作的节奏，使得画面的切换杂乱无章、全无逻辑。更重要的是，只有全面研究了武术的历史背景，才有可能从更加深刻的层面去理解这个项目，深厚的文化底蕴的积淀是每一个信号制作人员必须具备的素质。

二、 简要分析2006年多哈亚运会武术套路比赛信号的制作

多哈亚运会的武术比赛包括武术套路和散手两部分。而武术套路比赛又包括了男女太

极拳、长拳和南拳这几个项目，中央电视台的信号制作队伍制作并提供了上述全部比赛的电视公用信号。由于武术比赛转播极少，我们缺少必要的经验积累，只能迅速地适应各种挑战，每一场比赛都是下一场比赛的演练，在这种情况下能够平稳顺利地完成亚运会武术比赛的信号制作任务应该说是难能可贵的。但是，作为一支逐渐为国际同行所接纳认可的体育赛事国际信号制作队伍，仅仅满足于无功无过的水平是缺乏敬业精神的表现，只有脚踏实地地总结经验才可能为今后大幅度地提高制作水平提供保障。

1. 单一主机位不能满足武术套路的信号制作

多哈亚运会武术套路比赛(包括散手)共设置了 7 部摄像机，其中 1 号摄像机是主机位，也就是“大全”机位，所提供的景别应囊括整个比赛场地。任何一项体育赛事的现场直播，“大全”机位都是最重要的机位之一，全场比赛 50%以上的镜头都由它来提供。它所给出的景别特点决定了它的重要性，它是整场比赛最忠实、最完善的记录者。这部摄像机应架设在比赛场馆观众席的制高点，并且正对场地中心线。几乎所有种类的体育比赛转播，“大全”机位的架设位置都是类似的。但是“事有常理，法无定法”，在武术套路的信号制作中，按照惯例只架设一个主机位是完全不够的！比较理想的做法是在 1 号摄像机的正对面、场馆另一端观众席的较高位置架设 2 号摄像机，它的职责和提供的景别与 1 号摄像机完全相同。也就是说，2 号摄像机的架设位置恰恰是过去体育比赛转播里最忌讳的“越轴位”或反向机位。这恐怕是武术套路电视公用信号制作与其他赛事相比最为特殊的一个地方。

当然，随着体育电视公用信号的不断发展，许多赛事的导演越来越注重比赛细节的体现，设置一个甚至多个反向机位已经不再是什么新鲜事了。但是其他赛事的反向机位在比赛过程中基本不参与切换，只是在比赛由于某种原因暂停时起到补充和点缀的作用(多用于慢动作的播放)。而在武术套路的信号制作过程中，反向机位的地位与主机位不相上下、互为补充。在此不得不再次强调熟悉项目规则的重要性了：正是因为几年前赛事规则的更改，让参赛选手有了更加自由的发挥空间，现在的参赛选手的上场路线、亮相行礼方位不仅没有死规定，而且完全凭参赛选手临场感觉和状态。在这样的前提下，如果只架设一个主机位，很有可能给出的画面是运动员的背影，直到选手下场，观众也看不到一个正面镜头。

2006 年多哈亚运会的武术套路信号制作在机位架设上很大的不足和遗憾就是没有反向机位。当然造成这种情况的原因是多种多样的，比如组委会方面没有考虑总导演的需求、对比赛不了解以及制作人员没有很好地坚持等。

2. 优美的音乐成为太极拳项目转播成功的关键

太极拳的历史源远流长，属于道家行功，注意武德修养，姿势中正安适，动作轻灵圆活，柔中有刚，精神内敛，具有形神合一的境界。武术套路中的竞技太极拳在此基础上又增加了跳跃、腾空等难度较高的动作来适应当今竞技赛事的需要。尽管如此，对太极拳一无所知的人和对中国传统文化了解不深的人还是难以发现其韵味，这对这项赛事的电视信号制作人来说无疑是个难题。2006 年 9 月在上海举行的全国武术套路冠军赛，在太极拳、太极剑比赛时均配有民族特色的背景音乐，优美动听的音乐不仅与动作舒展的太极拳互为呼应，相得益彰，对摄像师和导演组也是一种提示。比如，播放轻柔的音乐时，参赛选手的动作也一定是安适缓慢的；而音乐节奏从轻柔忽然转为相对激烈时，选手的动作必定为跳跃、腾空然后高难度落地。音乐的配合对电视信号的制作能够起到如此重要的作用，这恐怕也是区别于其他体育项目的特色之一吧。但亚运会的太极拳比赛却由于种种原因没有背景音乐的配合，使太极拳比赛完全在静谧中进行，这让国外的观众对这项赛事更加迷惑不解，而且也使这项在武术套路中本应最具看点的赛事变得了无生趣。

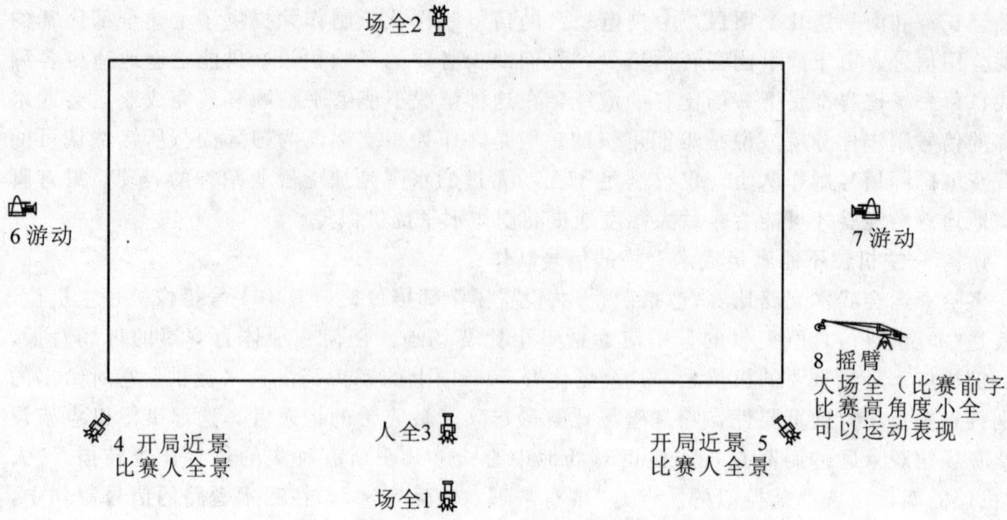

2006年中国武术套路冠军赛机位图

（2006年9月17日—20日）

3. 摇臂摄像机的合理使用与滑轨的有机配合方面的设想

摇臂摄像机在当今诸多体育比赛的电视公用信号的制作中都起到了画龙点睛的作用，在武术类赛事的转播中也是如此。2006年的全国武术套路冠军赛和多哈亚运会武术及散打的信号制作都使用了摇臂。一般来说，摇臂摄像机的位置应该在比赛场地的一角，一台8～10米的摇臂摄像机可以弥补由于机位数量有限而造成的许多角度上的不足。例如，由于摇臂摄像机的“身高优势”可以充当侧全风景镜头(Beauty-shot)的角色。当前的体育赛事信号制作向着越来越注重细节的方向发展，Beauty-shot这个角度提供的画面往往意味着比赛将正式开始，并以此为背景，画面配合出各类提示性和服务性的字幕。在转播条件有限的情况下，摇臂摄像机提供的画面完全可以充当Beauty-shot的职责。特别值得一提的是，在太极拳、太极剑比赛的过程当中，摇臂摄像机的合理起伏与比赛节奏非常合拍，电视画面也因此更加富于变化。

如果在场边铺设一定长度的摄像机滑轨，让滑轨摄像机随着参赛选手的移动进行跟踪拍摄，导演在切换画面时便可以选择滑轨配合摇臂，使两种运动画面有移动、有起伏地交相辉映，从而更加突出太极拳运动的神韵。

4. 细节的合理凸显是电视观众对武术套路比赛了解的必要途径

武术虽然是我国名副其实的国粹和传统文化瑰宝，但由于它过于博大精深，包罗万象，因此人们对武术的认识其实是非常抽象和模糊的。作为电视公用信号的提供者，在制作比赛信号的过程当中，除了完成电视技术层面规定动作的操作以外，更重要的任务就是通过合理的、有逻辑的蒙太奇组合，用电视画面提示观众比赛的关键之所在。例如，太极拳的内敛舒缓要突出稳健的步态、优雅的手势；长拳类的放长击远应多选择中景甚至远景来加深观众对其动作潇洒自如的印象；南拳的贴身近靠、实用刚猛应尝试通过近景和面部表情的特写镜头来突出。

5. 要善于捕捉比赛之外的精彩

当今的竞技体育赛事电视信号制作越来越重视比赛当中的故事性。一场充满戏剧性的赛事更容易给人留下深刻印象，但发现体育比赛当中的戏剧性恐怕是对竞技体育的电视信号制作者最大的挑战，毕竟比赛本身才是信号的主导，而所谓的戏剧性并不会发生在每一场比赛中。在多哈亚运会的武术套路比赛的赛场上，有一位特殊的参赛者：来自黎巴嫩年仅8岁的小选手。这个面容甜美可爱的小男孩立刻成为本届亚运会武术比赛的极大闪光点。他是一名特殊的参赛选手，由于年龄太小，身高不够，他甚至无法参加长器械项目的比赛。但是他的出现其实是从另一个侧面说明我国武术运动深入人心和受欢迎的程度，更加体现了“重在参与”这一体育精神。他没有比赛时，我们的摄像师也没有忽略他的存在，而是在比赛的间歇积极捕捉他的画面，导演也立刻做出反应，迅速切出他的近景。在当天，这位8岁的小选手立刻成为黎巴嫩武术队的标志和代言人，多家中东地区的电视媒体、平面媒体都相继采访了他。还有一位乌兹别克斯坦的年轻选手，在参加男子长拳的比赛时，突然忘记了套路动作，放弃了比赛。这其实只是一次参赛者的意外，但这更是一次充满了戏剧性的插曲。在慢动作回放时，慢动作导演简化了他前半部分的比赛过程，但在他遗忘动作的一瞬间选择了面部特写镜头，加强了比赛的故事性。

三、 武术类赛事的信号制作方向——立足国内，放眼世界

任何质量优秀、令人难忘的体育比赛的信号制作无一不需要大量的演练、长期的积淀，而后方可达到千锤百炼之后的从容！目前，无论中央电视台还是各地方电视台，武术类赛事节目的播出已经逐渐受到重视，取得了不俗的收视成绩。这也从一个侧面说明武术历经千年风雨之后，在今天依然为人津津乐道。武术运动起源于中国，而未来的发展与腾飞也必定还要立足于中国。如果只是一味迎合西方人的思维方式而对比赛本身进行随意的调整更改，无疑为削足适履，不仅无益于武术运动在世界范围内的发展，而且会导致这项珍贵的国粹最终失去国内的阵地。作为电视从业人员，通过电视手段弘扬中国优秀的传统文化更是责无旁贷。正如武术运动本身不能以申请加入奥运会为目的一样，武术比赛的信号制作也不能以奥运会标准为最高的目标，而是需要向着“没有最好，只有更好”的方向不断前行！

于洋，1997年进入中央电视台体育频道，先后从事制片、编辑、导播、导演等工作，曾担任2004年雅典奥运会羽毛球字幕导演；2008年北京奥运会网球助理导演，历届北京、厦门马拉松移动车导演，历届中国网球公开赛分场地导演等。现任重竞技项目导演。

2008年北京奥运会网球电视公用信号制作浅论

网球运动源于英国，普及于美国，现盛行于全世界。经过近百年的不断推广，网球运动已经成为世界范围内的主流体育项目，其领军人物如男子的费德勒、女子的海宁等曾多次获得象征体育界最高荣誉的劳伦斯年度世界最佳运动员奖。网球也是参与奥运会比赛次数最多的项目之一。随着中国金花在奥运赛场和国际高水平赛事上优异的表现，网球运动也越来越受到我国人民的喜爱和重视。北京奥运会上首次给所有参赛选手计算积分，更是吸引了男女世界排名前二十的优秀选手悉数到场。而这一世界范围的主流运动，国际电视公用信号将由中央电视台的制作队伍来提供，能否出色地完成这一任务应该说在最初许多国外电视同行的心中持有疑问。当然，通过12天的工作，我们的团队不仅出色地完成了使命，而且制作质量远超雅典，得到了有关人士的交口称赞。这种成功绝不是偶然，而是源自以下几个方面。

一、节目组对网球运动的充分理解

奥运会网球电视信号制作团队导演组的全部成员包括两个慢动作操作员全部来自中央电视台体育频道网球赛事节目组。他们经年累月地与网球项目结缘，很多人在总导演的熏陶下自己平时以打网球作为体育健身。有了对网球运动的理解还需要通过实践去不断完善。从2004年中国网球公开赛开始，节目组包揽了国内所有举办的网球大赛的制作任务，在2005年与网球大师杯系列赛全球指定转播公司(TPL)合作，共同完成了上海大师杯总决赛的国际信号制作。在北京奥运会前，整个团队已经积累了上百场国际赛事的电视信号制作经验，在奥运舞台上的演出只是厚积薄发的表现。有了积累、有了经验还要把它完美地体现在电视画面上，而这种诠释是多方面立体化的。

1. 总导演对画面内部节奏和比赛进程的把握

总导演无疑是整个制作团队的灵魂。网球信号制作团队的总导演孙和平首先是一名资深的体育电视人并有着多年专业摄像师的工作经历，他对画面构图和镜头组接要求近乎苛刻。作为一名普通的电视观众，在欣赏一场网球比赛的时候首先注意到的是比赛好看与否，这其中既包括比赛本身的精彩程度，更取决于转播水平的高低。如果画面松散，镜头节奏紊乱，再精彩的赛事也无法调动他们的胃口，所以画面是基础。通过多年的经验和自身对项目的充分理解，总导演运用智慧为亿万电视观众提供了最有效、最精彩的画面。以运动员接发球的环节为例：运动员作为赛场上的主体，观众更想看到的是他们的一些近景特写和表情，导演在调机时充分考虑到这点，在球员要球时或死球后采用正面的近景特写，转身后用人全景，既展现了运动员的细节又保证了画面的流畅和专业性。在一些关键部分如局点、破发点、盘点、赛点的时候，运动员与教练家属团甚至场上观众的交流是"讲故事"的关键点，在这些关键点的切换上加入以上人物的反应极大程度地丰富了转播内容。另外，对比赛进程的把握也至关重要。在运动员进场退场时采用什么样的切换组合；单数局歇、双数局歇、球员受伤、医疗暂停等都要形成预案并烂熟于心，如此才能丰富画面内容，想观众之所想。

2. 慢动作回放质量的保证

作为丰富比赛画面的另一个重要环节，慢动作回放起着至关重要的作用。慢动作绝不是简单地重复在比赛中出现过的内容，而是要以动作加情感的方式对观众还想再次欣赏到的比赛环节加以诠释或者使用"讲故事"的方式使观众了解到更深层次的东西，有着答疑、解惑、添彩的重要作用。在网球比赛中，双方运动员的对抗体现在每一分球甚至每一拍球的争夺上。作为普通观众，只要比赛够精彩就能吸引他，但网球的受众一般都是网球迷，对该项运动有着自己的理解。在一分结束之后，球迷们最想再看到的是获胜方在哪一拍或者是哪个动作上获得了主动最终导致得分，而这个点就应该是慢动作回放的起始点。有了动作的重复如果再加上球员获胜的表情近景或是其上网截击的动作，再或是家属亲友团甚至现场观众的互动，所有的元素结合起来就形成了一组好的慢动作回放。在北京奥运会网球公用制作过程中，慢动作组一直秉承这样高水准的制作理念来完成每一个慢动作回放。而北京奥林匹克转播有限公司(BOB)电视信号质量控制中心也不止一次地对精彩的慢动作提出了表扬。

3."鹰眼"首次现身奥运赛场

在近几年的国际高水平网球赛事如大师杯系列赛、四大满贯(除法网)都能看到电子即时回放系统(鹰眼)在扮演着越来越重要的角色。这套系统由英国人霍金斯研制，主要用于电视转播。这项技术早在2001年初问世时便获得了英国皇家电视协会颁发的科技革新奖，2003年又因广泛使用于网球转播而获全美电视最高奖——艾美奖的"杰出科技贡献奖"。它主要是通过在场地内架设8至10台微型摄像机，借助电脑的计算把比赛场地内的立体空间分隔成以毫米计算的测量单位；然后，利用高速摄像头从不同角度同时捕捉网球飞行轨迹的基本数据；再通过电脑计算，将这些数据生成三维图像；最后利用即时成像技术，由大屏幕清晰地呈现出网球的运动路线及落点。从数据采集到结果演示，这个过程所耗用的时间，不超过10秒钟。随着其功能的不断开发，它还可以提供多套技术统计如球员一发二发的落点和成功率、球员接发球和击球的站位等。有了"鹰眼"之后，球员可以对场地内边裁或主裁的判罚提出挑战，但每盘比赛最多有3次机会，如果抢7次则自动增加1次。在落点的判断上，它只有不到1毫米的误差，如果用"鹰眼"作为对球落点的回放效果要远远强于普通的视频慢动作。本次北京奥运会，这套系统首次被使用于奥运赛场。虽然总导演只能是在选手提出挑战落点的时候才有权使用"鹰眼"的画面，但这一高科技的引进还是大大提升了信号制作的质量，丰富了画面。

4. 字幕系统日趋专业化

在观看2004年雅典奥运会网球比赛的录像时，让整个团队感到最不专业的就是字幕。大比分(带球员国籍和姓名)和小局比分不在一个字幕板上而是分别出现，既遮挡了球员击球的部分线路而且也不美观；没有任何和技术统计有关的字幕提示，显得整个信息方面滞后。由于这套字幕系统完全由BOB的合作公司负责研发，这就让只有使用权的制作团队感到担忧。在2007年与BOB的培训会上，总导演将希望对方能够提供更专业的字幕系统的想法提了出来。字幕系统作了一定的改进，首先，大比分和小局比分字幕合二为一，而且可以自动由带国家旗帜和人名、比分的长字母缩短为不带人名的短字幕，既美观又不会遮挡运动员和击球线路。其次，制作一些赛中的单项技术统计的小字幕板如AC球得分数、发球双误数、新球提示等。这些信息在信号制作过程中给画面作了及时的补充，虽然比大师赛等高水平网球赛事还远远不够，但是也迈出了专业化的一步。字幕系统不仅要在比赛中对球员信息和比赛信息做即时的提供，还要在赛前赛后流程中作出贡献。在赛前5分钟的流程里，字幕要提供传送时间、单边采访表、场馆名称、当日赛程、本场对阵、历史战绩、晋级图等相关信息，工作量十分繁重。网球制作团队的字幕导演有着丰富的经验和专业的知识，对所有需要提供的字幕信息了如指掌，出色地完成了任务。

5. 整个团队的职业精神让人钦佩

在历时8天的信号制作过程中，除了下雨因故暂停外，所有工作人员每天的制作时间平均超过10小时，共转播了约35场比赛。最长的一天从下午4点到凌晨4点，连续工作12小时，制作了4场比赛的国际信号，也是当天奥运会所有电视转播项目中最晚结束的。高强度的工作同时还必须用高质量的制作水准去完成，这对整个团队人员的智力和体能提出了非常高的要求。在网球信号团队中没有替补、没有机动人员，所有工位都是"一个萝卜一个坑"。但团队所有成员都以饱满的精力和热情完成好了每场比赛的信号制作。CCTV团队的工作精神和职业操守得到了BOB场地转播经理和质量控制中心外国同行的高度评价。

二、 硬件的强大支持

中央电视台播送中心承担了本次网球赛事电视转播的技术支持。使用的转播车是目前在世界上最先进的全高清转播车，采用大范围双侧拉结构，全线采用索尼(SONY)产品，包括：10套HDC1580高清摄像机，2套HDC－3300超级3倍速高清摄像机，MVS－8000G 4M/E切换台，IXS－6700/ IXS－6600视音频矩阵，PFV系列周边板卡，BVM CRT技监，多台HDW高清录像机，除此之外，还特别配制了动态监控管理系统：MMstation智能网络监控系统，MoniManager电视墙管理软件系统，System Manager系统管理软件系统。本车长度达14.6米，宽2.5米，高4米，带车头后整车长度可达18.1米。车体采用双侧拉工作状态时，两边各侧拉出1米，整车宽扩大为4.5米；侧拉厢部分的长度分别为13米，6.9米。车厢内有4个分区：主制作区、副制作区、技术区、音响区。这是国内第一辆拥有副制作区的转播车，充分借鉴了欧美大型活动转播车的优点。副制作区主要负责慢动作和第二套节目的制作。由于笔者不是技术人员，对该车的功能只能管中窥豹。

将以上所有的元素综合起来反映到电视画面上，观众就能享受到一场场高水平的视觉盛宴。应该说，本次网球信号制作由中央电视台来承担，使BOB的马国力先生充分认识到了这个制作团队的实力。在一个非中国优势体育项目的电视转播领域能取得成功，是有着非常深远意义的。当然，在本次制作过程中也留下了一些缺憾。

1. 机位设置有待商榷

由于受场地条件和BOB固有的转播理念，一些手持机位被改成遥控机位，而且职能和拍摄位置不够理想。直接反映到信号制作中就是造成一些运动员的近景特写无法提供，有些机位作用有限，在丰富画面内容和导演调机上没有提供足够的帮助。

2. 摄像队伍的专业化还需提升

本次参与网球信号制作的摄像师共 10 人：两名有近 20 年工作经验的老师傅，4 名在央视工作超过 5 年的骨干，还有 4 名经过严格筛选的传媒大学应届毕业生。这 10 人在本次奥运会上十分出色地完成了工作，但由于一些细节上的处理不够完美也留下了遗憾。前面讲过，网球的总导演曾是资深的摄像师，对于画面构图要求严格，如果他总在为某个摄像的供图提出调整，一方面会耗费很大精力，另一方面也会影响到整个比赛切换的流畅性。电视工作是需要长期积累的，相信这些专业摄像师在更深地了解了网球项目规律和总导演的制作理念后，能够主动提供更精美的电视画面。

3. 字幕系统期待更专业化

奥运会网球信号制作的字幕系统不够专业化，与单项赛事的电视信号制作相比有很大的改进空间。另一个问题是在现场加分环节方面出现的弊端。由于即时记分团队聘用了大量志愿者在现场为运动员的比赛加分，而培训志愿者的时间又较短，造成了记分人员水平参差不齐。有些志愿者将滞后的或错误的比分信息提供给转播车，而这套字幕系统的另一弊端是作为使用者，无权对错误信息做更改，在工作中造成了遗憾。这一问题还待解决。

有遗憾，证明还有提升的空间；有成绩，更要放眼未来。就像体育频道总监助理程志明说过的：北京奥运会的电视信号提供是中央电视台的制作能力从认知度向美誉度转变的重要机会。在 2004 年雅典，全世界的电视同行看到了中国电视人的实力，2008 年的北京，中央电视台成为历届奥运会东道主电视台承担国际信号制作项目最多的电视台。而作为网球这一非中国的传统优势项目，信号制作的成功标志着中央电视台国际化大台的实力和形象。在后奥运时代，全体团队成员应牢记体育频道总监江和平的四句话：立足中国、放眼世界、面对市场、全面发展。争取把网球项目电视信号制作向更专业化、更国际化推进！

宁晓鹏，先后参与了2004年及2008年奥运会、2006年英联邦运动会乒乓球项目、2005年东亚运动会游泳和跳水项目信号制作工作。从事过摄像师、慢动作操作员、慢动作导演、导演等不同岗位的工作。

体育比赛电视信号制作的故事化叙述

体育比赛电视信号制作是对运动场上运动员的竞争行为的真实记录和直接呈现，而故事化叙述则是当今国际上流行的体育比赛转播的一种新理念。笔者通过上百场包括乒乓球大赛比赛的转播工作，对这一理念有了些初步认知。

笔者认为，在体育比赛的电视转播中，故事化叙述是电视语言的一种叙述方式。它是以差异性的人物表现为核心，以真实的记录为基础，注重于发掘和利用体育比赛所包含的故事化元素加以电视化的再创作。

所谓的“故事”，亦即“真实的或虚构的用做讲述对象的事情，有连贯性，富于吸引力，能感染人”。在体育比赛中，运动员按比赛规则，采取个人对决、双人对决或团体对决的方式一决胜负，具有激烈的对抗性、戏剧性和不可预知性。在这一特定情境中，为了战胜对手首先要战胜自我，集体的比赛项目更是依靠集体的意志和相互间的默契配合，运动员的技能得到超常或失常的发挥，情节跌宕起伏，其本身就是一场人生活剧的缩影。体育比赛激烈的对抗充满戏剧的张力，具备引人入胜的某些先天的故事元素，这就为体育比赛转播的故事化叙述提供了客观条件。

一、 人是故事化叙述的主体

体育比赛转播的故事化叙述是围绕着人展开的，包含运动员之间的互动、运动员与观众的互动、运动员与教练的互动、运动员与裁判的互动。人是变量极大的故事化元素，呈现出丰富多彩的面貌。体育比赛的胜负最终取决于意志的较量，比赛的过程也是展示运动员个性魅力和情感变化的过程。

在体育比赛转播中，不同的比赛项目对人物的故事化叙述，其方式也不尽相同。像乒乓球的单打赛场上，就两个运动员进行比赛，不言而喻，这两个运动员就是故事的主角。而像足球、篮球和排球等集体比赛项目，场面较大，运动员也较多，在转播中就相对较难把握。对此，电视转播工作者不仅要熟悉比赛项目，还要熟悉每个运动员的特点以及他在赛场中所处的位置、分工和作用，只有这样，才能将故事叙述得更加清晰，也更为专业。

2006 年的足球世界杯进入四分之一决赛，东道主德国队与意大利队相遇，世界足坛的两支强队展开一场强强对决，场面异常火暴。90 分钟，双方打成平局。在加时赛中，意大利队获得一个角球的机会。此时，电视导演特意给了意大利队的后卫 3 号格罗索一个背面镜头；就在另一位队员准备开角球时，导演又给了格罗索一个正面的镜头。眼看意大利队角球开出，经过头球摆渡，皮球刚好落到格罗索脚下，格罗索当机立断，一记劲射，得分！意大利队取得领先。这时，我才明白此前电视导演为何给格罗索两个突出的镜头加以反复强调。原来他是想借以告诉观众应该关注格罗索，格罗索实际上成了赛场的一个焦点。诸如此类，正是由于导演运用准确的镜头语言把故事的脉络叙述得层次清晰、重点突出，才使得电视机前的观众将比赛看得更明白。

二、 悬念是故事化叙述的要素

制造悬念，利用悬念吸引观众，这也是很多经典电影引人入胜的一个重要手段。美国影片《阿甘正传》中的主人公阿甘开始不停歇地长跑时，人们关心的是：他将在什么时候停下来？在什么地方停下来？什么事情会让他停下来？这一系列问题是吸引人们将影片看下去的悬念。

同样，在体育比赛中，无论是身体直接对抗的足球、篮球，还是隔网而战的乒乓球、羽毛球；无论是挑战体力极限的举重、田径，还是展现运动之美的体操、花样滑冰……只要运动员走上赛场，观众就会关注谁将赢得这场比赛。这恰恰是体育比赛先天具有的重要故事元素——悬念。结果的变异性和不确定性使体育比赛陡升悬念，这一悬念始终伴随着体育比赛的始终，与戏剧和电影不同的是，体育比赛的过程是真实的、不可重复的。

诚然，比赛的过程是重要的。然而，正是由于比赛结果的不可预知性，才使我们更关注比赛的过程，注重比赛过程中的故事化叙述——除了展现体育项目本身的特点和技巧外，更着重关注同类比赛的不同过程、相同比赛中不同人物的不同反应及其不同的表达方式、相同人物的反应所传达的不同情绪。

有时，比赛的结果恰恰并非故事的结束，而是又一个故事高潮的开始。在 2004 年雅典奥运会的乒乓球男单半决赛上，瑞典老将瓦尔德内尔和韩国选手柳承敏谁将获胜？谁将接着与中国选手王皓争夺奥运会男单的冠军？对于中国观众而言，这个悬念是他们关注这场比赛的重要原因。然而，当这场比赛最终以柳承敏获胜为结局时，这场比赛的电视导演打破了以往的转播更多地关注获胜运动员的常规，而是在适当交代了获胜者柳承敏后，将转播的重心转向瓦尔德内尔，从而将这场比赛的故事推向又一个高潮。

此时，电视观众通过荧屏看到：瑞典老将瓦尔德内尔向全场球迷挥别，这也是他在一场至关重要的比赛输了之后向全世界乒乓球球迷的最后挥别；之后，他走上看台与瑞典国王握手；然后，他再次回到赛场将自己的球拍、球衣抛向观众。在全场观众的热烈欢呼声中，瓦尔德内尔恋恋不舍地走向运动员的通道，从此告别了乒乓球比赛的赛场，观众的记忆最终定格在雅典赛场他的背影上。

至此，在这场扣人心弦的比赛中，谁将出征夺冠的悬念得到破解后，那个被称为乒坛“常青树”的瓦尔德内尔在落败后是否还将继续在乒乓球赛场上征战？就成为乒乓球球迷关注的又一个悬念，而前一个故事的结局则成了后一个故事高潮的铺垫。

三、 细节把握是故事化叙述的要领

细节亦即“细小的环节或情节”。为了使体育比赛转播更具有故事性，我们在转播过程中，不仅要把握体育比赛本身所具有的故事元素，还要把握好每一个细节。细节的捕捉和展现，不仅烘托了赛场上的氛围，也使比赛的故事化叙述更加生动。

在北京奥运会乒乓球比赛的电视转播中，我们运用大量特写镜头来展示细节，比如在中国选手张怡宁与新加坡选手李佳薇女单半决赛的转播中，对李佳薇手心上写着的一个“稳”字这一细节的捕捉，对张怡宁那坚定而又自信的眼神的展现……通过大量的细节展现，既反映了运动员的技战术特点，更反映出在激烈对抗中运动员内在心理的本色流露。

超高速摄像机的使用，把故事化叙述的细节描绘提升到一个新的境界。在转播中，我们要求摄像师突破传统手法，将超高速摄像机当作单机拍摄使用，随时捕捉赛场上的各个细节，然后，及时加以编辑，并运用慢动作镜头集锦的方式进行回放。例如中国选手郭跃与新加坡选手李佳薇争夺奥运乒乓球女单第三名的比赛中，用慢动作镜头回放了郭跃在全神贯注准备接对方发球时脸颊上滴下的一颗汗珠，在灯光照耀下，晶莹剔透的汗珠慢慢下落，给人以画面的美感，其蕴涵的哲理寓意又给人以联想的空间，并与紧张比赛的快节奏形成强烈反差。通过对这些细节的捕捉，把那些容易被忽略的稍纵即逝的美好瞬间予以强化和凸显。

除超高速摄像机外，超常规镜头的运用也是细节描绘的一种表现手法。在大多数体育比赛转播中，通常运用标准水平的视角进行拍摄。但笔者认为，针对比赛场上运动员在不同场合不同的心理变化，可以恰当地运用一些超常规的拍摄手法，比如运用一些手提、肩扛的晃动镜头，或运用一些倾斜的拍摄视角来反映运动员的心理状态，使电视观众在第一视觉感观上直接产生变化，从而更容易融入比赛的特定情境，感受比赛中的故事。比如在2008年全国乒乓球锦标赛男单决赛的转播中，比赛进行到第三局，当山东运动员张继科以2∶0领先王皓时，我们对王皓的近景拍摄采用了倾斜的拍摄手法，通过镜头外在表现形式的变化来表现运动员的内心变化；随着比赛的推进，王皓和张继科的比赛进入决胜局，我们对双方运动员的近景拍摄都采用了超常规的倾斜拍摄方式，并通过构图形式的变化——正方形构图变化为三角形构图，以表现运动员紧张的心理，渲染决胜局的气氛。

总之，体育比赛转播的故事化叙述是一个行之有效的新的电视转播理念。故事化叙述可以使体育比赛转播更加生动，也更有内涵。它不停留在对体育比赛的平铺直叙上，而是突出体育比赛的故事性，增强其吸引力和感染力；它不只是再现体育比赛物化层面的竞技对决，更凸显了人的本位及其精神层面，凸显了人性、人情、人的追求和人生的价值，折射其中所蕴涵的更深层的人文精神，从而突出了体育节目的人文诉求。这样的体育比赛转播是更吸引人，也更能打动人的。

慢动作导演

宋懿，2003年毕业于中国传媒大学电视导演专业，同年进入中央电视台体育竞赛部工作，曾参与多种体育项目的电视转播，2005年开始担任排球项目信号制作的慢动作导演。

论慢动作导演的切换

北京奥运会排球项目国际公用信号的慢动作回放制作打破常规，采取了一种改进的方式，以前“不动手只动口”的慢动作导演，增加了一项新的工作任务，即自己亲手切换慢动作回放片段。这样慢动作导演也就兼具了切换员的角色，不仅转播中工作难度和强度都大幅增加了，而且也将对自身提出更高的业务要求。

首先不得不提慢动作回放制作的常规模式，这也是慢动作导演、切换员、慢动作操作员之间经过多年配合烂熟于心的。在这种模式中，慢动作导演并不负责动手切换，只是以明确的口令协调慢动作操作员选取最佳片段画面以及切换员即时切出。举个例子，慢动作导演在排球比赛一死球的时候，迅速以口令“高一准备”让高速一号面板的慢动作操作员调出上一分的精彩球片段，通过监视墙的高速一号输出画面发现准备完毕，马上再以口令“高一走”让操作员推杆使片段由静止到慢速，同时切换员也将高速一号的画面切出。当此片段结束时，再以口令“回”提示切换员切回到即时画面中，这就是一个慢动作回放最常用的制作模式。不难看出，慢动作导演就是慢动作制作各岗位的大脑，起着协调支配的作用，虽然不用具体动手做些什么，但这个“大脑”在转播中一直是高速紧张地运行着，一刻也不敢怠慢。

新的慢动作回放制作模式，对转播车硬件设备和慢动作导演都提出了更高的要求。首先，转播车必须具备两套切换台，一主一副，实现两级切换。慢动作导演作为第二级切换负责慢动作回放的制作，切换员作为第一级切换负责即时画面的切换，并在慢动作回放环节时给第二级切换开出窗口来播出。慢动作导演不但以口令协调慢动作操作员和切换员，还亲手切换播出有效的慢动作片段。这样就要求慢动作导演不仅必须具有敏锐的洞察力、迅捷的思维、简洁的语言，还必须具有迅速准确的动手切换能力。

下面以播出两个连续的慢动作片段为例，来描述这种新的制作模式。在排球比赛的技术暂停环节中，由于时间间隙较长，允许多个慢动作片段的连续播出。当技术暂停铃声响起，队员纷纷下场时，慢动作导演喊出口令"慢一接高二，慢一准备"，提示普速慢动作一号面板操作员找到有效片段的入点画面，同时把自己的切换台主监切到普速慢动作一号面板出口，当从自己的主监发现慢一准备完毕时，喊出口令"慢一走"，紧接着慢一操作员推杆，切换员切出，此时就相当于已经把播出窗口和制作信号全权交给了慢动作导演。当这个片段将要结束时，慢动作导演喊出"高二准备"，并把切换台的预监切到高速慢动作二号面板的出口，从预监画面发现高二准备完毕并且当前片段出点画面出现时，喊出口令"高二走"，高二操作员马上推杆，慢动作导演右手适时切叠画键，这样高二的片段画面得以顺利播出。当此片段出点到来时，慢动作导演喊出口令"回"，切换员切回即时画面，也就是从慢动作回放专用的第二级切换中收回了播出窗口和制作信号。当然，这只是连续两个慢动作片段回放的制作情况，很多时候有三四个甚至更多，如果连续的慢动作片段播出得越多，慢动作导演调用的口令也就越多，自己切换的次数也就越频繁，工作的难度也就越大。

从以上的新模式中可以看出，切换员在慢动作制作环节上的任务已经化繁为简，不论慢动作片段连续回放多少个，片段之间按什么顺序衔接，也不论涉及多少个慢动作面板出口，他都不需要过分关注而分散精力，只需要听取慢动作导演的口令，在多个慢动作片段的第一次进给出窗口和最后一出中收回窗口就完成播出，其他的一切都交由慢动作导演来控制。这样切换员在转播中的工作强度就大大降低了，有利于把更多注意力集中在即时画面的切换上，而这也是十分有必要的。北京奥运会排球项目决赛阶段的转播，一共动用了13个讯道，除了拍摄场馆大全景的机位外，其余12个讯道全部进入EVS慢动作制作系统，这套系统又包括了4个EVS硬盘，8个慢动作操作面板，分别用于高速摄像机的高一高二、普速摄像机的慢一慢二慢三慢四、局间和赛后集锦制作的未切出精彩镜头素材集锦(Melt Reel)和集锦(Highlights)。如此多的机位和慢动作操作面板，这是排球转播团队此前少有的经历，充分证明了奥运会国际公用信号制作的高标准，但也同时提出了高要求。按照慢动作回放制作的常规模式，切换员需要对8个慢动作面板的出口进行切换，再加上即时切换的13个机位，一场比赛的转播总共有21个讯道必须由切换员来切换，也就是说，切换台上至少有21个键位等着切换员去按，可见切换员的工作量是巨大的。按照新模式，慢动作导演分担了慢动作回放的切换任务，切换员的高强度工作量得以降低，要顾及的切换键位和切换次数都大大减少，出错的几率也就降低，而这对整个排球比赛的信号制作质量也是非常有益的。

慢动作回放制作的切换权掌握在慢动作导演手中，可以使连续的慢动作片段之间的接点更为精准，衔接更顺畅，这是新模式带来的最大优点。在常规模式中，慢动作导演只是用口令协调慢动作操作员和切换员来完成慢动作片段之间的衔接，但由于三者之间反应速度、熟练程度、工作习惯等都不一样，尽管经过了多次的演练与磨合，但发起口令和落实动手之间难免会有一定的时间差，导致了慢动作片段之间的衔接不顺畅，这也是慢动作回放制作中始终难以完美的一项缺憾。如北京奥运会排球比赛中，有两个慢动作片段需要连续播放，第一个由高一面板完成，是美国队突然吊球中国队周苏红倒地扑救失误，第二个由慢三面板完成，是中国队主教练陈忠和笑着摇头表示不满，这种"线路＋表情"的组合方式也是慢动作片段衔接中最常见的。慢动作导演喊"高一走"，第一个片段开始播放，当死球以后，该片段理应结束，喊“慢三走”，就在此时，突然发现第一个片段的镜头稍推到周苏红的近景，周苏红吐了一下舌头表示遗憾，但与此同时，切换员听到口令后已经迅速地切换到慢三，就差半秒不到，周苏红的表情细节没有播放出去。就差那么半秒，这两个慢动作片段之间就形成了永远的遗憾，也许观众并不会发现什么异样，但慢动作导演肯定会因此而懊恼，最大的痛苦莫过于绝佳的素材被浪费了。还有一种常见情况，当“慢三走”的口令喊出，切换员迅速切到慢三时，慢三的操作员却反应稍慢，推杆的时机晚了，这样就形成了慢三短暂的静帧画面，而这也是典型的衔接不顺畅。

以上两种情况，在慢动作回放制作的新模式中，就能迎刃而解，因为实际动手的切换权在慢动作导演手中，他可以运用手中的切换键对慢动作片段之间的衔接进行时机上的微调，虽然微调的时间可能就是几帧画面，但这稍纵即逝的几帧画面也许就能化腐朽为神奇。第一种情况，虽然已经喊出“慢三走”，口令难以收回，但慢动作导演完全可以稍晚动手，等周苏红的表情细节播放完整后，再迅速切到慢三，因为第一个片段只是多放了一秒钟而已，所以并没耽误第二个片段陈忠和最精彩的一刻。第二种情况，如果慢动作导演动手切换比口令晚半拍，就能很好地解决。当“慢三走”喊出时，别急着切，应该先观察预监里的慢三画面是不是运动起来了，如果还是静止画面就不用切，一旦有动势再切，这样就能避免慢动作片段之间的静帧问题。当然这个等待时间不会长，因为这只是一个慢动作操作员和口令之间反应差的时间，而慢动作导演掌握了切换键以后就能有效地弥补这个时间上的反应差，可以说这也成了慢动作导演调控慢动作回放制作的利器。

慢动作导演亲手掌控慢动作回放制作的切换权，是十分必要也是行之有效的，值得大力推广！

徐彤，1998 年进入中央电视台，曾担任羽毛球、乒乓球、赛车等项目导演，2004 年雅典奥运会、2008 年北京奥运会慢动作导演。

慢镜艺术初探

电视技术对体育赛事的介入，从各个方面直接或间接地影响着体育事业的发展，体育运动项目的变化和发展又在不断丰富着电视制作。今天的电视观众之所以能在知晓比赛结果的过程中实现了对比赛的参与感、体验感等多种心理体验和审美需求，正是因为转播设备和技术手段的不断更新为电视制作水平提高提供保障的同时，不断拓展成为观众服务的形式与内容。特别是在近几年，发展变化最大的是慢镜头回放或者叫慢动作回放，这是现场观众无法享受而只在电视转播中独有的内容，而且这部分内容越来越相对独立，越来越有新意，甚至成为一门艺术。

一、 慢镜理念的变化

几十年前的足球转播只有 3 台摄像机时就有了慢镜的内容，但那只是重复刚刚的进球或犯规，用的是已经切出过的镜头，角度没变化只是速度稍慢，并且在屏幕左下角或右上角打出“replay(回放)”字样。在后来的转播中，增加了机位，丰富了“replay”的角度，但内容仍然是对刚刚发生的进球或者犯规的简单重复，这时的慢镜在一场比赛的转播中所占的比例很小。

在近十几年来的体育赛事转播中，这种情形有所变化，首先是摄像机的数量大幅度增加，一场足球赛直接参与转播的摄像机数量可达到二十几台；一场乒乓球或羽毛球的转播可用到十几台摄像机；在上海赛车场进行的一场 F1 转播用到 70 台摄像机。其次是摄像机的种类繁多，除了标准镜头外，近年来在赛事转播中增加了摇臂、各种微型、高速、超高速、快速移动、水下等先进设备，大大丰富了转播视角。不知大家是否注意到：摄像机数量、种类增加了，但原有的直接切换镜头并没有更多的变化，比如一场乒乓球、羽毛球、网球的比赛，仍以发接发镜头加主机位为主；足、篮、排球比赛还是用大景别主机位表现进攻与退防等，那么，除常切换的那几台摄像机之外的其他各种视角的摄像机又用于什么呢？显而易见，是用于慢镜头回放。

随着体育比赛电视制作水平的不断提高，每年都会有一些新的技术和设备被运用于慢镜，特别是一些比较有影响的重要赛事，每一年都力求比上年度在技术设备和表现手段上有所突破，慢镜已经成为新技术、新设备展演的舞台，是各国电视制作者们在转播中探寻变化的一个重要内容。现在的电视观众对体育赛事转播中慢镜的制作水准有着越来越高的审美期望，在电视观众的心目中，慢镜的好与差是一场赛事转播水准高低的一个重要尺度，特别是一些单项赛事的国际联合会在不同国家和地区举办的同一级别的同一赛事时，这种比较尤为明显，如国际羽联的羽毛球越南公开赛和丹麦公开赛水准明显不一样；国际田联大奖赛柏林站和多哈站也有很大差异。其实，两地的转播在常用的切换镜头上并没有太大的区别，所差的正是慢镜等其他细节上。正因为如此，为了满足观众审美需求和不降低转播水准，有些单项运动联合会组织一支专门的制作团队行走于各个国家和地区进行转播以保证其水准，像一级方程式锦标赛(F1)赛车、网球大师赛以及高尔夫等赛事。

另外，不同国家和地区的电视制作者在一些影响较大的传统赛事转播中，也经常注入一些本国或本民族的东西从而形成特色，而这些特色则是通过镜头切换更多的是慢镜加以体现的。如法网和澳网、美职篮、英超和南美解放者杯等。

二、 慢镜的类型

一场体育赛事的转播，在不同的时间、阶段会多次出现慢镜头回放，大致归为以下三种类型。

1. 即放的单意慢镜

这是指在比赛中，当一个球结束、一个动作结束，即时播放的慢镜。这类慢镜在转播中是常用的。如足球比赛中一个犯规动作、一次射门；篮球比赛中一个扣篮；乒乓球比赛中一个擦边球；羽毛球比赛中球的落点、一个杀球动作、一个假动作、一个鱼跃救球，都可在不影响下面比赛的前提下即时播放，有时还会从不同角度多个慢镜连放来丰富其内容。

2. 即放的复合意慢镜

这是指把在比赛进行中发生的事故、故事，通过两个以上的单意慢镜经剪接组合成一个小片段。如足球比赛中的恶意犯规事件、羽毛球比赛中的误判、F1 赛车中的事故等。这类慢镜重点是诠释一个事情产生的原因、事情过程以及而后带来的反映。在 2008 年北京残奥会田径比赛中，一个运动员摔倒后爬起走向终点，对此，一组慢镜如下表现：

(1)运动员奔跑中摔倒。

(2)运动员趴在地上，情绪激动地手拍地面。

(3)运动员眼含热泪失望的脸。

(4)运动员一瘸一拐地走向终点。

(5)在终点迎接他的志愿者扶着他。

很显然，这一组慢镜所表现出的含义远比用多种角度反映该运动员是如何摔倒的单意慢镜要大得多。

3. 集锦(Highlights)

此类慢镜会固定出现在比赛进行的“节”“局”“场”“一个赛段”和全天比赛结束之后，是通过一组慢镜连放，对刚结束的比赛进行回顾和展现，是对赛事本身的信息补充。

三、 慢镜的功能

在近年来的体育赛事转播中，慢镜越来越完全独立地发挥其自身独特的表现手段而成为一种艺术，成为叙述故事、传达思想和抒发情感的一种语言，慢镜被赋予越来越多的功能。

1. 解惑答疑

这是慢镜最初的也是最基本的功能。足球比赛中是否越位、是否犯规；羽毛球比赛中是否过网击球、是否连击及球的落点；田径比赛中是否踩线；排球比赛中是否持球、是否触网等，这些都是观众和裁判难以用肉眼判定的问题，通过慢镜则一目了然。2002年世界杯，巴西对阵土耳其，里瓦尔多在角旗位置被对方用球踢中大腿，但他却掩面倒地，痛苦异常，骗得裁判对对方球员处以“极刑”，正是通过而后的慢镜，让观众看到了事情的真相。2008年北京奥运会羽毛球男单比赛中，林丹跳起扣杀，球被杀在界外，但他对此存在疑义，慢镜清楚地再现了球落在界外的瞬间，林丹通过场内大屏幕也看到了，马上向裁判和对方队员举手认错，恢复了比赛也消除了自己的疑惑。

由此看来，慢镜不仅服务于观众，对运动员和裁判也具有越来越重要的意义。像看一部悬疑片，人们在层层解开疑团的过程中，心理上得到了极大的满足。近年来的田径转播有了一些新技术作为慢镜的补充被广泛使用，即径赛的“终点判读”、田赛投掷项目中前三名成绩的“虚拟线”，这些新技术的表现形式虽不是慢镜，但其作用和目的同慢镜是一样的。因此，多数转播会把“终点判读”放在一组慢镜前或后使用。另外，网球转播中所使用的“鹰眼”系统，以三维动画的形式出现，不仅成为慢镜的一种特殊表现方式，在比赛中还直接服务于运动员，运动员可以通过挑战“鹰眼”，对自己疑惑的问题寻求解答。相信在不久的将来，会有更多的新技术、新设备被开发和使用，慢镜的内涵必然会不断增加，外延也会日益扩大。

2. 情感写真

这是近年慢镜在转播中占比例越来越大的表现内容，更多的电视制作者更愿意把目光集中于此，运用近景、特写、大特写表现运动员的情感。足球比赛中进球后队员们的欣喜若狂；网球比赛中球员失误后对自己的怒吼；举重运动员失败后抱头的哀叹；柔道运动员胜利后与教练相拥而泣。人们常言中的七情六欲无一不在赛事转播中通过慢镜表现出来，并成为永恒的瞬间，永久地留在人们的记忆中。占旭刚的振臂大吼；刘翔的捶胸而庆；吉新鹏把拍子抛向空中；王皓失利后遗憾地垂下了头。很多年过去后，比赛的过程我们也许淡忘，但这些经典的慢镜，我们永不会忘怀。

3. 放大的美

体育运动本身是以身体活动为主体，运动员优美健硕的体态自然成为观众获得审美感受的对象。特别是近年，“忧郁王子”“飞人乔丹”“红粉军团”“风云组合”把不少追星一族带进体育圈，带进某项赛事，慢镜的使用又在放大、延续着美的瞬间，让观众欣赏、享受。另外运动员在完成动作的过程中所表现出来的韵律美、力量美、协调美被慢镜以不同于真实生活的节奏展演出来，让观众在赏析人的同时，体味着运动本身的美，这会对观众审美心理产生多方位的满足。

在2008年北京奥运会的转播中，北京奥林匹克转播有限公司(BOB)提供了超高速摄像机，分别使用于田径、射箭、飞碟、跳水、乒乓球、羽毛球、排球等项目中，收到了极佳的效果。如空中被击中飞碟的爆炸瞬间；离弦之箭缓慢飞向靶心；翩翩旋转的乒乓球；跳远运动员落坑溅起飞瀑般的沙粒；排球运动员持球犯规、拦网时肌肉受力传递变化；跳水运动员在空中翻转的身体；等等，平日肉眼无法看到的景象一一呈现出来，精美绝伦的画面和画质成为2008年奥运会转播水准的一大亮点，也为慢镜的艺术化增添了浓重的一笔。

4. 技战术解析

这是慢镜在赛事转播中责无旁贷而又得天独厚的功能。在某类赛事的固定收视群中，大部分观众是该项运动的爱好者和参与者，通过转播进一步了解项目特性、学习项目技术、提高运动水平是他们最为直接的目的。如乒乓球中的摆短、发球、挑打、弧线等技术；羽毛球中的假动作；足球中的过人、射门；篮球中的上篮、扣篮等，通过慢镜使人更为清晰地了解和掌握。特别是有些对抗性极强的项目，在技术掌握水平相当的运动员双方如何运用战术取胜是慢镜所要表现的重要内容。在羽毛球比赛中，我们通过慢镜不仅要为观众展现输赢的结果，更应该为观众解析造成输赢的原因。如在2008年北京奥运会羽毛球比赛男单决赛中，林丹凭借自己压李宗伟正手而后杀、吊李反手的技战术，抑制对方使之难以正常发挥而不断得分直至取得胜利，而慢镜对林如何使用这一技术多次全面反映，使观众为林赢取每一分欢欣鼓舞的同时，了解到了羽毛球的项目特点。此外，篮球比赛中进攻方是如何利用挡拆赢得投篮和切入时机；足球比赛中是如何运用造越位战术和三角短传配合的；乒乓球比赛中是如何利用发球抢攻的……总之，有如教学片中的经典范例表现技战术的慢镜在各个项目赛事转播中层出不穷，很多爱好者和参与者在观看精彩转播时由衷地赞道：真长球艺呀！

5. 叙事与讲故事

任何的比赛都是人与人之间的对抗，离开了主体的人，慢镜会变得干巴巴的，成为没有任何审美价值的抽象物，但仅仅表现人也不行，慢镜既要表现人更要表现这个人和其他人的关系，这个人和这个项目的关系，也就是说，慢镜既可以叙事，还可以讲故事。

2004年雅典奥运会乒乓球男单决赛中，王皓与柳承敏对阵的第六局，王2∶3落后，再输一局，满盘告负，这时场上气氛相当紧张，电视机前的观众更是屏住呼吸静观胜败。在这一局中所出现的慢镜，有运动员得分过程加喝彩挥拳的动作；有运动员失分的过程加遗憾的表情；有双方教练紧张急促地指导队员；也有场外观众的情绪反应，这些慢镜有目的、有安排地讲述了整个比赛的进程，表现出了双方队员输赢的原因，最后一个慢镜是本局结束后，柳获胜后冲向教练金泽珠，金泽珠失态地大喊，紧抱柳承敏眼含热泪，谁都会看明白，一辈子未能得过奥运金牌的老金此时此刻的心情。2008年北京奥运会羽毛球女双比赛，中国选手张亚雯输掉比赛，一组慢镜这样表现：

(1)张一个精彩的网前救球。

(2)张大力扣杀。

(3)张得分后振臂高呼。

(4)张失分后无奈地仰天长叹。

(5)张走到球网前轻轻亲吻网带。

张亚雯输掉了这场比赛，也就告别了奥运会，由于年龄关系，她很可能告别国家队，告别赛场，这一组慢镜讲述了她的球技，表现了她的直率性情，更寓意出她即将告别赛场而又难以割舍的羽毛球情怀。

6. 细节表现

慢镜由于自身独特的表现方式，可以帮助观众发现比赛中很容易被人忽视的东西，把事物的细部加以扩大。乒乓球运动员直拍横打的手腕一拧；跳水运动员脚离踏板脚趾用力；林丹胸前佩戴一枚毛主席像章；纳达尔鞋后跟的三颗五角星；女运动员手指上的戒指；悄然淌下的汗珠；射点球前迷惑门将的眼神，有很多这些细节表现是难以用正常速度表现完整的。而这些细节在比赛中可能是潜藏不露难以察觉的，也可能是瞬息万变，稍纵即逝的，因此就常常为我们所忽略，正是慢镜凭借魔力捕捉到它们，将其放大和延长为有目可睹的视觉形象，并揭示出它们潜藏的底蕴，从而给我们以独特的审美享受。

7. 蒙太奇效果

慢镜中的蒙太奇效果大多是两个以上的慢镜经剪接连在一起播放，从而产生新的意义，使观众从简单直观的画面连接中体味更多，从而形成更深层的赏析和思考。

2004 年雅典奥运会羽毛球比赛中有这样一组慢镜：

(1)运动员击球。

(2)运动员摔倒。

(3)观众席上一小女孩惊恐的表情。

(4)运动员爬起。

(5)运动员继续比赛并赢得一分。

(6)小女孩高兴地拍手。

有时，蒙太奇效果也可以通过一个长镜头慢镜完成。法网转播中，有一个慢镜是镜头表现场上大发雷霆的运动员，运动员出画，画面停在看台上的教练身上，教练轻轻地摇了摇头，就在这不经意的一个长镜头慢镜中，运动员与教练不同的心态昭然若揭，这个慢镜给观众留下了深刻的印象。

8. 结局缩编

很多项目的比赛是分“节”“局”“场”进行的，而往往在这个时候，需要有一组慢镜对刚结束的“节”“局”“场”进行小结，这就是我们前边所说的“Highlights(集锦)”。既然是小结，就应该包括对阵双方队员简介、输赢关系及原因、精彩瞬间等内容。当然，这种串联应该是有机的，应该是艺术化的。2004 年雅典奥运会和 2008 年北京奥运会的现代五项比赛结束后，都有一个名为“冠军之路”的“Highlights”，即把冠军在五项运动中的精彩瞬间串联在一起，表现出其冠军来之不易，达到了极佳的艺术效果，其实，这种“Highlights”也适用于其他比赛项目。

9. 为解说构筑平台

各国在体育赛事转播中，都会加上自己的评论和解说，解说员有时是由该项目资深评论员担此重任，有时是一个评论员加上该项目的顾问共同完成，不管哪一种，评论和解说都是为观众能更好地收看比赛而设立的。评论员对技战术的解析、运动员的推介，在这一过程中，如能有效地配以慢镜为解说构筑平台，画面与评论相得益彰，互为补充，观众会在单位时间里获取更多东西。

2007 年网球大师赛中的一组慢镜中加入了一个时间牌的镜头，解说员马上向观众说明比赛到目前已用时多少，而他们上次交锋共用时多少，使观众从这个侧面了解到更多的信息。

2008 年全国汽车场地越野赛乌海站中，慢镜出现了一位车手在车身上贴上了一个“浪”字的镜头，解说员马上告诉观众这位车手曾是已故著名车手徐浪的队友，这次参赛是为纪念徐浪而特意贴上“浪”字的，从这里解说员又引申出一些徐浪的故事。像乒乓球、羽毛球、足球、篮球、排球的比赛中，解说员、评论员很多技战术的分析都是在慢镜播放中进行的，这对观众看好、看懂比赛，了解项目特点，掌握项目技巧有最直接的帮助。

此外，慢镜在揭露比赛中的丑恶现象以及制造幽默、唯美的慢镜给观众以短暂的放松等方面都具有特殊功效，慢镜在日益增长的表现内容中不断地发展变化，它已经成为体育赛事转播中越来越受欢迎的部分，它正以一种独特的艺术形式向人们显现着自己的魅力。

严龙，2001 年进入中央电视台体育频道，参与了 2006 年多哈亚运会击剑、2008 年北京奥运会网球等赛事的公用信号制作工作。

浅谈如何制作网球赛事电视信号的慢动作

2008 年北京奥运会赛事电视公用信号制作是由来自全世界最优秀的 29 支电视制作团队承担完成的。其中，中央电视台派出了 5 支团队，共制作完成了 738 小时的公用信号，占北京奥运会 3800 小时电视公用信号制作总量的五分之一。这是自 1992 年巴塞罗那奥运会赛事的电视公用信号开始由多国制作团队完成以来，东道主参与承办制作项目最多的一届。在 17 天的北京奥运会上，中央电视台体育中心的信号制作队伍与国际优秀电视制作同行同场竞技，向世界证明了年轻的中国体育赛事信号制作队伍，同样有实力制作出一流的电视公用信号。

在中央电视台承担信号制作的六个项目中，网球赛事共制作了 74 小时的优质电视公用信号。笔者在制作团队中承担的是慢动作导演工作，在此岗位上通过对许多赛事的实践，深刻领悟了制作理念，总结了一些宝贵经验，现与大家共勉。

一、 网球“慢动作”的特点

与现场看网球比赛相比，不少观众更喜欢在家中收看电视转播，这是因为电视转播比在体育场馆看现场比赛更清楚、更直观。因为在电视中可以看到比赛的近景特写、丰富的屏幕资料和慢动作重放镜头。从本质上说，“慢动作”就是改变了现实运动形态，放慢运动动作的技术方法。网球“慢动作”有以下三个特点。

1.“慢动作”已经成为网球赛事转播中出现几率最高的画面技巧

我们通常在电视上看到的慢动作，基本上都是由慢动作硬盘录像机(EVS)制作完成的。在网球赛事转播中它可以立即寻找放点，从多角度、多方位地进行慢动作重放，同时它还具有快速编辑功能，可以将储存好的精彩片段按照导演的意图组接播放。慢动作画面的播出量在网球赛事转播中的比例达到了 30%左右，因此“慢动作”已经成为在网球赛事信号制作中常用的画面表现技巧。

2.“慢动作”已经成为对网球赛事电视转播语言进行再强调、再补充和再丰富的一种电视表现手法

网球赛事转播是导演在充分理解这项赛事特点和规则的基础上，结合场馆地形在现场

架设N台摄像机，进行有条理、有逻辑的切换由各台摄像机镜头所拍摄的不同内容、不同景别、不同角度的连续画面而制作完成的。因此基于电视转播的特性，总导演只能在一个时间段内，根据自己的转播思维展现给观众现场某一局域的画面信息。而"慢动作"这时就可以利用其他景别、角度再强调突出已播出的画面信息；或再补充这段时间内摄像机所捕捉到其他局域有价值的信息；同时还可以将它们组接起来播放，来进一步丰富电视转播画面。

3."慢动作"已经成为网球赛事转播中总导演运用电视语言不可或缺的手段

不同的慢动作画面传递着不同的信息；不同的慢动作画面表达着不同的情感；不同的慢动作画面起着不同的作用。例如：网球线路的慢镜头回放，传递的是双方运动员技战术实施过程的信息。运动员表情近景的慢镜头回放，表达的是选手内心情绪的变化。争议球落点的慢镜头回放，起到解答观众心中疑惑的作用。

二、"慢动作"在网球赛事信号制作中的主要功能

由于网球比赛转播进程是线性的，很多的关键环节又是瞬间完成的，这样使得观众无法细细品味，难免留下遗憾。而通过慢动作功能的实现，可以使观众仔细欣赏那些精彩的瞬间。另外还可以获得更多场内、场外的其他信息，从而使观众有更多的满足愉悦感，充分感受到电视转播的魅力。所以网球慢动作在比赛信号制作中承担的主要功能是：精彩球回放、争议球解惑和在比赛中无法看到、看清的运动员击球、移动步伐、上网截击等细节动作、表情以及教练、裁判、观众的反应回放。

三、网球慢动作导演的工作特性

网球慢动作导演岗位作为总导演下设的一个工种，应该是协助总导演完成与慢动作相关的特技工作，协调慢动作操作员选取重放素材、完成慢动作的适时重放。一个精彩慢动作的播出会对转播起到锦上添花的作用，而一个选择不良、播出时机不恰当的慢动作则会破坏整个转播的完美性。因此慢动作导演在上岗前应将总导演的构思理念融会贯通，在慢动作画面内容的选择、播出时机、速率以及节奏方面要与整个转播风格相一致，才能达到最佳的转播效果。

这次在北京奥运会上，北京奥林匹克转播有限公司(BOB)提供的机位图和我们以往制作的网球赛事所摆设的机位有所差别，在协商无法达成一致意见的情况下，总导演临时根据现场摄像机摆放的位置制定了新的转播方案，而笔者作为慢动作导演也相应地调整了慢动作制作的相关环节，为的就是要处处体现制作团体整体构思理念，制作出优秀的奥运电视信号。简言之，要做一名称职的网球慢动作导演除了要具备一定的基本技术水平外，还应熟知自己在慢动作岗位上的职责。

1. 网球慢动作导演的素质要求

(1)作为一名合格的网球慢动作导演，应该全面熟悉电视信号制作业务中的各个环节。其中包括信号制作前的一些前期准备工作，制作中所要承担的主要任务，以及制作结束后需要总结的一些工作经验。

(2)要有很强的画面感性认识。对于参与慢动作制作的不同角度摄像机所捕捉到的精彩画面，能够做到眼光独到，精中选彩，最终能够将漂亮的、视觉效果最佳的画面呈现给观众。

(3)电视编辑功底扎实。主要体现在涉及的 Highlights(集锦)编辑和组合慢镜头衔接是否具有逻辑性、画面是否流畅、是否具有美感和艺术效果等方面。

(4)具备较强的协调沟通能力。在信号制作中，慢动作导演始终是处在和切换员、操作员、摄像师以及总导演之间一种调度和被调度的位置上，因此协调语言要做到言简意赅，相互合作天衣无缝。

(5)工作责任心一定要强，头脑必须清醒。坚守工作岗位，认真负责，听从总导演指挥，听取同事们的合理建议。全神贯注，杜绝失误。

(6)善于向国内外同行学习先进的制作理念和经验，借鉴后加以创新。例如，在2005年我们和 TPL(职业男子网球协会网球大师赛电视公用信号制作公司)联合制作上海大师杯赛时，笔者发现国外同行用英文字母设计的慢动作口令，要比我们通常所使用的"高一""慢一"等慢动作口令更简洁，发音更清楚，为此笔者在自己的工作中尝试了一下，将慢动作口令改为了"A""B"等，使用后效率明显提高。

(7)具备专业的网球知识。做一名称职的网球赛事信号制作慢动作导演除了要做好以上工作外，还应完全融入该项目中，通过身体力行去体会和理解网球运动的魅力、特点，从而进一步地提高自己对这项运动的鉴赏能力。除此之外，还要对经常出现在世界赛场的各国运动员个性、技术特点加以了解(例如，费德勒的单反手穿越、纳达尔不知疲倦的双腿、布莱恩兄弟的跳跃击胸庆祝等动作)。

2. 网球慢动作导演的工作职责

(1)在信号制作前对总导演就制作比赛信号的整体构思理念融会贯通，服从总导演对慢动作制作要求的基本定式。在信号制作中要服从总导演指令，坚守工作岗位，认真负责。

(2)搜集参加比赛运动员的技术特点资料和相关信息。

(3)充分了解制作比赛信号的慢动作设备的配置、运转情况和操机员的熟练程度，并在信号制作前与操机员和切换员确认几套制作慢动作的设备以及播出键位和扫画运转是否正常。在这次北京奥运会上，我们慢动作组在每天制作信号一小时前，都会严格按照上面的程序来操作，确保了硬件在制作信号时没有出现过问题。

(4)根据监看习惯布置慢动作电视墙的结构。

(5)设计确定操作口令。在电视转播中慢动作导演向操作员、切换员下达口令一定清楚易懂，否则就容易出现操作失误。为了让大家在转播中能够统一认识，慢动作导演一定要事先与操作员、切换员进行沟通，确定口令语言，并通过反复的操作演练与磨合，发现问题及时解决，最终达成一种默契。

(6)对摄像师和操作员提出慢动作制作要求。

慢动作导演的工作离不开各个岗位同事的支持帮助，树立团队精神非常必要。一个或者一组精彩慢镜头播出是由优良的画面、慢动作导演准确判断、操作员精确操作来实现的。换句话说，一个好慢镜头播出的首要条件就是摄像师应按照导演的要求提供有效、高质甚至具有创新的优美画面来实现的。为此慢动作导演要根据网球项目的特点去要求摄像师，包括镜头运动的方式、速度、景别等，除了这些要求的规定动作外，还应鼓励他们发挥主观能动性，多制作新颖、与众不同的画面。

在网球赛事转播中慢镜头主要以精彩球回放为主，每一个精彩球回放的意义就是要体现双方队员战术的实施，这其中就有主动进攻制胜、防守反击制胜、主动失误、非受迫性失误和一些意外情况等，这些都要求慢动作导演判断是否值得通过慢动作回放。一旦下达口令后，慢动作操作员是否心领神会，所选择的放点是否恰到好处是非常至关重要的。因为放点选择的不恰当，直接会扭曲慢动作导演的意图，并会导致所播出的精彩球回放无法体现双方队员的战术实施情况。为此慢动作操作员在转播中不应该只是一名听令的执行者而应该是一位熟知转播项目，并能充分领悟导演意图，同时又能将自己想法及时反馈给导演的优秀转播人员。

(7)在选择慢动作画面和衔接时，要眼光独到，判断准确，将角度最佳、画面最优良、最具有冲击力的精彩球以及最能够表现双方队员和教练情绪的画面重现在观众面前。

(8)在信号制作结束后，向总导演汇报比赛信号制作中慢动作播放情况的同时，听从总导演分析制作过程中的优势与不足之处，提出改进设想。与团队同事商讨比赛信号制作中存在的问题，总结经验教训，力求日后工作更加完美。

虽然信号制作有时会有一些缺憾，但我们努力做到在当时的时间和空间里达到最佳状态，发挥最佳水平，就已证明了自己。法国著名导演戈达尔曾经说过“电影是第一个梦也是最后一个梦”。这句话同样也适用于我们电视人：每一次信号制作都是一个新的梦想，然而我们却要把它当成是最后一个梦想去实现，投入我们全部的激情和智慧，只有这样才会全力以赴，不留遗憾。

杨玳婻，中国传媒大学博士生，中国社会科学院中华美学学会成员；有多项学术成果、会议演讲及论文发表。

体育赛事电视公用信号制作标准化之慢动作系统研究与应用初探

一、 绪论

当代的广泛国际化合作和市场经济体制要求我们用全新的视角来审视现代体育赛事电视公用信号制作的发展，很重要的一个进步就是考量其标准化建设程度逐渐成为主流和必然。而这其中的度量值无论是标准化、专业化或是市场化，都影响着最终制作的比赛公用信号其作品效果。

“没有规矩，不成方圆”，任何成熟的行业或技术都需要规范与标准的制定和执行。标准化将实现优质高效低能耗(成本节约)的先进工作模式的创立和确定。本文的主体即“体育赛事电视公用信号制作”，分析此主体标准化建设的理论研究和实际运用，以及具体的特点，尤其是重点对其中关于慢动作系统研究与应用的论述与解析。

近年来，中央电视台开始遵循国际最大规模的体育盛典——奥运会的精神理念、依据奥运会的规范标准来进行体育赛事公用信号制作，如今成果斐然。多哈亚运会信号制作慢动作研讨会总结了在具体应用方面的制作水平，并提出了新的要求，这支专业化制作队伍将努力做到至臻完美。而继续保持优化的水平和较高的质量，需要实践与理论相结合，经验与标准相统一。严格的要求和规范化的操作是取得成功的必由之路。

二、 慢动作导演的岗位定义

(1)慢动作导演(AP)。关于其岗位概述如下：

慢动作导演岗位作为总导演岗位下设的一个工种，负责统筹整个信号制作工作中慢动作制作的相关内容，协调慢动作操作员选取慢动作画面及播放顺序，制作比赛精彩集锦(Highlights)和提供给媒体新闻报道的集合概要(有机结合包含取点、排点、散点的编辑素材)等。所有慢动作内容具体在比赛信号制作中承担的主要功能是通过技术手段为电视观众提供正常情况下无法感受到的视觉体验，通过慢动作镜头细致地体现出运动项目的动感、韵律，表现精彩的得分镜头或其他能够影响体育比赛进程的关键性细节等。

慢动作导演需注意“故事性”与“艺术性”相结合。多角度机位的慢动作回放方式是对现场镜头的进一步补充，能够体现出比赛的动作美感。通过这些慢动作功能的实现，可以使观众仔细欣赏到那些精彩的瞬间，另外还可以使观众获得更多场内、场外的其他信息，享受到更多的满足愉悦感。

(2)对慢动作导演的上岗要求基本可以概括为六条：

第一，作为一名合格的慢动作导演，应该全面熟悉体育赛事公用信号制作业务中的各个环节。其中包括信号制作前的一些前期准备工作，制作中所要承担的主要任务，以及制作结束后需要总结的一些工作经验。

第二，要有很强的画面感性认识。对于参与慢动作制作的不同角度摄像机所捕捉到的精彩画面，能够做到眼光独到，精中选彩，最终能够将漂亮的、视觉效果最佳的画面呈现给观众。

第三，编辑功底一定要扎实。主要体现在涉及的 Highlights 编辑和组合慢镜头衔接是否具有逻辑性、画面是否流畅、是否具有美感和艺术效果。

第四，具备较强的协调能力。在信号制作中，慢动作导演始终是处在和切换员、慢动作操作员、摄像师以及总导演之间一种调度和协调的关系，因此协调语言要做到言简意赅，相互合作天衣无缝。

第五，工作责任心一定要强，头脑必须清醒。坚守工作岗位，认真负责，听从总导演指挥，吸纳同事们的合理建议，全神贯注，杜绝失误，圆满完成本职工作。

第六，热爱体育项目，能够全身心地投入到比赛中去，并精益求精地完成电视公用信号制作任务。

三、 慢动作导演的工作流程

慢动作导演的工作流程(包含岗位职责细分)如下：

1. 比赛信号制作前期工作准备

(1)搜集参加比赛运动员的技术特点资料和相关信息。

(2)充分了解制作比赛信号的慢动作设备的配置、运转情况和慢动作操作员的熟练程度。

(3)根据监看习惯布置慢动作电视墙的结构。

(4)设计确定操作口令：

①与操作员、切换员进行沟通，确定操作口令语言；

②口令确定后反复操作演练、磨合，统一认识、达成共识、形成默契。

(5)对摄像师和慢动作操作员提出慢动作制作要求：

①根据项目的特点去要求摄像师，包括镜头运动的方式、速度、景别等规定动作外，还应鼓励他们去发挥主观能动性，多创作拍摄新颖、与众不同的镜头；

②慢动作操作员要充分领悟慢动作导演意图，选择播放的画面内容要达到的目的；慢动作操作员还应将自己所选择好的慢镜头(包括运动员、教练等情绪反应)及时与导演沟通提示。

2. 比赛信号制作中

(1)比赛信号制作开始前的工作准备：

①请示总导演是否有新的慢动作制作要求；

②与总导演、切换员、摄像师、慢动作操作员通过话筒联系，确认通话设备运转是否正常；

③与慢动作操作员确认制作慢动作的设备运转是否正常；

④与切换员确认几套慢动作设备所对应的播出键位以及扫画运转是否正常。

(2)比赛信号制作进行中的工作要点：

①在选择慢动作画面和衔接时，要眼光独到，判断准确，将角度最佳、画面最优良、最具有冲击力的精彩画面，以及最能够表现双方队员和教练情绪的画面重现在观众面前；

②要清楚明白制作播出的相关慢动作的目的和所要达到的效果，并对慢动作操作员下达明确口令，所下达的口令一定谨慎、清楚，杜绝失误；

③慢动作画面内容的选择、播出时机、速率以及节奏方面要做到与整个转播风格相一致。

3. 比赛信号制作结束后

(1)向总导演汇报比赛信号制作中慢动作播出情况，听从总导演分析制作过程中的优势与不足之处，提出改进设想。

(2)与团队同事商讨比赛信号制作中存在的问题，总结经验教训，力求更加完美。

所有这些职责或流程都必须遵守慢动作导演的工作原则：

首先，服从总导演指令，坚守工作岗位，认真负责，不违背原则擅作主张；

其次，对总导演就制作比赛信号的整体构思理念融会贯通，服从总导演对慢动作制作要求的基本定式；

最后，充分发扬团队精神，各负其责、各尽所能，在此基础上发挥创意，为总导演的整体构思“锦上添花”甚至“雪中送炭”。

四、 慢动作信号制作应用研究

奥运会电视公用信号制作对慢动作制作方面的要求为：“慢动作回放之前和之后都必须使用统一的奥运会图标(LOGO)标志特技片花转场。切换慢动作画面时不能有静帧。如果有两个或两个以上的慢动作连放，慢动作之间应当用叠画(12 帧)。”

慢动作必须注意出点、入点的掌握，尤其是在做密集归纳的段落式。而比赛精彩集锦 Highlights 根据不同角度可以分为“思想性”(故事)和“欣赏性”(艺术)。前者是按程序二次筛选的类新闻片，须看画面思考，剪辑到位；而后者主要是大量采用播出中未切出，或已选用但富有美感的画面，或是组接包含非常规性镜头的最精彩部分。

从诉求目的与表达效果上来比较“思想性”和“欣赏性”Highlights 的异同特点，前者侧重一定的结构和意义，要给人以启迪和思考的空间；后者则注重娱乐感，让观众情绪上放松，享受视觉盛宴，更好地投注对体育的理解和热爱。

奥运会比赛的通用制作理念是，比赛结束，国际信号的 3 分钟倒计时阶段涵盖以下内容：比赛结果图表和精彩回放(类似于开场动画的结束动画)、转播权(版权)注明，最后在大约 15 秒的黑屏之后打出下场比赛的时间表。

体育评论员的画面信号在比赛开始前、结束后插入。同时插入比赛重放和相关图解，最后是预定的赛后单边采访，国际公用信号传送结束。

赛后流程：赛场全景附比赛结果→赛场全景→比赛集锦回放→赛场全景→奥运会版权片尾动画。

1. 制作并播放 Highlights 比赛精彩镜头集锦

(1)比赛已经结束，此时就要展示已制作好的本场比赛中最精彩的镜头集锦。

(2)不仅比赛画面需要设计，Highlights 比赛精彩镜头也需要精心构思与设计处理。

(3)在最后的慢动作集锦中，应该有主题鲜明的讲故事的画面，组合叙事，整合信息，渲染气氛。

(4)Highlights 比赛精彩镜头在制作中也要把握节奏的切换，划分比赛段落。通常在有明显视觉变化、运动项目(比赛)本身的段落以及一连串的连续性动作结束时等进行。

(5)内容对比、交替剪辑可以制造悬疑紧张的气氛。连续短促的镜头切换会加强观众联想与期待的心情，从而将紧张和悬念呈现给观众。

(6)高潮与反高潮，镜头的松紧表现，应该在此前做相应的铺垫，引领观众期待并逐渐进入高潮。在赛程告一段落时，往往用全景来作为这一段落的结束画面。

2. 在体育比赛项目的公用信号制作中，慢动作制作原则

(1)慢动作画面要连贯、有情节，通常要着重表现事件主体(如得分或犯规球员)的动作、情绪、表情等。

(2)通常慢动作制作方面应当遵循慢动作制作原则之一是“从近景到近景”，要注意避免较大景别的越轴或跳空现象。

(3)奥运会电视转播对此有严格的“规定动作”：每一组慢动作的第一个镜头必须使用SSM(超级慢动作摄像机)，目的是给观众带来强大的视觉冲击力。两个慢动作画面的衔接处，不许出现静帧画面，要保持画面的流畅和舒展。

五、案例分析

1. 案例背景介绍

体育赛事公用信号制作——排球项目经典案例：2004 年 8 月 28 日，在雅典奥运会女子排球决赛中，中国队苦战五局，连扳三局，反败为胜，经过两个小时零七分钟，最终以 3∶2 战胜俄罗斯队，夺得冠军。当时的比赛场地为雅典的和平和友谊体育场。

比赛当时的转播环境和技术条件(排球项目)：

AOB coverage (雅典奥运转播的信号覆盖数据)

AOB cameras——13 (现场机位为 13 讯道)

Compound size——3455m^2(复合面积共 3455 平方米)

Hours of live coverage——143(实况直播时间为 143 小时)

Unilateral facilities(单边设备提供数据)

Commentary positions——47(解说席位共 47 个)

Observer seats——75(观察员席位共 75 个)

Camera positions——13(摄像席共 13 个)

序号	起始时间—镜头起点	起始时间—镜头终点	时长(时：分：秒)	画面景别	画面内容	摄制机位	画面目的与效果	技术分析	备注(机位位置)
1	01：44：07	01：44：18	00：00：11	小全景至近景	场地两侧的进攻与防守场面(从右到左)	13	展现了比赛双方的一次交锋与扣球，慢动作回放	在切入与切出画面时有奥运五环动画转场	赛场左，中心

奥运会对比赛项目的电视公用信号制作的要求是：完整、准确、详尽地记录比赛的全过程；高机位与低机位相结合，记录比赛全貌并清楚地分析、讲述比赛故事的细节；作为现场镜头的进一步补充，多角度机位的慢动作回放能够体现比赛的精彩和动作美感。

分析排球比赛公用信号制作理念，依然要遵守“公平、竞争、胜者优先”的标准，流畅记录整个赛程，准确饱满地反映运动员的情绪。制作人员要侧重体现排球运动的竞技魅力和拼搏精神，丰富镜头语言，统一制作风格，从而实现精彩、优质的国际公用信号的制作和完成。

2. 案例解析

下面是本场比赛中具体的慢动作镜头的解析，从雅典奥运会的实战经验中总结出一些有用的信息，借鉴其中标准化的元素，供以后的电视公用信号制作参考研究之用：

如图 1 与图 2 所示镜头画面，就是一个时长为 11 秒的慢动作回放，完整记录了一个精彩对战与扣球。雅典奥运会比赛安排了 13 号摄像机拍摄制作低动作回放，这是一台带脚轮 LW 三脚架的 EFP 超级慢动作摄像机，位置在赛场中心左处，镜头落幅由奥运会 LOGO 标志特技片花(五环动画)结束画面。

图 1　镜头画面

图 2　镜头画面

在选择慢动作画面和衔接时，要眼光独到，判断准确，将角度最佳、画面最优良、最具有冲击力的精彩球，以及最能够表现双方队员和教练情绪的画面重现在观众面前(精选的镜头画面应尽量构图简洁、表意清晰、富有张力)。

如果时间允许，可选择多个机位的连续回放，包括同一个动作不同角度的连续回放，或者一段时间几个回合内发生的不同动作的连续回放。慢动作回放的入点和出点通常是从动作的近景到人物的近景，连续几个慢动作回放的安排要依据实际情况，合理适当不宜过量，并且这些慢动作回放之间应该有一定的内在关联或相似性。

动画转场也是一个辅助作用的特效，常见于慢动作入点和出点的镜头画面上。它能使信号制作更加规范、清楚，结构分明，分机位镜头之间的衔接避免了凌乱和繁杂感，而显得区分明晰有序，并且在时间分隔段有规律地重复，概括性提示，让观众能更轻松地观看比赛。

高速硬盘慢动作操作也对传统模式构成了潜在冲击，如比利时数字慢播技术公司(EVS公司)设计的实时视频慢动作硬盘服务器(EVS)超级运动图像慢动作系统(Super Live Slow Motion System，简称SLSM系统)已经被广泛应用。一个操作员利用EVS慢动作硬盘录像机使专用控制器可以对2～4个摄像机信号进行记录/重放。在任何配置下，多摄像机LSM(慢动作直播)重放可以与录像同时进行。

比如其中4通道硬盘录像机，具有一个操作者用同1台设备控制3台摄像机信号的特点。EVS硬盘慢动作设备记录压缩率最低为1.7∶1，机器存储设置压缩率为6∶1。EVS利用“实况慢动作”的概念来进行慢动作制作，在比赛中出现精彩场面后可以从三个不同角度、不同方位的摄像机的画面之间切换重放慢动作。EVS6通道SLSM可进行更多组合，在体育比赛电视公用信号制作中慢动作操作员不同数目的配置可以实现种类繁多的慢动作效果。

在斯诺克比赛中，观众可以看到慢动作回放中精彩球在桌上的运动轨迹。这是因为使用了硬盘记录的录像机通过用户友好接口与触摸式屏幕相连接，对特定动作用箭头、直线、圆、色环和放大镜进行运作分析，并做出目标动作轨迹的追踪，还能在慢动作重放的同时实现同期声的正常速度重放。结合EVS的其他软件，还可以实现特技切换效果及分屏显示(分屏显示模式可以实现多角度观看，比如一半屏幕正常速度播放，而另一半屏幕为慢动作回放画面)。这种灵活的配置可以让导演发挥想象力，制作出更多精彩的慢动作画面供观众欣赏。

六、小结

奥运会的转播口号是“运动与情感”，电视公用信号制作也将遵循这一主题，并强调“讲故事”的概念。导演在制作电视公用信号时，应有意识地预设好结构安排，就像讲述一个故事，要用视听语言把体育比赛展现给观众去欣赏，去理解。一场正式比赛局数较多，整个时间较长，是一个大故事。导演要仔细分析项目本身的特点和运动的规律，设置主体与陪体，客观的环境，动作与人物的比例等。

故事应该有启承转合，比赛信号制作一般也都有起始和高潮。整个大故事中还包含着很多小故事，运动员和观众的关系与呼应，裁判员和教练员的反应，场上的精彩交锋与制胜回合，局点的拼抢和奋战……都存在着一个潜在的逻辑关系；导演必须有预知性和应变能力，并且熟悉优质信号的组成元素，包括何时何景采用慢动作回放叙事，做到未雨绸缪、胸有成竹地完成公用信号制作的结构框架和内容填充。

在讲述故事的时候，可以结合动作的记录与人物的刻画。一场比赛包含了人与人之间的行为，以及和环境的关系。为了让信号制作把故事说得更耐人寻味，更有感染力，应该注意细节的捕捉，用近景和特写表现运动员的情绪，用慢动作回放展现动作全程，用较大的景别描绘场面渲染气氛，这样才能让体育赛事的电视公用信号制作更加精彩、完美，也带给观众视听盛宴和审美享受。

特别指出一个基本规律，慢动作回放要随时捕捉事件陪体(如主教练、替补球员或观众)对场上事件(如得分或犯规)的反应，并且遵照“从动作近景到人物近景”的原则。此外，应注意多角度、多机位重现得分或犯规的全过程，慢动作之间的衔接用12帧叠画。

慢动作必须在很好地完成规定动作的基础上，或简单或复杂地进行添彩表现或答疑解惑，不能因做回放而遗漏错过重要信息，影响比赛内容；不同的比赛其慢动作播放时机也有差异。比如体操、跳水等在短时间内完成的比赛项目，要选择在全部动作完成后切换慢动作，而球类等赛程较长的运动项目，一般选择比赛节奏舒缓、停顿或犯规、进球时进行。后者的慢动作切换原则是不能影响受众观看正常比赛进程，也不可打断原有赛场信息的连续性。

如果赛场发生重大意外事件，导演应按照奥运会电视公用信号制作手册的要求来进行应急处理。比如雅典奥运会电视公用信号制作手册规定，“比赛当中发生重大意外事件时，一般情况下先使用全景镜头，待事件逐渐明晰之后，再使用较小景别的镜头。近景镜头可以作为单独信号使用，但是不作播出”。

纵观体育赛事电视公用信号慢动作制作的理论基础与实战经验，可以发现这是一个充满无限可能的研究领域，它在整场比赛的公用信号制作中发挥着非同寻常的作用，集特殊性与普遍性于一身，与其他体系一起实现利益共同体、攫取最大化的效果。有了慢动作系统的重要加入，体育赛事电视公用信号才得以丰满，而且能让观众在观看体育赛事时更好地达到“身临其境，超越现场”的感觉，出色制作成质量较高、标准划一的体育比赛国际公用信号。

助理导演

黄小川，在信号制作中先后担任过字幕导演、助理导演、慢动作导演、公用信号协调员和导演工作，作为项目导演参与制作了田径、羽毛球和现代五项等项目的信号制作。

浅析助理导演在非大型体育赛事制作中的注意事项

助理导演的职责是协助总导演的各项工作，做好一切和导演组相关的具体工作，同时根据需要在转播时为总导演提供协助。这些职责不仅要求助理导演要熟悉体育赛事制作中的各个环节，而且还要有一定的技术操作能力。假如一个环节出现了问题，助理导演要能够替补。

在奥运会和亚运会等大型运动会上，由于技术设备和人员配置都接近极致，助理导演的职责相对较轻，其角色就像是一个分秒不差的"闹钟"，控制公用信号各个环节的时间流程，提醒并保证各工种有序地进行工作，基本上没有机会冲到第一线操作设备。而在国内中小型的比赛制作中，由于技术设备和人力的不足，在信号制作中，助理导演随时要扮演一个甚至多个角色，他有可能既要跟团队对接信号切入的时间，同时也要负责放片头和其他宣传片，再加上制作慢动作和集锦。不仅如此，在前期和后期他还需要协助总导演，落实并完成与转播相关的各种细节问题。比如：与比赛场馆方落实电力供应、给境外转播商录制比赛信号等。

在非大型体育赛事转播中，助理导演需要同各个方面、各个环节的工作人员打交道，从比赛的组织者、电视制作承办方再到信号制作团队的各工种，都要进行大量的沟通协调工作。只有同各方面进行有效的沟通，使对方充分理解自己的需求，才能使对方积极主动地为信号制作提供服务和帮助，才能够尽量减少摩擦，使转播顺利进行。以下是助理导演需要沟通的各个方面以及与他们涉及的各个环节问题。

一、与体育比赛的组织者所涉及的问题

1. 电视制作方需要在第一时间内得到与比赛相关的变化信息

助理导演要与组委会保持紧密联络，并且要确保对方理解为什么电视制作方需要在第一时间得到更新的信息。

2. 办理电视制作团队的人员和车辆证件

可能发生的问题是：组委会在办理证件时没有把电视转播证件和其他的新闻记者证件分开，这将给电视转播带来潜在的隐患。

在国内转播体育赛事时，有些场馆因为缺乏经验或者没有对人员进行培训，场地值勤人员不知道怎么区分和管理媒体记者。在转播过程中，就容易出现摄影记者穿镜头的画面，甚至会出现摄影记者离我们的摄像师太近，摄像机平摇都受到影响。因此，我们应要求组委会把电视转播的证件与其他媒体记者区分开，并在场地里用设施把摄像师的工作区域围起来，不让其他人进入到这个区域，以免影响到摄像师的创作。

3. 体育赛事的图标(LOGO)

我们把组委会提供的赛事 LOGO 用于制作片头、字幕、扫画等环节。但是，我们不能是简单的“拿来主义”，还要对 LOGO 进行检查和必要的修改。如果 LOGO 有严重问题的话，我们还应当及时反馈给组委会并督促他们修改。例如：国内某个赛事的 LOGO 中用了世界地图的画面，但是地图里面没有画朝鲜，而且中国的边境线也画得很混乱。在这种情况下，如果我们采用了这个 LOGO，就有可能引起政治事端。

4. 开、闭幕式及颁奖仪式的环节

前国际奥委会主席萨马兰奇先生说过：体育和电视相得益彰，是“天作之合”。如今，体育对电视的依赖也越来越深，高额的电视报道权已经成为举办体育赛事的主要经济来源。没有电视的推广，体育赛事也很难争取到更多的商业赞助。因此，通常情况下，组委会会想办法在开、闭幕式及颁奖仪式的环节上安排赞助商出镜头，以争取更多的赞助。但是，这些环节对于电视观众来说是冗长乏味的，时间如果过长会影响观众的收视兴趣。

组委会通常希望我们把赛事开幕式放进转播时间里，这样能够使他们给赞助商更多的回报。但对于我们来说，照顾的是广大的电视观众，他们的兴趣是精彩的比赛。如果组委会的开、闭幕式环节只是领导致辞或者是毫无特色的表演的话，我们应当把开、闭幕式剔除在转播时间以外。而且，为保险起见，我们应要求组委会在转播时间开始的前 5 至 10 分钟内结束开幕式环节，以免领导发言时间过长，而影响到比赛按时进行。

如果开、闭幕式环节有一定的特色和主题，确实应当包含在转播时间内的话，我们应当与组委会协调，确定表演的时间长度和位置，并且要安排时间进行带机彩排。

关于颁奖仪式，一般来说有两种情况。一种情况是颁奖仪式在比赛全部结束后进行，可能还有奏国歌和升国旗的仪式，通常发生于非常重要的国际大赛；另一种情况是一场比赛结束后立刻进行颁奖仪式，没有奏国歌和升国旗的仪式，在颁奖仪式完成后立刻进行下一场比赛，如一些体育项目的大奖赛、国内的锦标赛和冠军赛等。

上述颁奖仪式的第一种情况，是我们高度重视的环节。在这个时刻，虽然比赛结束了，但是观众和运动员的情绪都没有断，我们要充分利用这段时间来继续升华情感。我们可以沿用奥运会制作模式来拍摄。为了做好这些，我们要向组委会提出以下需求：①颁奖台、旗杆、礼仪人员和颁奖嘉宾的站位；②运动员出场和退场的位置；③颁奖嘉宾的姓名、职业头衔、照片及他们颁奖的顺序，有些颁奖嘉宾有好几个职业头衔，但是字幕条通常最多

只能容纳两个头衔，为了防止出错，我们应要求组委会以文字的形式确认每个嘉宾出现在电视字幕中的姓名及其头衔；④在颁奖台正前方，为电视颁奖机位隔开拍摄区域，以免被摄影记者冲撞。

颁奖仪式的第二种情况，类似“中场休息”，电视观众们得到本场比赛的结果就足够了，颁奖仪式对观众来说没有期待的情绪。这时的颁奖仪式更多的是为赞助商所考虑的。为了保持电视观众的热情，我们要向组委会提出以下需求：①尽可能地加快颁奖环节，把时间长度控制在2分钟以内；②本场比赛结束以前，现场广播员、礼仪人员和颁奖嘉宾要提前就位；③负责管理运动员的裁判员要找到下一场出场的运动员并让他们在运动员入口处等待；④在颁奖台正前方，为电视颁奖机位隔开拍摄区域，以免被摄影记者冲撞。

二、与比赛场馆方面所涉及的问题

1. 照明的问题

就个人而言，笔者认为目前国内室内赛事转播最大的问题就在于灯光照度不足。国内的场馆，甚至一些新的场馆的灯光照度都普遍达不到电视制作要求，有些场馆比赛场地的垂直照度甚至不到1000lux。而按照奥运会的照明标准，室内比赛场馆所覆盖的比赛场地内的色温要求达到5600K，比赛场地表面1.5m高处水平面的垂直照度要求不低于1400lux；场地周边、混合区、颁奖台的垂直照度要求不低于1000lux。

其主要原因在于：电视制作方是唯一对灯光有严格要求的一方，而场馆方面不愿意增加经费投入，运动员方面也不愿意看到太刺眼的灯光。但对我们来说，如果场馆照明不能达标的话，就无法给广大电视观众带来亮度、饱和度和照度均匀的画面。体育电视转播水平要再上台阶，从目前来看，最有可为的是给观众带来更多的视角和更多的运动细节。而如果场馆照度不足的话，高速摄像机的电子快门速度无法提高，慢动作也就无法表现出我们想要的精致效果。

除了照度以外，有些国内场馆灯光设备的投射角度和位置也不正确，造成了运动场明暗不一致的情况。为了解决这个问题，我们在第一次实地考察场馆的时候，应当实地观察场馆灯光位置和测量照度值。如果达不到标准，我们应当督促场馆方调整灯光设备，尽最大可能地满足电视制作的要求。

2. 动力的要求

大多数情况下，电视转播方面只需要场馆方为转播车、音频车和卫星车提供电源。在通常情况下，转播车辆对电源的要求：

(1)8讯转播车：380V电压，30千瓦功率。

(2)8讯以上转播车：380V电压，50千瓦功率。

(3)卫星车：380V电压，30千瓦功率。

(4)音频车：220V电压，15千瓦功率。

除了上述车辆以外，如果在转播区域还搭有额外的工作间，则需要考虑加上空调的功率。

3. 电视转播方的停车区域

如果只使用一辆转播车的话，电视制作方最多有6辆车需要停放在一起，分别是转播车、音频车、卫星车、解说专用车、发电车和工具车。选择转播车辆区域的地点需要考虑以下因素：

(1)有足够大的空间容纳转播车辆，并且，地面要结实平整。

(2)卫星车能够传送信号。

(3)便于转播设备电缆走线，场馆方应为电视制作方预留专门的电缆通道，尽量避开行人过道。

(4)在转播车字幕机与场内记分字幕机之间的网线长度范围内，目前通用的网线长度是100米，如果场内记分员的位置距离转播车超过100米，则需要考虑在中途用集线器或交换机来中继信号；为了确保信号质量，还需要考虑集线器或交换机的电源。

4. 位于看台的摄像机架子及占用观众席的问题

在体育转播中，部分机位(特别是主机位)的位置是在看台上。为了使摄像师不被观众干扰，摄像机位架子的左面、右面应至少空出两个座位的距离；另外，摄像机架子前方的五排座位不能卖票，并且最好是要求场馆方暂时拆掉座椅，因为观众如果在这个位置站起来，就会干扰到画面。此外，我们应向场馆方强调摄像机架子后方的部分观众席也不能卖票。如果买票的观众发现被我们的摄像机位阻隔了视线，可能会引发不必要的冲突。

5. 国旗的悬挂方位、评论席及计时记分字幕操作员的位置

在国际性的比赛中，场馆里会悬挂每个参赛国家的国旗。而我们在公用信号制作中，特别是在赛前流程和运动员出场的时候，需要给国旗的镜头。因此，我们需要提前嘱咐场馆方面在摆国旗的时候，把国旗的正面对向摄像机的方向。

场馆方要为评论席和计时记分字幕操作员提供桌椅和电源接线板。选择他们的位置有两个主要因素：

(1)能够清晰地看到比赛场，特别是要能够看到裁判的手势和场内记分牌。

(2)评论席不能太靠近观众席；有些用于观众加油欢呼的工具声音穿透力很强，会进入评论席的话筒影响音质。

6. 室内场馆窗帘以及在室外场馆选择架机位置

在室内场馆制作比赛的时候，光线来源使用的是人工照明灯光。但是，如果场馆窗户不用深颜色的窗帘遮挡，大量自然光将进入场馆内形成混合光而造成偏色，从而影响到画面质量。因此，在提前考察场馆的时候，应注意场馆使用的窗帘颜色及材质。

在室外场馆确定架机位置时，如果主机位可以选择方向的话，要注意场地的朝向，最好把主机位和主要机位群放在场地的南面，向北拍摄。这样可以顺光拍摄，有利于画质。

7. 安保

场馆方要派保安人员保护电视转播设施的安全。

8. 场馆方是否需要转播车信号的问题

有的场馆方在转播前一个小时，才来到转播车上要视频信号。技术人员通常不会答应他们的要求，因为已经临近播出。因此，我们应当事先询问场馆方是否需要视频信号？需要哪种信号？带不带字幕？以免问题遗漏而导致双方合作不愉快。

9. 场馆方何时打开场内灯光的问题

有些场馆方为了节约，在比赛开始前15分钟才打开比赛场地的所有灯光，这对我们电视制作方面来说是个问题，因为我们需要一定的时间，在灯光全部打开的状态下测试和调整设备。因此，我们应和场馆方约定每天开灯的最晚时间，避免因沟通不足而引起问题。

10. 场馆方为电视制作方提供工作间的问题

有时候，场馆方会主动为电视制作方提供一间办公室，作为我们的工作间。但是，在体育新闻部分和体育竞赛部分都在现场报道赛事的情况下，一间工作间是不方便的，因为体育新闻人员的工作时间和我们并不一致，而场馆方并不一定知道之间的区别。因此，如果我们需要单独的工作间的话，应向场馆方解释清楚，以免场馆方混淆。

11. 给转播车提供一条直播电话线路

电视制作方需要固定电话线路联系节目播出等事宜，需要场馆方面提供协助。

三、与电视转播技术人员所涉及的问题

1. 输出电视信号的格式

高清信号的画幅比是16∶9，而电视台播出是按标清信号4∶3的画幅比播出。由高清转换到4∶3有两种方式：①按“信封”方式，现在文艺部门用这种方式较多；②按“切边”方式，体育转播通常按这种方式。

2. 赛事转播方案

节目部门应及早把摄像机位、慢动作配置及字幕方案等需求告知技术部门人员。双方容易产生误解的情况有：

(1)慢动作回放不带声音：有些转播车的EVS在原速回放时是不带声音的，如果我们在转播中需要用EVS原速回放比赛的话，就会出现问题，因此我们需要提前跟技术人员说明需求。

(2)字幕机与字幕程序不兼容：例如，国内电视台大多用的是新奥特公司的字幕机，新奥特的A8字幕机和A8 PRO字幕机是基于两个不同的板卡开发的，相互的程序不能兼容。另外，同一款字幕机还会因为版本号的不同而导致程序无法运行。为了避免出现问题，我们应提前与技术部门人员将字幕机的型号和版本号核对无误。

此外，助理导演还要与字幕导演一起，仔细检查核对国家及地区的旗帜及简称，确保万无一失。例如，国外的一些字幕程序把旗帜做得太艺术化了，五星红旗看不见星星；国内的一些字幕程序不能区分国家和地区代表队的不同，如英国和英格兰。

(3)内部通话系统：在体育转播中，特别是如田径、体操等复杂赛事的转播中，内部通话系统有时起着“生死攸关”的角色。在国内赛事的制作中，我们有时会把一辆转播车分成两个系统来制作比赛，但是，有的转播车的内部通话系统无法分开，这就导致了两拨团队通话串在一起的情况，摄像师们无法判断明确的指令，这对信号制作来讲是致命的。

(4)输出几路信号及其格式：在制作公用信号的过程中，经常需要输出多路信号，具体情况如下。

从音频上看，输出信号有两种方式：

①纯背景声；

②背景声加评论声。当输出信号有超过一路评论声的情况下较容易出现问题。这个时候转播车和卫星车要仔细核对分配的音频通道和音量大小。节目组人员也要与卫星传送人员测试音频通道，避免因为沟通不足而导致没有把第二路评论声输出。

从视频上看，输出信号有三种方式：

①纯clean版，不带字幕，主要用于场馆大屏幕；

②clean版，带计时记分字幕信息，主要用于境外电视台；

③dirty版，不仅带计时记分字幕信息，还要附加广告字幕，主要用于国内电视台的播出。

(5)收录素材：节目组人员要与技术人员核实转播车内的录像机型号后，然后准备相应类型的磁带。在这个环节中，比较容易出现问题的情况是：

①节目组需要同时收录不同格式的信号，如clean版和dirty版，这些要求需要提前告诉技术人员；

②音频的要求，例如，1声道是放混合声还是纯评论声；英文评论声放在第几个声道？

③如果转播车的录像机数量不足，不能够以接板的方式无损失录制，节目组人员要告知技术人员在合适的时机换磁带，如：一场比赛结束以后，慢动作、字幕和集锦全部播完以后是个合适的换带点。

(6)扫画及其叠画的时长：现在我们已经优先选择高清转播车来制作赛事，但是在制作节目的时候，我们还要按照4∶3的画幅比来拍摄节目，这不仅导演和摄像师们建立4∶3的概念，体育转播在做高清扫画的时候也要考虑到这一点，因为体育赛事通常采用“切边”的方式来转换画幅比，所以要确保扫画充满屏的图像在4∶3的区域以内。

另外，由于不同类型节目所带来的要求不同，转播车的字幕叠画时长是变化的。节目组人员应当注意切换台当前设置的帧数，如果不符，需要重新设置。

四、与电视转播节目人员的配合

助理导演要与总导演在赛前制作比赛转播流程表，细化流程中每个镜头、每屏字幕、每次慢动作集锦的内容、顺序和时长。在转播开始前，助理导演要组织各工种多次演练转播流程，确保万无一失。在转播过程中，助理导演通过使用内部通话装置，针对性地提示所涉环节的每个工种。提示内容要明确清晰、准确适时，让相关岗位知晓，同时又不妨碍他们的正常工作。

综上所述，助理导演应深刻理解总导演的制作思想，准确掌握体育赛事的制作要求，同时要具备全方位的统筹协调素质，在需要时要充当别的工种的替补。

王昭，2006 年进入中央电视台体育频道竞赛部篮球组，从事美国男子篮球职业联赛（NBA）转播的导播和编辑工作，以及篮球电视公共信号制作工作。

浅析奥运会中助理导演的角色拓展

关于电视公用信号制作的课题，通过各种大型赛事电视信号制作的磨炼直到参加了2008 年北京奥运会的电视公用信号制作，我们需要讨论的已经不仅仅是助理导演的定义以及其基本的岗位职责了。本文旨在通过笔者在北京奥运会上担任电视公用信号制作篮球项目助理导演的经历，从更深一个层面来探讨在大型赛事中助理导演的角色拓展。

一、 助理导演的岗位描述

在《体育赛事电视公用信号制作标准指南》一书中是这样对助理导演的岗位职责进行描述的："协助总导演的各项工作，做好一切和导演组相关的具体工作，必要时相当于总导演的替补；日常工作中为总导演准备比赛资料，协助总导演进行机位调配和切换；比赛公用信号制作中随时听候总导演的指挥和调遣。"和其他分项导演不同，有关助理导演的岗位描述没有具体的应该做什么，不该做什么。在整个比赛的前中后，从各个方面的协调到控制信号制作的流程，助理导演需要做到事无巨细、面面俱到。一名优秀的助理导演，不是照本宣科地走流程，而是在于是否能将转播车内以及车外的各个工种协调到一起，保证工作有序地进行。从某种意义上说，助理导演相当于一颗螺丝钉，怎样用最合适的螺纹把信号制作中所涉及的每个部分有机地拧在一起，从而组成高产高效的制作"车间"，不能不说是一门学问。

二、 大众对助理导演这一岗位的认识存在的误区

在很多人看来，助理导演是一个可有可无的角色，好像是一块砖，哪里需要就放到哪里。这种认识上的误区造成一些助理导演也认不清自己的岗位职责，把工作重点放在"助理"这两个字上，总导演让干什么就干什么，那么其工作难免成为一种被动而重复的熟练工种。其实助理导演的工作更应该是具有主动性的，比如与场馆各部门的协调、与转播车各工种之间的沟通。尤其是在奥运会当中，涉及的部门和工种众多，隐藏和随时爆发的问题也很多，助理导演要有发现各种潜在问题的能力，用最快最有效的方法解决问题，为总导

演和其他分项导演带来相对顺畅与舒服的创作空间。在电视公用信号制作的过程中，任何一个潜在的问题，比如供电需求的保障、各工种之间的通信等，都有可能对转播带来致命的打击，而北京奥运会更是要求我们的信号制作零失误，因此，助理导演主动发现问题和解决问题的能力不能不说是确保信号制作顺利进行关键之所在。

按照国际公用信号制作惯例，特别是像奥运会这样的大型赛事，每场比赛的赛前、暂停、节间、中场、赛后都有相应严格的节目制作流程，对于相关镜头和字幕都有具体景别上和时长上的要求，而助理导演要依据此流程准确报时以确保整个信号制作的严谨性与连贯性。由此，有人会认为助理导演的工作就是数数，一些助理导演也会笑谈自己的工作就是一个倒计时接着另一个倒计时。其实如何倒计时，如何数好数，也是需要学问的。在比赛场上发生的事情永远不会像助理导演手中的流程单那样一成不变，即便是奥运会，也时常会发生现场的体育展示不按照流程上的时间走，整个现场的流程与转播车上的时间错位。这就要求助理导演灵活机动地去处理。比如在奥运会男篮小组赛的一场比赛中，转播车上刚刚按照流程上的时间放完片头，现场已经开始介绍运动员了，显然这是现场体育展示没有按照之前沟通好的时间走流程。这时再联系现场导演并要求其对现场进行协调已经来不及了，那么助理导演就需要考虑如何在确保自己手上的流程不错过任何一个环节的情况下，用最快的速度将镜头切换到现场。笔者的做法是首先与字幕导演沟通，缩短了观众可以在最短的时间内一目了然的字幕的播出时长，比如赛事名称、场馆名称等；与此同时与摄像师沟通，包括介绍球队的小全景，并用捕捉细节的机器跟住即将登场的主力队员。在主力队员登场的前一刻把镜头切换到现场，并及时切换出主力队员的单人近景画面，这样既迎合了观众在心理上的期待也不违背观众在视觉上的观赏习惯，将现场体育展示的一次小小失误消解在变换的镜头当中。由此可以看出，助理导演手中的流程仅仅是工作的基本，不但要做到了解和知道，还要烂熟于心，走流程不是照本宣科，而是按照现场发生的事情如实并且准确无误地传递给观众。

三、助理导演应具备的素质和能力

在电视信号制作过程中，助理导演应该具备哪些素质？在这里我不仅仅讨论助理导演所应具备的基本素质，还要通过奥运会中助理导演的角色拓展，着重讨论助理导演所应具备的最主要的素质和能力，即心理素质、合作能力、沟通能力和创作能力。

1. 心理素质

每一个初次参加信号制作的人都难免会有紧张的心理，特别是助理导演，当信号制作马上要进入走流程的阶段时，所有人的目光都会集中在助理导演身上，而整场比赛的信号制作也会随着助理导演的倒计时拉开序幕。大家知道，紧张和错误是一个恶性循环，一旦由于紧张引起了错误，往往会造成越错误越紧张，越紧张越错误的局面。所以说助理导演在信号制作的过程中首先需要做到的就是学会克服自己紧张的情绪，并建立良好的心理素质。在奥运会期间，男篮小组赛中国队与美国队由于各方面的关注而成为北京奥运会当天比赛的焦点之战。赛前从场馆到媒体再到观众，无一不表现出一种兴奋而紧张的情绪，而这种气氛也自然而然地传染到转播车上。在比赛即将进入倒计时的阶段，通过耳机分明可以清晰地听到一些摄像师和分项导演深呼吸的声音，整个转播车也鸦雀无声。在这个时候，需要助理导演站出来用相对轻松的口吻与各个分项导演落实流程、核对时间，一方面提醒各工位尽快进入工作状态，另一方面通过话筒传达给整个制作团队一种轻松的氛围，以缓解大家的紧张情绪。一位摄像师曾经说过，助理导演说话的声调和语气会直接影响到他的创作心态。诚然，适度的语音语调仅仅是助理导演的工作中需要注意的很小的一个方面，但是助理导演的角色正是要从这种细微的地方入手，对制作团队起到润滑和助推的作用。

其次，助理导演只有具备良好的心理素质，才能产生较强的应变能力去应对转播过程中的各种突发事件和问题。一旦突发事件发生，助理导演的耳机里往往会同时出现总导演调机的声音、现场导演描述现场的声音以及字幕导演或慢动作导演与操作员沟通的声音，那么这就需要助理导演在最短的时间内从耳机接收到的声音中过滤出突发事件是什么并迅速做出反应，协助总导演尽快解决问题。不仅如此，良好的心理素质会使助理导演始终处于一种清醒的状态之下，助理导演作为电视信号的制作者，不是观众更不是球迷，始终需要把自己摆在一个游离于比赛和转播之间位置，不能全身心投入地看比赛，而是要根据场上的局面协助总导演把握每一个机位的景别，并提醒各工位的流程。助理导演往往是信号制作当中坐在转播车上时间最长的那个人。每天信号开始传送之前的一个半小时，助理导演就需要上车与各技术部门之间查看转播车的工作状态，并提醒其他岗位工作人员的上岗时间。每天比赛结束之后，助理导演还要配合慢动作导演播放全天的未切出精彩镜头素材集锦。北京奥运会篮球最后一场比赛结束时，几乎所有转播人员都下车合影留念，但这时助理导演仍需要在转播车上按照流程把最后一秒走完。因此这就需要助理导演从始至终都要有一种良好的心态，在纷繁的转播过程中永远清醒地认识到自己的职责并坚守岗位，直到转播的最后一秒钟。

2. 合作能力

电视信号制作是一个系统工程，信号制作的成功与否很大程度上是建立在各个岗位相互信任和各个环节的相互配合上。而助理导演的角色正是需要把不同的岗位、不同的环节有机地结合在一起，因此助理导演的性格直接决定了其合作能力。一个平时不合群的人是很难成为一名优秀的助理导演的。由于助理导演角色的特点，决定了这个岗位既不能沉默不语地一心搞创作，也不能总想着实现自己的想法。助理导演，需要站在一个大局的高度，从细微的地方出发，在协助总导演处理各种事务的同时，也要照顾到每一个工作人员的细节甚至是饮食起居，通盘考虑去统筹与协调，在很大程度上为各个工种和各个岗位之间架起桥梁。

不仅如此，在奥运会中所涉及的人员和部门远不只转播车上的工作人员那么简单，还会涉及 BOB 的项目负责人、场馆经理、场地经理、竞赛经理、体育展示等众多接口。助理导演首先需要了解各个部门的职能和能够解决问题的范围，并在自己的头脑里建立起一个合作网络，以便在需要的时候用最短的时间找到最能解决问题的部门。其次，要和不同部门的负责人接触并熟悉他们的性格，在短时间内与其建立良好的合作关系。并不是所有的人都能在短时间内建立良好的关系，这就需要助理导演去琢磨与不同性格人交往的不同方法，这其中更包括与外国同行跨国、跨文化的交流与合作。助理导演需要提前做好功课，比如各个国家的一些语言习惯和肢体语言，有时往往是一个动作或是一句敬语，就能博得国外同行的信任，并在以后的合作过程中互相帮助。以上所提到的都是助理导演合作能力所体现的细微之处，良好的合作关系看似与电视转播没有直接的关系，但在遇到问题或突发事件发生时却往往能达到四两拨千斤的效果。

3. 沟通能力

在电视信号制作的过程中，助理导演需要同方方面面的人打交道，从赛事组织者、场馆管理者再到转播团队所涉及的各个工种，都存在着大量的沟通协调工作，因此良好的沟通能力是助理导演开展工作的前提。而良好的沟通能力涉及的两个关键词：一个是应变，一个是坚持。每件需要沟通的事情都有一个终极目标，那就是为电视信号制作服务以保证转播的顺利进行，为了达到这个目标助理导演一定要有一个清晰的认识，即什么是可以变通的，什么是一定要坚持的。在北京奥运会篮球电视信号制作团队进驻到场馆开始进行赛前准备阶段，我们从北京奥林匹克转播有限公司(BOB)的项目负责人手中拿到的是一份和雅典奥运会篮球电视信号一模一样的制作流程。事实上，雅典奥运会的篮球转播从某种程度上讲确实存在着不尽如人意的地方，而我们通过高密度大规模的奥运练兵也总结出自己的一套行之有效的信号制作流程，因此这就需要和 BOB 的项目负责人进行沟通，去完善北京奥运会的信号制作流程。这时助理导演需要协助总导演将各分项导演组织在一起研究流程，提出各岗位需要解决的问题，总结出整个流程哪里是我们一定要坚持的地方，哪里是可以妥协的地方，和 BOB 的项目负责人讲述我们对于流程的想法并提出建设性的方案。我们的认真、热情也因为坚持而赢得了外籍负责人的尊重，并保证了我们从始至终顺畅而愉快的合作关系。由此可以看出，助理导演强有力的沟通能力会使得对方积极主动地为转播提供服务和帮助，保证信号制作顺利进行。

4. 创作能力

前面已经提到，助理导演不能把自己仅仅定位在“助理”两个字上，身为导演组的一员，助理导演同样要具备电视转播的创作能力，特别是对于一些总导演关注不到的小细节小问题上，提出自己合理化的建议。但助理导演参与创作要把握一个度，在比赛当中，所有工位都按照总导演的指令顺利行进的时候是不需要助理导演说话的。但是一旦场上发生总导演顾及不到的事情，助理导演需要及时提醒总导演并提出合理的切换想法。助理导演要保证自己在转播中说出的每一句话都是在最需要的时候说出来的，从而真正地做到添彩不添乱。值得一提的是，北京奥运会通过助理导演和现场导演的配合，我们总结出一套自己的工作模式，即通过现场导演的眼睛将场上发生的事情，包括犯规、换人、受伤、特色观众等很多通过转播车上的屏幕无法发现的信息传达给助理导演，助理导演在最需要的时候适时把这些信息传达给摄像师、切换员和总导演。这种工作模式保证了我们所提供的电视画面没有放过任何一个场上所发生的故事，同时证明了我们制作的公用信号所具有的专业性水准。

从以上可以看出，在电视信号制作过程中助理导演不仅仅是手拿流程单，根据秒表倒计时的角色，而且能通过自己的专业素质和能力将助理导演的角色提升到一个新的高度，从全局出发，系统把握电视信号制作中所涉及的各个部门的相关部门，随时准备冲上去出现在最需要的地方，以保证整个信号制作顺利进行。

字幕导演

田洋，参与了2006年亚运会排球，2008年北京奥运会排球和北京残奥会坐式排球、盲人柔道，2005年至2010年间6届世界女排大奖赛中国站电视公用信号制作工作。

浅谈北京奥运会排球项目国际公用信号制作中字幕的制作

北京奥运会的帷幕已经落下，我们至今难忘这一伟大的盛典，全球200多个国家和地区的17000多名运动员欢聚北京。中央电视台也在奥运会期间完成了历史的突破。除了对奥运会作全方位立体报道外，更承担了奥运会六项体育赛事的国际公用信号制作工作。我们实现了让尽可能多的中国电视人参与到2008年北京奥运会的电视信号制作和转播中去，为中国电视观众制作出更好的电视体育节目。这为中国体育电视写下了浓重的一笔，也在国际体育电视公用信号标准化制作的领域内增加了更多更强的中国元素 。

当今社会，体育和电视已经成为密不可分的亲密伙伴。盛大的体育赛事更是让人们深刻感受到电视传媒的巨大力量。同样，电视传媒也让全世界的人们切身体会到体育运动那无可比拟的魅力。奥运会是现代体育发展的重要标志，发展至今已成为整个体育运动的代名词。奥运会电视公用信号制作基本代表着现今体育赛事电视公用信号制作的最高水平。时至今日，奥运会电视转播已经走过72年的发展历程，基本分为三个阶段。第一阶段，1936年柏林奥运会至1960年罗马奥运会。这一阶段，电视正处在发展初期，技术很不完善，相应的通信条件也十分落后。因此，奥运会电视报道只能在小范围内进行，报道时间短，影响力不大，体育比赛的信号一般不具有公用性。第二阶段，1964年东京奥运会至1980年莫斯科奥运会。这一阶段，许多新技术的运用，使电视与其他媒介相比更具有优势，收看奥运会电视报道的观众也越来越多，这对推动奥运会的发展起到了不可替代的作用。

这一时期的电视体育转播开始具有公共性的意义，很多电视机构共用一路电视转播信号，但此时还是缺乏相关的组织和操作规范。第三阶段，1984 年洛杉矶奥运会至 2008 年北京奥运会。这一阶段，奥运会电视报道有两个突出的特点：一是电视转播费用大大升高，高额的转播费用成为举办奥运会的主要经济来源之一；二是当代最先进的科学成果已全面应用到奥运会的电视信号制作，这在很大程度上改变了人们对于奥运会的认识。在这个发展过程中处处记录着体育和电视的相互作用及影响。

随着科技和体育赛事公用信号制作的快速发展，图文字幕逐渐成为一套标准化的体育赛事公用信号不可缺少的组成部分。在大型体育赛事，尤其是奥运会的信号制作过程中，图文字幕占据了重要地位。它将赛场内外的大量即时信息叠加到公用信号画面当中，为广大观众提供了除画面以外，更快更好地了解比赛相关信息、比赛进程的最佳手段。同时，赛前、赛后的图文字幕信息也为使用同一路公用信号的电视台提供了对公用信号进行加工的可能性。

目前，根据奥运会公用信号制作标准，排球项目公用信号制作导演团队由总导演、助理导演、慢动作导演、字幕导演、场地导演、切换导演组成。在奥运会公用信号制作中，字幕导演负责把所需要的正确的字幕(比如比赛名称、场馆信息、场次信息、运动员及教练员介绍、比赛信息等)准确地告诉字幕操作员，再由字幕操作员通过字幕机提供给字幕导演，经其确认无误后，通过特定的键叠加到画面当中。《奥运会公用信号制作手册》要求字幕、图形要清晰准确并有信息量。每项赛事又都有自己的字幕要求。北京奥运会电视委员会对字幕要求分四类：(1)比赛名称、场馆信息、对阵信息、运动员信息等赛前介绍类字幕；(2)计时记分系统提供的比赛进行中和比赛结果类字幕；(3)OLM，指的是赛中的图标(LOGO)(北京奥运会排球项目中为欧米茄(OMEGA)的 LOGO，比如固定什么时间出，时长几秒，由北京奥林匹克转播有限公司(BOB)提出要求；(4)扫画(OTD)也归字幕，是慢动作的特技，在叠画的时候加上。

字幕导演在公用信号制作过程中需要监控字幕的准确性和出字幕的最佳时机。字幕操作员要在比赛前把本项目所有字幕的类型和要求了解好，并熟悉掌握字幕机的操作与字幕机的简单应急方法。赛前将数据库中本项目已录入的信息进行反复核实(北京奥运会排球项目需要核对所有参赛队伍的队员详细信息、主教练信息、颁奖嘉宾图文信息等)，确保准确无误。出字幕的时机由字幕导演掌握。在公用信号制作开始时，助理导演会严格按照 BOB 的要求统一制作流程，提示出字幕的时间和时长。但在比赛进行中，由于体育比赛本身特有的动态性，出字幕的时机应当灵活掌握。除此之外，比分字幕应实时出现在比赛进行中。当场上有换人情况出现时，应在切换导演提供的两名队员交叉上下场的中近景画面上及时叠加换人的信息字幕。不能将其叠加在其他场上队员的近景或特写画面上，以避免造成信息的混淆。相反，小节比分、暂停比分等字幕应叠加在全景上，而不能叠加在中近景或特写的画面上。此外，字幕导演还应负责总导演与字幕操作员之间、字幕操作员与现场成绩系统之间的协调工作。

北京奥运会排球公用信号制作中，图文字幕机仍沿用雅典奥运会和多哈亚运会的 Agile 3G Character Generator(安吉尔 3G 字幕发生器)。Agile 由两部分组成。第一部分是一个单元架或称为“黑盒子”的家用电视标准硬件，以高清输入和输出，这部分被称为 Agile。第二部分是由一个安装有软件 Age Plus 的标准电脑组成的，这部分被称为控制电脑，用来操作 Agile。

排球的字幕图形包由两个主要元素组成：消息和数据。消息已经由 BOB(北京奥林匹克转播有限公司)字幕图形团队开发创建完毕。消息使用模板定义字体、颜色和图形元素，这些是字幕操作员在使用字幕机时无法再进行改动的。每个消息通过程序语言显示特定的数据，这些数据由奥组委的现场成绩系统提供。这些模板的组合和编程被保存在能够关联的单个赛事的消息段中。北京奥运会排球项目的图文字幕消息共有36项。以北京奥运会公用信号制作流程(含图文字幕信息需要出现的固定时间及时长)为例详解图文字幕制作的标准及要求：

赛前60分钟：

开始时间	结束时间	时长	画面	字幕
60：00	55：00	5分钟	大全景	预定赛前单边采访的电视台列表
55：00	45：00	10分钟	A电视台采访画面	无
45：00	40：00	5分钟	大全景	B电视台单边采访字幕
40：00	30：00	10分钟	B电视台采访画面	无
30：00	25：00	5分钟	大全景	C电视台单边采访字幕
25：00	15：00	10分钟	C电视台采访画面	无
15：00	11：00	4分钟	场馆全景	无
11：00	10：30	30秒	多角度场馆全景画面	无
10：30	10：03	27秒	倒计时中	无
10：03	10：00	3秒	黑场	无

赛前10分钟：

开始时间	结束时间	时长	画面	字幕
10：00	9：30	30秒	片头	无
9：30	9：10	20秒	场馆全景	比赛标题
9：10	8：50	20秒	场馆全景	当天比赛列表
8：50	8：30	20秒	大全景	对阵介绍
8：30	8：00	30秒	裁判员进场、观众、运动员热身、精彩画面	无
8：00	7：30	30秒	多角度场馆全景画面	无
7：30	7：00	30秒	多角度场馆全景画面	分组列表/积分排名/晋级信息
7：00	6：15	45秒	运动员热身	无
6：15	5：30	45秒	A队运动员镜头	A队全体队员名单
5：30	5：10	20秒	场馆全景	A队先前战绩(1/4比赛时出现)
5：10	4：25	45秒	运动员热身、观众、情绪画面	无
4：25	3：40	45秒	队员热身	无
3：40	2：55	45秒	B队队员镜头	B队全体队员名单
2：55	2：30	25秒	场馆全景	B队先前战绩(1/4比赛时出现)
2：30	2：00	30秒	观众、情绪画面	无
2：00	00：00	2分钟	裁判员近景、A队出场队员、A队主教练、B队出场队员、B队主教练、场地正面大全景	裁判员介绍、A队首发队员名单、A队主教练介绍、B队首发队员名单、B队主教练介绍、两队场上位置

比赛进行中，需要出现的字幕：发球队员单人介绍、发球速度、实时比分、换人信息、换人次数统计、暂停统计、两队单项技术统计对比(发球、拦网、扣球)、队员个人单项技术统计(发球、拦网、扣球)、暂停比分、每局比分、每局两队技术统计对比(扣球、拦网、一传、发球得分、失误送分)。

赛后3分钟(比赛哨声结束算起)：

开始时间	结束时间	时长	画 面	字 幕
00：00	01：00	1分钟	场馆全景	结果比分、全场技术统计、积分排名/晋级信息
01：00	01：30	30秒	场馆大全景	
01：30	02：00	30秒	集锦	
02：00	02：30	30秒	场馆大全景	
02：30	03：00	30秒	片尾	

赛后60分钟：

开始时间	结束时间	时长	画 面	字 幕
03：00	03：05	5秒	黑场	无
03：05	08：00	4分55秒	大全景	预定赛后单边采访的电视台列表
08：00	18：00	10分钟	A电视台采访画面	无
18：00	23：00	5分钟	大全景	B电视台单边采访字幕
23：00	33：00	10分钟	B电视台采访画面	无
33：00	38：00	5分钟	场馆全景	C电视台单边采访字幕
38：00	48：00	10分钟	C电视台采访画面	无
48：00	49：00	1分钟	多角度场馆全景画面	未切出精彩镜头素材集锦提示字幕
49：00	54：00	5分钟	未切出精彩镜头素材集锦	无
54：00	55：00	1分钟	场馆大全景	下节传送时间字幕
55：00			黑场	无

颁奖仪式中需要出现的图文字幕是排球项目图文字幕相对简单的部分。全部颁奖仪式只需要出现颁奖仪式名称、颁奖嘉宾介绍、第一名介绍、第二名介绍、第三名介绍及第一、二、三名列表的图文字幕。只要按照事先彩排好的规定程序，依照画面叠加即可。

总之，图文字幕出现的原则是：字幕信息是比赛画面信息的补充和说明，应该以奥运会公用信号制作要求为依据，符合比赛规律，在合适的时机规范化、人性化的叠加相应字幕。

论体育比赛电视公用信号制作中的字幕

于 洋

一、 字幕的基本定义和作用

电视字幕最基本的含义是一些文字符号附以各种经过设计美化后的衬底而反映在电视屏幕上，目的是给电视观众提供最大可能的信息量。由于电视是一种综合性的视听艺术，电视画面是电视造型语言最基本的因素，是组成电视节目最基本的单位，在电视直播中亦是最主要的元素。一场比赛精彩与否，与电视导演(导播)对镜头的把握密切相关。然而电视画面是视听一体的，画面及附载于其上的同期声、现场环境音响及电视字幕等，构成了一个不可分割的共同体。画面语言尽管是电视节目形象传播的重要表现元素，但它并不能独立、完备地完成所有的信息传播。因此，字幕在体育电视直播过程中，绝不仅仅是对画面的补充，同时也是与画面实时同构的重要传播元素，在营造现场氛围，尤其在传播现场信息方面起着相当重要的作用。

二、 体育比赛电视制作中字幕的特点

体育比赛电视制作中的字幕有别于文艺、时政等其他领域，有其特殊性。雅典奥运会电视公用信号制作手册中明确要求字幕、图形要清晰、准确而有信息量，这就反映出体育转播中字幕的三个特性，即准确性、及时性和专业性。

1. 准确性

准确性包含两方面内容：

(1)字幕内容的准确性。字幕在整个电视制作中并非主体，而是辅助，一条字幕在没有确认它的内容是否准确时，宁可舍弃，要严格做到“添彩不添乱”。以奥运会羽毛球转播为例，每天的工作量在10小时以上；而奥运会现代五项的转播全天5个小单项(射击、击剑、游泳、障碍赛马、跑步)预计有60～70屏字幕在转播中使用，如此长时间的工作，如此大量的字幕内容，必须由专人来负责协调和调度。奥运会电视转播有限公司在制作手册中特设了一个岗位：字幕导演。他最基本的工作就是要保证每一条出现在屏幕上的字幕信息都是准确无误的。这要求字幕导演同总导演和字幕操作员之间有很好的配合，并且熟悉字幕机的操作方式和项目特性。

(2)字幕上下时机的准确性。电视画面是电视制作的主体，作为辅助的字幕要绝对保证和电视画面的统一性。每条字幕都有严格的时长和景别要求，在错误的时间或者不匹配的画面上叠加字幕，无疑也是错误的。例如，在全景机位上叠加某个运动员的个人信息，反之亦然。

2. 及时性

字幕作为电视画面中提供比赛信息量的环节，它的及时性是非常重要的。一个比赛信息的变化如果没有第一时间体现在电视画面中是不能容忍的。试想，足球比赛中一方进球得分而比分字幕迟迟没有变化；羽毛球/网球比赛一方球员得到赛点却没有字幕显示；一场

篮球比赛结束后核心球员的得分情况不能及时提供给电视观众，那么无论多精美的画面组接，多精辟的解说分析都不能掩盖这场电视转播的失败。可见，字幕一定要在第一时间出现在最适当的电视画面里，从而达到最佳的声画结合。

3. 专业性

早期的体育比赛电视制作对字幕的要求不高，只需要提供最基本的信息，如队员名单、比赛结果等。但随着越来越多的国外高水平赛事通过电视窗口进入中国的千家万户，如美国篮球职业联赛、美式橄榄球、世界一级方程式锦标赛、足球世界杯等。观众的欣赏品位越来越高，这就要求电视制作人要拿出更专业、更权威的产品来满足受众。比赛的结果固然重要，但是过程更吸引人。如果说导演在用画面为观众讲故事的话，那么字幕就是在帮助观众更立体更全面地欣赏这部体育大片。以 NBA 为例：由于多年的专业化，使得 NBA 的电视制作队伍有一个强大的网络数据库的支持，任何一场常规赛、季后赛、总决赛；所有球队、教练、球员的相关信息都会在需要的时候体现在电视屏幕上，可以说电视观众想了解的信息都能在第一时间得到，一些观众根本不知道的内容也会在直播中得到提示，球迷在欣赏高水平比赛的同时还得到了很多有价值、专业化的比赛信息。

美国的一位电视学教授曾经做过研究，观众对于电视画面的被吸引时间一般是 8～10 秒，也就是说如果在这段时间里，观众从节目中得不到更新鲜的画面、文字以及解说信息，他们将失去耐心而转看其他频道，可见准确、及时、专业化的字幕信息对于体育比赛电视制作的重要性。

三、要制作准确、及时、专业的电视字幕

这需要专业的人员经过培训和演练才能实现，其工作原则大致可以归纳为以下几点。

第一，要熟练掌握每个项目信号制作中将要出现的各种字幕格式和版式并能灵活运用。要对该项目做到成竹在胸，首先是比赛规则，然后是赛事进程的规律性，再有就是认清运动员。

第二，制作清晰的字幕流程。在赛前与总导演、助理导演、慢动作导演、场地导演、切换导演一起完善该流程。商量出最恰当、最准确的字幕上下时机和长度，并让每位参与直播的人员包括导演、摄像师等基本清楚字幕顺序。

第三，赛前与场地导演一起与赛事举办方碰头，要清楚地知道赛前、赛后以及发奖的每个环节，掌握所有与字幕有关的信息。

第四，信号制作过程中，要严格按照流程，在确保给观众提供最大信息量的同时，一定保证每个字幕的准确性。如果出现模糊或者特殊情况，宁可不上。

第五，要有清醒的头脑，坚强的意志，有应对突发事件的能力。比赛转播过程中有可能会出现一些人为或非人为的突发情况，比如运动员受伤弃权、比赛对阵或颁奖嘉宾临时更换、字幕机网络故障、字幕系统错误等。要事先考虑好这些可能发生的问题并做好解决的预案，这样才能做到有备无患。

四、体育比赛电视制作中的字幕发展趋势

1. 比赛信息内容的发展

随着赛事转播水平的日新月异，对于比赛字幕信息内容的要求也越来越高。从最初的上场队员名单、比赛名称、比赛结果等简单信息发展到除此之外的球员场上位置、各种单

项和总技术统计、比赛晋级图、历史战绩、交锋史等各种细微的专业信息，可以说只有想不到的没有做不到的。这些详尽的字幕信息大大增强了比赛的可看性。比如2006年德国世界杯、2008年的足球欧锦赛，我们在欣赏精彩比赛的同时，也感慨国外电视同行提供的高水平电视转播。在字幕方面，电视观众得到的绝不仅仅是出场队员名单、比赛比分，而是大量详尽充实的赛中、赛后字幕信息。大到球队的角球数、控球时间比、射门数、犯规数、红黄牌等；小到每个球员的射门数、传球数、传球成功率等都可以在电视屏幕上体现出来。

2. 比赛信息获取方式的发展

第一阶段，获取比赛信息的途径就是通过赛前从组委会得到的名单再利用转播车上的字幕机在比赛中出一些最简单的比赛题目、运动员的最基本资料和比赛的比分，信息量极少，出字幕很慢。

第二阶段，在比赛现场用一台笔记本电脑与转播车字幕机联网，从笔记本输入比赛资料，再传到字幕机播出。出比分字幕比第一阶段稍快，但信息量依然不够。同时，对字幕软件进行开发，设计出一些可以在比赛中实时播出的比赛信息，仍然通过联网的方式在现场笔记本电脑中输入后传回转播车的字幕机系统再播出。但由于网络传输的单一通道，一旦发生故障，则转播车的字幕机系统丧失功能，只能寄希望于网络的恢复或通过对讲机与现场加分的字幕员通话报分，再由转播车字幕员手动播出。方式比较原始而且出错率高。

第三阶段，数据库的使用。在奥运会的信号制作中，字幕信息是通过一个庞大的数据库获取的。这个数据库涵盖了所有奥运项目所需的信息内容，但每个单项的字幕员只能被授权使用与自己项目相关的部分。这个数据库每天会根据比赛的进程不断更新，操作员每天必须得到新的授权密码，才能进入系统。进入后，你会发现当天所有比赛场次全部相关信息已经一一在列，你所需要做的工作就是核对无误后播出。转播车上的字幕机与数据库联网并存有备份，一旦某个通道出现故障，则可以手动选择另一通道连接。如果全部失灵，车上也可以手动输入比分和信息。这套系统的使用最大限度地降低了出错率，并保证比赛信息的实时更新和播出。数据库的理念已经被世界上众多大型综合体育赛事和高水平单项赛事所使用，在中国网球公开赛的信号制作中，数据库也被率先应用，开创了自制信号字幕系统规范化的先河。

3. 虚拟技术进入字幕领域

随着转播技术手段的不断更新，一种最新科技被应用到了体育比赛的电视制作中，这就是电视虚拟制作技术。它已经从后期的虚拟演播室制作进化到前期现场信号制作中，主要是通过在场地内架设类似摄像机的传感器，将数据通过网络传回到母机上，制作一个与真实场地完全一致的三维虚拟环境。通过设计好的各种比赛项目的软件，包括都需要提供哪些与比赛相关的信息等，再与转播车的系统连接。虚拟技术被称为电子裁判(俗称“鹰眼”)，这套系统由英国人霍金斯研制，通常用于电视转播。它不仅能够反映有争议球的落点，还能以三维立体的方式提供每个球员一发、二发成功率、上网截击和底线回球的成功率和站位以及发球速度等信息。这套虚拟技术还可以应用在其他的体育比赛中，比如显示游泳比赛中各道次选手的名字国籍、冲刺时选手距离世界纪录的差距；足球比赛中的虚拟广告等。相信随着软件不断地被开发，技术日益成熟，这套设备将被应用于更多体育比赛项目的电视制作中。

综上所述，体育比赛电视制作中的字幕从一个无足轻重的位置发展成一个相对独立的分项，从简单的二维制作发展成多元化的三维、虚拟等，足见其在公用信号制作中的重要性和发展空间。随着转播技术的日益提高，随着转播队伍的日益专业化，相信电视字幕将呈现给广大观众更美观、更及时、更丰富、更多元化的信息和内容。

现场导演

初元澎，1995 年体育频道开播时来到中央电视台，以体育记者身份参加了 1996 年奥运会、2000 年奥运会和 1998 年亚运会等赛事报道。2002 年开始从事信号制作，参加了 2004 年和 2008 年奥运会、2006 年亚运会和 2006 年英联邦运动会等公用信号制作工作。

体育比赛中场地导演的职责和功能

场地导演又称现场导演，是指在体育比赛电视国际信号制作过程中，为了保证信号制作的顺利进行，在比赛现场负责收集信息和做协调工作的人。

在奥运会国际信号制作手册中，场地导演称为 Spotter。对这个岗位的功能解释也只有一句话："为信号制作团队提供一切与比赛有关的信息。"尽管对场地导演的要求只有这一句话，但是在国际信号制作的实际工作中，现场导演的工作却不是一句话所能表达清楚的。

一、 新概念

场地导演作为国际信号制作过程中导演组的成员，对于中国电视工作者来说是一个比较新的概念。2002 年 2 月雅典奥运会电视委员会正式决定由中央电视台为 2004 年雅典奥运会制作乒乓球、羽毛球和现代五项的电视国际信号的制作后，在中国体育电视制作中才第一次真正意义上设立场地导演这个岗位。

当然，在此之前场地导演所负责的工作自然是存在的，但由于没有专人负责，因此缺乏规范性、系统性。如 2001 年的第九届全国运动会在广东举行，中央电视台为组委会提供乒乓球的公用信号。当时笔者作为采访乒乓球的专项记者，在完成了新闻采访任务的同时，与赛事组委会、裁判长等进行沟通和协调，及时向制作团队通报比赛的进程和各个参赛队的比赛信息，协助导演对每天制作场次进行有效的选择和调整，从而减轻了制作团队的负担。现在回想起来，当时所做的工作就属于场地导演的工作，不过当时没有专人负责，而是由新闻采访记者兼任的，因此相关的工作随意性比较大，更缺乏系统的统筹和安排。

在我们引入国际信号制作这一概念之前，在中国的体育比赛电视制作过程中，不论是中央电视台还是各个省、市电视台，一般只设一名导演，导演在指挥制作的同时还要自己进行切换，有时还要同时下达口令上下字幕、指挥慢动作的回放等。目前按照体育比赛国际信号制作的规范操作，导演的工作进行了细化和分工，有总导演、助理导演、字幕导演、慢动作导演和场地导演。场地导演是导演组五名成员之一，在比赛的第一线随时向制作团队提供各种有效的信息。这种规范和细化保证了专人专项负责，从而保证了国际信号制作的标准和质量。

二、 场地导演的职责与要求

前面已经提到在奥运会国际信号制作手册中对场地导演的要求只有一句话，那就是为信号制作团队提供一切与比赛有关的信息。根据笔者几年来从事场地导演这项工作的实际情况，这简短的一句话却包括了以下主要内容。

1. 应具有较强的协调能力

在国际信号制作中，其他各个岗位的工作内容相对固定，工作中有关联的人员相对单一。而场地导演的工作相对比较繁杂，接触的人员多范围广，因此对场地导演的协调能力要求比较高。在制作团队内部，他需要对总导演负责，协助字幕导演核实比赛的内容和运动员信息等，从而确保了字幕的正确无误；协助助理导演确认比赛的进场时间和开始比赛的时间，以便配合赛前流程的时间准确，此外还要协助摄像师确认比赛场地内的有关内容以及提醒摄像师去捕捉场内的相关情况。在电视工作制作区内，例如奥运会、洲际运动会等重大赛事中，制作区都会有专门的负责人，即制作区经理。制作区经理的工作安排、建议等也需要场地导演协助总导演传达到全体人员，同时在制作团队遇到各种问题时，场地导演要及时向制作区经理汇报。此外，场地导演与比赛的竞赛部门联系更多。他每天都需要与负责竞赛的比赛经理、裁判长等核实运动员、执场裁判员等与比赛有关的各种信息。因此，在繁杂的协调工作中，需要场地导演头脑清晰、思路敏捷，只有这样才能为制作团队工作的顺利完成打好基础，提供保障。

2. 有良好的英语交流能力

场地导演是制作团队中对外交流的窗口，在奥运会及大型国际比赛中，需要随时与组委会、裁判及其他人员沟通和协调各种事宜。因此，良好的英语交流能力是场地导演做好本职工作的必要前提，不仅要保证及时准确地了解情况，同时也要在遇到问题时，在最短的时间内与有关方面直接协调解决。否则任何的语言误解都有可能影响信号制作的进程。

3. 熟悉电视业务和相关体育项目的专业知识

场地导演绝不是制作团队的剧务和翻译。场地导演需要熟悉电视制作各个岗位的工作内容，这样才能在工作中迅速准确地处理问题。同时，在上一级主管对制作提出改进意见时，要通报总导演并传达到相关岗位。只有熟悉相关项目的专业知识，才能在协调和沟通中提出合理化建议。以乒乓球比赛为例：在乒乓球比赛，尤其是四分之一决赛之前的几轮比赛中，往往同时要进行很多场比赛，能够进行电视制作的只是其中的一部分或者是很少的一部分，因此电视制作场次的选择就变得相当重要。尽管乒乓球比赛场次的选择首先取决于各个电视媒体的要求，但是作为提供国际信号的制作团队，尤其是场地导演要熟悉场次选择的原则，对乒乓球比赛的进程、运动员的实力、抽签的分布等方面要十分了解，这样才能在重大国际比赛中做到了如指掌。

在重要国际体育比赛时，所有的持权转播商都可以提出本协会运动员比赛的国际公用信号要求，组委会则根据这些要求来统筹安排，如果没有人提出特殊要求，则由组委会从众多场次中来选择。以 2004 年雅典奥运会乒乓球比赛为例，比赛的第一天共有五个国家提前通过雅典奥林匹克转播有限公司(AOB)提出了他们各自的要求，AOB 则把这些要求通过电子邮件通知有关项目的比赛经理，这样比赛经理就会在安排相关的比赛时考虑这些因素。在场次安排的问题上，本台有时会有一些误解，由于我们自己介入到了公用信号制作，台内的人有时会直接打来电话提出本台的场次要求。实际上，参与信号制作的人员只是 AOB 或者是北京奥林匹克转播有限公司(BOB)的工作人员，中央电视台的电视需求只能与其他持权转播商一样，通过正常的渠道提出申请，然后由负责竞赛的比赛经理统一安排。

4. 对每天的节目流程要心中有数

场地导演既然是为制作团队提供信息，那么每天的比赛安排就是最重要的信息。负责竞赛的部门(如乒乓球比赛时国际乒联的相关人员)确定了每一个比赛时段的参赛队或运动员后，也就基本确定了我们的制作流程，当然还需要确认赛前和赛后是否有单边服务的申请。根据以上信息及制作团队自己的需求，中央电视台乒乓球国际信号制作团队再编制一份适合自己使用的节目流程单。这份节目流程单可以由场地导演完成，也可以由场地导演提供信息，助理导演来完成(在 2004 年奥运会和 2005 年世乒赛中，乒乓球的国际信号节目流程单都是由场地导演提供的)。流程单分为三个部分：一是比赛前的倒计时部分，包括工作人员的到岗时间，赛前的单边服务，开始提供国际信号的确切时间。二是比赛的流程部分，包括开球时间和双方球员的名单。三是赛后部分，包括赛后的单边服务，国际信号结束的时间，如果是决赛日还包括颁奖的内容。这样的节目流程单使制作团队的每一个人对一天的工作内容一目了然，避免由于不熟悉流程而出现差错。

5. 场地导演的其他工作

在我们组成的国际信号制作团队中，工作人员来自不同的国家，因此制作区的各种要求、规定和通知等都用英语公布，需要场地导演提醒大家注意这些信息，尽管有些内容并不直接与节目有关，甚至有的内容与比赛无关，但是需要国际信号制作团队的每个人都了解这一切，比如餐饮安排等。

总之，为了更好地完成信号制作任务，场地导演需要尽最大的可能进行协调，使制作团队的所有人员在工作中拥有最大的便利，然而如果我们制作团队的要求没有得到同意，在没有得到其他部门许可的时候，制作团队的每一个人必须遵守赛事组委会、场馆的规定，克服困难完成信号制作任务。

三、 现场协调与细节确认

场地导演协助总导演在比赛开始之前做了细致的准备，尽管如此，在比赛的过程中，依然有很多细节需要场地导演与体育比赛的竞赛负责人、裁判长进行协调。比如乒乓球比赛每个时段的开球时间就需要在比赛前，尤其是第一次制作之前提醒竞赛负责人、裁判长，让当值的主裁判注意时间，控制场上的节奏。每一节的第一场比赛，电视制作的字幕流程都比较多，因此与现场的配合格外重要。如果比赛的双方来自同一个乒乓球协会，比如都是中国运动员，那么由于习惯上国家队的教练都不在场边进行指导，因此进场后就没有与教练沟通的环节，换言之，节奏会比其他场次快。遇到这样的情况就要提前与竞赛负责人、裁判长协商好，适当推迟进场的时间(一般情况下竞赛部门会安排运动员提前 5 分钟入场)，以便电视制作赛前的所有程序能顺利完成。就笔者几年从事这项工作来看，每节第一场比赛的国际信号有5分钟的倒计时，这个倒计时的程序一定要严格完成，这是制作团队的规范动作，因此实际的0比0开球时间宁愿错后10～20秒，也不能提前开球，否则会使制作团队措手不及。为了保证这个环节的准确，有许多具体的方法，我们从事的乒乓球制作，一直采用的方式是场地导演事前与当值主裁判沟通好，让他看场地导演的手势再开始比赛。

在大型国际比赛中，第一天的第一场信号制作是很关键的，由于每个人有不同的工作习惯，各个工种需要磨合，因此为了使比赛流程和制作的顺利需要做充分的准备。首先是制作团队自己要充分地安排时间进行彩排和演练；其次需要场地导演与竞赛部门进行沟通，安排专门的时间使竞赛运行、现场播报和电视制作统一进行彩排，包括比赛时的运动员进场、发奖的程序和颁奖线路等，这对制作团队有相当大的帮助。

每场比赛入场前，场地导演对运动员、裁判员的再次确认非常必要。当然在比赛赛程安排好之后，运动员不会有什么变化，但是场地导演可以确认运动员是否到场，如果运动员在规定的时间里没有到检录区报到，制作团队可以在第一时间得知是哪一方弃权了，及时准确地打出提示性字幕，可以让观众明了为什么安排好的比赛没有进行。此外，随着我们介入国际信号制作的任务越来越多，有些场次比赛的双方运动员可能我们都不熟悉，提前确认双方运动员的服装颜色和运动员的外貌特征，可以使导演和摄像师在双方一进场时就能准确区分清楚，避免出错。

裁判的工作一般由裁判长安排，但是在众多场次同时进行，尤其是乒乓球比赛前几轮运动员人数比较多的时候，难免有些场次的裁判排错了位置(按照公平原则，国际比赛中同一场比赛中裁判不能与参赛运动员来自同一个协会，即使是奥运会也会出这样的失误)，有时可能直到裁判召集运动员检录时才发现，不论如何这是一定要调换裁判的，因此，即使这样的意外情况发生，场地导演也可以马上得到重新安排的裁判名单，立刻通知制作团队。2006年英联邦运动会期间，曾发生过裁判没有按时到岗，临时调用其他裁判的事情。因此，场地导演在检录区对信息的最终确认是必要的。

发奖是庄严的时刻，也是运动员最值得记忆的美好瞬间。制作团队对颁奖仪式的顺利制作，需要场地导演事前对各种信息的了解。除了颁奖路线、程序、颁奖官员的确认外，所有参与颁奖的人员的最终站位，对制作团队的镜头处理十分重要。其中，颁奖官员(由于他们是官员)行走的过程和最终站位可能会与预演的位置有差异，为了减少这样的差异，首先要与引导官员的礼仪小姐进行沟通，一定要让她提示官员走到正确的位置，此外，场地导演最好能到达准备区，直接与颁奖官员沟通，确认颁奖官员并告知制作团队他(们)的相貌特征，明确指出他们的站位是为了能给他们本人提供最佳的镜头，这样他们会非常配合。

场地导演是国际信号制作团队的一员，他的工作是国际信号制作过程中的一个重要环节。场地导演准确的信息和细节的确认，保证了制作团队在国际信号制作过程中没有疑惑，从而保证了工作的顺利完成。

丁少洋，毕业于中国传媒大学电视系，现就职于CCTV5竞赛系统篮球节目组，曾多次参与国际赛事的电视公用信号的制作工作。

从国际大型体育赛事电视公用信号制作中看场地导演职能的多角色定位

北京奥运会，对于每一个参与者都是一次极大的享受与历练。笔者有幸作为北京奥林匹克转播有限公司(BOB)篮球电视公用信号制作团队的场地导演，在奥运会的几十天中，亲身感受了在电视公用信号制作过程中的每一份精彩与收获。

像这种国际化、统一化、大型化的体育盛会，不仅对赛事组织本身，也对提供给全球观众的电视公用信号制作，提出了一系列可以量化的标准与规范。在以总导演为核心，由助理导演、字幕导演、慢动作导演、场地导演、切换员等岗位共同构成的庞大的制作团队里，为了顺利完成整个电视公用信号的制作，整个团队需要通力协作，密切配合。可以说，在每一个精彩画面的背后，都有着制作团队所有成员的辛勤付出。

这个制作团队中的成员之一——场地导演，同样扮演着一个非常重要的角色。在BOB提供的制作手册中，对其职能的描述为：为制作团队提供所有类型的比赛信息。但在实际工作中，场地导演所要承担的职能其实都会超出这一概述的界定。

提及国际大型体育赛事的电视公用信号制作，由于其自身的规律与特点，相应也会对场地导演的职能定位，提出一些更为独特的要求。因此，本文也将结合笔者自己的实际工作体会，尝试就这一问题进行一些有益的探索与讨论。

一、 国际大型体育赛事电视公用信号制作的特殊性

从各个单项赛事的顶级比赛，到类似亚运会、英联邦运动会这样的洲际赛会，直到奥运会这种世界范围的盛会，高水平、国际化的体育大赛，总是要求电视公用信号制作达到近乎完美的程度，通过电视画面为全人类留下精神与感官的双重财富。

对于提供给所有持权转播商进行再加工的电视公用信号产品这一概念，这两年随着中国体育电视人与世界的不断接轨，我们已经走过了对这个概念的熟悉阶段，现在正在为了如何更好地创造它、运用它，而进行着不断地摸索与提高。包括2004年雅典奥运会在内，

中央电视台的公用信号制作团队近年来所进行的一系列国际国内工作实践，都为我们能在北京奥运会中的出色发挥，奠定了坚实的经验基础。

与国内或一些区域性的小型体育赛事的电视公用信号制作不同，国际大型体育赛事的电视公用信号制作有其独特的要求与规律。

1."跨国军团"的协同作战

国际大型体育赛事的电视公用信号制作，一定是由类似于多哈亚运会转播有限公司、北京奥林匹克转播有限公司，或是奥林匹克转播公司等具有专业背景和实力的国际专业机构，进行从始至终地运作与执行。作为它的雇员，所有在电视公用信号制作生产线上的工作者们，也要求具有与之相适应的专业水平和广阔的国际化背景。

以笔者所在的BOB五棵松篮球团队为例，除了中央台的几十人外，还有来自希腊、美国、加拿大、英国等多个国家的专业人员，加上他们雇用的本地暑期实习生，一起组成了五棵松电视转播综合区中的技术运行、后勤保障、持权转播商信息服务、评论席技术控制等多支团队。正是在这些人员的协作下，北京奥运会五棵松篮球馆的电视转播服务才圆满完成。在这个超过百人的庞大的队伍中，不仅有着相差近半个世纪的年龄跨度，还有着横贯欧亚，穿越遥远国家民族的地理上的区别。电视公用信号制作的人员来自五湖四海，这种独特的人员组成结构，相信也只有在国际大型体育赛事的电视转播中才会出现。

2. 超越国别限制，向全世界提供服务

不同于为一个电视台提供报道的持证记者，在电视公用信号制作中，因为要为所有持权转播商提供最完整的比赛画面，所以这里的工作者势必要抛开国别的概念，用一种超越国籍的世界公民的视角来参与这份工作。只有在对所有运动员都平等的视角下，结合整个团队的热情与智慧，我们才能诠释体育电视公用信号制作对于"运动与情感"的理解。这也要求电视公用信号的制作者们，从最开始就要有面向全球的国际视野和服务意识。

3. 国际标准的工作流程，通用的国际工作语境

在国际大型体育赛事的电视公用信号制作中，统一的工作手册，统一的人员配置，统一的工作流程，甚至某些情境下统一的镜头脚本(比如颁奖仪式)，都充分体现了一种标准化、规范化的现代工业流水线操作模式。

同时电视公用信号制作又是一项专业性要求极强的工作，在业内，有一系列广为熟知的通用的行业词汇、工作语境，比如单边传送、电视混合区、赛前/赛后电视转播流程、场地导演这些概念等。某种程度上，电视公用信号制作，就是建立在每个成员都拥有彼此熟悉，并能充分理解的工作平台之上的。不管来自哪里的人员，在这种标准的工作流程，共通的工作语境下，都可以迅速超越文化国家的距离，展开对话与合作。

其实关于国际大型体育赛事电视公用信号制作的特殊性，在很多专家的文章中都有过专题论述，这里也就不再赘述了。从以上几点体会可以看出，在实际工作中，场地导演这一岗位的职能如果只停留在BOB的书面规定内，显然无法胜任大型赛事的工作要求，因此也就引申出了对场地导演职能的多角色定位的思考。

二、 场地导演职能的多角色定位

1. 最基本的职能——服务于制作团队的导演组成员

作为制作团队的一员，场地导演最基本、最核心的职能，即为制作团队提供所有类型的比赛信息。身为一名可以离开转播车，在比赛现场自由活动的团队成员，如业内的前辈所言，场地导演就是一双"导演在现场的眼睛"。

其实，随着通信手段及其他技术支持的发展，当场地导演的通信系统已经成功融入整个团队内部，这个岗位就不再只是导演一个人的眼睛了。当场地导演可以利用先进的通信平台，成为多点通话中的一个环节时，他也就可以同时为整个团队提供所有信息上的服务，成为所有人在第一时间观察实时比赛的眼睛。

在整个奥运会篮球电视公用信号制作的过程中，场地导演这一岗位便充分挖掘了信息提供这一职能。比赛时，导演、字幕导演和其他转播车上的工作人员，通常只能由讯道机位的画面来观察现场，因此获得的信息难免会有遗漏和缺失，比如场上的犯规情况，换人情况，或是计时记分系统突发的故障等。这些事件的发生，很多都需要场地导演进行第一时间的提示，从而保证导演和摄像师们可以捕捉到这些细节，使我们的转播画面具有完整的信息和丰富的故事关联性。

与此同时，为了高质量地完成这一任务，场地导演在比赛中也要尽可能地拥有最佳的观察视角(多哈亚运会时多哈亚运会转播有限公司在记录台处为场地导演预留了座位，同时配有监看电视信号的监视器；奥运会时，经与竞赛部门协商，场地导演可以在场地边中线处工作)，保持精神与注意力的高度集中，对比赛始终要全程关注、全面把握，为导演组提供最快、最准确的判断。

另外，为了丰富比赛的故事性，在赛前，场地导演还可以从参赛队代表团的相关成员，或是来自运动队本国的评论员那里，获知一些特殊来宾的信息。众所周知，北京奥运会篮球比赛期间，美国总统布什，前奥委会主席萨马兰奇等国际贵宾的到来，都是令人瞩目的事件。其实，运动员家人的支持，也是吸引人的细节。在女子篮球决赛转播中，澳大利亚女篮核心球员劳伦·杰克逊的父母也来到了现场。在那场比赛里，我们适时地通过交替切换，展现了这位明星球员与父母间的感情。这些情感的展现，正是在赛前从评论席上找到了来自澳大利亚的评论员，通过他们的提示获取了这个信息，从而通过我们的镜头，为观众和转播商们提供了这种富有故事性的画面。

2. 制作团队对外沟通的桥梁

在国际大型体育赛事中，不仅仅是电视转播公司一方面，可以讲任何一个部门都是体系完善、流程复杂，组织严密的机构，这也意味着参与整个赛事的工作人员构成是十分复杂的。场地导演作为制作团队中最主要的对外协调人员，经常是制作团队对外发布消息，解决问题的第一出口，在某种程度上有时也扮演了团队形象大使的角色。对外联络与协调，在工作中已经发展成为场地导演职能中最为重要的环节之一。

以北京奥运会为例，场地导演的对外沟通可以分为两个层次。

(1)与所在转播公司团队的内部沟通协调

北京奥运会中，笔者所在的央视制作团队需要与BOB内部的各个部门进行全方面的合作。这里包括导演组的成员们依据各自的分工，每天与场馆的电视转播经理(BVM)落实全天的转播计划，与来自美国的后勤经理解决团队的衣食住行，与技术经理落实所有设备问题等。正是建立在以制作团队为核心，整个五棵松BOB机构通力配合的基础上，我们才能最终顺利地完成制作任务。

在转播的过程中，虽然导演组成员各有分工，但场地导演最需要与团队内所有的负责人保持良好的合作关系。因为一旦有什么突发状况，场地导演都有责任在第一时间找到正确的负责人，并迅速协助团队解决好问题，保证整个团队正常的工作不受干扰。

(2)与所在场馆赛事运行团队的外部沟通协调

在每一个大型赛事的场馆内，都会有一个完整的赛事运行团队，他们是保障整个赛会正常进行的基础。能否与他们建立良好的沟通协作，也在很大程度上影响着电视公用信号制作的好坏。

在五棵松篮球馆内，北京奥组委下设竞赛运行、媒体运行、体育展示、交通运行、安全保卫、颁奖仪式等多个团队，每个团队也都有着各自工作的原则与流程。此前我们这个篮球制作队伍曾参与好运北京测试赛的转播，因此与五棵松奥组委团队已经建立起了初步的良好合作关系。但由于先于我们进驻的电视转播经理(BVM)，可能不完全了解制作队伍对于实际工作的需求，所以当我们以BOB的身份，作为最后进驻场馆的团队开始工作后，有些方面还是会与奥组委各部门、国际篮联负责人，甚至是场馆业主间产生一系列不可避免的摩擦。比如我们在场地内中线、篮架上架设的特殊机位的位置，我们进入内场的人员数量，我们单边传送的报道位置等。

在这种情况下，便需要场地导演积极处理各种影响制作的障碍与阻力。场地导演在发现问题、解决问题的过程中，某种程度上不仅代表了央视制作团队，同时也代表着整个五棵松BOB团队的利益。例如在我们制作信号的第一天，国际篮联技术代表称，他们此前并未与BOB方面就场内单边报道的位置做过确认。因此在马上准备单边传送时，我们还在遭到竞赛工作人员的驱赶和阻拦。作为场地导演，此刻需要第一时间找到能够解决这一问题的责任人。通过一系列的解释与说明，在充分尊重竞赛的原则下，与国际篮联技术代表、奥组委竞赛方面负责人的现场沟通，最终他们了解并满足了我们在单边报道位置上的需求，从而使这段传送能够准时进行。

如果这段单边报道无法传送，也许并不会对我们制作团队造成多大的影响。但毕竟单边服务是BOB为持权转播商提供的一项极其重要的服务，因此，场地导演无疑要在这个问题上发挥积极的作用，扮演为整个BOB团队维护利益、对外协调的角色。

在我们与各个部门合作的过程中，随时随地可能发生的摩擦数不胜数。虽然大家可以采用投诉或是阻拦的方式，但对话协作无疑更能增进彼此的了解。在为电视公用信号制作创造良好外部环境的过程中，场地导演需要运用个人的智慧与经验，认真熟悉场馆内的每一个部门负责人，寻找最快解决、最好解决问题的途径与方法。从而让制作团队可以在不被外界所扰的状态下，集中精力进行艺术与技术的创作。

另外，在某些特定场次的重要赛事中，有时一个场地导演似乎难以处理同时发生的那么多的状况和事件，这就需要在人员上有所考虑。比如我们在奥运会篮球的决赛转播中，就是充分发挥了团队中配有两个场地导演的优势，一方面保证了比赛进程中及时信息的提供，另一方面也能有精力迅速处理决赛中头绪纷杂的各种突发情况。其实早在2007年的女足世界杯电视公用信号制作中，代表主播台深入到各个赛区的电视公用信号制作专职协调员，也在很大程度上分担了当时场地导演的工作。

3. 赛事的推广组织者之一

国际奥委会名誉主席萨马兰奇先生曾说过，是电视让奥运会生存下来，并繁荣发展下去。的确，自1936年柏林奥运会上进行首次电视转播后，电视就与奥运结下了不解之缘。在当今的时代，再没有任何媒介如电视一般，更适合将正在进行的比赛，用最激动人心的直播方式，传递给全世界的人民。所以，国际大型体育赛事的电视公用信号制作，也历来备受重视。与此同时，相信赛事组织方里的每一个工作团队，也都想通过电视画面，将他们辛勤的工作成果展示给所有的人。

作为与各个运行团队有着密切接触的场地导演，由于具备电视公用信号制作的专业背景，因此在很多时候，在有关赛事的推广组织上，经常能为体育展示、景观设计、颁奖仪式等很多部门，从电视的角度提供一些有益的建议和帮助。

比如在奥运会中来自美国男子篮球职业联赛的篮球体育展示团队，他们流程中的很多环节，都需要现场大屏幕的电视信号作为辅助。所以，在比赛之前，场地导演通过与他们从电视角度的沟通，可以相互确认彼此的节目流程，具体环节的时长等细节。在每场比赛中，从球员介绍一直到结束，所有的流程都能做到现场播报与电视转播的分秒不差，使我们共同创造了良好的现场氛围与满意的电视画面。

同样在颁奖仪式中，所有人员的落位、行进的路线等，也都需要场地导演将制作团队的意见充分传递给颁奖仪式经理。通过与颁奖仪式团队的反复确认、彩排，从电视画面的专业角度，不断提出反馈和更改建议。这一系列工作，无疑将更好地帮助他们展示运动员的风采与颁奖仪式的精髓。

往往国际大型体育赛事的组织者，他们大都具有丰富的媒体经验，同时也更加熟悉电视公用信号制作的流程与需求。反倒是国内举办的一些赛事，由于相关人员对于电视公用信号制作的不够了解和重视，使得在合作的过程中显得困难重重。因此，在这些情境下，就需要场地导演发挥作用。如果时刻提醒自己我们是为了更好地宣传展示这项赛事，而不仅仅是为了方便自己团队的制作，同时切实地用制作效果为比赛及其传播增色，那制作团队的工作阻力也自然会相应减小。另外，作为具有国际大赛制作经验的央视团队，我们也有义务和责任，帮助那些还不甚完善的赛事组织方，从各个方面向更高的水平发展。

4. 跨国文化交流的使者

在国际大型体育赛事电视公用信号制作的过程中，场地导演作为团队中与外界打交道最多的岗位，无疑拥有了更多与其他国籍、种族的工作者相处共事的机会。

正如有人将奥运会描述为：它提供了一种全新的可能性，在超越具体文明形态的基础之上，促进当代人类文明成为一个对话互生系统，在经济全球化真正到来的状态下，成为一场人类共享的文明仪式。

的确，在这种层面下，每一个参与者除了本身所具有的社会身份外，同样也还是一种文明的象征与展现，这也正是类似于奥运会、亚运会这种大型赛事的精神魅力所在。这不仅仅指的是运动员，更包括电视公用信号制作团队在内的，来自五湖四海的所有参与者。对于个体来说，笔者不仅是工作中的场地导演，同时也是一个来自中国的普通公民，是中国文化的一个小小载体。也许这个概念听起来十分宽泛，但由于在工作中，场地导演无时无刻不需要与世界各国的人进行沟通协作，因此，文化交流更是体现在方方面面。关于文明的融合与冲突，可能也会在一定程度上对工作有着很大影响。

记得在2006年的多哈亚运会，笔者所在的篮球场馆，除了竞赛运行和志愿者是当地的卡塔尔人外，场馆的其他工作者都来自澳大利亚。在电视转播区，除了央视制作团队外，也都是来自欧美地区的合作伙伴。当时每天与我们工作接触最多的，就是来自澳大利亚的曾参与过悉尼奥运会的体育展示团队。通过友善的交往，我们在工作中都建立了良好的合作关系：例如像比赛场次的更改或取消、赛场内任何人员细微的更改等，体育展示团队都会在第一时间通知我们，同时我们也会给他们讲解来自不同地区的球队究竟应该用粤语还是用普通话的歌曲暖场……正是在一点一滴的细节中，我们彼此磨合着不同文化背景下，对于工作中同一问题的看法与态度，感受着因为工作而将不同文明交融在一起的魅力。

不管是亚运会还是奥运会，不管在国外还是在中国本土，也不管身边的合作者来自哪里，相信只要有国际大型体育赛事的举办，我们电视公用信号制作的工作也一定会处在跨国文化交流的第一站，场地导演这一岗位也将一直会处在这一站台的最前沿。正是在工作的交流中我们感受不同文明的神奇，也正是在文化的交往中才能进一步实现我们工作的共同进步。

针对以上四点场地导演职能的角色定位，在今后的工作中，特别是在国际大型体育赛事电视公用信号制作里，这个岗位还应该为团队发挥更大的作用，在职能上也依然有更大的提升空间。

三、 展望未来——场地导演可以进一步提升的职能空间

1. 要有牢固的大局观和中国体育电视人的历史责任感

不只是场地导演这一岗位，其实所有的中国体育电视公用信号制作者都会以此来践行自己的工作。只不过由于场地导演岗位的外延性，将更直接地面对这一问题。在国际大型体育赛事的运动场上，政治将永远不可能与体育截然分开，特别是在国外举办的比赛，恶意攻击中国和人民的人与物并不罕见。无论何种情况，场地导演都要在第一时间，通过自己所在团队的电视转播经理、场馆运行经理、安保等一系列正规的途径的配合，合理有据地清除违反赛会规定的一切现象和行为。

作为为全世界服务的电视公用信号制作者，一方面，我们要在创作中体现普世的、平等公正的体育精神；另一方面，我们也必须用正规的手段来维护祖国的利益。对于随时有可能处在斗争焦点第一线的场地导演来说，这无疑是一个需要很大智慧的重要命题。

2. 真正热爱并且了解自己所参与制作的竞技项目

在当今的国际电视体育公用信号制作市场上，制作团队的专业化、专项化无疑成为一种主流的发展趋势。许多团队几十年如一日地只参与一个体育项目的制作，他们也成为这一领域的权威与标尺。现在，我们的日常工作也正在沿袭这种发展模式，尽可能地用体育项目来对大家进行区分，使从业者可以保有对一个项目长期的关注与热情。

不管是足球、篮球，还是跳水、斯诺克等项目，不同的比赛都有其特殊的规则与规律。作为制作团队的场地导演，必须深入了解自己参与创作的运动项目，熟知各种竞技规则，才能对场上发生的任何突发状况做出准确的判断。甚至某种程度上要达到专业竞赛工作者的水平，以此来更好地为制作团队服务。

3. 掌握通用的工作语言，熟悉行业的游戏规则

这里所说的工作语言不仅仅指我们常说的英语，还包括在本文开头所指出的，要用英文正确地表述国际通用的行业词汇、工作语境。只有建立在拥有共同的工作语言的基础上，包括场地导演在内的各个岗位的中国体育电视人，才能与来自世界各国的工作者，迅速高效地建立起良好的合作关系。

此外，熟悉国际体育电视公用信号制作领域的先进管理操作模式，了解这个行业在世界范围内的发展趋势与走向，也是为了能更好地参与国际分工需要做的一个基础性功课。长久以来，这个领域一直被欧美发达国家所垄断。今天，随着中国整体国力的提升，我们有幸作为最早的几批人开始闯进这个圈子。相信只要每个岗位都一直在不断提升自己的业务水平，在这个行业的国际舞台上，中国的团队也一定能发挥更大的作用。

4. 越早地参与到赛事组织初期，越有利于后续工作的开展

很多时候，场地导演与制作团队的大部分人一样，在比赛开始前夕才来到比赛现场，在比赛开始的过程中解决发生的问题。其实，如果在条件允许的情况下，尽可能早地代表制作团队参与到整个赛事的初期规划，将极大地有利于后续工作的开展。场地导演作为与外部沟通最多的岗位，绝对不是只在问题发生后来解决，而是要从最开始就能预知相应的情况，将问题最大化地消灭在筹划初期。

好运北京——国际女子篮球邀请赛，作为奥运会的测试赛，我们团队提前三个月，便已经与奥组委五棵松场馆的各个运行团队进行了对接，从电视公用信号制作的角度与各个

业务口进行了详细的沟通确认。这种最初阶段的参与，不仅为测试赛的转播，也为后续奥运会的正式制作，奠定了艺术创作、技术准备以及人脉积累等多方面的良好基础。一方面不仅为自己创造了从容的工作环境；另一方面也给赛事其他组织者留下了严谨认真的印象，从而更有利于建立起良好的平等互信的合作模式。

5. 要建立起一些基本的跨文化交流意识

对于场地导演来说，工作中充满了关于交流沟通的智慧与艺术，在国际大型体育赛事中，更是与来自不同文化背景的人进行交流合作的舞台。国际合作中，这一岗位的工作者，必须强化跨文化交流的意识，认识到不同文化类型的合作者在需求、动机、信念上的不同，学会了解、接受、尊重对方的文化。当然，认识到文化差异不意味着一定能很容易地克服它们，但至少会提供一个克服的机会，以避免因对文化差异的无知而导致的合作障碍。

在跨文化交际中，人们往往习惯于“自我参照”，想根据自身文化的个性和价值观念去解释或判断其他一切群体的行为，因而产生了对异文化的偏见，导致文化冲突。在工作中，我们必须消除偏见，这样才会有利于合作顺利地进行。在与外国合作者共事时，他们的有些习惯在我们看来是十分刻板甚至是好笑的。但是，我们要尊重对方，维护合作局面，使合作和谐进行。

当然，对异文化的理解与尊重，绝不是说在工作中无条件地服从和满足。对于经常是以一对多，要代表自己团队，置身于众多外国合作者间的场地导演来说，在对外交往的过程中，一定要坚持正确的立场和观点，敢于捍卫我们团队的正当权益。面对别人傲慢的态度和无理的要求时，一定要勇于说不。同时在斗争中，也要有理有据，有礼有节，讲究好协调的方式方法。

另外，一些基本的外事礼仪，包括个人良好形象的维护，可能也都是场地导演这一岗位或多或少需要稍加留心的。记得过去在 2007 年女足世界杯中接触的国际足联的媒体官员，或是类似世界斯诺克协会、美国男子篮球职业联赛联盟等组织负责媒体的工作人员等，在大型的赛事中，他们均会身着正装参与工作。所以，在某种程度上，代表着制作团队对外大使的场地导演，也一定要注意时刻保持自己良好的精神面貌和职业状态。

行文至此，在国际大型体育赛事的电视公用信号制作中，关于场地导演职能的多角色定位，似乎仍然还有许多可以讨论的空间。但作为制作团队中的一员，也正是在其他岗位的相互支持下，场地导演才能将自己的能量发挥到最大。所以，无论电视公用信号制作中的哪一个岗位，都是一串名贵珠链上的闪耀的明珠。但不管怎样，保持一份与人为善，乐观开朗，积极向上的心态，无疑将促使场地导演岗位上的工作者，在面对头绪纷纭的事物时，可以从容地把握和应对。

摄　像

张开一，中国传媒大学电视新闻专业研究生。目前任中央电视台体育频道篮球公园责编。

奥运国际公用信号制作中的摄像师主动性创作

郁　洁　张开一

目前，我国的奥运国际公用信号制作的整体水平仍和国际最高水准有一定的差距。这不仅仅体现在技术水平上，更应该引起我们注意的恐怕是在艺术水平上的差距。而要提高我们奥运国际公用信号制作的艺术水平就需要充分发挥导演和摄像师的创造性，用画面来叙事，来讲述一个有关运动和情感的故事，而不是机械地记录比赛的过程。这当中，摄像师的主动性创作无疑是至关重要的，因为摄像师作为连接比赛现场与观众的第一环节工作者，作为导演讲故事素材的提供者，他们是否充分地进行了主动性创作，直接关系到画面的美感、人物的表现、现场氛围的传达以及导演讲故事的好坏，从而最终影响到信号制作的艺术水平。

那么在奥运国际公用信号的制作中摄像师究竟应该如何进行主动性创作呢？笔者认为主要体现在以下几个方面。

第一，构图。在现场制作国际公用信号的时候，导演只给出了拍摄对象和景别要求，而对画面的美感、重心、布局、取舍以及如何组合画面中各元素等构图问题却无法亲力亲为。这就要靠摄像师发挥主动性创作来拍出具有美感、意味的画面以满足观众的审美需求。在信号制作的整个过程中，摄像师应该无时无刻不在思考如何取舍、组合画面中的元素，以突出、美化主体并传达和主体相关的更多的信息和意义来进行叙事。特别是在中景、小全景的拍摄中，摄像师应该考虑画面的重心应该放在哪里，结构布局应该如何安排，才能拍出有美感、有内涵的画面。

比如，在足球比赛中，导演要求跟拍某运动员带球跑动的中景，这时摄像师就要根据画面的主体与陪体、背景之间的关系，进行布局并确定画面的重心，保证画面的平衡以获得具有美感的画面。假使该带球运动员正面向画面的左边跑动，而他的周围有对方几名球员也在跟着跑动。这时，摄像师就应该把焦点放在该带球运动员身上，自然使得在前景和背景的运动员相对虚化，并在该带球运动员带球的方向上也就是画面的左边留出一定的空间，让运动的趋势与画面的重心形成平衡，使画面的视觉感更加稳定。这样的构图通过景别和焦点控制进行了取舍，对画面中各个对象进行了合理的布局，不但突出了运动主体，而且通过重心的恰当安排，把带球这一动作的美感拍了出来。1986 年世界杯1/4决赛阿根廷对英格兰比赛的转播中，就有类似镜头的最好例证——当马拉多纳带球连过英格兰数名后卫的时候，其中就有一个马拉多纳带球过人的中景。正是当时摄像师主动地选择构图才把马拉多纳这一世纪进球的美感完美地呈现在了世人面前，这一镜头也成为世界体育转播史中最经典的镜头之一。

第二，运动镜头。当需要拍摄运动镜头的时候，导演只会要求用运动镜头跟住某一被摄主体、某一事件，或告诉摄像师拍摄被摄主体某一类型的运动镜头。前一种情况下，导演不可能对运动镜头的具体处理进行精细的控制和要求。因为被摄主体、事件的情况是不断变化的，主体运动的速度、节奏、方向、发生关系的对象以及所进行的活动也是在不断变化的，摄像师只有发挥主动性创作，运用合理的构图和镜头运动方式才能在不断变化的情境下始终跟住主体，把其相关的信息完整地传达给观众。比如在乒乓球比赛中，导演要求摄像师用近景跟住走动的某个运动员，于是摄像师选择一个摇的近景跟住这名运动员。而此时该运动员走到了教练身边并开始和教练交谈。情况发生了变化，摄像师便随即停止摇镜头，开始拉出两个人的中景。这一动作不仅跟住了主体，而且把主体的交流对象带了出来，把和教练谈话这一信息加载到了该运动员身上，形成了叙事，使观众不仅看到了他是谁还知道了他在做什么。

再比如，在游泳比赛中，摄像师先用近景跟住游在最前面的某一运动员。但不一会儿，其身后的另两位选手紧跟了上来。这时摄像师便可以在跟住游在最前面的运动员的同时拉出这三个运动员的中景。这样既跟住了主体又形成了叙事，告诉观众比赛竞争很激烈，后面的选手正紧追不舍。

后一种情况下，虽然导演已经对运动镜头的类型做出了要求，但在现场，摄像师在完成导演要求的某一被摄体、某一类型运动镜头的基础上，通过对运动项目规律的理解，主动地利用景别变化传达出新的信息。

比如在拍摄观众的时候，导演要求摄像师拍摄一个摇镜头，摄像师便从观众的大全景作为起幅开始摇并缓慢推到一小部分挥舞着五星红旗的中国观众的小全景落幅。这既完成了导演要求的规定动作，交代了观众的情况，同时摄像师对起落幅的选择也是其自主组织镜头语言的表现，传达出了摄像师自己对于观众的理解。这样的镜头比机械地按照导演的要求从观众大全摇到大全更加鲜活，富于感染力。

第三，顺势而为的机动灵活。在国际公用信号的制作中，导演本来规定摄像师拍摄某一主体，摄像师在完成了导演的规定动作的基础上，根据现场的实际情况及变化，顺势引入与该主体相关的对象、信息或加入摄像师对该主体或事件的理解。

比如在台球比赛公用信号制作中，导演要求一个正在击球选手的近景。摄像师在完成了拍摄该击球选手近景的基础上，在不变换景别的情况下，顺势把焦点从击球选手脸上调到他要击打的球上，交代该选手注意的焦点。这种顺势而为的灵活处理既完成了导演的要求，同时也引出了与该主体相关的更多信息，使画面内容更加饱满、生动。

比如导演要求拍摄乒乓球运动员发球的中近景，但摄像师发现该运动员发球时犀利的目光紧盯着对方，于是将该运动员的中近景顺势推成其眼部的特写，这种顺势而为使该运动员的性格得到了生动地刻画。

第四，发现和捕捉。在国际公用信号的制作中，虽然拍摄内容在比赛之前就已经确定下来，但是比赛的情况是千变万化的，而场上具有冲突性、故事性的东西是需要在现场去发现的，这是拍摄之前无法预计的。摄像师是导演的眼睛，导演是通过摄像师的镜头来观察场上情况的。摄像师处在第一线，比导演更能洞悉场上的情况。摄像师要发挥主动性，善于发现场上鲜活、生动的细节和故事。

发现是一个意识问题，很多摄像师没有发现新事物的眼睛，而只是机械地完成导演安排的内容，这就会导致我们的转播缺乏生命力、活力和张力。摄像师应该随时处于一种创作状态，而这种创作状态就像触角一样延伸到其视力范围内，热情、机敏、主动地去发现那些鲜活、生动的内容。

比如在羽毛球比赛中，导演要求摄像师拍摄某运动员入场的全景。在拍摄过程中，摄像师突然发现该运动员腿上缠有绷带。于是在跟摇拍摄该运动员入场的过程中，摄像师由运动员的人全推到其腿上绷带的特写，交代清楚后再顺势拉出人全。这一动作不仅完成了导演要求的拍摄其入场的内容，而且这一细节的发现也把该运动员当时身体状况的新信息表现了出来，让人物更加饱满、鲜活。

发现和捕捉是紧密联系在一起的，发现到了就要立即捕捉。场上的细节性、故事性、戏剧性的内容往往是转瞬即逝的，发现了这些内容之后如果不能及时捕捉住也许就没有第二次机会了。因此，捕捉更强调机会，摄像师应在完成规定动作的基础上主动地去发现和捕捉这些闪光的内容，而不是机械地等导演的安排和指令，那样只会一次次错失良机。同时，由于机会的转瞬即逝，捕捉应该具有预见性。只有这样才能更快、更准地捕捉住有价值的内容。比如在篮球比赛中，当关键一球投进的时候，摄像师要预先判断哪组观众可能有反应，哪方教练，甚至运动员的亲属反应可能最激烈。在球进之前就要做出判断，立即给出这些观众、教练或亲属的镜头，提供给导演进行切换。

同时发现和捕捉也给摄像师提出了更高的要求：需要对运动项目有更深的理解，需要对该项目的运动员，甚至是其周围的人和事以及人物关系有更深入的了解。这样才能发现和捕捉到更鲜活、更生动的画面。

第五，自主组织镜头语言。在国际公用信号的制作中，导演往往只提出拍摄对象和内容要求，至于如何把被摄对象相关的信息、细节、氛围和具有故事性的内容完美地传达出去，则要靠摄像师主动地去组织镜头语言来完成。这有两种情况，一种情况是导演给出了明确的拍摄对象。在这种情况下摄像师就需要把与其相关的人以及他的活动都考虑到镜头里去，并组织镜头语言交代与这一主体相关的信息。

比如在台球比赛中，导演要求跟住某正在台前徘徊思考如何击球的选手 A，摄像师在拍摄完该选手的时候，发现坐在选手 A 身后的选手 B 突然站起身来。此时，摄像师把焦点从选手 A 身上变到站起身来的选手 B 身上。这一动作，既完成了导演的要求，跟住了选手 A，表现他思考如何击球的过程，又通过摄像师自主组织镜头语言把与 A 相关的对手的信息也传达了出来，完成了一个意义的表达，形成了叙事，那就是选手 A 觉得台面有些困难，而其对手 B 觉得有机可乘。

另一种情况是导演只告诉摄像师拍某个事件。在这种情况下，摄像师就更要自主地组织镜头语言来叙事，把事情讲清楚，讲生动，讲出感染力。

比如，在排球比赛暂停的时候，导演要求负责游机的摄像师上去拍摄教练布置战术这一事件。这时，摄像师就需要根据教练讲话的内容和场上的形势来自主组织镜头语言叙述好这一事件。假使摄像师以一个教练的近景开始拍摄。在拍摄过程中，该教练突然针对某运动员提出他应该如何控制好拦网。这时，摄像师就应该把镜头从教练拉摇到该运动员的中近景或中景，交代出他指导的对象。这不仅完成了布置战术这一内容的表达，而且把战术的细节也传达给了观众，很好地完成了叙事，使信息更加丰富、立体感增强。

第六，配合意识。国际公用信号制作是由多机拍摄来完成的，没有哪个机位的画面视觉效果是孤立的，每个机位提供的画面都只是全局的一部分，每个镜头都是由前一个镜头和接下来的镜头所共同决定的，导演根据全局需要适时切出各机位提供的画面，以传达信息，表现气氛、冲突，形成故事。因此，摄像师就应该充分发挥主动性，理解导演的意图，并在拍摄某一镜头的时候考虑与前后镜头的衔接关系，使自己拍摄的镜头与前后镜头成组并组织成镜头语言，发挥叙事功能，为导演提供切换组织镜头语言的空间。

比如在篮球比赛中，某一机位的摄像师通过反送看见前一镜头是姚明在奥尼尔头上扣篮，那么他就应该马上给出奥尼尔被人在头上扣篮后的表情的镜头。再比如在足球比赛中，当摄像师从反送中看到前一镜头是进球的球员在狂喜并摆出各种姿势进行庆祝的时候，他就应该立即捕捉住被攻破球门的守门员或后卫为失球而沮丧、郁闷的镜头。这样配合完成的镜头组合，形成了冲突和对比，富有故事性、戏剧性，使信号制作更加生动。

然而，以上这些摄像师在导演的指导下，在完成规定动作的基础上，进行主动性创作的方面并不是割裂的，他们是相互融合，相互渗透的，是一种你中有我，我中有你的关系。

其实在国际公用信号的制作中，摄像师的主动性创作首要的是意识问题。首先要认识到摄像师并不是机械地拍摄导演所需要的内容。用画面表现体育运动是有一定创造性的艺术工作。因此，摄像师在拍摄的时候就要主动地去发现和捕捉具有美感的，生动的，具有故事性的内容。而捕捉的过程实际上就是摄像师在进行自主组织镜头语言的过程。在摄像师自主组织镜头语言的过程中，他又无时无刻不在考虑构图，考虑如何运用运动镜头，如何取舍以达到最好、最完美地组织镜头语言的目的。而所有这些工作都要靠与导演以及与其他机位的摄像师的分工配合才能得以实现。因此，摄像师在导演指导下，在完成规定动作的基础上进行主动性创作必须从以上各个方面来综合考虑，全面提高主动性创作的能力。

当然值得一提的是摄像师的主动性创作并不是完全自由的，而是必须以服从导演的指导和安排为前提，在导演指导下进行主动性创作。摄像师应该首先完成导演要求的拍摄内容，然后再在此基础上进行主动性创作。

在奥运国际公用信号的制作中，导演要监控整个制作进程，运用电视语言最优质地呈现比赛全貌，并对最终制作出来的公用信号负责。摄像师作为其思想的前端实现者，理应服从导演的安排。另外，在国际公用信号的制作中，不同机位的任务和表现力是不一样的，导演最清楚全局，并事先对各机位做好了安排，以保证每个机位都能提供整个信号制作中所需要的画面。为了最终制作出高品质、完整统一的国际公用信号，摄像师无论怎样发挥主动性创作都必须首先保证完成导演要求的拍摄内容，不能超出导演所要求的拍摄范围。这好比体操中的“规定动作”和“自选动作”。导演的指令就好比是“规定动作”，而摄像师则要根据赛场的实际情况，有创造性地展示“自选动作”，为整场的公用信号制作抓取有灵性、出彩的“永恒瞬间”。

既然摄像师的主动性创作是在导演的指导下进行的，那么导演就应该营造摄制组主动创作的气氛，要求、鼓励摄像师发挥主观能动性，进入一种积极的创作状态，不但要完成规定的镜头，还要主动地寻找和捕捉现场有意思的内容，主动地组织自己的镜头语言，从而为导演提供生动、鲜活，富有故事性的素材，为整个公用信号制作在艺术水平上的提高作出自己的贡献。

沙裕阁，先后参与了2007年亚洲杯足球赛、2007年女足世界杯、2008年北京残奥会游泳比赛和2009年意大利超级杯决赛等赛事的公用信号制作工作。

电视体育赛事公用信号制作中的运动摄像

王　锋　沙裕阁

一、 体育电视公用信号制作中运动摄像的特点

传统定义的运动摄像是指在一个镜头中通过摄像机的机位移动，摄像机光轴方向的变化和改变光学镜头焦距进行的一种拍摄方式。而运动摄像在体育电视公用信号制作中的革新和进步带来的是摄像机所依托实现不同运动的各种辅助器材的发展和创新。

体育赛事电视公用信号制作的一般原则是真实地再现赛场上比赛的进程，使电视机前的观众有身临其境之感，要求画面客观中立，情节完整，关键场景没有遗漏，镜头的衔接流畅，慢动作重放适时、准确、精彩，给人留下深刻的印象；但同时体育电视公用信号制作又具备相当的特殊性，除上述基本原则之外，还需要把发生在赛场内外的“故事”完整、准确、及时地传递出去，让电视观众详细地了解每一个情节，因此信息的丰富和细节的捕捉是一场比赛电视公用信号制作水平高低的关键。

一场完整的体育赛事电视公用信号制作的要素包括转播的画面、现场的声音、具有提示补充作用的字幕以及解说员的现场评论等。这其中，镜头语言的运用无疑是最重要的。摄像机机位的合理设置，可以从不同的角度展示比赛；而运动摄像堪称关键中的关键。

体育电视公用信号制作中的运动摄像是一种基于传统运动摄像的非常规运动拍摄方式，通过摄像机的多种形式的运动改变拍摄方位，而且摄像机的移动会改变视点距离产生特殊角度，画面内容范围以及被摄主体不断变化，前后景别的相对位置关系及透视结构也得到了转换，从而捕捉到了更多的信息和细节，一场单纯的体育赛事的内容得到了丰富，精彩程度得到了加强。这是传统形式上运动摄像的延伸。在当今体育电视公用信号制作的过程中，这种特殊的运动摄像已经成为重要的造型手段。

二、 运动摄像在体育电视公用信号制作中的作用和重要性

运动摄像在体育电视公用信号制作中主要有两大作用：描述性作用和戏剧性作用。描述性作用主要是指通过描绘简单的画面空间起到介绍作用，使运动的物体具有相对稳定的画面表现，使相对静止的物体产生动感；戏剧性作用主要是指创造电视画面空间，表现多个构图元素之间的关系，完成视觉上的转换，形成鲜明的画面外部节奏从而强化情绪，表现被摄物体的主观视角等。这些作用和传统定义的运动摄像在传统拍摄中的作用大体相同，而体育电视公用信号制作中的运动摄像所具有的特殊作用和视觉效果却是由体育赛事本身的特殊性以及电视体育转播设备技术的创新进步所带来的。

体育电视公用信号制作当中摄像机的不同角度不仅可以更好地创造精致的画面构图，还能帮助观众在二维空间中创造三维的影像，使电视观众在观看比赛时产生身临其境的感觉。因为从摄像机单目视野的取景器中观察事物，不能复制真实空间的纵深感和双目视野。在不具备双目视野的情况下，角度就成了画面中创造空间感的重要工具。

传统定义的角度主要分为：正面(frontal)、斜前侧(three-quarter front)、侧面(profile)、斜后侧(three-quarter rear)、后面(rear)、俯角(high angle)、平角(eye level)、仰角(low angle)。

由于体育赛事本身和场地环境的特殊性和复杂性，所以信号制作过程中的运动摄像拍摄角度在一定程度上突破了传统定义的拍摄角度，更具有多样性。例如在制作长跑等径赛项目时，会在田径场的四角放置摄像机，这样运动员从弯道转向直道，或者从直道转向弯道前后的比赛信息(包括排位、速度、比赛战术、参赛选手状态等)，都会一览无余地传达给电视观众，而且为参赛选手运动方向的改变提供了足够的过渡环节。在F1、越野汽车拉力赛、马拉松这样的长距离比赛拍摄中，如果没有选择从赛道的拐弯处和选手的折返点这样关键的角度拍摄，运动方向会是一团糟，观众看到的将是一场没有理性的闹剧。从运动主体的角度来交代运动方向的改变也是目前体育赛事公用信号制作运用得比较多的方式。例如将微型摄像机架设在赛车上，可以从特定的角度把赛车转弯的瞬间直接拍摄下来。由于这样的拍摄角度又可以作为车手的视点角度，所以车手看到的基本上观众也能看到，这样的拍摄角度可谓一举两得：一是用来运动摄像的越轴过渡，下面的镜头赛车运动方向可以是向着相反的方向；二是作为车手的主观视觉角度，增强了比赛的现场感、紧张感，形成奇特的视觉效果。另外，近些年越轴角度画面的运用也更多地被电视观众所接受。2006年的德国世界杯，越轴角度画面使用的频率非常高。

传统运动摄像机的运动类型主要有：平摇(pans)，摄像机以垂直线为轴旋转。俯仰摇(tilts)，摄像机以水平线为轴旋转。移动镜头(dolly shots)，摄像机前后移动。跟踪镜头(trucking shots)，摄像机跟随被摄对象运动。升降镜头(pedestal or crane shots)，摄像机作上升或者下降运动。斜摄镜头(canting shots)，摄像机向斜侧方向运动。处理镜头运动时，可以运用不同的速度，可以处理成机械平滑的效果，也可以处理成类似手持摄像机的效果。有时候，几个运动组合在一起，就像摄像机设置在移动车上或者升降臂上，根据体育比赛的动作设计摄像机运动，使观众观看比赛时有一个流畅的视点。

传统运动摄像中一个处理得当的运动镜头通常由一个稳定的起幅构图、流畅的运动节奏以及稳定的落幅构图组成。而体育电视公用信号制作过程中的运动摄像却具有相当的特殊性：也许没有一个稳定的起幅，在拍摄运动中也可能没有流畅均匀的运动节奏，往往很多运动方式是根据体育赛事的高速运动进行急推、急拉、急甩等非常规运动拍摄，但是一

个稳定良好的落幅画面在体育电视公用信号制作中是绝对必要的。

三、 高新技术设备与运动摄像

没有任何一种拍摄方式像运动摄像这样需要与各种特殊器材息息相关。制作竞赛特别是短跑项目的电视信号时，需要在跑道内侧铺设特殊轨道，安装“电兔子”；制作跳水比赛的电视信号时，自由落体摄像机必不可少；制作游泳比赛的信号时，水下摄像机将使画面充满动感与冲击性；制作篮球比赛的信号时，架设在篮板上沿的微型摄像机可以清晰的提供篮球滑行、入筐的运动轨迹画面；制作高山滑雪以及众多极限运动项目的信号时，专业的防震设备将会展现出锦上添花的画面；此外，航空摄像、体育场馆中架设的高空十字钢丝运动摄像机等，运动镜头的运用也很多，这些非常规运动摄像镜头的使用不但丰富了观众的视觉效果，也大大提高了体育比赛的可观赏性。下面将重点介绍几种在体育赛事电视信号制作过程中，目前国际上运用较为广泛、手法相对成熟的运动摄像特殊设备以及应用。

1. 斯坦尼康

体育赛事的公用信号制作需要非常稳定的画面，即使是高难度的运动过程中的拍摄也要求不能降低画面的质量。斯坦尼康(steadicam)，即摄像机稳定器在电视体育公用信号制作中的运用使上述要求得以实现。这种轻便的摄像机机座，由美国人 Garrett Brown(加勒特·布朗)发明(如下图)，整个斯坦尼康主要由减震臂、平衡组件和减震背心三个部分集合而成，利用减震臂将摄像师与摄像机隔绝开，使运动产生的震动通过弹簧吸收，以降低摄像机的上下震动。平衡组件能有效降低摄像机前后左右的晃动。背心是稳定器工作的支点。平衡组由云台、万向节手柄、底部安装组件(配重电池)、监视组件(监视器、遥控电路)和伸缩支杆几个部分组成，有时还配有陀螺仪，重量大概在 10 千克左右。使用时将背心穿在身上，这样整个支撑点基本都在腰上；然后将摄像机拖板装在云台上，放上摄像机后连接好电源及遥控线路，调整好平衡就可以了。在拍摄时，一只手轻捏减震臂保持运动中的水平和稳定，另一只手通过手柄操作摄像机，当然两只手都有把持整个机器水平和稳定的作用；运动中眼睛不但要观察监视器画面，还要留意脚下的路。通常在斯坦尼康工作时至少有两个人，另外一个摄像助理会在摄像师身边辅助完成拍摄。常用的斯坦尼康基本分为 4 种：单臂、双臂、大师级斯坦尼康和小型稳定器。体育赛事电视公用信号制作中大多使用

1977年美国steadicam设计图纸

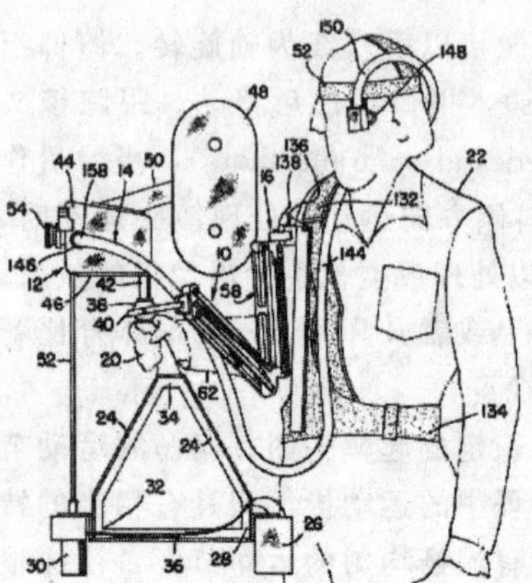

双臂

单臂

大师级斯坦尼康，它具有灵活性和便利性。可以适应体育比赛场馆多种复杂的环境，完成复杂的移动镜头拍摄。斯坦尼康的运用不仅使运动摄像变得更加自由、灵活，而且它特有的减震装置和平滑的运动方式更加具有视觉冲击力，更加具有自由创作空间。所以，斯坦尼康被广泛应用于各种体育赛事的转播当中，在欧洲的各大足球联赛以及世界杯的比赛当中，可以说，斯坦尼康提供的比赛画面被应用到了极致，使用斯坦尼康的摄像师沿着足球场的边线随着场上的运动员几乎以同样的速度跑动，为电视观众带来了全新的视觉效果，使在电视屏幕前观看比赛的观众充满了参与感，这就是斯坦尼康在电视体育转播中应用的特点。

例如，在2006年德国世界杯的电视公用信号制作中，斯坦尼康镜头的非常规使用主要体现在以下几个方面：

(1)当足球在球场接近边线方向运行时，导演一般都使用到斯坦尼康机位的画面。一般为：大全景—斯坦尼康机位所拍摄到的球员(中近景)带球进攻、传球或双方球员的对抗—大全景。

(2)发角球时，斯坦尼康移至角球位置拍摄进攻球员开角球。一般切换规律为：大全景—斯坦尼康的中近景—禁区内的防守队员和进攻队员—大全景。

(3)斯坦尼康跟拍发球球员(大全或特写)—接球球员(看台上的小全机位、特写)—大全景。

2. 轨道及摇臂

移动车和滑动轨道用于体育比赛转播的拍摄时，可以使摄像机沿任意方向平滑稳定的移动。专业的移动车又分为轨道式、轮胎式和升降式三种。其中比较常用的是轨道式移动车，有直轨和弯轨两种，适合在任何开阔的地方使用；而后两种移动车则适合在相对小一点的空间里应用。

在体育赛事电视公用信号制作中的轨道式移动车，进行推、拉以及移动拍摄，此种拍摄方式不提供变化剧烈的角度和景别，但是移动镜头的组合运用，可以使画面增加节奏感。

摇臂摄像机主要分为带座位、全遥控及全手动三种。目前国际主流摇臂摄像机有：德国MOVIETECH大型摇臂、德国的ABC大型摇臂、美国JIMMY大型摇臂、英国POLECAM鱼竿式摇臂、POWERJIB小型摇臂。摇臂在越来越多的体育赛事电视信号制作中得到广泛的应用，如德国的ABC大型摇臂是专门为拍摄足球比赛设计的。而英国的POLECAM鱼竿式摇臂主要适用于技巧类体育比赛的转播拍摄，其突破传统的摇臂拍摄技术，能够做到近身拍摄运动员。

3. 高速摄像机

高速摄像是一种至关重要的拍摄手法，其特点是减缓运动物体的速度使其动作细节得以充分展现。高速摄像机在体育赛事电视公用信号制作中的运用使慢动作回放更加丰富，突出了细节，流畅了画面组合。例如，在体操比赛和花样滑冰比赛中，与普通摄像机比较，使用高速摄像可以更加充分地表现运动员腾空、跳跃的动作，美感得到了加强。高清超级慢动作摄像机LDK6200作为世界上第一台高速摄像机采用汤姆逊特有的HDDPM型CCD(电荷耦合器)，使用两倍速场频的CCD读出(100/120Hz)，配合多通道高清硬盘记录，如同其他LDK高清摄像机一样，可以实现多种高清格式的自然切换，是可应用于世界各地的多格式高清高速摄像机。迄今为止，LDK6200已经成功用于2004年欧洲杯足球赛的高清电视转播以及雅典奥运会等大型体育电视公用信号制作，其清晰的画面和美观的慢动作给人留下了深刻的印象。

4. 微型摄像机

微型摄像机是一种当今较为常用的特殊摄像设备，主要架设于足球门网上下、田径轨道旁边、篮板上沿等无人操作的特殊比赛区域。该设备的应用为观众提供了更加丰富多样的画面。索尼公司的 DXC—950P 是一种高质量 3CCD 彩色微型摄像机。它具有卓越的图像质量、高灵敏度、可靠的稳定性、小型轻便等优点，被广泛地应用于电视体育转播中。例如，在转播体育球类比赛项目中，在微型摄像机固定好机位并且调整好各参数项目后，即可得到特殊视角的比赛画面。在转播保龄球比赛时，将微型摄像机放置在保龄球道末端的广告牌后面，用来拍摄球撞击球瓶的镜头，再进行慢动作处理播出，这个镜头具有很强的视觉冲击力。

5.“鱼竿”、“电兔子”及“飞猫”摄像装置

美国亚特兰大奥运会跳水比赛的转播中，在跳台后面安装了一个由电脑系统控制的可上下移动的摄像机。其位置与跳台平行，高约 13 米，这种特殊的摄像装置可以完整地记录运动员从起跳到空中动作直至最后入水的全部过程。这种被称为“鱼竿”的特殊摄像装置弥补了以往跳水比赛转播分镜头画面的不连续性缺陷，使电视观众看清了从空中到水中这两种不同介质变化的全过程。这种摄像装置的特别之处在于它利用电脑程序成功地完成了摄像机从空气进入水中光圈以及色彩一系列参数的自动变化，简单地说就是摄像机入水一瞬间的画面在视觉效果上一气呵成，不会由于介质变化而使观众在视觉上产生突兀的感觉。

“电兔子”首次出现在 1996 年美国亚特兰大奥运会的短跑比赛上，此后该设备被广泛运用在竞赛项目的信号制作当中，通过遥控“电兔子”的移动速度，同步跟踪拍摄运动员的运动过程，比赛的激烈程度得以真实还原。这种装置主要是由一套完整的遥控移动轨道组成，在轨道的移动车上安装好摄像机进行遥控调试后，投入到比赛的拍摄中。这种装置可以根据不同的比赛项目调节相应的移动速度，具有极高的稳定性。

在 1998 年法国世界杯的开幕式上，一个特殊的装置让亿万电视观众体验到在主赛场上空迅速回旋环绕、以最佳的视角俯瞰座无虚席的体育场的美妙感受；在那之后的多年里，这种装置的身影在世界各大著名体育场出现，例如 2006 年德国世界杯的决赛前夕，它再度出现，从夜色阑珊的柏林高空，沿着银色的灯光轨道，缓缓滑入柏林奥林匹克体育场，记录了世界杯历史上又一经典场景。这种特殊装置俗称“飞猫”，架设在几条钢缆拉起来的轨道上，多用于完成拍摄空中镜头，是目前非常先进并且越来越常用的摄像装置。“飞猫”索道摄像系统拍摄高度落差从几十米到几百米，理论上在风速 70 公里/小时下仍可正常使用。跟踪拍摄主体可达上千米甚至更远，最高时速可高达 130 公里/小时（即 36 米/秒），镜头可旋转 360 度，没有震颤，画面稳定，没有噪声，架设简易方便。“飞猫”仿佛一只游弋在空中的精灵，平稳精确地上演着一场场视觉盛宴。“飞猫”的应运而生，转变了传统空中拍摄方式。与摇臂相比，它明显拥有更加广阔的视角和更加灵活的范围；与飞机拍摄相比，它不产生任何噪声，画面可以直接进入讯道，不用担心信号传输问题。更重要的是，它的成

本也要比航拍大大缩减。

四、电视体育公用信号制作中运动摄像常见的操作问题及解决方法

空间的概念可以分为画外空间和画内空间。画外空间共有六个区域：画格四条边外各有一个区域，背景后面以及摄像机后面的空间各有一个区域。而画格四条边之内的区域则均为画内空间。运动摄像镜头随时都在向画外空间的六个区域不断扩张，这种现象被称为运动取景，所谓运动取景就是在画格的范围内改变取景框内画面主体的高度、距离、角度等。所以不管镜头是否跟随人物运动还是自行运动，它都影响观众对画内空间和画外空间的感受，所以不同的摄像机的运动方式会产生不一样的空间概念。

运动摄像主要的功能就是重新取景。重新取景是随主体动作的镜头运动的一种。以足球比赛为例，横摇运动镜头可以使球场中奔跑的球员永远固定在画面中心；移动镜头可以从一个区域到另一个区域跟踪一个运动员的运动；升降镜头可以跟随一个大脚开出或者迎面飞来的足球。在这些情况下，运动镜头的主要功能是将观看比赛的观众的注意力完全集中在镜头画面中的人或物，并且跟随着人或物运动。此外，运动摄像的时间元素也很重要。

通常，摄像机的运动本身就可以制造明显的效果。比如，比赛一开始或者中途，镜头很快从一个事件转移开，观众的心里就会马上想知道到底发生了什么事情，这就是人的好奇心理；如果摄像机突然撤开，事实上是观众并没有看到预期发生的东西，这就是人心的惊奇效果；如果摄像机用相对缓慢的速度来放大拍摄的一个细节，这就是在制造悬念效果。所以在电视体育公用信号制作中，镜头运动的速度和节奏应根据比赛的发展而随时调整，及时传达各种突发的重要信息。

当然，运动摄像在电视体育公用信号制作的实际操作中存在着相当大的技术难度，应当根据“具体问题、具体分析”的原则予以解决。

1. 如何快速准确跟焦

跟焦是摄像师的基本功，快速、准确地跟焦在拍摄中经常用到。以足球比赛为例，在一场激烈的比赛中，球员的跑动速度很快，运动方向也有随时变化的可能，基本无规律可循。而我们拍摄足球的时候使用长焦镜头，景深小，画面容易虚。而如果现场光照度不够，也增加了快速跟焦的难度。这就要求摄像师必须全神贯注。不论球员怎么样无规则跑动，无非是离你越来越近或者是越来越远，只要掌握这方面的规律，结合目测观察距离远近并做好手上聚焦环控制，就可以做到快速准确地聚焦或跟焦。

2. 如何在急推急拉状态下迅速调整构图

在急推急拉状态下迅速调整好构图，是对电视直播摄像技术能力的一种考验。构图在画面拍摄中具有十分重要的意义。景别分为远景、全景、中景、近景、特写五种。在足球比赛中的画面组成也由这五种景别构成，但是球场的情况瞬息万变，球员的快速奔跑很容易离开已经确定好的画面构图区域，从而破坏摄像师的构图预想。特别是构图中的起幅和落幅画面，更容易受到无规则运动的影响。解决的方法也是要有提前的判断，关键还是要快速准确地寻找好镜头的落幅构图。摄像师在捕抓某个镜头时，千万不要过多地考虑起幅，而是看准落幅。摄像机推拉速度控制一定要调到最快，必要时还可以采用手动改变镜头推拉速度的方法，以达到最快速地构图到位。

3. 如何跟住大范围快速运动的对象

赛场上球速很快，需要考虑如何与运动主体同步配合。球场上每个机位的作用不一样，因此每台摄像机拍摄到的视角和画面也自然有所区别。特别是使用大倍率镜头的时候，跟

拍快速运动的对象就变得更加困难。特别是以大全景景别抓拍球员突破到底线，并下底传中到禁区内附近的时候，如果要抓拍整个过程，摄像机镜头几乎要做180度甩动，这个时候如果摄像师双脚不动或者是站的姿势不正确，肯定是跟不住球的。只有双脚提前转动，让脚、人和机器同时动起来，人和摄像机才能在180度内自由转动，而只有整个达到180度自由转动，才能准确地抓住足球飞行的路线。

当今的电视体育赛事公用信号的制作中，运动摄像的作用越来越重要。一场比赛信号制作的精彩程度在于不断地雕琢细节，而运动摄像与细节的展现息息相关。当然，更多高新设备的发展也使各种高难度运动摄像成为现实，随着电视科技的不断发展，运动摄像的操作技术也将更加的科技化、人性化、智能化，运动摄像在未来的电视体育公用信号制作中会发展到什么样的程度，我们将拭目以待。

结　论

总而言之，运动摄像已逐渐成为体育赛事电视公用信号制作中不可或缺的组成部分，它作为一种复杂的系统形式必将在未来发挥更为巨大的作用。随着高新科技的不断发展，更多新的技术设备将被发明和使用，运动摄像在电视体育公用信号制作中的形式也将随之丰富，电视机前的观众将看到更加精彩丰富的画面。技术上的进步势必带来运动摄像在体育赛事中的发展，运动摄像将更好地再现比赛场面、情节，运动摄像将进一步拓展观众的视觉感受，超越观众视觉直接观看的局限，使体育赛事更加具有魅力，体育赛事转播也会越来越具有本体性。

陈新，曾先后参与国际、国内各项体育赛事的信号制作。在2008年北京奥运会羽毛球赛事、2010年上海田径钻石联赛信号制作中，使用超高速摄像机，成为中国超高速摄像机的首批尝试者。

永恒的瞬间

——浅谈超高速摄像机在体育赛事信号制作中的作用

第29届奥运会在北京胜利落下帷幕，在这届奥运会上创下了很多纪录，其间中央电视台体育赛事转播也创造了共转播3800个小时的纪录，取得了非常高的收视率。电视观众对于赛事转播质量感到非常满意，这得益于北京奥林匹克转播有限公司(BOB)提供的先进的电视转播设备，其中包括首次使用的超高速摄像机。超高速摄像机的使用不仅让观众在电视上看到了比赛双方的结果，而且还看到了充满艺术美的画面，将很多精彩的动作定格成永恒的瞬间，成为观众最美好的回忆。在此次北京奥运会上，BOB一共租赁了7台超高速摄像机，分别应用于羽毛球、乒乓球、射箭、飞碟、田径、跳水、排球项目。笔者在此次奥运会电视信号制作中，主要负责羽毛球项目的超高速摄像机使用，下面就浅谈其在体育赛事转播中的作用。

一、认识超高速摄像机

超高速摄像机的工作原理有点类似于电影中的慢动作制作，高速拍摄，普通速度重放。正常情况下普通PAL(帕尔)制摄像机每秒只拍摄50幅画面，而超高速摄像机则能拍摄600幅画面。普通摄像机拍摄运动物体时，受电荷耦合器(CCD)曝光时间的限制，运动物体会有拖尾现象，造成画面模糊，这时一般用人为地增加电子快门以降低CCD曝光时间的方法来解决运动物体拖尾的问题。但这时会带来另一种矛盾——记录的图像在做慢动作重放时，运动物体的运动连续感受到影响。而超高速摄像机采用12倍于普通摄像机的速度拍摄，并采用特殊的硬盘记录设备进行记录和重放。下面以高清5倍速摄像机为例进行介绍。

高清5倍速摄像机采用三片互补金属氧化物半导体(CMOS)感光器件，拍摄频率达到300P/秒，1080/60I时可以达到5倍速，1080/50I时可以达到6倍速。摄像机机身内置存储器，最多可以记录11秒高清无压缩画面，摄像机本身配有慢动作控制器，可以通过中央控制器(CCU)直接输出高质完美的慢动作图像。摄像机和CCU之间采用光缆传输方式，最远可以达到2000米。

摄像机	
感应器件	CMOS 三片
解像度	1920×1080 像素
灵敏度	国标标准化组织(ISO) 160/2000lux F5(0dB 3 帧/秒)
镜头卡口	B4 2/3 英寸
光缆长度	最长 2000 米
拍摄速度	12、24、30、48、54、60、66、72、90、120、180、240、300 帧/秒
录制时间	最多 11 秒
尺寸	153(W)×310(H)×415(D)
重量	约 7.7 千克
CCU	
输出	1080/59.94i(HD－SDI 4∶2∶2)
	1080/59.94p(HD－SDI 4∶2∶2)
功耗	225VA
尺寸	约 424(W)×132(H)×480(D)
重量	约 20 千克

CCU

慢动作控制器

ROP

参考：6 倍速高速摄像机与 EVS 慢动作系统

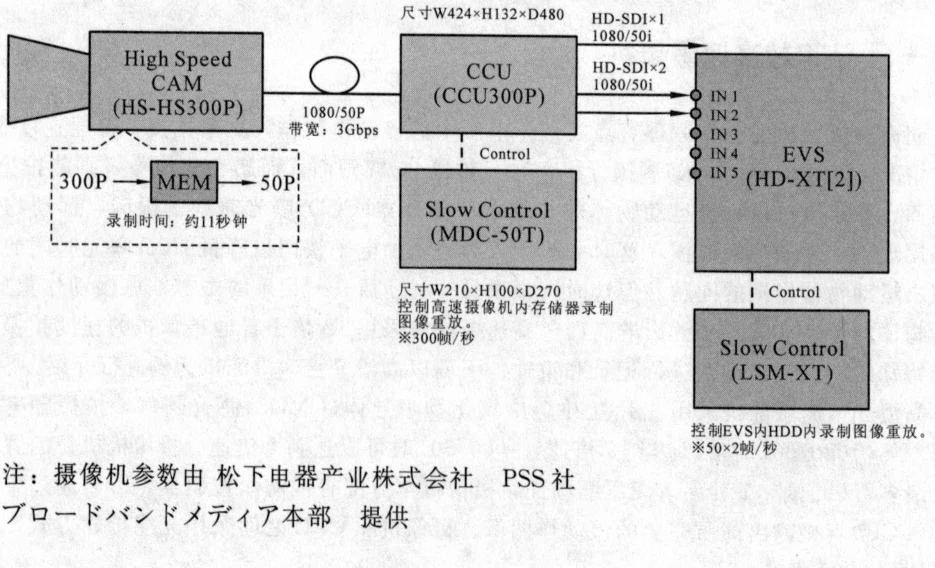

注：摄像机参数由 松下电器产业株式会社　PSS 社
ブロードバンドメディア本部　提供

二、 超高速摄像机在羽毛球赛事信号制作中的作用

超高速摄像机在此次信号制作中主要是服务于慢动作，这是由超高速摄像机的自身特点和羽毛球的运动特性决定的。摄像师能用它捕捉到普通高速摄像机所无法捕捉的动态特征和击球动作，再由慢动作导演通过实时视频慢动作硬盘服务器(EVS)实时选择、输出画面。例如，在羽毛球女双半决赛中张亚雯亲吻球网。陈金对李玄一的铜牌之争当中，陈金连击犯规被抓拍下来的慢动作回放展现得十分真切，能十分清晰地看见球体与球拍快速地接触了两下。当然这样的速度肉眼是很难进行判断的，自然也就造成了裁判的误判。还有在林丹与李宗伟的金牌决战当中，林丹的大力跳杀是他的一大特点，笔者利用高速摄像机的自身特点，从林丹起跳脚快速摇至其脸部，经慢动作回放就非常充分地表现出林丹此时的士气和技术动作的特点。众多运动员在处理网前球上，多会选择大跨步接球，这时超高速摄像机便能捕捉到运动员接球过程中肌肉发力的变化过程，再经慢动作回放，真可谓是叹为观止！

三、 对于超高速摄像机使用的一些思考

在使用过程中，笔者使用的是一台 12 倍速的超高速摄像机。在使用过程中也遇到一些问题。首先，此机器对场地光线要求十分苛刻，如果被摄物体的照度低于它的拍摄额定值，那么拍摄画面底色会偏暗、频闪加速、拍摄的局部细节特征经 EVS 以 12 倍原速输出，画面根本无法看清(仅指羽毛球的击球瞬间)。其次，此摄像机机身内置存储器，最多可以记录 20 秒高清无压缩画面，也就是说它无法直接进入 EVS 系统，自身录制 20 秒后就要回点。这就给摄像师的实时抓拍带来了一定的挑战。另外，此摄像机的外接寻像器是彩色的，并且供电方式是由外接充电电池提供，每块电池使用时长为 4 小时，两块替换使用。在初期的拍摄使用中发现这台超高速摄影机的拍摄画面以 100％的慢动作输出，整体偏暗、信噪比偏大且回放画面时间过长并没有达到慢动作的基本要求。于是就将其倍速减半，也就是降至 6 倍速。并调以 50％的慢动作输出，便发现不仅整体的画质得以提升(信噪比变小)，而且能将这台超高速摄像机的特性发挥出来，它能清晰地展现出运动员运动过程中发力后肌肉的变化和精准地捕捉到羽毛球比赛中的连击犯规、运动员使用假动作的手腕变化、各种表情的展现等。通过这次实践，笔者认为在单双打的拍摄方式上也是有所不同的。单打过程中是可以专一地展现单个运动员，而在双打过程中两个人的大景别拍摄总显得不那么完美。如果在运动中两人站位过远，摄像师就要进行选择判断性拍摄。在今后的工作中，就要多积累经验，勤于思考。

随着体育赛事的不断增加和观众欣赏水平的不断提升，电视转播设备也在不断更新和发展，这对于电视工作者是一个挑战。电视转播技术人员只有不断了解新设备的性能，掌握操作新设备的技能，用新科技来武装自己，才能更好地服务于电视，服务于观众。

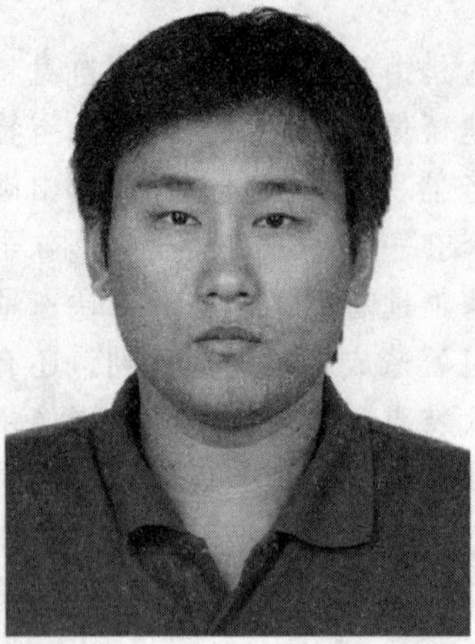

傅帅，2005 年进入中央电视台体育中心竞赛部从事体育赛事电视公用信号的制作，工作至今。参加了 2006 年多哈亚运会、2008 年北京奥运会以及多次国内大型比赛的信号制作工作。

浅谈高科技摄像机在体育比赛信号制作中的应用

从 1936 年柏林奥运会开始，便有了体育比赛转播。2008 年的北京奥运会，是每一个奥运会比赛信号制作团队展现自身实力的大舞台。很荣幸，笔者作为中央电视台网球制作团队的一员参与其中。制作团队不仅把比赛真实地展现给观众，而且从摄像角度、光线、色彩、人物、细节的选择和捕捉，导播的组接镜头，慢动作回放，音乐、字幕的添加等手段进行渲染，大大提高了转播的艺术程度。

在 2008 年奥运会上，越来越多的高科技摄像机应用到了体育比赛转播中。如空中滑轨摄像机，遥控摄像机，自由落体式摄像机，水下摄像机，高速轨道摄像机(俗称“电兔子”)，悬挂在飞机、飞艇甚至风筝上的高空摄像机，神奇的超高速摄像机以及非常普及的普通高速摄像机等。

给笔者印象最深的，就是在北京奥运会上被广泛应用的超高速摄像机。超高速摄像机拍摄的画面很有震撼力，在 2008 年欧洲杯足球赛决赛中唯一的进球，从射门开始，画面一直以球为主体，同时清楚地看到了德国后卫拉姆的抢截，托雷斯的挑射，守门员莱曼的扑球，莱曼高抬腿试图踢倒托雷斯，托雷斯踉跄前行时眼睛一直紧紧地盯着足球，直到球慢慢地滚进球网作为落幅。整个慢动作堪称经典。

2008 年奥运会上，在田径、游泳、射箭、沙滩排球、乒乓球、羽毛球等重要比赛项目中，都出现其过身影。

日本岛津制作所的江藤教授开发的新型 CCD(电荷耦合器)，内设图像内存，在摄像过程中将图像数据储存在内存里，摄像结束以后才将图像数据输出到外部，因此即使以每秒 100 万帧的速度拍摄，也能保持 8.1 万像素的清晰度，从而使图像的详细解析成为可能。摄像机通过传感器感受外界光信号，通过内部集成的高速或超高速图像采集控制器将信号送入高速的数字处理器中，我们可以通过嵌入式编程方式进行定制的功能开发——比如判断特定的颜色、形状、位置、亮度等条件的变化，从而使电子快门的开关频率发生改变，以改变记入到内建存储器的图像。可以使复杂的图像处理过程全部在摄像机内部完成。当所有的图像捕捉并完成处理过程后，所有信息将图像直接传输到计算机终端。

那么，超高速摄像机有怎样的优势和劣势呢？

第一，超高速摄像机的功能是独一无二的。它拍摄的画面作为慢动作回放，有着无与伦比的表现力。田径场上，跳远运动员落进沙坑的瞬间，沙粒飞扬起来；游泳和跳水运动员跃入水中的一刹那，水花四溅，几乎每一滴水珠都看得清清楚楚；"嗖"的一声，弓箭直飞靶心，我们清楚地看到了飞行过程中弓箭不断的颤动；拳击场上运动员脸部中拳后整个脸的变化……这些都是我们在普通的慢动作回放中无法看清楚的。超高速摄像机的慢动作回放画面给予观众超强的视觉冲击力。但是摄像师对捕捉的画面也要有选择性。比如运动员欢呼的表情用超高速回放，就会非常狰狞，适得其反。笔者认为超高速摄像机还是应该以表现大幅度的动作、细微的细节为主。

第二，超高速摄像机足以覆盖整个慢动作的速度控制，从1%至100%。运动员高速奔跑，挥拍击球，足球直奔球网，羽毛球缓缓落地，70%的回放速度足够清晰，让观众看清楚。5%的慢动作画面我们就能看到运动员奔跑时肌肉的收缩，球接触球拍瞬间的变形，足球强烈的旋转，羽毛球下落时受空气阻力影响而发生的运动轨迹变化。可见，超高速摄像机轻松完成慢动作速度的要求，这就给了慢动作导演充分的选择余地。

第三，超高速摄像机要求摄像师有出色的业务能力。超高速摄像机捕捉的画面基本都是细节，这就要求摄像师有着敏捷的反应，过硬的跟随、跟焦、构图能力，并且具有敏锐的观察力和对比赛项目的熟悉度。显然，超高速摄像师需要有很强的经验积累和比赛沉淀。

第四，超高速摄像机对照度的要求很高。在室内的比赛中，我们见到超高速摄像机捕捉的画面非常灰暗，而且一闪一闪。这是因为室内光线无法满足其CCD的曝光要求。在室外比赛比如田径、网球、一级方程式锦标赛(F1)等项目中反而有出色的表现。

超高速摄像机具有广泛的用途，例如，要想开发低噪声的洗衣机，就可以通过慢动作图像分析防噪声零件震动的情况，以制造更加安静的产品；在汽车的冲撞实验中，也可以验证气囊的膨胀方式是否对人体产生不良影响。此外，还可以用来调查瓶装工厂的机械故障原因、了解混凝土的破坏、昆虫翅膀的振动、爆炸发生时的冲击波等详细过程。

随着科技的发展，超高速摄像机也会慢慢地普及开来，为观众带来更加精彩的比赛。

谈到体育转播的高科技，我们不得不说最尖端的运动项目——F1方程式赛车的转播。

每一次观看F1的比赛转播，都是一次视觉享受。有直升机，有超高速摄像机，有安装在赛车前后的微型摄像机等。2010年的土耳其大奖赛第一次引进了热能摄像机拍摄画面，使我们可以清楚地了解高速运行后赛车在维修车间加油更换轮胎时车队内部热量的分布，对赛车整体的架构有了更进一步的认识。转播充分展示了F1运动别样的风姿，激情的F1，精彩随处可见！

在2010年法国网球公开赛和奥运会上，我们也见到了"蜘蛛"的魅力。它在整个罗兰加洛斯球场和鸟巢上空游动，丝毫不受自然环境的影响，空中俯拍的效果让人叫绝。

高科技设备发展如此迅猛，我们该如何面对，如何驾驭它们呢？

首先，根据比赛项目选择甚至发明最合适的设备。在跳水比赛中，自由落体式摄像机成为澳大利亚7台的拿手绝活。运动员起跳，下落，入水，水下调整，出水，一台摄像机能够跟随整个过程。北京奥运会的田径赛场上，我们再次见到了高速轨道摄像机("电兔子")和高空轨道摄像机("蜘蛛")。在100米决赛中，"电兔子"和博尔特一样以9秒69的纪录震惊世界。如此高速的运动，"电兔子"给出的画面非常平稳，没有一点抖动，其高科技含量可见一斑。最合适的设备，用到最适合的项目上，事半功倍。在此次奥运会网球项目上，主机位右下方安装了一台遥控摄像机。由于遥控机灵敏度有延迟，镜头倍率只有20，支撑架的不稳定，大大增加了操作者的工作难度，使得这个机位功能单一，直接影响到导演调机的灵活程度。

其次，成熟的团队才能把高科技设备发挥到极致。北京奥运会比赛的机位设置完全由BOB决定。增加了三台遥控摄像机，改变了我们以往的机位设置习惯，致使我们需要重新适应。我们用它做慢动作，用它的低角度接运动员回身要球，然后向左或者右滑动送他走进场地里，甚至用它做主机位，效果都很好。由此可见，一个成熟的团队，知道什么时候用，怎么用，如何操作好特殊摄像机。

再次，高科技摄像机的应用只是手段不是目的。探讨客观记录与艺术表现的关系时，应将受众需求的满足作为首要目标。无论是偏向客观记录还是偏向艺术表现，电视观众的直接评判标准就是这场比赛是否"好看"。它具有双重含义，一是"好看"来源于比赛本身，观众的注意点主要集中在比赛的过程上；二是对比赛过程的转播体现了这场比赛的"好看"。"好看"的比赛依赖于有效地体现"好看"的手段。观众感受到的真实是来自比赛自身的真实，国际电视公用信号的制作者以现场比赛的真实为基础，加入自身理解，对真实进行创造性处理。偶尔用一下，能改变切换节奏，消除观众视觉疲劳，注入新鲜的"看点"；用得太频繁，会失去了其画龙点睛的作用。

最后，高科技设备也需要有职业的管理团队。这次奥运会的特殊设备，都是由CAMRA CORPS公司提供。在安装过程中，他们的工作人员不厌其烦地调试设备，以求达到最佳工作状态。在比赛过程中，他们一直在操作人员身边，力求保障设备在比赛过程中的正常使用。

随着科学技术的飞速发展，这些高科技摄像机会越来越普及，同时也会出现更多新鲜事物。只有与世界接轨，并且在人力、财力、物力允许的情况下，进行更多的尝试，才会大幅度提高自身的转播质量。

吕有，2002年进入中央电视台体育频道，工作至今。参加了包括雅典奥运会，多哈亚运会和北京奥运会等多次大型国际公用信号制作任务，累计制作赛事上万场。

浅谈体育赛事电视公用信号制作中摄像师的心理素质

北京奥运会的申办、筹办、举办，见证了当代中国发展进步的辉煌历程，记录了一个古老的民族融入浩荡世界潮流的坚实足迹。与此同时，它也实现了中国电视人跻身国际顶级赛事公用信号制作团队的梦想。体育赛事信号制作这个新兴的概念也被越来越多的人所熟识和接受。

体育赛事信号制作作为电视节目中最年轻也最具活力的电视形式，具有现场性、时效性、特殊性。体育赛事信号制作中的各工种配合方式具有体育赛事信号制作这一电视形式最独特的特征：每一工种的工作都是一次成型，没有再次修改的机会，这一点对这一特殊的电视团队提出了比以往更高的要求。

而在这个特殊的电视团队里，摄像师被称为“导演在赛场的眼睛”，其重要性不言自明，其特殊性也是显而易见。

电视体育赛事的摄像师与其他艺术类型的摄像师相比，既有相互区别的个性特征又具备相互联系和渗透的共性特点。电影、电视剧的摄像师——可以用不断重复的方式来完善画面镜头的拍摄，直到拍摄的画面满足导演的要求为止；新闻纪录片的摄像师——可以经过长时间的拍摄记录，利用绝对大量的画面素材供应，使得后期剪辑师拥有足够的选择余地；体育赛事的摄像师，则需要以物质现实为基础——比赛现场不允许干预和随意中断，拍摄要随比赛同步共时进行。另外，体育比赛本身就极富“故事性”，具备戏剧的冲突元素，国外媒体称，从电视中观看体育比赛是观看一场“正在现场直播的不知结局的戏剧”(a live drama)。

因此，现时性和不可预知性就成了体育赛事信号制作的最显著特点，这就预示了体育赛事公用信号制作中的摄像师的独特能力要求，特别是心理素质的要求，沉着、专注、机智、果断，才能将每一段精彩的画面捕捉并传送到切换台上！

充分的准备是赢得一场战役的重要因素！作为一位体育赛事信号制作的摄像师，面临的这场“正在现场直播的不知结局的戏剧”，如果没有对赛事本身的特点有充分的了解，不仅会陷于被动，甚至会影响到有效画面的拍摄。

体育运动门类繁多，每一种运动都有其不同的运动特点，而作为摄像师，就必须熟悉被拍摄的运动的特点。例如足球比赛的信号拍摄。

首先要了解足球这项运动的场地特点：球场、界线、边线与球门线、中线、球门区及场地四周等。其次要了解足球比赛这项运动本身的特点：整体性、对抗性、多变性、个体性及运动员跑动距离长等特性。最后，也是最重要的，就是必须明了足球运动的比赛规则，如越位、界外球、球门球及角球、任意球、直接任意球及十二码罚球(点球)等。了解了这些有关足球这项运动特点的信息，有助于摄像师对机位设置的认识，明确每一个机位的职责，明白每一个具体机位需要表现什么，能够拍摄到什么，会在哪些时机捕捉到更加精彩的画面。

再如，羽毛球运动是一项全身运动项目，需要在场地上不停地进行脚步运动、跳跃、转体、挥拍，合理运用各种击球技术和步法将球在场地上往返对击，要求运动员在短时间内对瞬息万变的球路作出判断，是一项对灵敏度和身体协调性要求极高的运动。在所有球类项目中，羽毛球是对声、光、色彩乃至室内空气条件要求最严格的，任何一方面不理想都会对比赛或运动员产生负面影响。但是，光的照度又恰恰是摄像机能够最大限度发挥功能的基础保障，而羽毛球特殊的光照要求，使得在场地里设置的某些对光的照度要求很高的特殊摄像机(如高速摄像机、超高速摄像机等)无法获得充分的光照条件，为了尽可能平衡画面亮度，只能开大光圈，以牺牲景深，使得原本处于激烈运动状态下的摄像机调焦操作，变得更加困难。这就要求摄像师对运动以及与运动有关的事物更加熟悉，对运动作出一定的预判，在拍摄过程中，高度集中注意力，才能对于运动的突发情况和变化顺利应对，才能做到“沉着、专注、机智、果断”。

对于羽毛球比赛的信号拍摄，也必须充分了解相关的运动知识。比如：场地特点、网柱、球网、羽毛球、球的检验以及球拍等。对于羽毛球比赛规则的了解是羽毛球信号制作拍摄时最重要的必修课。羽毛球在单打和双打中，罚球规则完全不一样。在单打中，对于一方运动员而言，发球可能是没有变化，但是对于双打的运动员而言，就完全是另一回事了。双打比赛，一方涉及两名运动员，因此，比赛规则对发球有着严格的规定！作为摄像师，只有在了解了这些规则的前提下，才能做到比赛拍摄时，心中有数、手中不乱！

在羽毛球比赛中，违例是运动员经常发生的状况。比如，对于“发球过腰”“发球过手”两种违例情况尤为要注意，在出现这两种情况时，位于场地侧面的两台捕捉运动员动作和细节的摄像机与右下底线附近的摄像机，就要迅速地使拍摄的镜头画面对运动员的动作和裁判手势有所表现。那么要在如此迅速的过程中快速果断地捕捉到画面，就必须熟悉什么是“发球过腰”和“发球过手”。

发球过腰：发球时击球的瞬间，球的任何部分高于发球员的腰部，即发球员最低一根肋骨的水平线，为“发球过腰”违例。裁判员首先要找准“腰的切线”，然后注意击球瞬间是否有球的某一部分高于这一切线。

发球过手：当球拍击中球的瞬间，发球员球拍的拍干没有指向下方，整个球拍的拍头没有明显低于运动员握拍的手部。

充分准确地了解了这些规则，在拍摄的时候，才会对运动员的发球瞬间予以高度关注，从而准确有效地在第一时间捕捉到瞬间即逝的重要信息画面。

比赛之前这些重要的准备工作，是体育赛事信号制作摄像师的第一门必修课。在此基础上，作为现场直播的摄像师们，还要具备处变不惊的心理素质。体育比赛瞬息万变，随时可能发生意想不到的事件，这就要求摄像师对于突发事件有积极的应对能力，迅速思考，快速准确地作出判断，从而在第一时间捕捉准确到位的有效信息画面。而这种能力，必须以平时大量的赛事拍摄工作进行经验积累，对运动本身的熟悉程度，对摄像机设备的操作熟练程度，都会影响到赛场上千钧一发的突发事件的瞬间画面准确反馈！

体育摄像师的工作强度大，专业技能要求高，团队合作性强。由于体育赛事本身的不可再现性的特点，使得体育摄像师的职业要求里，除了具备基本的普通摄像师的审美能力外，还必须拥有强健的体魄和充沛的精力，以胜任这种高强度的工作性质。而对于摄像师"沉着、专注、机智、果断"这些特殊的心理素质，更是每一个体育转播摄像师的必备素养和能力。

唐瑞，中央电视台体育频道三级摄像师。从业七年来多次参加国内外各类体育赛事公用信号制作，发表论文《移动摄影在体育转播中的应用》等。

浅析摄像师在体育赛事信号制作中的“越位”

在收看体育比赛的过程中，观众所关注的重点各不相同。有的是关注赛场的全貌，有的是关注优秀的运动员，有的注重观看运动员或运动队间的配合与对抗的关系，有的对运动员的表现产生兴趣与共鸣，还有的对赛场内热烈的气氛感到兴奋。没有哪个单独的摄像机能在同一时空内连续提供这样丰富的内容，因此多机拍摄体育比赛成为信号制作的规律。

因此，在多机位分工合作的体育比赛转播过程中，每个机位、每位掌机的摄像师都有明确的拍摄任务。导演对摄像团队提出明确的要求，需要每位摄像师在转播过程中严格执行本机位的规定动作，绝不“越位”。但笔者认为对“越位”这一行为也要具体问题具体分析。

一、要严格按导演意图执行，不能“越位”

由于每项比赛都有各自的节奏和规律，因此导演在转播开始前都会按照各项比赛的特点进行机位分工，摄像师明确任务后在瞬息万变的转播过程中尽量减少导演现场调机，使导演能在转播过程中有更多精力考虑如何更好地将运动与情感有机地结合起来，展现体育比赛的魅力。因此摄像师就必须按照赛前布置的任务严格执行，这样才能确保电视转播按照导演的创作意图顺利进行。

以花样滑冰转播为例，先简要介绍一下赛前导演布置的机位图及各摄像岗位的任务(如下图)：

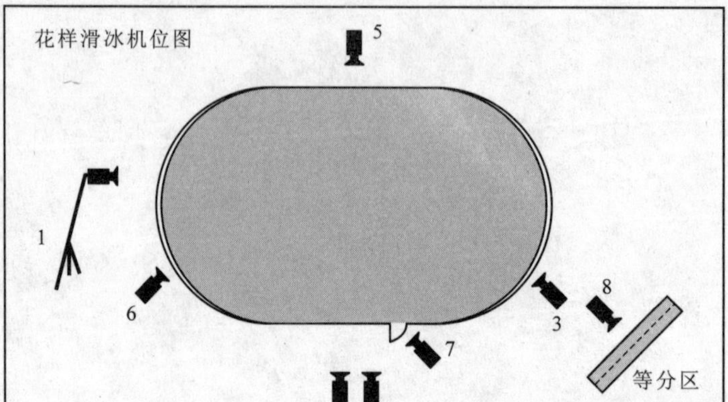

1号机是摇臂，纵向拍摄运动员滑行时的大全景，角度灵活多变，升降自如。

2号机是花样滑冰转播的主机位。全程给出所有运动员的小全景。

3号机和6号机，通常使用大倍率镜头，提供运动员的中近景镜头，给出滑行中的一些细节特写及表情。

4号机是高速摄像机，全程拍摄运动员比赛中的近景镜头。

5号机在主机位对侧设立，拍摄运动员全景及近景镜头。

7号机是游机，负责拍摄运动员上、下场的镜头、景别，听候导演现场调度。

8号机设置在等分区，负责拍摄运动员在比赛结束后等分过程的镜头。

从这个机位图及各机位分工来看，每个摄像师都有明确的分工，也只有这样，导播才能自然流畅地对比赛进行“实时剪辑”。我们可以从花样滑冰机位分工看出，各机位给出的景别和拍摄内容是在赛前就分配固定好的，在转播过程中由于运动员动作的连贯性，没有充分的时间留给导演和摄像师现场沟通，如果摄像师没有严格执行导演的命令，造成景别或拍摄内容上的雷同，也就是我们讨论的“越位”，则会使切换变得生硬、突兀，剪辑学里称之为同景别跳切。这会使观众的关注点从比赛内容上转移。如果多个机位都自由发挥、自行创作的话，则“天下大乱”。此类情况下，摄像师应坚决执行导演要求，禁止“越位”。

二、能“越位”也不“越位”

对于同一场比赛而言，由于场地面积固定，机位分工后摄像师往往也可在本机位上完成其他机位的任务。但是由于拍摄角度差异，比赛节奏紧凑，技术支持受限等原因，不需要摄像师做“越位”动作，我们称之为能“越位”也不“越位”。

以排球转播为例，先介绍一下常用的机位分布图及各机位的职能(见下图)：

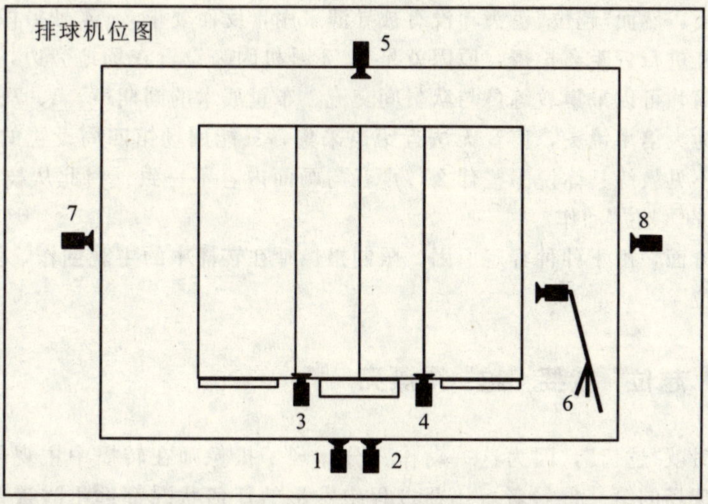

1号机是排球转播的主机位，横向设置。景别为大全景，全程记录比赛过程。

2号机，横向设置。景别近景，负责介绍双方发球运动员，为字幕导演提供画面。

3、4号机，横向设置于场地内，任务繁重。比赛前介绍裁判、各自一方球员及教练员。比赛过程中负责跟拍球的线路及落点，死球后抓住球员表情，景别中近景；换人时给出上下场队员镜头，比赛暂停时给出本方球员与教练之间交流的细节等。

5号机设置在主机位对侧，全程拍摄双方教练员表情。

6号机是摇臂，纵向设置，拍摄场地全景及比赛过程中扣球的线路。

7、8号机，纵向设置，拍摄隔网对方运动员表情特写、战术手势特写、扣球拦网是否打手及扣球线路等。

以赛前介绍双方教练员为例，导演要求3、4号机肩扛给出各自方教练员的介绍镜头，而5号机本身就是给教练的，而且镜头倍率大，完全可以胜任该任务。纵向的7、8号机也可以从侧面给出教练近景，为什么偏要求3、4号机完成呢？原因就是选择最佳角度的需要。介绍一个人，最标准的角度就应该是正面，就像一个人的身份证照片一样，不可能选择侧面。这样观众能清楚地看到教练长相，也便于字幕导演上字幕介绍。5号机虽也是正面拍摄，但如果教练转身向观众示意，观众就只能看到教练员的背影了，而且5号机也受镜头倍率限制，倍数不够的话，也就很难给出教练员的近景。7、8号机也因为角度是侧面，而且画面容易受到队员遮挡而不采用，5、7、8号摄像师在这样的条件下能“越位”也不“越位”。

再比如2号机。本职工作是给发球运动员的近景。球发出来之后按理就应该看此球是哪一方得分了，等死球后继续给得分方发球运动员近景。而一场转播不仅有实时切换，还需要有慢动作对现场做进一步的补充说明。2号机本身的位置和角度都能很好地提供给慢动作导演扣球线路及球员欢呼的表情等内容，往往就是因为运动员发球时间不确定，因个人习惯或长或短，因此2号机如果“越位”去跟拍球的线路，难免会影响到本职工作，造成观众看不到下一个发球，就直接看队员间激烈的对抗，心里会产生疑问。“越位”同时也会影响到切换员的操作，进而影响到导演对比赛的整体构架，可见类似这样的“越位”是得不偿失的。因此，当比赛由于节奏紧凑没有给摄像师更多的时间充分发挥的时候，摄像师就应该执行导演最初的布置，完成好本职工作，不要冒险“越位”。

再说说比赛过程中的暂停。5、7、8号机都能在各自的角度上给出教练与球员之间交流的不同景别画面，然而“越位”镜头却没有被导演采用，反而要求3、4号摄像师从三脚架上取下摄像机肩扛进行近距离拍摄，原因就是3、4号机因为设置在场地旁边，录音师在摄像机上安装了话筒，可以采集教练员与队员间交流、布置战术的同期声。5、7、8号机离场地较远，镜头均为大倍率镜头，声音无法近距离采集，只能用场馆四周设置的收声话筒采集到现场声，听不见教练具体说了些什么，声音与画面内容不一致，因此从技术上限制了5、7、8号摄像师的“越位”动作。

综上三个方面，由于种种客观原因，限制摄像师在转播中的主观创作，使摄像师能“越位”也不好“越位”了。

三、要“越位”就要“越”得漂亮

该“越位”时就“越位”，因为这一动作充分体现了摄像师在转播中主观创作的能动性。摄像师是比赛现场的第一接触者，比赛过程中发生的任何状况都逃不过摄像师们的眼睛。只有第一时间对场内发生的情况进行捕捉，才能给导演团队提供丰富的信息，才能展现给电视观众赛场上的精彩。以2006年多哈亚运会女子排球为例，在中国对越南的比赛中，越南队7号球员在救球过程中不慎与队友碰撞到一起，造成腿部受伤不能继续参加比赛，教练员将其替换下场。一组慢动作回放多角度地展现给观众碰撞的过程，慢动作结束后画面继续回到比赛中，这时所有的摄像机都必须继续关注比赛，而观众和摄像师的心被悬了起来，都关心她的伤势如何与她是否还能继续上场比赛等细节。此时5号机摄像师发现医疗人员用担架将其抬出了赛场，证实她伤势严重，肯定不会继续比赛了，便果断地从提供教练表情的本职工作中解放出来，将7号球员被抬出场这一重要信息提供给导演，而导演在死球后将这一细节及时切出展示给观众，满足了观众的收视心理需求，5秒钟的一个"越位"镜头，揭开了悬念，赢得了好评。

再如2007年"中国杯"花样滑冰大奖赛，庞清、佟健在完美的动作中以176.75分获得双人滑的冠军，赢得了全场观众热烈的掌声。谢幕之后画面就是7号摄像机拍摄二人下场的镜头，其他机位可以在这一时间稍事休息，正是3号和6号机在这一时间的一组漂亮的"越位"，拍摄到的是球童在冰场上拾起观众送给他们二人的鲜花及毛绒玩具的画面，同期声是场内观众经久不息的热烈掌声，这组镜头充分体现了观众对其完美表现的祝贺以及对二人多年来默默努力的认可，而这一承载情感的细节穿插在7号机拍摄的下场画面中间，深深地感染了观众，也迎合了观众所追求的"蕴藏在运动中的情感"这一最高境界。

还说排球转播，导演在给教练员镜头的时候通常的习惯是死球后先切5号机拍摄教练员的一个表情、一个动作，接着切3号或4号机拍摄球员的反应，这两个镜头剪辑在一起，观众能够读懂教练与球员之间正在交流。而正是3号机不经意间的一次越位，从教练侧后方拍摄了一个以教练为前景，被指导的球员为背景的过肩镜头，利用影像焦点的虚实表现空间深度，展示人物间对话。这样一组镜头虽不作为主要拍摄手段，却能清楚地展示给观众人物关系，也增强了体育转播中的叙事色彩。摄像师多种角度的变换，提高了画面内容的信息量，最大限度地满足了观众日益增长的收视需求。

谈了"越位"带给转播的优势，不能不强调一下"越位"的宗旨，那就是必须在完成导演布置的本职工作的前提下，适时地进行"越位"操作。这样可以改变固定机位、固定角度、固定景别带给观众的视觉疲劳，也可以丰富画面内容，串联起场内外一切有联系的人和事，并且充分发挥摄像师在创作上的能动性，使摄像师在第一时间提供给导演最新的信息、更多的细节和蕴藏在运动背后丰富的情感。

想要做出漂亮的"越位"，每个摄像师既要明确自己的任务，又要了解他人的职责，这样才能有助于理解自己机位在转播中的功能，做到相互补充，形成和谐的整体。使整个团队在配合上更默契、更和谐。这样的摄像团队必将给体育转播增添亮丽的光彩！

移动摄影技术在体育赛事信号制作中的应用

唐　瑞

移动摄影是以渐次扩展或集中，或逐一展示表现客观对象的，其时间的演变、空间的转换，均由连续不断运动着的画面来体现，同客观的时空变换相吻合。作为影视表现的主要手段之一，移动摄影在烘托特殊氛围，拓展画面空间性，模拟主观镜头，摆脱定点摄影的死板状态，打破主题与背景视向的单一化等方面具有突出功效，因此在现代体育赛事转播中得以广泛应用。随着电视技术的不断发展，应用于电视转播中的移动摄影技术不断更新，中国的体育赛事中的移动摄影正渐入佳境。通过大量赛事转播实践，笔者总结了体育转播中主要采用的三种方法。

一、 手持摄影

手持摄影是指不借用三脚架而采用手持或肩扛摄像机进行拍摄的一种常见手法，在很多电影和电视剧的拍摄中，为了表现纪实风格也经常使用这种手法。早在20世纪40年代美籍华人黄宗沾就运用手持摄影方法拍摄水中游泳、拳击等场面，由于角度多变，运动灵活，震撼了当时世界影坛。在现代体育赛事中，手持摄影化身为移动机位被委以重任。例如中央电视台2006年第八届国际泳联世界短池游泳锦标赛的信号制作中，移动机位所承担的任务有：(1)各项比赛赛前配合字幕导演逐一介绍出场运动员或运动队；(2)仰泳开始时给出著名运动员近景表情，烘托赛前紧张气氛；(3)长距离项目比赛中给出领先运动员转身的过程，增强真实感；(4)接力比赛中给出领先运动队接力的过程，为慢动作提供队友紧张的表情；(5)抓准细节。比如有时运动员在翻身蹬壁的过程中水花会溅到摄像机镜头上，这一特殊的视觉效果会给电视观众身临其境的感觉。纷繁的画面要求和紧张的比赛客观上要求移动摄像师赛前要充分理解各机位之间的衔接，了解自己所在机位拍摄画面的语言特点，同时预见导演下一个镜头需要怎样的画面。同时，摄像师还要进行大量的体力锻炼，具备扎实的基本功，熟练掌握摄像机的操作，在任何情况下能够自动跟踪焦点，拍摄过程中要眼疾手快、动作灵活，身体动作与镜头变化配合匀准、平稳，节奏符合赛事内容要求。

二、寄托摄影

寄托摄影是指摄像师借助可运动的物体进行移动拍摄的一种手法。在体育转播中常见的有轨道车、斯坦尼康、摇臂以及借助交通工具进行的移动摄影。

1. 轨道车

体育比赛中，在运动轨迹固定并且运动距离相对较长的情况下，多采用轨道车进行移动拍摄。例如游泳比赛中，为动态捕捉领先的一位或几位运动员在比赛过程中激烈争夺的画面，多在主机位同侧铺设轨道(一般为50米)，摄像师在轨道车上操作摄像机，摄像助理则按照运动员游泳的速度操作轨道车，一般情况下轨道车应略快于领先运动员，以便更好地展现选手们的激烈争夺。又如在体育舞蹈类比赛中，由于此类比赛与文艺节目有许多相似之处，所以一般根据赛场长度在主机位同侧铺设移动轨道，借助赛场上运动员、道具、Logo等作为前景，通过轨道车移动，摄像机可以在所能进入的空间里随意移动，并通过运动形成的多角度、多景别、多构图画面对一个空间进行立体的多层次的表现。

2. 斯坦尼康

斯坦尼康是当代电影、电视创作中运动造型的一个非常重要的运动设备，它自由而平稳的运动特性使其成为许多现代摄像师首选的运动设备，也在体育电视转播中成为导演的至爱。

2007年1月的第六届亚洲冬季运动会上，中央电视台负责雪上U形槽技巧项目的信号制作，由于运动员踏上滑雪板后运动速度极快，斯坦尼康被选用担任移动机位跟拍选手完成动作后在场地内欢呼的表情的近景。平稳的画面，灵活的角度，彻底改变了以往观众视点的固定状态，充分挑战人们在进行中流动物体上的视觉感受，使观众产生身临其境之感。

3. 摇臂

摇臂是利用杠杆原理，综合运用升降摇移等摄影手法，在臂的前端通过遥控使摄像机横轴与纵轴同时变化产生视觉特效的一种拍摄手法。在当今诸多体育赛事中，都有摇臂的身影。排球、游泳、跳水、网球、花样滑冰、斯诺克台球等项目的比赛中，我们都曾见过由场外观众的镜头渐次扩展到场内全景，或由场地一个角度、一个侧面转变为另一个角度的画面，其时间的演变、空间的转换，均由连续不断运动着的画面来体现，完全同客观的时空变换相吻合，这有助于扩展视野、增强画面的动感和时空感。可以说摇臂的最大优点在于对复杂的空间表现上的完整性和连贯性。例如在2007年亚洲冬季运动会火炬传递仪式上，导演就利用10米摇臂完成了一组火炬手举手点火传递的过程。镜头从两组火炬手交接开始，利用前跟镜头展示火炬手传递火炬的风貌，随着火炬手逐渐接近摄像机机位，摇臂摄像师在拉镜头的同时，逐渐向上升起，画面由火炬手近景逐渐变成双人全景，再继续拉镜头并且机位逐渐升高，展示出世纪坛的全貌，整个传递过程宣告结束，传递的意义在全景中得到升华。

4. 交通工具

在中央电视台转播的大量比赛中，经常可以见到借助摩托车、汽车、飞艇等交通工具完成移动摄影拍摄的实例。比如在2006年厦门马拉松比赛中，移动机位就设置在摩托车上，利用微波传送信号，捕捉运动员在比赛中的细节，如脚步步伐特写，面部表情特写及弯道展示长跑路线等，通过摄像师前跟、后跟等手法的运用，打破固定机位惯用的推拉摇移手法，使摄像机成为能动的活跃的物体。而在2006年环海南岛自行车赛中，导演选择在直升机上设立移动机位，既可以借助直升机展示海南岛美丽的风光，又能突出自行车赛手们疾驰的速度。同样在高空中架设移动机位的还有2007年法国网球公开赛，这一次选择的是以飞艇来展示罗兰加洛斯赛场内外的风采，先通过大全景对赛场外环境的展示，后直接飞入赛场上空，画面逐渐推进至场地小全景，营造出赛前紧张的气氛，再切入双方选手的画面，形成了特有的节奏和韵律。

三、 高科技手段下的移动摄像技术

正如电影是机械时代的产物一样，电视是电子时代的产物，也是技术与艺术的双生子。特别是在电视转播活动中，数字摄录设备、卫星新闻采访(SNG)系统和卫星通信等高科技日益普及，使电视的转播优势得到强化，体育赛事转播中移动摄影得到了新的发展。

1.“自由落体”摄像机

奥运会70多年的电视转播史，让很多国家拥有了制作某些体育项目电视信号的优势，例如澳大利亚电视台在转播跳水世锦赛中运用的“自由落体”摄像机。这部摄像机由摄像师通过缆绳控制，当运动员从跳台跳下的瞬间，摄像机就会以自由落体的方式跟随拍摄空中所有的动作。而且机器随运动员一起入水后再出水，镜头上一颗水珠也看不见，画面非常清晰。从而以特殊的视角展示选手完成动作的瞬间。

2.“电兔子”

在2006年上海国际田径黄金大奖赛上，使用了最新的技术设备——“电兔子”。“电兔子”是一种特殊的摄像装备，行程能覆盖田径场一半，从运动员起跑直到终点，这套装置可以通过遥控“电兔子”的移动速度来同步拍摄比赛过程。在“电兔子”的带领下，观众见证了刘翔110米栏夺冠的精彩时刻，而这也是“电兔子”第一次在亚洲亮相。

3. 高科技针孔摄像机

在F1赛事转播中，摄像机设备在赛车顶赛车手身后，以近似主观的视角，展示比赛中紧张激烈的追逐场面。这样的画面是由针孔摄像机拍摄的。这种凭借外部运动，客观记录赛事中的人或物的状态、技巧等，也是移动摄影的一种，虽不需要摄像师操作，也能凭借独一无二的视角，给观众提供流动的影像。斯诺克中国公开赛中安装在球案底袋口的两个针孔摄像机也是这个原理，在比赛中导演预先判断出某一个球将轻打入底袋的时候，就是针孔摄像机发挥优势的最佳时机，带给观众令人兴奋的视觉冲击。

2004年，中国电视工作者首次参与承担雅典奥运会三个比赛项目的电视国际公用信号制作，得到了各国同行的认可；2008 年，中央电视台承担篮球、排球、乒乓球、羽毛球、足球、现代五项等项目的国际公用信号制作，而一家电视台在一届奥运会上负责制作 6 个项目的信号，这在奥运转播史上也是罕见的。

移动摄影能够给观众带来非同一般的视觉感受，仔细分析、深入研究和移动摄影相关的新技术、新动向、新发展，在赛事中不断磨炼使其达到最佳效果，通过各工种的密切配合，实现完美的奥运会赛事直播，是历史赋予背负几代中国电视人光荣与梦想的中央电视台体育人的使命。

论摄像师在电视公用信号制作中的创作主体地位

史　攀

一、 摄像师在体育比赛电视信号制作中的职责

体育比赛电视公用信号制作的摄像属于多机拍摄(multi-camerawork)，它不同于一般意义上的“摄像师个体”，强调了摄像师必须按照导演的要求，协同配合进行拍摄的意义，体育比赛摄像师应严格按照导演指令，各自操作某种类型的摄像机，根据节目内容需要，从各自不同的机位，采取不同的景别、角度和拍摄方式，记录或表现比赛过程中的某一个部分，为导演提供一路连续、有效的画面信号。“连续”是指提供给观众的视频信号是连续的，不能中断的；“有效”指的是画面能够准确、及时地传递出相应信息。

摄像师最基本的职责是为导播提供画面，而画面是电视媒介最主要也是最根本的信息传播渠道，画面质量的好坏直接决定着一场公用信号制作的水准和质量。“多机拍摄”的工作性质要求摄像师必须在服从导演调度的基础上，进行多机位的分工合作。摄像师要按照“导演中心制”的要求，服从导演安排、听从调度，在理解导演要求和风格的基础上，积极主动地进行配合，帮助总导演实现其信号制作。在信号制作中，没有任何一个机位所拍摄的画面是孤立的，因此摄像师应努力理解各机位之间的衔接关系，严格执行本机位任务，尽量避免或减少无意义的“越位拍摄”，保证各机位、各镜头之间过渡平稳、衔接流畅。

在信号制作过程中，摄像师作为连接比赛现场最前沿，直接面对运动员、教练、裁判和现场观众，其特殊的前沿地位使得每台摄像机都成为观众观看比赛的一个即时通道。电视机前的观众不可能看到摄像机以外的任何画面，而体育比赛中的每个瞬间都具有不可重复性，所以，摄像师团队的整体水准，直接决定了画面信号制作是否能够成功。

二、 创作的基础——摄像师需要具备的素质

《2004年雅典奥运会电视转播手册》中将摄像师(摄像机操机员，Camera Operator，CAM OP)归入技术人员类，强调摄像师操作摄像机的技术性，对拍摄技能的要求较高。这种拍摄技能除了对基本技能的要求，还包括了更深层次的要求。

1. 扎实的基本功

职业体育摄像师必须具备扎实、良好的专业技能，包括充分了解和熟练操作各种摄像设备；具备过硬的个人技术，并且能够适应在导演调度下进行多机位分工合作；构图准确、快速、优美等。

首先，充分了解和熟悉摄像设备。在所有门类的电视拍摄工作中，体育赛事的拍摄由于其特定性和专业性，使得所使用的设备一般都是最先进的摄像、录像和音响器材。特别是在奥运会转播中，先进的设备更是高质量信号制作的基础和保证。这对体育摄像师提出了更高的专业技能要求：除了掌握各种型号、各种类别的摄像机操作外，还要懂得如何应对户外转播中不能确定的天气状况和突发事件。

其次，过硬的个人技术。除了熟练掌握镜头纵向运动(推、拉、跟)、横向运动(摇、移)、垂直运动(升、降)以及综合运动的拍摄方式外，还应该能够根据导播的创作意图，在

特殊的场景、色彩、光线等条件下，寻求最佳的构图形式，把握拍摄质量，生动地表现被摄体。但是，个人技术过硬仅仅是一个成为体育摄像师的先决条件。一旦比赛开始，摄像师就要无条件地服从导播的安排，这是体育比赛电视公用信号制作的一个基本原则，也是体育摄像师的职业素质。时刻提醒自己所从事的是团队工作，理解各机位之间的衔接，了解自己所拍摄的项目切换方式和画面语言特点，才是职业体育摄像师更为重要的基本功。

最后，快速准确的构图。这个并非一朝一夕之功，需要大量赛事转播经验的积累，才能达到“本能构图”的程度。所有的情节都是在瞬间产生的，没有反应的时间。不同于摆拍或可进行重复拍摄的场景。体育比赛的每一个细节都是稍纵即逝的，也是唯一的、不可重复的，这就要求相应机位的摄像师要能够快速构图、准确对焦，在极短的时间内拍摄出完美的画面造型。

2. 高尚的审美品位

虽然在电视体育转播中摄像师属于技术类工种，但他又不是简单、机械的模式化操作，而是要通过所拍摄的画面对体育运动本身加以能力范围内的表现和创作。公用信号，特别是国际公用信号，严格要求摄像师对比赛的各方进行公平、公正、无偏见的拍摄。但这并不是说有了这样的要求，摄像师就不能够有艺术上的个性表现。公平、公正、无偏见、表现力均等的要求并不是限制和约束画面的艺术表现力和创造力。精准地传递比赛信息是公用信号制作的基础，是对比赛的再现；然而通过优美和谐的画面、富于动感和节奏的镜头切换所实现的是对体育比赛更高层次、更高境界的艺术表现。观众需要通过摄像师所呈现的画面，体会和感悟体育运动的韵律和力量美，理解体育运动精神，感受体育运动中的故事性、艺术性。因此，用画面表现体育运动可以称得上是另一种艺术创作。这就要求体育摄像师必须具备良好的艺术素养和高尚的审美品位来提高拍摄时的艺术理解能力、把握能力和表现能力。

3. 对项目的热爱和理解

摄像师要从电视制作的角度深刻地理解运动项目的特点，要熟悉项目规则，术语和参赛运动员。很难想象一个不懂体育运动的人能用画面语言去诠释体育运动的魅力。所以，要想做好体育摄像工作，首先自身要成为一个热爱体育的人，充分理解各个项目、各个赛事的内在规律和精神内涵。只有具备了对体育运动本身的热爱，充分理解赛事、熟悉项目，才可能在工作中将这份熟悉与热爱转换成优美的画面表现出来。技术是可以在工作中锻炼成长的，但是兴趣和爱好却是永远无法强行塑造的。有时候你必须快速地从今晚的篮球比赛转移到明晚的网球比赛或是后天的足球比赛。要求摄像师必须对许多不同类型的项目感兴趣并乐此不疲地随时转换，否则当你很快发现这是个磨人的工作时，即使有着再好的职业素质，有着再一流过硬的技术，也很难真正做好这项工作。

4. 对比赛进程的准确预见

体育比赛瞬息万变却又转瞬即逝，但公用信号制作无法控制和干预比赛，这要求摄像师要有能力将现场各种意外作为“常态”进行处理。要想做到这一点，丰富充足的赛前准备是必要前提，而准确的预见性，是摄像师拍摄成功的保障。例如，在一场足球比赛中，摄像师要根据自己对足球运动的了解，以及场上球员的动作等各方面信息，准确地判断出一个球的运动轨迹和落点，以保证球人画时的构图。任何一种运动项目，主体的运动、比赛场次、时间安排以及人员调度，都有可能形成一种变化的状态，对于任何比赛中可能发生的情况，摄像师都要有心理准备和预见能力，给自己预留出拍摄的余地。

准确的预见，不仅仅是摄像师对画面质量保证，同时也为其他工作环节提供了便利，使导播在衔接镜头时，切换更自如。对于不了解赛事或现场经验较少的摄像师来说，想要对比赛进程有准确的预见性，更要多看一些赛事转播带进行反复学习和揣摩，赛前做好充分的准备。

此外，除了对业务素质和专业技能要求较高之外，摄像师还应具备良好的团队合作精神和敬业精神，严谨踏实的工作作风和时间观念，拥有健康的体魄和敏锐的反应，以及开放谦虚的品质和良好的沟通能力等。

总之，一名优秀的体育摄像师，必须在各个方面都具备良好的素质，身体条件、技术能力、品行素养等缺一不可。

三、 摄像师的创作主体地位

1. 现场的第一接触者

摄像师站在比赛现场、站在制作团队最前沿，在比赛进行过程中最接近现场的第一接触者。比赛过程中发生的任何情况、比赛现场的情绪氛围，摄像师也早于任何其他岗位工作人员最先感知。摄像师如果不能敏锐地发现场内的情况和变化，并且通过所拍摄的镜头反映给导播，那么其他岗位的工作人员特别是身在转播车中的人员，就很难及时地感觉到场内的变化。一名感觉敏锐、观察力超群的摄像师可以通过其他拍摄的画面，在第一时间内将比赛现场情况的镜头、画面变化等方式告知其他所有工作人员，使得其他各个工种的工作能够根据现场情况在第一时间内进行调整，以适应不断变化的比赛现场。

虽然导播在赛前就已经根据每位摄像师的特点分配了各种不同种类的摄像设备并安排好适合的机位；而在拍摄的过程中，摄像师也需要绝对服从导播的安排，按照导播的脚本进行拍摄，但这并不意味着摄像师就是简单地操控机器按钮的机器人。体育赛事电视公用信号制作中，亲身站在比赛现场的不是导播，导播是通过摄像师提供的画面了解现场的。现场第一接触者的身份，使得重视摄像师的发现和工作状态成为公用信号制作中很重要的部分。

2. 信息的最早发现者

如果说导播是整个信号制作团队的“灵魂”，那么摄像师就是整个信号制作团队的“眼睛”——透过摄像师，导播、观众才能够看到比赛现场发生的一切。没有摄像师，精彩的体育比赛对于观众来说也都是一片茫然。因此摄像师的创作主体地位还体现在他是比赛信息的最早发现者。摄像师的职业敏感造就出他们独到的观察力和发现力，但是如何最大化地表现每一个机位、每一个摄像师所看到、拍摄到的画面，这仍需要摄像师与导播之间默契的配合。

3. 细节和情感的捕捉者

体育比赛的魅力，不仅仅来源于体育运动本身，更来源于体育运动中所蕴涵的人的情感。情感和承载情感的细节才是真正能够感染人、打动人的元素。如何更好地表现体育运动中所蕴藏的细节和情感，不仅是全世界体育节目制作者共同的命题，更是决定一场公用信号制作质量的决胜条件。

细节和情感，在体育比赛中随处可见但却非随手可得，而体育运动本身所蕴涵的巨大悬念使得比赛过程中的每一个瞬间都可能成为决定性、历史性的时刻。导播有权选择使用哪个画面，却没有办法控制运动员的不经意间流露的情感和细节的表现；这些承载着体育运动员真正精髓和巨大魅力的瞬间要靠距离运动员最近的现场摄像师去捕捉。场上球员一个细微的动作可能预示着整个队伍战术的变化，一个微笑或者皱眉的表情可能将运动员此时的心理状态表露无遗。抓住了这些微小细节就等于抓住了整场比赛的节奏和规律，也就抓住观众的心，一场完美的信号制作，需要将比赛故事化，将故事细节化，将细节情感化，这就意味着捕捉到这些真实、感人的细节和情感是成就一场制作精良的比赛信号的原始起点和最终指向。这其中，摄像师是成败的关键。

4. 艺术创作主体

如果说一场完美的公用信号制作是一条“珍珠项链”，那么导播的工作是穿在珍珠里面的线，而每个机位上的摄像师所呈现出的画面，就是一粒一粒闪闪发光的珍珠。没有摄像师积极主动、充满创造力的敏锐发现，一场信号可能中规中矩但必然缺乏亮点；没有摄像师激情澎湃、不断创新的艺术创作，一场信号可能没有失误但会停滞不前。摄像师是整个信号制作团队进行艺术创作的起点和原动力，只有摄像师拍到了角度独特、构图新颖、饱含情感、韵律优美的画面，导播才可能有所选择并及时切换，慢动作才可能别具匠心，适时播放，字幕才可能及时跟上，扩充信息量，配乐集锦才可能做得充满动感，趣味十足。

四、 公用信号制作中摄像师的专业性和重要性

1. 摄像师提供的画面是一切公用信号的基础

事实上，摄像师是融入比赛当中的，摄像师的工作需要长时间保持注意力高度集中，工作非常辛苦。一场比赛下来，无论是体力上还是脑力上，摄像师所付出的劳动在整个团队是最多的。每一位机位摄像师所捕捉到的画面，不管是大全还是特写，都构成了传输公用信号的基础；没有做菜的原材料，再好的厨师也无法做出美味的佳肴；没有一个生动的画面，再好的导播也无法完成切换。摄像师所拍的画面，实际上就是供导播制作的最基础的东西，也是整个公用信号制作最基础的东西，更是电视媒介本身最基础的东西。这一点，足以体现摄像师在体育赛事电视公用信号制作中的重要性。

2. 摄像师的专业技能是全部信号的保障

摄像师所拍摄的画面，是信号制作的基础，而基础是否打得牢靠，就要看摄像师的专业技能是否过关。想做好一桌美味佳肴，只有原材料是不够的，还要保证原材料的新鲜、可用，而这些都是摄像师的专业技能所决定的。个体技术的成熟度，直接决定了一场公用信号的质量，决定了是否能够保障公用信号顺利、完美的制作。一个好的摄像师团队，是整个信号制作成功的关键。

3. 摄像师的主观能动性是提升信号质量的源泉

主观能动性又称自觉能动性，是人们认识世界和改造世界有目的、有计划、积极主动的活动能力。这条真理运用在摄像师的工作也一样成立。要想提升信号质量，拍摄出优质的画面，就一定要发挥摄像师的主观能动性。摄像师在现场拍摄中，处于整个工作环节中的第一位，发挥好主观能动性，才能使“素材”更加完美，所有后续的环节才有可能跟上。很难想象，一群敷衍了事、不思进取的摄像师能够为整个信号制作团队带来清晰优美、构思新颖的画面。充分调动和激发摄像师的主观能动性，尊重他们的劳动、关心他们的创作状态才是提升信号质量的源泉。

在体育比赛电视公用信号制作中，有这样一个法则：导演代表“1”，包括摄像师在内其他岗位工作人员代表“0”。如果各岗位之间互相配合、互相协助，那么在导演的领导下，这个“1”后面填写无数个“0”，成为“10”、“100”、“1000”……然而，如果各岗位合作不畅、互相拆台，那么这些“0”将加在“1”的前面，而“1”永远只是“1”，“0”永远是“0”……

卓力，2004年进入中央电视台体育竞赛部摄像科工作，参加过2006年多哈亚运会、墨尔本英联邦运动会、2008年北京奥运会等国内外体育赛事的电视公用信号制作工作。

试论高清摄像机在体育赛事信号制作中的应用

2008年北京奥运会的举办，对于中央电视台参加奥运会体育赛事信号制作的人员来讲，既是一次难得的机遇，又是一次挑战。奥运会的电视转播不同于其他体育赛事的转播，其原因在于国际奥委会广播电视手册制定了一个全面的强制性标准，除其他技术环节外，规定北京奥运会必须实现高清电视制作。

从电视剧《大宅门》《天下粮仓》的拍摄开始，虽然说数字高清设备进入广播电视领域只有5年多的时间，但电视体育工作者们所追求的节目内容和画面质量早已向往高清制作，但就像北京奥林匹克转播有限公司(BOB)首席运营官马国力先生所说的："高清技术将是北京奥运会电视转播里最大的创新，实际上这个机会可能是世界电视技术的一个转折点。"

北京奥运会将制作3800多小时的电视公用信号，在全世界租用59辆高清转播车，这种旷世空前的规模对于尚未成熟掌握高清转播技巧的中国体育电视人来说形成了不小的压力。

电视观念的更新换代似乎永远追随着技术的创新，而观众的欣赏品位也随着视频技术的发展而日渐提高，就如同数字影碟(DVD)取代影音光碟(VCD)一样，高清画面的震撼效果必将使电视观众逐步扬弃传统标清电视的制作模式。奥运会电视的公用信号制作成为高清技术的一次大考验，从现在开始5年到8年的时间里全世界电视技术由于高清技术的成熟，将步入一个革命性的阶段，而高清技术的应用，确实使奥运会的电视转播达到一个新的层次。

而对于在赛事信号制作一线的摄像师来说，高清摄像机的应用无疑成为摆在这支队伍面前的一个新课题。从拍摄的技术层面来讲，画面的聚焦，画面的构图，以及光圈的调整，色温的调节与我们以往使用的标清摄像机有着明显的不同。为了能更好地把握高清摄像机的拍摄方法，本文将结合实践从高清与标清之间的区别与联系，试分析高清摄像机在体育赛事电视公用信号制作中的应用。

一、 高清与标清对于灯光照度的比较

电荷耦合器又称CCD，是一种有限像素摄像器。其清晰度受到像素数量的限制。一般情况下，标清摄像机使用的CCD水平方向像素实际为980个，而高清摄像机为1920个，也

就是说高清能达到将近 2K。但是，由于传输宽带的限制，高清摄像机输出信号的清晰度只有 1.55K，标清摄像机只有 0.64K。因此高清拍摄时较难把握的是光线照度问题。高清摄像机对景物光线照度要求比标清摄像机高，主要原因在于高清晰度电视（HDTV）像面宽高比为 16：9，像面尺寸为 9.6×5.4＝51.84mm，标清格式电视（SDTV）像面宽高比为 4：3，像面尺寸为 8.8×6.6＝58.1mm。由于高清的成像面积小，导致摄像机灵敏度降低约 10%。其次，高清图像的像素比标清多，也是导致高清摄像机灵敏度下降的原因，实际上高清镜头已经采用了更高超的多层镀膜技术，以用来提高高清摄像机的灵敏度。

高清拍摄要求提高景物照度，或者加大光圈。高清摄像机通过提高光系统和 CCD 性能，以及加强信号处理等措施，对景物照度的要求已经降低了，但一般来说，对照度的要求，相对于成像质量的好坏，高清摄像机还是要高很多。按照高清摄像机的说明，高清演播厅主要光区照度要求应在 2000Lx 左右，而且布光的范围、均匀程度、层次感、柔光灯比例等都要安排细致。标清摄像机在拍摄时，除了光线环境太差外，一般不会等到某个特定光照条件出现后再拍摄。而高清摄像机对光照条件和光线的运用都要求较高，想要拍摄出玲珑剔透的画面，应尽量在良好的光照条件下进行，并在拍摄中适当考虑各种光线的运用。所以说在奥运会场馆，由于场地面积相对增加，灯光的布置不仅要照顾到场内观众的视觉需求，更重要的是要为高清电视的画面质量提供优良的保障。

二、 画面的聚焦

在央视体育赛事的转播中，对于高清摄像机的使用才刚刚起步，就几次使用的情况来看，焦点不易对准是大家普遍反映的问题。笔者总结为几点：大寻像器比小寻像器难，小景别比大景别难，高清拍摄运动物体比标清拍摄运动物体难，如果在光照条件不好的情况下，聚焦问题更是显得突出。下面是笔者通过资料的查找以及自己的摸索，总结出的几种方法。

可以参考图片摄影的方法来控制高清摄像机的焦点，其方法是：首先，打开 EZ-FOCUS 功能（即将光圈开到最大），即使使用变焦镜头，也应该像使用定焦镜头一样，先选择自己所需要的景别，构图完成后进行聚焦，确认焦点聚实后再调整曝光量，控制景深，进行拍摄。但在制作体育赛事的过程中，曝光量的控制大多由转播车技术人员来完成，摄像师所需要做到的应是选择景别、再聚焦，这是相对于大景别静止物体的拍摄而言的。而对于运动物体来讲，如比赛中运动员纵向的、横向的移动，小景别对运动员局部的运动特写拍摄，最重要的问题在于把握景深的范围，景深的大小跟与光圈的控制有着很大的关系，所以说在照度条件好的情况下，景深比较容易把握，但主观条件如果不存在，那就要靠摄像师多多练习了，这也不是无规律可循的。如笔者就使用了高清高速来拍摄乒乓球局部小景别慢动作，在场地灯光照度确定，运动员纵向移动距离基本确定的情况下，景深的把握就体现在手指对焦点的控制，也就是在几毫米的距离，需要判断，以及手指的感觉。虽说这种体会比较难把握，但通过多次练习，会形成一种模式，熟能生巧。所以说，要想把握高清摄像机焦点的准确，除了主观因素的支持外，主要还在于摄像师对不同环境，不同场地条件的把握，应多加练习，形成模式。

三、 高清拍摄的构图技术

再谈一下构图创作。从电视画面的角度看，构图就是镜头语言，通过画面讲述要表达的内容。从突出主题出发，画面离不开线、形、色调、影调这四大元素，根据上述要求，在16∶9的构图中，由于水平视角增大，画面中的线条更加趋于明显，注重线条在画面中的位置，突出其延伸感，视觉上的透视会更加明显；在形状上要注意主体事物在画面中的位置，使其与陪衬体的关系不失去平衡，既要有对比，又要突出主题，虚实关系的比例也如此；在色调和影调处理上，要根据色彩的特性、变化、位置，以及画面的层次，通过他们之间的相互关系发挥自己的创意；高清16∶9的画面比例，更加符合观众的视觉习惯，画面里的信息量比4∶3的画面多，拍摄大全景或一些宏大场面可以给人带来强大的视觉冲力，更接近电影的视觉效果。但拍摄人物特写镜头时需要对画面进行填补，否则会有空旷的感觉，拍摄人物画面构图应偏重于多给近景。由于我国的电视画面构图方式仍以标清4∶3画面作为主体，高清节目的构图要经过变换才能在现有电视体系中使用，如果拍摄的高清画面考虑到与标清兼容，前期摄像构图就要根据以下变换方式做适当调整。16∶9的高清信号变化为4∶3的标清信号有3种不同模式，即挤压模式、信箱模式、边缘裁剪模式。(如右图所示)

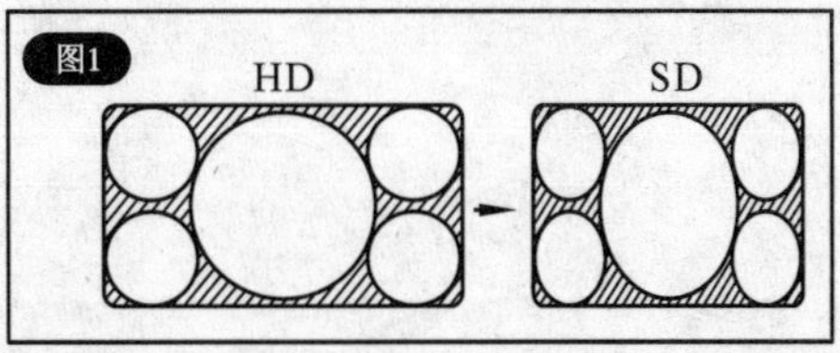

图1

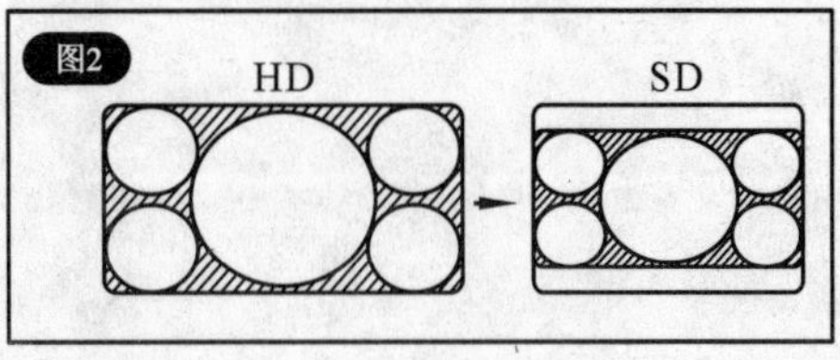

图2

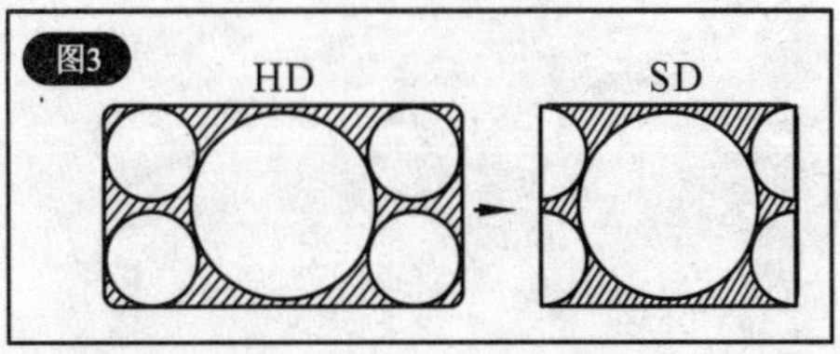

图3

以上三种变换方式各有其优缺点。第一种方式保留了画面的全部内容，清晰度好，但图像被挤压拉长。第二种方式保留全部内容，画面比例正常，但清晰度有较大损失，这是实际拍摄中使用较多的方式。如制作遮幅式专题或电视剧。第三种方式使画面两边部分被剪掉，清晰度好，画面比例也正常。但失去了16∶9宽幅画面的边缘部分，适用现阶段的赛事转播拍摄，中央电视台在墨尔本英联邦运动会以及多哈亚运会的信号制作中都采用了这种拍摄方式。所需要注意的是，在16∶9的取景框中要加一个4∶3的构图框，以保证播出的需求。

四、 光圈和色温的调节

虽然在体育赛事信号制作的过程中，光圈和色温的调节由转播车技术人员负责，但作为摄像师也应该了解高清摄像机对光圈和色温的应用，下面作一简要介绍。准确地控制曝光量，曝光量直接影响画面的层次、细节和色彩饱和度，所以只有准确把握曝光量才能得到完美的图像。高清摄像机水平清晰度高，其画面宽容度更接近电影胶片，层次比标清更丰富，因此在拍摄时，要认真观察被摄物体的明暗程度及明暗部分的分布范围，根据亮部和暗部的取舍及与拍摄主体的关系，确定曝光量并调整光圈的大小。对于色温的调节来说，中央电视台所转播的奥运赛事多为室内项目，一般灯光色温较统一，比较好处理，如果同时使用彩色灯光照明，调整白平衡时应注意不要受其影响。高清摄像机的成像质量很高，为了充分表现高清晰的画面，需要发挥照明的作用，如果光用得不好，画面上有可能会有粗糙凸显，这类似于焦点不实的现象，特别是为了有效地利用画面水平方向的扩展部分，就更需要合理运用灯光照明技术。

目前，体育赛事转播当中高清技术的应用仍然处于尝试和探索中，但依然有大量的规律与经验值得总结。对于在奥运会电视公用信号制作的一线摄像师来说，队伍庞杂，人员技术水平参差不齐，技术观念差异巨大，我们应在实践中总结经验，在失败中总结教训。作为电视信号制作队伍中率先应用高清技术的开路先锋，我们必须考虑到每一个细节，才能保证万无一失。对于在奥运会转播中成功运用高清技术的中国电视人来说，这无疑将带来中国体育节目电视转播整体水平的巨大提高，而且这种影响将是深远的。这种观念与技术的创新不但将解决中央电视台在高清技术运用中的问题，更会为各省市电视台的体育部门提供范本。

臧青，2002年进入中央电视台体育中心竞赛部从事信号制作摄像工作至今，先后参加过两届奥运会乒乓球世界杯、世乒赛、多哈亚运会、西亚东亚运动会、第一届中国网球公开赛、两届全运会等多项比赛的信号制作工作。

浅谈摄像稳定器斯坦尼康

摄像稳定器产品斯坦尼康诞生已有30年，是由发明家和摄像师加勒特·布朗先生在20世纪70年代发明的，是影视拍摄的重要设备，被广泛使用。自稳定器首次在电影《洛奇》成功运用以来，世界各地运用稳定器拍摄的优秀作品不计其数，如《罗拉快跑》《俄罗斯方舟》《救赎》等影片更是不朽的典范。在这些年里摄像稳定器得到了飞速发展，在电视领域也取得了辉煌的成就。现在各类型的电视节目制作中，从演播室到大型运动赛事，都大量地使用稳定器来辅助拍摄。当前，体育赛事的信号制作开始越来越多的运用斯坦尼康来拍摄运动镜头，以得到更好的视觉效果。

稳定器通常包括减震组件、平衡组件和背负组件三个主要部分。利用减震组件的弹簧臂将操作员(或车载)与摄像机隔绝开来，使运动产生的震动通过弹簧臂吸收，以降低摄像机的上下震动；平衡组件能有效降低摄像机前后左右的晃动；背负组件(或车载支架)是稳定器工作的支点。一般情况下，抖动的画面容易使观众产生烦躁、疲劳和反感，而稳定、平滑和流畅的画面则不会。另外，画面的稳定性好对后期制作中加入多层特技有很大帮助。画面抖动再加上噪波是所有压缩算法的大敌，基于用于运动画面的一种压缩格式高压缩率的传输系统，以及DVD(数字影碟)和应用长GOP(画面组)技术的数字播出的出现，则要求图像稳定性更高，这样才能保证图像的质量。

斯坦尼康摄像是另一种视角和观点的实现方式，是营造一种空间感的工具，用它所营造另一种感觉，简单地说就是要掌握和理解斯坦尼康特有的语言；其次，斯坦尼康是高度人机结合的设备，不是所有的人都可以拍出理想的效果，斯坦尼康需要对走路姿势，腰肩的角度，手臂的随和程度，手指的分配，机器三轴向的配平等若干环节进行专门的训练和校调，斯坦尼康摄像是一个专门的工种，一定要进行科学练习和专业的校调。其中最关键的就是三轴向的配平，前后、左右、上下的分配重量一定要一致，简单地说就是让连杆两端的摄像机与配重(电池、监视器等)的重量相等，让操纵杆可以悬停在任何角度和位置，这样就可以避免前后和两边的摇摆。减震臂的弹簧强度也很关键，它的软硬程度直接关系到画面的起伏。

一、斯坦尼康摄像的语言表达形式

人们经常把摄像机比作人的眼睛，眼睛在观看时受方向、视野、视线和运动状态的限制。当方向固定时，视野固定，被看空间也固定。视线只能在有限空间内观察，方向发生变化时，视野随之变化，便出现了运动的观看。不管对象是运动的还是静止的，这两种观看都可以对它们进行扫描和跟踪观察。摄像机的拍摄和人的眼睛一样，也有固定和运动之分。这就是固定镜头和运动镜头。运动摄像是指在一个镜头中通过摄像机的机位移动、摄像机光轴方向的改变和变化光学镜头焦距进行的一种拍摄方式。运动摄像必然造成景别、方向、视角、速度等的变化，斯坦尼康摄像为运动摄像的表现提供了一种全新的叙事方法。

摄像机与被摄体之间在动静关系上有这样几种形式：(1)被摄体固定，摄像机机位作前后、左右、上下、斜线、曲线、半圆或是360度的运动。(2)摄像机位置角度不变，跟随被摄体的运动而变化。(3)摄像机伴随被摄体移动。(4)摄像机和被摄体同置于一旋转物上旋转。

通过以上摄像机和被摄体的镜头语言组合关系，可以更加丰富观众的视觉效果。

(1)跟摄时画面始终跟随一个运动的主体，由于一般情形下，摄像机运动的速度与被摄主体运动的速度相一致，这个运动着的被摄对象在画框中处于一个相对稳定的状态，而背景则始终处在变化中。跟镜头的摄像机运动是以运动的被摄对象为契机和依据的，环境逐一连贯地表现出来，这种跟镜头重点在于通过人物的运动引出其所在的环境。

(2)跟摄时被摄对象在画框中的位置相对稳定，画面对主体表现的景别也相对稳定，目的是通过稳定的景别形式，使观众与被摄主体的视点、视距相对稳定，连续而详尽地表现运动中的被摄主体，这种摄法既能突出主体，又能交代主体运动的方向、速度、体态及与环境的关系。多用跟摄使主体相对稳定，形成一种对动态人物或物体的静态表现形式，使动体的运动连贯而清晰。

(3)从人物背后跟随拍摄的跟镜头，由于观众与被摄人物的视点同一，可以表现出一种主观性镜头，摄像机背跟方式的跟镜头，使镜头表现的视向就是被摄人物的视向，画面表现的空间也就是被摄人物看到的视觉空间，这种视向的合一，可以表现出一种强烈的现场感和参与感。值得注意的是，用摄像机跟随被摄主体拍摄时，为了保证被摄主体在画面中的景别和与画框的相对位置保持不变，摄像机的运动方向和运动速度要与被摄主体的运动速度和方向相一致。

(4)绕被摄体旋转拍摄，它常代表人物处在旋转状态的主观视线，或眩晕的主观感受，或旋转的动体，或表现特定的情绪和气氛。

二、斯坦尼康运动摄像的作用及表意功能

斯坦尼康打破了画幅对空间的限制。实质上是打破画幅左右两个边界，屏幕上展示出连续的横向空间的广度。垂直摇摄和移动是打破画幅上下边界对空间的限制，展示出空间的高度和深度。所以斯坦尼康的基本功能是展示空间的广度和高度，使画面的框架处于运动之中，画面内的物体不论是处于运动状态还是处于静止状态，都会呈现出位置不断移动的态势，并且斯坦尼康摄像通过摄像机的移动开拓了画面的造型空间，创造出独特的视觉艺术效果。电视艺术是通过电视屏幕表现生活图景的，但电视画面的表现范围却受到四边画框的严格限制，斯坦尼康摄像使电视画面造型突破这种限制成为可能，比如横移在横向

上突破这种画面框架两边的限制，开拓了画面的横向空间；纵移在纵向上突破了屏幕的限制，在电视画面中直接通过运动显示了画面的深度空间，特别是在表现大场面、大纵深、多景物、多层次的复杂场景时具有气势恢弘的造型效果，摄像机成了能动的活跃物体，机位的调度，直接调动了人们在行进中或在运动物体上的视觉感受。

当今的体育赛事的信号制作是一场技术的大比拼，斯坦尼康作为特种器材在各种赛事中得到广泛应用，镜头语言也越来越丰富，斯坦尼康可以适应山地、台阶等环境，可以完成更为复杂的移动镜头拍摄。这就是它与其他特种设备的区别，也是斯坦尼康的突出特点。随着大量的学院派的加入，相信体育转播的电视语言电影化的未来已经不远。

微型摄像机系统在体育赛事信号制作中的应用

臧 青

在信息产业高速运转的时代，体育赛事的信号制作作为一个新兴的产业日益为媒体行业所关注。2008 年北京奥运会的成功举办更加促进了该行业的逐渐规范和完善，在完善中求规范，在规范中求熟练，在熟练中求新颖，如何创新成为信号制作中的一个重要部分，微型摄像机无疑是这其中的轻骑兵，在转播中方便、高效、快捷，其独特的视角令人耳目一新。下面通过介绍一种应用比较广泛的微型摄像机系统，来简单介绍一下其在体育赛事转播中的具体应用。

目前，在应用中主要以松下和索尼公司生产的设备为主，另外国外一些公司也有自已研发的设备。比如“鹰眼”“自由落体”“电兔子”等都有自主的知识产权。微型摄像机系统设备分为 4 部分，镜头、摄像机、云台和控制器。松下公司的旗舰产品 AW 系列操作和应用都比较方便。

这款 AW-RP655MC 多功能控制器最多可以控制五台云台摄像机，可以安放在一些不适合安放普通摄像机的地方，如篮球筐后面的微型摄像机能把篮下拼抢、上篮、抢篮板表现得淋漓尽致且视角独特，增加了视觉冲击，尤其在扣篮时的抖动把力量也表现了出来，增加了可看性；在场馆顶部的摄像机则可以清楚地看到排兵布阵……场馆顶部、排球网口等处安装的微型摄像机，其独特的视角，可以清晰地表现动作和线路，从而达到丰富视觉的效果。

液晶显示器菜单可以对摄像机进行控制，可以对菜单进行编辑，对各项功能进行具体的调整，比如操纵杆设定、底色的调整等。可以通过操纵杆的角度调节进行控制速度，使摄像机的速度得到满意的控制，保持好的镜头运动节奏，配合总体镜头语言的组接。每个摄像机又备有 50 个预设记忆存储，从控制器到云台的最远距离为 1000 米，控制器远离比赛场地，使得比赛不受影响，跳水高台中这种优势得到了充分发挥，摄像机可以安装在跳水台的栏杆上，摄像师在远程对摄像机进行控制，不但是对运动员的影响减少，而且可以使摄像师操作得更加细致，增加对细节的捕捉。控制主机可以连接两个控制器，增加了可用机位的数量，增加镜头角度的变化。

通过提前设置摄像机位置，预设存储按钮允许记忆所有瞬间位置。系统可以为 5 个摄像机云台系统，存储最多 250 个位置，每台可以达到 50 个记忆位置。此外，当在 2 个预设位置之间移动时，云台触发自然平滑的摄像机对角移动。预设存储器内容包括水平/垂直/变焦/聚焦/光圈以及白平衡控制。通过这个功能我们可以把需要镜头的位置分组储存在每一个记忆点里，以备导演需要时很快的返回到有效的镜头。

操纵杆可以控制摄像机和云台的微移和高速移动。利用仿生学设计来激活手动和伺服速度的控制，通过斜向调整激活的操纵杆具有良好的可操作性。使镜头变焦/聚焦云台可以平滑地移动。此外，系统配备有高低速切换按钮，使云台能够灵活地移动，从而增加了灵活性，在比赛中更加精确的定位，进行跟随或者大景别摇摄。

轨迹记忆允许操作者将拍摄时的主要运动轨迹记录到系统中便于以后使用。每个摄像机可以记录10套轨迹，一共允许300秒。可以在应用的时候预先设计好镜头的运动轨迹存储，省去了手动操作不能精确定位的麻烦。

在各种体育赛事中微型摄像机在任意的角度发挥着不可替代的作用，丰富了平淡的镜头语言。如游泳比赛中，高空微型拍摄可看出8个泳道选手共同前进；赛车中的主观摄像机也是微型设备；在赛艇比赛中用高空微型镜头，选手在湖面上划桨，犹如在蓝色的天空上飞翔，营造出诗的意境；田径男子100米比赛，博尔特打破世界纪录，“电兔子”搭载的微型摄像机系统拍摄他的动作，体现出鸟巢建筑的宏伟。高空的微型摄像机系统还可以通过推、拉、摇、跟、移等手法，通过景别的变化，产生动感，并可拍摄一些不常见到的细节和特写。例如鸟巢上空的钢丝上的可移动遥控机位可大幅度地移动，拍摄的面更大。航拍中用微型摄像机进行拍摄，可以体现体育建筑的壮观、立体，将全景呈现给观众。

在技术层面，微型摄像机系统也发挥着重要的作用。在网球、击剑、曲棍球等比赛中一种俗称叫”鹰眼”的系统已被使用。“鹰眼”是“即时回放系统”的俗称。其工作原理就是：运用高速摄像机拍摄网球的运行轨迹，并利用电脑对信息进行处理，并通过大屏幕加以还原展现。在2005年，“鹰眼”开始运用在比赛中。2006年，大满贯赛事美国网球公开赛首次引进“鹰眼”技术，这对于网球比赛来说，是一次伟大的革新。裁判员终于可以从繁重的肉眼判断和舆论压力中得到解脱，而依靠中立的科技设备进行判断，显然更有利比赛的公平、公正。虽然这个系统引起了不少争议，但是对于判罚来说是革命性的，相信不久就会得到更广泛的应用。

体育赛事的信号制作为微型摄像机系统的应用提供了一个很好的平台，微型化和远程控制是它的绝对优势，随着制作的成熟和发展，微型摄像机系统的应用会越来越广泛。其使用的方法也越来越灵活，越来越多样化，可以固定也可以进行车载、摩托车和机载等操作，操控也会越来越简便。不同的系统搭配产生不同的效果，充分应用到各类赛事信号制作中，将摄像师从单纯的操作员岗位上解放出来，增加更多的创作能力，对于未来的制作理念将起到革命性的影响。

电子新闻采集（ENG）公用集锦拍摄

任卓，中央电视台体育竞赛部编辑，在2008年北京残奥会中负责射箭项目ENG公用集锦制作，曾担任斯诺克、跳水、体操等项目信号制作助理导演工作。

ENG公用集锦的制作在北京残奥会中的应用

一、引言

电子新闻采集（Electronic News Gathering，ENG）是电视节目现场制作的一种基本方式。ENG制作方式是指使用便携式摄像机和录像设备采集新闻素材。ENG制作方式一般包括前期拍摄和后期编辑。在体育节目制作中，ENG制作方式经常用于拍摄时效性较强的新闻采访或者专题片的素材采集。

在第13届北京残奥会中，北京奥林匹克转播有限公司（BOB）应转播商需要，提供一种称为公用集锦的电视信号。它既不是单纯的体育公用或纯粹的新闻，也不是精彩画面回放，其具有以下特点。

(1)运用ENG制作方式。

(2)整个节目由多个体育项目精选组成，节目内容信息丰富。

(3)人力、设备投入较少，节目制作耗时较短，总体制作费用较低。

本文总结了ENG公用集锦的制作方法，描述了这种制作方法在第13届北京残奥会中的应用，并对其应用效果进行了分析。结果表明ENG公用集锦的制作方法在拍摄和编辑效率、人员和设备配备数量以及总体成本投入等方面都具有一定的优势。

二、 ENG公用集锦制作基本流程

ENG公用集锦由多个体育项目组成，每个项目均采用ENG方式单独制作。单个项目的制作过程分为前期拍摄和后期制作两个阶段。其中前期拍摄根据每个项目特点由一个或者多个拍摄小组完成。下面对ENG公用集锦的制作流程作一介绍。

1. 前期拍摄

(1)根据ENG公用集锦的整体拍摄要求将前期工作人员分成若干拍摄小组，一般每个小组由一名摄像师(一台摄像机)、一名摄像助理和一名场记员组成；根据各体育项目的特点及比赛时间安排，确定每个小组负责的体育项目以及每个体育项目需要的小组个数。

(2)每个小组按照各自项目的场馆特点及条件，确定摄像机现场拍摄的准确位置，一般情况下摄像师和摄像机的数量少于拍摄位置，需通过摄像师转换拍摄位置进行多次拍摄。

(3)根据各项目的规则和赛程，制订拍摄计划；计划中应包括摄像师在每个拍摄位置拍摄的时间和拍摄的内容，同时还应考虑摄像师在不同拍摄位置进行转换的路径和时间。

(4)摄像师按照拍摄计划拍摄，同时场记员对所拍素材的时间、内容以及和比赛有关的其他信息进行记录。

(5)交给后期编辑人员制作。

2. 后期制作

(1)编辑人员用拍摄小组送回的素材，对各项目分别进行画面编辑，编辑时应力求将不同时间段的画面素材以特定顺序组合，以求达到模拟出比赛进程中切换机位的画面效果。

(2)为编辑好的各项目画面添加比赛信息字幕以及项目徽标，添加比赛信息字幕时应与画面内容进行匹配。

(3)将制作好的各项目内容组合，完成ENG公用集锦的制作。

三、 ENG公用集锦制作方法在北京残奥会中的应用

在第13届北京残奥会中，ENG公用集锦集合了足球、射箭、轮椅乒乓球、帆船、硬地滚球、马拉松、赛艇、射击、举重、轮椅网球、坐式排球和公路自行车等体育项目的精彩内容，每天分两个时间段各传送1小时节目内容。

根据节目的整体拍摄要求，共分成21个拍摄小组，每个小组人员配备如下：

场记员1名，负责记录拍摄素材的内容和时间，为后期编辑提供尽可能多的信息。具体记录内容包括公用名称和日期，运动员的姓名和国籍，画面的时间和内容。场记员还需对现场的情况及时应变，对摄像师拍摄进程以及内容进行及时提醒。

摄像师1名，按照拍摄计划对公用进行拍摄。摄像师需要注意以下内容：(1)不要过度拍摄，以免对后期编辑人员在素材选择上造成不便；(2)画面拍摄稳定，避免速度过快的推拉摇移动作，保证画面稳定的起伏和落伏；(3)多拍后期编辑所需过渡画面素材，如观众、裁判、记分牌、国旗等。

摄像助理1名，协助摄像师进行拍摄。

将拍摄小组编号为1至21，根据各个项目场地的大小、赛程长短、比赛节奏快慢等因素，各小组的拍摄任务如表1所示：

表 1　拍摄小组任务分工

拍摄小组编号	体育项目
1、2	轮椅乒乓球
3	举重
4	射箭
5	帆船
6、7	坐式排球
8、9	足球
10、11	轮椅网球
12、13、14、15	硬地滚球
16、17、18、19	公路自行车、马拉松、赛艇
20、21	射击

每个小组配置松下 HPX3000 P2 摄像机一台和若干 P2 存储卡。后期编辑设备可直接读取存储卡上的素材，使编辑速度显著提高，为 ENG 公用集锦的时效性提供了更好的保障。

残奥会期间，BOB 每天在 16：00—17：00 和 0：00—1：00 两个时间段传送 ENG 公用集锦信号。每个项目的拍摄小组必须在每天的 13：00 和 21：00 以前把所拍摄的素材送回 IBC(国际广播中心)以确保后期制作按时完成。

下面以射箭项目为例，对单个项目的制作过程进行说明。

1. 前期拍摄

射箭项目的比赛地点位于奥林匹克公园射箭场(OGA)，淘汰赛和决赛阶段比赛在射箭场的 1 号场地(OGA1)进行，下面以 OGA1 为例介绍射箭项目的拍摄过程。

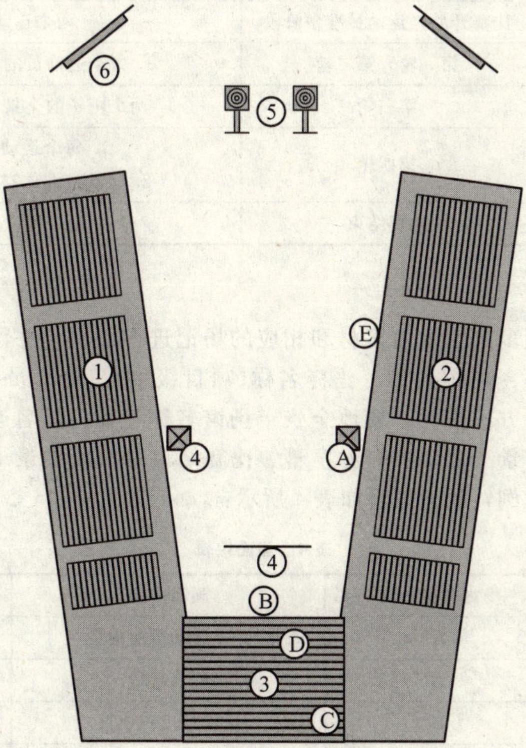

图 1　OGA1 场地示意图

射箭项目由1个拍摄小组(表1中第4拍摄小组)负责。在开赛前，拍摄小组对场地的具体情况进行了分析。如图1所示，场地呈V形，图中的①、②、③为观众区域，④为运动员比赛区域，⑤为目标靶区域，⑥为现场大屏幕记分牌。根据现场条件拍摄小组确定了A、B、C、D、E五处拍摄位置，如图1和表2所示：

表2 机位设置

拍摄位置	拍摄内容
C、D	1. 以不同的角度拍摄场馆的大全景，介绍赛场环境 2. 观众画面
B	在运动员的后方拍摄运动员的中景以及特写
A	1. 从正面拍摄运动员的中景 2. 脸部以及各种特写 3. 观众画面
E	靶子的全景、中景及特写

在比赛进行期间，摄像机在A、B、C、D、E五个位置轮换拍摄。以残奥会个人决赛阶段为例，在争夺3、4名和1、2名的比赛中，参赛人数均为2人，他们位于图1的④号位置。比赛一共分四轮进行，在每轮中每位运动员要射出3支箭，四轮中一共要射出12支箭，每个人完成每支箭的时间不得超过30秒，因此每个运动员实际瞄准和射出的时间总和不超过30秒×12箭＝6分钟。根据比赛节奏紧凑、耗时短的特点，制定拍摄方案如表3所示：

表3 拍摄计划

步骤	拍摄位置	拍摄时间	拍摄内容
1	C、D	比赛开始之前	1. 场地全景 2. 场内观众
2	A	比赛开始，运动员准备阶段	两个运动员的中景
3	A	第一轮、第二轮	1. 每个运动员的中景 2. 细节特写
4	E	第三轮	1. 两个靶子的全景 2. 每个靶子的特写
5	B	第四轮	1. 每个运动员的反打中景 2. 运动员在比赛结束时的反应镜头
6	B	比赛结束	记分牌以及观众画面

2. 后期制作

编辑人员充分利用多角度画面素材和相应的场记进行编辑，并添加比赛信息字幕。通常要添加以下几种字幕：场馆名称、比赛名称(项目级别)、运动员名称以及比赛成绩等。字幕与画面通常按如下方式搭配：场地全景＋场馆名称字幕、两名运动员的中景＋比赛名称字幕、单个运动员中景＋运动员名称字幕、比赛结束时两人中景＋比赛成绩字幕。以一个运动员射箭的过程为例，画面编辑如表4所示：

表4 画面编辑

画面剪接顺序	场内拍摄位置	画面内容	字幕内容
1	A	一个运动员的中景	运动员名称字幕
2	A	脸部特写	无
3	B	运动员反打中景	无
4	E	靶子特写(成绩)	无

表 4 所示为一个运动员的画面编辑过程，若将这个过程表示为 S，两个运动员的画面编辑过程分别表示为 S_1 和 S_2，则在射箭项目单一级别比赛的画面编辑如表 5 所示：

表 5　射箭项目单一级别比赛的画面编辑

画面剪接顺序	场内拍摄位置	画面内容	字幕内容
1	A	两位运动员中景	比赛名称字幕
2	S_1		
3	S_2		
4	B	比赛结束时运动员中景	比赛成绩字幕

表 5 所示为射箭项目单一级别比赛的画面编辑过程，若将这个过程表示为 W，则所有级别比赛的画面编辑过程分别表示为 W_1、W_2、…、W_n，那么射箭项目的画面编辑如表 6 所示：

表 6　射箭项目的画面编辑

画面剪接顺序	场内拍摄位置	画面内容	字幕内容
1	无	射箭项目徽标	射箭总名称字幕
2	C(或 D)	场内全景	场地名称字幕
3	W_1		
4	W_2		
5	W_3		
	…		
n+2	W_n		

在各个项目制作完成之后，编辑人员将每个项目的内容连接在一起便完成了 ENG 公用集锦的制作。

四、 ENG 公用集锦制作方法的分析

在 ENG 公用集锦的制作中使用的 ENG 制作方式指的是利用单机在不同的时间进行多角度拍摄，然后对素材进行后期制作。而当需要完整地对比赛整个过程进行记录时，通常使用多讯道转播系统(Multi-channel Broadcasting System，MBS)进行节目制作，使用多机同时拍摄并现场进行画面编辑。在实际应用中，MBS 通常使用电视转播车(Television Outside Broadcast Van，OBV)或者电子现场制作(Electronic Field Production，EFP)完成节目录制。MBS 必须具备的技术条件是一整套设备系统，包括两台以上的摄像机，一台以上的视频信号(图像)切换台，一个音响操作台等。摄录过程与事件发生发展同步进行，现场性强是 MBS 最大的优势。第 29 届北京奥运会全部体育项目和第 13 届北京残奥会部分项目都是使用 MBS 的方式进行制作的。

下面就射箭项目在北京奥运会和残奥会中不同的制作方法进行一下分析(见表 7)。

表 7 射箭项目制作分析

公用名称	制作方式	拍摄方法	机位数	设备	工作人员
北京奥运会	MBS 方式（EFP 或转播车）	多机同时拍摄，现场切换	13 个	13 台摄像机、视频信号切换台、音频操作台等	38 人
北京残奥会	ENG 方式	单机多位轮换拍摄，后期制作	5 个	1 台摄像机	4 人

从表 7 中可以看出，在北京奥运会中，使用 MBS 方式制作的射箭项目有 13 个不同角度的机位，这么多的机位数量使画面拍摄角度极其丰富。当 13 台摄像机同时拍摄时，切换员可以从 13 个画面中实时进行切换，确保了画面内容的高质量，从而能够更加完整地对比赛的整个过程进行录制。使用 MBS 方式制作的赛事集锦节目内容完整、现场性较强，在节目制作成本上有人员需求数量多、设备要求高、花销大的特点。在北京残奥会的射箭项目中用 ENG 的制作方式，使用 1 台摄像机在 5 个位置轮换拍摄，然后对素材进行后期制作，使 1 台机器的拍摄达到多机拍摄的效果。由于摄像机数量和机位个数相对较少，所以画面内容相对 MBS 来说有一定的局限性。使用 ENG 方式制作的公用集锦节目内容短小精悍，在节目制作成本上有人员需求数量少、设备要求低、花销少的特点。如果把 MBS 的制作规模比喻成重装甲部队的话，那么可以把 ENG 的制作规模比喻为轻骑兵。

一般来说，国际大赛中重点公用的制作大多运用 MBS 方式，以现场直播或是录像形式播出。但是在面临经费有限、公用的关注度不高且播出时长有限的情况时，采用 ENG 制作方式就具有很强的优势。第 13 届北京残奥会 ENG 公用集锦的制作就面临这种情况，残奥会没有奥运会的关注度那么高，所以主转播商没有像奥运会那样对每个项目进行现场 MBS 制作，而是经过对自身经费、人员、设备等各方面情况的衡量，在制作方式上进行了一定的选择。对观众关注率较高的大项如田径、轮椅乒乓球、轮椅篮球、游泳等项目进行了现场 MBS 制作，对射箭、硬地滚球、举重、射击、赛艇等项目采用 ENG 的制作方式。

五、 结论

在北京残奥会 ENG 公用集锦制作的前期拍摄中，利用有限数目的摄像机轮换位置的方法做到了多机同时拍摄的效果。拍摄机位的有效整合和时间、空间的高效分配，使摄像机超能力地发挥作用。后期编辑的制作方法无论是画面剪辑还是字幕添加，以求达到更加逼真的现场感。利用多角度镜头进行画面剪辑，将不同时间段的画面素材以特定顺序组合，达到模拟出比赛进程中切换机位的画面效果。在字幕方面，与以往新闻、专题片等节目无须添加原比赛字幕不同，ENG 公用集锦的每个项目在制作中都添加了比赛字幕，使节目的信息量更加丰富。从节目的制作成本角度看，人力、设备投入较少，节目制作耗时较短，总体制作费用较低是利用 ENG 方式制作 ENG 公用集锦最突出的优点。

王皖斌，竞赛三组编导，曾在拉萨火炬传递、北京奥运、全运体操等转播项目中，担任导演助理、场地导演、摄像等职务。

从残奥会实践初识体育赛事ENG公用集锦拍摄

在北京残奥会的赛场边，活跃着由72人组成的一共24支电子新闻采集(Electronic News Gathering，ENG)拍摄队伍。他们来自中央电视台，却身着BOB(北京奥林匹克转播有限公司)摄像背心；他们的工作不是为中央电视台拍摄新闻或者公用专题画面，而是为北京奥林匹克转播有限公司(BOB)拍摄每日公用集锦。

大型公用主办方成立"转播有限公司"，并通过雇用各国团队制作高质量公用集锦，这种操作模式已经司空见惯。然而，在我们近年参与体育公用转播而形成的思维定式中，公用集锦一定是公用公用电视信号的一部分，并且需要采用电视转播车(Outside Broadcast Van，OB Van)或电子现场制作(Electronic Field Production，EFP)的手段去完成。事实上，为期11天的北京残奥会ENG公用集锦拍摄，也正是中央电视台的体育公用转播团队在ENG公用集锦制作领域的首次大规模实践。

为什么ENG方式——这种看似在体育电视转播中已经落后的制作手段——能出现在残奥会这种高端公用的公用集锦制作过程中？与OB Van或EFP相比，ENG在制作公用集锦方面有哪些生存优势？在操作上，ENG公用集锦拍摄有哪些特点和要求？

笔者也有幸亲身参与了此次ENG公用集锦拍摄工作，从演练到实战十余天的实践过程，让笔者初步认识了这样一种曾经看似熟悉，实际却陌生的体育公用电视信号制作模式。通过这次实践，对于前述三个问题，笔者心中也有了初步答案。

一、 北京残奥会ENG公用集锦拍摄实践

为了完成北京残奥会的ENG公用集锦制作，BOB从中央电视台临时租用了72人，组成24支ENG拍摄小组，承担共13个项目的ENG公用集锦拍摄任务。公用期间，这24支队伍，按照BOB所提出或认可的公用集锦制作标准，以ENG方式完成基础性的比赛现场拍摄工作，之后将素材交由BOB，由其负责后期制作和向各持权转播商传送每日公用精选节目。因此，严格地说，这一次的实践还并不是全部的ENG公用集锦制作，而只是ENG公用集锦拍摄，幸运的是，这一部分工作却是ENG公用集锦制作中最基础和最关键的部分。

北京残奥会ENG拍摄小组一般由3人组成，岗位分别是场记员、摄像师和摄像助理兼

音频助理。从广义上说，制作人也可算作 ENG 拍摄小组的成员，不过制作人却并不像其他 3 个岗位那样一一配置，比如笔者所在的拍摄小组，是负责赛艇、公路自行车、马拉松等项目的 4 支 ENG 拍摄小组之一，4 个小组由同一个制作人负责。

各个 ENG 拍摄小组每天所需要完成的工作，由制作人统一布置。每天的拍摄工作开始前，各支 ENG 拍摄队伍通常都会在位于国际广播中心（International Broadcast Center, IBC)的 BOB 工作间集合，并从制作人那里领取当天的工作任务。在任务清单中，包括当天的比赛项目、拍摄重点等，对于每个具体的 ENG 拍摄小组而言，这份任务清单一般还具体到某一个小组需要在什么角度、什么景别、用多长时间拍摄什么样的画面等信息。当然，并不是所有制作人都会给拍摄小组提供一份书面的任务清单，但无论是书面清单还是口头布置，只是形式上的差别，对任务内容没有影响。

在某一天的赛艇比赛的拍摄前，笔者所在的 ENG 拍摄小组就得到了这样的任务清单：

机位：终点塔，与终点线平行

(1)场馆空镜，40 秒。

(2)每项比赛，从 750 米线至终点线跟拍，从全景缓推至领先船，至终点线前拉开并保持。

(3)全部船过终点后，全景，含前三名并保持，30 秒。

(4)获胜运动员特写。

(5)场馆空镜，40 秒。

这份任务清单可以说是这支 ENG 拍摄小组当天的“行动纲领”，清单中所列出来的任务是必须按标准完成的，而清单中没有列出来的任务——除非特殊情况或制作人另有要求——也不用过多的拍摄，因为不符合制作人对于 ENG 公用集锦制作要求的“额外创作”，对于后期编辑来说往往是冗余的负担。

在当天的拍摄过程中，摄像师由摄像助理兼音频助理协助，在制作人所选定的机位上，按照公用集锦标准和当天的拍摄要求记录画面。此时，场记员要将每一条所拍摄画面的基本信息，用英文(BOB 工作语言)同步记录在场记单上。

除比赛项目和日期外，场记信息一般还包括：时码、内容、景别、重要性等。需要说明的是，为方便场记员记录素材时码，也由于体育比赛相对于拍摄者的客观性和连续性，北京残奥会 ENG 公用集锦拍摄工作均采用实时的当地时间为时间码记录素材，即将摄像机时间码校对为北京时间并自由运行。这样，当某个比公用件进行时，素材记录的时间码便是场记员手持普通电子表的时码，即实时北京时间，场记员记录在场记单上的也是这一时码。

除了实时场记之外，场记员有时还承担着现场导演的角色，因为当摄像师关注于镜头内画面时，场记员的视野却是包含全局的。显而易见，在 EFP 公用集锦制作模式中，甚至在用于新闻采访的 ENG 方式中，一般都没有场记员的岗位设置，而 ENG 公用集锦制作模式中的场记员角色，在一定程度上，承担了制作人与摄像师之间的沟通环节，即执行层面的操作指挥员。

而 ENG 方式下的公用集锦摄像师，似乎也融合了 EFP 方式下切换导演的部分角色功能，因为现在拍的每一个镜头都是流程化的整体中的一环，构图、景别、景深甚至色彩平衡等因素构成了环与环衔接的纽带。虽然 ENG 公用集锦拍摄小组没有切换导演的岗位，但作为 ENG 公用集锦摄像师，必须在拍摄每一个镜头时，心中具备明确的切换意识。

此外，每个 ENG 拍摄小组的拍摄任务，一般都包含了一个以上机位的拍摄需要，甚至有的比赛项目的拍摄任务，只有一个 ENG 拍摄小组承担，因此他们就需要交替着在全部所要求的机位上完成拍摄任务。

在按标准完成了任务清单上所列出的所有机位上的全部画面拍摄任务后，ENG拍摄小组的最后工作，就是把拍摄好的镜头完整并安全地保存在存储介质中，并按时交送后期编辑。如北京残奥会的ENG拍摄工作，为了保证每天16：00和24：00的两次定时传送，每天返回素材时间分别为北京时间当天的13：00和21：00，除非在此时间之前将保存了素材的全部存储介质安全交送后期编辑，否则不能算完成了当天的ENG公用集锦拍摄工作。

二、 什么是体育公用ENG公用集锦制作

了解过ENG公用集锦拍摄工作的大致情况，至此我们或许可以粗略地知道什么是体育公用ENG公用集锦制作了。

顾名思义，ENG公用集锦制作就是以ENG的方式，即经由一台或多台单机，按照公用主转播商认可的公用集锦制作标准，从所需要的拍摄角度分别以本机记录公用实况，之后整合制作并传送公用集锦的工作模式。ENG公用集锦制作在现场阶段的工作就是ENG公用集锦拍摄。

首先，这样的ENG方式应用，明显区别于之前我们所熟悉的，应用于新闻采访报道的ENG制作模式。ENG公用集锦制作需要完成的是体育公用电视转播中的基础组成部分，即由主转播商提供给各持权转播商进行单边制作的源信号。因此，ENG公用集锦制作必须遵循体育公用国际公用电视信号制作的标准性、统一性、整体性、公正性等原则。而我们一般应用于新闻采访的ENG制作，则是直接以一定区域的电视观众为目标，以受雇电视机构的需求为标准的单边电视制作，理论上并不存在一个统一的国际制作标准。

其次，ENG公用集锦制作也明显区别于OB Van和EFP手段下的体育公用电视信号制作。相比而言，ENG最突出的优势是运动性、灵活性和经济性。因此，应用ENG手段操作的体育公用公用集锦拍摄，一般情况下是制作独立于公用国际公用电视信号之外，包含比赛过程与结果等基本信息的公用集锦节目(而非附加于直播信号中的)。此外，在没有条件架设EFP系统(如非标准比赛场地、野外场地)，没有条件全部架设EFP系统(如众多场地同时比赛)，不必要架设EFP系统(如非关键比赛、不必要直播的比赛)，以及EFP系统较难完成的运动条件(如长距离连续跟拍)等情况下，也都是ENG公用集锦制作的用武之地。

由于ENG方式的灵活性，因此在拍摄工作中所需要的摄像机数量大大少于体育公用转播的一般方式。多则三四台机器，少则1台机器，都能完成ENG公用集锦的拍摄任务。然而摄像机数量的减少并不代表机位数量或拍摄角度的减少，在ENG公用集锦拍摄过程中，ENG拍摄小组常常需要按照制作人的要求，在多个机位上交替拍摄比赛进程，从场内侧全，到主机位，再到场边近景等，都有可能被1台或不多的几台ENG摄像机兼顾。事实上，在多个机位记录比赛画面的1台ENG摄像机，兼顾了EFP系统中的多台摄像机的角色。

这种“一机多位”的操作看似“麻烦”，其实不然，只要对赛程进行精心研究，并在赛前周密计划、赛时合理调度，再加上各ENG拍摄小组内部成员的明确分工，ENG公用集锦的“一机多位”拍摄实际上也是条理清晰的“流程化作业”。

此外，在体育公用转播的具体实践过程中，常常会有人因某次转播中缺少了某些特殊角度机位而遗憾，造成这种情况的原因可能是多方面的，但由于受到OB Van与EFP系统的空间与技术双重局限，在实际转播过程中，即便发现了机位的缺失，也很难提出及时并有效的补救方案来解决问题，而造成的结果就是公用集锦产品中的信息缺失。而这种系统

局限性与电视转播需求间的矛盾，却能被 ENG 方式的“一机多位”操作很方便地解决。

在传媒业竞争日益激烈的时代，ENG 方式的经济性也愈发成为其保持生存活力的原动力之一，在体育公用集锦制作的领域也不例外。中国有句古谚：“杀鸡焉用宰牛刀。”相对于前面提到的如非关键比赛或不必要直播的比赛而言，庞大的 EFP 系统则好比一把“宰牛刀”，而 ENG 的操作方式，则成为体育公用电视转播中，成本与效益之天平上的一颗重要砝码。

三、 ENG 公用集锦拍摄工作的特点与要求

概括起来，ENG 公用集锦拍摄工作最大的三个特点是：单兵作战、标准化操作和资源集约。其他所谓 ENG 公用集锦拍摄工作对于操作者的要求，几乎都是这三大特点在具体工作应用层面的实现手段。

特点一：单兵作战

虽然 ENG 拍摄小组至少由 3 人组成，然而，这样的人员配置对于体育公用公用集锦拍摄来说，绝对是超小的规模，并且 ENG 拍摄小组成员从分工上来看，功能交集甚少。从工作性质上说，他们就像一支深入战场前线单兵作战的小分队，没有指挥部的实时指挥，也没有连续的后勤补给，要具备集指挥、战斗与后勤补给多种能力于一身，更要做好“一切只能靠自己”的心理准备。

因此，对于 ENG 拍摄小组成员尤其是摄像师与场记员而言，其首要要求就是具备高度的政治敏感与新闻敏感，面对被摄客体纷繁复杂的变化，ENG 拍摄小组成员必须在此要求下担负起“把关人”的责任。

其次，单兵作战由于视野覆盖有限，所以容易陷入自身局限，因此要求 ENG 拍摄小组成员能够具备掌握全局视野的能力，只有这样，才能上自宏观把握现场进程，下至微观不遗漏重要信息，有利于拍摄计划的顺利实施。

此外，单兵作战很难保证连续有效的后勤补给。这并不是单指交通、饮食等方面，甚至包括一旦遇上设备故障等情况，ENG 拍摄小组甚至不能期盼有 EFP 方式时的设备技术人员可以迅速出现。一旦遭遇特殊状况，如何能够迅速解决问题？考验的便是 ENG 拍摄小组的野战能力与沟通技巧。

特点二：标准化操作

在体育公用公用电视信号制作工作中，“标准”就是“纲领”，“标准”就是“要求”，可以说，任何背离体育公用公用电视信号制作标准的“主观创作”，都在理论上破坏了体育公用公用电视信号的制作原则。这一条“军规”在 ENG 公用集锦拍摄工作中，也同样适用。

“按流程工作、按标准拍摄”也正是 ENG 公用集锦拍摄与其他 ENG 方式下电视制作的最大区别。因此，遵从工作程序，并严守经主转播商认可的画面标准而拍摄，也是对 ENG 公用集锦拍摄小组的重要要求。

但是，由于 ENG 方式与 EFP 方式之间的区别，在现场有多个拍摄价值的元素同时发生时，ENG 拍摄小组面临着比 EFP 方式下更为艰难的信息价值判断与画面取舍。作为 ENG 公用集锦拍摄小组，必须要在坚持“标准化操作”的前提下，保证画面信息量与价值的最大化。

特点三：资源集约

“集约”相对于“粗放”而言，指以效益为根本的对资源诸要素的重组，实现最小的成本获得最大的回报。ENG 公用集锦拍摄工作中的“一机多位”便是“资源集约”在电视节目生产活动中的例证，因此，资源集约是 ENG 公用集锦拍摄在工作方式上的重要特点。

在实际操作中，资源集约表现在硬件与软件两个方面，硬件方面主要是指拍摄设备的集约，如前述“一机多位”方式等，此不再赘述。软件方面指的是ENG拍摄小组成员在工作中所需承担的复合角色，尤其是在“场记员——现场导演”“摄像师——切换导演”这两种复合功能的体现。甚至在拍摄用作字幕底板的全景画面时，摄像师还得像一名字幕导演那样，对将要叠加在画面上的字幕形式心中有数。因此，ENG公用集锦拍摄小组的成员在掌握ENG方式本岗位能力的前提下，有必要具备EFP公用集锦制作团队相关若干岗位的能力。

其次，“资源集约”之所以实现高效率效益的原动力之一，在于对有限资源的合理配置与重组。体现在ENG公用集锦拍摄工作中，便要求ENG拍摄小组成员能够在充分理解拍摄任务的前提下，精心安排拍摄计划、合理规划拍摄工作，将有限的人力、物力进行科学分配，实现ENG操作方式的经济性优势。

事实上，工作方式或操作手段都不是脱离了工作目的和最终需求而孤立存在的。对于ENG方式在体育公用转播领域的应用，并不是在ENG应用的方式上，或者在体育公用公用电视信号制作手段上的某种创新，而是让我们跳出既有模式，从更广泛的视角去熟悉ENG拍摄的应用方式以及体育公用公用信号制作的实现手段。

如今的电视转播技术飞速发展，但是市场竞争也令各传媒机构日益注重生产效率与效益的平衡。相信通过北京残奥会的ENG公用集锦拍摄实践，ENG这一“多、快、好、省”的电视制作方式，也必将在我们日后的体育公用电视国际公用信号制作过程中为我所用，再创佳绩。

ENG公用集锦拍摄面面观

王 昭

2008年北京残奥会，中央电视台体育频道首次承担了所有ENG公用集锦拍摄工作，笔者作为公用集锦拍摄团队的一员参与到此项工作当中。笔者希望能够通过此文浅析第一次参与ENG公用集锦拍摄的面面观，特别是分享笔者参加的赛艇、公路自行车和马拉松等公用多机位ENG公用集锦拍摄的体会和感想。

一、 什么是ENG公用集锦拍摄

电子新闻采集(ENG)公用集锦拍摄通常发生在大型运动会(如奥运会、残奥会等)没有提供电视公用信号的项目或场次中，比如北京残奥会一共有14个项目采用了提供ENG信号的方式，其中包括单机拍摄的轮椅乒乓球、举重等项目和多机拍摄的赛艇、马拉松等项目。与电视公用信号的制作不同，ENG公用集锦拍摄没有庞大的电视综合转播区，也没有分工细化的导演摄像等各工种的工作人员。简单地说，ENG公用集锦拍摄就是摄像师用ENG在比赛场地拍摄的素材，在场记员加以注释之后送到后期编辑处，经过粗编并加之字幕等相关信息制作的公用集锦。

1. ENG小组的构成

除去后期编辑，每一个ENG小组都是由摄像师、场记员和摄像助理三人组成。在残奥会演练阶段，每组都会从公用集锦制作负责人处领到自己的任务，除了几个备用组之外，每个ENG小组在比赛期间都会对相对固定的公用进行拍摄，而每项公用都会有一个制片人带队负责协调场馆、把握拍摄内容及质量。拍摄的内容大体上包括比赛基本情况、获奖者表现、颁奖仪式以及突发性事件。每天拍摄的内容会由后期编辑制作成两个时长为一小时的公用集锦，并分为两档传送。

2. 多机位ENG公用集锦拍摄的工作流程

笔者在北京残奥会参与制作ENG公用集锦拍摄的项目中，赛艇和公路自行车由四个ENG小组组成，而马拉松由六个ENG小组组成。每个参与过电视公用信号制作的人都知道这三个项目制作难度大，涉及的环节和细节繁杂，对于人员齐整、设备力量强大的电视公用信号制作尚是如此，那么在ENG公用集锦拍摄中如何调配人员、用有限的机位记录整个比赛的情况，的确是一个挑战。

第一，每天赛前拍摄团队会和制片人开准备会。场记员需要在会前搜集公用的相关资料，残疾人比赛级别多，一天要进行多少个级别的比赛，每个级别比赛的开始时间和进行的大概长度都应该被场记员熟悉并掌握。比如公路自行车第一天的个人计时赛，比赛级别达15项之多，如果场记员只是对比赛规则略知一二，弄不清每一个级别之间都有怎样的区别与特点，而在比赛过程中临时决定让摄像师拍摄哪位运动员是根本来不及的。此外，场记员还应从媒体工作间或公用信息网上打印出所有参赛选手的名单并比较选手们的赛季或资格赛最好成绩。在公路自行车和马拉松的比赛中，每个级别的比赛至少要有十余名选手同时出发，而ENG拍摄不可能把赛场上所有的赛况全部展现给观众，那么摄像师跟拍谁不跟拍谁在很大程度上依赖于准备会上对选手名单的分析。资格赛成绩最好的几位选手自然是比赛中的焦点，而世锦赛以及上届残奥会的冠军也是需要关注的对象。这样，范围缩小的选手名单能使摄像师在拍摄过程中做到有的放矢。在赛前准备会上，工作人员还会一起观看前一天编辑的相关公用集锦，通过看片及时总结经验、发现问题，同时也了解到编辑的思路和需求，使当天拍摄目的性更强。在条件允许的情况下，可以在赛场叫上场地经理和竞赛经理一起开赛前准备会，当场解决场地方面需要协调的问题，以及更多地了解公用的有关规则和规定，这对ENG公用集锦拍摄都是行之有效并且节省时间的好办法。

第二，对于ENG多机位拍摄，赛前彩排十分重要。北京残奥会赛艇的比赛时间总共三天，但是之前彩排就花了三天的时间，原因何在？赛艇是笔者所在ENG小组承担的比赛项目中第一个开始的公用，组员在工作过程中的熟悉度和各组之间的磨合自不必多说，关键在于在赛艇项目中每个机位需要完成怎样的规定动作。比如在终点塔的机位从赛道的750米开始拍摄，用什么样的景别作为起幅，到什么时候给领先者近景，到终点线的时候用什么方式将镜头拉开，都是按照制片人的要求与反复演练而确定的固定动作。这种规定套路看似单调，但实际上对于后期编辑而言降低了编辑难度，不会因为每个摄像师想法和拍摄习惯的不同而无法将不同机位的素材剪辑到一起。此外，在彩排过程中向制片人了解相关字幕的内容和形式也是极其必要的。比如，位于屏幕下方的公用名称会上在赛艇准备出发的画面上，那么负责拍摄起点的摄像师就要注意把画面的最下方空出来，以免出现字幕上在船上的情况。再比如，制片人需要在所有结束比赛船只大全的画面上公布比赛结果，那么终点的摄像师就要留心在拍摄的时候把镜头往下扣一点，留出上字幕的空间。因此，彩排所解决的种种问题会使拍摄达到事半功倍的效果。

第三，由于机器数量的限制，机位的设置只能是几个关键点，比如起点、终点和摩托车移动机位，剩余的一个机位灵活机动，弥补其他几个机位拍摄不到的关键点（如中间点、折返点等），应急突发性事件和拍摄花絮。制片人会根据每个ENG小组摄像师的特点分配机位，而不同位置的小组则需要了解各自的拍摄位置、拍摄条件，与制片人沟通拍摄的内容及基本要求。

第四，在熟悉各自机位的拍摄任务之后，就是几个小组配合的问题了，毕竟每组拍摄的素材在赛后需要汇总编辑到一起。首先是每个机位景别上的配合，比如在公路自行车比赛中，终点低角度机位的起幅一定是人全近景迎着运动员撞线，那么终点高角度机位则要在接近终点时镜头跟着运动员拉到全景。每个机位的起幅和落幅的规定都是之前与制片人沟通好的，在这里如果没有突发性事件，摄像师基本上要遵循各自机位的特点和原则拍摄，不能自己觉得怎么好看就怎么拍，觉得什么有意思就拍什么。ENG公用集锦拍摄关注的是比赛本身，如何能通过镜头语言的配合，经过后期编辑向观众公平公正的讲述出比赛的进程和结果是最重要的。另外，由于每个机位之间的距离都比较远，加上没有耳机、对讲机等通信设施，每个ENG小组场记员之间的配合显得尤为重要。比如在公路自行车的公路赛中，不同组别之间的选手相隔五分钟出发，骑到半程两组选手就会交织在一起。而摄像师不可能跟踪拍摄每一位选手，这时就需要有人随时通报谁处于领先位置。在所有机位中，只有终点高角度机位的场记员能看到现场大屏幕的运动员实时排名，因此在比赛过程中场记员就会不断地通过手机把最新情况通报给其他机位，以免跟错或没有跟上领先运动员。在多机位的ENG公用集锦拍摄中每个组不是单兵作战，所有ENG小组组成的是一个制作团队，因此小组之间的配合度直接决定着ENG公用集锦拍摄质量的好坏。

3. ENG公用集锦拍摄需要注意的问题

ENG公用集锦拍摄过程中最常见的问题就是过度拍摄。拿赛艇来说，每天八组比赛总共需要编辑集锦时长是6分钟，那么平均每组比赛只需要编辑45秒。在这种情况下如果拍摄的素材高达三四个小时，那对于后期编辑来说无异于一场灾难。而对于摄像师而言，煞费苦心拍摄的素材编辑根本找不到或不需要也同样是一种智力和体力的浪费。因此这就需要不断和制片人沟通，了解制片人需要什么样的内容、什么样的景别。在赛艇比赛时，笔者在同制片人沟通过程中，制片人不止一次地说："我最希望拿到的是一张只有20分钟素材的存储卡。"也许在赛场上看到特色观众或摇旗呐喊或掩面而泣，摄像师会忍不住一次次地将镜头对准他们，但实际上类似的镜头拍摄一两组就足够了。ENG拍摄不是直播信号，不可能面面俱到，如何在短时间内把比赛讲述清楚才是ENG公用集锦拍摄需要关注的问题。

当然上面谈到的关注比赛固定动作的问题并不是要抹杀摄像师的创造力，在拍摄比赛的同时也要想到如何去讲故事，把每天看似有规则有模式的比赛通过镜头语言讲述得险象环生、高潮迭起。比如，赛艇中当几只船前后相差不多的时候，摄像师就不能按部就班地跟领头船，而是要把参与竞争的几只船都纳入视线，直到它们终点撞线。由此可见，ENG的拍摄不是形而上学一成不变的，如果能将创作力与制片人及后期编辑的要求相结合，那么ENG信号的呈现将不逊色于任何一场现场直播。

4. ENG公用集锦拍摄的局限性

首先，由于一个ENG小组只有三人组成，每个人往往要承担多种角色。场记员在人手不够的时候要扮演摄像助理的角色，摄像师在拍摄过程中也可能提醒场记员比赛的进程结果等。三名组员只有不计较自己的角色，相互提醒才能顺利地完成任务。但在赛程紧公用密集度高的大型运动会中，特别是需要长途跋涉的户外项目，对每个人的心理和身体都是一次不小的考验。

其次，在设备上的限制也难以让每个镜头尽善尽美。比如摄像师在拍摄的过程中使用的是标头，如果制片人要求把镜头推到较远的地方给固定的近景画面，那么镜头就会抖动。再比如使用的三脚架都是便携式小型三脚架，如果户外有大风或是平台不稳，三脚架的晃动就在所难免了。

最后，由于机位的限制，比赛时一旦在调机过程中发生意料之外的事件，那么必然会造成精彩片段或突发事件的流失。

以上这些都是笔者在北京残奥会ENG公用集锦拍摄当中遇到的一些无法回避的问题，这也是在以后的制作中需要进一步探讨和解决的。

二、 场记员在ENG公用集锦拍摄中扮演的角色

1. 场记员

顾名思义，场记员的本职工作就是在摄像师的拍摄过程中将所有内容用英文清晰、有条理地记录在场记单上。但如何作一份合格的场记单也是大有学问的。由于场记员要实时按照摄像师的拍摄内容作记录，在不可能用语法讲究措辞精确的完整句记录的情况下，要学会用简单准确的词组、短语记录，并且要注意符合英语的表达习惯，使场记单一目了然。此外，场记员还要对不同的拍摄情况灵活应对，如果摄像师在一段时间内拍摄的多组画面景别是一样或相似的，那么场记员就没有必要重复记录景别情况，而是要关注所拍摄的运动员并抓住其特征，用最有效的语言作记录，比如运动员的背心号码、国籍等。在公路自行车、马拉松这种众多运动员参加的比赛项目中，摄像师会在比赛过程中跟拍多名运动员，而场记员在这时需要根据最后的比赛成绩标记出最终获得前三名的选手，这样在后期编辑过程中，编辑可以用最短的时间找到最有效的画面。场记单不可能也不需要面面俱到把所

有拍摄的内容都详尽地记录下来，场记员把场记内容简单化、规范化，对于后期编辑至关重要。

2. 助理制片人

ENG公用集锦拍摄队伍带队的制片人多数由有从业经验的外国人担任，但是在制片人同场馆等方面交涉的过程中往往会由于文化和语言上的差异造成交流不畅，这就需要场记员有极强的语言表达能力，甚至充当翻译的角色，去协助制片人解决各方面的问题。此外，制片人更多的是关注节目上的事情，不可能面面俱到。这就需要场记员考虑得更周到，比如和司机交流每天接送以及送带子的时间，和后勤经理交流每天吃饭问题，和场地经理交流赛道上的行车证问题等，这都是每个场记员所要面对的实际问题。

3. 场地导演

在ENG公用集锦拍摄过程中，场记员不仅要随时向摄像师通报比赛的进展和结果，还要注意和场馆各系统建立良好的关系，比如同媒体经理、场地经理、竞赛经理、体育展示经理的关系对于拍摄都至关重要。场记员在场地不可能依靠制片人去解决所有问题，与各部门保持良好的关系可以在最短的时间内行之有效地解决问题并建立进一步的合作关系。

4. 导演

作为一名场记员，远不止把拍摄内容记录下来那么简单。在ENG拍摄过程中，如果有至关重要的内容没有拍到，场记员将负有直接责任。场记员通过监视器要对摄像师拍摄内容以及景别进行把关，在整个比赛进行中对赛程赛况烂熟于心，在比赛的关键时刻要提醒摄像师拍摄内容的取舍。如在公路自行车个人计时赛中，每个选手相隔一分钟出发，每个组别相隔三分钟出发，在终点的时候经常会出现不同组别的几名选手相继撞线的情况，这时就需要场记员根据场上情况告诉摄像师跟住哪名选手进行拍摄。

ENG公用集锦拍摄对于中国电视是一项相对新兴的事业，本文通过探讨ENG公用集锦拍摄几个层面的问题，旨在挖掘如何用最简洁的方法更行之有效地将比赛的精彩过程、赛场细节、人文内容充分地呈献给电视观众，力争达到ENG公用集锦拍摄和电视公用信号制作同样精彩。

薛岚，中央电视台编导。2001 年毕业于中国传媒大学。曾多次在国内外体育比赛电视转播中任现场导演。

ENG 公用集锦拍摄初探

2008 年 9 月 17 日，随着矗立在国家体育场的巨大祥云火炬缓缓熄灭，北京残奥会落下帷幕。经过数年的努力，我们终于收获了期望已久的成功，这场无与伦比的盛事，是奥林匹克史上全人类的共同财富。作为中央电视台体育频道的一名普通工作人员，笔者非常庆幸在奥运会和残奥会期间，能够参与其中、亲历历史。

2008 年的这个夏天无疑将化作弥足珍贵的记忆永远珍藏心中，但对于笔者来说，收获的还远不止这些，在历经这次奥运转播的洗礼之后，笔者对体育电视转播有了更深刻的认识。尤其是在残奥会期间，笔者有幸成为中央电视台体育频道为 BOB(北京奥林匹克转播有限公司)进行 ENG 公用集锦拍摄制作团队的一员，这项工作，无论是对于笔者个人，还是对于中央电视台体育频道来讲，都是一次全新的挑战。在此，笔者用此篇短文谈谈对于 ENG 公用集锦的一些想法。

一、 什么是 ENG 公用集锦拍摄

ENG(Electronic News Gathering)，即“电子新闻采集”，对于每个电视人来讲都不陌生，这种肩扛着单机采集电视新闻的方式是电视台经常被采用的一种制作方式。那么，什么又是“ENG 公用集锦拍摄”呢？这又是一个全新的制作概念，可以说在接手残奥会期间 BOB 的制作任务之前，我们对之还没有明确的定义，只是在 BOB 的《制作指南》里有一句含混的“ENG 小组主要采集没有直播信号的残奥会比赛”，甚至连“ENG 公用集锦拍摄”这个叫法，都是在翻译《制作指南》时，由程志明先生(中央电视台体育频道总监助理)定下的。

大家摸着石头过河，经过实战之后，有了一定的认知，笔者对“ENG 公用集锦拍摄”工作是这样理解的：它是按照奥运电视转播公司提出的要求，按照一定的标准、遵循着奥运理念，由一台或几台单机把整场比赛的精彩画面(含同期声)采集下来，经过后期编辑人员的剪辑，最终编辑成约 3 分钟的比赛集锦(Highlight)，配上字幕，比赛日当天的许多比赛集锦结集在一起在第一时间发送给世界各地的持权转播商供其采用。

二、ENG公用集锦拍摄的两个核心理念

同样是受雇于BOB，ENG公用集锦拍摄和国际电视公用信号制作，有许多共通之处，它也必须遵从以下两个奥运核心理念：

公正与平等(Fair & Equal)，是ENG公用集锦拍摄的一个基本理念。因为这是国际公用的素材，供各国媒体使用，所以要保证拍摄的画面有一个公正的立场。制作人员一定要以专业的视角，从镜头数量、镜头长短、景别大小、拍摄角度等各个方面保证公正、公平地完成工作。绝不能像拍摄新闻或专题一样，加入很多主观的东西。

运动与情感(Motion & Emotion)，是ENG公用集锦拍摄的又一个基本理念。运动项目的竞技过程是ENG公用集锦拍摄的主体制作内容，不仅让大家看明白，还让大家看得舒服。这是一个比较模糊、难于把握和阐释的概念，但如果稍微考虑到人文精神的话，就不会在此环节出现偏颇。尤其在残奥会中，在对待残疾运动员时，我们的原则是，要把他们当成正常人，要尽量展现他们积极进取、奋力拼搏，尽可能地避免一些残肢断臂进入画面，对他们给予应有的尊重。比如在坐式排球的比赛中，在拍摄机位设置上，可以降低机位，以免俯拍给人一种歧视的感觉。

三、ENG公用集锦拍摄的两个特点

在开工前的动员会上，程志明先生曾开玩笑说：这个活儿实际上就是一辆六讯的转播车，六台机器坏了四个还有两个，就用这两个机器看你们怎么转播，能让观众看明白。虽是一句玩笑话，却一语中的，道破了其中的玄机——我们应当把握至少两个关键：

第一，ENG公用集锦拍摄的最为重要的特点是：它相当于一个微型的公用直播，中规中矩，一应俱全。它与新闻或专题的制作理念截然不同。它虽然篇幅短小，但是需要向大家讲述一个完整的故事。

ENG公用集锦拍摄实际上就是一个微缩版本的国际电视公用信号制作，两者无论从拍摄角度来看，还是从叙事模式来说，都是具有一致性的，都遵循着一个固定套路，就像“八股文”一样，起承转合，中规中矩。

我们以残奥会射击项目的ENG公用集锦拍摄为例(见图1～图6)：

图1　场地大侧全

图2　运动员入场

图 3　比赛

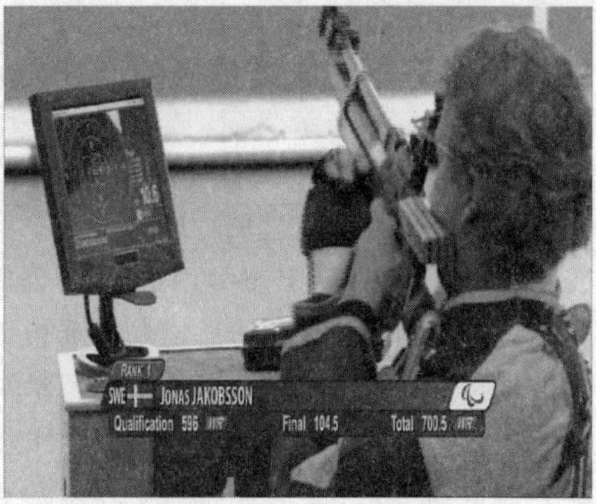

图 4　重点选手比赛情况

图 5　过场镜头

图 6　最终比赛结果

以上是射击比赛集锦的几张截图。管中窥豹，可见一斑。

从拍摄手法来看，ENG 公用集锦拍摄的取景角度和画面构图，都和国际电视公用信号制作几乎一样：

首先是场馆内有纵深感的大侧全，用来上项目名称字幕；然后是运动员单人，胸部以上近景，尽量不要包进其他的人，便于上人名字幕。在比赛过程中，构图要注意轴线关系，不能越轴拍摄，运用各种景别的画面，交代清楚人靶关系，注意关键人和关键分不能丢掉。

从叙事来讲，ENG 公用集锦拍摄要在一个短小的篇幅里，向大家讲述一个完整的比赛故事。这个故事讲得规规矩矩，用最简单的故事模式"从前有座山，山上有座庙，庙里有老和尚给小和尚讲故事……"套用到我们的 ENG 公用集锦拍摄之中，故事的模式可以归纳成以下抽象的几个固定篇幅：

场地大全 ⇒ 选手单人近景 ⇒ 正式比赛 ⇒ 比赛结果

图 7　制作模式

第二，我们应该注意的是，ENG 公用集锦拍摄在时间上的非对应性。简单地说，国际电视公用信号制作与现场比赛的时间轴一样，是严格按 1∶1 推进的；而 ENG 公用集锦拍摄则与现场比赛的时间轴不一样；虽然广义上，ENG 公用集锦拍摄最后编辑的成片也得按照大致时间的前后顺序来，不能把第二次进球安放在第一次进球之前，但它是经过后期筛选、编辑的，要有剪辑时空的编辑意识在里面。有时候，在单机拍摄时，画面要尽可能的完整、连贯，不要轻易断句，之后编辑时尽可以用早前拍摄好的过场镜头(cutaway)来过渡一下；有时候，在两台机器拍摄时，一台机器拍摄大全，另一台机器拍摄特写，但要注意编辑时镜头的选取和配比。

比如单机拍摄颁奖仪式。制作公用集锦素材要求颁奖仪式也是要有一个固定流程的，有些东西是必须要拍摄到的：人场，获奖运动员和颁奖嘉宾站定，颁发三、二、一等奖，升国旗、奏国歌时运功员和国旗特写，最后大家互相庆祝共五项。其他几项相对还好，第四项需要特别注意：由于音频是实时1∶1由摄像机收集的，所以，整个在国歌过程中不能停机，要不然国歌声太碎没法剪辑，但这个环节的画面不是1∶1的，这样国歌声中的获奖运动员表情和国旗特写，需要后期编辑时处理。

四、 ENG公用集锦拍摄的人员配置

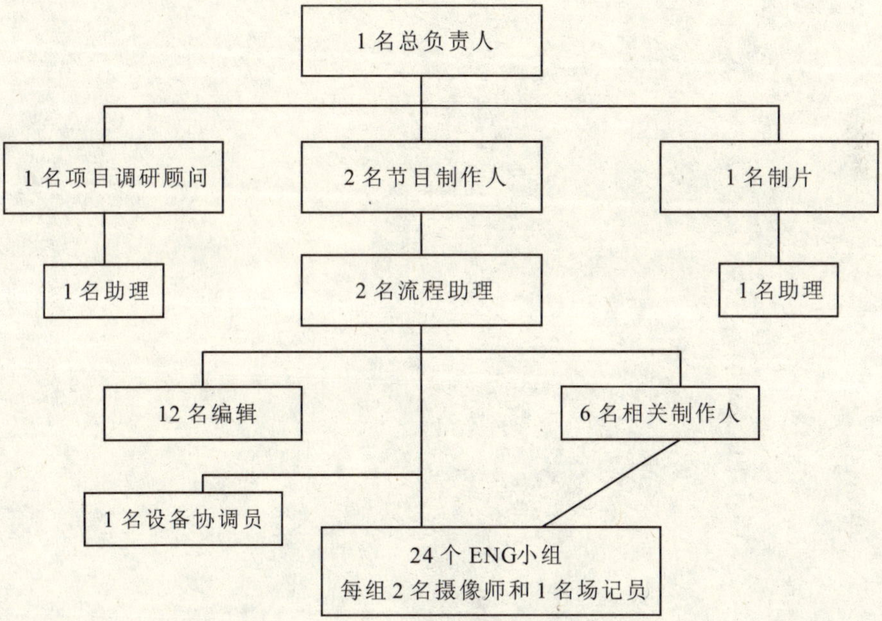

图8　北京残奥会制作团队人员配置

图8的构架中，整个工作团队中，除去总负责人和技术方面的设备协调员，制片及助理负责后勤方面的工作，主要是饮食车马的调配；项目调研顾问及助理负责前期的策划工作，主要是筛选出重点运动员和重点场次；制作人及助理负责统筹把关成品节目；而剩下的编辑和ENG小组的所有人都是奋战在节目生产第一线的主创人员(包括相关制作人，他们也大多和相关项目一起在比赛现场，但他们只有六人，所以大多数时候，现场是没有相关制作人的，在这种情况下，由场记员顶替他们的工作，这样，场记员实际上的工作远不只场记这么简单，还包括如协调一类的工作)。

而对比我们平常所熟知的体育公用国际电视公用信号制作中的人员配置——导演组的六个主创人员：总导演、助理导演、慢动作导演、字幕导演、场地导演和切像师，其实，ENG公用集锦拍摄的人员配置，是做了一个“六＝三＋三”的精兵简政的工作。相关制作人扮演了总导演、助理导演、场地导演的角色；而编辑则扮演了切像师、字幕导演和慢动作导演的角色(虽然比赛集锦中没有慢动作回放，但制作比赛集锦本身，就像做一个加长的慢动作，是从可选素材中挑选精彩画面的一个工作)。

相比体育公用国际电视公用信号制作，在 ENG 公用集锦拍摄中，摄像师也好像“穆桂英挂帅”，大全机位、主机位、反打机位等，阵阵落不下，真是以一当十。

至此，我们发现，ENG 公用集锦拍摄实际是对人员的素质提出了更高的要求。

在历届大的综合性体育公用中，ENG 公用集锦拍摄工作和体育公用的国际电视公用信号制作一样，都十分重要。中央电视台体育频道的制作团队从雅典奥运会开始，已经成功地逐步渗透到体育公用的国际电视公用信号制作这个领域，而对于 ENG 公用集锦拍摄，之前我们还从未做过这类工作。此次残奥会为 BOB 进行 ENG 公用集锦拍摄，是我们第一次涉猎，对我们来说是机遇也是挑战，相信在不久的将来，经过不断的锤炼，ENG 公用集锦拍摄工作必将逐步步入正轨，并向着系统化、标准化之路迈进。

其　他

赵丹，2001年至今就职于中央电视台体育频道竞赛部，先后参与过高尔夫、网球、斯诺克、跳水、游泳等项目的转播以及信号制作工作。在北京奥运会期间，参与了羽毛球、篮球和网球比赛场馆的TV COMPOUND转播制作，残奥会期间，对硬地滚球项目以及击剑项目进行了ENG拍摄制作。

浓缩的奥秘

——从2007年女足世界杯谈大型国际赛事的集锦制作

2007年，一个秋意融融的季节，素有“东方之珠”美誉的上海迎来了中国大陆地区有史以来最大规模最高级别的足球赛事——2007年FIFA(国际足球联合会)女足世界杯的举办。

经过各大洲预选赛的淘汰之后，共有来自世界16个国家的16支球队分布在5个赛区。作为主播台的中央电视台，协同地方兄弟电视台，不仅承接了该赛事自小组赛开始的全部国际公用信号制作，还要参与制作该赛事长达52分钟总结性Highlight(集锦)，整整20天赛程，32场比赛，究竟要如何在这短短的52分钟里得到完美的展现呢？

一、 Highlight集锦制作的目的及要求

要了解集锦制作，首先要知道集锦指的是什么。词典的解释如下：

highlight Noun

Also called：(high spot) the most exciting or memorable part of something & a small part that can be considered separately from the whole.

由此我们不难理解，集锦指的是某事件中最令人兴奋和难忘的部分，它可以脱离其整体而存在，同时却能很好地表现其整体的特点。它线索明确，主次分明，去粗取精，同时在讲述方法上非常注重故事性，力求在客观公正地表现事物的同时，让这浓缩的短短几十

分钟更具魅力。

集锦制作在技术上的要求如下：

(1)音乐—整个集锦制作除片头和片尾的回顾性 MTV 的音乐是单独的之外，中间比赛部分的所有音乐必须是相同的，并且连贯流畅地贯穿始终。

(2)字幕—在集锦制作中，有大量表现晋级以及成绩的字幕版，这些字幕版需要选择在有节奏点的地方叠画进入，同样从有节奏点的地方叠出。

(3)声音—集锦编辑的四个声道有着明确分工和严格的要求。分别是：在粗编的时候一二声道相同，都是音乐铺垫，三声道国际声，四声道留给最后的配音。各声道虽然相对独立，但处理的时候，在一些具体的衔接处，音乐和同期声的渐弱渐起还是必须要做的工作。

(4)画面—画面以及字幕的处理均按照 16：9 的屏幕要求，但是需要在 4：3 的安全框内。

二、 框架及结构

这个 52 分钟的集锦好比是一个具有故事性的超短篇小说，那么既然是写小说就必须先有提纲和框架，这个提纲同时也是一个工作计划进度表。

以 2007 年女足世界杯为例，比赛从 9 月 10 日开始，16 支球队分成 ABCD 四个小组，小组赛分布在 5 个不同的赛区同时进行，几乎每天都有多场比赛在进行，这样就要根据赛事对阵双方的受关注程度以及比赛本身的精彩程度对比赛作以取舍。而每一个阶段的比赛，各自需要占多大的比例，也需要提前计划出来。

以下这张表格是当时 HBS 转播公司所提供的集锦制作的工作流程以及内容安排，也是一套比较成熟的集锦制作的模式。

2007 年 FIFA 女足世界杯

集锦制作提纲

时长：52 分钟

序号	开始时码	内　容	描　述	时长(秒)		总时长(秒)
1	10：00：00	片头	片头	00：45		00：45
2	10：00：45	中国风景	风光/场馆/航拍			00：45
3		开场/介绍	赛制/重点球员			00：00
4		A 组	A 组对阵形式/地图			00：00
5			开幕式			00：00
6			同期声比赛　德国—阿根廷		简	00：00
7			后期配音比赛　日本—英国		详	
8			A 组晋级图			
9			A 组比赛结果			00：00
10		B 组	B 组对阵形式/地图			00：00
11			后期配音比赛　美国—朝鲜			00：00
12			B 组晋级图			00：00
13			B 组比赛结果			00：00
14		C 组	C 组对阵形式/地图			00：00

（续）

序号	开始时码	内　容	描　述	时长（秒）		总时长（秒）
15			C组晋级图			00：00
16			后期配音比赛　澳大利亚—加拿大			00：00
17			C组比赛结果			00：00
18		D组	D组对阵形式/地图			00：00
19			后期配音比赛　中国—丹麦			00：00
20			同期声比赛　巴西—丹麦			00：00
21			D组比赛结果			00：00
22		四分之一决赛	四分之一决赛对阵字幕版			00：00
23			有关FIFA公平竞赛原则的画面			00：00
24			德国—朝鲜（现场同期声＋后期配音）			00：00
25			美国—英格兰（现场同期声＋后期配音）			00：00
26			挪威—中国（现场同期声＋后期配音）			00：00
27			巴西—澳大利亚（现场同期声＋后期配音）			
28		半决赛	半决赛对阵字幕版			00：00
29			第一场半决赛对阵双方介绍			00：00
30			半决赛　德国—挪威（后期配音）			00：00
31			第二场半决赛对阵双方介绍			00：00
32			半决赛　巴西—美国（后期配音）			00：00
33		决赛	决赛对阵字幕版			00：00
34			铜牌战　挪威—美国　（现场同期声＋后期配音）			00：00
35			决赛前瞻　双方教练对比			00：00
36			决赛　巴西—德国（后期配音＋现场同期声）颁奖仪式			00：00
37			片尾30″＋FIFA尾字幕			00：00

三、叙事手法以及内容的选择

大型赛事的集锦是有叙事方法的。把几十场比赛重新编辑整合在一个新的节目中，就需要重新组织故事结构，重新安排故事线索，重新拟定重点故事人物和情节。对于将要收看这个集锦的观众来说，除了文字和画面的渲染之外，更能吸引他们的应该是冠军归属的悬念。

(1)受关注的球队

①赛前夺冠热门——一项大型的国际赛事，参赛队伍的水平不一而同，最具有冠军争夺实力的队伍自然应该是要首先被关注的。在不同的大赛中，这样的球队有时候不止一两支，排名高的球队有的时候不一定胜算最大。另外，一些传统的强队也是需要关注的对象。

②卫冕冠军——无论卫冕冠军在这个赛季的表现如何，排名怎样，它都一定是要被关

注的对象。因为它是卫冕冠军。

③话题多的球队——一个总是话题不断的球队自然受关注的程度也会大些，他们中也许是因为某些个性球员的突出表现，也许是因为教练和球员或者其他方面的矛盾，等等。话题多自然曝光率高，所以对于观众来说，这样的球队的表现也是他们需要看到的。

④黑马——在一些比赛中，黑马总是难免的。他们有可能只是昙花一现地超常发挥，却能给人留下极其深刻的印象。即使最终他们可能并没有能够夺得冠军，但他们的表现却是不得不提的。

⑤东道主——东道主球队有的时候可能是实力非常弱的队伍，但也应该是被关注的对象之一。因为本土作战的优势，很多时候，东道主球队都会有超乎寻常的发挥。

(2)受关注的人物

①明星球员——无论哪个队都会有几个比较突出的明星球员，那些明星球队中的明星球员就更是关注的焦点，也更具有"荧幕"号召力。所以明星球员是需要关注的重点人物。

②关键球队的教练——教练的作用通常是在关键比赛的时候才会显得更加突出，类似决赛或者是关系到某支关键球队的晋级或者出现的比赛。这时候就可以在赛前将两队教练列出来单独介绍，以突出分析各自的执教风格和战术打法。

③有特点的球迷——为了让集锦的内容更加丰富和具有娱乐性，可以让一些有特点的球迷也进入到集锦中来，当然篇幅应该控制在很小的范围内。

(3)该项赛事中的突出事件——除了球队和球星以及比赛本身之外，在一场大赛中，通常还会有些游离于赛场之外的引人关注的突出事件，这一部分可视整个集锦的长度要求有选择性地采用。

(4)比赛是集锦的灵魂——以上几点内容的选择都是为了让整个集锦变得更加丰富而有血有肉，但是整个集锦的灵魂毫无疑问应该是比赛本身。说到比赛，我们又要重新面对一个选择的问题。一场大型的国际赛事历时通常是一周到两周时间甚至更久，大大小小的比赛加起来不下几十场，如何选择最适合的比赛，又如何选取一场比赛中最精彩的部分呢？

①比赛的选择——其实，绝大多数需要做取舍的比赛都在小组赛阶段。小组赛阶段的比赛的选择，通常还是要根据重点球队的原则来处理。因为在小组赛阶段，冠军还是一个遥远的未知数，我们只能根据各个球队的实力表现来取舍比赛，力争能够完整地体现最终冠军的夺冠之路。另外，如果是两支实力原本比较弱的球队，却有着超常发挥的精彩表现，其实也应该被列入集锦之内。毕竟，精彩是不容错过的。

②比赛内的选择——也就是我们通常所说的一场比赛的缩编，这样的缩编根据时长的要求，可长可短，但是有几个基本的原则是不能丢的。以足球比赛为例：

- 双方球员进场
- 球场氛围镜头
- 重点值得关注的人物特写
- 有威胁的射门，精彩的过人等欣赏性比较强的画面
- 进球和庆祝——一般来说，进球是集锦中不可缺少的
- 犯规——有决定性意义的犯规，红牌和有决定意义的黄牌
- 如果在常规时间内出现点球，要有犯规的过程
- 比赛结束后双方反应

四、 故事性语言描述

在这里，以2007年女足世界杯官方纪录片集锦中的两段话为例看看大型的专题性的集

锦应该用什么样的语言来串联全篇。

(1)开场——映衬着美丽的中国风光，画面不时转换于比赛的各个赛场之间，解说词是这么说的："第5届FIFA女足世界杯赛即将完成'回到未来'的使命，它的诞生之地——中国，曾经亲眼见证了1991年首届FIFA女足世界杯的成功举办，如今，象征着女足运动的蓝色丝带又回来了!"

(2)重点球员介绍——"玛塔，来自巴西的魔术师。她也是本年度的最佳球员，她令人炫目的球技常常让人们把她与她的偶像罗纳尔迪尼奥相提并论。"

(3)尾声——说到集锦尾声的结束语，笔者想起前段时间在"历届世界斯诺克花式表演赛集锦"的最后，斯诺克大师史蒂夫·戴维斯深情款款说的一段话："世界斯诺克花式表演赛已经成为历史，但我们会深深地怀念它，它将活在我们的记忆里，伴随着那些令人捧腹的玩笑、充满技巧的击球、令人尴尬的失败、笨拙的道具以及那非常可爱的观众们，永远地活在我们的记忆里。"

五、尾声

一段集锦的使命有的时候并不仅仅是将比赛浓缩和精简，它更像是对一段记忆的勾描，在那段记忆中，有的浓墨重彩，有的轻描淡写；有人留下了意气风发的表情，有人只剩下怅然离去的背影。

无论如何，体育是一个公平的舞台，比赛总有输赢，竞技却从未停止，体育电视转播以其最大限度地去客观实时记录着比赛，赛事集锦则是有取舍有选择的浓缩，它所展现的是更具魅力的竞技舞台。

体育比赛赛区协调员工作的一致性探讨

初元澎

自中央电视台参与2004年雅典奥运会的电视信号制作以来，比以往任何时候都更加关注电视信号制作的规范性。在中央电视台提供国际公用信号的制作过程中，各个工种的分工更加细致和明确，可以说信号制作在与国际接轨方面迈出了坚实的一步。然而，在信号制作之外，我们有时还有其他的工作需要与信号制作衔接，比如说赛区协调员的工作，就需要我们有一个合理的定位和规范的工作方式，协助制作团队做好国际信号。

2007年女足世界杯比赛分别在中国的五个城市进行，中央电视台体育竞赛向每个赛区都派出了协调员，这也是第一次明确了赛区协调员这个岗位，协调员的主要任务是在赛区协助制作团队的工作，使信号制作更加顺利，并且负责沟通和协调在信号制作过程中出现的问题。实际上，在2004年亚洲杯足球赛时体育竞赛部就派出人员前往各个赛区负责国际信号制作的协调工作，不过当时没有像2007年女足世界杯这样明确协调员这一岗位。随着2008年奥运会在北京进行，以及国际赛事的增多，我们有必要对赛区协调员的工作进行规范，使今后在遇到类似的情况时我们能够有一个依据，或者说起码能够起到借鉴的作用。

一、 各赛区信号制作的一致性

国际信号制作需要有一个统一的标准，在多个赛区进行同一项比赛的情况下，比如像2007年女足世界杯共有五个赛区这样的比赛，需要使各个赛区提供的国际信号尽可能地在程序、镜头、组接、字幕等各个方面保持一致性，否则五个赛区提供五种质量标准的信号是难以让人接受的。因此，作为赛区的协调员首先需要自己充分理解信号制作的要求，并对制作流程的每一个环节都能够做到心中有数。

无论是奥运会、亚运会还是女足世界杯这样的重要国际比赛，作为提供电视服务的电视主播商(Host Broadcaster)都会在比赛前制定出统一的制作标准，作为协调员主要的职责之一就是能够协助赛区的制作团队充分理解制作要求的各个环节，并且在具体实施的过程中能够督促赛区的制作团队严格按照制作要求进行工作，这一点看似容易，然而在具体实施过程中却经常会遇到一些问题。各个赛区的电视制作团队一般都有自己多年形成的一种工作方式，这种模式与赛会统一的制作要求会有一定的差异，因此赛区协调员需要提醒赛区的制作团队充分领会和理解制作要求，在实施过程中尽可能达到规范和统一。

1. 流程的统一性

赛区的制作团队要根据制作流程提供国际信号，这个制作流程一般包括三个部分：一是赛前的倒计时和单边服务；二是比赛过程；三是赛后的单边服务和集锦。就流程来说，比赛本身一般不会出现太大的问题，问题比较多的是赛前和赛后部分。首先赛前部分的倒计时对赛区的制作团队就是一个考验，如果制作团队没有经过细致的演练，那么在倒计时就会出现各种各样不规范的镜头组接或者是与字幕配合不顺畅。在地方电视台制作团队中，往往是导演自己做切换，并且在以往的制作过程中也没有形成专人根据流程下达口令提示切换的习惯，因此这就要求赛区协调员督促制作团队尽快适应规范的制作模式，以保证各个赛区信号的一致性。赛前和赛后的单边服务是制作团队提供的另外一项国际服务，这需要制作团队提前安排好人员和设备(摄像机、话筒、灯光),并且保证提前到达指定位置。在提供单边服务过程中,具有良好英语交流能力和协调能力的场地导演十分重要,他可以事前与预定单边服务的电视机构进行沟通,了解对方的安排和要求并及时通知制作团队,这样可以保证制作团队的单边服务顺利进行。

2. 服务的一致性

赛区制作团队除了提供国际信号外,往往需要提供单边服务、提供新闻素材的传送、提供完整的录像带、赛事集锦有时可能还要负责录制赛事的数字影碟(DVD)光盘。赛区协调员需要督促赛区制作团队安排专人分别负责这一系列服务。

对于任何一家预定单边服务的媒体来说,都不希望在单边服务过程中出现任何瑕疵,因此,提供国际信号的制作团队一定要以与制作比赛同样的重要程度来对待单边服务。对于预定单边服务报道的媒体来说,他们的现场报道和采访与他们自己后方播出是联系在一起的,因此,制作团队一定要确保现场的画面、声音和灯光等设备的完好。

主播商一般会在赛事之前向所有需要信号服务的电视机构提供赛区传送新闻素材的机器型号清单。制作区按照主播商的统一要求提供新闻素材传送的机器设备和传送服务,但这样的服务也要有一定的底线。比如,2007 年女足世界杯期间,美国的一家电视媒体没有按照主播商所提供服务的录像机型号携带他们的摄像机,并且在没有事先通报的情况下执意要在转播车直接传送,提出要为他在转播车系统中接出音频和视频线,以便他用摄像机直接传送新闻。此时已经进入倒计时的单边服务时段,他想利用他们预定的单边时间传送素材。为了整个系统的安全,制作团队拒绝了他更改系统连线的要求,这是正确的。否则,此时的系统改变万一干扰了整个制作的技术稳定,会给比赛的制作带来巨大的灾难。

录制录像带和 DVD 的工作看起来简单,但是却要求细心和细致。不能出现失误,否则就无法来弥补。在录制录像带时还要注意录制前调整好时间码,这一点也很重要。

二、做好第一场比赛 保证信号一致性

在国际公用信号制作过程中,第一场比赛是十分重要的。在第一场比赛开始之前,尽管会进行充分的准备,但是往往会通过第一场比赛发现许多问题。

首先,设备调试的问题。大型体育比赛对各个赛区有统一的设备要求和信号要求,在第一场比赛开始前,技术部门会对设备进行全面的调试,然而真正到比赛来临时,还是会发现一些问题有待解决。比如 2007 年女足世界杯期间,笔者在成都赛区工作,第一场比赛前设备已经进行了全面调试,但是比赛前已经进入流程阶段后,从上海女足世界杯国际广播中心(IBC)总控打来电话,发现音频的四路通道现场与上海不一致。在这种情况下,当务之急是解决声音的问题,这时分开声道一路一路对声音进行测试成为首要任务,而执行流程的倒计时就成为次要的问题,原本片头宣传片是配有音乐的,此时音频工程师必须进行音频测试,不必考虑与画面匹配的问题(视频没有问题可以按照原计划执行赛前的流程)。当然,制作团队最好不要擅自在执行流程时进行设备的调试,而是要征得赛区制作区主管的同意后,才能抛开已经规定好的流程去进行其他的测试。

其次,在大型体育比赛过程中,由于各个场地的信号全部回传到 IBC,因此国际信号制作的一致性就显得格外重要。从倒计时的流程开始,各个场地就需要严格按照主转播商的统一要求分秒不差地提供相应的画面和字幕。在制作过程中,尤其是在赛前倒计时和赛后的流程部分,导播助理的计时和口令一定要准确无误。因此,导播助理一定要有责任心,对赛前、赛中和赛后的流程和各个环节做到心中有数,并随时提醒导播和其他工种随后的

工作流程和工作内容。当然，在第一场比赛开始前，制作团队要安排时间对流程尤其是赛前流程进行充分的演练，这样才能确保倒计时的时间、画面和字幕完美地结合在一起。在演练过程中，如果能与比赛的竞赛部门协调安排入场式的彩排，这样电视制作、现场播报和场地运行一起进行合练效果更好。电视国际公用信号制作是一个多工种协调配合的集团化工作，各个工种之间的默契在制作中格外重要，因此通过演练可以发现问题并及时解决。在演练中最重要的一点是要把演练当作真正的比赛来对待，如果认为演练就是演练，那么到了真需要每一个人都不能出错时，制作团队必定会承担更大的风险。简言之，演练是非常重要的环节。

三、 赛区信号制作设备的统一性

大型体育比赛对各个赛区的摄像机、音频设备等都有统一的型号要求。然而实际上，目前各个地方台都是按照自己的需求订购设备，因此在实际使用时并不能完全与统一的制作要求相一致。比如摄像机的镜头倍数小于手册的要求，而为了满足画面的需求就只能把摄像机从看台移到场地边。所有这样的变更也与前面讲到的变化一样，一定要得到赛区制作主管的同意。

在赛事进行过程中，设备的维护与保养十分重要。2007 年女足世界杯在成都赛区就曾经出现过单边采访区的灯光在采访过程中突然中断的情况，问题出现后笔者就向制作团队技术负责人提出，除了手持的灯光外能否在采访区准备备份的灯光照明，得到的答复是下次一定在事前确认好。严重的是，在出现这种意外之后，国际足联、制作区主管和境外媒体在随后的单边采访之前一再提出希望制作团队确保灯光的情况下，又一次出现采访过程中手持灯光中断工作的情况，同样的问题出现两次是无法理解的。

对讲和通信设备对于国际信号制作来说也十分重要，同时对于各个赛区来说统一的标准是前提。2007 年女足世界杯时，按照制作手册要求各个赛区需要提供从字幕间到场地第四官员的四线通话系统。由于地方台没有相关设备，因此最初成都赛区的解决办法是利用配有耳机的有线电话。后来上海赛区率先解决了从字幕间到第四官员的四线通话，这样成都赛区负责字幕的技术人员执意要求要像上海赛区一样，几经周折成都赛区终于解决了四线通话，调试一切正常，总算喘了口气。可是第二天到了比赛日，制作团队到达场地后发现，四线通话用的网线在制作团队工作间的门口断了！根据网线的断痕和周围的情况来看，很可能是老鼠做的案！好在与有没有四线设备相比，修复网线简单多了。尽管修好后在通话过程中有时会有一点杂音，但毕竟算是解决问题了。通信设备尽管在制作过程中属于辅助性的，但是在制定制作手册时也需要考虑各个赛区统一性的问题，首先要论证各个地方台设备的情况，任何的设备要求在写入手册时都要慎重；其次一旦决定下来并写入工作手册，那么相应的事情就要由专人负责，保证各个赛区的标准一致，否则派往赛区的协调员会承受巨大的压力。可以说，2007 年女足世界杯比赛期间，四线通话是比赛开始前的几天内不断被字幕公司人员追问的话题，而孤军奋战的协调员不可能自己解决设备的问题。

四、 各个赛区要求的统一性

除了设备的统一性外，作为大型国际比赛，应该明确各个赛区制作团队工作规范的细节。尽管在比赛之前组织过专门的集中培训，但是有必要向各个制作团队强调他们以往不太熟悉的内容。比如集锦编辑(MELTREEL)就应该是在女足比赛前的集训时多花时间谈论的内容。在以往国内的信号制作中，除了实时的画面外，一般是加以慢动作回放和比赛结束后全场比赛的精彩画面(一般是几个慢动作连在一起)。而现在的国际信号往往要求赛事集锦，它要求有实时画面和慢动作的结合，说白了相当于一场比赛的赛事缩编。没有看比赛的人只需看集锦就要能看懂这场比赛的整个故事内容。正是由于制作团队中慢动作导演和EVS操作员对集锦的内容和要求在比赛之前没有完全理解，加之四川电视台的转播车的EVS中只有一台有音频板，因此比赛开始后，集锦制作成为女足成都赛区的一个主要问题。在信号制作的规范和手册完成后，对于规范和手册中新增加的内容，或者说对于制作团队不太熟悉的内容，一定要在赛前的培训中重点讲解，并且使相关人员能够真正明白和理解它的标准和要求。

五、 证件的规范和工作区域的一致性

在重要国际比赛中，证件也是一个不可忽视的问题。首先要保证参与信号制作的所有人员能够得到证件并且能够进入到他们各自的工作区域，同时也要避免无关人员进入信号制作的区域。在各个赛区都应该避免电视新闻记者持有信号制作的证件，严格要求电视新闻记者在指定区域拍摄，以免干扰国际信号制作。此外，制作团队本身也要严格控制进入内场的人员，无关人员一律离开内场。2007年女足世界杯成都赛区，制作团队的技术负责人提出场地内有八台摄像机，他们技术部门需要八个场地背心做技术支持时，电视制作区主管彼得先生当即表示反对：内场不能有人站着没事情做，我也担当过技术，我一个人负责八台摄像机，你们有两个背心就已经足够了。

笔者认为，在内场人员数量、证件区域安排等方面如果能像设备需求那样，在事前大家协商好，并把这些内容也规范起来写入到工作手册，使各个赛区都有章可循，也就避免了在实际工作时的麻烦。

六、 协调员的工作安排需要改进

2007年女足世界杯比赛是中央电视台第一次作为岗位确认赛区协调员，笔者认为今后应该赋予赛区协调员更多的通行区域，2007年女足比赛期间协调员没有进入内场的权限，进入内场需要从制作团队借内场背心，这样有时工作不太方便(2004年亚洲杯足球赛时，本台派往各个赛区协调员的证件是可以进入所有区域的，工作时非常方便)。此外，赛区的各种事情比较多，尤其是比赛日赛区协调员经常会忙不过来。建议今后除派往各个赛区协调员的同时，安排一两个协调员助理，把一些辅助性的工作安排协调员助理去完成。比如在赛事过程中，一些程序化的事情，比赛日的统一流程，参赛队的信息，赛前、赛后的单边服务要求，向本台及地方台的电视新闻记者发放场地背心、混合区采访票等，这些都可以由协调员助理去完成。这样可以减轻协调员的工作压力。因为协调员也是赛区的一名“消防员”，他需要随时准备在出现问题时“救火”，使赛区的国际信号制作顺利完成。

七、 国际服务的一致性

在2007年女足世界杯比赛期间，本台的新闻传送国际服务24小时提供。记得有一天一家境外电视台提出夜里凌晨一点传送新闻，国际足联电视新闻官在通知我们这一消息的同时表明了他本人的观点：“我只是通知你们他们的要求，你们可以同意也可以不同意，如

果是我的话，我不同意！我在意大利也是做电视的，遇到这样的事我会说：因为我要下班了，我要休息。”本台技术人员答复说由于我们已经同意24小时对外服务，因此可以在凌晨一点传送新闻。当把这个消息回复给国际足联电视新闻官时，他表现得十分惊讶，说明我们的服务态度超出了外国同行的想象。

这几年，中央电视台介入到国际信号制作中，正在努力与国际接轨，努力达到国际标准，但是在服务时间和服务态度上，有些方面我们已走在了前面，充分体现了中华民族的热情与友善。

技术部分 JISHUBUFEN

全面论述

姜柏宁，原中央电视台转播部副主任、高级工程师。从事电视转播技术工作30余年。曾多次作为技术负责完成了中央电视台对重大历史事件、大型国际体育赛事以及大型综艺节目的电视转播任务。并作为项目负责人完成多个大型转播车及转播系统的工程建设工作。2003年，作为技术负责人承担了中央电视台首次进入奥运赛事转播的信号制作任务。参与了2004年雅典奥运会乒乓球、羽毛球以及现代五项赛事国际公用信号任务的队伍组建、技术练兵以及2004年赴雅典参与实战的全过程。之后，又多次作为中央电视台国际信号制作队伍的技术负责人，完成了多哈亚运会、东亚运动会、亚洲杯、英联邦运动会、2008年北京奥运会以及2010年广州亚运会赛事、公用信号制作及技术平台设计建设工作。

圆梦中的收获

——在2008年北京奥运会公用信号制作方面的技术准备与工作实践

2008年北京奥运会过去了。作为奥运会电视转播的直接参与者，“奥运”这两个字已经成为我们每个人不解的情结。奥运——给我们带来困惑和艰辛，奥运——给我们带来激动与荣耀。

对于中国人来说，奥运是个梦。通过奥运向世人展现我们的国力富足、经济昌盛、政治开放、国人友善，有实力和能力举办最高等级的大型综合体育赛事。

对于一个电视机构，特别是国家电视台，奥运是个梦。对奥运节目的频道播出能力，对奥运赛事的转播制作能力以及为以上制作所能提供的技术平台、资金和人力投入，成为衡量一家电视机构综合实力的标尺。

对于从事多年电视转播的工程技术人员来说，奥运更是一个梦。如果说，在奥运赛事中夺冠是运动员要实现的最高境界，那么，奥运赛事的电视转播无疑也是对我们从事外场转播工作经验和业务水平最高等级的考试，也是对我们技术平台以及综合素质的最好评判。

应该说，为了奥运会的成功举办，无论是国家还是个体，凡是与“奥运”这两个字相关的人，都付出了艰辛的努力，用行动圆着奥运的梦想。

奥运是个大工程。在中央电视台(CCTV)奥运报道整体计划中，我们的具体任务——参加奥运赛事转播的国际制作团队，承担2008年北京奥运会7个赛事、残奥会11个赛事电视公用信号的制作任务。可以说，相对奥运整体工程来说，我们的工作只是凤毛麟角。但是，我们是代表举办国国家电视台，在国际制作大环境下完成奥运赛事转播的一部分，任务同样艰巨。

回顾走过的路程，正是由于我们抓住了2004年雅典奥运会带来的大好时机，严格按照奥运国际化运作模式建立了公用信号制作队伍并进行了长达一年的艰苦练兵，使我们在雅典奥运会上有了精彩亮相，实现了中国电视人进入奥运赛事电视制作零的突破，为2008年争得了更多的机会。也正是我们在雅典之后的四年坚持不懈地努力，使我们对2008年有备而来。我们的信号制作队伍在国际大制作环境中表现更加成熟、更加从容、更加专业。我们对奥运会、残奥会所有公用信号制作的水准和技术质量都达到了上乘，奥运乒乓球赛事的信号制作还获得了国际大奖；我们对BOB(北京奥林匹克转播有限公司)提供的高清转播车以及技术支持团队出色完成了奥运会、残奥会技术支持任务，其水准受到了国际同行的一致好评等。这些成果的取得，与每个参与圆梦行动的人，为了奥运这个大目标、大工程、大梦想，潜心准备、精诚合作、同心协力、努力奋斗分不开的。

应该说，残奥会闭幕式落下帷幕的那一刻，我们就可以自豪地说，梦已经圆满实现，任务也已出色完成。但是，梦想也好，任务也罢，其实只是一个结果。而我们在长达5年圆梦行动中观念和认识上的转变，队伍建设和技术平台的提升以及作为国家电视台外场转播所拥有的综合实力等，这些“软”指标都无法用量级衡量。它是用时间与金钱，艰辛与汗水换来的，是我们共同拥有的宝贵财富。这些收获无疑会在后奥运时代对我们的工作思维、具体实践以及事业建设产生很大的影响。

作为技术系统的直接参与者，回想5年来走过的历程，我们都做了哪些技术准备，奥运又给我们带来了哪些值得总结的收获呢？

一、奥运带来新思维

2001年7月21日，笔者正在雪域高原——拉萨做我台“光明行”送医下乡的电视直播节目。通过电视转播与全国人民一起分享了从莫斯科传回的申奥成功的喜悦和激动。在兴奋之余笔者想到了参与。

实事求是地说，那时的奥运对于笔者来说遥不可及，对奥运电视转播的了解只限于电视画面。作为电视转播工程技术人员，出于职业习惯，观看赛事转播的目的通常是想了解在转播高端赛事采用的何种先进技术手段。但是，结果相反，奥运赛事转播给我印象最为深刻的并非特种设备的使用，却是奥运整体赛事转播的标准化、规范化以及画面与音效的高质量。这些高水准体现在每场赛事转播制作的每一个细节上：每一个镜头处理、每一组慢动作重放、每一个字幕信息以及每个赛事的整体制作流程等。这种高水准标准化的赛事转播，使人们在收看电视时，不会出现对赛事任何一方的偏袒，也不用担心任何赛事细节和信息的遗失，在图像质量上也实现了色彩还原、亮度及灰度标准高度统一，加之完美的音频效果，应该说，这种电视转播对于观众来说，远远超出了对赛事转播的收看。完全能达到体育欣赏的层次，也是体育赛事转播的最高境界。当看到这样的转播时，最大的疑惑和愿望就是想了解：搭建什么样的技术平台，服务什么样的制作队伍，通过何种运行方式，能够实现如此水平一致的高端转播制作。

无疑，2008年北京奥运会使我们得到了“家门口办奥运”的机会。参与不行，学习总行吧，但是即便是学习愿望在申办成功的前几年，也属拜师无门，不具备可操作性。

2003年，我们向奥运迈出了非常实际性的一步。在这一年中，我们非常幸运地得到了直接参与奥运转播制作的机会。应该说，从那一刻起我们真正贴近了奥运。

2003年上半年，转播部正式接到了与体育中心共同完成2004年雅典奥运会乒乓球、羽毛球以及现代五项3个项目的电视转播公用信号制作的任务。实话说，那时的思维还仅限于完成国内体育赛事转播的常规思路。更多地考虑的是设备的配置、系统架设以及工作场馆的技术条件等。甚至提出能否在雅典使用我们自己的系统设备，以便解决国内的练兵以及转播制作配合畅通。当然，这种不了解国际化运作规则的提议被婉言拒绝。总之，对于奥运制作的参与和理解，我们是从零开始的。

2003年7月，笔者作为两支信号制作队伍技术总协调的身份与体育中心的节目领队、导演一行4人飞到雅典，参加2004年雅典奥林匹克转播有限公司(AOB)节目制作会议PPM。从那天起，我们的思维发生了变化。

应该说，雅典培训会是中央电视台奥运公用信号制作的"遵义会议"。对于AOB来说，他们最多也就是完成了一次对众多制作团队中一个完全陌生的国家所要承担三个赛事的奥运制作培训，但是对于中央电视台的一行4人来说，却是代表中国第一次参与奥运会国际大制作的行列。从零开始了既渴望又陌生的奥运征程。

5年来，我们从零开始深入了解奥运，积极备战奥运，以极快的速度组成了打破传统模式、符合国际惯例的信号制作队伍，高水准地完成了符合奥运制作标准的奥运会公用信号制作任务。是什么动力使我们能够在如此短的时间内迅速与国际制作团队接轨，完成了人家十年甚至十几年经验积累才能完成的高等级赛事信号制作任务？又是什么体系和机制保证了如此庞大的制作队伍为奥运会提供高水准的赛事转播而且能够确保水准逐届上升？随着我们对这些问题的深入了解，我们深切地意识到，奥运对于我们来说，远不只是任务的完成，它的国际化运作机制、实用的管理模式以及丰富的运筹经验都值得我们总结、借鉴和使用。

那么奥运给我们带来了什么新理念呢？

1. 他山之石 可以攻玉

应该说，无论是雅典奥运会的AOB，还是北京奥运会的BOB，它的任务宗旨是对奥运会所有持权转播商提供奥运会所有赛事的优质的信号制作以及所有与广播电视所需的优质的工程服务和技术服务。众所周知，奥运赛事4年一届，AOB和BOB都不是常设机构完成奥运会的整体运作。通过一个临时机构管理如此庞大的电视工程，无疑它的管理机构、运行体制以及制作理念一定具备科学性、合理性和可操作性。它的管理经验、任务分工甚至运行时间表，一定基于一批具备大型综合赛事电视转播工作实践和经验的管理者和工程技术人员。正是他们丰富的检验和合理的管理体制，使得这个临时机构能够在有序的时间内召集世界上从事电视工程和电视制作的精兵强将，来完成如此高水准电视转播工程。以2008年北京奥运会为例，共有20个国家、45支制作队伍、动用了59辆高清转播车、数千台摄像机和各类特种设备以及近4000位专业技术人员完成了奥运会广播电视转播系统工程。

为此，我们有足够的理由相信这家机构在奥运电视转播的能力和经验。在我们对奥运信号制作一无所知，对国际大制作环境不甚了解的时候，如何以最快的速度融入奥运制作的大环境，在最短的时间内胜任我们从未完成过的任务，我们采用了最有效办法——照搬。

雅典培训会议之后，由于我们当时的制作理念、运行体制与奥运大环境相差甚远，我们感到了身上的压力。是按照老工作模式慢慢磨合"以老适新"呢？还是严格按照AOB的工作建议，打破陈规，"以新对新"组成新的制作团队，迅速投入奥运练兵呢？我们选择了后者，就是凭借着会议上带回的《奥运制作手册》，认真分析了AOB制作队伍的人员结构，“一对一”地岗位到人，组成了与赛事对应的两支制作队伍。导演负责制，开始了紧张的奥运练兵。在技术平台的搭建上，我们克服了一切困难，调度了一切可利用资源，严格按照AOB对三个赛事的制作设计和设备配置搭建技术平台。

正是制作团队在长达一年的奥运练兵中严格遵循AOB对三个赛事公用信号的制作理念，使中国团队在雅典奥运会上首战告捷。赢得了2008年北京奥运会更多的机会。

实践证明，我们当时的“照搬”是正确的。正是由于我们毫不犹豫地迅速“照搬”，使我们赢得了时间和机会，也正是我们毫不保留地“照搬”，使我们在国际制作团队中有了更多的合作语言，迅速融入国际制作的大环境中。也正是有了虚心好学的“照搬”，使我们在照搬的过程中学习到各个国际制作团队以及奥运国际制作大环境的先进经验。

“他山之石，可以攻玉”，参与奥运并不是我们的最终目的，我们是要利用奥运作为契机，在融入国际化大制作环境的同时，了解国际化的思维模式和运行规则，学习先进技术和管理经验，最终提高我们国家外场转播的综合实力。

2. 找准角色 优质服务

由于自己来自技术部门，特别作为技术部门的带队最早投入制作队伍组建、奥运练兵以及雅典奥运会的信号制作任务中，出于专业的角度，我更关心技术系统在奥运制作队伍的角色和作用。

坦白地说，2003年前我们的体育制作，无论是在技术平台的搭建上还是在赛事转播的水准上都没有固定的格局和标准，人们对国内赛事转播的水准有很大的异议。是技术影响和制约了节目制作，还是节目编导制作水准有待提高？节目和技术部门相互抱怨。到底是设备配制不齐还是导播制作水准不高，各持己见，没有一个准确的答案。但是，那时技术与节目制作严重游离的确是一个不争的事实。个别技术人员利用手中的“权利”制约节目制作的现象也偶有发生。这些状态无疑制约了节目制作的发展，也全然不符合国际化大制作的需求。

奥运给技术人员重新审视自己的专业能力、重新定位工作角色并以技术人员的身份参与制作行列的机会。但这样的定位有重要的前提条件。

- 有利于赛事导演对赛事信号制作的理解和创意的实现
- 有利于提高赛事信号制作的技术含量
- 有利于提升信号制作的整体质量

只有在重新定位工作中坚持三个“有利于”，才能说明我们的定位是正确的。只有正确的分工定位，才能顺应国际制作的大环境，与节目部门形成合力，营造“齐心合力为节目，不分彼此为一家”的工作气氛，构成通力支持、彼此信任、相互依赖的工作环境。

通过奥运会，我们在体育赛事信号制作上彻底打破了技术和编播“井水不犯河水”的僵局。无论是制订计划还是赛事制作过程中，技术人员主动参与，积极服务，紧密地与节目导演配合，磨合出根据赛事特点和导演特点的工作语言和流程，完成各自操作岗位的指定任务，已经成为一种工作常态。

5年的实践证明，合理地专业分工是保证信号制作标准化、高质量的基础。强强联合，发挥各自优势，才是当今专业化社会的趋势。正是顺应了这一趋势，才使我们不但出色完成了奥运信号制作任务，也使我们形成了多支对内分工不分家、对外整体划一的专业化制作队伍。

当然，作为制作队伍中的技术人员，只有冷静地看待自己的工作角色，不断提升自己的技术水准、制作水平和综合素质，适应和服从赛事导演的新想法、新需求，才能保持自己在制作队伍中的地位和作用。

3. 国际接轨 学会融合

为了集世界转播制作队伍和设备之精华，奥运电视制作采用了国际化的运行模式。由于它的合理性、先进性，这种运行模式也被引用到一些洲际运动会和其他国际综合运动会的信号制作上。比如，多哈亚运会、英联邦运动会甚至广州亚运会。国际制作已经被大家认可和接受。以北京奥运会五棵松篮球馆电视制作区为例，从赛事经理、场地经理、后勤经理到不同岗位的技术人员、制作人员以及后勤保障人员，来自 9 个不同的国家和地区，大家的合作时间只有 20 天。如何在短暂的时间内迅速磨合出一支相互合作的专业队伍，顺利完成奥运赛事的信号制作，除了做好自己的本职工作外，最重要的是了解工作分工、信号制作流程、国际制作惯例、各岗位职责及制作区和赛事的规章制度。要尊重各个工种负责的岗位和权利，要学会做好与外界的沟通和协调工作，尊重来自不同国家人员的生活习惯及信仰等。与此同时，要弄清工作关系，出现任何问题时，知道向谁反映，怎样解决，语言在这里只是一个工具，及时发现问题、迅速找到解决问题的渠道才是解决问题的关键。

奥运把我们带向了一个国际制作的大舞台，使我们有机会面对国际化的制作环境。在这个大环境中我们不但有机会亲眼目睹先进的技术平台和工作状况，同时也和他们探讨了相互的工作经验和技术理念，我们也看到了那些在国际电视制作舞台上"招之即来、来之能战、战之能胜"的国际性专业复合型人才。这些经历无疑对我们自己的队伍建设、事业发展有着积极的借鉴作用。

二、 奥运带来的新队伍

在奥运信号制作的理念和机制引入之前，转播部的技术分工和人员结构基本延续了多年的工程技术的体系。技术人员在外转播工作中，主要承担技术方案设计、转播系统搭建、设备调试、技术质量保障及设备维护等工作。应该说，多年的转播技术运行体制，为我们针对传统电视制作提供了可靠的技术保障，也积累了丰富的运行经验以及管理经验，培养出一批又一批的系统工程师以及技术管理人员，成为技术系统的骨干。但是，随着转播设备更新换代，特别是奥运标准化制作的引入，节目制作的技术含量日益提高，技术与节目制作相互游离、制约的现象，成为提高制作水准的绊脚石。

2003 年雅典奥运会节目制作会议之后，从 AOB 拿回的信号制作手册，成为制作队伍组建和技术练兵的"兵书"。体育部门的领导、导演，技术部门的负责人、工程师，大家本着对节目负责的态度坐在一起，认真分析国际制作队伍的分工和定位，确定每个岗位的功能、特点以及人员应具备的素质。

经过认真研究，大家很快达成了共识：节目部门在原来的基础上形成更完善的赛事导演队伍，由制片人、导演、助理导演、慢动作导演、字幕导演、场地导演以及摄像师组成赛事导演组。技术部门辅助节目部门形成新型的技术制作队伍。由系统工程师、视频切换、字幕操作、音频制作、视频保障组成技术制作组。两个小组结合形成一个完整的信号制作团队。

最初的队伍建设并非一帆风顺，有些顾虑和障碍。不仅仅来自节目部门，许多也来自我们本身。特别是视频切换的角色，由于直接参与了节目制作，技术人员承担了很大的责任和压力。尽管我们在人员选择上，最大可能地考虑了技术水平、沟通能力以及综合素质，但是由于在开始实验阶段，对各自岗位分工认识不清，也出现过抱怨、争议甚至怀疑。但是，为了实现我们最终的目标，还是坚持了最初的决定。

实践是检验真理的唯一标准。通过几年来的工作实践，无论是电视观众还是业内人士，中央电视台在各项大赛公用信号的制作水准日益上升有目共睹，技术人员参与制作大大提高了信号制作的技术含量，已经成为不争的事实。节目部门集中于“动脑”，制作人员侧重于“动手”，已成为一种工作常态，当然这里不是简单的体力劳动，是需要技术人员发挥自己的技术特长，高效率、有序地完成赛事导演的创意构思和信号流程的制作需求。

为了保证制作队伍的相对稳定，我们充分尊重导演组的意见，准许他们选择配合默契的制作骨干共同完成工作。无论日常的赛事信号制作还是奥运练兵，制作团队打破科组界限，以“信号制作为先”，成为大家的共识，确保了信号制作队伍的稳定性和延续性。

为了检验新型的制作队伍是否合理，能否胜任，我们利用一切可能的机会积极进行奥运练兵。在2003年的一年中，转播部拿出最好的设备，使用最新引进的系统级联技术，尽一切可能还原雅典奥运信号制作的需求，提供完善的平台，使导演组、制作组有机会实战磨合。练兵内容包括：严格按照雅典奥运会信号制作的摄像机机位和种类，各机位镜头配置，慢动作操作通道数量以及操作人员数量，为了实现字幕操作的准确性，委托字幕制作公司完全按照奥运字幕格式和内容开发软件和模板，参与信号制作的练兵。

仅仅2003年一年，乒乓球、羽毛球赛事的技术练兵达到了300小时以上，现代五项这种赛事机会很少的项目，制作团队也转战南北，完成了50个小时的信号制作。

为了完成北京奥运会这项更艰巨的任务，我们的制作团队在2004年雅典奥运会得到充分认可之后，非但没有解散，而是把成功的经验推广到其他奥运赛事信号制作的小组中。依然按照制作队伍的结构和成分组成了篮球、排球、足球制作队伍。并利用一切可能的机会，按照奥运信号制作标准完成国内的赛事转播，如：中网、斯坦科维奇篮球联赛、世界女排邀请赛、乒乓球世界锦标赛以及为奥运预演的“好运北京”各项测试赛的信号制作。同时利用一切可能的机会，通过完成国际赛事信号制作，使我们的制作队伍有机会与国际制作水平接轨，先后完成了：西亚运动会、东亚运动会、墨尔本英联邦运动会、多哈亚运会、葡语系国家运动会、亚洲杯足球赛等公用信号的制作。这些练兵无疑使我们的制作队伍更加成熟，更加专业，为出色完成2008年北京奥运会公用信号制作奠定了坚实基础。

通过5年的努力，我们从雅典奥运会两个制作队伍，完成乒乓球、羽毛球、现代五项3个项目公用信号制作，发展到在2008年北京奥运会6个信号制作队伍，完成篮球、排球、足球、乒乓球、羽毛球、现代五项6个项目公用信号的制作任务。之后，作为2008年北京残奥会公用信号的主力，完成了11个赛事公用信号制作任务。我们的视频切换也由2004年的两人变为了10人。能够胜任慢动作操作和精彩编辑的人员从过去的10人壮大到30多人。具备外语沟通能力完成英文操作界面的字幕操作员也在8人以上。在人员比例上，2008年北京奥运会6支信号制作队伍，技术人员占整体近40%。

这些数字不但说明了我台信号制作队伍的壮大，同时也说明我们最初与节目部门共同作出的决定是正确的。它符合了体育节目信号制作的规律，顺应了国际大制作的环境，为我们与国际制作接轨、完成奥运标准的信号制作创造了基础和条件。

认同是发展的基础，有发展就有进步。技术人员介入制作队伍，最重要的是要得到赛事导演组的认可和支持。新型的制作分工大大解放了导演对操作层面和技术升级的担心。技术人员不再游离在节目制作之外。制作团队的每一个成员都与信号制作有密不可分的关系。当信号制作水准包括技术质量已经成为团队每一个人的荣耻时，当责任分工已经细化到每一个角色时，制作队伍中的每一个成员的尽职尽责就能形成合力，使整体信号制作的水准得到提升，这时合理的专业分工和高素质的专业化人才无疑是高质量信号制作的有力保障。

应该说，技术参与制作只是我们正常业务的一部分，是奥运使我们与节目部门组成了新型的转播制作团队。不但实现了节目部门和技术部门的“双赢”，也实现了事业发展与个人发展的“双赢”。几年来，我们仍然一如既往地培养能够根据节目制作形态进行不同转播系统设计和搭建的系统工程师；培养能够在技术支持和制作队伍之间进行良好沟通的现场技术协调人员；培养能够在现场发现问题并亲自动手解决问题的现场工程师、技术保障人员等，这些都是我们技术队伍的骨干。有了他们，就可以搭建符合各种制作需求的技术平台，创造更好的制作环境，保障信号制作过程的顺畅以及制作水平的提高。

由于转播部的业务范围面对台内各节目中心，因此，队伍建设不可能单一化、唯一性。培养“一专多能”复合型人才是我们的宗旨。在我们的技术队伍中，既能承担转播方案设计，又能承担视频技术切换，同时还是我们转播车工程方案设计的主力。由于他们注意总结在各个不同工作领域的实践经验，又善于将自己的经验运用在新的领域，这些人才，将是我们部门的技术精英，也是我们人才培养的方向。

三、 奥运带来的新平台

在申奥过程中，北京奥组委对全世界进行了庄严承诺，2008 年北京奥运会将全部采用高清电视制作。这一承诺，着实使世界各家电视机构为之疑惑和担忧。中国电视乃至世界上很多国家和地区刚刚实现了数字化，是否在不到 10 年的时间就能进入高清时代？奥运赛事信号制作手段复杂，是否能够实现全部高清化制作？节目部门更多担心的是高清设备的使用，聚焦、构图以及综合制作时的格式转换等。总之，奥运为技术系统提出了新的课题。只有客观冷静地分析技术发展的形式，最大利益地考虑电视台的自身发展，才是事业建设的硬道理。

在 2005 年至 2007 年期间，我们启动了三辆大型高清转播车(参照 BOB 提出的高清转播车技术规范要求，车体规模定义为 A 车一辆；B 车两辆)以及一套高清箱载式 EFP 制作系统的台重点工程项目。

为了保证新型转播车设计理念先进、整体风格统一，我们打破了科组界限，抽调了各科组的业务骨干，成立了大工程组，并根据每个人的专业特长，分为结构组、系统组，对四套新系统进行联合设计。

我们在对新系统进行设计时，除了采用国际最先进的高清制作技术，充分满足台内节目部门包括奥运信号制作的使用需求以外，我们更注重采纳近几年参与奥运制作一线技术人员、编导人员对转播车的使用经验。

通过三年的努力，我们如期高质量地完成了四套高清转播系统的设计、生产和调试验收工作。完工后的转播车出色地完成了 2007 年上海特奥会开幕式大型直播、“好运北京”多项测试赛的信号制作、广州第 49 届世界乒乓球锦标赛等多项公用信号制作任务。同时，在奥运来临之前，为中央电视台所有奥运制作团队提供了与奥运赛事要求相同的高清制作平台，为编导和制作人员提供了最佳的练兵条件。

2008 年北京奥运会期间，我们实现了对 BOB 的承诺，提供了两辆高清转播车，为奥运会网球、棒球赛事的公用信号制作提供了转播技术平台，并提供了出色的技术支持。我们的技术平台能够与国际先进制作系统相提并论，我们的工程技术人员能够提供与国际制作团队良好合作并实现高质量的技术服务。新引进的高清 EFP 系统出色完成了珠峰奥运火炬接力的直播任务以及 CCTV 奥运期间重要场地的单边系统包装任务。

2008 年北京残奥会期间，我们动用了台内所有可利用的高清转播设备资源，分别完成了开/闭幕式、田径、游泳、室内自行车、轮椅网球、轮椅篮球、轮椅橄榄球、轮椅排球、柔道、7人足球等赛事的公用信号制作任务。我们的技术支持和信号质量得到了BOB负责人的高度赞扬。

通过这些任务的完成，验证了我们转播新系统的设计理念、功能定位和生产工艺是先进的。全新的车内布局、灵活的制作系统以及人性化的工艺设计，得到了国内外业内人士极高的评价。部分设计获得了国家科技进步奖以及北京国际广播电影电视设备展览会金奖。这些成果的取得和我们为了奥运精心准备、努力实践、积极练兵有密不可分的关系。

北京奥运会圆满地结束了。我们为此项盛会做出的技术准备在实践中得以验证。我们造就了新型的技术队伍，建造了可与国际标准相媲美的技术平台，我们的综合实力也得到了提高。应该说，我们在圆梦行动中成功地实现了预期的目标，满载而归。

陈江疆，现任中央电视台播送中心转播部一科科长，高级工程师。参与过中央电视台1994年以来多次大型活动的转播工作，包括香港、澳门回归大型报道，新中国成立50、60周年阅兵转播等；参加了2004年雅典奥运会、2008年北京奥运会的公用信号制作工作。

更高、更快、更强

——残奥会电视公用信号制作简介

在北京残奥会期间，受北京奥林匹克转播有限公司(下文简称BOB)委托，中央电视台(CCTV)制作团队完成了北京残奥会7个场馆、8个比赛项目的电视转播公用信号制作工作。笔者有幸全程参与了在国家体育场——“鸟巢”的北京残奥会的开、闭幕式及田径项目的电视公用信号的转播制作工作。这一次转播是中央电视台有史以来所承担的最大规模及最重要的单项转播任务，无论是在转播规模还是在技术难度上都有一定的突破，本文就这两个方面分别做些介绍。

一、规模最大的开、闭幕式转播

北京残奥会的开、闭幕式转播使用了中央电视台刚刚投入运行的A级大型高清转播车，转播中一共使用了27台摄像机，是中央电视台对单场活动转播使用摄像机数量最多的。

转播中通过设备共享，在一个系统中同时完成了BOB的电视公用信号的制作及CCTV的单边信号制作，对大型活动电视转播中如何更好地整合设备资源、提高使用效率做了一些尝试和创新。

1. 电视转播方案概况

北京残奥会开、闭幕式的电视转播方案是由中央电视台团队提出、BOB审定后制定的。转播中一共使用了27台摄像机，包括转播车系统内的16台有线摄像机、2台无线摄像机，以及来自玲珑塔、天安门、鸟巢顶棚、飞猫、航拍直升机等外景摄像机。机位图如图1所示。

机位虽多，但通过有效的组合，可以将这27台摄像机按功能划分为以下几个组合：

- 专门负责入场式的机位
- 专门负责小舞台演出的机位
- 专门负责主舞台演出的机位
- 专门负责升旗仪式的机位
- 专门负责主席台领导人的机位

事先细致的机位功能划分，是为了做到在转播过程中不漏掉任何一个细节，最大限度

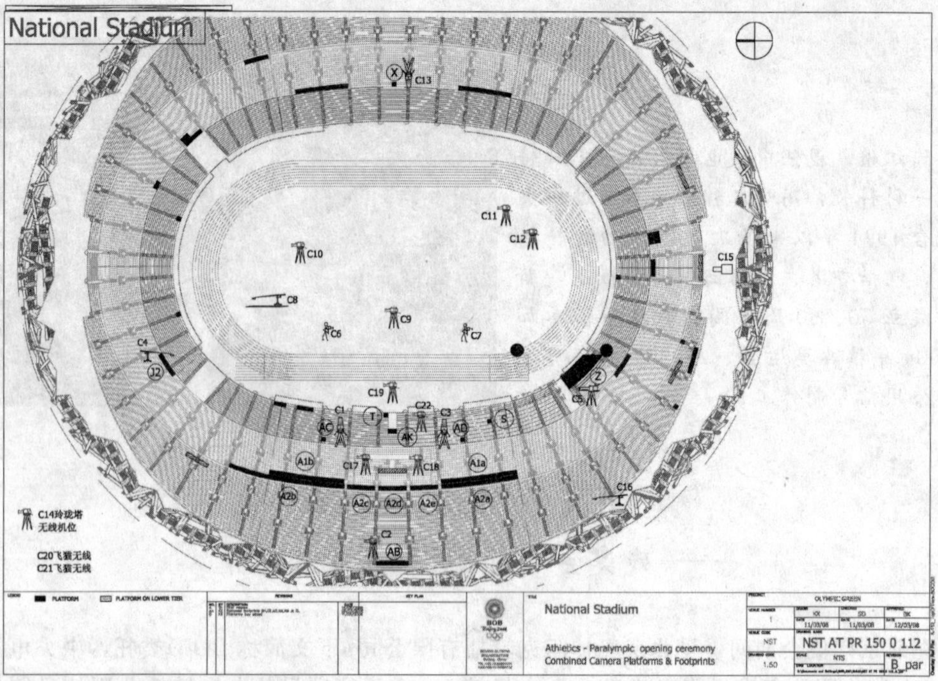

图 1

地将现场表演的实况呈现给电视机前的观众。

开幕式机位配置如下表所示。

机位号	镜头和寻像器	位　置	备　注
1	86X，大寻	一层看台 AC 平台	主持人及表演的特写画面
2	21X 加扩角镜，小寻	三层看台 AB 平台	正面全景画面
3	86X，大寻	一层看台 AD 平台	主持人及表演的特写画面
4	9X	二层看台 J2 平台	16 米摇臂，观众气氛及运动大场面
5	55X，大寻	一层看台 Z 平台	表演的特写画面
6	9X	场地	无线摄像机，斯坦尼康
7	9X	场地	无线摄像机，斯坦尼康
8	21X，小寻	场地(小舞台区域)	小舞台表演画面
9	21X，小寻	场地(小舞台区域)	小舞台表演画面
10	9X	场地(小舞台区域)	摇臂带 30 米轨道，小舞台气氛
11	9X，小寻	旗杆区域	升旗及相关表演
12	9X，小寻	旗杆区域	升旗及相关表演
13	100X，大寻	二层看台 X 平台	反向，特写画面
14	9X，小寻	鸟巢外玲珑塔	无线遥控摄像机，鸟巢俯拍全景
15	9X	右侧顶棚下沿	场内侧面全景，微型摄像机
16	9X	二层看台	摇臂，观众气氛
17	21X，小寻	主席台	领导人近景画面
18	21X，小寻	主席台	领导人近景画面

（续）

机位号	镜头和寻像器	位 置	备 注
19	21X，小寻	场地	场内仪式时领导人近景画面
20	9X	顶棚	场内飞猫，无线
21	9X	鸟巢附近高塔	场外全景，无线
22	21X，小寻	主席台	CCTV 单边使用，领导人近景画面
23	9X	鸟巢顶棚	无线遥控摄像机，火炬全景
24	21X	历史博物馆楼顶	无线遥控摄像机，天安门全景
25	21X	天安门广场	开场倒计时焰火画面
26	21X	天安门广场	开场倒计时焰火画面
27	9X	天空	直升机航拍

2. 技术上的突破与创新

在一场转播中同时应对这么多台摄像机，对我们来说还是第一次，尤其是这些摄像机的来源很广，有转播车自身系统内的有线摄像机、无线摄像机、BOB 提供的外来摄像机等，要将所有摄像机的画面做好颜色匹配就是我们面对的第一个技术难题。

除了机位多外，开、闭幕式转播方案的另外一个特点是利用一套系统同时实现了 BOB 公用信号和 CCTV 单边信号的制作。

因为需要给全世界所有参赛国家提供电视转播信号，BOB 对公用信号的最重要的要求是公正、公平而不带有任何倾向性；而 CCTV 作为东道主电视台，则需要更多有中国特色、能反映中国人民释放情感的电视画面，两者间存在着矛盾。在之前的奥运会开、闭幕式转播中，由于受条件限制，CCTV 只能在 BOB 提供的公用信号的基础上插入一些我们需要的画面，这样难免会造成画面切换凌乱、逻辑混乱的结果。而在残奥会的开、闭幕式转播中，因为 BOB 的公用信号就是由 CCTV 提供的，这一优势给了我们解决这一矛盾的可能性。

在转播中使用的 A 级大型转播车具有两个独立的全功能制作区，如图 2 所示，利用这一特点，我们很好地解决了上述的矛盾。

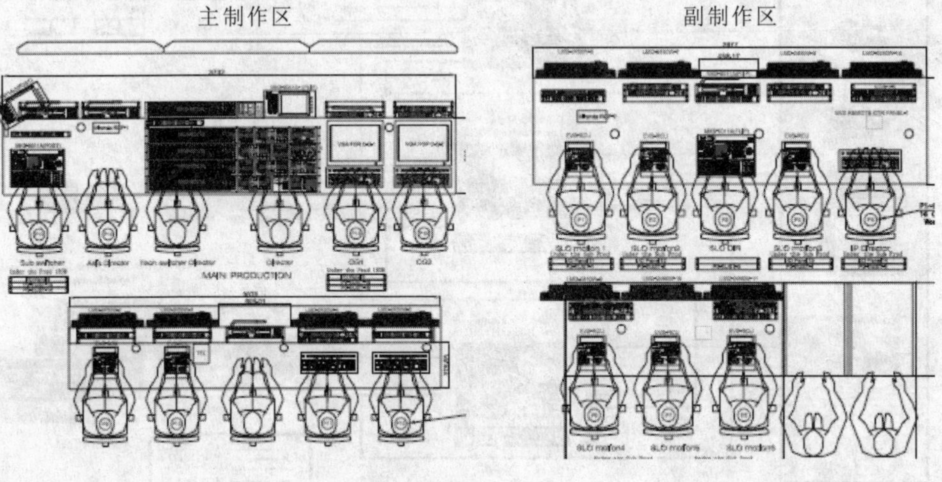

图 2

我们利用主制作区来制作 BOB 的公用信号，利用副制作区来制作 CCTV 的单边信号。通过摄像机的分组使用(在转播中使用的 27 台摄像机中有 3 台可供 CCTV 单边导演调度，其余摄像机归 BOB 公用信号导演调度)，同时通过两个导演直接的协调配合，适时地在 BOB 信号中加入更多中国元素的画面，制作出有别于 BOB 公用信号的 CCTV 单边信号。

当然，这样的使用对转播系统提出了更高、更多的要求，比如通话分组、更复杂的信号调度等。经过技术人员的努力，这些难题都一一得到了解决，最终向国内外的电视观众完美地呈现了一场精彩的残奥会开、闭幕式。

二、 高技术含量的田径信号制作

在开幕式结束后，我们连夜对转播系统做了相关调整使之能适应马上开始的田径比赛的转播。

转播中，根据功能，在车内划分为径赛综合和田赛两个独立的制作区，将田赛制作好的信号送入径赛制作系统与径赛的信号合成为一路综合信号提供给 BOB 作为残奥会田径比赛的公用信号。

1. 技术方案概况

图 3 所示为转播系统框图，系统中使用的是索尼公司的 MVS8000G 切换台，采用了系统矩阵和监看矩阵的双视频矩阵结构；切换台、矩阵由统一的 SBUS(Static Bash Units)系统控制；监视墙采用多画面分割器+大屏 PDP(等离子显示器)的监视模式；整个系统中全面实现了源名跟随功能，车内的监视墙和制作工位全面可调度，系统具备非常高的灵活性。转播车内常规配备了 10 台 HDC1580 高清摄像机和 2 台 HDC3300 高清高速摄像机，在有线讯道上已经满足了本次转播田赛和径赛共 11 台摄像机的需求。除有线讯道外，系统还具备 10 路高清(或标清)外来信号锁相能力，为这次田径转播中两台无线摄像机和多达 9 路的字幕信号进入转播车系统提供了足够的路由。

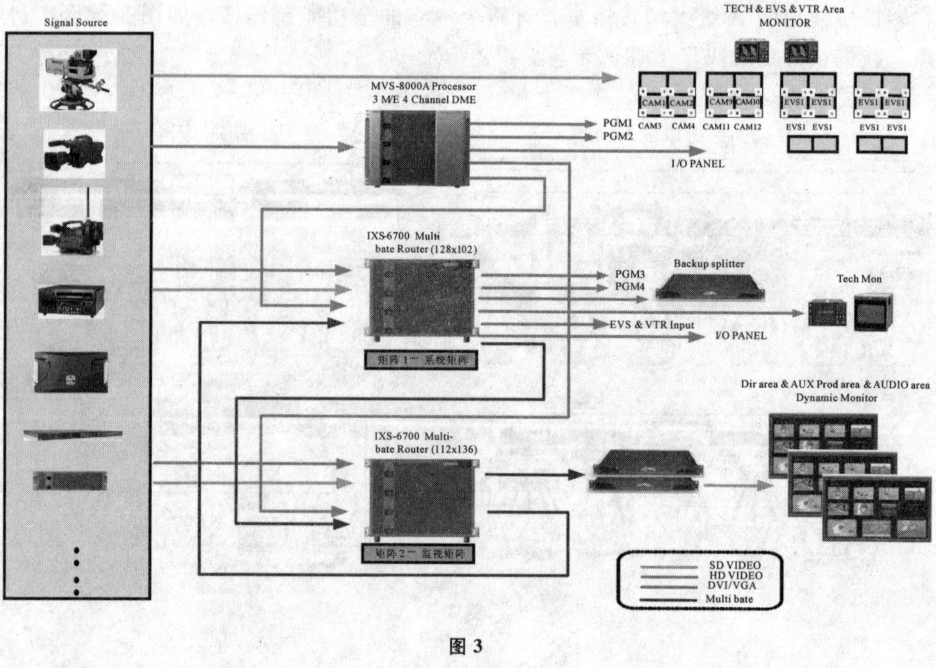

图 3

在转播中除了两台无线摄像机的信号需进入转播车系统参与制作外，还有 9 路信号进入系统参与制作，如下表所示。

信　号	信号来源	信号格式
径赛计时字幕 _ V	欧米茄计时机房	高清 16 : 9
径赛计时字幕 _ K	欧米茄计时机房	高清 16 : 9
Photo-finish 终点判图	欧米茄计时机房	高清 16 : 9
径赛字幕 _ V	MSL 字幕机	高清 16 : 9
径赛字幕 _ K	MSL 字幕机	高清 16 : 9
田赛字幕 _ V	MSL 字幕机	高清 16 : 9
田赛字幕 _ K	MSL 字幕机	高清 16 : 9
观测时间差(OTD)扫画动画 _ V	MSL 字幕机	高清 16 : 9
OTD 扫画动画 _ K	MSL 字幕机	高清 16 : 9

2. 一辆转播车同时制作田赛、径赛两个项目的公用信号

以往的田径比赛的电视转播我们往往会投入两辆甚至三辆转播车(如每年的上海田径黄金大奖赛都是使用三辆转播车)来完成田赛、径赛公用信号的独立制作。而本次田径比赛转播，只使用了一辆转播车就完成了田赛、径赛两个公用信号的独立制作，极大地提高了转播系统的运行效率。这一方案得以实现的前提来自于以下三点。

首先，转播中使用的这辆转播车把制作空间(传统的导演区)分成主制作区和副制作区两个独立的制作区域，监听监看互不干扰。如图 4 所示，可以通过两个制作区间的玻璃门将两个制作区彻底隔离开，分别制作各自的信号；也可打开这扇门形成一个大的制作区来完成一套超大型节目的制作。

图 4

其次，这辆转播车在工位设计上，以灵活为首要前提。全车两个制作区的 18 个工位，除了切换台的两个位置不能改变外，其他工位都可以根据节目制作需要将它的功能定义成制作所需要的字幕操作工位或者慢动作操作工位。

最后，在这辆转播车的系统设计上也充分考虑到同时制作两套独立节目时的各种技术需求。例如，可以通过视频矩阵来完成两个制作区所有监视墙画面的调度，系统内全面实

现了源名跟随功能；具备两套独立的广播电视工程(TALLY)提示输出；音频调音台可以分组制作、输出田赛、径赛两套节目的声音；通过对通话矩阵的编组设置，使两套节目导演的调机互不干扰；在系统的输出端，设计有四套输出，可以送出两套不同内容的主、备信号等。

针对这一次残奥会的田径比赛，我们将系统作了以下划分来完成田赛、径赛两套节目的转播信号制作，如下表所示。

	主制作区	副制作区
制作内容	径赛	田赛
切换台输出级	P/P	ME1
主路/备路	TX1/TX3	TX2/TX4
摄像机	8	5
实时视频慢动作硬盘服务器(EVS)	1台4入2出　2台高速	1台4入2出
EVS工位数量	4	2
字幕和计时记分	MSL字幕机和OMEGA计时机房提供内容，转播车内负责控制	
监视单元	50	26

3. 慢动作制作中的一些尝试和创新

在这次残奥会田径比赛的转播中，一共使用了4台EVS XT2慢动作服务器，并使用了X-File、IP Director等EVS公司的最新产品来完成比赛中的慢动作制作工作。

如图5所示，这4台XT2慢动作服务器及X-File、IP Director都通过X-Hub连接在一个SDTI网络中，它们之间可以通过SDTI网络实现慢动作片段共享。4台XT2慢动作服务器中的2台配置为4入2出，可以制作8台摄像机的慢动作；另外2台为高速摄像机专门使

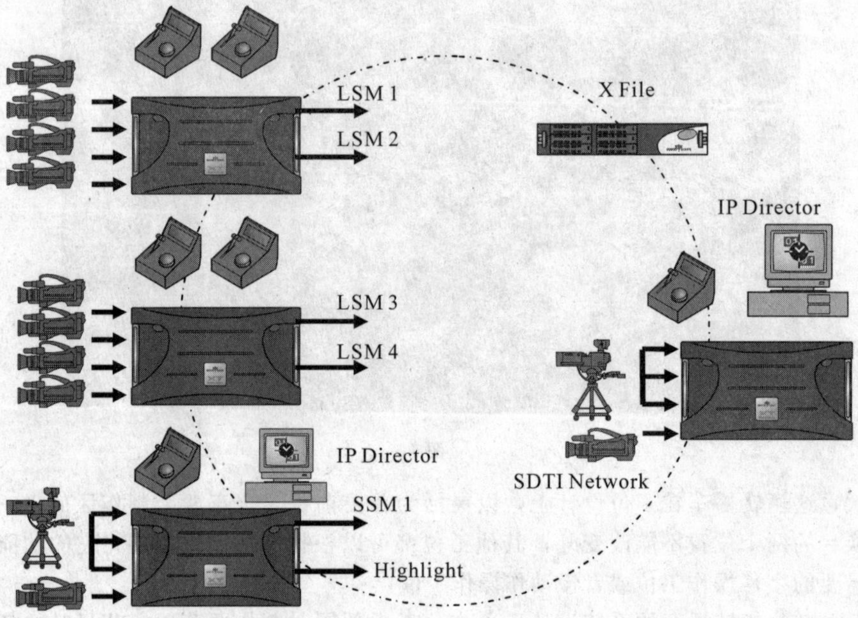

图5

用，它们多余的一个输入通道可以再制作 2 台普通摄像机的慢动作。这样，比赛中使用的 11 台普通摄像机(2 台高速摄像机除外)中的 10 台都可以用于慢动作制作，基本实现了系统中的慢动作全覆盖。

在本次转播中，除了使用 XT2 慢动作服务器完成常规的慢动作片段制作外，我们还首次使用了 IP Director 中的 IP LOG 功能，来自动为转播车上 SDTI 网络中所有的 XT2 服务器制作的慢动作片段添加关键词。通过片段关键词的添加，所有慢动作服务器中存储的慢动作片段都成为有序的和可检索的，彻底改变了以往只能通过画面来搜索慢动作片段的历史，大大提高了慢动作片段的可用性。例如，在 110 米栏的比赛中，通过 IP Director 对这一时段产生的慢动作片段赋予“110 米栏”“起跑”“犯规”“撞线”甚至“刘翔”等关键词后，在颁奖或其他需要使用相关内容的慢动作片段时，就可以通过在 IP Director 上搜索上述关键词迅速得到与关键词相关联的慢动作片段。图 6 所示的就是 IP LOG 的操作界面。

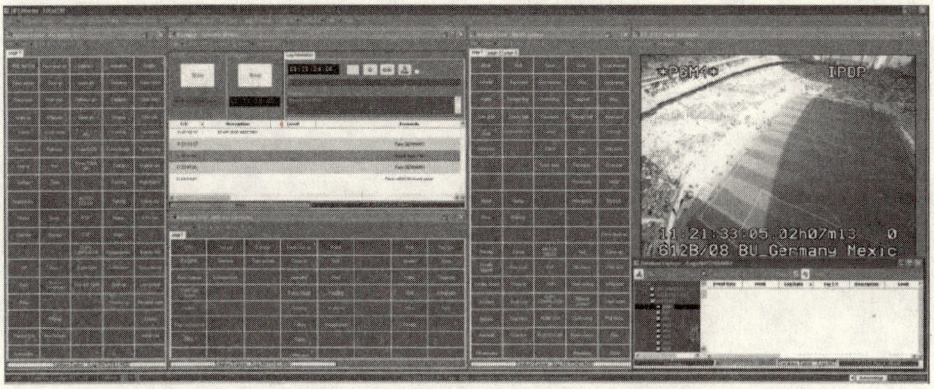

图 6

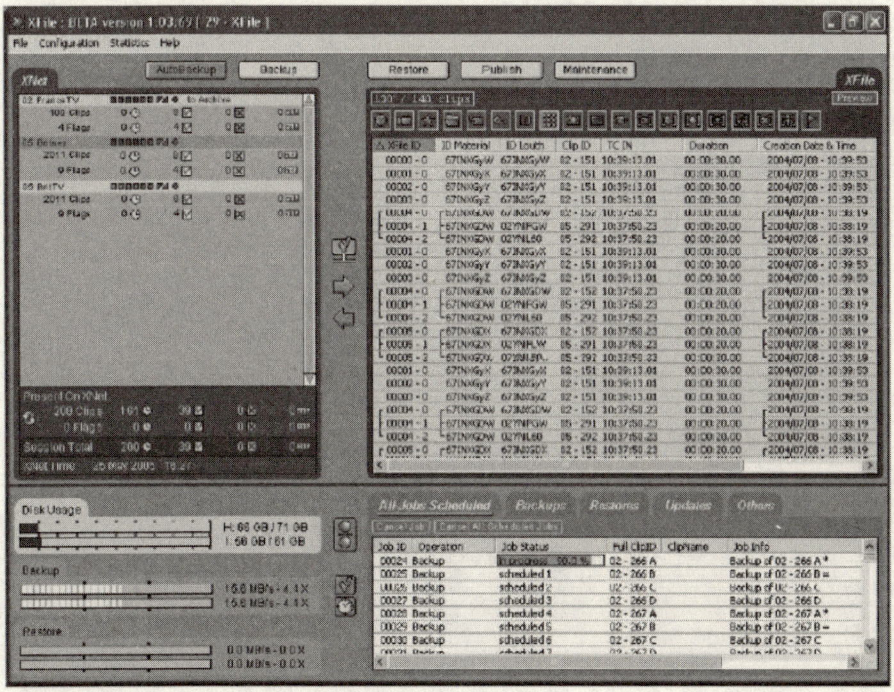

图 7

在这次田径转播慢动作制作中，尝试的另外一个重要功能是关键内容的自动归档。田径比赛是赛会性质的比赛，比赛一般都会有预赛、复赛及决赛，比赛往往都是由一系列的晋级和淘汰组成。因此在一项比赛开始前，回顾上一轮次的晋级过程将会很有助于比赛的描述。由此，就需要转播的慢动作系统能够有目的地将比赛的关键内容进行归档，并且这些归档的内容是可检索和可随时调用的。在本次转播中，通过 IP Director 和 X-File 的配合使用，我们基本上做到了这一要求。图 7 为 X-File 自动片段归档的操作界面。

这一次残奥会的公用信号制作，中央电视台投入了最先进的设备和最好的制作团队，为国际残奥事业的推广作出了非常大的贡献，完成了公认的历史上最好的一届残奥会电视转播。作为转播团队的一分子，所经历的艰辛在转播结束的那一刻全部化为了喜悦。正如奥运会所倡导的“更高、更快、更强”，中央电视台的电视公用信号制作团队，通过北京奥运会、残奥会的转播工作，交出了一份令人满意的答卷。

赵伟，中央电视台播送中心转播部。现任转播五科科长。负责 1990 年北京亚运会电视转播字幕系统的统筹、设计及运行工作；参与了 1998 年曼谷亚运会垒球、2004 年雅典奥运会乒乓球公用信号的制作、字幕操作工作；参与了 2006 年多哈亚运会乒乓球及击剑、2008 年北京奥运会乒乓球、2008 年北京残奥会游泳及足球公用信号的制作工作。

十年——见证成长

——从技术人员在制作团队中的作用看体育赛事信号制作的变化与发展

中央电视台在 2003 年为了出征 2004 年雅典奥运会赛事成立了乒乓球、羽毛球及现代五项赛事公用信号制作团队。这是中国电视人第一次加入到奥运会国际制作大家庭中，为中国人赢得了参与奥运会电视信号制作的一席之地，也为我们在 2008 年北京奥运会赢得了更多的机会，创建了与国际接轨的平台和桥梁。

不过，也许很少人知道，中国中央电视台(CCTV)参与国际体育赛事公用信号制作的历史却能追溯到 1998 年。在那一年，中央电视台体育中心赢得了在曼谷举行的第 15 届亚运会女子垒球公用信号制作的任务。笔者有幸以技术人员身份参加了那次信号制作。几年以后，同样是技术人员的岗位，笔者又非常荣幸地参加了 2004 年雅典奥运会以及 2008 年北京奥运会公用信号的制作队伍。作为直接参与者、见证者，笔者亲历了十多年来 CCTV 信号制作队伍所发生的深刻变化。

12 年前，中央电视台是 1998 年曼谷亚运会上唯一的一支中国制作团队。那时的亚运会赛事转播标准并不是很严格，组委会对各制作团队并没有提出非常明确的组队要求和制作标准。我们对公用信号制作的理念和要求也并不清晰，所以从队伍的组建到对赛事转播的要求完全是按照传统格局进行的。

当时的队伍由中央电视台体育中心具备丰富转播经验的导演牵头，参与者有体育中心的编播人员、转播部的技术人员以及科影厂的摄像师。11 人的制作团队只在国内进行了一次赛事演练就出征曼谷了。当时的制作队伍分工模式完全沿用国内转播模式，唯一不同的是，我们要使用的转播车和技术人员全部由泰国电视五台提供。在一个完全陌生的国度里，面对完全不熟悉的制作环境，作为唯一的中国制作团队，在国际广播中心(IBC)的监视屏幕上与其他赛事转播水准比拼，我们感到了巨大的压力。

应该说，那时总导演负责一切已经成为大家的工作习惯，“一人多能”也是总导演必备的素质。总导演负责的范围大到赛事转播中的调机切换，小到整体队伍的衣食住行，事无巨细、面面俱到。总导演的压力比任何人都大、都重。在赛事转播现场，从机位架设、视频切换、慢动作调度、现场赛事协调以及字幕的上下全部包在总导演一个人身上。一个人要发出指挥所有制作工种的口令。每天赛事时间七八个小时，赛程 7 天，没过一半，总导演一度失声，用嘶哑的嗓音继续指挥着制作队伍的转播。

应该说，经过大家的努力，我们顺利完成了亚运会的转播任务。和中国女垒一样，我们的转播制作也为中国制作团队赢得了荣誉。但是在亚运会的国际制作平台上，我们确实看到了与欧洲以及亚洲部分制作团队的差距。

这次任务的完成，引起了我们的反思。导演是出色的导演，曾经完成过国内许多重大赛事和事件的转播任务，勤奋的工作精神和敬业的奉献精神很值得我们敬重。制作团队的每一个成员也都是台内各个岗位的佼佼者，但是这种工作分工使我们在整体赛事转播的过程中没有机会和条件去分担总导演的压力。我们是一支由优秀个体组成的敬业团队，却不是一个在合理分工下的“强强”结合的专业团队。差距主要体现在：我们没有明确的工作流程，没有细化的任务分工。各工种被动执行导演的口令，而导演除了调机还承担了过多操作压力。这种弊端制约了我们信号制作水准的提高，也制约了整体技术建设的发展。

虽然十几年前我们有过一次参与洲际运动会信号制作的机会，但就那时亚运会的制作标准加上繁忙的工作，我们没有更多的机会去深入了解其他国际团队的精髓，那时的参与没有给我们带来制作理念和体制上的深刻变化。

2003 年 7 月，笔者被选为雅典奥运会乒乓球制作团队的字幕操作，开始了参与奥运会的征程。在以后 5 年的奥运会练兵中，笔者始终没有脱离这个队伍，从雅典奥运会的字幕操作，到多哈亚运会、第 49 届世乒赛、北京奥运会乒乓赛事信号制作团队的技术负责，在每个岗位尽职尽责完成任务的同时，认真总结自己岗位的业务特点和岗位职责。在奥运会制作中理解何为奥运会制作，对国际通行的赛事制作分工在运行模式的大环境下体会专业分工的合理性、科学性。

为了说明制作队伍专业化分工的必要性，下面以笔者在奥运会制作团队的角色和职责来说明各个岗位专业化分工的必要性和其在整体团队中的重要作用。

一、 技术负责在制作团队的岗位职责

认清制作团队里“技术负责”的岗位职责，它与传统的转播技术负责或者设备提供方的技术负责有什么不同，是找好工作定位，发挥技术负责作用的关键。应该说，我们对它的认识也是在不断的工作实践和磨合中总结出来的。

传统的外场转播团队通常出自于一个电视机构的节目部门和技术部门。由于长期的合作，部门之间、编导和技术人员之间有了相互了解，所以这种工作配合少了许多烦琐的沟通。转播车上的技术负责要统筹与外场转播相关的全部技术工作，包括安排前期的技术勘查，与节目部门协商和制定转播技术方案，统筹设备分配和运输等。在转播现场要统筹设备和系统架设，负责系统调试，随时解决现场发现的任何与转播技术相关的技术问题。在转播制作过程中，技术负责承担制作全过程中的质量监测和技术保障。

奥运会制作为我们带来了全新的运行模式。为了保障奥运会——最高等级的体育综合赛事得到最好的设备平台、最佳的制作队伍，无论雅典奥林匹克转播有限公司(AOB)还是北京奥林匹克转播有限公司(BOB)，在运行体制中都采用了制作系列和工程系列。制作部门规划出最符合赛事特点的转播计划，包括设备配置和机位图，并在全世界范围内找出对各赛事具备丰富经验的制作团队；工程部门则要根据制作部门的需求在国际上找出适配各个赛事制作需求的转播系统和特种设备。在这种体制下，被 BOB 制作部门选中的赛事制作

团队未必有机会遇到工程部门选中的符合自己制作习惯的技术支持和转播设备。不同地域、不同国籍的国际化制作方式是我们必须接受的现实。

为了使导演组和制作人员有精力更多地专注于节目的制作，制作团队中技术负责工种的设置和其所承担的任务就显得格外重要。由于各家电视台特别是国外电视机构的工作方式以及系统构建和制作团队的工作习惯甚至工作语言都有很大的不同，那么制作团队能否在很短的时间内得到一个得心应手的技术平台？能否在赛事制作瞬息万变中得到强有力的技术保障？能否将制作的所有需求得到技术支持的全面理解并得以实施？此时，制作团队的技术负责就是一个沟通双方的重要“桥梁”。通过这个“桥梁”实现与技术支持团队的对接，包括前期准备、现场实施以及全程保障。在确保制作团队更好、更快、更顺利地进入角色的同时，对信号制作的高质量起到了“保驾护航”的关键作用。这个“桥梁”在国际化运作时的作用尤为突出，它符合了国际化运作的需求。近年来，随着中央电视台的转播制作与国际间合作的机会越来越多，积极地调整角色，应对各种不同的制作需求，是对技术人员业务素质的考验。

二、 技术负责在制作团队中的工作内容

应该说，无论制作团队还是技术团队的技术负责的工作重点都离不开技术。但在细节上却有着很大的不同——出发点、关注点、立脚点与传统的技术支持相比有着自己的特点。技术负责工作大概分成三个阶段：前期筹备、现场实施、整体制作。

1. 前期筹备

作为信号制作团队的技术负责，接到一个赛事信号制作任务时，要想在整体制作中充当好“桥梁”的作用就要做好充分的前期技术准备。包括以下内容：

(1)对制作队伍

- 赛事规模与特点；
- 赛事导演对该赛事信号制作的定位；
- 场地摄像机数量、位置及配置；
- 特种设备种类和架设；
- 视频制作规模和方式；
- 慢动作重放设备数量和配置；
- 各制作区制作工位操作面和制作监看需求；
- 通话和对讲需求等。

(2)对设备提供方

- 设备提供方的来源；
- 工程技术人员的结构和业务水准；
- 转播系统规模；
- 主体设备型号与配置；
- 制作区划分和制作工位的配置；
- 各制作区监视墙的配置及调控能力；
- 技术调控区的配置；
- 内部通话系统的配置；
- 系统的备份和调控等。

技术负责要把了解到的双方信息汇总、归纳，及时地通报给各方。由于每个电视台都

有自己的工作习惯和工作语言，特别是国际合作者，因此，专业素质和现场转播经验的积累就显得格外重要。工作中需要用双方能够听懂的语言进行沟通，使双方明确相互的需求和条件，在了解的基础上制定可实施的技术方案。方案包括：摄像机机位图、设备配置、操作工位、监视墙布局、工作时间表、现场工作分工等。方案越细致、越周密对现场制作越有利。

2. 现场实施

到达现场的第一步就是要和技术团队(设备提供商)接洽，了解设备达到情况系统工作是否正常。具体工作包括以下内容：

• 赛场内摄像机架设情况。如果需要调整，要与技术团队或场地管理方说明理由，使各机位达到理想状况；

• 检查系统工作状况。与技术团队的系统工程师和制作团队的技术切换员共同完成包括信源布局、指示灯及源名显示方案的主监视墙设置；

• 协助技术切换员完成视频切换台的设置；

• 根据技术预案和转播系统的实际状况，设置各制作工位的操作界面；

• 检查各监视墙显示源；

• 检查各工位通话界面；

• 检查摄像机工作状况；

• 与技术提供方确认系统工作状况并通报工作日程等。

以上工作非常重要，这个阶段的工作落实直接影响到赛事信号制作是否顺利。

3. 整体制作

赛事制作期间，制作团队技术负责更多的责任是“监督”。无论制作团队还是技术团队，所有人员到达现场的第一职责是要检查自己工位设备状况。包括系统设置、摄像机调整以及信号通路检测。如发现问题，应及时向技术团队反映，尽快找出故障原因。如不能排除要迅速提出变通方案，确保信号制作的顺利进行。

赛事信号开始后，技术负责的责任是对信号的技术质量负责。包括：视、音频信号的技术参数是否满足赛事信号制作标准；视、音频信号的延时；编程切出信号的亮、色幅度；分路信源的亮度、色彩、底电平的实时匹配等。如出现问题要随时告之操作人员给予纠正。如出现设备故障要立即和技术团队沟通，找出应急措施，将故障影响降到最低。

为了提高和完善信号的制作质量，往往在赛事开始阶段，编导部门会提出一些改动意见。此时，技术负责的职责是“服务”。要站在制作团队的立场尽量说服技术团队给予配合。

作为制作团队中的技术负责，其关注点不仅仅是信号的技术质量，整个赛事转播中节目的完美可视性才是其终极目的。例如，在广州世乒赛制作过程中，由于看台离比赛运动员的距离很近，当拍摄运动员近景时，背景看台上观众的表情和小动作也十分清晰，这一点虽然不影响视频信号的技术质量，却影响了电视观众的收视效果。我们通过控制摄像机的灰片和电子快门的组合压缩了画面的景深，此时的画面效果——突出了运动员、虚化了背景的观众，视觉效果十分理想。

三、 技术负责的素质要求

由于制作团队技术负责的作用不可忽视，因此承担此角色的人员所具备的综合素质显得格外重要。

首先，需要具备丰富的现场转播经验，良好的合作精神和沟通能力。在业务素质上，要能够掌握公用信号制作的工作流程，熟悉赛事导演的制作方式和理念，充分了解自己制作队伍的工作习惯和人员特点。熟悉国际上转播制作系统的发展趋势、设计理念和工作特点，了解转播系统中所有主体设备的性能和特点，在最短的时间看懂设备提供方的系统方案，迅速进入工作状态。其次，要具备学习精神和学习能力，紧跟电视技术领域的前沿技术和发展方向。

作为制作团队的技术负责，在第一时间去了解新设备的特点及参数，正确发挥新设备的技术特点，在信号制作中发挥应有的作用，是技术负责的职责。在2008年北京奥运会上，为了推出高新技术，实现电视画面的视觉冲击力，BOB对部分赛事信号制作提供了300帧/秒的超高速摄像机。在实际应用中，由于比赛现场照度不足，为了控制噪声和闪烁，厂家技术人员建议把摄像机的频率降到100～150帧/秒使用。而笔者发现300帧才是超高速摄像机真正的魅力所在，为达到300帧而提高增益所产生的噪声与超高速摄影的冲击力相比是次要的。通过反复调整，在该赛事的信号制作上，成功地获得了以300帧的速度捕捉到郭跃的滴滴汗珠飞溅到球拍上的经典镜头，还让电视观众以1/12秒的速度领略了弧线球的魅力，为奥运会电视转播增添了感染力。

事实证明，一个合格的技术负责有能力用自己的理论知识和实践经验将所用设备的潜能发挥到极致，保证节目制作水准，并能推动制作团队的整体进步。总之，制作团队技术负责的作用是基础、是桥梁，更是保障。

2008年北京奥运会乒乓球公用信号制作获得国际奥林匹克金指环奖的银奖以及国家广电总局影视协会直播类一等奖。作为中央电视台的电视人以及信号制作队伍成员之一，笔者由衷地感到自豪和骄傲！

陈辰，多次参加大型政治活动、综艺节目和体育节目的转播，作为技术切换参加过雅典奥运会、墨尔本英联邦运动会、多哈亚运会以及北京奥运会等大型运动会的公用信号制作。

大型电视节目制作形态及系统需求分析

随着国内的电视节目制作与国际上的不断合作和交流，我们的制作水平也得到了很大提高，变得更加成熟，分工更加细致和专业化。随着高清晰度电视时代的来临，电视转播车系统也快速地由标清向高清过渡。相应地，如何设计并制造出符合现代电视制作要求的电视转播车，为电视制作队伍提供一个优秀的电视制作平台，是摆在所有转播车技术工程师面前的一个重要课题。

在大型电视转播车的设计过程当中，确定设计需求是首要任务。只有确定了总的需求后，才能确定转播车各个子系统的功能需求。转播车尤其是大型转播车系统主要对应的是大型文艺和体育节目的转播，因此研究这两种类型节目制作的需求具有典型意义。这两类节目对现场转播节目的制作需求有很大的不同。因此通过对它们的比较分析，就可以找出这些不同点具体对应在电视转播车的哪些子系统上，由此找出设计的重点和解决的方案。

本文将分别以一个典型文艺和体育类大型节目转播需求为例，分析两种节目的制作形态以及它们对转播车的技术需求。

一、 文艺节目类

上海特奥会是2007年在一个能容纳八万人的体育场举行的，它的开幕式节目策划是由美国著名的唐·米歇尔制作公司和中国团队共同完成的。中国团队阵容也十分豪华，有中央电视台文艺中心主任张晓海、电影导演陆川和著名学者余秋雨等。整个开幕式规模宏大，制作精良，节目内容十分精彩。嘉宾和演员阵容更是星光灿烂，成龙、章子怡、莫文蔚、科林·法瑞尔、姚明、郎朗、谭盾、马友友、阿诺·施瓦辛格等十余位明星助阵。演出时长160分钟，胡锦涛主席及多国元首现场观看，其规模不亚于北京奥运会开幕式。下面以此作为大型文艺节目制作的代表进行讨论。

1. 节目制作需求

开幕式组织者对电视制作和转播提出了很高的要求。

(1)采用两个独立制作系统。其中公用信号制作由中国团队完成，使用高清格式制作。另一个为美国团队提供单边信号制作和大屏幕制作，使用标清16∶9格式。高清制作为主系统，规模为16个讯道。标清制作规模为6个讯道。

(2)标清制作系统要共享高清系统的飞猫、制高点等特殊机位信号。

(3)公用信号需要对外提供，两对主备信号共4路4∶3 Letterbox(信封)格式标清信号。

(4)要为现场大屏幕分别提供标清和模拟16∶9以及标清和模拟4∶3 Letterbox格式标清信号。

(5)要为主系统提供3路可独立选择信号源的高清单挂录像。为标清单边系统提供4路可独立选择信号源的16∶9标清单挂录像。

(6)为位于21楼的一个控制室内提供一路大屏幕监看，监看要求能够同时显示PGM(Pocket Game Maker)信号和另外8路摄像机信号。还需要为灯光师提供两路矩阵选切监看以及相应的矩阵切换面板。

由于制作方案中要求了大量的共享讯道，同时还有大量的上下变换和画幅转换的需求。如果使用两套独立系统，就需要为标清系统增加大量的画幅转换、帧同步及分配设备。而当时老的标清系统的切换台和矩阵接口数量十分有限，功能和可靠性也不高。此时中央电视台首辆奥运会B类大型转播车已经建成并投入使用，该车具备两个独立制作区并且可以分成两个独立的制作系统进行制作。同时系统拥有很强的高标清兼容能力，切换台可以不受限制地接入标清信号，并且可以同时进行高标清节目的独立制作，系统还拥有大量的下变换器和画幅转换器。因此最后技术方案决定将两个制作系统放置在同一高清转播车上进行独立制作。这样的好处是两个系统可以共享全部的22个讯道；两个系统可以共享监视源；两个系统可以在一个统一的通话系统中进行交流；同时可以利用车上的下变换器进行多种格式的输出。

具体的实施方案为：高清制作由一辆6讯道高清车将信号送到主车，与主车标配的讯道以及外来信号组成一个16讯道的主制作系统。标清制作由一套6讯道标清EFP将信号送至主车进行标清单边制作。

2. 节目对转播车系统和结构的要求

(1)同一车内具有两个相互独立的制作区，同区域内人员交流不干扰另一个区域的制作。

(2)视音频系统可以分成两个相互独立的制作系统。

(3)两个制作区拥有独立的监视墙，监视墙信源数量要足够，要可以对监视源进行自由分配和调度。

(4)两个制作区拥有独立通话系统并且各工位可点对点或点对多独立通话。

(5)两个制作区拥有独立TALLY(指示灯)系统。

(6)两个制作区拥有独立切换台和输出通道。

(7)两个切换台要分别制作高清和标清节目。

(8)两个制作区拥有独立应急切换。

(9)两个制作系统都要有独立的字幕。

(10)标清制作系统和监看要能够共享高清制作系统里的全部讯道。

(11)转播车能够接受6路高清外来信号和6路标清外来信号，并将它们输入矩阵，监看和切换台。同时提供TALLY显示和摄像通话。

(12)转播车能够为外部系统提供统一的时码和同步信号。

(13)转播车要为高清制作系统提供主备路16∶9输出，同时提供下变换器的主备路标清4∶3 Letterbox格式输出，以及标清16∶9输出。

(14)转播车要为标清制作系统提供主备路16∶9输出，同时提供标清4∶3 Letterbox格式输出，以及标清4∶3输出。

(15)转播车要为高清制作系统提供3路可独立选择信号源的高清单挂录像。

(16)转播车要为标清制作系统提供4路可独立选择信号源的标清16：9单挂录像。标清录像可选择全部22个信号源。

(17)为300米远的一个控制室送去一路能够显示PGM及8路讯道的分割画面显示监看。2路独立的可以使用矩阵选切面板进行控制的高清监看信号。提供两个矩阵选切面板进行远距离控制。

3. 节目对转播车内工位的要求

高清制作区：导演工位1个，视频切换工位1个，助理导演工位1个，插播录像播放工位1个，字幕工位2个，节目监制工位1个。

标清制作区：导演工位1个，视频切换工位1个，单挂录像工位1个，字幕工位1个。

技术区：技术监制工位1个，光圈调整工位3个。

音频区：音频制作工位2个，音频技术工位2个。

可以看到，节目制作对转播车的功能和结构提出了非常苛刻的要求。大型文艺节目需求主要体现在对外来信号的吞吐能力，对监看信源的灵活调度，上下变换器的数量和能力，输出信号多格式和多数量，以及单挂录像的数量，尤其是高清系统兼容标清信号格式的能力。同时，大型文艺节目对转播车内部空间的功能划分也有了新的需求，出现了对第二独立制作区的需求。

二、 体育节目类

北京奥运会的羽毛球公用信号制作一共需要转播三块场地，是奥运会当中转播机位较多、特种电视设备使用较多、制作复杂并且比赛时间很长的项目。它对电视转播系统的要求很具代表性。信号制作都由中国团队完成。

1. 节目制作需求

(1)全部为高清信号制作。

(2)三个转播系统对三块场地进行转播。场地一为12个讯道；场地二为4个讯道；场地三为4个讯道。

(3)三个系统对外分别要提供主备2路节目输出，以及2路带不同字幕层的Clean输出。

(4)每系统4路字幕输入，分别是比分、运动员名单、赞助商LOGO(图标)以及奥运会转场扫画。

(5)预赛阶段场地一有3个常规慢动作硬盘，1个高速慢动作硬盘和1个超高速慢动作硬盘。决赛阶段将场地二的1个普通慢动作硬盘并入场地一。

(6)决赛阶段场地二的4个讯道并入场地一，组成一个16个讯道系统。

(7)三块场地共享场地顶部的遥控摄像机。

节目制作后期需要进行一次规模较大的系统合并，而且需要的设备数量很多。独立系统之间进行摄像机和硬盘的合并比较复杂且耗费时间。而且奥运会的成本控制比较严格，本着少花钱多办事的原则，最后采用了在一辆高清转播车内进行双系统制作的方式。场地一和场地二由一辆比利时的ALFACAM公司提供的大型双侧拉高清转播车完成。场地三单独由一套高清电子现场制作(EFP)完成。字幕制作在车外的一间房内单独进行。

2. 节目对转播车系统和结构的要求

(1)同一车内具有两个相互独立的制作区，同区域内人员交流不干扰另一个区域的制作。

(2)视音频系统可以分成两个相互独立的制作系统，并能够快速地进行合并。

(3)两个制作区拥有独立的监视墙，监视墙信源数量要足够，要可以对监视源进行自由分配和调度。

(4)两个制作区拥有独立通话系统并且各工位可点对点或点对多独立通话。

(5)两个制作区拥有独立 TALLY 系统。

(6)两个制作区拥有独立切换台。

(7)切换台要具有宏编程能力，以编制程序对应慢动作转场扫画。

(8)两个制作区拥有独立应急切换。

(9)两个制作系统要有独立的字幕工位并拥有 4 个键通道。

(10)转播车要分别为场地一和场地二提供主备 2 路节目输出，2 路 Clean 输出。

(11)切换台 Clean 输出要可以进行字幕分层选择。

(12)每个制作区能拥有足够的慢动作操作工位，并且为每个慢动作操作员提供独立的监看、矩阵选切和通话。

3. 节目对转播车内工位的要求

场地一制作区：导演工位 1 个，视频切换工位 1 个，助理导演工位 1 个，节目监制工位 1 个，慢动作导演 1 个，慢动作操作工位 6 个。

场地二制作区：导演工位 1 个，视频切换工位 1 个，慢动作工位 2 个。

技术区：技术主管工位 1 个，视频技术工位 4 个。

音频区：音频制作工位 2 个，音频技术工位 1 个。

从整个需求中可以看出，大型体育类电视转播对两个方面有很高的要求。

一是工位的数量。北京奥运会羽毛球制作在一个制作区内需要 13 个工位，这在空间十分紧张的转播车内实现起来是很困难的。在车内尺寸受到限制的情况下，一个科学合理的内部结构设计，就显得十分重要。

二是系统的灵活性设计。例如比利时转播车，在平时进行单场次体育转播时，分成单独的导演区、音频区以及在一个区域内的慢动作区和技术区。而在奥运会期间，导演区要将慢动作操作全部容纳进来组成场地一制作区，这就意味着慢动作工位所包含的监看、通话、多路矩阵输入源选切以及操作面板需要在车内不同的地方灵活移动。这不但需要系统具有很强的灵活性，同时需要结构上也具备相应的能力。灵活性的定义已经不仅仅局限在矩阵、切换台和监视墙的范畴内，还包括了各种操作面板和工位根据节目需要而自由移动的能力。

三、 文艺节目与体育节目制作需求对比

实际上，节目对转播车的制作需求可以看作是一个对转播车系统的动态输入。不但不同节目的需求不同，相同的节目由不同的团队来制作，也会产生完全不同的需求。但总的来说，现代电视节目制作对电视转播车的要求可以概括为扩展性、灵活性、兼容性、舒适性和安全性。

通过前面的两个实例我们可以发现，两类节目都采用了同车双系统制作的方式。这种方式可以降低系统的使用成本，并且提高设备使用率，并且使双系统之间可以很容易地共享讯道资源或者进行合并。但是文艺节目和体育节目对转播车的要求不尽相同。

第一，从扩展性上来看，文艺节目和体育节目都需要转播车具有很强的讯道的扩展能力。文艺节目主要要求转播车能够进行大量的摄像机讯道、外来讯道和录像机扩展以及多级切换的能力，尤其需要转播车能提供数量较多的可选择的单挂讯道录像。而体育节目则

对系统的全面扩展能力提出了更高的要求。这其中包括讯道摄像机、字幕机、慢动作硬盘、大量的外来信号输入、更多的监视源以及制作工位。因此在设计上，不但要为视音频矩阵、监视系统、音频系统以及通话系统留出足够的扩展余量，还要在车内结构里留出足够的扩展机架和工位空间。这对于空间尺寸受到严格限制的电视转播车来说，带来了很大的设计难度。

第二，从灵活性上来看，文艺节目和体育节目都要求转播车系统具有非常灵活和全面的调度能力。这些调度能力主要有监视墙调度、输入输出口调度以及工位调度。这些要求中最重要的就是对工位的全面调度能力，这种能力对系统和结构都提出了新的要求。因为一个制作工位本身就包括了相应的操作设备、监看界面、通话、矩阵切换面板以及足够的工作空间。一旦一个制作工位改变了在车内的位置，就需要所有相应系统跟随进行改变。除了强大的调度能力，同车双系统制作还要求转播车能够将车内系统分为两个相互独立的但功能完整的部分。这就要求监视系统、切换台、TALLY系统、通话系统、慢动作系统以及音频系统能够分成两个各自运行互不干扰的独立系统。这对转播车设计提出了很高的要求。

第三，从兼容性上来看，由于现在处于标清向高清过渡的特殊时期，大量的高标清设备共存，同时还有大量的标清节目制作以及高标清节目同播的需求。转播车需要具有很强的兼容性。文艺类节目在输入端对多格式兼容能力，尤其是高清系统兼容标清信号格式的能力提出了更高的要求。在输出端，文艺节目需要能够同时输出多种格式以及多种画幅的节目信号。同时由于文艺节目经常会进行单挂录像，因此也需要多种格式的、数量较多的录像机及相应的输入选择能力。而体育节目输出格式相对单一，对格式变换和制式兼容的要求不高。

第四，从舒适性上来看，由于体育节目制作时间长，工位较多，制作环境拥挤封闭，因此对人机工程设计提出了很高的要求。需要进行大量的人机工程设计来降低节目制作人员的疲劳程度，以减低出现制作事故的概率。相对来说文艺节目的制作时间较短，工位较少，因此制作环境相对较好。同时可维修性设计也是一个重点，需要考虑日常维修的便利性。为了方便以后摄像机、录像机以及硬盘等设备进行多系统之间的共享和互换，还应该在设计中考虑这些设备拆卸的方便性。

第五，从安全性上来看，两种节目都需要转播车具备较高的安全系数。而且中国的安全性要求相对于国外更高。因此应注意避免系统中出现唯一路径点，避免一点崩溃影响到整个节目的制作。

第六，从结构设计上来看，文艺节目的要求不高，只需求独立的制作区域，不要求大量的工位。而体育节目的需求要高很多，不但需要功能完备并且相互独立的制作区，还需要大量的可以扩展的工位空间，这在空间有限的转播车中实现起来是比较困难的。

总的来说，在现在这个由标清制作向高清制作过渡，并且大型节目制作越来越国际化并且越来越复杂的阶段，为了适合未来的电视节目制作需求，高清转播车具备高度的扩展性、灵活性和兼容性是对其最主要的要求。

刘斌，2007 年加入中央电视台转播部工作至今，先后参与了 2008 年北京奥运会、残奥会，2009 年世界大学生运动会，新中国成立 60 周年国庆庆典，上海世博会开园仪式和 2010 年温哥华冬奥会等大型赛事的转播活动。

光荣的任务　难忘的经历

——记北京奥运会棒球赛事电视信号制作

2007 年年底，笔者收到一封来自北京奥林匹克转播有限公司（BOB）的电子邮件，是统计个人信息的。询问后得知这是奥运转播人员信息的登记。得知这个消息时既受宠若惊，又不敢相信——奥运会，那可是顶级的赛事，能亲身参与其中，那种荣耀和自豪，是之前想都不敢想的事情。而且，笔者所参与的棒球项目，是唯一一个由中方提供设备和技术支持，与国外制作团队合作的项目。

一、 准备

兴奋过后，冷静下来，不禁要自我审视：奥运会对转播的要求高，不只针对设备，更需要制作人员的技术水平、外语水平以及各方面能力。而自己，接触转播工作时间不长，业务水平更是不高，即使像英语，在学校考试还行，真拿出来和老外面对面，聊专业，还真有点心虚。总的来说，就是底子薄、时间短、任务重，要想圆满完成奥运赛事的转播工作，各方面的学习要抓紧，更要提高效率。

为了能有针对性地进行补课，首先对 BOB 发的棒球制作手册进行了研读，找到了其中与转播车相关的所有部分，仔细了解设备数量、机位分布、配置要求、系统连接、信号的接入送出等。同时对转播车的熟悉也在进行中。

进入 7 月份后，奥运测试赛全面结束，这时候的主要任务就是清点、整理和维护设备。根据 BOB 提出的要求，我们列出详单，把所有设备一并摆开，逐一测试。事无巨细，件无大小，甚至云台的阻尼和三脚架上的螺钉都不放过。考虑到棒球这种户外比赛的特点，我们还针对可能出现的诸如日晒、雨淋、风吹等问题做了相应的准备。

需要说明的一点是，所有的工作都是在完成其他转播任务的前提下利用空余时间完成的。七月的天气已经很热了，大家在太阳下忙得大汗淋漓，但谁都没有怨言，相反，工作热情还异常高涨。在我们看来，保证奥运转播的万无一失，比什么都重要；另外，这正是我们展示中国电视技术水平的良好机会，大家都憋足了劲，要为祖国争光。

二、入场

终于到了8月份，转播车进入场地之前，我们团队先到现场进行了勘查。联系了场馆经理、场馆技术经理和技术控制中心（TOC）的相关负责人，就转播车进驻、转播系统的架设、信号的连接、电力的供应、技术人员的远程监看、通信交通、恶劣天气下摄像机的保护、后勤的供给等诸多细节问题进行落实，做到心中有数。

8月7日，转播车正式进入场地。工作也依据之前的安排，有条不紊地展开。9日，古巴团队到来，彼此进行了细致深入的交流。我们又根据他们的要求和使用习惯对车内的监看布局、摄像机、切换台等进行了调整。利用一天的时间，完成了10个讯道的架设和调试工作。

对于所有的外来信号，我们按照BOB的要求，统一作了处理。通过TOC的测试，确定了延时时间等很多重要参数。对于摄像机的色矩阵等，我们也遵照负责信号质量监测部门的意见，调整了设置。

三、比赛

第一天的比赛制作非常顺利，赛后古巴团队在与我们开总结会的时候，对我们的工作赞扬有加。本以为可以松口气了，但天公不作美，接下来几天都有暴雨。虽然我们都会给摄像机套上雨衣，但由于雨太大，雨水仍透过雨衣的针脚渗到里面，连附加器里都有积水，着实让我们好一阵恐慌，幸好机器没有出现问题。有时候白天天气转晴，气温上升，为了防止摄像机由于过热而受损，还要逐个撤掉摄像机的雨披，这样虽然工作量增加了许多，但确保了机器的完好。

正式比赛开始后，车内的制作人员要在15名左右，所以我们的技术人员不可能全部在车上保障。又由于工具车的停靠点离转播车太远，如果出现问题，不能保证及时解决。为此我们在车上视音频各留一人，随时处理突发状况。其他人租借了单边的库房，从车上接入了切出信号，实时监听监视；并接入了通话系统，能够随时与导演、质量控制中心（PQC）、TOC取得联系。同时现场还会有一个人负责场地内设备，便于应对现场设备的故障。

比赛的过程难免会遇到一些突发事件。针对这些事件，我们的处理原则是反应迅速，区别对待。首先保证播出安全，有些不影响使用的小问题，尽量不在比赛过程中解决，而是留到比赛间歇。对于紧急的、对图像或制作产生影响的，处理过程要尽量避免影响正常制作。值得欣慰的是，整个比赛的过程中，没有出现明显的由于设备或是技术原因而引发的问题。

每天的比赛开始前，我们都要提前到达赛场，完成系统的加电以及与TOC之间的视频音频测试。每晚比赛结束后，我们还会对车内系统进行检查，对当天的转播状况作一个小结。如果当天发现某些小问题，为了不耽误比赛而没有解决的，会利用晚上的时间处理。算下来，每天的工作时间在15小时以上。有同事的老婆怀孕，白天不能陪伴，只能深夜回家，来回路上又用去将近两个小时，这样每天睡觉的时间不足六小时，疲惫程度可想而知。但因为有为奥运奉献到最后一刻的决心在支撑着大家，所以虽然很辛苦，却都在坚持。

四、友谊

奥运会的收获，除了技术方面，更让人难忘的是在工作中团队成员之间，与制作团队、与 BOB 工作人员以及与其他场地工作人员所结成的友谊。

我们这个团队的五名成员，虽然之前彼此认识，却并没有特别的交往。通过奥运会短短的十几天，结下了深厚的友谊。这种友谊，来自于工作中的密切合作，来自于彼此的充分信任，来自于困难时候的相互鼓励，来自于默默的却是发自内心的关心。工作中，无论谁遇到了困难，大家都会一起想办法，大家都把问题当作自己的问题。在解决问题的过程中，互相讨论，互相学习；而在闲暇时，大家会一起聊天，交流一些工作之外的东西。所以虽然期间的工作比较枯燥，但大家的每一天都过得很开心。

这次转播工作的顺利开展和进行，离不开 BOB 场馆负责人的大力支持。最让我们感动的是对于一些很细节的要求，他们也会尽量满足。经常是晚上我们都走了，他们还要处理一些白天遗留的各个方面的问题。工作结束的最后一天，几个负责人还亲自帮我们搬箱子，收拾东西，着实让人敬佩他们的工作作风。工作之外，我们的私交也不错。他们都是典型的欧美人，喜欢印着中国字的 T 恤、帽子，喜欢印有毛主席头像的背包，喜欢跟着学中国话，风趣幽默，个性十足，个个都像大男孩。跟他们在一起，我们也非常开心。

五、结束

离场的日子到来了，尽管之前其实一直盼望这一刻的到来，但要真正离开时，却又非常不舍，我们邀请了 BOB 办公室的同仁在转播车前合影。看着随风飘扬的五星红旗和其后喷有奥运圣火 LOGO 的转播车，回味着这半个月的辛劳和汗水，百感交集。那一刻，我相信每个人都动了情——大家为了奥运，为了棒球的转播，付出了太多太多，可不仅无怨无悔，而且荣耀之至。我们缓步走出场馆区，却忍不住同时回头，再看一眼那我们在烈日下坚守了十几天的场地。

六、总结

奥运会是一个学习实践的良好机会。奥运会对各方面的严格要求给了我们巨大的压力。但当把这种压力转化为动力后，就会激发出很强的生产力。现在回想起来，从开始时期的懵懂，到测试赛时的一知半解，再到奥运会期间的部分熟练，全面了解，这一年自己的收获很大。在工作的过程中不忘理论的学习，在操作的过程中不忘原理，相互结合，勤于实践；既考虑全局把握，又注重细节实现，点面结合，对于能力的提高也起到了事半功倍的作用。

奥运会是一个沟通交流的良好平台。通过奥运会，我们接触到了最先进的赛事转播方案，了解了新颖的运作模式，领会了很多独到的制作理念，遇到了不少独特的技术需求。随着全球化的逐步推进，电视转播也必将随之更加面向国际。奥运会的经历对我们提高日后的转播质量、制定转播方案、设计转播车及定制设备，都会起到极大的作用。通过北京奥运会，我们结识了很多全国甚至全球范围内的同行，彼此在一起交流，不仅增长了知识，而且加深了友谊。让我们的视野更开阔，见识更广泛，朋友遍天下。

奥运会是一个展示中国电视人技术水平的良好舞台。通过奥运会，我们发现了自己的不足，但更重要的是，我们的工作得到了同行的认可，让来自世界的同行了解了中国的转播队伍，认识到了中国电视行业技术人员的素质与能力，同时我们自己的信心也得到了极大的增强，为中国转播事业奉献的劲头也越来越足。

北京奥运会已经渐行渐远，但她留给我们的记忆，将会是永恒的。

切像师

改变与收获

——从事技术切换工作的心得与体会

陈 辰

在2004年雅典奥运会、2006年墨尔本英联邦运动会、2006年多哈亚运会、2007年澳门室内运动会和2008年北京奥运会羽毛球赛事、现代五项以及残奥会田径赛事公用信号的制作中，笔者始终负责其中的视频技术切换任务。经过五年的实践，笔者对这个工位有了很深的感情，也有了很多的经验和体会。这些经验体会主要有以下几个方面。

一、 技术人员承担技术切换工位的意义

对于多数的节目制作，在任务分配上导演的工作就涵盖了视频切换。因此，以前的多数外场转播制作，视频切换台的操作都由导演组成员完成。

随着电视制作整体形态的变化以及电视技术的不断更新，电视转播制作的难度和技术含量也在不断增加。以体育赛事直播为例，一般中型赛事参与信号制作的摄像机讯道也要在10个以上(含高速摄像机)，慢动作重放的路数不断增加，字幕信息内容也在不断丰富，特别是国际公用信号制作中的严格标准化，要求对体育赛事的转播制作更加专业化、标准化。制作过程复杂、技术含量提高，已成为信号制作中的新特点。

众所周知，导演对所有参与制作的信号源进行有序的调度、选择和切换，是整个转播制作的核心。那么对于信号处理的心脏——视频切换台的操作，就成为了节目整体制作的关键。单从技术层面上讲，对于复杂制作，有许多因素具备着技术含量。比如：

- 参与视频切换台制作的输入路数增多
- 复杂制作时要求多级制作
- 视频切换台、视频矩阵和监视界面的对应
- 高/标清混杂制作
- 程式化制作的宏编辑
- 制作过程中根据需求进行应变调整
- 直播过程的应急处理

……

不难看出，对于视频切换台设置和操作的难度，会随着节目制作的难度增加而增加。

如何将导演从繁杂的视频切换操作和前期的技术准备中解放出来，把精力和注意力全部放在节目创作和对各个制作环节的把控上，是提高信号制作质量的关键，也是我们节目

和技术部门共同关注的问题。

近些年来，我们在与国际大牌制作团队的合作过程中，曾经亲眼目睹了国际制作的模式。比如：美国男篮职业联赛、高尔夫欧巡赛以及中日歌手大奖赛等高端制作。他们之间各司其职、配合默契，在紧张的直播过程中实现了井然有序、有条不紊的高质量制作。这种科学合理的工作模式给我们留下了极深的印象。

选择技术人员从事视频技术切换的最重要意义在于：技术人员对于设备的了解和熟悉。制作前，由技术人员根据制作需求对视频切换台进行与之相适应的技术设置；制作中，根据赛事导演的授意和指挥，视频切换完成提前设置好的有续切换。此时，赛事导演在时态上是未来进行时，提前思维，把关注点放在提前组织画面和调度指挥上。而技术切换所做的是现在进行时，完全服从节目导演的调度。

为了提高整体制作的可靠性和安全性，技术人员可利用自己对切换台性能的熟悉程度，通过程序化设置可以大大减少制作难度，从而提高制作的安全性和舒适性。减少在长时间赛事复杂信号制作的出错率。另外，技术人员也可以利用自己对设备的了解，即便在发生误操作或切换台发生故障的时候，也可以从容地进行排查和处理。迅速地恢复正常状态或者采用应急措施，确保安全播出。

近年来，随着中央电视台国际交往的增多，我们在与外国制作团队的接触中，对技术切换工位有了更深入也可以说有了新的理解。比如：在许多制作团队中，外方技术切换不仅仅负责操作视频切换台，而且要负责整个节目制作前的技术系统设计。他们不仅仅是提出技术要求，更多的时候是自己动手设计，包括绘制系统图，也就是亲自动手进行系统设置以满足自己的使用要求。应该说，此时视频技术切换员已经不再是简单的操作员，而应该是一个出色的系统工程师。这种工作模式和人员素质非常有利于国际化制/播分离的运行模式。专业化分工的趋势，使许多国外电视台都不再拥有自己的大型转播设备。在有节目制作需要时，会临时租赁专业公司的系统设备。特别是实现国际化制作时，更要面对完全陌生的设备提供商及设备。为了减少成本，技术切换可能要担任技术协调和技术监制的任务，这种情景也时常发生在我们与地方台的合作上。由此可见，具备良好的业务素质、具备合作精神和丰富工作经验对一名视频切换员是非常重要的。

二、 技术切换员的基本素质

首先，需要有极强的责任心和耐心，心理素质比较稳定。由于某些体育赛事的赛程时间无法控制，又必须全程提供电视公用信号。因此，如何保持信号制作的水准在赛事过程中始终一致，除了具备良好的业务素质外，还需要技术切换员对信号制作的责任心。应该说，信号制作时间有时会很长，强度会很大，很容易产生厌烦和躁动的情绪。只有不断告诫自己工作的重要性，才能坚持下来。

在冗长的赛事转播中偶然的操作出错或者设备出现故障都是不可避免的。当出现这种情况的时候，需要稳定心态，及时调整，冷静地分析和解决问题，不影响后续制作是最重要的。所以，遇到问题要学会及时调整自己，使自己恢复到正常状态中。

其次是服从。要摆正自己的心态，技术切换属于技术工种，从属于节目制作。因此应该一切以导演组的需要为第一要务。当然，服从并不意味着盲从。一个优秀的技术切换员要有一流的配合，但更需要自己的判断。因为体育赛事瞬息万变，如果没有每一个制作人员积极主动地判断，没有整体制作团队对赛事转播制作理念理解的一致，没有制作团队长期合作中相通互懂的工作语言，机械化的服从是实现不了出色的信号制作的。从另一层面上讲，技术切换员主动工作方式也会避免一些制作中的隐患。

最后还要具备较强的外语能力和协调能力。由于工作中经常需要使用不太熟悉的设备和系统，需要在现场与设备提供方工程师进行技术协调。任何表达不清或者误解都会造成很大的麻烦，甚至是事故。因此当我们没能听清楚或者没有听懂的时候，一定不能假装明白，要弄清楚为止。在协调各制作系统的配置和设置的时候，一定要事先统一技术要求，再一起提供给技术支持人员。绝不可以各自提出要求，造成重复劳动，以避免不必要的麻烦。

三、技术切换员的工作原则

每个技术切换员都会有自己的工作习惯，但一些工作原则是有共性的。

现代体育赛事公用信号制作当中，会有大量的配合扫画的慢动作重放。在进行相应设置的时候一定要做到简化操作、方便使用和安全可靠。现在一般新一些的切换台都可以进行宏命令的设置，应该把尽量多的操作录制进去，使切换时只按一个键就可完成整个扫画转换的操作。同时把触发键设定在一个方便使用并且不容易误操作的位置。在宏命令中还可以加入对键源和下游键状态的设定，例如在扫画的宏命令里，可以设置一个命令让切换台在每次扫画前选择正确的键和填充信号，然后再打开下游键，扫画完成后自动关闭下游键。这样即使不小心误选了错误的扫画信号源，也可以在宏命令中纠正过来。同时保持下游键关闭，保证了安全。

在切换过程中，有许多方法是可以借鉴的。其中预监的功能应该被充分发挥出来。首先在预选上选中下一个机位，再通过 CUT 或 AUTO 键进行转换。这样不但可以事先在预监上确定信源是否正确，还可以在类似赛车、跑步比赛时保证镜头组接不出现混乱。是一个非常好的工作方式。

在设置切换台和监视墙时，为了避免造成混乱，应该把不用于切换只用于慢动作重放的信源放在其他不重叠的位置。这样有利于简化切换界面，减少出现错误的概率。

切换员与导演的配合方式是一个很重要的问题。有的导演喜欢指挥每个镜头的切换，有的则让切换员进行例行的比赛制作，只是在比赛进入重要的环节或出现紧急情况下才进行调度指挥。第一种方式即使导演和切换员是第一次配合，也能保证节目制作的进行和基本的质量。第二种方式则要求导演和切换员长期配合，并且有基本的默契。但是对于切换员来说，不管采用哪种形式，优先执行导演的指令是一个基本原则。

四、技术参与制作所带来的变革与收获

技术人员参与制作是一个巨大的变革。这可以把导演从烦琐的事务中解放出来，专注于节目内容的整体把握。转播车技术人员在进行完设备架设以后，直接转变成为制作人员，降低了制作团队的规模，减少了制作成本。同时使设备得到了更多的利用，有利于拓展设备功能，提高了大型节目的制作能力。然而这些只是变革的结果，最深层次还是改变了所有制作人员，尤其是技术人员的思想观念以及他们思考问题和解决问题的出发点。

自 2005 年开始，为了奥运会转播和电视台技术事业的发展，中央电视台开始了大型高清转播车的设计和建设工作。自己也作为主要设计人员参加了工程建设。由于自己有了奥运信号制作的实践，特别是作为系统的直接使用者，无论对车体内部工位布局还是系统灵活调度设计，都设身处地地出自于有利于节目制作。正是由于工程小组的设计人员全部有

着一线信号制作的亲身体验，使我们对转播车制作环境和制作能力的需求有了一个全新的认识。“一切有利于节目制作”成为我们转播车设计的原则。

2008 年北京奥运会期间，中央电视台有三辆大型高清转播车投入使用。新转播车无论从结构设计的合理性以及系统设计的灵活性都能达到国际同类转播车的先进水平。其功能强大、系统灵活以及工位合理的设计，能够满足各种不同类型节目制作的需求，特别是体育赛事公用信号制作的需求。

五年的技术切换工作给笔者带来了巨大的收获，这是奥运为我们带来的无形财富。我们的信号制作水准在提高，我们的队伍在壮大，我们的技术制作平台更完善。所有这些成绩都来源于我们观念和身份上的转变。观念：一切有利于节目制作。身份：我们是信号制作队伍中的节目制作人员。

郭洋，参与了中央电视台多项体育赛事公用信号制作工作，2006 年多哈亚运会、2007 年女足世界杯和 2008 年北京奥运会等赛事的视频技术切换工作。

体育比赛国际信号制作团队中的技术切换

当今世界任何一个大型综合体育赛事已经离不开电视转播。而体育赛事电视转播信号制作水准的高低，与信号制作队伍专业化分工和每个制作人员专业化水平有重要和密切的关系。奥运为我们打开一扇窗——使我们了解到具备国际先进制作水准团队的组织结构和操作模式；奥运也是一条路——使我们有机会按照国际制作惯例组成国际信号制作团队，严格按照奥运及国际制作标准制作出满足各类体育赛事的国际公用信号，逐渐走向了与国际制作接轨的道路。

本文就以笔者在奥运公用信号制作队伍中的工作实践，谈谈对技术切换岗位的认识和体会。

一、 体育赛事信号制作中制作工种的划分

在我国体育赛事信号制作的格局与运行模式还没有与国际大趋势接轨时，即便是中央电视台也存在赛事转播水平参差不齐、转播画面没有章法、整体制作技术含量不高的现象。这种制作水准非但无法与国际大环境接轨，也时常遭到国内电视观众的抱怨。

2003 年，中央电视台在为 2004 年雅典奥运会组成乒乓球、羽毛球和现代五项三个国际信号制作队伍时，融合和借鉴国际上几十年来对电视转播制作形成的良好运行结构以及所积累的宝贵经验，对新组成的信号制作队伍中的每一个岗位进行了明确的分工，同时划分了他们的个体责任。当时，由于我们并没有更多的实际操作经验，根据国际制作队伍的分工惯例以及奥运制作手册中对具体工位岗位职责的文字描述，我们把制作组定义为由技术人员承担。主要还是因为这些工种直接面对的电视制作设备，无论从对设备的熟悉程度还是日后技术的发展，技术人员具备很大优势。也正是有了这个决定，从 AOB(雅典奥林匹克转播有限公司)到 BOB(北京奥林匹克转播有限公司)，中央电视台所承担的赛事国际公用信号制作的项目在增加，我们的队伍在壮大，也有了更多的技术人员参与到公用信号制作队伍中。在奥运练兵和制作中得到了全面锻炼。

那么，我们技术人员在国际信号制作队伍中都承担了哪些角色呢？根据奥运《制作手册》主要有以下分工：

- EIC Engineer－In－Charge 转播技术主管

- AIC Audio－In－Charge 音频系统主管
- VM Vision Mixer 视频技术切换
- VTR OP Videotape Operator 慢动作操作员(由于传统的慢动作设备为 VTR)
- CG OP Character Operator 字幕操作员
- VIS OP Vision Operator 摄像调控员

应该说，以上每个技术岗位都是整个节目制作中的一个重要环节。具有唯一性和单一性。唯一性是指该工作岗位不可或缺，不可替代；单一性是指该工作岗位人员可以根据自己所要完成的制作任务和内容，结合所操控设备的性能、特点，潜心钻研业务。熟能生巧，巧能生精，在实践中总结出具备规律性的制作经验，不断提高并完善信号制作中的有用经验。

二、 视频技术切换的岗位及职责

VM(Vision Mixer)，即视频技术切换，有些国际制作团队也叫 TD(Technical Director)，即技术导演。目前，我们将其工位称之为技术切换，其职责主要如下。

(1)按照导演指示，操作切换台，完成节目制作。

(2)按节目需求设置切换台按键位置，DVE(数字视频特技)，宏命令，慢动作扫画等相关功能，及时请教并掌握知识盲点。

(3)做好切换台设置信息的备份。

(4)掌握应急切换面板的位置和使用方法。

(5)协助视频系统工程师设置完成监视墙的布局。

(6)协助视频系统工程师检查监视墙。

(7)协助视频系统工程师和字幕操作员调试字幕信息。

(8)如需使用通话系统，要协助相关技术人员调试好通话面板，并测试通话耳机。

三、 技术切换在技术制作工种中的特殊性

以上所说各项工作内容是技术切换员所要做的基本工作程序和应具备的专业技能，也就是技术切换的基本职责。那么，为什么又说 VM 具备特殊性呢？

1. 制作连续性

比赛开始到结束，视频切换的岗位不能有片刻松弛，要时刻和导演保持紧密联系，按照导演意图切换画面，作为整个赛事信号制作的最后一个关口，丝毫的失误都能导致前功尽弃。

2. 比赛项目适应性

体育比赛项目多种多样，场地尺寸、参与人数、裁判规则，比赛时间等都不尽相同，这种多样性就使得每项比赛有它自己的制作模式，具体到技术切换岗位，主要是切换节奏的不同。如足球比赛，场地大，运动员身体接触多，拼抢凶狠，切换节奏自然要快，把比赛表现得紧张激烈；而斯诺克比赛，以球台为中心，加上两名运动员轮番登场击球，沉着应对，斗智斗勇，切换目的是要让观众看清球台局势和球员击球杆法，切换节奏不能快，和足球就有很大区别。可见，针对一个比赛项目，技术切换都要掌握该项比赛的切换模式，具备比赛项目适应性。

3. 团队适应性

不同的比赛项目有不同的制作模式，而即使同一项目，不同的制作团队也有着完全不同的制作风格。在领到一个新的赛事制作任务时，要与导演建立良好的沟通关系，认真学习赛事规则，并深入了解导演对信号的制作理念，配合导演完成信号制作任务。在接触一个新的制作团队或者完全陌生的技术支持团队时，技术切换要尽快地融入其中。掌握系统设备的构成和工作习惯甚至规章制度，掌握沟通语言和建立沟通渠道。

4. 制作环境多变性

在国际制作的大环境中，技术团队和制作团队来自不同的公司、地域甚至国家。因此，制作队伍很可能面对陌生的制作环境。也就是说，技术切换经常接触不同的转播系统，处于不断变化的工作环境中。这直接导致每次的制作环境会大相径庭。或简单或庞大，或狭小或舒适，都需要技术切换员在很短的时间内熟悉新系统，适应新环境，以最短的时间马上进入制作状态。

5. 使用设备多样性

与硬盘慢动作设备比利时数字慢播技术公司一家独秀的局面不同，视频切换台市场可谓商贾云集，知名厂商有 SONY、THOMSON、SNELL 和 WILCOX 等。各家在市场上的占有率基本均衡，竞争非常激烈。为了应对用户需求，各家不断推出具备某些新功能的新品牌赶超对手。对老型号的设备也采用软件升级或者加购选配件来满足用户不同层次的制作需求。这就要求技术切换熟知各个厂家的视频切换台的技术特点和操作方式，并在很短的时间内掌握使用方法，设置所有制作过程中所需要的功能，保证赛事信号制作的顺利进行。

6. 制作的全局性

应该说，所有参与制作的讯道源都会体现在视频切换台上。它们相互之间的关系和来自通路都会在视频切换台上的设置上体现出来。技术切换在设置过程中应掌握整体制作的所有技术细节，在对赛事进行信号制作的同时，对整体技术系统有清晰的把握。

7. 制作中的应变性

无论是信号制作前的准备还是在信号制作过程中，出现设备故障是情理之中的事，重要的是，技术切换需要有平稳的心态，熟练的技术以及用最快的速度将制作进入备份工作状态，待故障排除后立即恢复正常制作。

由此可见，技术切换确实在所有制作工种中有它的独特性。正因为它的这些特殊性，要求技术切换员具备更高的业务素质、专业水准和良好的心理状态。

四、 技术切换如何面对大型赛事的信号制作

一般来说，大型体育赛事特别是奥运会这种最高级别的大型综合体育赛事，各方面的准备工作会很充分。同时，提供给信号制作团队的制作信息比较完整，使制作团队有充沛的时间进行技术练兵，各个工种之间也会有足够的时间进行磨合。在经过技术练兵之后，要保持已经成熟的工作程序，一旦进入工作现场，技术切换要保持清醒的头脑，认真地做好各项准备工作。

1. 明确制作计划

(1)熟悉制作团队人员构成。

(2)了解整体赛程、每天信号制作时间。

(3)掌握制作流程。包括赛前(Run up)和赛后(Run down)。与导演组一起核对流程，并

进行各个工种参与的技术和节目的彩排(Rehearsal)，发现问题时，随时沟通并解决。

2. 设备调整

根据制作需求对视频切换台和相关系统进行设置和调整。包括监视墙布局、字幕插入、慢动作扫画以及宏编辑等。

3. 体力调整

信号制作劳动强度很大。对于大型体育赛事，无论预赛还是决赛，所有赛事必须进行完整的信号制作。这就意味着信号制作团队要于赛事开始之前进入实战状态。技术切换的工作时间有时会每天长达10多个小时。而且这种工作状况要持续10天以上。以北京奥运会篮球赛事信号制作为例，16个比赛日中，前10个比赛日每天6场比赛，信号制作时间长达12个小时，而且制作团队还要提前3个小时到达赛场准备，这样的工作强度可见一斑。

五、 技术切换的业务学习

视频切换台的操作技术是技术切换员赖以生存的法宝。这些技术并不能靠突击速成，而是切换员在平时学习中慢慢掌握，日积月累积淀起来的。

从行之有效的手段来看，视频切换台操作技术主要有以下学习方法。

(1)学习视频切换台操作手册，所有功能在手册内都能查到。

(2)请教有经验的操作员或者厂家的技术支持工程师。

(3)实际操作，熟练掌握各种常用设置。

以上这些方法显然是老生常谈，学习起来比较枯燥乏味，时间久了，容易满足于现状。面对新设备，不能只满足问题的表面解决，之后就不再钻研，而是要举一反三地解决技术问题。没有掌握到解决问题的实质，漏掉了解决该问题的最佳方法，业务技能就没有实质性的提高。

难道就没有新颖并且积极主动获取技术的方法吗？答案是否定的，网络论坛就让视频切换有了新的学习舞台，这方面国外论坛比较成熟，在 Editsuite. com(http://editsuite. com/)论坛，各家厂商的设备被分门别类，形成各自的子论坛，为全世界从事视频切换的技术人员提供了交流平台。在此论坛还可以得到各家厂商发布的最新产品信息或者软件升级信息，使视频切换全面掌握业内技术动态。

再从宏观理念上来看，学习视频切换台操作技术需要点面结合，“点”就是指某个厂商的某个具体型号的视频切换台，技术切换初学者都是从一个具体的切换台设备开始，掌握这个切换台就是掌握了一个“点”，随着不断掌握该厂商的其他型号切换台，“点”就连成了“线”，就能逐步理解该厂商对于切换台的设计理念和操作理念。当理解了多家切换台厂商的理念就等于把多条“线”组成了一个“面”，这时的技术切换员已经具备很强的学习能力，遇到新的视频切换台时就能遵循厂商的设计思想和操作理念直接抓住重点，提高效率，事半功倍。

总之，技术切换在信号制作队伍里是一个非常特殊的技术工种，在信号制作过程中起到了非常重要的作用。经过几年来的工作实践笔者已和它结下了深厚的感情，与导演组形成了默契的工作关系，也和制作团队一起向电视观众提供了一场场高水准的赛事转播信号。希望将几年来的工作经验和体会与大家分享。

李雪峰，参与了 2004 年雅典奥运会羽毛球、现代五项，2005 年澳门东亚运动会软式网球，2006 年多哈亚运会排球，2008 年北京奥运会篮球信号制作等工作。

浅谈 2008 年北京奥运会电视公用信号制作

——篮球项目技术切换之体会

“北京奥运会是一届真正无与伦比的运动会。”这是国际奥委会主席罗格在 2008 年北京夏季奥林匹克运动会闭幕式上，向全世界及十三亿期待完美评语的中国人所说的一句话。这“无与伦比”自然也包括奥运电视转播这一视觉的“饕餮盛宴”，高水准的赛事转播全面而充分地展现了奥林匹克运动的魅力，很好地诠释了奥运精神。

继 2004 年雅典奥运会后，笔者又一次代表中央电视台，作为中国国家电视台的一员，参与了 2008 年北京奥运会电视公用信号的制作。本文就笔者的两次奥运电视信号制作经历，结合技术切换的工作特点，谈谈自己的感想和体会。

一、 中央电视台技术切换岗位的由来

说起技术切换岗位的由来，不得不说奥运国际电视信号制作的原则以及信号制作队伍。

首先，通常的电视国际信号，在信号内容上除了客观地还原现场真实赛事进程的图像信号和声音信号外，不带任何评论员的解说声音信号(某些洲际运动会采用统一英语评论声的情况除外)。这样的国际信号即没有任何语言记录的转播信号。

奥运会是全世界人民的盛会，“公正”与“公平”的赛事公用信号制作是国际奥委会电视委员会对所有电视转播商的承诺，也是奥运电视转播制作的基础和原则。为了实现这些承诺和原则，承担历届奥运电视转播制作的机构，都会制定一系列有关奥运电视公用信号的理念、标准和制作流程。同时会把这些理念贯彻到它在全世界寻找到的具备丰富赛事经验的制作队伍的赛事转播中。为了实现这一目标，他们在给各个制作团队培训的同时，会结合国际上成功范例，对信号制作队伍提出人员结构、工作分工的建议。中央电视台正是在 2003 年接到雅典奥运会转播有限公司(AOB)交给的信号制作任务后，根据国际惯例开始组建专项赛事的信号制作团队。

中央电视台传统的赛事转播制作制约了信号制作的发展，已经成为不争的事实。由于

制作工种分工不细或不清，在大规模和标准化制作中出现了很多局限性，限制了信号制作整体水准的提高。

随着世界电视设备技术的发展和电视制作水准的提升，电视受众对赛事转播的整体水准要求越来越高。全方位、多角度、高信息量以及尽可能多的细节重放，成为了高水准赛事转播的关键。加上国际共用信号制作中对制作流程和赛事转播的标准化，使信号制作的技术含量大为增加。由于这些因素的存在，在成熟的国际信号制作队伍中技术制作工种所起到的作用为我们提供了很好的范例，中央电视台正是遵循了这些成功经验，打破了传统的制作模式，参照奥运制作团队的模式，成立了专项赛事的信号制作团队。整体队伍的分工更为细化，职责更为清晰。赛事导演也从传统的一个人细化为六个组合，即制片人、总导演、助理导演、慢动作导演、现场导演和字幕导演。技术制作团队也从原来单纯的技术保障，改变为技术制作。在视频调控、音频制作的基础上增加了技术切换、慢动作操作以及字幕操作。

应该说，这种分工方式对于我们来说是一次观念上的革命。相当于工业化流水线操作的工作方式，分工细致、岗位明确、责任到人，使得导演有了更多的时间和精力放在对赛事转播的整体把控上，从而提高信号制作水平的质量。

通过几年来的工作实践和学习，自己理解了这个岗位的在整体制作中的作用，更理解了为何称其为“技术切换”的内涵。技术人员参与制作的最重要意义在于：充分发挥技术人员对电视设备性能了解的优势，能更快地掌握所熟悉设备的性能、设置和调整，开发设备的最佳工作状态，充分满足制作需求，更好地完成导演对信号制作的创意和意图，大大降低操作界面上的技术性失误，提高信号整体制作质量，提供强有力的技术保障。

二、 技术切换的工作要点

技术切换员在制作手册中的英文名为 Vision Mixer，简称 VM。也称视频切换。其任务主要是配合导演通过视频切换台完成所有参与信号制作摄像机所拍摄的画面以及其他信号源的组接，并根据要求插入所需特技动画和字幕信息等。通过电视信号制作，实现客观完整地反映赛事进程和结果。

在工作实践中，技术切换应该做好以下工作及应具备的素质。

1. 熟知设备和系统 掌握各种操作

由于电视设备的更新换代以及制作团队要面临不同的制作系统和技术平台，因此，技术切换要掌握视频切换台的基本原理，了解基本性能，熟知各种操作。努力学习各厂家各类品牌视频切换的技术性能和原理，根据赛事特点和系统原理对设备进行合理设置。有时，还要根据客观条件充当起系统工程师的角色与设备提供方讨论整体制作方案。

通过以上实际需求不难看出，技术切换应该具备良好的业务素质和技能，在特定环境中能够具备系统工程师的专业水准，在熟悉多种不同品牌视频切换台的设置及应急切换系统的同时，尽可能地了解各种广播电视多种设备的型号、品牌、性能和规格，并了解视频系统的工作原理和方框图。

2. 了解赛事规则 领会导演意图

每个不同的体育项目都有其不同的竞赛规则。技术切换能够熟悉所要进行赛事信号制作的竞赛规则、特点和赛事规模，无疑对顺利完成该赛事信号制作会有很大的帮助。虽然技术切换员与导演的关系是服从指令、实现意图、完成操作，但是与导演的沟通和默契是对技术切换的基本要求，也是完成信号制作的基本保障。而对赛事规则的了解增加了与导演组的共同语言，同时也保障了在瞬息万变的赛事制作中始终能与导演以及其他各个制作工种之间保持默契。体育赛事的进程与其他类型的节目制作如新闻、文艺、专题等有很大不同。赛事本身具有不可预期的、瞬息万变的元素，胜负往往就在一瞬间。这就要求技术切换员注意力高度集中、反应灵活迅速，配合导演及时把每一个细节交代给电视观众，应对很多意想不到的"突发事件"。技术切换员与导演及时沟通、默契配合，将信号制作的图像切换点把握及时准确。避免赛事信号制作中任何信息的丢失。同时通过技术切换对设备以及应急系统的熟悉和了解，避免制作中的技术隐患。

3. 高度的责任心 良好的心理素质

体育赛事公用信号制作时间要和赛事等同甚至更长，因为有些制作在赛事结束之后仍然需要做赛事集锦重放或者单边制作。因此，技术切换员需要高度的责任心和良好的心理素质。如笔者参加的奥运篮球信号制作、中国网球公开赛、中国斯诺克公开赛等赛事，有时信号制作时间需要连续工作十几个小时。在长时间工作状态下，需要一个人有高度的责任心，对信号制作负责，对电视观众负责，向警钟一样长鸣。当然，工作中也有切换或慢动作回放出现失误的时候，这在长时间工作中是不可避免的。但当出现这种情况的时候，需要技术切换员拥有良好的心理承受能力，及时调整，冷静地分析和解决问题，同时不要把坏的情绪带到后续的工作中。

三、 2008 年北京奥运会篮球技术切换的体会

中央电视台在雅典之后的 2008 年北京奥运会上接到了更多的赛事信号制作任务，其中篮球赛事公用信号制作是任务之一。众所周知，篮球是体育赛事的大球，在奥运赛场上又是收视率最高、关注度最高的体育赛事。为了出色完成这一任务，中央电视台从 2005 年就组建了篮球赛事信号制作队伍，通过各种赛事进行练兵，比如，多哈亚运会、世界女篮锦标赛、亚洲室内运动会、东亚运动会、斯坦科维奇洲际篮球杯等大型赛事。通过这些赛事练兵，我们的制作队伍更加成熟，信号制作队伍中各个制作工种的配合更加默契。

根据 BOB(北京奥林匹克转播有限公司)的分配，我们在奥运会篮球信号制作要使用浙江电视台大型数字高清转播车。整体赛事制作采用了包括微型遥控、高速摄像机在内的 13 个讯道。有 6 套 EVS 作为慢动作实时重放、集锦编辑等方式参与整体制作，车内主心设备——视频切换台，配备了汤姆逊公司生产的高标清兼容的 Kalypso。应该说这种设备配置满足了高端制作的需求。在赛程上，由于男子篮球和女子篮球安排在一个场馆举行，该赛事是北京奥运会赛程最长、每天赛时也最长的赛事。根据 BOB 给出的赛事信号制作计划，从 2008 年 8 月 9 日至 24 日以每天 4 场的赛事计划在北京五棵松篮球馆制作奥运男、女篮全部 76 场比赛及颁奖仪式。为了确保赛事信号制作质量，BOB 要求建立 A/B 两支制作队伍，交替完成全部信号制作。信号制作时间长、世界关注率高、两支队伍信号制作水准一致等，都给我们造成了很大压力。为了出色地完成奥运任务，我们利用了一切可能的机会做着奥运信号的前期准备工作。

在这次演练中，我们按照 BOB 提供的信号制作方案进行了设备架设，同时与浙江电视台转播车系统负责人商讨设备和工位布局，作为技术切换员，更加关心电视监视墙的布局和视频切换台的使用。在制作中，反复与赛事导演就一些转播制作细节进行探讨，理解导演意图，达到认识上的共识，实现更好的默契。同时我们也与浙江台加强了沟通，制定方案细节，特别是一些不能满足或者不适应我们制作队伍制作习惯的需求，向转播车提供商——浙江电视台说明理由和原因，共同商讨解决方案。这些"磨合"工作，为 2008 年北京

奥运会的篮球赛事信号制作奠定了坚实的基础。

在奥运练兵中技术切换员与导演的配合是赛事信号制作的关键。从严格的角度上说，在我们所接触的国际信号制作队伍中，技术切换员在任何赛事信号制作中的职责都是服从赛事导演的指挥调度，在赛事导演每一个具体口令下完成每一个信号选切和切出制作。中央电视台篮球信号制作组根据自己的实践经验以及篮球赛事本身的特点，总结了一套“常规制作和随时调度”的制作方式。根据这一原则，技术切换需要深入了解赛事的制作理念，赛事制作流程以及常规的镜头处理。并与赛事导演保持密切联系，随时听从他们对赛事制作的任何新的调整。

根据以上制作原则，篮球导演组对制作人员进行了赛事规则、制作理念以及如何制作的培训，并通过技术练兵反复磨合。篮球是一个集体运动项目，身体接触多，对抗性较强，双方运动员攻防转换节奏很快。导演要求作为国际公用信号制作者，心中始终要有两个基本原则，即“公正与平等”“运动与情感”。这两个原则要体现在赛事流程和常规化的镜头切换中。让每一支奥运赛事队伍、每一个奥运选手得到公正、平等的出镜机会。

既然赛事导演根据赛事特点在常规制作中把信号切换的主动权交给技术切换员，那么我们就要主动学习体育制作的镜头组接，也就是切换的节奏和切换点的把握。切换节奏的控制能够起到调节观众收看整个比赛的情绪，如果比赛进行得紧张激烈，攻防节奏非常快，我们就需要多用主机位的全景来反映比赛的进程，减少切换频率，因为在全景里队员的进攻战术和配合最能够清楚地展现。如果双方队员都陷入了僵持局面，并都是试探性地进攻，投篮命中率不高，且比赛节奏比较慢，就需要多用镜头切换的变化来加快节奏，不至于让观众感到乏味。

切换点的准确把握可以起到画龙点睛的作用。比如：在篮球场地中圈边线设置的低角度摄像机机位，目的是近距离拍摄到运动员运球过半场或在中场防守抢断的画面，该画面能够突出现场感、运动冲击感。该镜头是否在整体进程中在合适的时间点切入/切出，完全在于技术切换员的时机把控上。如果过早地切出，交代不清运动员运球过场以及犯规的细节；如果过晚切出，运动员背身并遮挡球，影响整体画面及赛事信息。由于篮球赛事的快速和对抗性，使得信号制作的切换时机往往就在瞬间，错过了就无法弥补。为此，需要技术切换员长时间保持注意力高度集中，不得有丝毫松懈。由于我们与赛事导演有长期配合，并且对镜头处理有很好的理解，在这些关键点的处理上得到了赛事导演的认可，实现了导演的制作意图，形成了赛事制作的默契。当然对于技术切换员来说，在整体制作中无论采用哪种制作形式，优先执行导演的指令是一个最基本的原则。

作为一名技术切换员在整个信号制作团队起到的是桥梁作用，起到了穿针引线把信号制作的各个环节贯穿起来的作用。特别是在技术切换员又承担了系统工程师时，技术切换员要熟悉各个制作环节和制作系统，让整个制作系统更加合理、安全、可靠。

应该说，作为技术切换员两次参与奥运会信号制作经历使自己在技术层面上有了很大的收获。从技术制作的全新角度重新认识转播车制作环境和制作能力，无论对现在转播系统的使用上以及新转播车工位以及系统设计上都会提供很好的可借鉴的有用经验。另外，奥运信号制作的组织结构、工作方式以及严谨的工作流程都使我们积累了很好的经验，使其能够在日常工作中得以更好地应用和推广，为我们留下了一笔宝贵的“后奥运产物”。

师旭，参与了雅典奥运会、北京奥运会、东西亚运动会及葡语运动会的足球、排球、羽毛球、乒乓球、网球、斯诺克、游泳、花游、跳水、拳击、击剑、速滑等项目的各种主流国际大型赛事公用信号制作的切换及技术支持工作。

浅析体育赛事电视信号制作的视频切换

2003年中国中央电视台体育频道获得了2004年雅典奥运会广播有限公司(AOB)的邀请，参加雅典奥运会乒乓球、羽毛球与现代五项3个赛事电视公用信号的制作。这无疑是提高中国体育赛事的电视信号制作水准的大好时机。

为了达到AOB对奥运会赛事信号制作的标准，中央电视台体育中心、播送中心及技术制作中心打破了转播队伍的格局，与国际制作队伍接轨，组成了中央电视台体育专项赛事的信号制作队伍。

5年来，这支队伍在总导演的带领下，珍惜每一场赛事的信号制作机会，不断在实践中总结经验，使得我们在北京奥运会上乒乓赛事的信号制作水准得到了国际同行的一致认同，我们的队伍在国际制作大环境下表现得也更加自信、成熟。

本文就笔者在这支专业化队伍的工作岗位，谈谈对体育电视制作专业化分工的背景、由来以及必要性和重要性的认识。

一、 VM岗位在信号制作队伍中的由来

VM是英文Vison Mixer的缩写，目前在中央电视台称技术切换员或视频切换。

在2003年奥运会公用信号制作队伍成立之前，中央电视台的体育赛事转播导演组基本上由2～3人构成——导演和导演助理。导演负责制被定义为负责全面工作，包括所有制作细节。那时的转播现场，导演负责所有的制作工作，包括：摄像机讯道调度、视频切换台切换、指挥慢动作制作以及字幕制作等。甚至直播中还要与后方电话协调，指挥直播时间、出入口时间。可谓“一人多能”。即便是有助理导演的岗位，但是也存在职责不清，任务不明的现象。有时分管赛前字幕制作，有时干脆就承担制片部门的职责，负责团队的后勤工作。但这种分工方式，在面临多讯道、大规模特别是面临与国际接轨的标准化制作时，就显得有些力不从心，无所适从了。对于信号制作来说，由于不能实现专业化分工，每一个制作环节和细节很难做到标准化和尽善尽美。

2003年是中央电视台体育赛事转播变革的一年，接到了AOB的邀请，接受了制作雅典奥运会乒乓球、羽毛球以及现代五项3个赛事电视公用信号的制作任务。应该说，这是中央电视台第一次参与奥运会赛事电视国际信号制作。任务把我们推向了国际制作的大环境。

以往我们是通过电视看奥运转播，现在我们要亲自去做，一切对于我们来说都很陌生。

参加AOB赛事制作前期培训会的导演带回了赛事信号制作手册。手册中除了奥运制作理念和制作规范外，给出了信号制作队伍的具体分工以及这些工种在国际制作团队中的其他名称的对应关系，并对这些岗位的职责进行了很详细的文字描述。其中有关VM技术切换的岗位是这样定义的：VM岗位由技术人员来担任。根据导演的调度和指令，对视频切换台进行操作，完成视频信号的制作。

笔者对技术切换这个岗位的感性认识是在2002年上海的高尔夫欧巡/亚巡赛的电视制作中得到的。当时笔者作为工程技术人员承担了现场工程师的技术支持工作。完成该场高尔夫赛事的制作团队是常年制作高尔夫欧巡赛转播的英国团队。整体赛事做得非常专业，制作团队分工清晰明了，并不庞大的制作队伍在工作现场有条不紊、井然有序。高水准的赛事制作以及科学合理的专业分工给在场的中央电视台技术支持团队留下了深刻印象。

2003年，雅典奥运给我们提供了成立国际化制作团队的契机，笔者成为了奥运乒乓球赛事信号制作团队的视频切换员。由于此工种在国内体育赛事制作中是一个全新的概念，无论总导演还是技术人员都有一个重新定位的过程。特别是一名工程技术人员直接参与信号制作，对节目的参与要远远大于过去，因此，要有适应、理解、学习、配合的过程。

通过5年多的实践，整个制作团队的配合也越来越流畅，逐渐形成了有自己的制作风格和技术语言的专业信号制作团队。应该说，我们已经实现了专业化制作的理想。

无疑，由于我们采用了国际化专业制作的分工模式，使我们在2004年雅典奥运会的国际公用信号制作获得了极大成功。我们也在成绩中逐渐加深了对专业化分工的必要性以及技术人员参与赛事制作价值的理解。

二、 技术人员担当技术切换的优势

任何事物的存在取决于它的合理性。5年来，自己作为乒乓球赛事的技术切换员与导演组密切配合完成了上百场赛事的信号制作任务。正是通过大量的工作实践，大家对技术切换这个全新的制作工种的存在逐渐达到了认识上的共识。由于它的存在，将导演从对视频切换台繁杂的技术设置和操作中解放出来，将更多的精力放在把控赛事整体进程和对镜头细节的处理上。无疑有利于赛事信号的整体制作。

众所周知，体育赛事是即时性非常强的电视类别，赛事过程中有不可预测的变数，更有无法预料的突发事件，如何将进程中的细节全方位地交代给电视观众，取决于赛事转播的水准。应该说，在奥运制作标准和制作机制引入之前，除了制作队伍要求专业化分工外，转播设备数量的投入、电视形式(高标清)的变化以及信号标准化制作的技术含量等，都使赛事信号制作的技术投入大大高于若干年前的常规配置。以乒乓球为例，在1995年天津举行的第43届世界乒乓球锦标赛的电视转播中只有6个摄像机讯道，慢动作操作也就是通过2台录像机完成。2008年北京奥运会上乒乓球赛事信号制作除了6台高清标准摄像机外，还配置了高速高清摄像机、全遥控微型摄像机以及1台超高速摄像机。除了全景摄像机讯道外所有的摄像机讯道都通过硬盘操作参加慢动作重放，同时通过硬盘联网技术进行精彩重放的编辑和即时重放。多讯道、多慢动源、多字幕信息、标准化图标扫画以及程式化的赛前赛后流程等，已成为目前赛事信号制作的特点。加之高清和标清电视形式的混杂存在，使信号制作过程中的技术含量明显提高。在这种情况下，技术人员介入到信号制作中无疑可以发挥自己的优势，将自己对设备的熟悉和了解运用在操作层面上。

以VM岗位为例，视频切换台是赛事制作的核心也是最终出口。操作中的任何微小失误都会直接体现在电视画面上。因此，优化设置、准确操作是确保信号制作无误的关键。由于电视技术的不断更新，视频切换台的型号、种类和性能也在不断地变化。一名好的技术切换员要熟知所有种类和品牌的切换台，同时要根据导演要求和赛事制作规模对视频切换台进行最佳设置。并且，由技术人员承担对视频切换台的操作，应该能体现出技术人员对设备了解的优势。这个优势不但体现在信号制作中将切换台的技术性能发挥到极致，而且能够在应急处理上稳而不乱，将故障时间和影响降到最小。此现象曾经发生在2004年雅典奥运会乒乓球赛事信号制作中。在一场制作过程中，导演监视墙的画面突然开始抖动，笔者立即意识到视频同步系统出现了问题，马上将视频切换到应急切出排切，并切出主摄像机机位画面。然后迅速通知技术支持团队协助解决。试想，如果要求正在全神贯注赛事进程的导演及时排除技术故障，确实勉为其难。

为了加强技术切换员的业务水平和综合素质，转播部在奥运前期对所有专项赛事的技术切换人员进行了业务培训，要求大家熟悉所有主流品牌视频切换台的功能、特点、设置和操作。这些培训和要求都是保证技术切换员在赛事信号制作中不出错误的基础，也是发挥技术人员优势的保障。

三、 VM岗位现有的工作模式

由于VM在国内体育赛事制作中是一个全新的制作工种，各个赛事信号制作团队可根据赛事特点和人员结构形成不同的制作风格。就目前为止，大概有两种工作模式。

第一，赛事制作，导演与技术切换员进行沟通，向技术切换员交代项目特点、制作理念和具体要求。包括：赛事进程处理、常规镜头处理以及场景转化处理等。

第二，赛事导演调机并指挥技术切换员完成视频切换台的每一个操作。

应该说，以上两种方式各有利弊，且有团队之分及项目之分。

第一种方式的弊端：会造成制作理念上的偏差。由于每个人对事物的认知度、理解力不同。在赛事前的沟通中如果不是很深入，就会在信号制作中产生制作方向上的偏差，信号制作不能百分百地实现导演意图。利处则是能够让导演完全解放出来，有充分的精力关注赛事的突发事件和制作细节。此方式适合长期配合、有共识且配合默契的制作团队。另外，也适用赛事节奏快且有规律性的镜头处理的制作上。

第二种方式的弊端：由于导演要指挥技术切换每一个操作的同时，还要进行讯道调机，因此，要求导演不但全神贯注还要未雨绸缪。特别在快节奏和瞬息万变的赛事现场，任何口令失误都会造成遗憾。利处则是可以不打折扣地实现导演意图。此方式适合各种搭配组合。目前，此方式比较适合赛事节奏较为缓慢的项目，导演有足够的时间进行调配。

四、 VM需要具备的素质

应该说，从事技术切换不但需要上述所提及的专业水平，同时需要很好的综合素质。这些素质直接影响到信号制作的水准和播出安全。具体来说，应该具备以下素质：

(1)具备电视画面组接与电视制作手段的基本常识。

(2)具有良好的沟通能力、理解能力和合作精神，尽量能百分百地了解导演的意图，尽可能地完成导演预期的信号制作效果。

(3)具备良好的心理素质和应变能力，除对导演的指令及时处理外，无论出现任何突发事件都能协助导演将故障时间和影响降低到最小。

(4)其有很好的身体素质，学会体力分配。

(5)加强艺术修养，了解电视制作的新手段和整体发展趋势。

总之，VM对于我们来说还是一个新兴的岗位，如何做好、做专、做强，需要我们的热情和知识。我们已经做得很好，相信我们将会做得更好！

音　频

陈晨，八届“春节联欢晚会”音响设计。2002年荣获中央电视台第四届“十优青年”荣誉称号。2008年北京奥运会及多届国际大型体育赛事公用信号制作中央电视台（CCTV）团队音频总负责人。庆祝国庆60周年大型电视转播音频系统设计及播出总负责人。

八年声音磨砺见证奥运历程

序　言

宝剑锋从磨砺出，梅花香自苦寒来。

1993年9月23日，在摩纳哥的蒙特卡洛，北京以两票之差痛失2000年奥运会承办权，取而代之的是澳大利亚的悉尼。2001年7月13日北京申奥成功！我们用了八年从摩纳哥走到了莫斯科，终于获得了2008年奥运会的举办权！或许是巧合，我们也恰恰是从悉尼到北京，从2000年到2008年，展开了中国电视大型体育转播声音制作的探求之路。

2000年的悉尼，笔者首次作为中央电视台的工作人员参加了奥运会的电视转播。那时我们工作的地点是在IBC（国际广播中心）中搭建的CCTV演播区，每天在播出系统中听到来自各个赛场传来的丰富而充满激情的公用信号声音时，确实为之震撼了。除了浓烈的现场气氛外，还有大量从未听到过的赛场上运动员们比赛的非常细节的效果声，有的就像电影的声音效果一样，令人惊叹。不曾想到国内的体育比赛声音制作与国际高水准制作之间的差距竟如此之大。后来才知道，当时悉尼奥运会已全面实现了立体声制作，丹尼斯是声音总设计师，使用了几千支话筒进行拾音。悉尼奥运会打开了我们的发现之门，我们下定了决心，争取把国内的体育声音制作提高到国际水平。

由此，我们通过不懈的努力和探求，先后在2002年广州汤姆斯杯/尤伯杯的羽毛球赛、

2004 年雅典奥运会、2005 年的澳门东亚运动会、2006 年墨尔本英联邦运动会、2006 年多哈亚运会、2007 年上海特奥会和 2008 年北京奥运会及残奥会、2009 年山东全国运动会等大型运动会中完成了公用信号音频制作任务。

在第 29 届北京奥运会电视信号制作中，中央电视台音频制作团队承担了乒乓球、羽毛球、排球、篮球、网球、现代五项 6 个赛事和表演项目武术的音频公用信号的制作任务，以及残奥会开闭幕式、田径、场地自行车、轮椅网球、游泳、7 人制足球、柔道、坐式排球、乒乓球、轮椅篮球、轮椅橄榄球 10 项赛事的音频公用信号制作。

北京奥运会的电视公用信号制作是奥运转播历史上首次采用全部高清视频信号和全部 5.1 环绕声音频信号制作和转播。我们的音频公用信号制作团队在这次世界电视信号音频制作队伍中表现得非常优异和突出，特别是篮球团队的出色工作，使得 IBC 的音频信号质量监控中心把我们的篮球环绕声音频信号作为了制作范本向各个国家的制作团队进行推广。

现代大型体育赛事的声音制作一般可分为两大部分：体育比赛的声音制作和开闭幕式的声音制作。二者对于制作内容、制作工艺以及制作重点都有很大的差异，但是从主转播商和持权转播商的角度来说却是一致的，即都是由主转播商负责制作公用信号，并把信号提供给持权转播商来使用，并由持权转播商加以各自的包装完成各个媒体转播商的单边制作。

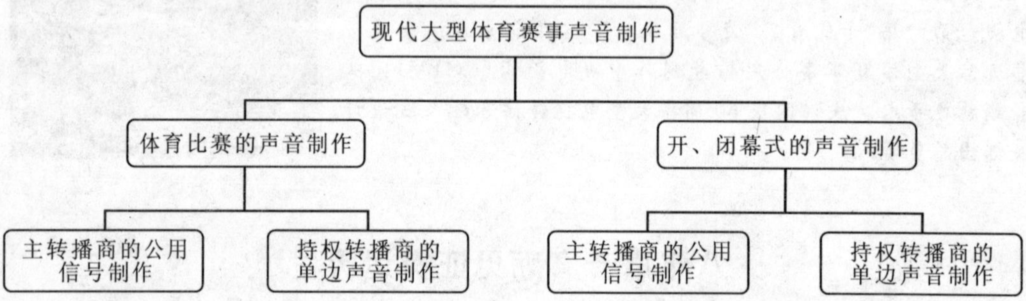

第一章 体育比赛的声音制作

第一节 主转播商的公用信号制作

一、制作团队人员构成

主转播商的音频制作团队分为技术团队和制作团队，由音频技术负责人(AIC)和音频主管(A1)、音频助理(A2)组成，所有人员分工明确、各司其职、各负其责，这是现代职业化制作的一大特征。

岗位分工如下：

• 音频主管(Audio Supervisor，缩写为 A1)。

• 音频助理(Audio Assistant，缩写为 AUDIO ASST 或 A2)。

• 转播车音频负责人(Audio In Charge，缩写为 AIC)。

1. 总则

上岗要求：

①首先要热爱体育赛事公用信号制作和电视转播工作。有工作热情，能主动地进行工作。对转播的体育项目的相关方面有所了解，具有非常强烈的责任感和荣誉感。

②具有多年的信号制作经验和较高的专业制作水平。

③能够独立地制定制作方案或准确地理解现有的制作标准。

④熟悉所使用设备的型号、特性和功能。

⑤具备团队合作精神，具有个人的感染力、亲和力。

⑥具有良好的政治素养。

⑦具有良好的公关沟通能力。

⑧对信号制作工作充满激情。

工作原则：

①以公平、公正、获胜优先的态度客观地来制作赛事电视公用信号。

②根据运动规律和项目特点，制定并执行最佳音频制作方案。

③确保每个环节的操作准确无误，不允许出现硬伤。

④让总导演及各个工种理解自己的创作意图，取得支持，协同各工种密切合作，共同完成好公用信号制作任务。

⑤在制作团队中体现奥林匹克运动精神，永不满足，开拓创新，勇攀新高。

2. 音频主管(Audio Supervisor，缩写为 A1)

岗位描述：

音频主管是公用信号制作团队音频部分的负责人。

①协同各个工种现场勘察，根据比赛级别，确定拾音方案。

②与体育赛事国际联合会协调确认话筒的摆位。

③制定信号传输、分配流程方案。

④完成调音台的通路设置。

⑤解决多种信号输出的监听监看问题。

⑥赛前分析每场比赛的变化点，预知将要发生的可能性，为特殊位置设定临时的话筒。

岗位职责：

①音频主管应该对比赛的公用信号制作的音频质量负责。

②音频主管应该对制作团队的总导演负责。要与导演及各个部门、工种的负责人经常沟通、密切配合。

③作为制作音频团队的负责人，音频主管应该与技术团队的音频人员建立良好的合作关系，以保证系统的顺利搭建、设置和运行。

④音频主管要严格地管理好自己的团队，并让团队中的每个成员清楚地知道自己的工作岗位、工作任务和工作目标。

⑤音频主管要认真、努力、高质量地完成自己的本职工作。

3. 音频助理(Audio Assistant，缩写为 AUDIO ASST 或 A2)

岗位描述：

音频助理是音频制作团队中音频主管的助手。按照《奥运会电视公用信号制作手册》的要求，音频助理主要负责协助音频主管，布置话筒缆线以及安装话筒等任务。

①协助音频主管工作。

②转播时，处理比赛现场的突发问题。

③调现场的各种关系。

④及时地提示音频主管有关信息。

岗位职责：

①音频助理应该对比赛的公用信号制作的音频质量负责。

②音频助理应该对制作团队的音频主管负责。要与各个部门、工种经常沟通、密切

配合。

③应该与技术团队的音频人员建立良好的合作关系，以保证系统的顺利搭建、设置和运行。

④音频助理要严格执行音频主管的制作方案以及操作指令。

⑤音频助理要认真、努力、高质量地完成自己的本职工作。

4. 音频技术负责人(Audio In Charge，缩写为 AIC)

岗位描述：

①配合音频制作团队的工作。

②完成先期的系统搭建工作。

③完成音频系统的通路设置。

④完成内通系统的矩阵设置。

⑤保障系统的正常运行。

岗位职责：

①转播车音频负责人应该对比赛的公用信号制作的音频质量负责。

②转播车音频负责人应该对转播车的音频系统非常熟悉。要与各个部门、工种经常沟通、密切配合。

③应该与制作团队的音频人员建立良好的合作关系，以保证系统的顺利搭建、设置和运行。

④转播车音频负责人要严格执行制作标准和方案。

⑤转播车音频负责人要认真、努力、高质量地完成自己的本职工作。

二、制作理念

既然是公用信号的制作，就必须在制作过程中充分体现“公正和平等(Fair and Equal)”“运动与情感(Motion and Emotion)”等核心理念。

所谓“公正和平等”是指在声音信号的制作过程中要始终客观的表现比赛的进程，不能够按照自己的个人喜好和利益对不同的选手进行不同的和不公正的信号处理。

所谓“运动与情感”是指除了客观的反映比赛进程之外，要把握住比赛的关键之处、细微之处、精彩之处，并把这些最具特色的，最具有冲击力的声音传递给观众。如篮球刷篮框的声音、跳远起跳的声音、射箭箭体飞行的声音，甚至是运动员或教练员的一声呐喊，等等，即便是现场观众也很难体会到的声音，我们也能够通过话筒将其捕获到。

笔者认为，一名优秀的录音师首先自己一定要能体会到录制主体中所孕育和表现的情感，并加之自身的理解与激情，才能在转播中和作品中把这份情感与激情传递给观众、感染观众。

三、制作中的技术要点

1. 国际声(International Sound)

公用信号国际声是指为持权转播商提供的比赛现场的比赛声和气氛效果声的混合声，具体看来，它应包含以下五层声音。

第一层：比赛场地上发生的比赛细节声。

第二层：摄像机机头话筒的近距离声音。

第三层：赛场观众的气氛声音。

第四层：播出系统录像带或硬盘的回放声音。

第五层：赛场内扩声系统的广播和音乐信号的声音。

2. 公共信号制作的音频系统提供的信号输出

①电视立体声信号(ISTV Stereo)。

②电视单声道信号。

③广播立体声信号(ISRA Stereo)。

④场地话筒的直接输出信号。

⑤摄像机机头话筒的直接输出信号。

⑥调音台编组输出(观众效果声、比赛细节声、录像机放像声、摄像机机头话筒声)的直接输出信号。

⑦独立英文解说声信号。

⑧英文解说声与国际声的混合声信号。

⑨电视环绕声信号(ISTV Surround 5.1)。

3. 电视国际声(IS-TV)和广播国际声(IS-RA)的区别

电视国际声中由于有不同镜头画面景别的切换，声音也会随之进行相应的切换，但对于广播听众来说，突然的声音变化就显得莫名其妙，因为他们是看不到画面的，因此对于广播国际声而言，应主要提供比赛现场的气氛效果声，避免近距离的细节声音。

电视国际声和广播国际声的制作应该由完全独立的系统去操作。

ISRA信号在比赛开始前一个小时和比赛结束后的一个小时之内不能中断。

4. 话筒摆放的规范

录音师在比赛现场摆放话筒的时候应遵守以下原则。

①所有的话筒摆放一定不能成为运动员进行比赛的安全隐患。

②所有的话筒摆放一定不能干扰和阻碍运动员的比赛动作的正常进行。

③任何对于比赛现场话筒位置的改动都必须经过赛事国际联合会的许可。

5. 对于声像移动的主观视角分类

①单独比赛场地的项目：(通常以中间2号机位为主观视角进行声像定位)

视角横向移动：手球、排球、篮球等。

视角纵向移动：网球、羽毛球等。

②多个比赛场地同时进行的项目(主、副场共享环绕效果话筒)：

田径、体操、乒乓球、羽毛球等。

③移动中进行比赛的项目(多点的环绕声处理)：

马拉松、竞走等。

6. 关于中置声道

①HB(主转播商)不提供任何评论声。

②中置声道预留给持权转播商使用(评论声)。

③裁判员、教练员、场馆广播的声音分配至前左、前右声道。

7. 主转播商要提供完全独立的立体声和5.1环绕声信号

①立体声和环绕声的制作应共享大部分声音元素，以保证声音的一致性。

②不能直接使用下混不功能制作立体声信号。

③世界上90%的观众会收听立体声信号，因此非常重要，至少70%的时间要去监听立体声信号。

8. 立体声的混音使用

①比赛场地中的特定细节的效果话筒。

②摄像机上的立体声话筒。

③中近距离的环境声效果话筒。

9. 环绕声的混音使用

①比赛场地中的特定细节的效果话筒。

②摄像机上的立体声话筒。

③中近距离的环境声效果话筒。

④环绕声的效果话筒(前、后)。

⑤环绕声的效果话筒(左、右)。

⑥LFE。

10. LFE(低频效果)

①LFE缩写可解释为 Low Frequency Enhancement，也可解释为 Low Frequency Effect。

②如拳击、举重、篮球等项目尤为适合使用 LFE。

③应使用 AUX 输出。

④应使用 120Hz 的低通滤波器(Low Pass Filter)。

⑤为了提高 LFE，不要降低其他环绕声声道的电平。

第二节　持权转播商的单边信号制作

持权转播商除了使用主转播商提供的公用信号外，还要根据各自国家地域的不同特点，对公用信号进行包装制作，形成自己独特的，符合观众需求的转播。

对于现代大型体育赛事转播的单边声音制作，通常会以 IBC 为核心展开。包括：

1. IBC 包装系统

①播出系统。

②演播室。

③配音间。

④节目声返送系统。

2. 赛场演播室

3. 赛场评论席

4. 赛场单边注入点

第二章　开闭幕式的声音制作

第一节　主转播商的公用信号制作

良好的开始是成功的一半。对于大型综合性运动会来说，开闭幕式在整个体育盛会中的重要地位不言而喻。其中开幕式的电视转播就更为重要，也通常是全国乃至全世界电视观众的关注焦点。

2008 年北京奥运会，是首次制作高清、5.1 声道环绕声电视公用信号，中央电视台在北京奥运会中除了承担奥运会和残奥会多项比赛的公用信号制作任务外，还负责制作残奥会的开闭幕式的电视公用信号。

一、制作要求

开闭幕式的电视声音信号的制作看似简单，其实非常复杂，要完成一场高质量的开闭幕式声音转播，难度非常大：

1. 政治要求高

通常，大型的国际或国家级体育赛事的开幕式都会有国家最高领导人出席并宣布开幕，该项赛事的最高官员也会出席并致辞，因此，政治要求非常之高，在这一点要做到万无一失。责任之大可想而知。

2. 关注程度高

大型的国际或国家级体育赛事的开闭幕式，通常是电视观众的关注焦点，也是该赛事是否成功举办的重要标志和砝码，因此，任何小的失误都会在亿万电视观众面前呈现出来，造成不良影响。

3. 系统规模大

由于举行开闭幕式的场地通常较为庞大，因此拾音系统的搭建规模也因距离之远、通路之多而变得繁杂。

4. 制作难度大

在大的体育场构建声场是一件非常困难的事，甚至就连架设一支顶棚的效果话筒也是一项非常危险的工作。

二、声场环境

开闭幕式通常所使用的超大型体育场还是比较适合 5.1 环绕声制作的。它相对于其他厅堂和场地有一定的优势：

1. 声场优势

此类体育场的声场最佳听音位置明确，反射声丰富。通过科学的话筒分布和声像定位就可以再现甚至进一步美化现场的声场环境，从而制作出单声道或立体声无法营造的更加逼真的声场环境。

2. 声源优势

此类节目多为群众聚集活动，观众人数众多，现场气氛热烈。除正面主体声源外，其他各方向都有清晰而丰富的环境声源，可以令环绕声声道的作用更加清晰，使听众更加明确自己在声场环境中的位置。

3. 环绕声环境相对固定

这是与电影制作及一些高速运动项目相比较而言的，对于声像移动和变化的要求比较少，也可以满足直播需要。

三、拾音结构

鸟巢体育场现场有 4 类声音是我们非常关注的：

(1)场地内的表演主体。

(2)座无虚席的近十万观众。

(3)鸟巢内的扩声反射声。

(4)鸟巢四周和屋顶上燃放的焰火。

这 4 类声音是环绕声制作的关键，我们的话筒也多是为针对它们而设置的。

四、拾音方案

1. 场地内表演主体

(1)语言。为仪式部分架设语言话筒，既要完成功能，还要注意美观。

(2)演唱。通常使用无线手持和纽扣话筒进行拾取，特殊情况还可使用界面或接触式话筒。

(3)音乐。要注意 5.1 环绕声音乐与立体声音乐在声场中的整体效果。

(4)群体人声。一般使用多支超指向型话筒拾取。

(5)关键点效果声。可根据情况使用摄像机机头上的立体声话筒，或录音员用手杆话筒拾取。有些还可以使用预置话筒拾取。

2. 观众效果声

近十万热情观众的呐喊声、喝彩声、掌声和惊喜的尖叫声是最能体现鸟巢现场火热气氛的元素。身处在鸟巢中的人一定会被这种混杂、巨大和激情的声音所感染，所以我们要做的就是把这种感受传递给电视机前的观众。我们使用8支大振膜全方向电容话筒及8支超指向型话筒分别吊装在了观众席上方，为了不遗漏观众席的任何一个区域，这16支话筒几乎是沿观众席圆周平均分布的。使得声音既有场的感觉，又有点的存在。但同时还要考虑到现场扩声音箱的影响，尽量避开它们的覆盖范围。

3. 环境效果声

为了让环绕声的声场优势能够充分体现，与单声道或立体声制作相比，我们需要更多的反射声或环境声来充实后置声道。实际上，鸟巢内的每一支话筒都能够拾取到、而且也不得不拾取到一定的扩声反射声。但由于这些话筒作用的不同、话筒与扩声音箱相对位置的不同，所以这些话筒中拾取到的反射声的音色又都各有不同。因此，为了得到一些具有与立体声相关性的扩声反射声，我们还使用了立体声制式话筒拾取扩声反射声信号。

4. 烟火效果声

燃放焰火是开闭幕式转播的一大亮点，环绕声的优势在这时候被彻底地体现了出来，所以我们要拾取到各种焰火的爆炸效果声。为了能够更近更清晰地拾取，我们将8支效果话筒安装在了鸟巢体育场屋顶的焰火发射器附近，并配合架设在场外的高空烟火效果声拾取话筒，合成对高低空烟火的声音拾取。

五、现场制作

1. 混音设计

必须首先明确混音理念，也就是做出恰当的声场设计。开闭幕式5.1声音制作的重点就是再现鸟巢的现场声场，重现现场火热的气氛。所以我们原则上将听众置身于现场的主席台附近，被四周热情的观众所包围。那么就需要将吊装的观众效果话筒和反射声话筒定位在声场的四周，同时要平衡各路信号的音色和音量，确保营造出丰满平衡的环绕声效果。但同时需要注意的是，画面中展现焰火绽放效果时，通常使用固定的几个机位，因此需要根据每次的机位景别不同，设置焰火的声像定位应该是在前置或中前部还是四周。另外，有些焰火带有明显的移动效果，必须要根据画面预置声像移动方式，并在一定范围内放大这种移动关系，从而得到更加震撼和真实的效果。

2. 动态控制

为了得到震撼的效果，我们会尽可能将节目动态做大，但考虑到记录媒质、传输路由以及最终用户的重放环境和承受能力，我们还是不得不将动态范围限制在一定的区域内，这就需要用到压缩和限制。首先是对于焰火话筒等大动态信号的单通道压缩，然后是在5.1输出母线上的多声道压缩。单通道压缩大家都已经熟知了，但5.1输出母线上的多声道压缩与传统的立体声母版压缩还是有一些不同之处的，主要体现在6个声道需要单独压缩，而不能链接在一起。也就是不能因为一个声道的电平超过了门限，就将其他所有声道一起压缩，这样会带来非常明显的喘息效应。我们认为正确的方式是尽量靠单通道压缩来限制超大的瞬态电平，同时靠通路衰减器来控制响度和平衡，5.1输出母线上的压缩器主要起到对个别超指标瞬态峰值的限制作用。

3. 下混合兼容性

考虑到我国目前的电视播出现状和群众的重放环境，下混合的立体声版和单声道版也显得尤为重要，因此，也要注意5.1环绕声版制作的兼容性。立体声和单声道的制作会更加强调主体声源，对于环境声的要求会相对小一些。另外，与立体声下混合单声道一样，

5.1下混合时还要注意相位问题引发的梳状滤波器效应。

第二节　持权转播商的单边信号制作

现代大型体育赛事开闭幕式的单边信号制作，通常包含以下内容：

1. IBC包装系统

• 播出系统

• 演播室

• 节目返送系统

2. 现场演播室

3. 现场评论席

4. 现场单边注入点

这其中，最重要的是现场评论席，应注意以下几点：

1. 如果评论席在现场，一定要相对封闭，避免现场扩声对话筒的干扰。

2. 评论席房间一定要做建声处理。

3. 如果主持人不出镜，最好使用大振膜话筒进行试音。

4. 应使用相对封闭的耳机，避免导播的指令声串进播出话筒。

5. 目前主流的5.1声道实况制作仍然是将解说声放在且仅放在中置声道。这样做的好处有：

• 解说定位更加明确

• 兼容性好

• 为前左和前右声道留足了动态空间

• 规范了制作标准

但同时也存在着解说声无法与环绕声场很好融合的问题。如果我们将解说信号稍稍分一些给前左前右声道，那么宽度将会有明显改善，融合度会提高，但同时却在一定程度上丧失了上面提及的优势。

我们在2008年北京奥运会上，充分理解了国际信号制作的理念和标准，紧密地与国际团队进行了合作，出色地完成了赛事以及开闭幕式的公用信号和CCTV单边信号的制作任务，完成了中国电视人光荣而神圣的使命。

回首我们走过的八年历程，从满足几支话筒到享受听觉的盛宴，通过先进的声音制作理念和制作标准，声音的魅力足以突破时间、空间的界限来传递全人类更高、更远、更强的体育精神，冲击人类体能与意志力的极限，充分展现奥运的运动与激情。

徐慧明，音频部一科副科长，历任2006年多哈亚运会、2008年北京奥运会、历届斯坦科维奇洲际杯篮球公用信号音频总监，中国最早的体育声音环绕声实时制作的研究者和实践者之一。

北京奥运会篮球声音制作综述

2008年8月24日，所有的篮球迷永远不会忘记这一天。美国和西班牙，在北京五棵松篮球馆，共同为世界奉献了一场奥运历史上最激烈、最精彩的男篮决赛。比赛中激烈的暴扣和对抗，夺冠后美国队压抑不住的激情怒吼，都通过中国电视声音制作团队的完美工作，实时细致真实地呈现在电视机旁、收音机前守候的全世界篮球迷的耳朵里。

215小时直播时长，76场男、女篮比赛，北京奥运会篮球比赛始终如一的高质量环绕声，受到了北京奥林匹克转播有限公司(BOB)音频总设计师Dennis Baxter先生的高度赞扬，称之为奥运篮球转播有史以来最好的声音，同时也得到了BOB质量监控中心包括John Rowland先生等在内的7人小组的一致好评，在国内业界同行里也是引起了强烈的关注和如潮的赞扬。

北京奥运会篮球电视声音制作开创了几个奥运电视声音转播历史上的第一次：

- 第一次由中国的声音制作团队来独立制作篮球这个欧美的传统“大球”强项
- 第一次由中国的一个声音制作团队同时独立制作男、女篮两个项目
- 第一次实现5.1环绕声电视声音直播
- 第一次同时实现5.1环绕声电视声音、立体声电视声音、立体声广播声音三种不同系统声音的直播

此次的奥运会篮球声音制作团队共8人，其中两名A1：徐慧明、汪涛，5名A2：陈晓蕾、韦焕、赵刚、曾明、曲乐，7人均来自技术制作中心音频部。整个篮球声音团队全部由中央电视台音频人组成，标志着中央电视台篮球声音制作水平已经达到了世界一流水平。通过中央电视台音频部七年以来篮球声音的实践演练和理论创新，声音制作团队已经和体育竞赛部的视频制作团队一起，由学习的起步阶段迈向了世界性的全面竞争阶段。

此次BOB篮球转播的技术团队也是来自中国的浙江电视台，他们为北京奥运会专门做了一辆全新的价值不菲的世界一流5.1环绕声录音车，舒适宽敞，设备先进。

所以说，这次声音制作团队取得的巨大成功和各个中国团队的支持配合是分不开的。

这次篮球声音制作，BOB的要求在奥运电视声音制作史上也是空前的。具体介绍如下。

浙江台5.1环绕声录音车内部一角

一、 在信号输出上的要求

第一部分，送往TOC(技术控制中心)及IBC(国际广播中心)的电视播出环绕声6个声道、电视播出立体声两个声道、广播播出立体声两个声道共10个编组信号(见下表)。

输　出	对　象	声　场	内　容
AES1	ISTV	STEREO2.0	L/R
AES2	ISTV	SURROUND5.1	L/R
AES3	ISTV	SURROUND5.1	C/LFE
AES4	ISTV	SURROUND5.1	LS/RS
AES5	ISRA	STEREO2.0	L/R

第二部分，送往EVS工作区的供EVS3原速重放回传比赛精彩画面集锦的声音素材用的，包括电视播出环绕声6个声道、电视播出立体声2个声道等8个编组信号，如下图所示。

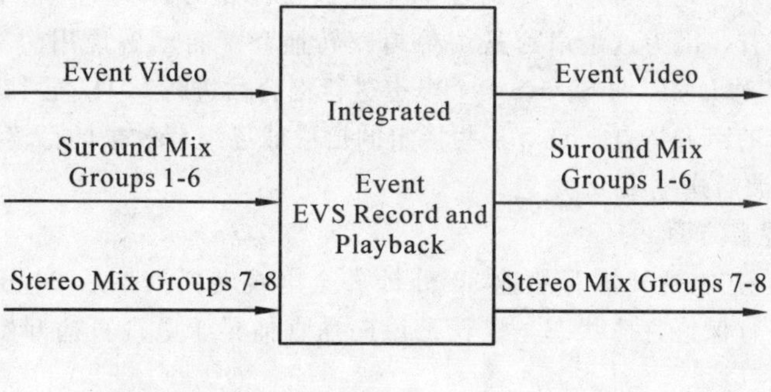

第三部分，在篮球项目中有着比其他项目更多的输出声道。因为篮球是美国的强势项目，所以全美广播公司(NBC)要求BOB提供一些独立的话筒信号给自己特别使用。送往NBC的部分话筒信号是推前信号，包含两边篮筐话筒信号，特定机位机头立体声话筒信号等共6路推前辅助输出信号。

三部分合起来共24路输出信号，每路输出信号都不一样。

二、 在混音上的特别要求

1. 电视声音混音方面

Dennis Baxter强调要求绝不允许由5.1环绕声直接下混合(down－mix)出立体声，5.1环绕声和立体声必须分别独立分配混合比例和内容。

系统要求如下图所示：

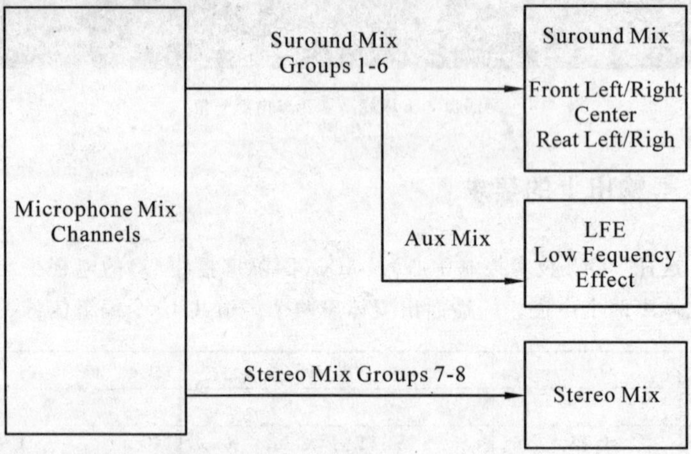

其中5.1环绕声制作方面声道内容规定见下表：

Sound Elements	Front Left	Front Right	Center	Rear Left	Rear Right	LFE
Sport's Specific Sound	X	X		M1	M1	M2
Atmosphere	X	X		D	D	
Camera Microphones	X	X				
Video Tape Playback	X	X		X	X	X
Opening Animation Music	X	X	X	X	X	X
M-Mixing Options						
D-Different Microphones						

对于篮球来说，首先中置声道声道在除了在放公用信号片头的时候以外的任何时候，都不允许有任何声音，因为这个声道是留给持权转播商配自己解说用的。其次LFE声道，BOB的一般定义是对L、R、LS、RS 4个声道进行混合后进行60Hz至120Hz的低通滤波，但是我们结合篮球的声音特点，只对某些特定的拾取球场细节效果的话筒信号进行了60Hz至80Hz的低通滤波后送进LFE声道。

2. 广播声音混音方面

(1)在时间上，在电视转播开始前30分钟直至电视转播结束后60分钟这一时间区域内，广播声音要一直保持直播状态。也就是说广播直播早于电视直播开始，晚于电视直播结束。

(2)在内容上，首先广播播出立体声的内容要结合广播听众的听音特性，必须区别于电视观众的听音内容，因为广播听众是看不见实时比赛画面的，对球赛的进程和突发事件的了解只能依靠于广播解说员翔实的现场解说。因此，广播声音的公用信号应该是听起来就好像坐在球场里某个观众空间里的感觉，现场扩声只是背景声，内容上不管比赛是在进行时还是已经结束了，只要实时准确再现球场现场的气氛，来辅助现场解说就可以了，而不应该有比赛场上球或球员、教练员、裁判员等的细节声或者机头话筒的声音。

而当电视转播开始走传送片头画面时以及电视转播结束后进行未切出精彩镜头素材集锦回传的时候，广播的声音内容不能有变化，不能受到影响。也就是说，此时内容上广播立体声道里的声音应该是比赛现场气氛声，而不是电视片头的声音或者是回传画面的实时声音。

(3)而在颁奖仪式的时候，广播播出声道的内容比例又发生了变化。

左声道＝PA 语言 ＋ PA 音乐左 ＋ 观众气氛

右声道＝PA 语言 ＋ PA 音乐右 ＋ 观众气氛

此时不同于平时的是，PA 不应该完全是背景声，要考虑到持权转播商的解说，为其预留空间，所以一定要注意 PA 和观众气氛的混合比例，要做到虚中有实、实中有虚。

三、 在电平上的要求

在和技术控制中心(TOC)进行关联信号的传送电平测试的时候，是有统一标准的，各个输出声道的电平都是－18dBFS。

而在直播时的工作输出电平，一开始规定峰值不能超过－10dBFS，随后按照实际工作的进程，相应地放宽到－7dBFS，以求获得更合理的动态，而最小值必须不能低于－24dBFS。

对于 OTD(Olympic Transition Device)电平，即字幕扫画电平，原本统一要求是－28dBFS，但由于各比赛项目的不同特点和不同的比赛环境造成 OTD 的程度不一，所以在篮球声音制作中，为了清晰地听见 OTD 扫画，一般控制在－15dBFS 到－10dBFS 的范围内。

图 3　BOB 篮球声音制作团队直播工作场景

上述要求，实际上相当于是要我们在一张调音台上，一个音频系统里，以完全独立的三种混音方式进行制作。因此工作是很艰辛的，丹尼斯的高要求带来的不同以往的需要解决和重新思考的问题变得很多，表现在系统要求上比以往各届都要庞大和复杂，输入/输出通路数量级倍增；在话筒布局上得必须考虑更多的声道相关性；在混音上要求更加大气细致、层次清晰融合和定位准确；在监听上要求区别于传统的直播中一成不变的监听模式，而是要时常切换不同声场模式保证混音质量。

虽然丹尼斯先生事先会给每个项目的 A1 提供该项目的话筒布局方案和话筒清单，但是话筒的具体位置和角度、系统方案的具体设计、制作中具体的场景声场转换设计以及每个话筒的具体声道分配还是要靠 A1 去咀嚼消化形成自己的东西。

丹尼斯先生提供一个粗放的方案不是为了抹杀各个 A1 的个性创作，不是让 A1 照本宣科，而正是为了鼓励 A1 去创作新的东西，但是这种创作不能胡来，必须建立在一个公开的奥运公用信号声音质量的量化和标准化的基础之上。A1 要先按标准来，然后再在共性中体现自己的个性。

Nothing is impossible！篮球的声音制作，是永无止境的。

唐沁，1997年到中央电视台音频部工作至今，参与了2004年雅典奥运会、2006年多哈亚运会、2006年英联邦运动会和2008年北京奥运会的羽毛球公用信号的制作。

奥运会羽毛球电视公用信号音频制作

盛况空前的2008年北京奥运会成功落幕了，多项世界纪录被运动员们刷新。同时，本届奥运会的电视转播也创造了多项转播史上的纪录，BOB(北京奥林匹克转播有限公司)作为2008年北京奥运会的主转播商，进行了历史上最大规模的电视转播，共调用59辆高清转播车和数十套高清EFP对全部28个比赛项目进行了直播，向全世界200多个国家和地区提供了比赛直播信号。本届奥运会全部采用高清电视信号转播，音频信号首次全部采用5.1环绕声制作。

BOB的制作模式是雇用不同国家的技术团队和制作团队来进行标准化的奥运会电视转播，2008年北京奥运会的羽毛球电视转播就是由受雇于BOB的中央电视台和浙江电视台、厦门电视台三支中国制作团队共同完成的。羽毛球比赛在北京工业大学体育馆(BOB场馆代码为BTG)进行，比赛共分为三块场地，其中由中央电视台负责转播位于场馆中央的1号场地，厦门台负责西侧的2号场地，浙江台负责东侧的3号场地。

对于奥运会转播BOB有严格的标准，从信号的测试、传输和记录都有严格的规定，所有的转播要求包括各种图示都要详细记录在转播手册中，以便使制作团队所有人员完全了解这些标准，并在转播中严格执行，这样才能保证奥运会比赛转播信号达到统一的标准。

一、 音频工程师

北京奥运会的羽毛球制作团队中音频工程师共9人，BOB对音频工程师的职位分为3种：A1-音频负责人(audio supervisor)、A2-音频助理(audio assistant)、A3-实习生。羽毛球1号场地配备1名A1和4名A2，2号和3号场地各配1名A1和A2。

二、 技术团队与设备

羽毛球转播的技术团队是来自比利时的Alfacam公司，主要从事电视设备与转播服务，范围涵盖运动会、舞台艺术、音乐会、大型展示等活动的制作与转播。其雇员遍布欧洲，是一支很专业的技术团队。这次北京奥运会Alfacam提供了几十辆转播车和几十套EFP转播系统服务于电视转播，我们在羽毛球馆使用的是Alfacam的OB31高清转播车和1套EFP

转播系统。

1号场地声音制作使用OB31转播车的音频控制间，2号场地和3号场地使用搭建的EFP系统音频控制室。EFP系统音频控制室是由BOB的工程技术团队搭建的活动板房，完全是统一规格，吸声、隔音、房间大小甚至空调温度都要符合BOB的标准。三块场地使用的调音台都是Alfacam提供的LAWO的MC266，5.1监听音响都是GENELEC的音响，周边设备也基本上都是一样的。

除了技术团队提供的转播车、调音台、监听系统、周边设备、线材等，奥运会转播的话筒都是由Audio-technica提供的，它是奥运会转播独家话筒提供商，Audio-technica的话筒种类很多，其中很多话筒都是应体育比赛转播的要求专门设计开发的。图1是羽毛球转播的话筒型号表：

图1

到达转播区的第一天，来自BOB物流中心的卡车就会将转播设备运到比赛场馆，音频工程师需要和场地经理一起核对设备清单，挑选转播需要的设备，将不足的设备数量和型号立刻反馈给BOB，以便得到及时的设备补充，避免因设备问题影响转播进程。

此外，从转播制作区到场馆内的音频缆、视频综合信号缆、动力电缆早在技术团队和转播团队到达之前就已经由BOB的工程技术团队布设完毕了。BOB在奥运开始前，就已经把不同场馆转播车需要的各种接口的标准统计出来，并进行安装，保证转播车到达比赛场馆后可以进行顺畅的连接并立即展开工作。

三、话筒布置

图2、图3、图4是BOB提供的话筒摆位图。

1. 场地话筒(图2)

场地话筒主要是拾取比赛的声音，为了最大限度地接近声源又不影响到运动员比赛，我们使用了大量体积较小的界面话筒和纽扣话筒。M1-M4(型号：ATu851)是4支界面话筒，分布在羽毛球场底线的四周，拾取后场的击球声，球落地的声音和运动员在后场发出的各种声音。界面话筒贴在地板上，可以减少反射声造成的相位抵消，但要注意地面震动造成的低频效应，摆放位置也应避开运动员的活动区域，防止给运动员带来伤害。M5-M6(型号：AT898)是两支心形纽扣话筒，用胶布固定在裁判席的两侧，拾取运动员在休息区的声音和运动员与裁判交涉的声音。M7(型号：AT898)是一支心形纽扣话筒，贴在裁判的扩音话筒上，拾取裁判的评判声(扩音话筒以及现场扩音音响由场内体育展示部门提供)。M8(型号：AT849)是一支立体声界面话筒，贴在发球裁判一侧，拾取网下的一些声音，如球落地、裁判掷硬币挑边的声音。M9-M10(型号：AT899)是穿在网下沿的两支纽扣话筒，拾取发球和网前小球的声音，纽扣话筒的体积小，穿在网上很隐蔽，在电视镜头上基本看不出来。M11-M12(型号：AT899)是两支全方向纽扣话筒，贴在教练席的正前方，用于拾取双方教练在比赛时做出的各种反应的声音，如叫喊、鼓掌等。

2. 摄像机机头话筒(图3)

摄像机机头话筒安装在摄像机上，摄像机都有专用的零件来固定话筒，使话筒不易脱落以及防震。机头话筒拾取的声音信号由摄像机电缆传回CCU(摄像机控制单元)，再从CCU取出，输入调音台。摄像机机头话筒一般采用超指向话筒，超指向话筒优点是拾音方向角度小，抑制干扰的能力强，能够克服周围的噪声，拾取到细致的声音。话筒安装在摄像机上可以近距离靠近场地和运动员，并且声音可以始终跟随摄像机捕捉的图像，不用音频助理举着话筒杆跟着摄像机，只要摄像机不穿帮，话筒就不会穿帮。MC1-2（型号：AT4027）在场地底线的正中间，拾取整个场地的声音。MC1-3 和 MC1-4（型号：AT4027）在场地边线一侧，这两台摄像机不停地跟踪双方运动员的运动轨迹，可以清晰地拾取到运动员在场上的各种声音。M1-5（型号：AT4027）是一台肩扛游动机位，它会在比赛开始前跟随运动员入场，完整拾取裁判和双方运动员猜硬币、挑边的全过程的声音。在半场休息时，它也会进入场地运动员休息区，近距离拾取教练对运动员进行指导的语言以及运动员换球拍甚至连运动员喝水的声音也可以清晰地拾取到。

3. 环境声话筒（图 4）

电视转播要向电视观众传达现场热烈的气氛，使观众产生身临其境的感受。M31-M34（型号：AT4029）是 4 支立体声超指向型话筒，指向观众席，用以拾取观众的气氛声。5.1 制作更需要为观众提供一个逼真的现场环境，让他们有强烈的现场感，M30、M35-M37（型号：AT4050）是 4 支大震膜电容话筒，按照环绕声的左前、右前、左环绕和右环绕的方位吊挂在整个场馆观众席的上方。

4. 单边采访话筒

BOB 向持权转播商提供单边采访传输服务，持权转播商可以在赛前和赛后通过卫星直接向世界各地传送记者的单边出镜和对运动员的采访。M29（型号：AT804L）是一支有线手持话筒，完成记者对运动员采访的拾音。

四、 监督机构

BOB 设有一个专门的机构：质量监控中心（Production Quality Control），设在 IBC（国际广播中心）的质量监控中心，其中有许多工程师，他们来自各个不同的国家，工作就是负责对各场馆传回 IBC 的音视频信号的各项指标进行实时监测，如果发现转播信号质量有不符合标准的地方，无论是哪个区域的场馆，他们都可以通过 BOB 四通八达的通话系统立刻呼叫到场馆的制作人员，直接询问原因，告之做出调整，并记录下来，上报给转播运营中心（Broadcasting Operations Centre）。

音频制作的一切规范和要求都在 BOB 的音频手册中，在转播开始后，如果发现实际工作有什么新的要求，BOB 的音频总顾问会每天直接给各个项目的 A1 发电子邮件，不断升级要求以适应转播。

以上是 2008 年北京奥运会羽毛球电视转播音频制作情况的一些简单介绍，希望通过介绍国外先进的转播管理与制作模式能对我们以后的工作有所启迪。

陈洋，2004年进入中央电视台音频部，参与了包括中央电视台春节联欢晚会、多哈亚运会和北京奥运会在内的中央电视台综艺节目和体育赛事的音频制作工作。

2008年北京奥运会声音制作

——排球声音制作

2008年8月8日，举世瞩目的国际性体育盛会——奥林匹克运动会，在中国这个东方文明古国拉开序幕，五洲共阅中国画卷，四海盛赞动人传奇。这一“让中国骄傲，让世界震撼”的盛会办出了中国人的自豪，实现了中国百年奥运的梦想。通过举办奥运会，向世界展示了中华民族五千年的文明，展现了中国现代化建设的成就，从而相互消除偏见、增进理解。通过举办2008年奥运会，把五千年的中华文明注入到奥林匹克文明，奥林匹克文明因此而变得鲜艳夺目、生机勃勃。电视转播对于奥运盛会是极为重要的，体育文化与电视规律的对接，一方面使得体育文化中画面感、悬念性、无国界性和明星效应等电视优势得到充分展现，为电视转播提供了良好的素材。另一方面，电视手段对体育文化的传播进一步推动了体育文化的弘扬乃至整个体育产业的发展，在电视媒体的作用下，体育比赛已经成为一场引人注目的国际性事业。奥运会是集中体现体育文化的一个特殊时期，这一时刻，汇聚了最高水平最大规模的体育比赛，奥林匹克运动的影响力以及奥林匹克的精神通过一百多年传承下来，为北京奥运会的召开奠定了一个好的开端与深厚的文化内涵。

BOB(北京奥林匹克转播有限公司)作为北京奥运会的主转播商，进行了历史上最大规模的电视转播，共调用59辆高清转播车和数十套高清EFP(电子现场制作)对全部28个比赛项目进行了现场直播，向全世界200多个国家和地区提供了比赛直播信号。最为突出的是本届奥运会全部采用了高清电视信号转播，音频信号则首次全部采用5.1环绕声进行制作。作为一名电视音频工程师，参与BOB的转播工作，兴奋与自豪的同时，也感慨体育电视转播制作的飞速发展。随着观念认识的改变，技术的提高，设备的完善，录音条件的改善，一些新的创作观念得以实现，国内的体育声音制作水平在逐步提高。

这些年来，从最初的以解说评论声与观众欢呼声为电视体育节目的声音主体到如今突出场上运动员的运动赛场效果声为声音主角的观念变化；从早期的简单几支话筒拾取部分重要的赛场声音到如今可以真实自然地还原现场声音，甚至配合一些周边设备的使用，使声音饱满丰富、细腻，给予观众听觉上的享受。从转播国内体育赛事，到“汤/尤杯”羽毛球赛、“斯坦科维奇”洲际篮球赛、世乒赛等在国内举办的单项国际赛事转播制作，再到走出国门，参与雅典奥运会、多哈亚运会、英联邦运动会等国际大型体育赛事的公用信号制作，中国电视体育制作的水平已经得到了国际上的认可与好评！

本文就北京奥运会排球比赛公用信号的制作做以下分析。

一、 排球点声源的拾取

1. 球声

(1)发球

排球发球在两边的端线外，两条边线的延长线上，各画两条长15厘米，垂直并距离端线20厘米的短线，两条短线之间为发球区。发球区的深度延至无障碍区的终端。场内不允许有任何妨碍比赛队员运动的器材，因此我们将地板话筒放置在底边广告板的边上。排球的发球现在以跳式发球居多，因此我们在地板话筒的下面粘上双面的大力胶，既起到了美观的作用又防止了地板话筒与地面形成共振。还有一种情况就是发球下网，在现场我们能很明显地听到排球下网时擦网的声音，这主要是靠网上隐藏的纽扣话筒来拾取的。

(2)扣球，拦网

扣球在排球比赛中是最有冲击力的表现，因此扣球的声音拾取是十分重要的。我们用BOB为我们提供的异型架，将其绑在网柱上，进行固定，在上面架上话筒，对扣球进行拾音，最好两边的网柱上都架设话筒，使上下半场扣球的声音均衡。往往话筒拾取的扣球声音都不够有冲击力，需要录音师灵活进行处理，以达到更好的听觉效果。排球的扣球技术分很多种，在大力扣杀的时候会产生很大的声压级，而在吊球的时候声音又很小，适当地加入压限和扩展往往能收到很好的效果。拦网也是一样的。

(3)救球

排球比赛救球的区域很大，一般情况下会在左右半场的中间，这就使我们的拾音十分困难，因为距离音源太远，拾音范围又很大。我们采取了场边超指向话筒与网柱上的纽扣话筒结合使用，达到了很好的效果。网柱上的纽扣话筒如果换成地板话筒也会有很好的效果。

2. 人声

(1)网前的呐喊

排球是一项集体运动，靠队员之间默契的配合完成进攻和防守，场上的运动员之间需要不断交流，比如安排战术、安排站位、球员之间互相鼓劲等。特别是站在网前的队员，在拦网，扣杀或赢球叫好时，经常会有镜头捕捉到他们，这时我们的声音应该马上跟上，而这主要依靠网上的几支全指向的纽扣话筒来实现。

(2)裁判

裁判的哨音是比赛中很重要的声音，是我们必须拾取的。而且排球比赛中经常会出现，场上球员对主裁判的判罚不满意，球员会走到主裁判的位置附近与之沟通。但要注意的是，在跟近景时，声音可以很实很清楚；而画面是中近景，或是远景时就不要很清楚的声音，或者不用推起声音，否则就会显的声画不统一。

(3)教练的声音

排球比赛中，教练是可以叫暂停的。教练会在此时进行战术安排，此时我们就需要拾取教练的声音。最完美的做法是要求教练戴上无线纽扣话筒，这样即使是远端的机位捕捉这个瞬间，我们也能有声音的体现。很多情况下教练都不同意戴纽扣话筒。所以我们需要在移动机位上架设超指向型话筒，在摄像机上前拍摄的时候，拾取教练员的声音。

(4)第四官员

在排球比赛中有时会出现场上主裁判和第四官员的交流，这时镜头会及时地跟上他们交流的画面，本届奥运会上我们在第四官员席的桌面上架设了地板话筒，在画面是近景时我们及时地跟上了声音，达到了很好的效果。

简单地说，排球比赛中点声源的拾取就是这些，我们的目标就是尽量干净地拾取我们希望得到的声音，所以就需要话筒距离声源尽量地近，尽量使用指向型强的话筒，以避免此话筒拾取不需要的其他声音。

二、 5.1环绕声制作

北京奥运会排球被安排在了首都体育馆。排球的主机位设在网中央向观众席延伸的地方，也就是将整个场地分成左右两部分。为了不出现强烈的乒乓效应，所有的场内话筒在声像上没有分得很开，包括场内左右两个发球的点。我们在主机位旁架设了主话筒，围绕着观众席架设了观众效果话筒，形成了环绕声场。遗憾的是，首都体育馆非常高，观众席也非常高，但这次BOB没有为我们从顶棚上吊话筒，只为我们提供了4米的高杆；观众效果话筒的数量、高度也不够，远不能达到覆盖全场观众的目的，这就给环绕声制作带来了很大的困难。特别是在全场观众制造人浪时总会出现断续的感觉。为了让环绕声整体感更强，我们只能在声像上做处理，并用补点的方式补足整体环绕声的空缺，经过制作，整体的环绕声还是达到了不错的效果。

2008年北京奥运会第一次实现高清转播，第一次实现5.1声道环绕声，这是一次质的飞跃。北京奥运会我们用了5.1环绕声音频车，独立的音频车给了我们更多的发挥空间，5.1的监听环境让我们的制作更加准确、舒服。这是这次北京奥运会的制作标准，希望也能是以后的制作标准。

范文森，现为中央电视台播送中心转播部音频科音频工程师。曾参与北京奥运会等多项大型活动的转播工作。

新系统　大制作

——中央电视台大型高清转播车音频系统在北京奥运会公用信号制作中的应用

举世瞩目的2008年北京奥运会、残奥会圆满闭幕了。为了给全球亿万电视观众带来全新的视听感受，本届奥运会第一次对所有赛事进行了高清晰度电视转播，同时对音频信号采用了5.1环绕声制作。

为了体现举办国国家电视台应有的实力，中央电视台为北京奥林匹克转播有限公司(BOB)提供了两辆新建造的大型高清转播车作为技术平台并承担了此届奥运会部分赛事公用信号的制作任务。其中高清转播车A车(以下简称A车)参与了2008北京奥运会网球赛事公用信号的制作。

图1　中央电视台高清转播车A车

高清转播车A车——是中央电视台为2008年北京奥运会以及国家级庆典、大规模政治会议、大型体育赛事、大型综艺晚会等大型活动所打造的高清电视转播技术平台。该车集合了国内外转播技术的先进经验，总结了各类电视节目制作需求，特别是大型体育赛事公用信号制作的特点。在主体设备的配置上采用了国际上最为先进的视、音频设备。在系统设计上采用了先进的系统理念，整体系统具备灵活性、扩展性以及可调度性。应该说，该车是目前中央电视台外场转播配置最高，整体系统最为灵活，制作区域划分最为合理，车体规模最大的外场高清转播车。

笔者作为音频工程师参与了A车从设计、测试到验收的全过程，并有幸使用该车音频系统参加了北京奥运会网球赛事公用信号的全部制作。通过这些技术实践，笔者对该车的音频系统有了自己的认识，对系统工作中的设置操作有了经验总结，同时也对如何使用该系统完成高端制作有了自己的理解和想法，愿意拿出这些经验和体会与大家分享。

一、 音频系统介绍

我们先了解一下A车的音频系统。A车音频系统由主调音台、音频网络、备调音台、音频矩阵及音频周边设备组成。该车的音频制作监听环境为环绕声5.1环境。

图2 A车音频间及主调音台

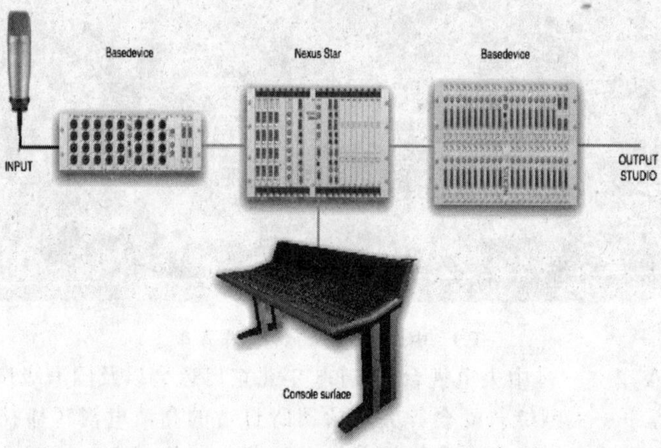

图3 A车主调音台接口箱及信号路由示意

1. 主体设备

A车主调音台为德国Stage Tec公司的Aurus调音台。Aurus调音台是具有模拟用户界面的数字调音台，可适用于剧院、后期制作及实况应用，可提供多达96条输入通路条和大约300路音频通路。它装有大量的控制调节装置，用来存取所需的音频参数。清楚的用户界面、高分辨率的表头都使其拥有像模拟调音台一样直观的操作界面。所有模拟输入/输出的动态余量可做到与模拟调音台一样，输入电平可达28dBu。Aurus调音台的话筒模/数转换器拥有大于150dB(A计权)的动态范围。通过光纤可实现两台Aurus调音台的平行连接，系统允许两台调音台平行工作，存取相同的DSP(数字信号处理)功能。Aurus可与一个NEXUS音频网络完全集成在一起，其DSP线路板可接入到NEXUS STAR音频路由器上，形成一个调音台系统。基于Aurus调音台的这些特点和性能，可以使用其完成大型体育赛事、大型音乐会、大型文艺表演的现场扩音和电视音频信号的制作。而且，利用Aurus调音台不仅可以完成立体声2.0、环绕声5.1的信号制作，甚至可以使用一张调音台同时完成多套信号的制作。

本车的Aurus调音台由调音台操作台面和NEXUS音频网络组成。其中NEXUS音频网络包括一个Star机箱(其中插有Aurus DSP板卡)、两个本地接口箱及两个远程接口箱。调音台台面作为控制单元提供给音频工程师和调音师进行操作，而音频信号的处理以及信号的输入/输出完全放在调音台接口箱中完成。调音台共有48路物理推子，推子面可以翻8页。音频通道的均衡、压限等操作都在通路条上完成。NEXUS音频网络的五个接口箱通过光缆进行互连，其中Star机箱作为所有接口箱的中枢，对信号进行分配和处理。其他四个接口箱完成了话筒信号输入、线路信号输入/输出、数字音频信号输入/输出的处理。NEXUS音频网络具有可脱离调音台台面独立设置信号路由的功能。在NEXUS音频网络中我们通过调音台设置电脑中的Matrix软件可完成将一个信号从接口箱的物理入口分配到接口箱的物理出口上的路由。

A车的备调音台是Stage Tec公司的Triagon调音台。它有自己独立的DSP机箱，在NEXUS音频网络中和主调音台共享所有物理输入/输出口，与NEXUS接口箱通过MADI(64入、64出)光纤连接。Triagon调音台本身有25路逻辑输入通道，2个Mix输出母线，13个编组Group，2个辅助Aux。调音台共有12路物理推子和一个立体声输出推子，推子面同样可翻8页。备调音台的均衡、压限等操作都需要在设置电脑中完成。主、备调音台间采用热备份方式，即主调音的输出作为主路输出信号，备调音台的输出作为备路输出信号。与主调音台设置电脑相同，Triagon调音台设置电脑中也包含了一个Matrix控制软件，可以完成对NEXUS音频网络的设置。

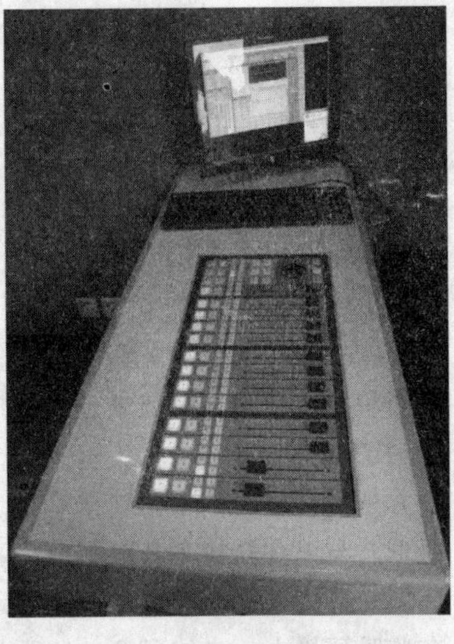

图4　A车备调音台

A车的音频矩阵采用Sony公司的数字音频矩阵。为方便视、音频联动和设置，将音频矩阵板卡和视频矩阵板卡放在同一矩阵机箱中。通过矩阵设置软件，可以实现当切换一个视频源时，音频源随之改变的视、音频联动功能。这种音随像的功能可满足诸如高尔夫等大型体育赛事的制作需求。音频矩阵操作相对简单，音频工程师可根据需要通过XY面板来设置送给矩阵各目标的声音源。A车的音频周边设备主要有：模拟音分(ADA)、数字音分(DDA)、数模转换器(D/A)、模数转换器(A/D)、D22 延时器、R4000 效果器、System360 硬盘机、CD 机、X48 多轨录音机以及 Dobly570、Dobly571、Dobly572 编解码器等。

A 车音频间监听音箱采用的是 5 只 Dynaudio 公司的 BM6A 音箱，作为左、中、右、左后、右后环绕声通道扬声器。1 只 Dynaudio 公司的 BM9S 音箱，作为超低音通道扬声器。

2. 系统描述

A 车音频系统如图 5 所示，信号首先进入到远程和本地接口箱中，然后通过光纤送到 Star 机箱，经由调音台和 DSP 进行信号处理后再送到远程接口箱和本地接口箱输出上。经接口箱输出送到音频矩阵和录像机、实时视频慢动作硬盘服务器(EVS)、嵌入器、音频周边设备及物理出口中。录像机、EVS 及音频周边设备的输出也送到接口箱和音频矩阵中，供需要时使用。

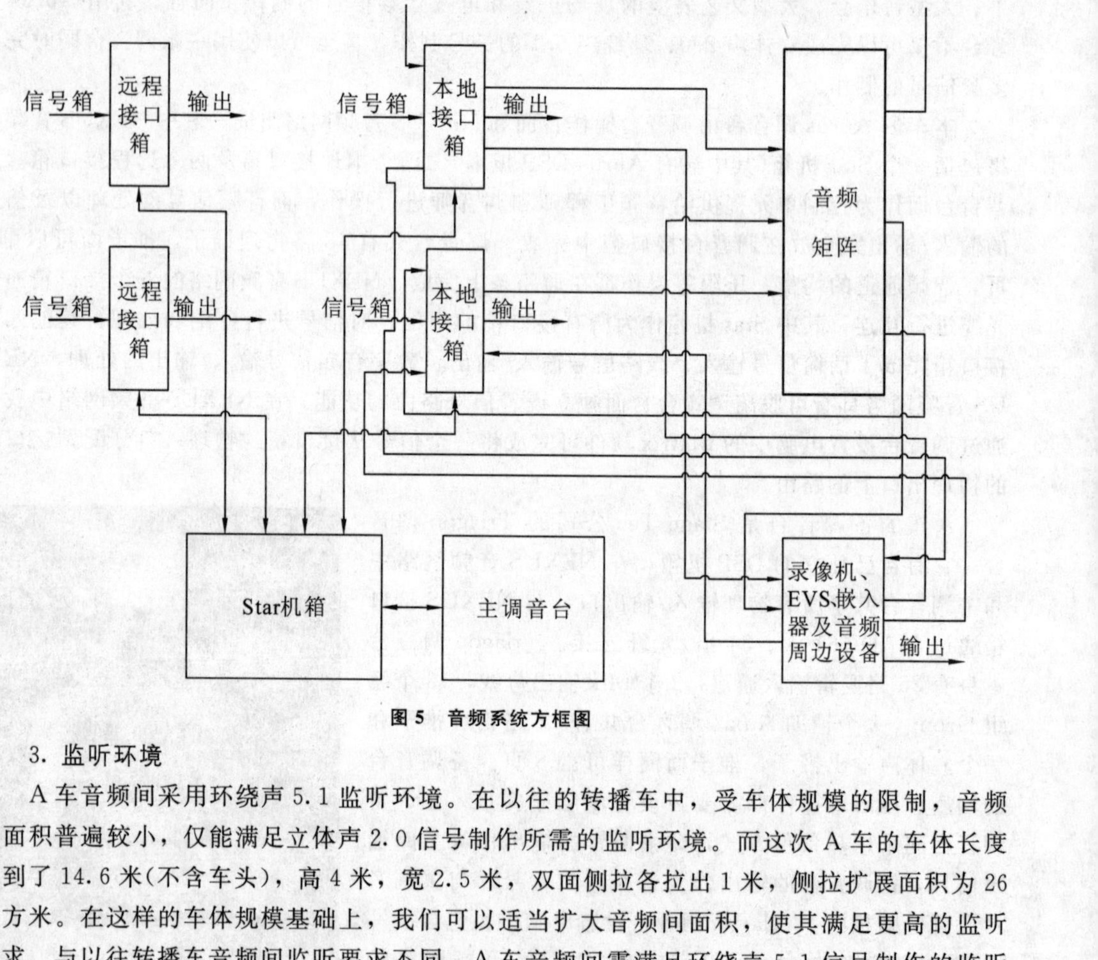

图 5 音频系统方框图

3. 监听环境

A 车音频间采用环绕声 5.1 监听环境。在以往的转播车中，受车体规模的限制，音频间面积普遍较小，仅能满足立体声 2.0 信号制作所需的监听环境。而这次 A 车的车体长度达到了 14.6 米(不含车头)，高 4 米，宽 2.5 米，双面侧拉各拉出 1 米，侧拉扩展面积为 26 平方米。在这样的车体规模基础上，我们可以适当扩大音频间面积，使其满足更高的监听要求。与以往转播车音频间监听要求不同，A 车音频间需满足环绕声 5.1 信号制作的监听环境。环绕声 5.1 监听相比立体声 2.0 监听增加了中置、左后环绕、右后环绕及低音音箱。在监听环境上，立体声 2.0 监听环境是近场监听的扇形区域，而环绕声 5.1 监听环境是一个直径不小于 3 米的圆形区域。相比立体声 2.0 的监听环境，环绕声 5.1 的监听环境要求更加严格，并且要求音频间有更大的空间。为了实现这种监听环境，我们将音频间安排在转播车车体最前部，但是仅有车体本身的 2.5 米宽度进深仍不能满足监听所需面积，所以我们又设计了音频间的单面侧拉结构，将音频间宽度扩展 1 米，以增加音频间整体面积。当音频间侧拉不展开时，音频间长 3 米，宽 2.5 米。当侧拉沿着垂直于车体方向展开时音频间宽度增至 3.5 米，此时音频间面积可达到约 10.5 平方米，这样就满足了环绕声 5.1 监听环境的要求。通过多次信号制作的实践检验，这种在转播车上有限空间下的环绕声 5.1 监听环境可以较好地满足信号制作的监听需要。

图 6　A 车的外观

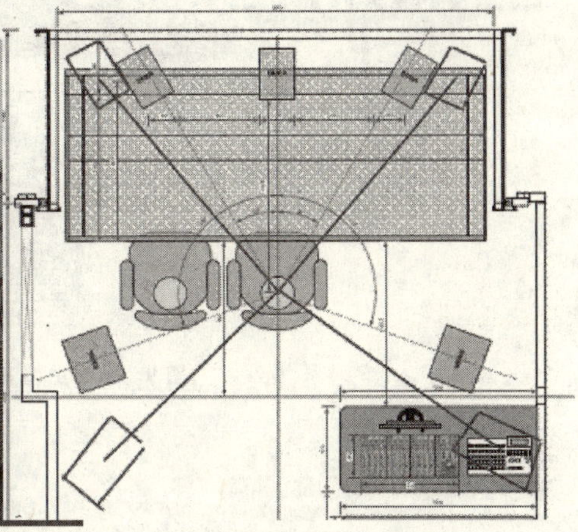

图 7　音频间车体侧拉展开效果

4. 主调音台操作方法

下面介绍一下主调音台 Aurus 的操作方法，具体的应用后文会结合奥运会网球公用信号制作加以说明。调音台加电后首先根据制作需要建立一个工程文件即 Project。Aurus 调音台为我们提供了很大的系统搭建自由度，可以根据实际需要设置逻辑输入通道、输出母线 Sum、编组 Group、辅助 Aux 以及监听母线的数量。并且根据制作需要设置输入/输出通道类型为环绕声 5.1 通道、立体声 2.0 通道或单声道 Mono 通道。当输入/输出通道类型改变时受 DSP 处理能力影响输入/输出通道的总数量也会随之变化。在建立 Project 的过程中，我们还可以设置监听母线的类型，以及下混(5.1 声道按一定算法转换为立体声 2.0)、N－1(提供主持人耳返声音)等。Project 建立完成后，我们开始进行路由设置。Aurus 调音台信号处理的完整路由是：话筒或线路信号进入调音台接口箱的物理入口，在逻辑输入通道分配矩阵中将其分配给逻辑输入通道，再从逻辑输入通道分配到调音台推子面，在调音台操作面上完成均衡、压限等操作，然后将其设置到调音台输出母线中，再经过调音台输出矩阵最终从物理出口送出。在这个路由过程中完成对声音信号的处理、分配等操作。

图 8　音频间内部

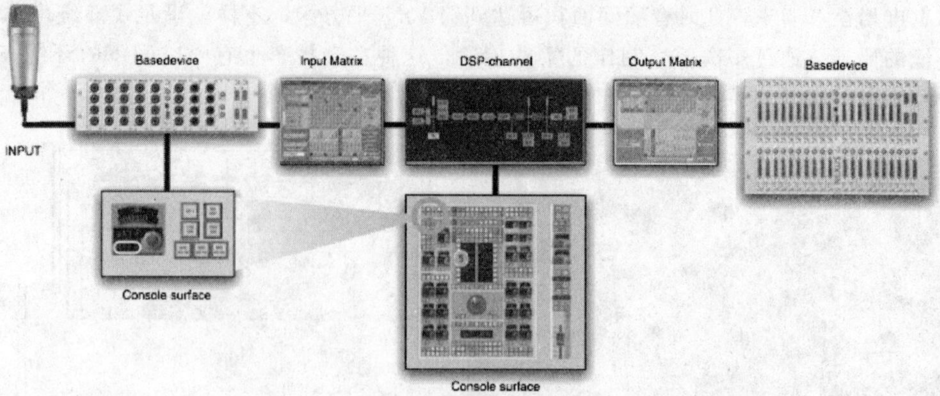

图 9　A 车主调音台简单信号路由

二、 奥运制作

应该说，通过大规模、高性能的音频制作主体设备和灵活的系统设计，A 车为我们提供了可以完成各类节目高端音频制作的技术平台。该系统在本届奥运会网球赛事的音频制作上不但符合了 BOB 公用信号音频制作的要求，同时通过使用该系统我们对体育赛事的环绕声 5.1 信号制作积累了大量经验。下面来了解一下奥运会网球音频信号制作的要求及具体实施方案。

图 10　北京奥运会网球中心场地

1. BOB 对音频制作的要求

奥运会网球公用信号包括：国际电视音频信号和国际广播音频信号。其中，国际电视音频信号为一对立体声 2.0 信号和一组环绕声 5.1 信号，国际广播音频信号为一对立体声 2.0 信号。根据奥运会网球转播的标准，环绕声 5.1 声道分为左声道(L)、右声道(R)、中置声道(C)、低频声道(LFE)、左后环绕声道(SL)、右后环绕声道(SR)。其中，L、R、SL、SR 声道为全信号，包括现场比赛声、环境声、现场扩音声；C 声道比赛时预留给各转播商加入评论声；LFE 声道只包含低频声音。国际广播的一对立体声 2.0 信号要求包含现场环境声，在颁奖仪式时加入现场扩音的声音。

2. 系统实现方案

根据公用信号制作要求，我们建立一个 Project，根据需要送出信号的数量把系统输出母线最大数量设为64路。我们设置Sum母线20路，包括2组环绕声5.1母线，4对立体声2.0母线。Group编组母线16路，包括1组环绕声5.1母线，2对立体声2.0母线，6个单声道Mono母线。这里需要提一下，在设置母线类型时，将Sum和Group的前10路都设置为1组环绕声5.1母线和2对立体声2.0母线。除了Sum母线和Group母线，还有Aux辅助母线16路，全部为单声道Mono母线。监听母线方面，我们设置了一组5.1监听母线和一组2.0监听母线，两组监听母线分别提供给监听音箱和监听耳机。这样方便调音师对环绕声和立体声分别进行监听。由于转播车上只进行公用信号的制作，所以我们省去了N－1和DownMix功能以节约DSP资源。这些设置完成后剩余的DSP还可以支持最多80路逻辑输入通道。我们在这些逻辑输入通道中设置3组5.1通道，以备5.1音源使用。

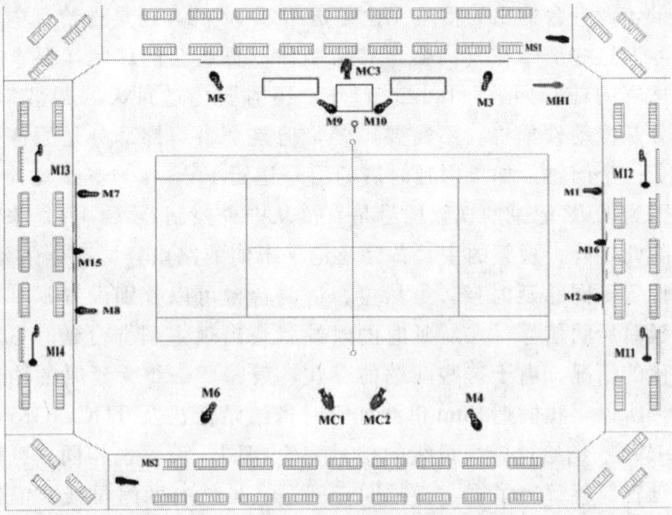

图11　话筒摆放示意

Project文件建立完成后，我们开始完成硬件上的连接。首先将场内话筒摆放好，并连接到综合缆上。然后将远程接口箱通过光缆与车内接口箱连接，把综合缆接到远程接口箱上。这样输入源已接入系统，然后我们需要将这些输入源分配到逻辑通道上。因为要同时制作环绕声5.1和立体声2.0的两组信号，有些输入源需要分别编入环绕声5.1母线和立体声2.0母线中，而在环绕声5.1和立体声2.0的制作中，同一输入源所需进行的均衡、压限设置不同，所以有些输入源需要分配到两个不同的逻辑通道上，以解决环绕声5.1和立体声2.0的同时制作。分配好逻辑通道后，我们将所有参与环绕声5.1制作的逻辑通道放在推子面的第一页上，把参与立体声2.0制作的逻辑通道放在第二页上，然后将所有通路设置好声像，编入母线中。备调音台方面，可将主调音台的一组输出给到备调音台的输入，并将几路重要的话筒信号设置到备调音台输入中。在主调音台正常工作的情况下，备调音台始终推起主调音台的输出信号，保持主备调音台输出信号一致。当主调音台出现问题后，把备调音台上的话筒信号推起，从而保证备路信号不中断。

三、　经验总结

1. 声道统一

Aurus调音台的环绕声5.1声道顺序是左(L)、中(C)、右(R)、左环绕(SL)、右环绕(SR)、低音声道(LFE)，这和我们上面提到的奥运会转播要求的声道顺序L、R、C、LFE、SL、SR是不同的，并且在调音台输入/输出上都存在这种差异，这就给我们的设置带来了不便，而且很容易出现声道对应错误。考虑到实际操作，本着最小改动的原则，我们在车内音频系统中仍保持调音台的声道顺序不变，即L、C、R、SL、SR、LFE，而在调音台输入/输出的时候进行两种标准的转换，这样既可以把改动降到最小，又能很清楚地知道哪里做过转换，哪里需要转换。

2. 视、音频同步

由于视频信号会经过帧同步器、视频矩阵等设备，所以会产生一定的延时量，视频信号经过的路由不同，所产生的延时量也会有所区别。每天转播开始前，我们都需要和技术操控中心（TOC，Technical Operations Centre）核对测试信号的声道、大小以及延时量。这就涉及了上文提到的Group母线和Sum母线前10路设置相同的问题。我们在调音台Sum母线上设置延时量，调音台输出的信号无论是送给TOC的，还是送给车内音频系统的全部都带有延时，实际上这些信号在车内会再参与制作。奥运会网球制作要求在每天赛事结束后，除传送每天比赛的精彩回放（Highlight）外，还需要传送每天的赛事集锦（Meltdown）。其中精彩回放部分是慢动作集锦，不需要声音，但是赛事集锦部分是原速集锦，需要有声音。这样就产生了一个问题，如果用延时后的信号送给EVS作为赛事集锦的声音，那么声画是不同步的，因为EVS记录的视频信号是直接从中央控制器（CCU）送来的，没有经过帧同步器等设备。除此之外，视频的主、备路还走了不同的路由，所产生的延时量不同，主、备调音台就需要设置不同的延时量。虽然主、备调音台可以分别设置延时，但如果主调音台送给备调音台延时后的信号，在对延时的时候就会出现主调音台延时量改变、备调音台延时量也随之变化的情况。由于这些问题的存在，就需要一组无延时的输出母线和一组延时后的输出母线。所以，我们把Sum母线加延时送给录像机及TOC，Group母线不加延时送给备调音台及EVS。编给这两组母线的信号完全相同，设置也相同，区别只在有无延时上。通过这样的设置，就解决了视、音频同步问题，虽然有两组母线，但是使用起来却相对方便了很多。

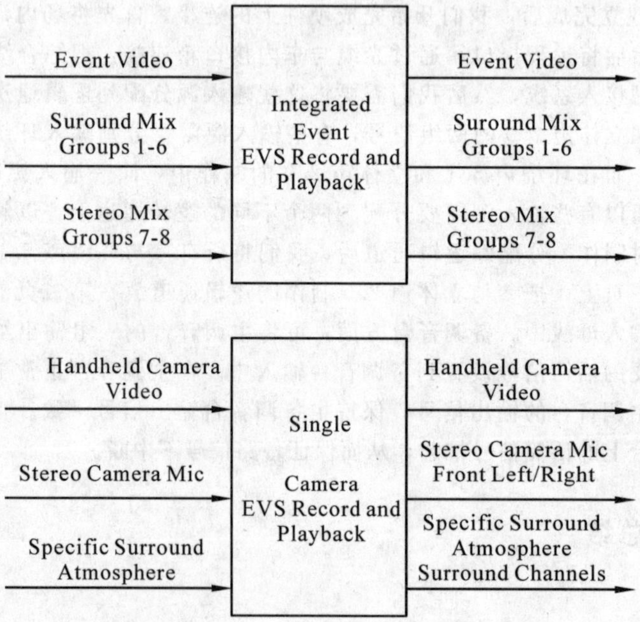

图12 EVS信号分配图

3. 中置声道

在奥运会网球音频制作标准中，中置声道是给各国转播商加入本国解说声预留的，所以，除了测试信号、片头和片尾时中置声道有声音外，平时中置声道应该保持静音状态。但是，在我们设置各音源的声像时并不是所有的音源声像都是极左或极右的，也就是说，当我们将发球运动员的位置作为听者位置设置声像时，有些话筒所拾取的声音的声像可能会在0至90度之间。在环绕声5.1的制作环境下，如果一个通道的声像不在极左或极右，那么就会有一部分声音进入中置声道，这样的话，中置声道就不能保持静音。为了解决这个问题，我们开启这些声像非极左、极右通道的幻象中心功能(Ph－C)。幻象中心功能的作用就是把该通道送入中置声道的声音哑音(Mute)。

4. 国际广播立体声音频信号的制作

在奥运会网球制作中，对于提供给广播的声音信号，要求在电视信号开始前一小时就开始传送，并且一直保持不能中断。广播的声音信号只要求包含现场环境声，而在颁奖仪式时再加入现场扩音的声音。这个问题相对较为容易解决，由于提供给广播的声音信号中只包含现场的环境声，而这些信号都是参与环绕声5.1和立体声2.0制作的。所以我们只需要把这些路的推子前信号编入到一对Aux辅助母线中，就可以保证广播的声音信号始终传送，而且不受环绕声5.1和立体声2.0制作的影响。当颁奖仪式开始时，我们临时将现场扩音的信号编入到这对Aux中，这样就完成了国际广播立体声音频信号的制作。

经历了这次奥运会公用信号的制作，自己对这套系统更加了解了，对环绕声5.1的制作也有了新的认识。相信，在这次奥运会转播中，我们掌握的技术和积累的经验将会使今后的转播工作质量更高、效果更好，让广大观众收看到更为完美的电视节目。

转播系统

周磊，高级工程师，从事转播工作13年，对时政、体育、文艺等大型活动的电视转播有丰富的经验。

工作在2008年北京奥运电视信号制作的最前沿

——北京工业大学体育馆电视信号制作区简介

第29届奥林匹克运动会终于顺利地在北京落下了帷幕，运动员们的汗水和泪水，成功和挫折，牵动着每一位电视观众的心。他们的欢喜和激动使每个奥运电视工作者都感到满足和欣慰。

北京奥运会将是第一次全部使用高清技术拍摄和传输的奥运会转播，在奥运会转播历史上具有里程碑的意义。对于工程技术人员能有机会参与奥运电视转播技术工作，无疑是一个提升自己综合能力的机会。是机遇更是挑战。

北京奥林匹克转播有限公司(BOB)是由北京奥组委和国际奥委会所属的奥林匹克广播服务公司共同组建的，是一家中外合作经营性质、专事于奥运会电视转播业务的企业，在北京2008年奥运会和残奥会期间，它将负责制作和提供用于为世界各国广播、电视台播出的有关奥运会赛事和重要活动的国际电视与广播公用信号，并建设、运营国际广播中心和其他场馆的转播设施，为奥运会转播权持有者提供与转播事项有关的服务等。BOB使用约60辆转播车、1000架摄像机，并建造一个面积达8万平方米的国际电视广播中心，制作4000小时的奥运直播信号。世界各地收看奥运会的电视观众累计超过400亿人次。

笔者有幸作为一名BOB的赛时雇员，以场馆技术副经理(Deputy VTM)的身份参加了本届奥运会的电视公用信号的制作工作以及赛场所有与广播电视有关的技术工作。工作场馆是北京工业大学体育馆，它承担了奥运会羽毛球和艺术体操的赛事。笔者负责组织电视转播设备的运输到电视制作区并安装调试，组织和协调公用信号制作和单边信号制作的技术工作，监督所有技术团队的工作。赛事结束后还要组织安排设备离开电视制作区。

在奥运场馆电视转播区工作的26天中，笔者对奥运会电视转播最前沿——广播电视制作区有了较为深入的了解。现以奥运会羽毛球赛事的技术方面运转为例，介绍一下奥运公用信号的技术制作流程。

一、 电视制作区 (Broadcast compound)

BOB在每个比赛场馆都设有电视制作区，制作区的功能是支持比赛公用信号的制作和对持权转播商提供制作和传送服务。电视制作区是每个赛场提供广播电视服务的核心区域，它的位置要靠近赛场，在电视制作区内设有转播车位，有技术控制中心(TOC)机房、持权转播商机房和供电系统等重要部门。

二、 人员岗位分工

BOB每个电视制作区设置一名场馆经理BVM (Broadcast Venue Manager)，全权负责电视转播的信号制作和技术协调。在其下设置了制作经理(Production Manager)、场馆技术经理VTM(Venue Technical Manager)、信息经理(Information Manager)。制作经理只在大型项目中设立，本次羽毛球和艺术体操项目没有设置这一职。场馆技术经理要管理电视制作区内的技术团队、TOC机房、中央控制室(CCR)等技术部门。信息经理则为持权转播商提供服务并管理赛场混合区。电视制作区还设置了后勤经理(Broadcast Logistics Manager)，为所有工作人员提供后勤服务。一个赛场要提供公用信号和单边服务，需要多个团队和部门的紧密合作。北京工业大学体育馆羽毛球比赛是由多个制作和技术团队形成的国际团队。制作团队人员来自中央电视台、浙江电视台和厦门电视台，分别负责1、2、3号三块羽毛球比赛场地公用信号的制作。设备提供商的技术团队是来自比利时的Alfacam公司，提供了一辆大型转播车和一套飞行箱制作系统。电视制作区还有两个持权转播商的团队分别是CCTV团队和香港TVBS团队。

三、 公用信号制作流程(见图1)

四、 转播车、TOC、CCR等技术部门具体实施简介

在北京工业大学场馆的转播设备是比利时Alfacam公司提供的一辆大型转播车和一套飞行箱制作系统。转播车内分为了两个制作区域，分别负责主场1号和2号场地的赛事制作，飞行箱制作系统负责3号场地的赛事制作。转播车车内布局和设备如图2和图3所示。图2内1、2号工位是主场地的音频调控制室(2号场地的音频调控制室设置在车外的音频间)。3～12号的工位组成的主制作区，同时13～16号工位形成了第二制作区，17～20号组成了两个场制作的摄像机调控区(详细分工见表1，各制作区实际工作状态如图4所示)。这样在一辆转播车上形成了两个制作区，可以同时支持两个场地的信号制作，两个制作区共享同一个切换台主机、视频矩阵、通话系统和TALLY源名控制系统。这样充分发掘了转播设备的能力，使转播车的功能更加灵活，提高了转播设备的使用效率，节约了电视制作的成本。

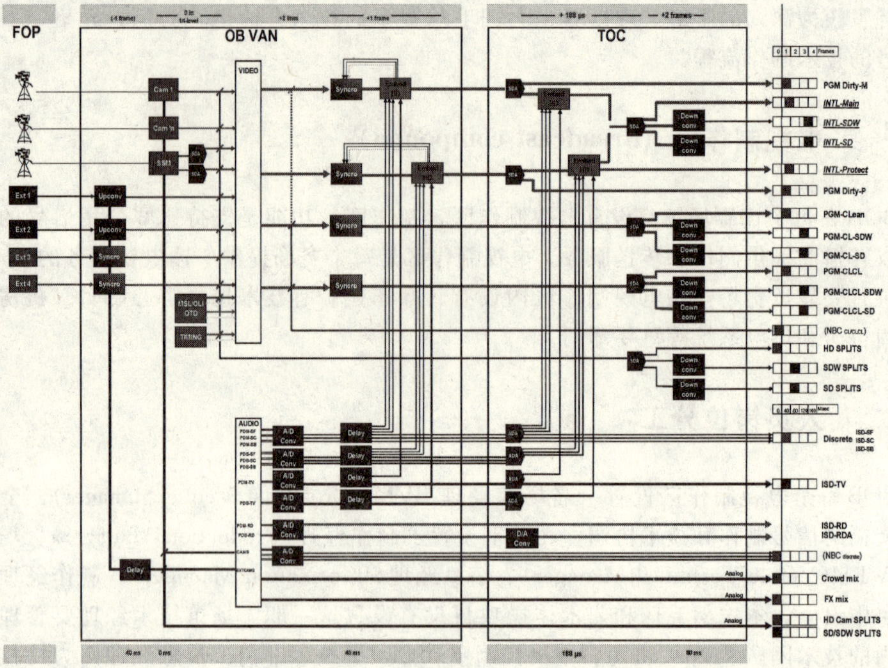

图 1

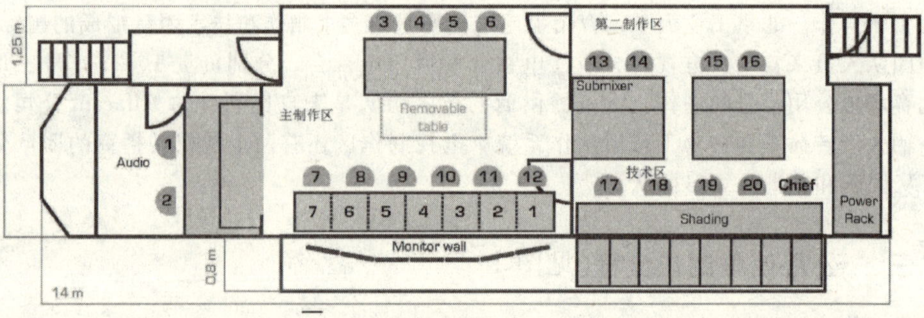

图 2

表 1

1、2	音频调控区	3、4、5、6	第一制作区 EVS 操作区
7	助理导演	8	制片人(Producer)
9	第一制作区技术切换 VM(Vision Mixer)	10	主制作区导演
11、12	高速慢动作回放操作	13	第二制作区技术切换 VM(Vision Mixer)
14	第二制作区导演	15、16	第二制作区 EVS 操作区
17、18、19、20	摄像机调控区		

图 3

图 4

现在介绍一下 1 号主场地的机位布置(见图 5)。1 号场地提供了 12 台摄像机，1 号机是主机位，其余大部分摄像机位于赛场内，其中 8、9、10 号是 3 台是微型摄像机，分别位于赛场的网口和两端底线。这 3 台机器主要是慢动作用，跟踪羽毛球的过网和落点。7 号和 11 号是两台遥控摄像机，分别给侧全和顶拍镜头。而且 7 号摄像机的遥控云台是装在遥控轨道上，可以全场移动给出多角度的画面。两台遥控摄像机的操作员的操作工位设置在赛场内看台高点，操作员可以准确掌握赛场情况和遥控摄像机的状态，为信号制作提供更好的服务。

技术控制中心(Technical Operations Center，TOC)(见图 6)是电视制作区内的另外一个关键部门，TOC 是电视信号场馆制作区内的最后的质量控制点，它要监测所有即将进入 IBC 传输链路视音频信号。它接收公用信号转播系统提供的节目信号和单边传送的信号，并将信号送给 BT(Broadcast Transmit)系统。在 TOC 对公用信号进行视音频指标监控，主要有信号幅度、眼图指标和测试视音频的延时是否符合标准(视音频延时量要小于 4ms)。

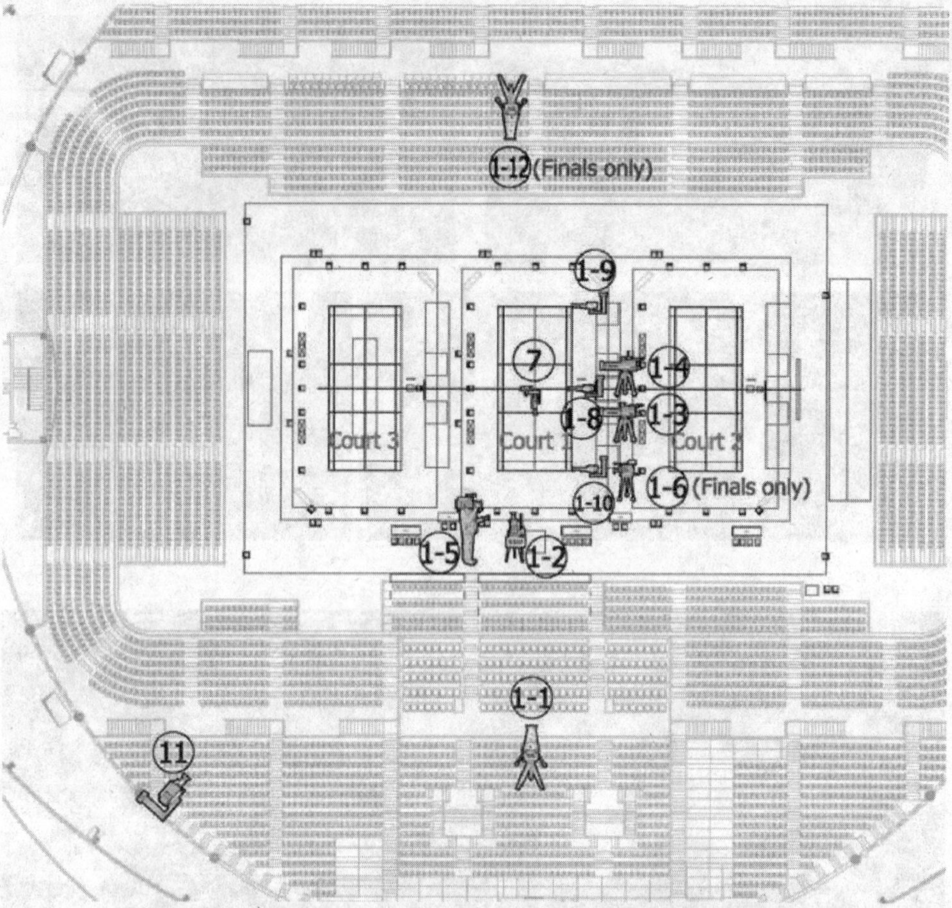

图 5

图 6

在 TOC 还要用磁带录制每天的公用信号，作为传输系统的备份。TOC 还担负着公用信号制作所需的视音频信号的传输，例如将转播系统的信号传送到 CCR，或场馆内的节目制作所需的监视系统。这次羽毛球和艺术体操转播所用的轨道遥控摄像机和吊臂的操作员的监视信号都是由 TOC 提供的，TOC 提供的都是高清信号源，保证了这些特种设备操作员的监看质量，最大程度上为比赛信号制作提供方便。总之，TOC 相当于电视台内的主控部门，它负责所有视音频信号的调度。这和国内的电视转播有很大不同，国内电视转播所需的视音频信号几乎全部来自转播车，而奥运会 TOC 的设立使转播车从繁杂的工作中解放出来，可以更专注于比赛信号的制作，进一步保证了节目信号制作的技术质量。

评论席控制机房 CCR 是奥运会转播的另一个重要部门。奥运会转播赛场，要为媒体提供很多评论席，解说员可以在评论席上，对比赛进行实时的解说。每个评论席要提供有公用信号的图像和监听节目声的耳机、话筒、CIS 系统(Commentary Information System)，有的评论席还有摄像机的机位。CCR 是整个场馆赛事评论系统的中心，所以它的机房要在场馆内，靠近评论席的位置，它要提供所需的评论话筒和语音传输线路到 CCR 机房，CCR 把语音信号送到 TOC，TOC 把评论声送回 IBC 或持权转播商的转播机房。CCR 还要提供将混合区的采访声和 4 线通话回传至 IBC 的服务。同时 CCR 还负责到电视制作区和 IBC 的质量控制中心的 4 线通话以及向持权转播商提供比赛场馆到转播商 IBC 机房的四线通话联系。

在电视制作区内还有特种设备办公室，特种设备指赛事转播所用的遥控轨道、遥控摄像机云台和微型摄像机，特种设备安装和控制系统的校准都需要专业人员操作。设置特种设备办公室，有专业人员驻守，随时排除设备故障，以确保其工作正常。

此外电视制作区内还有持权转播商(Rights Holding Broadcasters，RHB)的机房，中央电视台和无线卫星电视台都在电视制作区内设置了自己的转播机房，并在赛场内设置了多个自己的摄像机转播机位，将公用信号和自己的摄像机信号混合在一起，进行包装制作，送到 TOC，再经 TOC 单边传送回国际广播中心。

上面简单介绍了北京工业大学体育馆内电视制作区的各部门的职责和信号制作的大体流程。其他奥运场馆虽然转播的比赛项目不同，但电视制作区的组成形式都大体一致，其各部门的划分和人员岗位的分工以及信号制作的流程也都是一样的。只是大型场馆的设备需求量更大、信号电缆的用量更多，有的大型的电视制作区可以支持一个场馆群的电视信号制作和服务。

随着我国经济的不断发展，承办的大型体育赛事也会越来越多，公用信号制作形式也会和国际接轨，奥运会共用信号的制作模式在一定程度上值得我们学习和借鉴。这有利于不断提高我国的电视信号制作水平，把中国的制作和技术团队推向世界。

陆振洵，中央电视台播送中心转播部视频技术工作人员，多次参与大型运动会赛事的信号制作工作，合著有《体育赛事电视公用信号制作英语/汉英词汇手册》一书。

公用信号制作的又一实践

——记 2007 国际足球联合会(FIFA)中国女足世界杯公用信号制作的转播系统设计

奥运会对整体赛事采用持中立立场且高水准的电视公用信号制作的方式已被世界各国电视机构所认同。与此同时，公用信号制作的理念和方式已经推广到其他国际体育大赛的举办中。举办国或城市能否对承办大赛提供电视转播公用信号已经成为衡量其能力的重要标准之一。

2007 年，国际足联(FIFA)女足世界杯第二次在世界足球的发源地中国举办。1991 年，中国广州曾成功举办了第一届 FIFA 女足世界杯。16 年后，借用国际足联主席布拉特先生的话："落叶归根的第五届女足世界杯，必将向世人展现一个富有青春活力并且变化中的中国。"由于本届大赛又恰逢 2008 年北京奥运会的前一年，无疑在验证中国能否具备与国际接轨举办国际大赛能力的同时，也为中国电视工作者提供了向世人展示实力，并且提高公用信号制作水准的良机。

整个赛事分别在上海、天津、武汉、成都、杭州五个赛区进行。上海赛区是本次赛事的主赛区，负责开、闭幕式及 6 场小组赛、1 场三/四名半决赛以及决赛的举办。由中央电视台转播部承担该赛区 8 场赛事电视公用信号的制作任务。

应该说，女足世界杯的赛事规格和世人关注程度远不如男足世界杯。但是由于赛事组委会成员与男足世界杯的组织者一脉相承，无论在组织结构上还是公用信号的制作理念上都与男足世界杯如出一辙，只是根据赛事规模进行了一些简约和调整。因此，就电视公用信号制作标准而言，组委会对信号制作的技术标准有很严格的要求。主要要求和技术规范有以下几个方面。

一、 技术要求

1. 信号标准

(1)视频信号：采用标清数字信号(SDI)、625/50i、PAL 制式、画面格式 16 ∶ 9。

(2)音频信号：采用数字音频 AES/EBU 格式；1 声道和 2 声道为干净的立体声国际声、3 声道为英语解说、4 声道为单声道英语解说混合国际声。

2. 摄像机机位

为了给电视观众统一的赛事欣赏视觉，组委会对各个赛区所有赛事的信号制作要求都采用统一的标准。标准包括：摄像机机位的设置、镜头配置以及制作手段等。其中，组委会对各个赛场摄像机的配置和数量有以下要求。

对小组赛采用基本配置，其机位图和配置如图1所示：

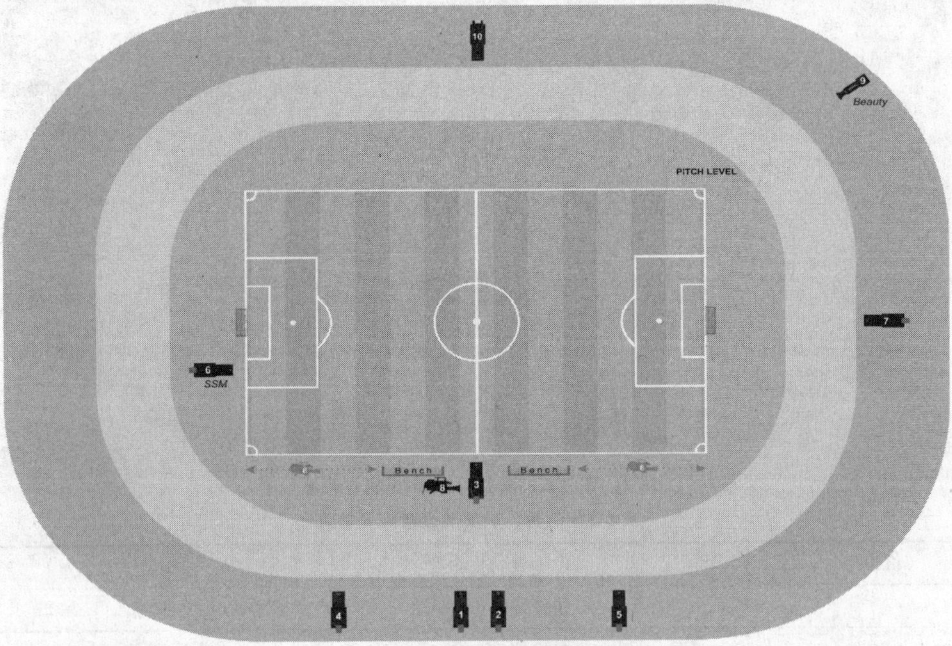

图1　基本配置机位

以上配置为9台摄像机，包括1台高速摄像机(见表1)。

表1　基本设备配置需求

机位号	位　置	镜　头
1	主机位	20倍
2	主机位	70倍
3	场地边，中线处机位	55倍
4	左侧16米，高机位	20倍
5	右侧16米，高机位	20倍
6	左侧球门后方，低机位	70倍
7	右侧球门后方，高机位	70倍
8	替补席附近，游机	20倍
9	场地高处，固定全景机位	广角

为了对关键场次重点制作，在揭幕战、四场1/4决赛、两场半决赛、三四名比赛和决赛采用13台摄像机的较高配置，其中包含3台高速摄像机(见图2、表2)。

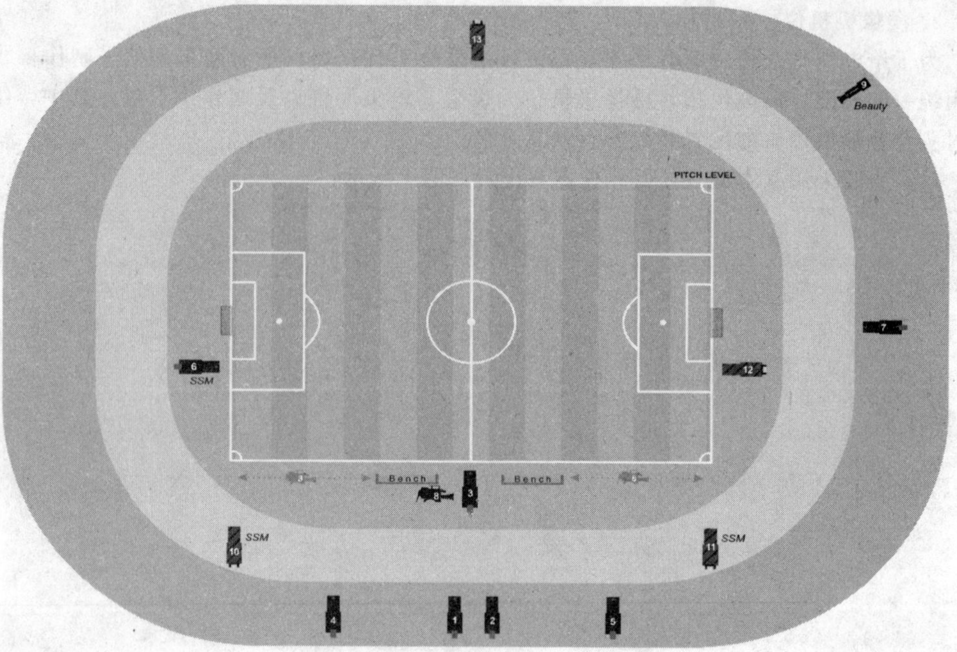

图 2　半决赛、决赛的 13 讯道机位配置

表 2　半决赛、决赛的设备配置需求

机位号	位　置	镜　头
1	主机位	20 倍
2	主机位	70 倍
3	场地边，中线处机位	55 倍
4	左侧 16 米，高机位	20 倍
5	右侧 16 米，高机位	20 倍
6	左侧球门后方，低机位	70 倍
7	右侧球门后方，高机位	70 倍
8	替补席附近，游机	20 倍
9	场地高处，固定全景机位	广角
10	左侧端线延长线，低机位	55 倍
11	右侧端线延长线，低机位	55 倍
12	右侧球门后方，低机位	70 倍
13	中线延长线反打，高机位	55 倍

3. 慢动作回放

除了 CAM1 和 CAM9 的摄像机讯道之外，其他摄像机讯道必须参加慢动作重放制作。同时要通过联网技术，实现各个记录通道的素材共享，从而能够实现 Highlights 精彩编辑。

4. 字幕与慢动作转场动画

为了实现制作的统一性，由组委会指定的赛事字幕制作公司进行字幕设计和实时操作。根据工作习惯和要求，字幕公司将工作在转播车系统之外的独立工作间内，在赛事制作中为转播车提供字幕与慢动作转场动画。另外，此次字幕制作区还负责提供赛场内的大屏幕信号。

5. 磁带录制与播放

本次赛事的新闻传送服务使用的磁带格式为 Digital BETACAM PAL。所有素材记录除了要求数字 16∶9 之外，还要进行立体声国际声录制。

6. 公用信号传输

各个赛区的信号分别通过卫星与光缆进行传输。转播车需要为 IBC 提供主/备路嵌入音频信号、带字幕、16∶9 的标清数字信号(Dirty Feed 16∶9)；为卫星车提供主、备路，嵌入音频信号、带字幕、4∶3 的标清数字信号(Dirty Feed 4∶3)(见图 3)。位于上海 IBC 中的质量监控室则会对通过卫星和光缆传输的信号进行监控，来保证公用信号的质量。

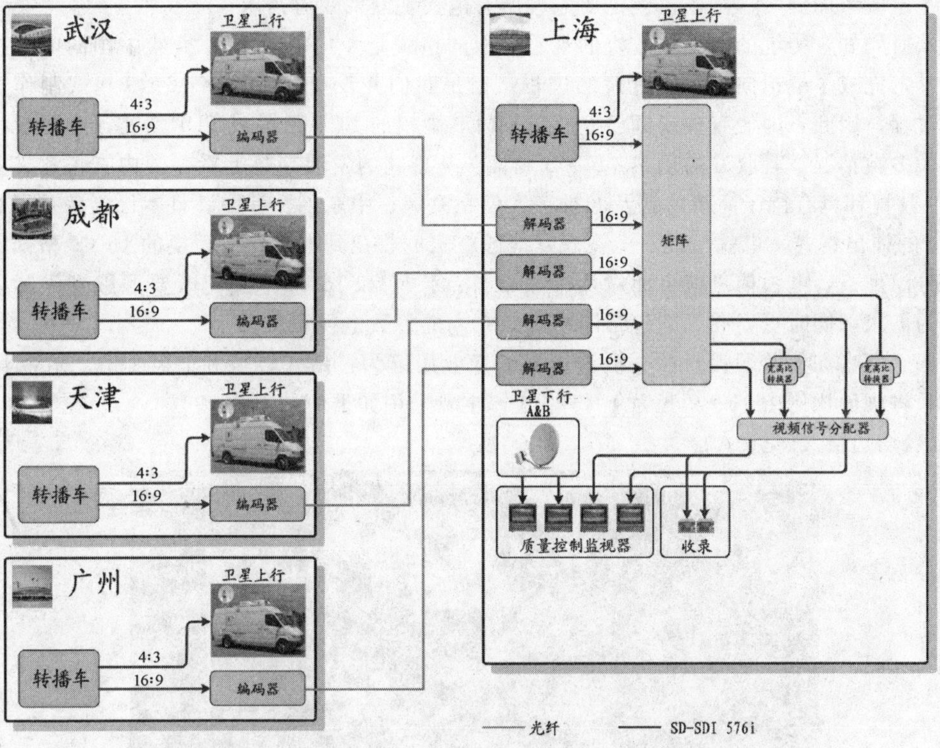

图 3 公用信号流程

二、 转播系统的搭建

作为在外场做转播工作的工程技术人员，根据节目制作的形态和技术要求搭建适合于转播制作的技术平台，是我们的业务，也是我们的职责。因此，每当我们接到具体转播任务时，都要认真分析要求和特点，制定出合理的技术方案，包括：系统方案、设备配置以及实施计划。

根据以上赛事组委会的技术要求，不难看出，与国内常规的体育赛事转播最大的不同有三点：16∶9 信号制作，独立的字幕制作以及多通道的慢动作联网制作。因此，我们在系统搭建和方案设计上要针对这些需求做出响应，提供具体的技术解决方案。

1. 体育赛事的 16∶9 制作

为了适应世界各地电视受众的收看需求，女足世界杯组委会要求在电视公用信号上采用 16：9 的格式进行制作，也就是在各个赛场的信号制作都要统一在 16：9 的格式上。围绕这一技术要求，我们不但要在转播系统的建立上选择具备 16：9 制作能力的转播系统，同时要在制作与监看平台上调整和设置适应 16：9 的制作环境。

首先，我们了解一下 16：9 和 4：3 信号格式在体育制作中到底有何不同。

应该说，即便是经历了 2008 年北京奥运会高清 16：9 转播制作后的今天，人们对 16：9和 4：3 之间的转换，以及转换后在家庭电视接收机上的效果如何仍不是很清楚。这对于普通的电视观众也许不是很重要，因为随着科学技术的发展，多数人会随着潮流接受新鲜事物，从而实现新技术的接纳和家用电器的更新换代。但是作为电视工作者，特别是工程技术人员，必须要彻底地了解每项新技术的内涵，特别是在各种制式和格式混合制作时，一定要考虑到“兼容”，也就是要兼顾所有电视观众的观看需求。

众所周知，传统的电视接收机的观看界面的格式是 4：3。目前，虽然中国的电视技术已经基本完成了模拟向数字化过渡的进程，但是我们并没有经历数字 16：9 格式制作和播出的过程。因此，即便有些家庭已经具备 16：9 画幅的 LCD 液晶或 PDP 等离子电视机，但是在大多数情况下，收看的仍然是 4：3 画面。从现在的发展趋势上看，国内真正意义上的 16：9 收视环境有待于高清的普及和推广。但在欧洲、中东以及韩国、日本已经普及了数字 16：9 的播出格式，也就是说，电视观众能够在家庭收视到不加任何转换的 16：9 格式的电视信号。那么，电视信号就会面对两种收视群：4：3 和 16：9。我们既要照顾到国际公用信号的需求，同时更要照顾到包括国内观众在内的多数电视观众群。

那么两者如何兼顾呢？在电视制作上的专业用语为：格式转换和兼容制作。在实际应用中，将画面比例由 16：9 变为 4：3 格式，主要采用如下两种方法。

(1)切边格式(见图 4)

图 4　16：9 转换为 4：3 时的切边格式

从图 4 我们可以非常清晰地看出观众在这种格式下得到的，是切掉两边的画面后，两条红色虚线中间的电视画面。我们说这是“损失信息”的 4：3 画面。

(2)信箱格式

图 5 描述的是信箱格式的场景，两条白色虚线之间的部分为 16：9 原始画面，在白色虚线之外没有图像信息，所看到的是填充黑底得到 4：3 画面。我们称其为“浪费屏幕”的 4：3画面。

从这两张图片可以看出，两种方法各有利弊：“切边”格式的好处是可以在 4：3 电视上看到满屏的画面，与传统的电视图像完全相同，但是受众会在不知情的情况下，丢掉了原始画面的一部分信息。“信箱”格式的好处恰恰相反，它是可以在 4：3 电视画面上看到完整

图5　16∶9转换为4∶3的信箱格式

的16∶9原始画面，但是却损失了电视屏幕的可利用率，即在图像上、下部分看到两条黑边。虽然，有时我们能够在一些电视剧和文艺节目中看到在这种格式中利用下面的黑条做字幕播出的情景，但是这种制作形式并不适用于体育赛事制作。

由于两种格式各有利弊，在转换格式的选择上要根据节目本身的特点进行选择。从目前电视观众的收视习惯上看，对于体育赛事，人们在4∶3画面上更习惯“损失信息”切边格式，主要原因是因为“浪费屏幕”的信箱格式会使屏幕的有效画面变小，就好像电视变小了一样。另外，对于图像信息主要体现在中心部分的赛事，如羽毛球、网球、乒乓球等似乎就更显得不成比例。因此，对采用16∶9格式制作公用信号的体育赛事进行格式转换时，通常要求转换为切边格式。

综上所述，“切边”格式是有图像信息损失的。那么如何在制作16∶9公用信号的前端就照顾到4∶3的兼容呢？

目前，无论在公用信号的最前端还是转播制作的整体系统，都有所谓的“安全框”设计。也就是说，在信号制作的各个环节都需要考虑制作安全问题。在图4“切边”格式的显示中，我们不难看出，在红虚线以外仍然有部分信息不应该丢掉，如运动员的手和腿。这些都应该算是有效信息。因此，在16∶9公用信号制作时，出现了4∶3安全区制作的专业制作术语。它涉及电视制作中的取景构图、字幕图形设计、慢动作制作等。任何一个环节都会影响格式转换后的图像信息丢失。

什么是4∶3安全区域呢？就是可以在4∶3电视上看到的“切边”后的16∶9画面，理论上也就是图4中所示那两条红色虚线之间的部分。但是由于消费级电视机的制造工艺问题，会或多或少地产生过扫描现象。所谓过扫描现象，简单地说，就是电视机在进行图像的扫描再现时，场扫描和行扫描的幅度过大，超过了电视机的屏幕范围，从而使画面出现周围被“切掉”一圈的现象。而这种现象在广播级的监视器上并不会出现，因此过扫描现象很容易被忽略。所以电视工作者不能只考虑自己看到的有效画面，一定还要考虑到收视群最终收看时能达到的图像效果。

那么如何来确定这个安全区域呢？EBU（欧广联）和BBC（英国广播公司）考虑到现有的消费级电视机的制造工艺，制定了一个参考标准（见表3）。

表 3　各种图像格式的安全预留区域标准

画面比例	拍摄安全预留区域		字幕安全预留区域	
	垂直方向	水平方向	垂直方向	水平方向
4∶3	3.5%	3.3%	5.0%	6.7%
16∶9	3.5%	3.5%	5.0%	10.0%
16∶9 画面中的 4∶3 部分	3.5%	15.0%	5.0%	17.5%

这个标准将安全区域分为拍摄安全区域和字幕安全区域。字幕安全区域是保证字幕信号肯定不会被“切掉”的区域；拍摄安全区域比字幕安全区域略大，是保证消费级电视机都能够正常显示所有的有效信息的区域。

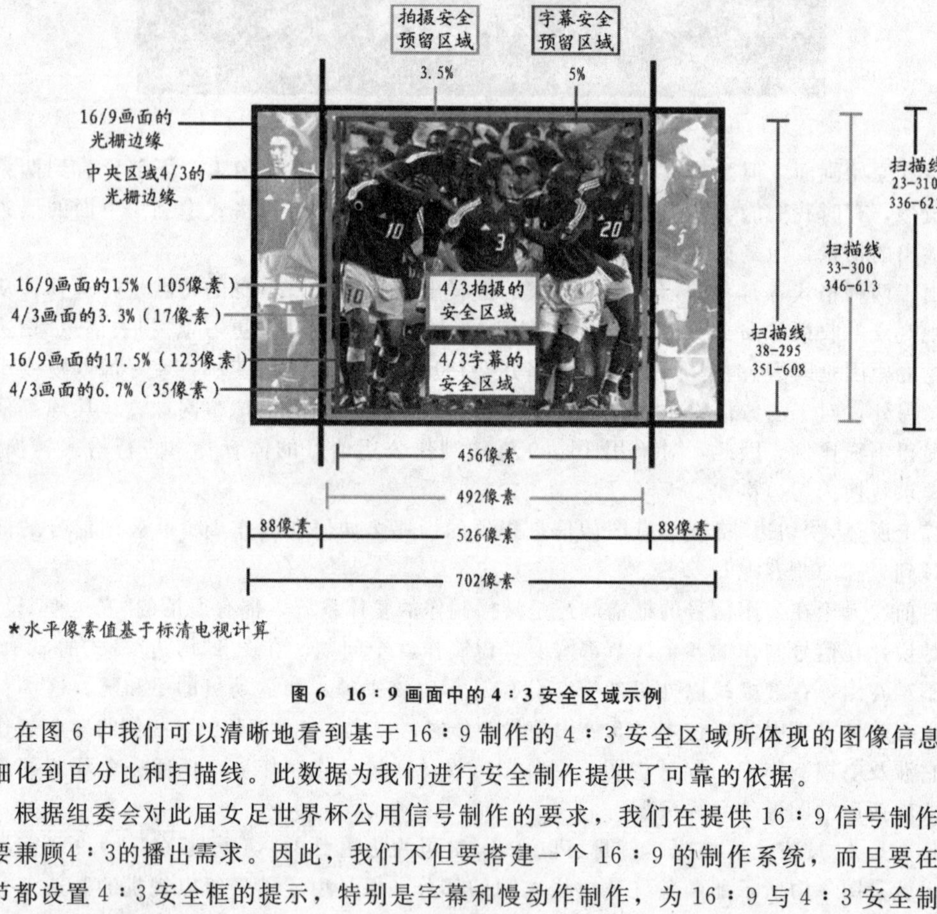

图 6　16∶9 画面中的 4∶3 安全区域示例

在图 6 中我们可以清晰地看到基于 16∶9 制作的 4∶3 安全区域所体现的图像信息，它已细化到百分比和扫描线。此数据为我们进行安全制作提供了可靠的依据。

根据组委会对此届女足世界杯公用信号制作的要求，我们在提供 16∶9 信号制作的同时要兼顾4∶3的播出需求。因此，我们不但要搭建一个 16∶9 的制作系统，而且要在各个环节都设置 4∶3 安全框的提示，特别是字幕和慢动作制作，为 16∶9 与 4∶3 安全制作提供有效的技术保障。

2. 独立的字幕系统

当前在大型赛事的国际公用信号制作中，多采用专业字幕公司独立完成字幕的前期设计和实时制作。但是，世界杯赛事字幕信号的制作与其他公用信号制作有很大的不同。重要区别在于：字幕系统不但要为电视转播提供字幕信息，同时还要为赛场内大屏幕提供图像信号和赛事数据信息。

在实际操作上，这个独立的字幕系统需要电视转播系统为其提供干净的节目信号(Clean Feed)以及视频切换台输出的触发(GPO)和指示灯(TALLY)控制信号，这两个控制信号用来启动该系统的慢动作转场动画和字幕动画，参与信号的整体制作。

但为什么字幕系统需要转播系统提供给它 Clean Feed 信号呢？这是因为赛场内的大屏幕信号是由字幕系统提供的，这与我们通常由转播系统直接向赛场大屏幕提供信号的制作方式有所不同。赛场内的观众可以即时看到大屏幕的内容，这就决定了场内大屏幕的主要作用是播放广告、提供比赛信息和展示比赛过程，是公用信号制作中的一环，那么如何控制场内大屏幕的内容呢？如图 7 所示，字幕机 4 控制着提供给大屏幕的信号。Clean Feed 信号进入字幕机 4 后再输出给大屏幕，GPO 信号也进入了字幕机 4。这样在比赛正常进行时，字幕机 4 将 Clean Feed 信号直接提供给大屏幕，而一旦进行慢动作重放，转播系统将会输出 GPO 信号触发字幕机 2 提供转场动画。与此同时，字幕机 4 也收到了这个触发信号，从而启动另一套对应场内大屏幕的信号处理通路，将大屏幕信号从 Clean Feed 切换成字幕机 4 生成的全屏字幕信息。因为足球运动充满激情，运动员动作激烈，观众火暴，裁判执法难度较大，所以大屏幕的内容要避免出现“火上浇油”的情形，保持中立的原则。因此采用这种由字幕系统控制大屏幕信号的方法，就避免了电视转播信号中的慢动作回放使裁判员产生被动，甚至由此导致赛场冲突的可能。

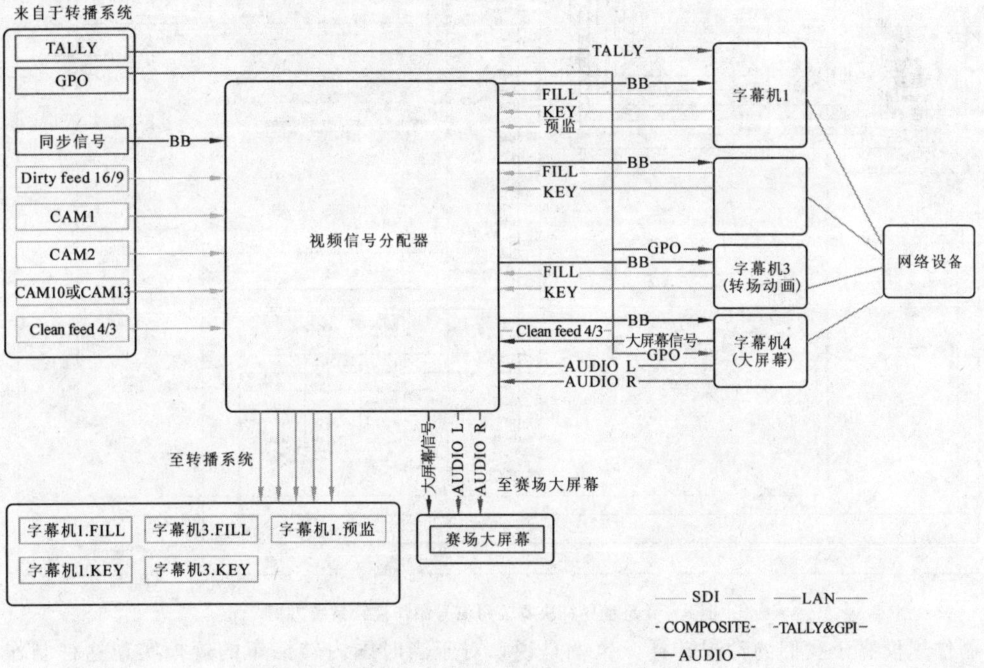

图 7　女子世界杯公用信号字幕制作系统

从图 6 和图 7 不难看出字幕系统与视频系统的信号关系和流程。独立的字幕制作系统通过信号连接完成与转播车的信号制作。同时，转播车的控制信号也进入字幕制作系统，对现场大屏幕提供有别于公用信号内容同时附加自己图文字幕的大屏幕显示信号。应该说，字幕系统完成场内大屏幕的制作，也是国际公用信号制作的一种特例。

3. 慢动作回放

在当今体育赛事的信号制作中，要求对所有摄像机讯道进行慢动作回放已经不是难事。关键在于要根据转播车系统配置、操作员的工作习惯以及转播车上的工作空间进行设计和规划，充分满足制作需求。

此次世界杯公用信号制作在基本配置(9 机位)要求要有 6 个慢动作记录通道(不包括高速摄像机)；在高配置(13 机位)要有 8 个慢动作记录通道(不包括高速摄像机)。应该说，这

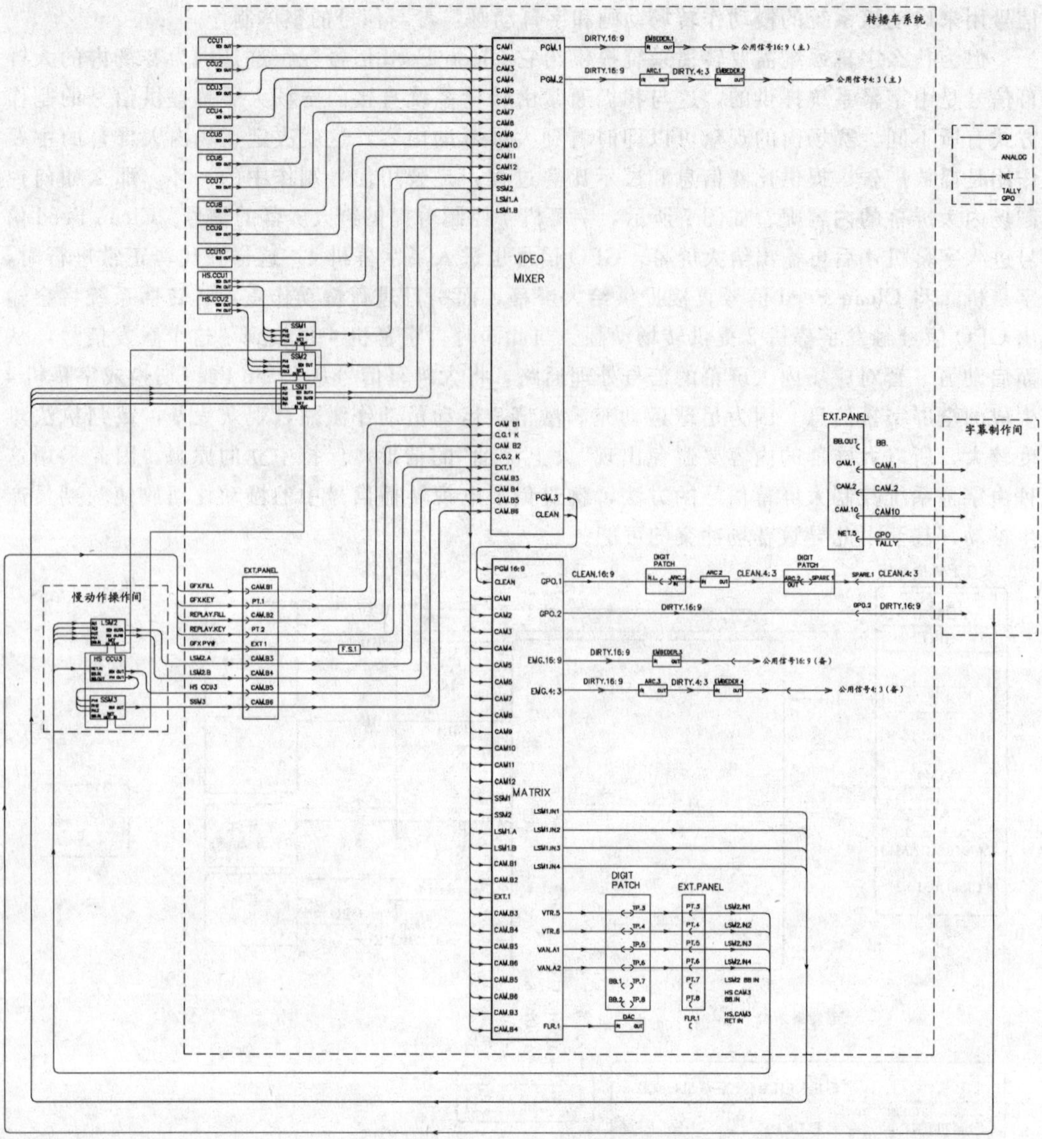

图 8 女足世界杯决赛公用信号制作视频系统方框

种制作规模高于我们的常规转播。也就是说，对于当时国内转播车的规模实现这种制作确实有些难度。

为了实现功能，除了转播车上的慢动作制作区 1 外，我们在转播车外又开辟了一个慢动作制作区，称为慢动作制作区 2(见图 9)。慢动作制作区 1 包括一套 6 通道普通实时视频慢动作硬盘服务器(EVS)和两套 4 通道高速 EVS，配置 3 位慢动作操作员和 1 位集锦编辑员；相对独立的慢动作制作区 2 包括一套 6 通道普通 EVS 和一套 4 通道高速 EVS，3 位慢动作操作员和 1 位中央控制器操作员，每个工位都有独立的监视界面、通话界面以及控制面板，这两套 EVS 与位于慢动作制作区 1 的三套 EVS 通过网络连接实现素材共享，这样在慢动作制作区 1 的集锦编辑员就可以实时调用所有 EVS 的素材进行集锦的编辑制作。位于慢动作制作区 1 的慢动导演通过通话与慢动作制作区 2 的慢动作操作员保持联系，通过良好的通话和监看界面实现信号的整体制作。这个技术方案就解决了慢动作制作规模大、覆盖面广的问题，满足了节目的制作需求。

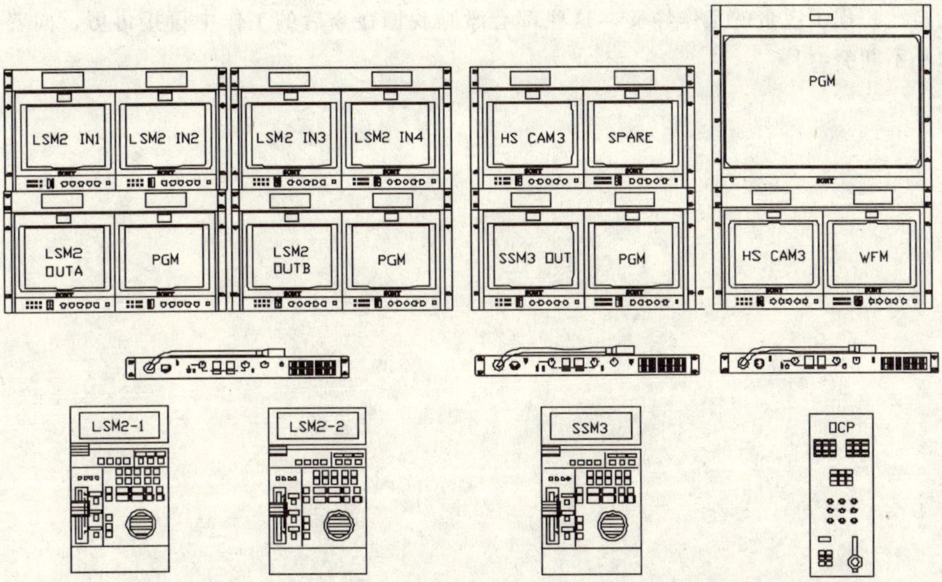

图 9 女足世界杯决赛信号制作独立的慢动作制作区 2 布局

三、 经验总结

应该说，由于我们合理的转播系统设计和实施工作，使中央电视台制作团队得到了满足信号制作需求的技术平台，使之圆满地完成了女足世界杯重点赛事公用信号的制作任务。为此，我们也积累了参加国际大赛的制作经验和技术案例。这些经验和案例都会对我们今后的技术工作具备指导意义。

1. 合理造就成功

随着改革开放的深入，国力的增强，我们承办国际体育大赛的机会必然会越来越多，奥运给我们带来了契机，使我们了解了公用信号制作的含义和流程，也了解到如何针对不同的赛事要求和转播系统搭建符合制作需求的技术平台。面对不同的赛事和不同的技术条件和需要，最关键的是我们的态度、专业水准以及合作精神。只有合理的技术平台，才能使公用信号有良好的制作环境，保证各个工种都有符合自己制作需求的操作界面和监看界面。这些都是信号制作成功且高质量的基本保障。

2. 细节决定成败

在信号制作的前期准备过程中，根据要求，需要将组委会提供的城市宣传片录制到EVS硬盘设备中，然后根据制作需求进行播放。宣传片的信号格式为16：9，图像内容中有一组动画是中国地图，通过动画处理“焦点”缩放到承办城市位置，然后出现该城市的名称字幕。在转录的过程我们发现：如果简单地采用“切变”方式对该画面进行16：9到4：3的转换，中国地图将失去重要的信息内容，也就是会将台湾省从中国地图上卡掉，技术问题就会引发政治问题。我们立即通过正当渠道向组委会说明情况，要求对此部分进行修改，保证正确画面的播出。组委会在了解情况后马上通知各个赛区，在停用以前的宣传片的同时，对宣传片也进行了必要的修改。之后组委会对自己的失误表示了歉意，同时对我们的认真负责表示了感谢。

2007年第五届女足世界杯在中国圆满结束，我们作为重要赛事信号制作也得到了国际足联和国内外同行的一致好评。应该说，我们在圆满完成了赛事公用信号制作任务的同时，也为自己积累了宝贵的工作经验。这些都会激励我们在今后的工作中再接再厉，向着更高的水平不断努力！

黄涛，武汉广播电视总台制作中心转播车科科长．参与了2005年澳门第四届东亚运动会跆拳道、武术项目，2007年女足世界杯武汉赛区，2007年第六届全国城市运动会体操、跳水、开幕式、闭幕式，2008年北京奥运会乒乓球项目，2009年第十一届全运会柔道和武术项目的公用信号制作工作。

欧洲高清转播车设计理念及技术特点

当由北京奥林匹克转播有限公司(BOB)租赁的57辆高清转播车行驶在北京五环路段，其绵延三公里的车队组成了世界上规模最庞大的高清转播车阵容。它们将向全球观众现场直播2008年北京奥运会开、闭幕式及28个比赛项目。

随着近几年欧洲高清业务的迅猛发展，各类大型体育赛事和音乐会都采用高清制作，现在高清转播车都配置一个大型的系统。20个讯道，30个讯道已相当普遍，对制作空间和工位的需求也越来越大。另外，欧洲大型转播车还有一个特点是能同时制作两种版本信号给不同的用户，传统的分区布局难以容纳增加的工位。所以现在很多欧洲转播车都将部分工作区间剥离，单独制成一个辅助车与之配套。如具备5.1声道制作能力的音频车、慢动作车、设备工具车、图形动画车等。这样不仅扩宽了转播车的工作区间，还提高了这些专业功能车的使用效率。在转播大型体育节目时，这种专业车作为子车和主车级联，构成一个完整系统。也可单独外出作为其他转播车的辅助车。这已成为欧洲高清转播车的一个新的发展趋势。

下面以承担制作北京奥运会乒乓球项目公用信号的高清转播车为例(见图1)，具体介绍

图1 整车外观

一下该车的设计方案。

这辆车是由比利时著名的移动制作机构 Outside Broadcast 公司提供的。该公司主要从事国内外转播业务和相应的技术支持。现拥有 6 辆高清转播车，其中 4 辆为大型 A 类车。北京奥运会运来了两辆：Unit14 和 Unit9。其中，Unit14 用于射击的赛事信号制作，Unit9 用于乒乓球的赛事制作。

一、 车体结构

采用拖挂式双面大侧拉，车厢长 14m，高 4.05m，宽 2.55m。在侧拉厢全部拉开后，扩展到 4.7m。从而提供足够的空间来实现在两个制作区同时完成两套节目的需求（中央电视台和武汉电视台两个制作团队同时在该车上分别转播两个球台的比赛）。整车工位布局如图 2 所示：

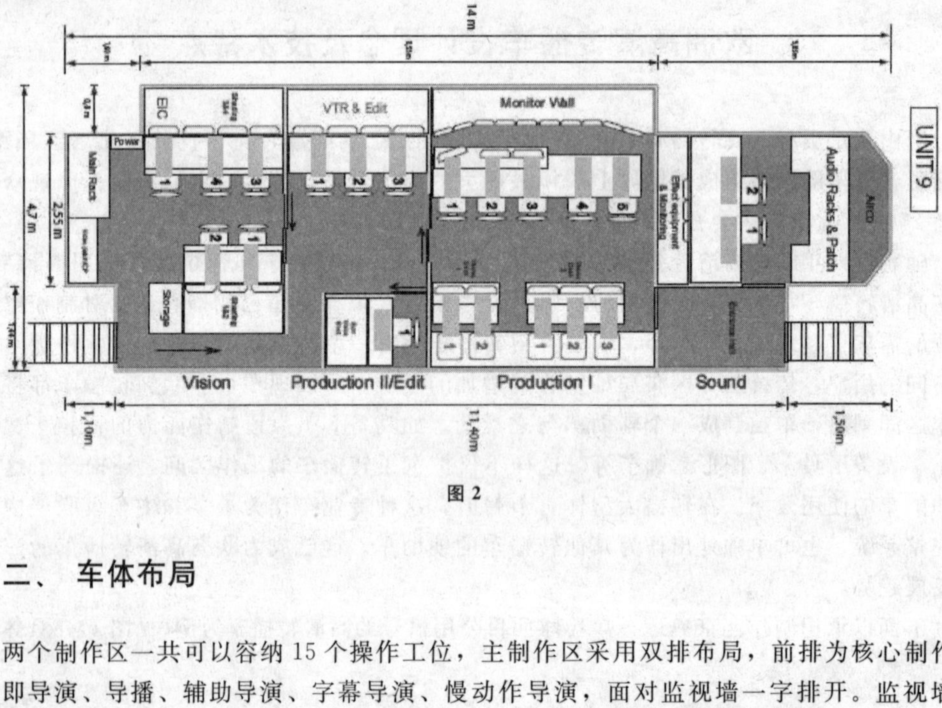

图 2

二、 车体布局

两个制作区一共可以容纳 15 个操作工位，主制作区采用双排布局，前排为核心制作工位，即导演、导播、辅助导演、字幕导演、慢动作导演，面对监视墙一字排开。监视墙设计成两边略带直角的弧形方式随侧拉厢一起展开，使导演有更佳的视角观看整面电视墙来调动机位。后排为慢动作操作区。随着大型体育赛事转播对慢动作回放的要求越来越高，急需要开辟独立的慢动作操作区，整个区间为左侧面侧拉厢拉开后的扩展空间，可以容纳 5 个慢动操作工位。

副制作区也叫录像编辑区，在制作单一节目时，它可充当备播放像、录像、现场编辑的功能。而在需要同时制作两种不同节目时，它又可作为副制作区。区内布局和主制作区类似，只不过是缩小版。导演台和慢动操作台分别安置了 3 个工位和 2 个工位。

技术区位于转播车后部，共设有 5 个操作工位，包括 1 个信息产业（IT）工位供技术总监使用，4 个摄像机调整工位。每个调整工位根据系统要求在控制台面上安装不同个数的 OCP（Operation Control Panel）面板，最多可控制 5 个 OCP 面板。即整车最多可控制 20 台高清摄像机。在转播车尾部设有 4 个立式标准设备机柜和 1 个电源控制柜。

音频区位于转播车前部，出于声音监听的考虑，设计成一个封闭的区间。可以容纳两个调音师参与节目制作，大型调音台和监视器安装在音响师前侧，右上方配置一台应急调音台。在音响师后方是装有各种音源设备和音频周边的设备机柜。音箱按照5.1声道监听环境安装布置。

由于整车设置了众多的操作工位，四个工作区间的布局，已经无法随车携带摄像机、镜头、三脚架这些设备，也没有设置像国内转播车常见的电缆盘仓来存放三同轴电缆。而是采用辅助支援车(见图3)来完成外围设备的存放及运输，这已成为欧洲高清车的标准配置。辅助支援车上安装有成排的设备机架用来分类存放和固定，并配备液压升降平台(见图4)，以降低工作人员的搬运劳动强度。

图3

图4

图5所示的是Outside Broadcast公司转播车Unit9四个工作区的内部空间图。

图5

三、 技术方案

该车的系统设计最大规模为20讯道，可同时制作两版节目，兼容高标清格式。乒乓球转播用了14部高清摄像机，其中包括11套SONY(索尼)HDC-1550、2套SONY HDC-3300高清3倍速摄像机。特别值得一提的是，使用了一台由松下和NHK合作开发的HI Motion 6倍速HD超高速摄像机(13号)，它能实现每秒300帧(逐行扫描)的高速摄像。成为北京奥运会高清转播技术的一大亮点。1号球台作为主转播台设有9个机位，2号台设有5个基本机位，通过设备共享1号台的部分机位，2号台也可调用。比如全景机位(8号)、顶机位(9号)等。具体机位分布如图6所示。

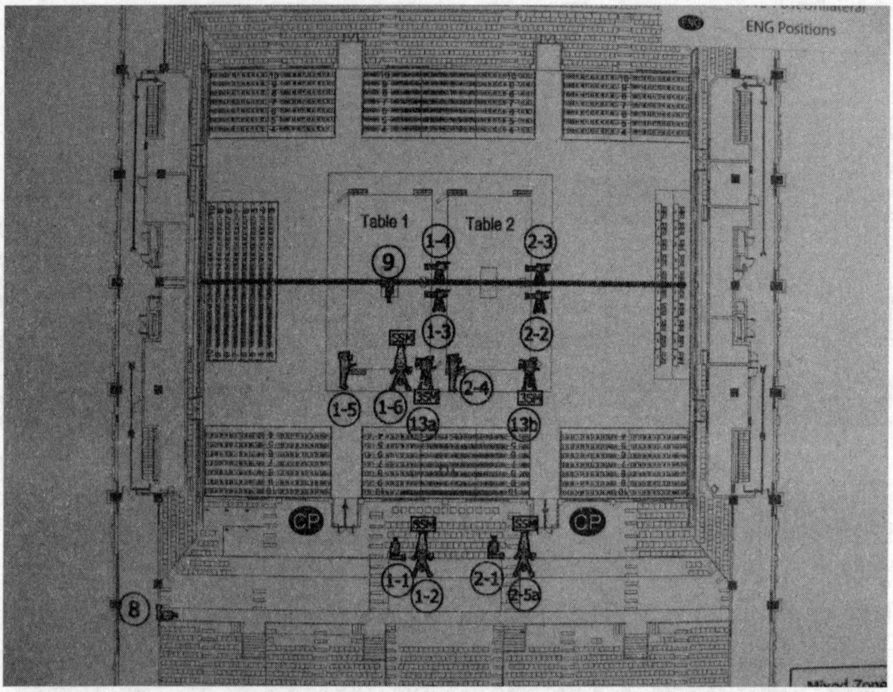

图6

切换台配备了两台。主制作区采用的是汤姆逊(Thomson)公司Xten DD 3ME大型高清切换台，副制作区采用的是Thomson公司Kayak DD 1ME小型高清切换台。两套独立的切换系统同时制作两版节目，当制作单一内容的节目时，副切换台的功能就可以转换成作为整个系统的备份。

矩阵采用了Thomson公司的Trinix DV-33256多码流矩阵，用于系统高清输入信号和标清输入信号的调度。对于一家以设备租赁为主要业务的移动制作机构，要能适应各种不同的需求，灵活地进行调动和改装，配备一个大型的矩阵是必不可少的。它除了作为系统的应急调度，还可用于全车监视信号的调度、录像机输入信号的调度、慢动作EVS的机位调度、供给外部信号的调度(现场大屏幕及外端口板)，以及技监信号调度。在每个工作区域相应的工位上都安装有遥控面板，方便控制操作。

主制作区监视墙是转播车最醒目的地方，由34台Barco 14英寸16∶9 CRT(Cathode Ray Tube)监视器和2台SONY 20英寸16∶9 CRT监视器(PGM&PVW)组成。因为该车建成于2003年，限于当时的技术条件，液晶显示器在图像质量上与传统的CRT监视器尚存在一定差距，所以采用技术成熟的CRT。副制作区导监墙采用3台19英寸液晶屏四分割作为讯道监看，同样有2台20英寸CRT分别作为PGM、PVW的监看。技术区每个摄像调整工位则采用1台20英寸CRT监视器四分割监看摄像机信号，1台14英寸高清晰精密CRT作为单工位的技术选切技监。当需要对某台摄像机调整时，只需将对应OCP推杆式光圈控制把向下按完成对矩阵触发，在技监上就会显示相应的机位图像。调整完毕松开后即返回到矩阵初始设置(PGM 信号)。慢动作操作工位也采用 19 英寸液晶显示器加四分割的方案监看输入信号。所有监视信号全部由矩阵调度，实现了动态监视。在使用矩阵对监看信号动态调度的同时，完成动态 TALLY(指示灯)指示和 UMD(通用媒体光碟)源名跟随显示功能。

全车 TALLY 系统由一台 PC 控制和管理。通过运行专门的调度软件，在控制系统的图形用户界面(GUI)按实际位置虚拟的监视墙上轻松地设置和修改显示信息。

所有画面分割器都支持 UMD 和 TALLY 显示功能。

当今的大型体育赛事转播，特别是北京奥运会，各种比赛项目的转播都大量运用了慢动作回放技术，重现精彩瞬间。比利时数字慢播技术(EVS)公司提供的慢动作服务器已成为欧洲高清车赛事转播的标准配置。该车共配置六套 EVS HD XT(2) 慢动作服务器。其中 1 号台 9 个机位占用 4 个设置为 4 入 2 出的 HD XT(2)。如图 7 所示。

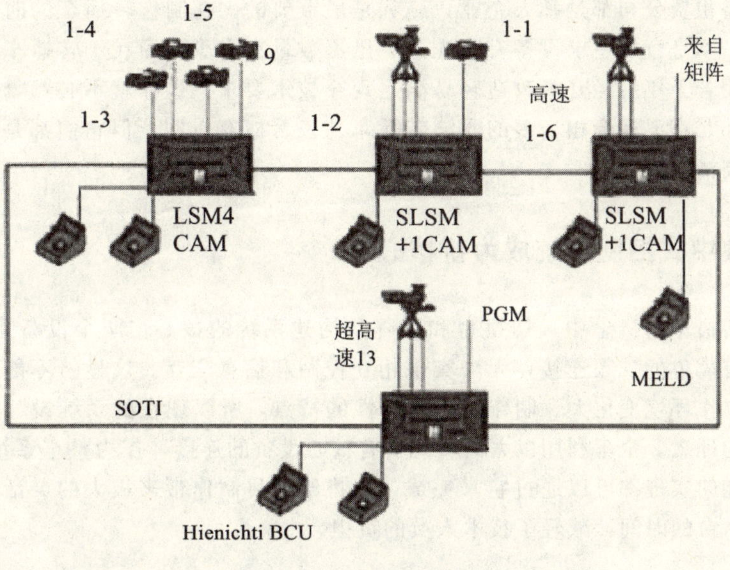

图 7　1 号台慢动系统连接

4 台 XT2 慢动作服务器都设置为 4 入 2 出，其中 1 台接入 4 个机位摄像机，另外 3 台为高速摄像机专用。因为每台高速摄像机要占用 3 个输入通道。它们还各多余的一个输入通道用来接入 2 台摄像机和 1 路 PGM(Pocket Game Maker)作为记录备份。这样 1 号台所使用的摄像机就可以全部实现慢动作回放。4 台 XT2 通过 SDTI 联结成素材共享的慢动作网络，使网络中任意一台 XT2 都能调用其他慢动作机所保留的素材。这就为快速编辑制作出集锦提供了便利。5 名慢动作操作员配置 7 个 RCU 控制面板，共有 6 路输出接入切换台。多角度、多形式的慢动作重放可以让观众对比赛中快速多变的细微动作观察得更仔细。

音频系统具备制作 5.1 环绕声和立体声的功能。该系统的主调音台为德国 Lawo(朗沃)公司生产的 Lawo mc2 66 调音台。该调音台具有高可靠性和灵活性的特点，简单的模块扩展，并易于操作。面板有 48 个推子并提供 96 个 DSP 通道，矩阵屏幕的清晰图示，易于理解的操作界面为现场直播提供了方便快捷的准备。

通过亲身使用欧洲高清转播车并与车上技术人员交流，有四点个人体会与大家分享。

一、 不一样的运作体制

在欧洲，高清转播车都是制作公司式运作模式，电视台很少自建转播车，而是向专业的设备租赁公司租用。这就要求提供转播车的租赁公司在面对不同的用户、不同的需求、连制作习惯也各种各样的情况下，设计转播车时充分考虑系统的灵活性和可扩展性。配有大型切换台和矩阵，高清标清兼容，并且能在一辆转播车上同时满足两种制作需求。根据节目具体情况和导演要求调整工位，制作功能也可以扩充。比如上面所介绍的 Unit9 的副制作区原功能是录像兼编辑，现将编辑台拆卸换成慢动作操作台，从而演变为副制作区。

二、 追求低成本、 高效率

这些设备租赁公司都是私人企业，赢利是最重要的。在制作转播车的时候成本因素必须考虑进去。不是盲目追求设备有多先进、讯道数量有多少，而在于转播车的设计具有前瞻性。当使用若干年后经升级改造轻易满足现今技术要求。这样就不必频繁造新车从而节约资金。比如北京奥运会相当多的欧洲转播车外表看似有点旧，但它们都是通过系统升级由标清跨向高清的。

三、 集中式控制系统成为新核心

在以往转播车的概念中，切换台和矩阵是构建系统的核心。两个设备是相互独立的，它们之间只有简单的视频连接，无法实现相互控制和信息交互。这显然不能适应欧洲高清车流动快、制作环境变化大、制作需求多样性的特点，所以现在的系统设计特别突出集中式控制系统的理念。全车利用以太网实现所有核心设备的连接，作为整车系统的中枢神经。所有系统功能的实现都可以通过它来完成，这将给节目制作带来极大的灵活性，大大缩短了搭建技术平台的时间，减轻了技术人员的负担。

四、 IT 工位成为标准设置

随着转播车系统 AV 和 IT 的融合越来越紧密，从摄像机、切换台、矩阵到周边设备都应用到 IT 网络技术。它们本身都含有适用于 IT 网络的通讯接口，将它们通过网络连接成一个整体，在专用软件操作下，就可以方便地完成对车内核心设备的集中管理和控制。于是在欧洲转播车上都有一个专门设置的 IT 工位。

IT 工位设置在技术区，安装了一些原应用在 IT 领域的设备。比如 KVM、RS422 控制线跳线盘、HUB 交换机等。其中，KVM(Keyboard Video Mouse)，正式名称是多计算机控制切换器。简单地说，就是通过一组键盘、显示器、鼠标来控制多台计算机主机。现在转播车很多设备实质就是一台计算机，它们需要键盘、显示器、鼠标来操作控制。引入 KVM 不但可以免除多余的键盘、显示器及鼠标，还节省了车内空间。RS422 跳线盘则是将所有带网线接口 RJ45 的设备与 RS422 端口一一对应固定连接。这样通过跳线的连接，就可以在任意两个端口之间完成控制信号的传递。

系统工程师通过一台控制计算机，在 KVM 和 RS422 跳线盘的配合使用下，运行专用控制管理软件，方便地对设备进行网络化管理和快速的参数设置，还能灵活地对工位进行调整。

最后再谈谈这次为我们提供技术支持的欧洲同行。车上一共配备了7名技术保障人员，包括1名技术总监(系统工程师)，2名视频工程师，2名音频工程师，2名技术助理。系统工程师是个关键人物，他不仅要有深厚的技术功底，还要善于和用户沟通。尽力满足用户提出的合理要求，并且能够在制作过程中对突发问题及时进行处理和解决。他们并不是来自同一个国家，也不是长期同事，而是为奥运会临时组建的团队。他们一共架构了4套转播系统、安装架设20台各类摄像机、敷设近30公里的各类线缆。而这些都是在抵达北京后短短几天内完成的，其效率之高给我们留下了深刻印象。

慢动作操作

王刚，现任中央电视台转播部视频技术一职，工程师，有丰富的公用信号制作和技术保障经验。

慢动作制作在体育赛事公用信号制作中的作用和实践

——浅谈 2008 年北京奥运会篮球转播中慢动作制作的工作体验

"如果没有电视转播，奥运会就像没开一样。"中国最著名的体育电视转播组织者、中央电视台体育中心原主任马国力这样评价电视转播对举办一届奥运会的重要性。国际奥委会荣誉主席萨马兰奇先生甚至认为，"将来体育运动会可简单地归纳为两类：一类适合电视的口味，另一类则不适合，前者发展，后者衰亡。总之，当电视与体育竞赛结合在一起的时候，现代体育才得以普及和迅速发展"。由此可见，电视转播和奥运会是相互影响、相互促进、密不可分的。

奥运会不仅是运动员比拼和交流的舞台，也是媒体新技术、新制作展示的舞台。应该说，经过历届奥运会赛事转播的经验积累和电视制作组织者对信号制作的严格规范，在图像内容上能够为电视观众提供更多信息量的手段不能仅仅依赖直播过程中的摄像机讯道之间的切换和字幕图形信号的叠加。在直播过程中的适当时机，重放适当的、合乎赛事情理的、满足受众需求的慢动作画面以及组接好的精彩画面，已经成为当今体育赛事转播必不可少的内容，也是衡量体育赛事转播水准的标准之一。作为 2008 年北京奥运会篮球赛事信号制作队伍中慢动作制作小组的主要完成者和系统设计和搭建者，下面谈谈笔者本人对于慢动作制作工种的认识以及在奥运赛事转播中慢动作制作的实践和体会。

最早的慢动作回放是通过录像机来实现的。但是由于线性记录容易造成信号丢失以及磁头和磁带制作的信号质量和成本问题，逐渐被硬盘录放设备淘汰。比利时数字慢播技术公司的视频硬盘记录设备，主要针对体育赛事慢动作制作开发和研制的。即具备非线性、多通道录/放同时的特征，又具备传统录像人员熟悉的操作界面，很快得到了制作人员的青睐。特别是近年来计算机网络技术的引入，更加满足了体育赛事慢动作要求多角度、多讯道、快速度、高效率的及时重放。加之与高速摄像机的配套使用，使其成为世界广播电视行业中不可缺少的技术设备，也逐渐列入体育赛事电视转播主体设备清单中。雅典奥运会还有录像机参与慢动作制作的状况，而在北京奥运会信号制作慢动作制作中已经全部采用了高清硬盘录放设备。

奥运会的电视转播在运行模式和信号制作标准上无论举办地在何处都会采取同样方式，这已经是业内人士的共识。2004 年雅典奥运会上，中央电视台第一次参与奥运会赛事公用信号的制作，为乒乓球、羽毛球和现代五项三个项目制作了国际信号。为中国电视人进入奥运制作开创了先河，也为中国赛事体育制作进入国际化、标准化提供了经验和平台。2008 年北京奥运会，作为东道主的国家电视台，中央电视台承担了更多的赛事信号制作任务，包括大家公认有制作难度的篮球、排球和网球以及已经成为品牌的乒乓球、羽毛球等。这种参与充分体现了国家电视台应有的实力，也是展现我们几年来为了北京奥运所做的一切准备。

一、 系统搭建

按照奥运会的运作模式，任何一支负责赛事信号制作的队伍都要服从奥运电视制作公司的统筹考虑和计划。根据安排，北京奥运会的信号制作所要使用的是国内浙江电视台近年新引进的大型高清转播车。直率地说，由于该车的设计定位，对于篮球被定位在奥运赛事重要信号制作的需求略显不足。特别是制作区的分层以及制作工种的数量。

根据信号制作方案，此次篮球赛事转播将采用 13 个摄像机机位，如图 1 所示。

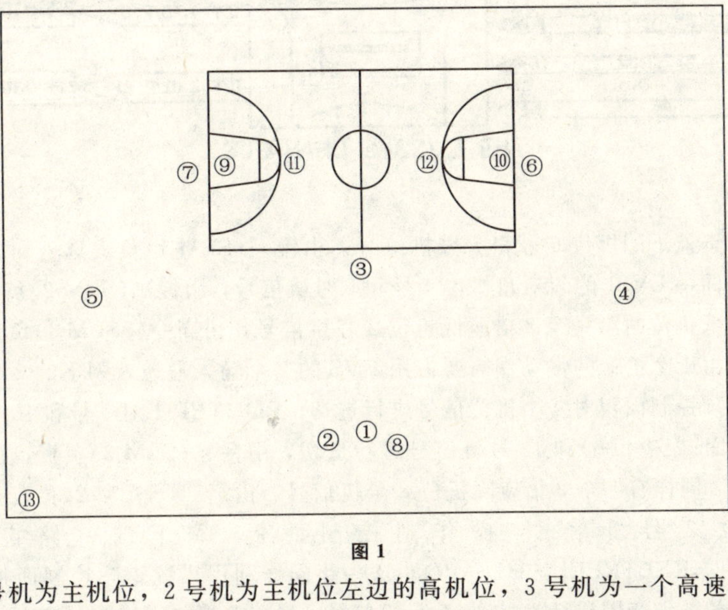

图 1

图中 1 号机为主机位，2 号机为主机位左边的高机位，3 号机为一个高速低机位，斜对角机位为 4 号和 5 号机，篮下的机位为 6 号和 7 号机，8 号机为主机位右边的高速高机位，两个篮板后的微型为 9 号和 10 号机，两个吊顶微型为 11 号和 12 号机，13 号机为侧全。为了达到全方位、多角度的信号覆盖，除了场馆侧全摄像机以外，全部讯道摄像机需进入到慢动作制作的范围之内。另外，此次奥运会篮球赛事的最大特点是将男、女篮全部赛事安排在一个场馆举行。这就意味着每天都要安排 4 场赛事，要从早 9 点一直工作到晚 12 点。由此可见，在这种严要求、快节奏、高密度的赛事转播中，包括慢动作在内的任何一个制作工位设计的合理性和舒适性都会直接影响到整体信号的制作水准。

为了达到我们的使用需求，针对篮球信号制作的特点和我们的制作习惯，我们向 BOB 提出了改进制作条件和环境的整体方案，得到了 BOB 相关负责人的认同以及浙江电视台技术团队的大力支持。其改动方案有以下几方面。

1. EVS(实时视频慢动作硬盘服务器)讯道分配

慢动作提供了可联网的三套 6 通道(定义为四路输入二路输出)的 EVS 和 6 个控制面板，其中 2 倍速的超级慢动作有两套，普通慢动作有四套，可以同时记录 10 个机位的信号，操作员工位共设 6 个。我们根据机位的分布并征求了慢动作导演的要求以及结合以往的工作经验，对 EVS 的输入源进行选入分配和对操作员工位进行初步划分，如图 2 所示。

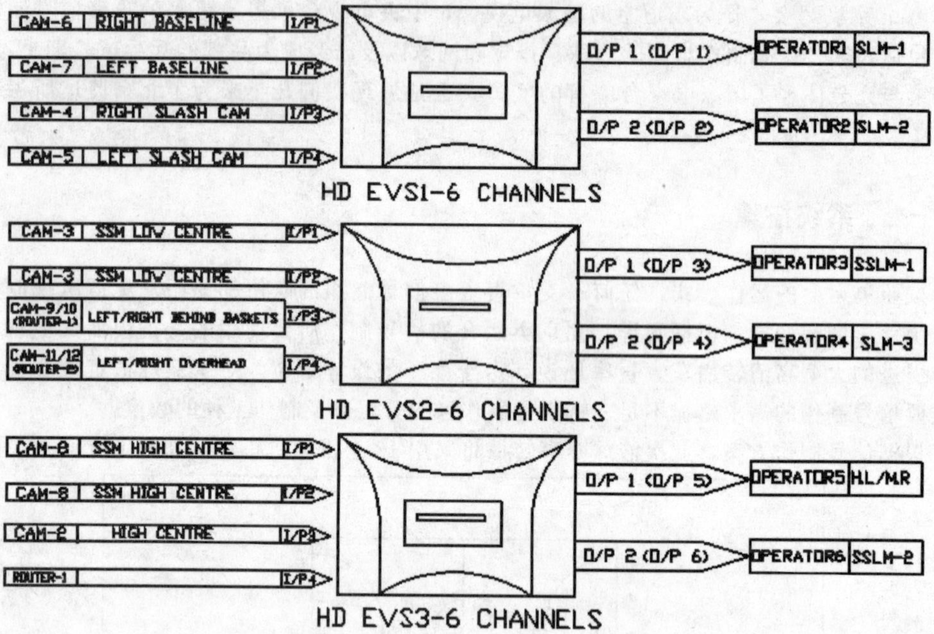

图 2

我们把负责篮下的机位 6 号和 7 号机信号，由慢一(SLM-1)负责选入而且操作主控制面板，把输入同一 EVS1 的斜对角机位 4 号和 5 号机信号，由慢二(SLM-2)负责选入操作副控制面板；把低机位的第一个 2 倍速低机位 3 号机信号，由高一(SSLM-1)负责选入且操作主控制面板，由于 2 倍速的慢动作需要占用 EVS 的 2 个输入通道，剩下的 2 个输入通道分别利用系统矩阵控制面板对 4 个机位信号进行选切，ROUTER-1 对 9 号和 10 号机信号进行选切，ROUTER-2 对 11 号和 12 号机信号进行选切，由慢三(SLM-3)负责，操作副控制面板；对于 EVS3 同样有一个 2 倍速高机位 8 号机信号，由高二(SSLM-2)负责，同时还负责一路高机位 2 号机信号，操作副控制面板，剩下的一路定义为集锦(HIGHLIGHT&KELTREEL，HL/MR)，这一路同样利用系统矩阵控制面板对输入信号进行选切，它的选切范围包括 1 号到 12 号机信号、慢一、慢二、慢三、高一、高二及自身的输出信号。

2. 独立工作区

慢动作制作区的操作员工位有 6 个，再加上 2 个慢动作导演，数量多达 8 个，但电视转播车工作空间不能满足慢动作制作区的空间要求，在我们的要求下，BOB 同意为我们在车下提供独立的工作间，把这部分功能移到车下。并解决了转播车的信号传输和通话等方面问题之后，使这个独立工作区成为主制作区的扩展。

根据工作间的大小与形状，我们做了如下的平面分布，如图 3 所示。

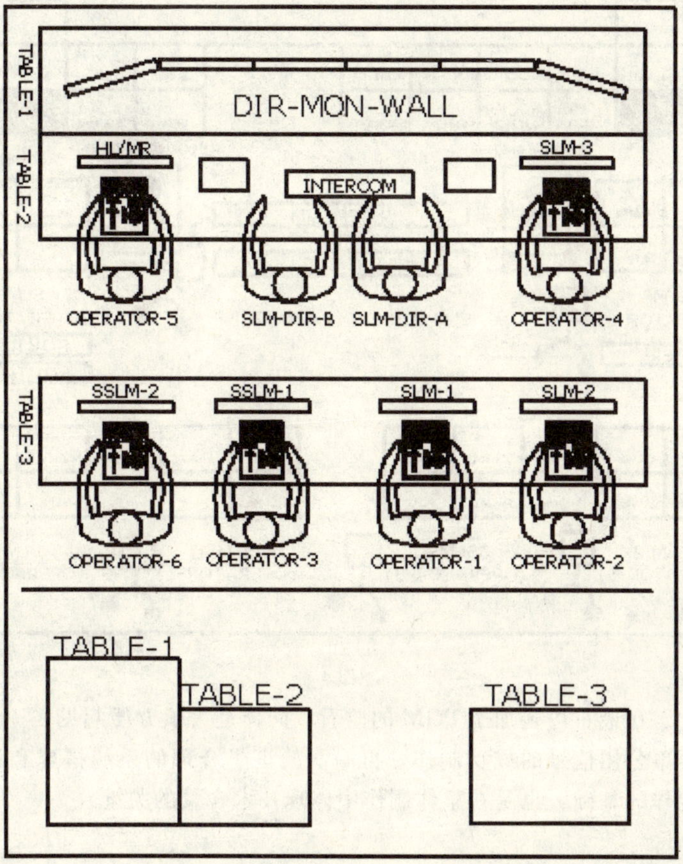

图 3

由于长宽的限制，我们采用了三排的摆设，第一排桌子用于摆放慢动作导演的监视墙，略高于第二、第三排的操作员的桌子，这样就可以很好地避免遮挡。把慢动作导演安排在导演监视墙的中间位置，以其为中心，HL/MR 的操作员的位置安排在导演的左边，分享所有输入信号的监看，易于在集锦编辑过程中操作员与导演进行沟通。慢三的机位是微型机位很特殊，也要常与导演沟通，放在导演的右边。第二排从左至右分别是高二、高一、慢一和慢二的操作员，工作时便于四个操作员进行交流。

慢动作导演帮助主导演协调 EVS 操作员选择重放素材，需要监看所有的输入信号、各 EVS 的输出信号及 PGM(Pocket Game Maker)。如图 4 所示。

图 4 是所有监视单元的监看信号的分配，其中具体说明慢动作导演监视墙监看信号的分配。在征求慢动作导演的意见之后，我们从左到右对监看信号做了如下分配：首先把慢三负责的 4 个输入信号集中在一起，这样可以使慢动作导演能很容易地看到 4 个微型机位的信号，考虑到 4 个机位的即时出现率最低，故而关注度不高放在最左边；1 号机主机位的信号对慢动作导演来说只是用来监看，了解场上形势，放在靠近左边的位置；2 号机的信号是盯无球犯规的，即时的利用概率略高，放在靠近中间的位置。4、5 号机的信号是两个斜 45 度的机位，即时的利用概率和 2 号机相差无几，放在同一位置；6、7 号机位、3 号机以及 8 号机占据了即时绝大比率，因此放在中间位置与 PGM 相邻，使导演的关注相对集中，减少疲劳。所有输入信号全部放在左边，右边是所有的输出信号。右邻 PGM 的分别是慢一、慢二、高一、高二、HL/MR、慢三的输出信号，也同样是根据即时应用的比率同时考

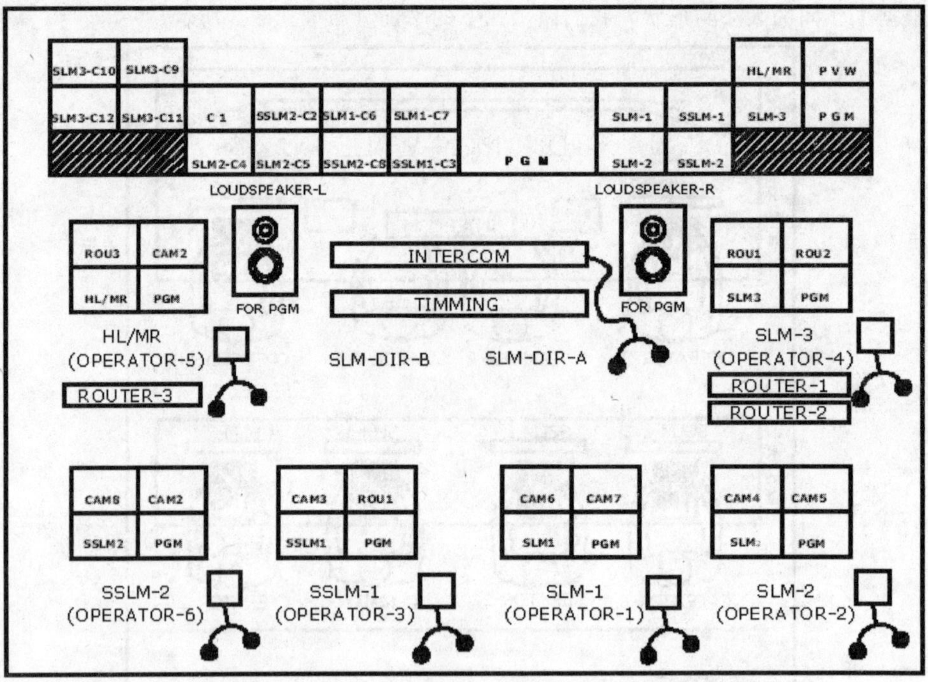

图 4

虑分块而排列的。在最右边多加了 PGM 的监看，同样是为了方便起见。

奥运篮球赛事公用信号的成功制作，再一次验证了合理的系统搭建和讯道分配，是取得高质量信号制作的基础，也是在整体制作中体现技术含量的关键。

二、 信号制作

1. 各守其责

下面先介绍一下每个工位的主要工作：慢一操作员主要是负责 6 号、7 号机位的即时慢动作、保存片段以供网络共享，同时承担暂停时某一队在前一个暂停到此暂停间的表现分析和镜头表现，即利用一系列的不同机位的慢动作回放来表现出此队的这一段时间内的具体情况，或一系列的精彩瞬间；慢二操作员主要是负责 4 号、5 号机位的即时慢动作和保存片段以供网络共享；慢三负责 9/10 号、11/12 号机位的即时、保存片段以供网络共享；高一操作员负责的工作和慢一操作员相同，负责 3 号机位的 2 倍速慢动作；高二操作员除负责 8 号机的 2 倍速和 2 号机的即时慢动作、保存片段之外还负责未切出精彩镜头素材集锦的编辑；对于 HL \ MR 这个工位来说，没有即时慢动作的任务，主要是负责编辑篮球比赛每一节后的精彩回放。

2. 通力合作

即时慢动作主要特点是需要在尽可能短的时间内在一个恰当的切入点选择最佳角度进行回放。强调速度的重要性，是因为一个恰当的切入点稍纵即逝，跟不上切换的节奏再好的回放也不能被切出。最佳的角度选择也是至关重要的，即时慢动作是一个答疑解惑、锦上添花的环节，如果不能选择一个好的角度进行回放，就会适得其反。因此慢动作导演和操作员之间要默契合作，尽可能缩短选材到播出的时间。

慢动作导演把精力放在了选择好的切入点和最佳的重放角度上，掌握慢动作回放的节奏，控制数量以及指导集锦的编辑。切入点选择需要根据比赛情况来选择，而最佳回放角度的选择则要考虑机位分布、球员遮挡、表现效果等因素。例如，由于篮球场地相对较小，场上队员密度相对较大，这样造成了不同程度的遮挡。我们必须充分考虑这个问题，找出一个有效的方法解决它。通过这次篮球信号的制作我们总结出了一种方法叫“区域负责”，即把篮球场地分成若干区域，每个区域由一个或几个机位负责。当在场上出现情况时先看是由哪几个机位负责，然后根据效果的好坏进行排序，最后选择最好的机位来进行回放，反映场上情况，或做多角度展现。具体情况参见图 5。

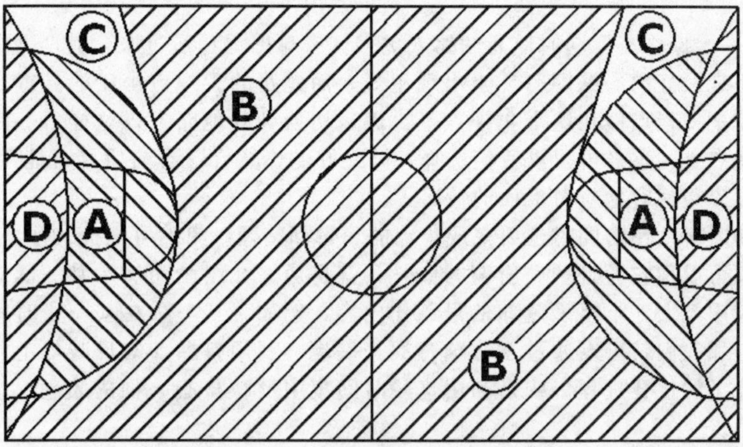

图 5

从图 5 可以看出，如果在 A 区域发生情况，根据反映效果依次是 8 号、6 号或 7 号、3 号、4 号或 5 号机；如果在 B 区域发生情况，根据反映效果依次是 3 号、8 号、4 号或 5 号、6 号或 7 号机；如果在 C 区域发生情况，根据反映效果依次是 8 号、6 号或 7 号、4 号或 5 号、3 号机；如果在 D 区域发生情况，根据反映出的效果依次是 6 号或 7 号、8 号、4 号或 5 号、3 号机；大体上就分为了四个区域，对于其他的赛事可以根据具体情况和需要做不同的分配。有了这样的分配和分工，既可以合理地分配操作员负责的机位，又可以使慢动作导演无论是在犯规的回放还是在精彩瞬间的多角度展现上做到心中有数。这样就可以把更多的精力放在选择最佳的切入点上。

3. 技巧和经验

即时慢动作必须要求熟练掌握 EVS 的操作，能够迅速回点，完成对速度控制和入点的选择，对播放节奏有良好的理解，同时要熟悉赛事的规则。例如在篮球比赛中这一阶段的操作员要适应篮球的“快”和“高”，现代高水平竞技篮球由于进攻时间的限制使得攻防转换的速度越来越快，各队不断强化“快”的意识和“快”的训练，使得比赛中各个环节的衔接越来越快，运动员完成技战术的动作速率及转换越来越快，各种有针对性的制约与反制约的变化也越来越快。“高”：主要包括身高、弹跳、高空技战术和空间对抗能力等，要成为世界强队必须具备一定的“高度”。从近年来的发展变化看，世界强队在提高技巧的同时，身高增长日趋平缓，但体重明显增加，身体的对抗日趋激烈。有这一“快”一“高”特点的篮球运动必然高频率地出现犯规，这样要求操作员也要“快”速地找出犯规点，并停在最佳的入点，等待回放。“高”水平的操作员还要在播放时进行变速控制，发挥 EVS 在速度控制上的优势，优化回放的效果。通常我们对犯规作如下变速，首先把入点留得足够长，播放时先以高速度开始，等到犯规点时迅速把速度降下来，然后再提高速度，等有表情或是手势时再将速度拉下来。这样快慢变化，既能实现视觉的冲击突出重点，又能节省时间，效果很好。这种变速也可以用在配合、战术体现、精彩过人、大力灌篮和封盖上。

下面介绍一些篮球慢动作操作技巧。

(1)篮球不像乒乓球和羽毛球那样回合数很多很快，因此不需要打 MARK，用转轮回点就行。

(2)在有一些特别精彩的瞬间如封盖、抢断等，但没造成比赛中断，这样这些精彩瞬间只能留到死球时重放，这时就要存点，为了避免重放出点静止，有两种办法：①把出点留得足够长；②利用 Shift+Return 组合键，先把这个瞬间存成点，在要求重放时迅速选中这个点，然后按 Shift+Return 组合键，会迅速返回到记录轨迹上的相同画面上，就不受出入点限制。

(3)由于一个操作员要同时监看两路或更多，有时感觉看不过来，其实我们只要着重看正常情况下表现最好的一路即可。当出现犯规，而此路的犯规点由于遮挡或是其他原因不能用时，只需把搜索点停在这个犯规点上，迅速切换到其他路上，这样每一路被切换过来时都是在犯规点上，这样可以供我们选择一路最好的，然后看看前后是否能用，等待播出，这样我们就可以很从容地应付上面的情况了。

在兼顾即时慢动作的同时也要完成集锦的编辑和整理。集锦可以分为小集锦和大集锦，小集锦我们又可以称它为打捆。所谓“打捆”，就是通过几组画面展示某一队或某一人的表现，打捆的应用极大地丰富了篮球信号制作内容。例如，某一队在某一段时间内三分球的得分非常高，那我们就可以通过三分球打捆来展现。利用打捆如实反映场上情况，可以使观众很直观地了解比赛进程。或是利用这段时间集中反映核心人物的表现，让观众享受他们带来的快乐。

所谓大集锦的编辑，以篮球为例，就是在第一、第三节结束后对两队表现的小节，以及上半场结束后对前两节的小节，还有全场结束后对两队表现的总结，是赛事的精编。笔者从事过多种体育赛事集锦的编辑，在工作中积累了一些经验，在这里与大家分享。

首先，集锦编辑应该分为 MOTION、EMOTION 、STORY 和 WAY 四点。集锦和集锦编辑有所不同，集锦是由 MOTION、EMOTION 和 STORY 构成，而集锦编辑还有重要的一点“WAY”。

MOTION 是指不同的体育项目有着不同的动作表现，是这项运动通过人表现出来的运动魅力，是一种看得见的东西，同时也是集锦编辑的“绿叶”，不同水平的比赛 MOTION 在集锦中所占的比例和起的作用有所不同；EMOTION 是指从事不同体育项目的人，在比赛中通过表情展现出来的此项目给他们带来的快乐与激情，是其情感魅力的体现，是一种可以体会到的东西，同时也是集锦编辑的“红花”。同样，不同水平的比赛所表现出来的内容也不尽相同；STORY 是要讲给观众一个关于人在竞技中发生了怎样的故事，是集锦编辑要表现的东西，是利用 MOTION 和 EMOTION 为基本元素的艺术品；而 WAY 可以理解为怎样利用表现手法和艺术加工，巧妙地把“红花”“绿叶”衔接起来完成这件艺术品。当然，不同的人采用不同的表现手法及对比赛不同的理解，做出的集锦风格也不同。无论怎样，只要能展现运动本身的魅力，就可以称之为好的集锦。

随着体育转播不断的发展，慢动作对体育转播的精彩程度将起到直接的影响，但愿这篇文章能对大家有所帮助，同时希望共同探讨进步。

曹璇，2005 年进入中央电视台播送中心转播部，任视频技术工程师；参与了多哈亚运会、北京奥运会等体育赛事的电视制作工作。

奥运会信号制作中慢动作制作的体会

2008 年北京奥运会的成功举办对于中国而言，它意味着国家的强盛与国际地位的巩固；对于参赛选手，它意味着历经数年艰苦磨炼后展示实力的舞台；对于观众，它意味着一场场精彩绝伦、酣畅淋漓的视觉饕餮大餐……对于我们电视转播工作者，它意味着荣耀感、使命感、责任感……作为亲历者，在这次的奥运转播中，我们锻炼了制作队伍，也通过交流与学习，形成了良好的国际化制作理念。

本文仅以慢动作制作为例，谈谈转播过程中的应用与体会。

一、 慢动作制作的作用

慢动作制作在一场电视转播中，尤其是体育赛事的转播中，担当了非常重要的角色。出色的慢动作回放应该对实时赛况起到“锦上添花”的作用，它是赛事及时的再补充、再体现。

一直以来，转播工作者就是不折不扣的“杂家”，一是因为我们“一仆多主”的身份，接触到的节目组包括了文艺、时政、体育等；二是因为在转播中我们接触到的项目涉及面很广。比如体育比赛，从大球到小球，从水上到冰上，静如围棋、射箭，动如田径、马术，都是我们要转播的项目，可并不是每个项目都是我们知道或熟悉的。为了达到最完美的制作效果，很早以前，慢动作制作人员就进行了详细的分工，并针对每个项目的不同规则与特点，制定出不同的制作方案，充分利用每次国内赛事转播的机会进行分组练习与磨合。不同的项目有它们的共性与特色，不论哪一个项目，我们都必须详细地了解其具体比赛规则，这样才能及时地发现赛场上的重要信息并准确地选取关键点来回放；不同的项目，其比赛的节奏也完全不同，这些都是我们要在制作过程中不断体会与总结的。

二、 慢动作制作的应用

都说“电视是一门缺憾的艺术”，在直播有限的时间内我们的艺术创作受到很大限制，可是到底什么样才算“好”是值得我们去深思的问题。

比如篮球，它的表现要点在于出色的传接球，花样百出的运球上篮，有意无意的犯规动作，等等。通常第一节的比赛会比较沉闷，双方运动员都在试探与热身，从第二节开始，比赛节奏会突然加快，而这也对慢动作操作员提出了更高的要求。在进攻与进攻的间隙，操作员必须快速而准确地找到刚刚发生的动作的入点，并且用最合理的变速进行回放，以求达到最好的动作张弛表现与最佳的视觉效果，仅此一次，没有机会预演。而在随时有可能发生的暂停间隙，操作员又必须及时编辑好新近发生过而没有机会在实时慢动作回放中得以表现的一组进球集锦，并且要求协调好高低机位、远景近景、动作表情的合理穿插。

高水平的赛事往往对一个慢动作操作员的要求更高，慢动作导演会根据场上比赛节奏要求在短时间用镜头语言编辑出一个"故事"。例如，当双方比分比较接近时，导演需要更多时间交代场上紧张的气氛，集锦播出时间卡得就紧一些，就要求集锦编辑要更快速、更紧凑，兼顾双方进球精彩镜头；如果双方比分出现一边倒的情况，我们就要让观众通过看实时集锦明白：是领先一方在这段时间内哪个方面控制得比较好，还是落后一方在某一个方面失误太多、防御太差，等等。在这种紧迫的时间中，得以良好地实现回放并完成一些必要特效的制作。对于慢动作制作人员来说，实际上是每个人平时不断的钻研和学习、不断的锻炼和积累在短时间内的一种集中展现和爆发。

三、对操作人员的基本要求

其实，所有转播项目都是这样，首先要求操作人员对实时视频慢动作硬盘服务器(EVS)操作台的各项功能做到烂熟于心。对于每一个慢动作操作员，我们提出了如下的要求：①在赛事转播中，导演每提出一个设计，首先要尽可能地考虑在技术上能否实现，这也是对自己技术能力的不断检验与提高，并且尽可能选取最佳方案解决。②在技术层面上应该做到把EVS各项功能吃透，甚至可以向导演提供多种实现建议，而他提出的各项建议都能辅助其实现。③重新认真仔细地学习EVS操作说明书，并且对其中一些重点功能进行开发与应用。④明确每个人所负责的机位要求，不断研究深度，不断更新技术水平，重点培养各工位之间配合的默契，以求联网编辑过程中最大化地实现片段资源共享，以及在紧张制作过程中的编辑互助。

此次奥运会慢动作联网操作就大量地使用了EVS的PUSH功能。比如，篮球比赛公用信号制作要求有四名操作员参与编辑集锦，两人负责实时节内暂停后集锦，两人负责每节后、全场比赛结束后的总结和未切出精彩镜头素材集锦编辑，大家没有过多的时间到局域网内搜索需要的素材。通过PUSH功能，就可以把自己存放的精彩片段快捷地PUSH到事先设置好的其他EVS主机上，方便大家共享。事实证明，PUSH等功能的成功使用有力地解决了素材共享这一个难题。

四、慢动作制作对赛事的反映效果

北京奥运会，给了我们一个机会接触与认识完全不同以往的国际化制作理念与运营模式，慢动作制作起到的作用在奥运会期间也凸显了出来，当然也给我们提出了一个新的挑战。由于是国际化赛事，我们比以往更注重强调公平、公正、及时、准确的制作原则，力求务必为实时赛况锦上添花，即使是对中国选手也绝不偏向，而是客观地反映场上真实的赛况。

以羽毛球为例，我们的慢动作制作首次在比赛中充当了"鹰眼"的作用。很多边线球或者网前球存在是否出界和犯规的争议，由于机位选取与操作员任务分配完备合理，我们做到了“场上无死角”，每一个微小的动作都尽收眼底。比如，在回放中操作员达到了能够熟练变速以表现运动员的“假动作”；遇到争议球，回放一遍之后马上返回原点等待，直到运动员没有争议继续开球；对精彩回合的表现上，我们不断尝试不同的机位画面组合，如网前线路加底线落点、高速2号低机位线路加3号、4号机表情，等等。在比赛中，我们的慢动作制作也有效地调动了现场观众的情绪，局面一度发展到球一落地，观众立刻面向大屏幕，运动员也会立刻指向大屏幕，示意裁判看慢镜头回放。而每次当我们准确到位地回放之后，场上便立刻安静了下来，观众看明白了，裁判也因此正确评判比分，运动员也心服口服，场上矛盾得以及时化解。而观众在欣赏到精彩瞬间的同时也对我们的“公平准确制作”用欢呼与掌声表示肯定。

除了对于常规比赛实况的慢动作回放之外，我们还在奥运会期间发现了很多体现出“奥林匹克精神”的小故事，因为运动员身上那种顽强拼搏的体育精神不断带给我们冲击与感动，我们也及时地制作了很多段小集锦在比赛间隙播放，带给包括我们制作人员在内的所有观众心灵上的震撼。因为在操作员的制作理念里，体育精神是我们最应该宣传与渲染的，慢动作制作不仅仅是MOTION的再体现，也是EMOTION的再渲染。

五、 结语

回首北京奥运会转播的日子，我们见证了每一块金牌的获得，也目睹了运动员顽强拼搏的历程，也体会了繁重工作的艰辛……长久以来，一直很期盼着奥运会的转播工作，一直为能够出色圆满地完成奥运转播任务而努力着。虽然真正身临其境时酸甜苦辣五味杂陈，但我们始终知道，作为电视转播工作者，我们在为奥运会转播提供专业的国际信号制作。所以，我们曾经匆匆喝下大杯的咖啡后继续聚精会神地投入到比赛中；曾经根据一场比赛制作中出现的问题而不断进行研究讨论，随时改进制作方式与表现形式；曾经因为出色而准确地完成了一次次关键分数时决定性的慢动作回放而击掌相庆……

北京奥运会虽然已经过去了很长时间，可是每当回想起那段日子，仍旧会感激它所带给我们每个人的一切，它教会了我们以严谨认真的态度对待自己的工作；以钻研进取的精神研究自己的工作；以公平公正的原则进行国际信号制作；以虚心求教、见贤思齐的心态向国内外同行学习；以团结默契的配合赢得转播工作的胜利！

字幕操作

陶湛，1994 年进入中央电视台，一直工作在转播的第一线。参与了 2004 年雅典奥运会和 2008 年北京奥运会、残奥会公共信号的制作工作。

大型体育赛事电视字幕制作之我见

纵观当今国际大型体育比赛的电视转播，图文字幕占据着相当重要的地位。由于 IP 业网络技术的发展和普及，使大量的赛场内外的有效信息变为字幕图文内容参与到电视画面转播制作当中。让电视观众在欣赏电视画面内容的同时，能够及时了解赛事的准确信息以及有关赛事及运动员的背景资料。从而提高电视转播的赏识度，并使受众加深对赛事本身的理解。可以说，图文字幕已是当今体育赛事转播的重要组成部分，没有图文字幕已经不能称其为完整的赛事电视转播。

一、 体育赛事转播字幕制作系统的发展及现状

1. 电视字幕的发展

20 世纪科学技术的发展，创造出两个全面而深入影响人们生活的伟大成果，一个是电视、一个是网络。当前，电视作为最广泛的大众传媒之一，在信息的传播上起着主流媒体的作用。图像、声音和文字等都是电视的宣传语言，而文字语言主要的表现形式之一，就是电视字幕。

电视字幕的最初制作形式是通过手写的方式书写在纸面上，再通过电视电影飞点扫描的方式，将黑白相间字幕信号变为可参加视频切换台制作的视频信号。通过切换台的简单混切，变为可以播出的电视信号。此种制作方式，从 20 世纪 50 年代我国电视广播开始一直持续到 80 年代。

20 世纪 80 年代初，计算机技术迅速发展起来。计算机硬件与视频技术的结合，加之计算机软件可编程的强大功能，生成了可参与电视制作的视频字幕信号。90 年代初，计算机

技术很快进入了电视字幕制作领域。

最初，字幕机只是以视频制作的单一周遍设备进入到直播制作中，如京剧、综艺、时政等直播类节目。操作人员根据节目形式和内容，在直播制作前，将节目(或事件)的名称、唱词、演职员表等通过文本格式录入、存储，节目导演对节目内容进行风格设计，再通过字幕机软件功能生成能参与直播制作的图文字幕。在直播过程中，根据节目内容和进程，将调出的字幕信号通过视频切换台下游键的功能，将图文信息与视频图像有机地叠加在一起，呈现给观众既有图像信息又有文字提示的电视画面。

2. 直播体育赛事字幕制作系统的特点及现状

与上述节目形式不同的是，与体育赛事有关的大量信息是无法在赛事之前预知的，如出场顺序、计时记分、成绩排序、战术统计等。因此，单一字幕机参与制作的方式已远远不能满足观众所要了解的信息量。由于体育赛事的速度、竞技状态以及拍摄角度等多方面的影响，电视观众即使在电视画面上也很难判断出得胜者，如田径、游泳等赛事。由于有及时准确的字幕信息，对画面的“多义性”就有了明确的解释。因此，可以说，体育转播中的图文字幕不再只是单纯的画面“解释”，它成为了图像内容的重要组成部分和一种评判条件，即所述故事的一部分。从这个角度说，它不再是节目内容的补充。当然，从辅助角度上说，它也能够涵盖更多更广的信息内容，如运动员的背景资料、历史成绩、赛事记录、场地信息以及天气状况等。如何将如此之大的信息与电视画面有效地结合成为体育转播中字幕制作的关键。

随着计算机技术的发展，无论何种赛事，赛事本身都会有自己的计时记分和赛事评判系统，运动员的最终成绩可通过感知器件或人为传递到技术评判系统，最终成绩是依靠技术系统与裁判员最终仲裁的结果，有它的唯一性。因此，电视转播制作要想得到有效的和准确的字幕信息，只能通过计算机网络技术从赛事技术系统去提取，将提取的“内容”分类、整合并生成与电视图像内容相匹配，即位置、字符大小、格式及颜色等要有所设计。由于体育赛事的特殊性，特别是大型综合体育赛事，信息量大、更换速度快，因此，通过何种技术将复杂的信息量有选择地变为与图像内容相关的电视图文信号成为人们关心的技术。

电视字幕制作从单一的制作升为系统制作，得益于网络技术的引进。1990 年北京亚运会期间，国内计算机公司与国外字幕机生产厂商联合开发了具备汉字操作界面的字幕机，并应用到体育赛事的直播当中。另外，通过相对简单的信号转换设备，将赛事本身的计时记分系统的数据信号变为视频键和填充信号，提供给视频切换台成为字幕内容的一部分，参与赛事转播制作。其实，这只是联网技术的雏形，它还没有实现真正意义上的字幕制作联网。

20 世纪 90 年代中期，随着计算机网络技术的开发及随后的普及，字幕机开发人员最先想到和进行的是：在赛场内架设一台计算机，将比赛信息进行实时录入，如比分、战术统计等，该机与场外转播车(或转播机房)字幕机联网，随时调用有用信息。这种方式主要是解决字幕操作人员对赛事状况的“盲区”，解决了派人在现场进行“播报”的形式。

二、 2004 年雅典奥运会电视转播字幕制作系统分析

1. 2004 年雅典奥运会电视转播字幕系统制作的特点及技术方案

(1)2004 年雅典奥运会电视转播字幕制作系统的特点

众所周知，奥运会是世界级的体育盛会。无论是赛事项目种类还是运动员数量都是任何一个综合体育赛事不可比拟的。在雅典奥运会期间，有来自 200 多个国家的近 10500 名

运动员参加，运动员在28个大项的297个小项中进行角逐。每天将有9个到23个比赛项目在30余个比赛场馆进行。

在如此庞大的综合赛事中，如何让电视转播信号公平、公正、制作水准和风格一致，雅典奥运会电视制作委员会下了很大工夫。首先，在世界各国寻找对各项赛事有丰富转播制作经验的电视台和公司，分成专项赛事对制作队伍的主要工作人员进行培训。主要是强调奥运会电视转播的理念及制作标准等。

雅典奥运会字幕系统的特点是网络化、规模化，转播第一次使用成绩网络系统（Result Network）支持所有项目的比赛，这使雅典奥林匹克转播有限公司（AOB）灵活地控制字幕的发布成为可能，AOB能够选择它希望的方式去显示比赛信息。因为是同一个成绩网络系统，可以为4∶3(SD)，16∶9(SD)及16∶9(HD)提供相同的信息，保证字幕的统一性。此次奥运会的计时记分系统全部由斯沃琪（SWATCH）公司提供，字幕设备全部使用的是MSL公司的AGLIE字幕机，网络集成则由法国的ATOS Origin公司完成。

(2)2004年雅典奥运会电视转播字幕制作系统的技术方案

第一，从网络化角度来看雅典奥运会电视转播字幕制作系统。图1所示的是雅典奥运会的成绩系统（OVR）网络图。主网，也称外网，为万维网、新闻中心、AOB的网络提供数据。而AOB的网络，也称内网，只为AOB电视转播提供数据，通过接口协议从外网获取数据，再转换成内网数据库可接受的格式供转播车和IBC使用。

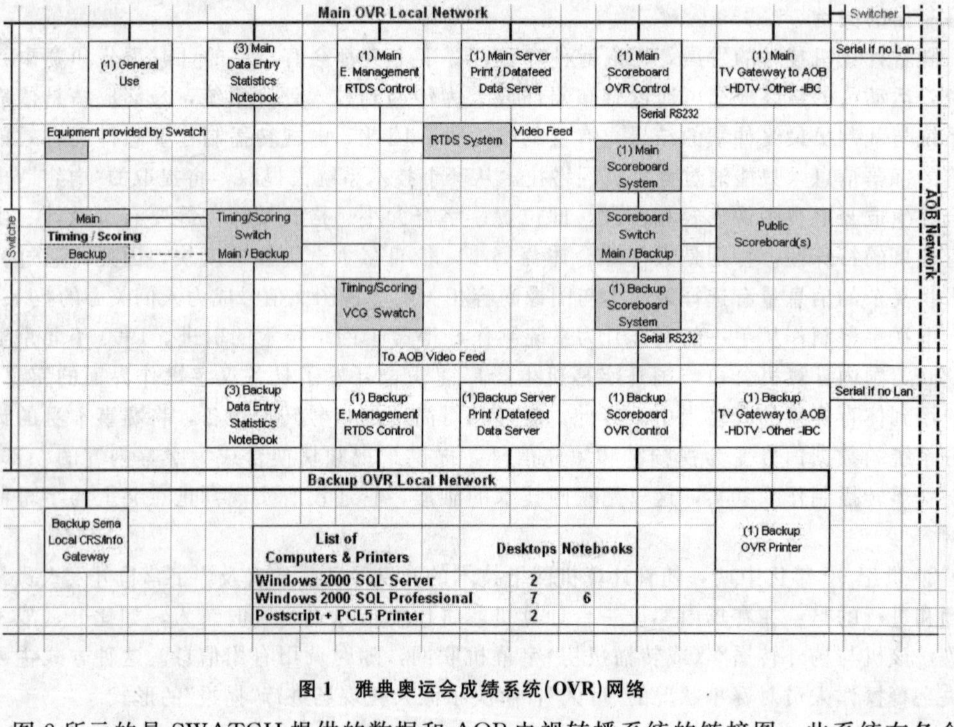

图1 雅典奥运会成绩系统（OVR）网络

图2所示的是SWATCH提供的数据和AOB电视转播系统的链接图，此系统在各个方面都采用了多重备份。SWATCH为电视转播在OVR机房放置了两个服务器，并通过不同的网络与转播车上的字幕机连接。当一个服务器或网络出现故障时，字幕软件会自动调用另一个服务器上的数据库；当自动切换失败时，字幕操作人员也可通过软件手工切换到另一台服务器上。除此之外，为确保直播万无一失，AOB在国际广播中心控制机房里又架设了一台字幕机，并直接从SWATCH获取数据，当比赛现场转播车上的字幕机出现故障不能叠加字幕时，就用这台字幕机来完成。

第二，从规模化来看雅典奥运会电视转播字幕制作系统。图 3 所示的是 SWATCH 现场记分设备，经过 AOB 培训的志愿者通过这台设备为计时记分系统提供数据。图 4 所示的是技术统计用的终端，主要为文字记者和 Web 网提供信息。由于 SWATCH 承揽了雅典奥运会所有项目的计时记分系统，所以计时记分系统的设备能够保持统一，数据接口和协议保持一致，为字幕公司与之配合提供了方便性和安全性。图 5 所示的是羽毛球比赛时志愿者在录入比分。图 6 所示的是技术统计人员在作统计。

2.2004 年雅典奥运会字幕系统的不足

作为此次奥运会电视转播公用信号的字幕操作人员，笔者有幸多次接受培训和实际操作字幕机，惊叹于这么庞大的系统安全运转的同时，也发现了一些问题。

(1)由于这个网络系统庞大，分成了三家公司合作，即计时记分系统的 SWATCH 公司、电视转播字幕系统的 MSL 公司和沟通两家并提供其他网络数据的 OVR 系统的 ATOS Origin 公司，所以沟通上会有问题。例如，OVR 系统不仅为电视媒体提供数据，还为文字媒体提供信息，所以开始时不能理解电视转播的实时性，数据不能够及时上传。

(2)因为录入成绩的人都是志愿者，培训时间短，刚开始时录入速度慢而且有错误。

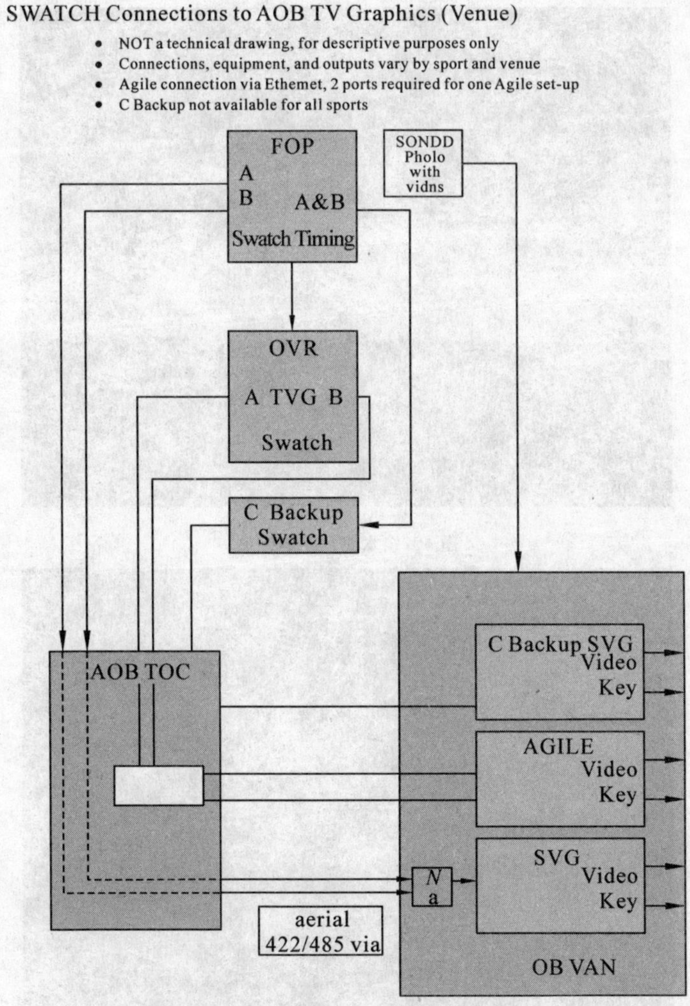

图 2 SWATCH 和 AOB 电视转播系统链接

图 3　SWATCH 现场记分设备

图 4　技术统计用的终端

图 5　羽毛球比赛时志愿者在录入比分

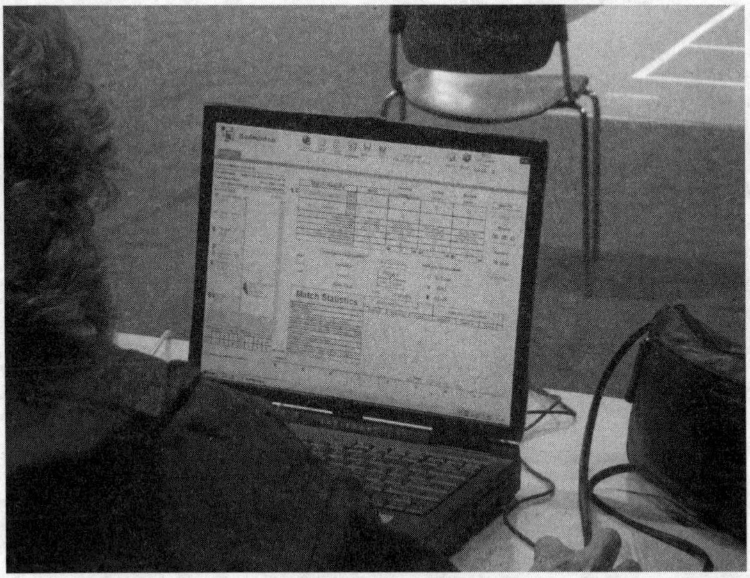

图 6　技术统计人员在作统计

(3)对系统过分信任，培训时不教应急方法，致使羽毛球成绩不正确时，字幕操作员不能手动操作。

(4)培训人员对有的项目了解不足，也造成培训中有疏漏，使操作人员不能及时解决问题。

(5)软件设计上还有小错误。

三、对我国大型体育直播字幕制作的建议

借鉴雅典奥运会的问题，笔者认为，第一，在确定像奥运会这样的大型体育字幕系统承包商时应首先减少分包商，保证数据接口和数据协议统一安全，并且在场馆建设初期提供网络布线方案，保证网络畅通、高效。第二，因为字幕工作专业性强，应加强参加计时记分录入的志愿者的培训。第三，字幕设计和培训人员要对负责的比赛项目有更多的了解，必要时可以向专业人士或有丰富电视转播经验的人学习。

实事求是地讲，我们的字幕制作无论在硬件方面，还是软件方面，与国外还有一定距离。我们要积极学习国际上的先进水平，迎头赶上，从而为电视观众呈现更加美丽、清晰的图文字幕。

孙晓萱，2005 年进入中央电视台工作，参与了 2006 年多哈亚运会、2008 年北京奥运会、2010 年新加坡青奥会公共信号制作及乒乓球字幕操作工作。

浅谈奥运公用信号制作中的字幕操作

北京奥运会乒乓球公用信号是中央电视台制作团队承担制作的六个奥运公用信号之一。众所周知，乒乓球是中国的“大球”、“强球”，因此中央电视台对该赛事转播制作的定位始终很高。为了高水平完成本次国际信号的制作任务，并在该领域形成中央电视独立的风格，赛事导演提出了严格的制作要求，并利用一切可能的机会进行“练兵”，如第十五届多哈亚运会、2007 年国际乒乓球邀请赛、第四十九届广州世乒赛等。

电视字幕在体育节目中占有重要地位，它包括文字和图形。文字字幕传递的信息使观众更为直观地了解到当前的比赛状况，图形字幕能起到美化电视画面的作用。奥运会字幕更是经过精心设计，融入了当地传统文化的特色元素，因此它既是整个公用信号中必不可缺的信息传达部分，也是展示各国文化特色的有效“名片”。北京奥运即是如此。

下面就谈谈笔者在北京奥运会乒乓球比赛公用信号制作过程中对字幕系统的使用情况以及当时的工作。

一、理论

为北京奥运会提供字幕机系统的是西班牙的 MSL 公司，MSL 公司的这套字幕系统全称是 Agile3G HD Character Generator。为了满足北京奥运会全高清公用信号制作的要求，在硬件上它刚刚完成高清改造，但用户界面仍是在上两届奥运会及多哈亚运会时所反复使用、验证过的，与较为常见的新奥特“Mariana”字幕系统的界面有很多相似之处。然而与新奥特字幕机不同的是，Agile 字幕系统并非集成于一体机，而是由两部分组成。第一部分是一个 2U 的机箱，用来提供所有与外部设备相连的接口，它所需的输入信号包括 GPI(SD)、TALLY(SD)和 BLACK BURST Ref，输出信号包括一组 SD 的 KEY 及 FILL 作为 PVW 信号，还有一组 HD 的 KEY 及 FILL 作为 PGM 信号，这部分被称为 Agile。第二部分由一个安装有 Age Plus 软件的标准电脑组成，这部分被称为控制电脑(Agile Controller)，用它来操作 Agile。(另外，一个特定体育项目所需的所有模板的集合经汇编后也存放在这台电脑中。)这两部分之间通过网线连接(见下图)。

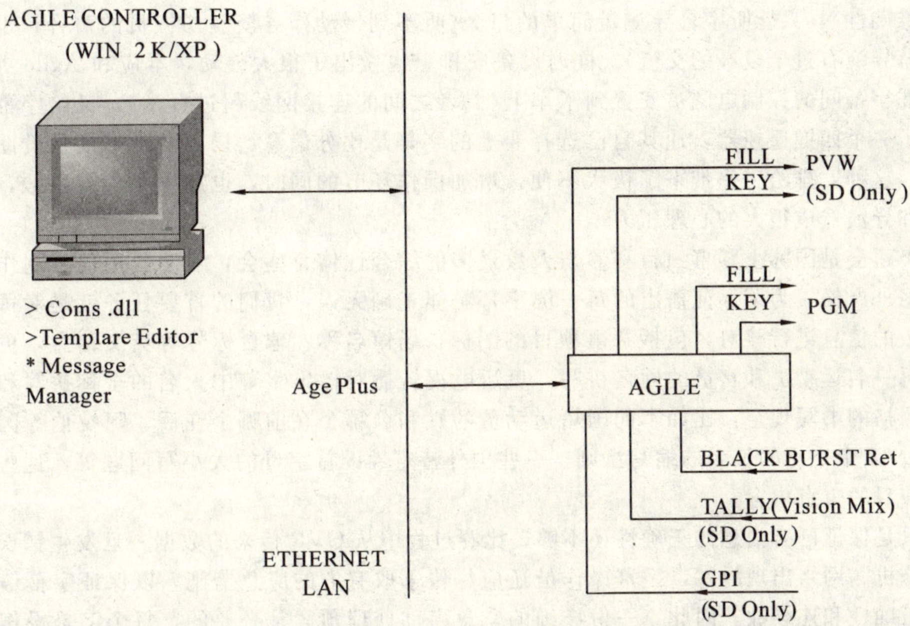

每个体育项目的字幕图形包由两个主要元素组成：消息（Message）和数据（Data）。其中，消息是由模板来定义字体、颜色和图形元素，这部分是事先就已经创建的，作为字幕操作员并没有更改和删除的权限。数据是由奥组委的现场成绩系统（OVR）提供的，通过程序语言显示在消息模板中。如果在赛事过程中发现来自 OVR 的数据与实际比赛情况不符，可通过操作 Age Plus 的相应选项来达到更改数据的目的。即是说，作为一名 CGOP（Character Generator Operator），在必要的时候可以更改数据，但无论何时我们都不能改变消息模板。

为了获得 OVR 提供的数据，Agile 需要通过局域网登录到奥运会计时记分网络的相应主机的磁盘中，每个赛事项目的主机都被分配唯一的 IP 地址，并设两个磁盘（X 盘和 Y 盘）互为备份。

二、 实战

作为奥运会电视公用信号制作的字幕操作员，我们的工作就是：在字幕系统运行正常的情况下，依据比赛进程核对来自 OVR 数据的正确性，并在适当的时候做出正确操作将字幕信息显示在电视画面上；当字幕系统或网络发生异常时及时做出判断，在第一时间向上级部门汇报情况并做出应急处理。为了能胜任看似简单的工作，我们常常需要提前做足功课。

乒乓球比赛正式开始是在 8 月 13 日，而信号制作团队早在 7 月份就到北大乒乓球馆查看了工作场地，就在这时我们遇到了第一个困难。由于要同时制作四张球台的比赛信号，所以将有三套转播设备共同工作——一号球台和二号球台的信号分别由中央电视台和武汉电视台在同一辆高清数字转播车上制作完成，其余两张球台的信号由江苏电视台分别用两套设备制作完成。与以往工作模式不同，这次字幕小组导演和操作员的工位不在一起！字幕导演和其他工作人员在转播车上，而操作员被单独安排在一个字幕间里，这样我们的工位之间就有将近百米的距离，然而沟通仅仅依赖于一个点对点的有线通话系统（没有备份），而且接的视频信号也只有一路 PGM。这样，在自己的工位上只能看到最终的传送信号（看不到其他机位的图像就不能对比赛情况做出预判，极大地减少了操作准备时间，影响了操作的准确性)，只能听字幕导演最简单的口令(听不到慢动作导演及切换员的声音，也不能和字幕导演有过于复杂的交流)。同时设备安排上也做出了很大改动，本应和Agile机箱一起放在字幕间的控制电脑被安置到了车上(二者之间的连接网线超过百米)，又给字幕导演增加了一个四键遥控器，让其自己选择要上的字幕是比分信息、局点赛点，或是赞助商的徽标。这种安排给工作带来了极大不便，增加操作环节的同时，也加大了危险系数，给操作员和导演造成很大的心理压力。

奥运会是国际上赛事项目和参与人数最多的综合性体育盛会，对于公用信号制作的要求也格外严格。为了保证播出的每一屏字幕都能正确无误，我们的首要任务就是对每个字幕模板的信息进行核对，包括赛事项目的图标、场馆名称、球台标号等英文信息，更重要的是每一名运动员和官员的姓名拼写。奥运电视转播对播出字幕中人名的全称拼写和缩写有着严格的书写规定，比如不同国籍运动员的姓和名哪个在前哪个在后、阿拉伯等国运动员超过18个字符的长名的缩写法则、一些国外特定姓氏首字母的大小写问题等，这些都是我们核对的重点内容。

只是保证已有信息的正确性还不够，比赛过程中从OVR传来的数据一旦发生错误，或是字幕机、网络出现故障，字幕操作员还应尽快采取有力的应急措施，以保证字幕信号播出的正确性和连续性。因此，一份详细的紧急事件处理预案是必要的，每个字幕操作员和导演的工作台上都放置了这样一份应急处理流程，流程中对突发情况有如下规定：比赛过程中出现数据错误时，先将字幕清屏，如发现是OVR的失误，用电话直接通知他们的操作员改正。在改正之前，字幕操作员需要断开网络连接，根据比赛情况手动输入比分数据并使其显示到监视器上；如果发现网络硬盘X：为断开状态，则立即登录Y：盘，重新打开Age Plus继续操作，并通知网络工程师维修；如果发现Agile出现故障，要立即通知字幕机公司的技术人员处理；如果发现整个网络瘫痪或是硬件出现的故障长时间得不到有效解决，则应电话通知IBC，让那里的工作人员用备份系统接管字幕工作，待故障解除后再转为本地操作。

虽然以上这些错误和故障在后来的信号制作过程中多有发生，但最终都按照应急预案的操作方法解决了，并且在故障出现时保证了字幕输出的准确无误。

三、经验

需要明确一点，字幕操作不是一项创造性工作，不需要CGOP的个人发挥，要做的只有在适宜的时间、适宜的画面场景播出正确的字幕。

第一，无论做哪个项目，一定要对它的比赛规则做详细了解，包括一些不常见的判罚规则，有必要了解裁判判罚时常用的英文口令。

第二，作为字幕操作员，在信号制作开始前一定要和自己的字幕导演做好沟通，商定好每种操作动作的口令，口令需要简练直白。

第三，遇到异常情况时需及时上报。不要私自对字幕做出任何改动。得到授权后再做操作。注意与维修及调查人员沟通时的态度，平和的态度有助于问题的解决。

第四，再周密的工作安排也会出现突发情况，所以，要时刻警惕，出现问题时需保持冷静，依照规定做快速处理。

笔者相信，有了奥运会这样顶级赛事相关工作的经历和经验，自己必将受用终生。

特种设备

颜福光，1979年起在北京科学教育电影制片厂做影视设备整备工作，现任北京科学教育电影制片厂主任技师。

技术创新一小步 信号制作一大步

——鱼竿摄像机的制作与实践

体育节目是电视传播中一类形式较为特殊的节目形态。由于体育运动带有很强的竞技性，从而使体育节目在反映和表现内容方面具有明显的快节奏、超时空、多角度（甚至超常角度）和强烈的刺激性的特点。而跳水可以说是其中的一项最优美的水上运动，运动员在由跳台或跳板腾空完成各种难度的体操花样动作并以各种优美的姿势跃入水中，充分展示了运动员空中的感觉及协调性和柔韧性。对于跳水比赛的电视信号制作也因此成为一个既要展现比赛的紧张刺激，也要完美地传达作为观赏性极强的跳水项目的美感的艰巨任务。

近代竞技跳水是随着其他欧美体育一道在20世纪初传入我国的。1979年以来，我国选手在一系列重大比赛中取得优异成绩，现在中国、美国、俄罗斯、德国、加拿大已经被公认为世界跳水强国。过去的三十年，跳水作为深受我国观众喜爱的运动，在电视屏幕上获得了越来越多的关注和播出时间。而随着社会的进步，电视事业快速发展，人们已不再满足于在电视上只看到比赛双方的结果，而是对体育比赛有了更多的欣赏要求，这就需要赛事转播者必须在转播中更多地运用影视艺术的创作规律来丰富荧屏，使体育转播更加好看。凡是看过一些国际上经典体育大赛转播的人们都会有相同的感受，赛场上风云变幻，激动人心，荧屏上画面优美流畅，给人带来精神上的愉悦、振奋，而且总有很多令人回味无穷、难以忘记的精彩场面。运动会不仅是运动员比拼和交流的舞台，也是媒体新技术、新设备展示的舞台。跳水项目的电视制作中，水下镜头如何拍摄，需要何种技术创新，成了摆在中国电视工作者，尤其是电视特种设备制造者面前的一项现实任务。

一、 以往跳水项目电视制作中水下镜头的拍摄实际操作

1988年以前，水下镜头都是从游泳池外的水下观察廊窗户拍的，因为那时，技术解决不了密封和小型化的问题。但是到了1992年巴塞罗那奥运会，在游泳比赛中，第一次采用了安装在游泳池底部的遥控摄像机。摄像师采取遥控方式操作摄像机，使观众可以看到运动员在泳池内游泳的水下镜头，这给电视观众带来一种前所未有的强烈视觉冲击。

但是，水下摄像机也有其不足。首先是价格昂贵，加上国外对我国高科技产品出口管制一直没有放松(水下摄像机也在其列)，因此国内只有中央电视台拥有此类设备。另外，该设备体积庞大，安装复杂。每次使用，需要工程师戴上呼吸器潜到水下，再在地面人员的配合下才能安装。同时，由于摄像机安在池底，拍摄时是采用仰拍的角度，但场馆灯光是从场馆上方照射下来，也就是相对摄像机来说是逆光，特别是对跳水项目，由于摄像机架设必须远离运动员，因此，运动员入水后到上岸的运动，只能拍摄到背影。

2000年悉尼奥运会又出现了鱼竿摄像机。所谓鱼竿摄像机，就是将微型摄像机装入密封装置中，安装到加长的手把前端，摄像师就像手持钓鱼的鱼竿一样将摄像机伸入水中拍摄。由于微型摄像机很轻，摄像师站在池边随时跟踪运动员的位置，非常机动灵活。当运动员入水后向池边游动时，摄像师迎着运动员拍摄，正好拍到运动员游过来的正面镜头，填补了水下摄像机机位的不足。同时，还可以将鱼竿摄像机扬起随着运动员从三米板跳下将摄像机伸入水中，跟拍运动员从跳台到入水再到水下的全过程，可以拍到近似自由落体摄像机拍摄的效果。

二、 国内鱼竿摄像机的技术创新实践

2006年世界跳水锦标赛在我国的江苏常熟举行，为了向广大电视观众提供更好的转播效果，我们也尝试制作了一台鱼竿摄像机。

制作鱼竿摄像机，首先要考虑摄像机。

如果把摄像机比喻为人的眼睛，镜头就好比是眼球，它直接关系到监看物体的远近、范围和效果。镜头的选用应考虑以下几点。

(1)镜头尺寸应等于或大于摄像机CCD(电荷耦合器)成像面尺寸。例如：1/3英寸CCD摄像机可选1/3～1英寸CCD整个范围内的镜头，但水平视角的大小都是一样的。只是使用大于1/3英寸的镜头更精确了镜头中心光路，所以可提高图像质量和分辨率。

(2)选用合适的镜头焦距。焦距越大，所看距离越远，水平视角越小，可视范围越窄；焦距越小，所看距离越近，水平视角越大，可视范围越宽。

景深大，有利于把纵深度大的被摄物，清晰地表现在画面上；视角大，有利于在狭窄的环境中，拍摄较广阔的场面；景深长，可使纵深景物的近大远小比例强烈，使画面透视感强。

由于水的折射比空气大，电视摄像机的画面视角在水中要比在空气中窄1/4，为空气中的3/4。为了能在较广泛范围内观察被摄物体，水下电视的摄像机必须选择广角透镜。另外，透镜要求有尽可能高的透射率。

经过多次比较，我们选择了焦距2.8、f=1∶1.3的镜头。它的视角水上约为97°，水下大于60°，假设运动员身高为1.7米，在水中处于横卧姿势，在他游到距摄像机1.5米处，镜头画面也能将运动员包全。

在不同使用环境下，怎样选购合适的摄像机，分辨率是衡量摄像机优劣的一个重要参数。分辨率指的是当摄像机摄取等间隔排列的黑白相间条纹时，在监视器上人眼能够看到的最大线数，当超过这一线数时，屏幕上就只能看到灰蒙蒙的一片而不能再分辨出黑白相间的线条。清晰度又分为水平分辨率度和垂直分辨率度。同时，还要考虑到摄像机最低照度，也就是摄像机产生的亮度输出电平，是额定电平(700mv)的一半时，被摄物体的最小照度。

目前，CCD摄像机发展很快，由于CCD摄像机具有体积小、重量轻、功耗低，可靠性好以及光谱响应宽等优点，正被广泛地应用。

(1)CCD尺寸，亦即监控摄像机靶面。原多为1/2英寸，现在1/3英寸的已普及，1/4英寸和1/5英寸也已商品化。

(2)CCD监控摄像机像素，是CCD的主要性能指标，它决定了显示图像的清晰程度，分辨率越高，图像细节的表现越好。CCD是由面阵感光元素组成，每一个元素称为像素，像素越多，图像越清晰。现在市场上大多以25万和38万像素为划界，38万像素以上者为高清晰度监控摄像机。

(3)水平分辨率。监控摄像机的典型分辨率是在320～500电视线之间，主要有330线、380线、420线、460线、500线等不同档次。分辨率是用电视线(简称线，TV LINES)来表示的，彩色摄像头的分辨率在330～500线之间。分辨率与CCD和镜头有关，还与摄像头电路通道的频带宽度直接相关，通常规律是1MHz的频带宽度相当于清晰度为80线。频带越宽，图像越清晰，线数值相对越大。

(4)监控摄像机最小照度，也称为灵敏度。是CCD对环境光线的敏感程度，或者说是CCD正常成像时所需要的最暗光线。照度的单位是勒克斯(LUX)，数值越小，表示需要的光线越少，摄像头也越灵敏。月光级和星光级等高增感度摄像机可在很暗条件下工作。

月光型：正常工作所需照度0.1LUX左右；

星光型：正常工作所需照度0.01LUX以下；

红外型：采用红外灯照明，在没有光线的情况下也可以成像(黑白)。

(5)扫描制式。有PAL制和NTSC制之分。中国采用隔行扫描(PAL)制式(黑白为CCIR)，标准为625行，50场，只有医疗或其他专业领域才用到一些非标准制式。另外，日本为NTSC制式，525行，60场(黑白为EIA)。

(6)监控摄像机电源。交流有220V、110V、24V，直流为12V或9V。

(7)信噪比。典型值为46dB，若为50dB，则图像有少量噪声，但图像质量良好；若为60dB，则图像质量优良，不出现噪声。

(8)监控摄像机视频输出。多为1Vp－p、75Ω，均采用BNC接头。

由于种类多，加之考虑到减少试制投资风险，我们采用比较成熟的高灵敏度的CCD监控摄像头：CCD：1/3英寸；水平分辨率：480线。

视频信号的传送通常使用同轴电缆，电视摄像机的图像信号的带宽通常从直流到数兆赫，摄像机发送标准信号的高频电平。在接收端也同样采取高频补偿的办法。深度再深，则要考虑采取调频方法或脉码调制办法，以防止在传输途中信号恶化。监控摄像头能提供标准的1Vp－p、75Ω视频输出，与电视转播模拟信号相同，可以直接通过同步机接入转播系统。

在水下，水压以每10米1公斤的比例增加，水下电视摄像机最为重要的问题是整个装置必须完全密封。为减少重量，防水罩采用硬铝合金整体加工制成。罩体与前端盖采用O形圈密封，防水玻璃与前端盖单独密封，以方便打开调整摄像机。水密的设计和加工特别要注意电缆连接处。摄像机接口与电缆连接全部在防水罩内，因此，只需要将电缆从防水罩引出密封处即可。电缆另一端从鱼竿中空部穿出，连接到摄像师腰部的控制盒兼寻像器座上，电源、视频、开关都在此控制。

鱼竿采用碳纤维鱼竿最后2节(视个人需要)，手握端头加挂电瓶，同时作为鱼竿摄像机配重。

寻像器采用6英寸液晶视频播放器改装而成，主要是取消原来的插头，改为从机内直接引出，提高了可靠性。

摄像头本身用电不多，寻像器功耗为6W，电瓶采用12V 3.3AH，可保证连续工作2小时以上。同时准备三块电瓶，一用，一充，一备。

电瓶与控制盒插头及充电器插头一致，方便更换电瓶及充电。

最后的整体技术指标如下：

- 电源：DC12V　3.3AH
- 制式：PAL制
- CCD：1/3英寸——靶面尺寸为宽4.8mm×高3.6mm，对角线6mm
- 分辨率：480TVL
- 视频输出：1Vp－p、75Ω，BNC接头
- 镜头：2.8mm　f=1：1.3
- 监视器：6″
- 功耗：6W

三、 国内制作的鱼竿摄像机的使用情况分析

2006年7月，世界杯跳水赛在江苏常熟拉开帷幕，我们设计制作的鱼竿摄像机也投入使用。

从转播效果看，作为特殊机位，虽然图像质量达不到转播级摄像机质量；但是，从运动员入水，水下到上岸全过程，提供了任何摄像机都没有的视角图像，特别是运动员出水瞬间，半水下半水上，非常精彩，完全达到了预期的效果。从此至今，在所有跳水转播中，都离不开这个机位了。

同时，鱼竿摄像机也可以用在平时的水下摄像上，也可以成为摄像爱好者的新装备。

鱼竿摄像机投入仅几千元，可以说是投入小收益大的有益尝试。它再一次说明即使资金投入不可能像国际上通行的那样高昂，国人完全可以通过自身的研发能力，以学习和开拓的精神，将技术设备上的不足给予最大化的弥补，从而丰富我们的设备储备，增强电视制作中的技术处理能力，达到电视信号的不断完善和日趋精良，提高我们电视信号制作的整体水平。

摄像机操作系统在体育赛事信号制作中的创新

颜福光

在信息产业高速运转的时代，体育赛事的信号制作作为一个新兴的产业日益为媒体行业所关注。2008北京奥运会的召开更加促进了本行业的逐渐规范和完善，在完善中求规范，在规范中求熟练，在熟练中求新颖，如何创新成为信号制作中的一个重要的部分。摄像机

操作系统的更新无疑是制作过程的重中之重，在转播中方便、高效、快捷的操作系统起到了画龙点睛的作用。

下面通过介绍一种微型摄像机操作系统，介绍一下其在体育转播中的具体应用，并简单介绍我们在移动轨道车摄像机操作系统改造方面的成果。

在微型摄像机操作中最困难的无疑是操作控制器，现在在应用中主要以松下和索尼公司生产的设备为主，另外，国外一些公司也有自己研发的设备。比如“鹰眼技术”“自由落体”“电兔子”等都有自主的知识产权。微型摄影机操作系统设备分为4部分：镜头、摄像机、云台和操作控制器。松下公司的旗舰产品AW系列操作和应用都比较方便。

这款操作控制器最多可以控制5台云台摄像机，可以安放在一些不适合安放普通摄像机的地方。

LCD菜单可以对摄像机进行控制，可以对菜单进行编辑，对各项指标进行具体的调整，比如操纵杆的设定、底色的调整等。增加了摄影师操作的灵活度。

可以通过操纵杆的角度调节进行控制速度，使摄像机的速度得到满意的控制，保持好的镜头运动节奏，配合总体镜头语言的组接。

每个摄像机有50个预设记忆存储，从控制器到云台的最远距离为1000m，控制器远离比赛场地，使比赛不受影响。高台跳水中这种优势得到了充分发挥，摄像机可以安装在跳水台的栏杆上，摄像师在远程对摄像机进行控制，不但对比赛运动员的影响减少，而且可以使摄像师的操作更加细致。斯诺克台球比赛，对于场地的要求十分严格，在顶棚安装的摄像机远程控制大大减少了对场地中选手的影响，而且可以对镜头进行细节的处理。

控制主机可以连接两个控制器，增加了可用机位的数量和镜头角度的变化。

通过提前设置摄像机位置，预设存储按钮允许记忆所有瞬间位置。系统可以为5个摄像机云台系统存储最多250个位置，每台可以达到50个记忆位置。此外，当在2个预设位置之间移动时，云台触发自然平滑的摄像机对角移动。预设存储器内容包括：水平、垂直、变焦、聚焦、光圈以及白平衡控制。通过这个功能我们可以把需要镜头的位置分组储存在每一个记忆点里，以备导演需要时很快地返回到有效的镜头。

操纵杆可以控制摄像机和云台的微移和高速移动。依靠仿生学设计来激活手动和伺服速度的控制，通过斜向调整激活的操纵杆具有良好的可操作性。使镜头变焦/聚焦云台可以平滑移动。此外，系统配备有高低速切换按钮，提供了云台格外灵活的移动。从而增加了灵活性，在比赛中更加精确地定位。进行跟随或者大景别遥拍。

轨迹记忆允许操作者将拍摄时的主要运动轨迹记录到系统中便于以后使用。每个摄像机可以记录10套轨迹，一共允许300秒。可以在应用的时候预先设计好镜头的运动轨迹存储，省去了手动操作不能精确定位的麻烦。

微型摄像机操作系统在体育赛事信号制作中主要有几个方面突出的优势。

丰富的角度变化，在镜头语言表现上有突出的创新地位。例如在篮球转播中，球筐后面的微型摄像机能把篮下对抗、上篮、篮板拼抢表现得淋漓尽致且视角独特，增强了视觉冲击；尤其在扣篮时的抖动把力量也表现了出来，增加了观赏性。在场馆顶部的摄影机则可以清楚地看到场馆内排兵布阵。排球比赛中，网口独特的视角，可以清晰地表现运动员动作和线路，空中的摄像机可以清楚地表现运动员的走位和技术安排，从而达到丰富视觉的效果。跳水比赛中，水下的摄像机可以清楚地表现出运动员入水动作，安放在轨道上的微型摄像机系统甚至可以同步跟随选手做自由落体运动。水上舞蹈中选手的优美体姿更是得到了全方位的诠释。游泳比赛中，高空架设的微型摄像机系统可看出8个泳道选手共同前进。赛艇比赛中高空微型镜头，选手在湖面上划桨，犹如在蓝色的天空中飞翔，营造出诗的意境。田径男子100米比赛，博尔特打破世界纪录，“电兔子”搭载的微型摄像机系统拍摄了他的动作。

在各种体育赛事中微型摄像机发挥着不可替代的作用，不但丰富了平淡的镜头语言，而且在技术判罚中起到关键作用。如在排球比赛中发挥重要技术作用的是网口的微型摄像机，它能充分表现运动员在网前的动作，并可以清楚地看到犯规动作。在羽毛球比赛中设在底线的微型摄像机也是判罚的重要依据。在网球、击剑、曲棍球等比赛中一种俗称叫“鹰眼”的系统已被使用，“鹰眼”是“即时回放系统”的俗称，其工作原理就是运用高速摄像机拍摄网球的运行轨迹，并利用电脑对信息进行处理，通过大屏幕加以还原展现。在2005年，“鹰眼”开始运用在比赛中。2006年，大满贯赛事美国网球公开赛首次引进“鹰眼”技术，这对于网球比赛来说，是一次伟大的革新。裁判员终于可以从繁重的肉眼判断和舆论压力中得到解脱，而依靠中立的科技设备进行判断，显然更有利于比赛的公平、公正。首先，技术人员将球场的相关数据录入电脑，将比赛场地内的立体空间分隔成以毫米计算的测量单位，用软件对球场的各条边线进行校准，使得网球运行的轨迹被各部微型摄像机捕捉到后，能够通过画面呈现。采用3D技术来模拟网球，成像的依据是三部被架设计在“边角位置”上的摄像机捕捉到的素材。其次，8～10台高速摄像头从不同角度同时捕捉网球飞行轨迹的基本数据以2000帧/秒的速度从每部摄像机中索取影像，并传输给主控电脑。电脑对信息进行汇总处理，每帧画面经校准后，确定网球的运行路线，并且计算出球沿此轨迹运行的落地弹跳点，保证误差控制在3毫米以内。将这些数据生成三维图像；最后利用即时成像技术，由大屏幕清晰地呈现出网球的运动路线及落点。虽然这个系统引起了不少争议，但是对于判罚来说是革命性的，相信不久就会得更广泛的应用。

微型摄像机操作系统还可以通过推、拉、摇、跟、移等手法，通过景别的变化，产生动感，并可拍摄一些平素不常见到的细节和特写。在游泳中同步移动的轨道和街舞的表演中通过搭载移动平台，可以对同步平移速度和景别进行有效调控，鸟巢上空的钢丝上的可移动遥控机位可大幅度地移动，拍摄面更大。航拍中也有用微型摄影机进行拍摄，如在环法自行车赛中，法国美丽的乡村景色、碧绿的田野、壮丽的古堡，从方方面面诉说着法国这个国家古老的故事。使体育的精神得到升华，充分表现了奥林匹克精神对人类文化交流方面的促进作用 。

微型摄像机操作系统可改造的和搭载的平台比较灵活，可以进行车载、摩托车和机载、远程平台搭载等操作，机动性得到了加强。我们研发了一款微型水下摄像机系统，对微型摄像机系统进行防水等各方面的处理后，在跳水比赛中得以充分应用。在一些飞行器上搭载，如直升机、汽艇等，可以在机内进行拍摄，减少了大型设备航拍的危险性。水下有轨同步搭载可以大大减少摄像师入水的风险。

体育赛事的信号制作为微型摄影机操作系统的应用提供了一个很好的平台，微型化和远程控制是它的绝对优势，随着制作技术的成熟和发展。微型摄影机系统的应用会越来越广泛。其使用的方法也越来越灵活，操控也会越来越简便。不同的系统搭配产生不同的效果，充分应用到各类赛事信号制作中，将摄影师从单纯的操作员岗位上解放出来，增加更多创作能力，对于未来的制作理念将起到革命性的影响。

轨道移动车是体育赛事信号制作中经常使用的主要设备。它运行平稳，使用方便，在游泳、街舞、拳击等赛事的信号制作中得到广泛应用。但是，由于它的操作系统是靠人力推动，劳动强度较大，运动速度重复性不好，特别是在高速、长距离、多次往返的情况下，移动车运动的稳定性和重复性，直接影响到拍摄的效果。同时，由于摄像师与推车工分别操作，即便是有经验的推车工，也很难达到完美的配合。随着影视器材的发展，一些电动遥控轨道器材也不断出现(如“电兔子”)，但由于其造价高昂，使用面窄，不适合大量装备，故不能完全替代普通轨道车。基于这种情况，我们尝试对普通轨道移动车进行增加电动驱动，对其操作系统进行改装，将其应用到体育赛事的信号制作中，获得成功。

一、改装技术要求

(1)低压无线供电。

(2)双向无级变速。

(3)具有刹车功能。

(4)对音、视频信号无干扰。

(5)摄像师车上拍摄的同时控制移动车运动。

(6)速度要求 0～3 米/秒间无级、可调。

二、改装思路

(1)在不对原移动车进行任何改动的前提下进行设计。

(2)采用电瓶直接供电。速度不小于 2.5 米/秒。

(3)采用直流无刷电机。

(4)采用自动电动刹车。

(5)采用双轮驱动。

(6)拆装方便，便于运输。

(7)电瓶充一次电连续运行时间大于 2 小时。

三、改装难点

(1)原移动车能布置安装驱动装置空间有限，又不能作任何改动。

(2)由于摄像师＋移动车＋电瓶＋驱动装置总重量超过 250 公斤，要达到 0～2.5 米/秒的速度，并且要满足连续使用 2 小时，电机功率与电瓶容量互相矛盾。

四、实际设计及特点

(1)设计制作专用夹具与移动车相连接，不与原车发生关系，不对原车进行任何改动，安上驱动装置就是电动操作系统，拆下驱动装置还是原来的移动车。

(2)驱动装置设计为浮动式，也就是移动车所有重量仍分布在原来的车轮上，与驱动装置无关。同时可以保证驱动轮与轨道的良好接触，即便在轨道不平的状态下，也能保证两个驱动轮完全与轨道的全面接触，并且驱动轮与轨道的压力可以自由调节。

(3)刹车部分操作系统采用盘形电刹，双刹分别供电，提高可靠性。

(4)驱动装置上装有光电位置检测保护器，在移动车运动到轨道两端而摄像师未及时停车时，自动刹车，保证安全。

(5)电机采用霍尔器件无刷直流电机，没有火花干扰。

(6)所有操作控制电路(包括刹车)均采用无触点大功率电子电路，以免除对转播信号的干扰。

(7)安装简单：只用一把 10mm 内六角扳手，半小时内即可安装完毕。

操作系统简单：只有两个脚踏开关(踩下前进，抬脚自动刹车。踩下另外一个后退，抬脚也自动刹车)。一个调速旋钮(顺时针快，逆时针慢，无级调节)。

(8)电瓶使用：采用 3 组，每组 3 块电瓶，按一组使用，一组充电，一组充好电备用，轮换使用。使用情况：在 2006 年 4 月中央电视台转播上海国际短池游泳锦标赛的信号制作中正式使用，效果很好，基本达到设计之初的设想和要求。移动车运行平稳，速度控制自如，能够很好地控制摄像机与画面的节奏(如图 1 所示)。

图 1　轨道车电驱动系统在上海国际短池游泳锦标赛转播现场

五、 移动车电动驱动系统（如图 2 所示）

图 2　轨道车电驱动系统

(1)0～3米/秒无级调速系统，对摄像机运动速度控制的优势得到了发挥，镜头有速度感，画面流畅。可以对轨道车的移动方便地进行处理。

(2)双路自动盘形刹车系统，在行进中可以急停往复地运动。保证了镜头重复有效使用。

(3)光电自动刹车保护系统，能有效地保护轨道车和摄像师的安全。

(4)驱动重量大于200千克。

(5)工作时间不小于3小时(每组电瓶)，适应了体育比赛信号制作时间长的特点。

(6)自动调整驱动轮摩擦压力，避免轨道不平对移动车的影响。

(7)整个驱动器系统与移动车没有关联，对原车没有任何影响，拆装简便。

(8)全铝合金结构，强度高、重量轻。

(9)主电机电源36V(12V/75AH×3)，控制系统电源24V(12V/3AH×2)。

(10)工作电流：主电机<25A，控制系统<200mA。

(11)整个驱动器系统重量38千克

(12)电瓶重量17千克×3。

其　他

魏福玫，中央电视台总控部工程师，作为技术协调员参与了多项在我国举办的大型体育赛事的技术协调和预定工作，熟知体育赛事信号制作和传输的国际惯用模式和技术标准。

论技术协调员在大型体育赛事公用信号制作和传输中的角色与作用

近年来，众多受众广、影响力大的国际体育赛事相继在我国举办。中央电视台作为东道主的主转播电视台负责了多个大型体育赛事的公用信号制作和传输工作。作为中央电视台总控部的技术协调员，笔者亲身经历了多次大型体育赛事从方案设计到现场协调的全过程，借此文与大家分享一下经验和体会。

一、 技术协调员的角色定位

技术协调员，协调的对象是参与信号制作与传输的设备和其操作者。在参与体育赛事公用信号制作和传输的技术人员中，技术协调员介入较早、工作涉及面较宽，并且要在赛事结束后负责收付费等财务问题，以收尾整个赛事。即在某机构中专门负责技术相关事务的"联系人"。区别于决策者和具体技术部门的技术人员，如视频技术、音频技术、传输、通信等，协调员的角色就是能作为组委会与本单位内部各技术部门以及所有相关组织的桥梁与纽带。协调员负责落实组委会对于主转播台的各项责任与义务，保持与组委会的充分沟通，接收、分发、汇总、回复各种信息，及时解决各项分歧，使赛事的筹备和转播工作得以顺畅进行。

协调员既不制定标准，又不能在组织内部做出决策，然而协调员并不是可有可无的，其存在不仅必要，在特定情况下，甚至是关键人物。协调员因其工作性质，与外单位和组委会联系较多，成为一扇窗口和纽带。首先，协调员需要熟悉整个赛事的技术需求和流程，了解技术方面的各个细节和运行状态，又因为较好的外语能力，常常作为本机构的发言人与外方联络。其次，参与大型活动的机构、人员众多，有时需求或反馈找不到恰当的联系人，协调员作为其机构的联络人，能够快速准确地分发消息，提高各部门间和本机构与外部的沟通效率。

二、 技术协调员的工作内容

技术协调员与组委会、赛场和本单位内部各部门的联系相当频繁，通过电子邮件、电话和传真来实现。组委会安排专人应对赛事的组织工作，落实对于公用信号制作的各项要求，每个细节都要符合组委会制定的标准，明确设备的型号、数量和相关工种的负责人。大型的赛事，需要协调的细节很多，需要用较长时间的沟通来达成一致意见；对于尚有分歧，需要尽快解决的问题，必要时可以开协调会，面对面讨论，以提高效率。

对于不同的赛事，根据市场的需求不同，组委会会制定合乎实际的报道标准，投入恰当的人力和物力来达到预期的报道深度和广度。组委会与主播台确定合同关系后，会制定专门的技术手册，以明确该赛事的报道规模、为持有报道权的媒体提供技术服务的具体信息。一方面，技术手册是经本单位认可的，本单位在赛事公用信号制作和传输中需要履行的责任与义务；另一方面，对于由于客观原因造成的分歧能够提供折中的解决方案，并得到组委会和主转播台双方认可的，修正技术手册，加强其可操作性。

技术协调员在工作中所遵循的技术标准就是赛事的技术手册。技术手册首先会介绍赛会信息和组委会组织构成、明确组委会、主转播台和赛场的分工和各项权利义务，主要包括以下两方面的内容。

1. 公用信号部分

统一的公用信号格式、流程单、每个赛场摄像机机位图、声音制作的麦克风位置图、电视信号字幕格式、慢动作制作设备、公用信号传输方案等。

2. 所能提供的单边服务

这部分会根据赛事规模和媒体的需求有所不同。通常包括赛场内的评论席位置、提供给评论员的信号内容、评论席设备、评论声传输方式、电力、通信设备；场内通过制作系统在非比赛时间提供的单边服务，包括赛前单边注入点、混合区采访等；协助现场媒体的单边制作；需要设立国际广播中心(IBC)或分赛场技术服务区的，明确场地、根据需求设置工作间、演播室、配音间等；确认单边传送的信号传输方式；制定组委会认可的技术服务报价单。报价单要求用英语列清单描述能够提供的技术服务细节，逐一报价，并列条款说明收费方式。媒体回复的带有其需求的报价单被视为正式预定申请单，协调员根据报价单中的条款约定收取相应费用。

有了切实可行的技术手册后，技术协调员对于该赛事的报道规模和所要提供的技术服务有了清晰的认识。在组委会、主转播台和持权媒体这三者间，技术协调员处于中间位置；组委会将任务指令发给技术协调员，媒体将技术需求发给技术协调员，主转播台的技术协调员对所有的需求一一进行反馈。当媒体对于主播台所提供多边或单边服务有疑问时，会首先与协调员沟通，必要时会反映给组委会，三方协调，在满足技术手册约定的条件下，协助主转播台为媒体提供更好的服务，方便其赛事转播。

三、 对技术协调员工作能力的要求

技术协调员要从筹备阶段开始介入大型体育赛事的转播，参与现场勘查，了解赛场情况，了解可以使用的各种技术设备资源状况。在技术方案制定后，协调员负责解释服务内容、提供报价、安排技术服务、现场协调协助技术人员提供各种现场技术服务。在遇到技术故障时，及时了解情况，反馈给用户并迅速回应、解决问题。电视转播的受众广、时效性强，协调员给出的信息必须是及时、清晰、准确的。对一个能独当一面的技术协调员的要求也是多方面的。

1. 在业务方面要有全面的知识

技术协调员应尽可能全面了解信号制作、传输相关的业务知识和原理，明白各种设备的作用。当遇到技术故障时，可以用专业语言描述、准确传达故障原因和解决办法。对于非常专业的细节可以咨询专门部门，但对基本的概念和流程等基础知识的掌握是必要的。

组委会要求主转播台提供的赛事转播所需的供电系统、通信系统、信号传输分配系统、IBC 布局图等也需要技术协调员来绘制，这要求其能准确理解这些系统的构成并能够熟练运用专业制图软件，精确地用直观的图示来描述相关内容。当然，对于自己没有把握的专业领域，可以求助相应工种负责人来绘制图表，最低要求是能看懂绘图并能书面解释清楚。

对于不同的体育赛事，媒体的关注角度不同，因此所提出的技术需求也不尽相同。协调员需要对赛事有一定程度的了解，以便更合理地安排技术设备资源和人员。

因为协调员也负责技术服务的收费，要求对于财务程序和制度方面也有一定的了解。

2. 较高的外语水平

为便于来自不同国家媒体间的相互沟通，大型体育赛事的协调工作通过英语来进行，不设专门翻译，相互间来往的邮件和各种技术资料均用英语，这要求技术协调员能够熟练运用英语来进行口头和书面的沟通，尤其是专业词汇的使用要准确，不产生歧义，给用户清晰、权威的信息。

3. 具备较强的协调能力

一项大型体育赛事的技术协调工作通常涉及多个工种，包括信号制作系统、通信、动力、传输与分配、场馆基建甚至保安。为了能使工作进行得顺畅，需要协调员有较强的协调能力，在短时间内与各工种充分沟通，使之明确任务的内容和标准。有分歧时及时沟通互动；在遇到突发情况时，能够快速找到关键人物，寻求解决问题的方法。

4. 总结、归纳的能力和工作高效率

一项大型体育赛事的协调工作通常会持续数月，每天面对头绪繁多的各种信息和各项工作的截止期限以及用户亟待回答的各种技术要求，技术协调员应该具备良好的总结、归纳的能力，按照轻重缓急的不同级别将各种信息有条理地归档，及时回复或传达邮件，不拖拉和遗留问题。在赛事筹备阶段，协调员通常不能从其他工作中抽身，专职于某专项赛事的协调工作，而是要合理安排时间，高效细致地完成赛事筹备工作。现场协调时更要依据主场优势，主动地掌握设备运行状况、传输线路状况，合理安排信号传输通路，使转播工作顺利进行。随着赛事的进程来小结财务收付费，为后续财务工作做足准备。

四、结语

目前，中央电视台大型体育赛事的技术协调员都由总控部管理科的线路协调员担任，是专人负责制。大型的体育赛事通常配有专业团队来应对技术预定、现场协调和财务工作，分工明确。随着我国参与大型国际体育赛事的程度逐渐加深，技术协调员的工作也受到越来越多的重视。我们在工作中学习，虽然起步晚，但水平提升迅速，在人才培养上更加专业化。

总控系统参与大型体育赛事公用信号制作与传输

魏福玫

在由中央电视台担任主转播台的大型体育赛事的信号制作和传输中，主控系统的角色是独立而特殊的。主控系统参与部分公用信号的制作，在现场搭建技术服务区，分配公用信号；并安排国际公用信号的传输。

一、 参与公用信号的制作

区别于转播、音频等主要任务为制作公用信号的具体工作，主控系统负责连接一些独立于中央电视台制作设备之外的边缘分系统，安排信号传输的路由及接口，使之成为符合赛会要求的完整电视公用信号。主控系统参与公用信号制作有以下几方面。

1. 将专有的字幕和比分信号叠加到公用信号中

一些大型综合性体育赛事和巡回赛性质的专业赛事通常要求有统一的字幕和比分格式。其中一些要求使用特定的设备，由专业公司负责制作。在这种情况下，组委会会提前与制作部门沟通，确认其设备所需信号的种类和接口，并明确信号的传输方式。下面以2007年女足世界杯的字幕信号制作要求为例予以说明。Delta Tre公司自2002年起为所有国际足联的赛事提供比赛结果系统和电视字幕，对于在世界各地举办的比赛有统一的设备和技术要求。主控人员的职责是明确对于信号接口、通信设施和技术用电的需求，与转播和赛场技术人员落实所有需求，并测试线路。视频信号的接口为BNC，音频信号的接口为XLR，即卡侬头。

信号流程是将转播车输出的4：3干净的公用信号先送至字幕工作间，由字幕工作间将此信号加字幕后送场内大屏幕，字幕间同时将字幕的键信号和填充信号返送给转播车，由转播车将字幕加在公用信号上输出(见图1)。

2. 将特殊机位的单边信号叠加到公用信号中

在一些速度较快、赛场地形较复杂的比赛项目，如高尔夫、自行车赛、田径、赛车等赛事转播中，对于信号制作的专业性有较高要求，公用信号不仅要提供完整的画面，还要求能跟踪到观众所关心的细节，提供高水平的电视信号。一些专业设备如鹰眼摄像机、安装在地面滑轨上的遥控摄像机“电兔子”、吊在空中轨道上的小型无线飞猫摄像机、可在空中两条交叉索绳交汇处水平及上下移动的蜘蛛眼摄像机，以及安装在摩托车、汽车和直升机内的无线摄像机等特种设备在越来越广泛的范围内使用，这就催生了一批专业公司，掌握某一设备的核心技术。在世界各地使用这些设备时，就需要主转播台提供外围接口，使之拍摄的特殊机位信号成为公共讯号的一个讯道。当转播系统因各种原因不能独立连接这些特种设备的信号时，通常需要主控系统将所有信号连接成为一个整体。

一年一度在上海举办的一级方程式赛车中国大奖赛的转播中，比赛的公用信号由FOM公司制作。FOM租用中央电视台直升机在赛场上空利用机载的陀螺仪稳定器和摄像机拍摄赛场的全景画面，信号传输采用数字微波，在地面接收到微波信号。因场地限制，中央电视台主控系统与公用信号制作区之间需穿越赛道，要用光缆将此信号传送至FOM的制作区，供导演选切。因赛事所涉及的专业性较强，在有能力独立制作公用信号之前，我们能够利用现有资源参与公用信号的制作，积累经验也是很难得的。

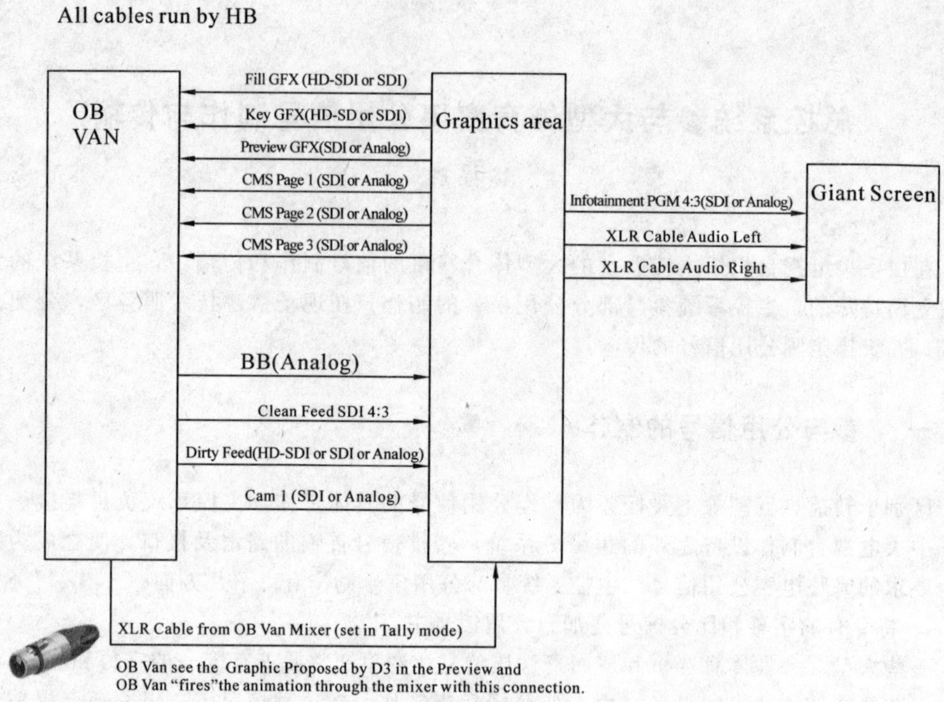

图 1

3. 将评论员的现场评论声叠加到公用信号中

完成一场体育比赛的公用信号制作，现场的评论员评论是必不可少的。通常，组委会会安排专职的评论员在现场的评论席对比赛进行解说，需要按照场地情况来敷设音频线或者光缆来传输此评论声，继而在与调音台上与现场国际声等混音，在制作系统合成为完整的国际信号。

二、 公用信号的分配与传输

公用信号的分配与传输是作为主播台主控系统的主要工作。在场内、IBC、赛场间以及国际公用信号的传输系统应该是符合赛事和媒体需求，安全高效的环路系统。大型的体育赛事通常会设有 IBC，即国际广播中心，为来到现场的电视、广播媒体提供公用信号和单边服务。下面仍以 2007 年女足世界杯的公用信号传输系统为例，说明公用信号的分配与传输系统的功能(见图 2)。大赛在上海、成都、武汉、杭州和天津 5 个赛场举办，在上海设立 IBC，并因为台风袭击而改变赛程和信号传输方式，很有代表性。赛事公用信号为 16∶9 的标清 625 信号，各转播车输出信号为 SDI625 音频嵌入或模拟伴音并能提供4∶3标清信号和模拟信号。四路伴音分别为：一声道：立体声国际声左声道；二声道：立体声国际声右声道；三声道：英文评论声道；四声道：英文混合声道。

1. 赛场内公用信号的传输

在中央电视台担任主转播台的赛事中，除制作合乎标准的公用信号之外，还需要按照组委会要求在需要的地点提供公用信号。通常为：字幕工作间、用录像机和 DVD 刻录机收录公用信号、传送信号至评论席、媒体单边工作间、新闻发布会厅、裁判席、赛场闭路电视机房、配音间等。若传输距离小于 150～200 米，可以用综合电缆传输基带的公用信号到指定地点；若是需要信号的地方距离较远，可利用光缆来传输信号，将视、音频信号送光

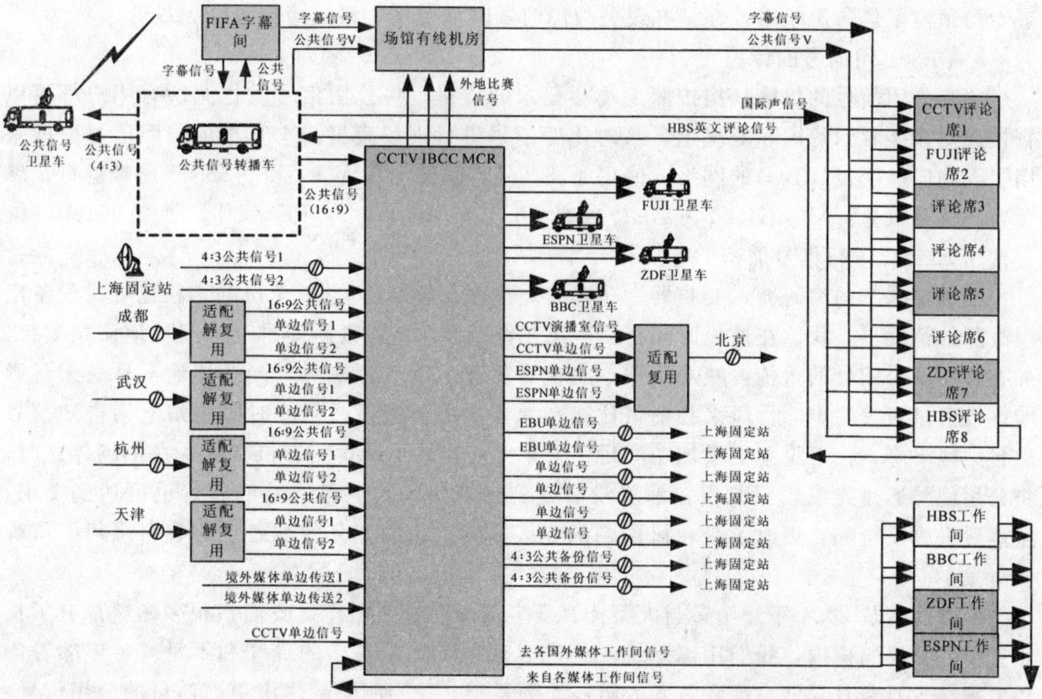

图 2

端机，编码、复用为压缩的光信号传到指定地点后再将光信号送光端机，变换成为电信号后提供给用户。此两种传输方式均可按需求提供模拟、数字、声音嵌入及高清晰度信号。若是需要信号的地点与分配系统间地形复杂，不许敷设线缆且中间无障碍物遮挡，可以采用微波来传送信号，这样需要在信号发送和接收端分别架设微波设备。这三种传输方式各有优缺点，应在具体情况下分析、挑选使用。通常在 IBC 或 TV COMPOUND(电视制作区)内，采用视、音频电缆来传输信号，但 IBC 较大的除外。为保证信号质量，在赛场内其他较远的地方采用光缆或微波，这虽然需要增加人员和设备的使用，但却是安全有效的传输方式。

用户根据需要，会要求不同的信号格式。如公用信号为高清晰度信号，用户可能需要高清、16∶9 标清也可能是 4∶3 的标清信号；根据本国电视制式，还可能需要主播台给予变换制式；按照用户设备的输入信号限制，还可能要求将伴音嵌入 SDI 的信号或是单独传输模拟的伴音；赛场有线电视系统和大屏幕通常需要模拟电视信号。面对用户各种各样的需求，作为主转播台，主控系统有义务在系统中添加格式变换、制式转换、嵌入/解嵌等设备。

2. 赛场间公用信号的传输

在一些场地分散的大型体育赛事中，需要在不同的场馆和 IBC 之间传送公用信号。通常采用地面光缆网络与卫星线路互为备份的传输方式。IBC 是所有信号的汇集点，因此采用以 IBC 为中心的星型网络，实现多个赛场间的公用信号互传。每路公用信号所占用的光缆带宽为 16MHz。各赛场公用信号通过光缆网络传输至 IBC，同时在现场有 DSNG 卫星车直接将公用信号上行至指定卫星。在 IBC 内，我们同时接收卫星和光缆信号。若有某赛场需要接收其他赛场的比赛公用信号，我们可以利用光缆网络，在上海将信号返送至该赛场，或者在该赛场直接用卫星车来接收所需比赛的公用信号。赛场分散时，可靠的光缆骨干网和本地网络是必需的。中国电信和中国网通的骨干网是 SDH 环状自愈网，并且为了这项赛事专门预留了热备份线路，保证在设备故障时及时地倒换，将故障损失降到最低。

3. 国际公用信号的传输

国际公用信号的传输是指按照组委会要求的质量，将公用信号发送至所有用户都可以直接或间接接收到的国际卫星上，来对比赛信号进行现场直播。本赛事的国际信号分配采用了欧洲广播联盟(EBU)的网络，使用亚洲2号、欧洲卫星W3A和NSS806三颗进行全球覆盖。其参数为：MPEG4∶2∶2，符号率：6.6665 msymb/s，FEC 7/8，带宽9MHz。统一使用BISS-1进行信号加密。

现场卫星车的编码器、变频器、功率放大器等设备都是1∶1备份的。在比赛时设备出现故障的情况下，我们在最短时间将信号用光缆传至IBC，紧急安排上海卫星地面站上行，并在赛后安排信号的重传，减小损失。当比赛受恶劣天气影响时，光缆传输不易受天气影响，较卫星更为稳定。台风来临前，比赛在暴雨中继续进行，但此时监测站电话告知信号质量大幅下降，在卫星车上增加功率后仍无太大好转。于是我们当机立断，在中场休息时，将公用信号通过光缆送至北京，那里没有受到台风影响，卫星信号的质量也可达到要求。虽然后来为安全起见更改了受台风影响的赛区赛程，我们充分的准备也为我台赢得了信誉和尊重。

随着我台从2004年开始参与大型体育赛事国际信号的制作，我们在很多领域都有了长足进步，从这扇窗内，我们用国际统一标准客观地看到了自己的成绩和不足。希望随着广播电视技术日新月异的发展和技术人员经验的累积，我们能够制作出更高质量的公用信号，并用同样的高质量将其传输给所有用户。

张靖，中央电视台播送中心传送部微波科工程师。曾使用固定微波、移动微波、直升机微波中继系统参与多场大型活动的现场直播制作，负责现场信号传送工作。

浅谈直升机航拍微波中继系统在大型活动电视转播中的作用

一、 前言

直升机航拍微波中继系统利用传输机载陀螺仪摄像机航拍的电视信号和中继地面摩托车或移动转播车电视信号，为电视转播提供了独特角度的视频画面，丰富了电视信号的制作。它传送的画面给观众提供了高空、多角度的视觉冲击。它在大型活动的电视转播中，特别是现场直播中，发挥着不可取代的作用。为了更好地发挥在大型活动电视转播中直升机航拍中继系统对电视信号制作的作用，为了适应未来电视制作的高清要求，中央电视台新购进了一套直升机高/标清兼容的数字微波中继系统，并成功使用在北京奥运会、残奥会的开闭幕式和各项比赛中，它以极其稳定的传输链路为 2008 年奥运会、残奥会电视信号制作提供了优质的视频图像。下面将简单介绍一下这套高清直升机航拍微波中继系统及其在 2008 年北京奥运会、残奥会等实际转播中发挥的作用。

二、 直升机高/标清兼容数字微波中继系统

中央电视台新购的直升机航拍微波中继系统是机载数字高清航拍和高清码流中继系统的组合，由地面上行发射系统、机载航拍及中继系统和便携式地面接收系统组成，是一套可以 2 路上行、3 路下行信号的航拍中继系统。系统主体设备选用美国 Nucomm 公司生产的 CamPac2 HD 微波发射机、Newscaster DR HD 微波接收机和 Troll 公司的 SKYLINK HD 发射天线。整个系统为高/标清兼容系统，兼容 DVB－T 标准，低延时，适合参与大型现场直播的信号传送与制作。

1. 地面上行发射系统

图 1 为地面上行发射系统的主要组成设备，包括电子切换的“上看”/全方位定向天线，5W 的功率放大器，以及核心的 CamPac2 数字微波发射机。

所配置的电子切换“上看”/全方位定向天线，频段为 2.3～2.5GHz，5dBi 增益/120°波束天线的“上看”单元，以及 6dBi 增益/35°垂直方向波束全向天线的单元，它们都是使用左旋圆极化。这样，在三角几何的分析上也能看出，它们的-3dB 波束夹角大幅度重叠，如图

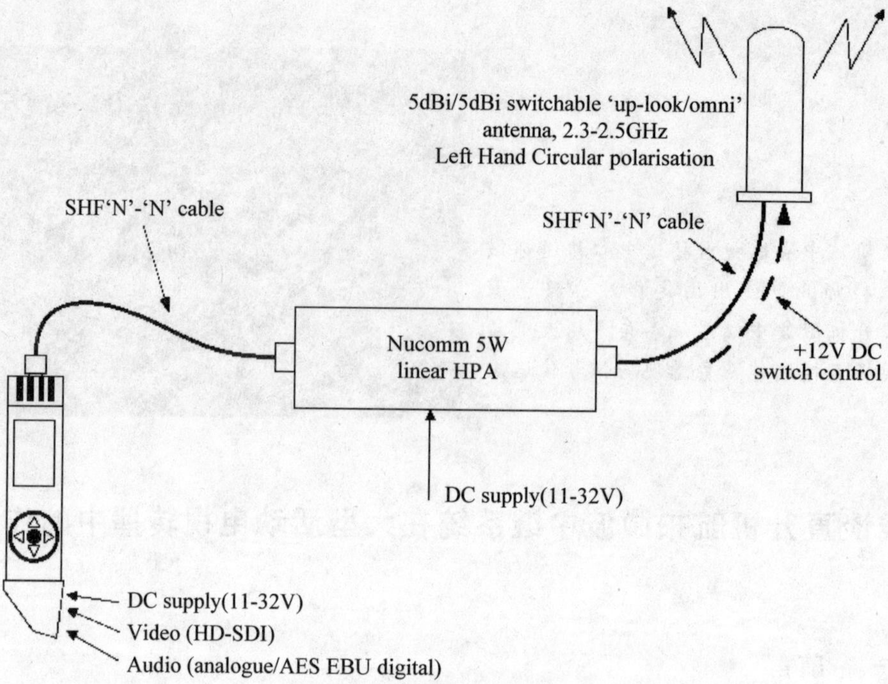

图 1 地面上行发射系统

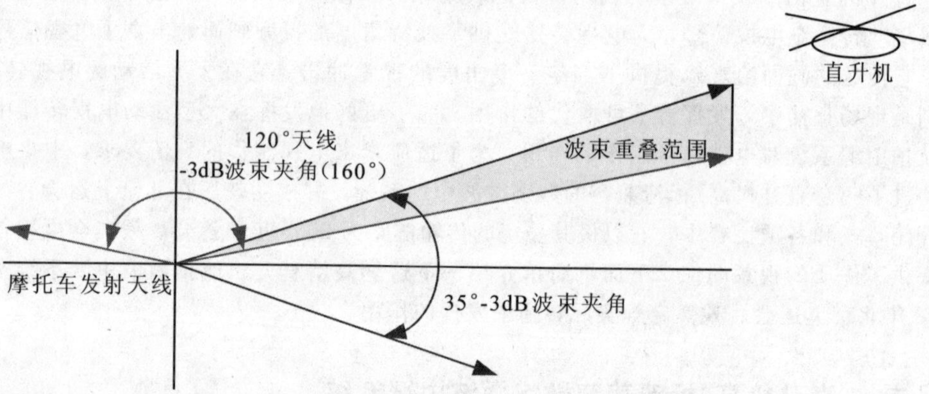

图 2 "上看"/全方位定向天线波束夹角

2 所示。因此，当操作人员在适当的时候进行天线的切换，便可以保证摩托车与直升机在任何有效距离内，微波信号可以直接传送至直升机。

在传输设备上，Nucomm CamPac2 数字微波发射机频率范围是 2.0～2.7GHz，输出功率为 10～200mW 可调，CamPac2 是便携式的 MPEG－2 高/标清编码和 COFDM 调制一体机，支持标清模拟和数字(D1 格式)视频、SMPTE－292M 高清视频、4：2：2/4：2：0 高/标清编码格式，以及模拟或 AES 音频。设备具有极低的延时模式，特别适合体育赛事应用。同时，内置的编码器还具有升级为 MPEG－4/H.264 的能力。调制器的带宽可变，由用户选定，带宽的有效使用就提高了数据率。在稳定的 QPSK 和 16QAM 的调制方式下，可以实现 20～50Mbps 的传输速率。基本的 6/7/8MHz 的带宽模式，与 DVB－T 完全兼容，这样就确保了该设备与任何一个 DVB－T 系统的兼容性。CamPac 2 可以与 SDI、分量和复合等各种视频格式编码压缩输出 DVB ASI 码流，以满足中继系统的应用。

2. 机载微波中继和航拍系统

机载数字微波中继和航拍系统包含三个主要部分，包括上行信号接收系统、航拍高清信号处理系统，以及中继发射和机载自动跟踪天线吊舱的下行系统。机载系统将接收地面上行的两路信号，然后与机载航拍的另一路信号合路，并将这三路高清信号中继发射到地面接收系统。

(1)上行信号接收系统

从地面发送过来的两路上行信号，由机载的四个120°俯视天线接收下来，通过滤波器和LNA(低噪声放大器)处理后；经过二路分配器，分别送到两套 Newscaster DR 便携分集式高清接收机之中，进行分集接收处理和解调。2G 微波信号经过 LNA 的处理，可以有效补偿高频线缆的损耗。经过解调和解复用处理后，Newscaster DR 可以同时解出 ASI 码流信号，以及从高清下变换后的标清监视信号。ASI 信号将被直接送入航拍高清信号处理系统，这样避免了经过重复的编码器，最大程度上保证上行信号质量；转变后的标清信号，通过直升机上装的 Marshall 监视器监看，这样，操作人员对信号传输的每一个环节得到监视，有利于尽快判断传输中可能出现的问题，立刻调整上行和下行的方向和配置。如图3所示。

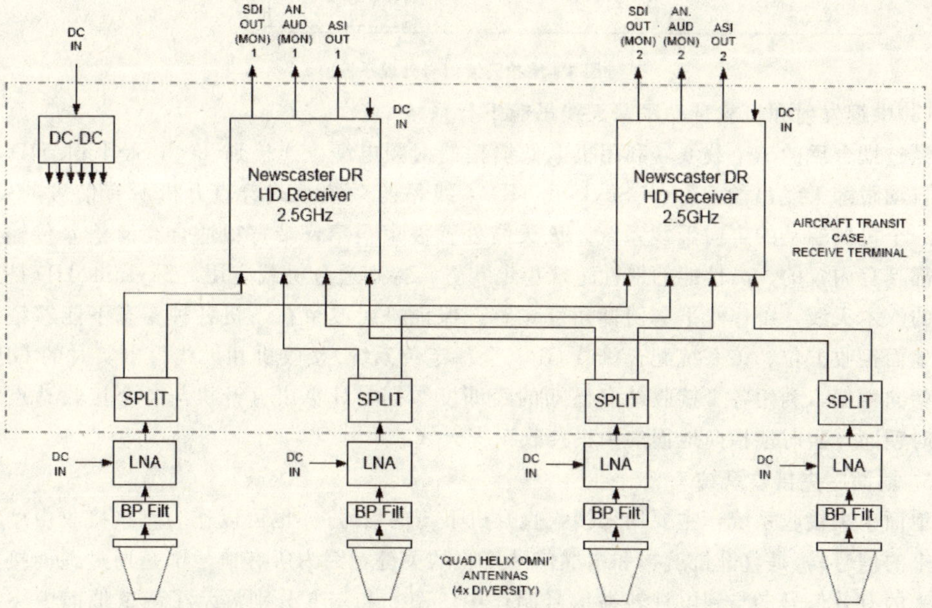

图3 上行信号接收系统

(2)航拍高清信号处理系统

机上带陀螺仪的高清晰摄像机提供 HD/SD 视频源，连接到一台 CamPac2 微波发射机进行高清编码、DVB－T 调制，输出一个特定的下行频率(即 f_1)的 DVB－T Dual－COFDM 载波。机载上行信号接收系统送来的两路上行 ASI 信号，通过两个 CamPac2 高清微波发射机作 ASI 层的中继复用，转换成特定下行频率(即 f_2 和 f_3)的 DVB－T Dual－COFDM 载波。对于这三个 Dual－COFDM 的载波，在 CamPac2 输出后端各自接上 5W(即＋37dBm)的高功放。对于 Dual COFDM 的载波而言，每个载波的平均功率最高可以达到 2.5W(即＋34dBm)的功率。高功放输出接上滤波器和耦合器的组件，分层次地耦合在一起，如图4所示。耦合后的信号送入中继发射和机载自动跟踪天线吊舱下行系统。

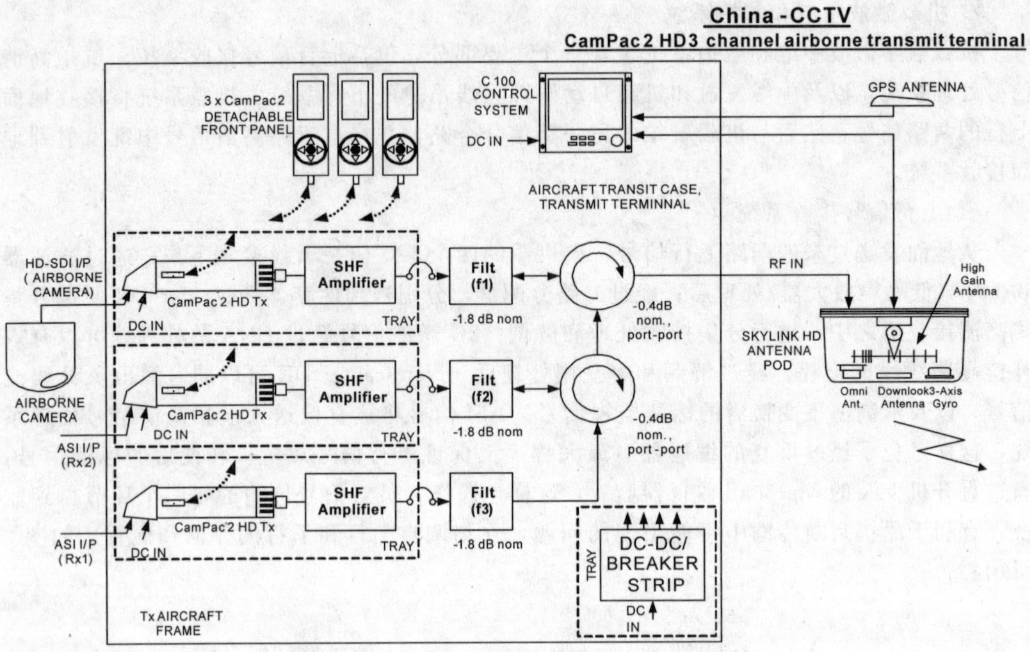

图 4　航拍高清信号处理系统

(3)中继发射和机载自动跟踪天线吊舱下行系统

经过耦合后的三个载波，利用机上低损耗的射频电缆，连接到 Troll SkyLink HD 机载高清自动跟踪天线吊舱。Troll SkyLink HD 天线吊舱系统承载着直升机所有信号的发射，它是一个机械驱动的定向天线系统。该天线处置波束很窄，带宽很适合高清信号传输。天线内部具有内置的、高性能的惯性陀螺稳定装置，特别适合机载应用。SkyLink HD 是两轴驱动的八木天线，可作水平和俯仰角度调整，保证发射波束在飞机各种姿态下能够精确地指向地面接收方位。该系统配合机载 GPS(全球定位系统)接收机和天线得出实时的 GPS 和机头朝向数据，利用各个接收站点已知的经纬度数据，计算出直升机与各个接收站点之间的实时朝向，实时地指向地面的中央接收系统天线。

3. 地面中央接收系统

地面中央接收系统，主要用来接收直升机下传的信号(亦也可以作为直接接收由摩托车发送来的信号)，是直升机航拍和中继信号接收的关键，因为所有信号都是通过地面接收系统出来的有效信号参与到电视转播信号制作中，图 5 和图 6 分别展示了两款地面中央接收系统设备的配置。该系统包括全向接收天线、多集接收的接收/解码机两部分。图 5 和图 6 中以虚线区分两部分。

(1)全向接收天线

接收系统中共采用 3 套接收设备，每套接收设备都使用 4 个输入的分集接收天线，具有最大比合并能力。4 个天线的选型是扇面天线，水平方向波束夹角为 90°，垂直方向波束夹角为 17°，增益 13dBi。4 个天线可以按不同方向，组装成一个独立拆装的整体单元，见图 5；也可以组装成可分体的单元组件，对不同扇面调整指向的方向，见图 6。前者方便安装和拆卸，后者可以针对特别的传输场合，调整最有效的分级接收功能。除了扇形接收天线以外，考虑到上行传输的业务，特别利用一副 120°角的上看天线。它将耦合至其中一路的扇形天线之中，这种方式提供的信号无需切换，从而解决当直升机飞越地面接收站上空时的接收场合应用问题。

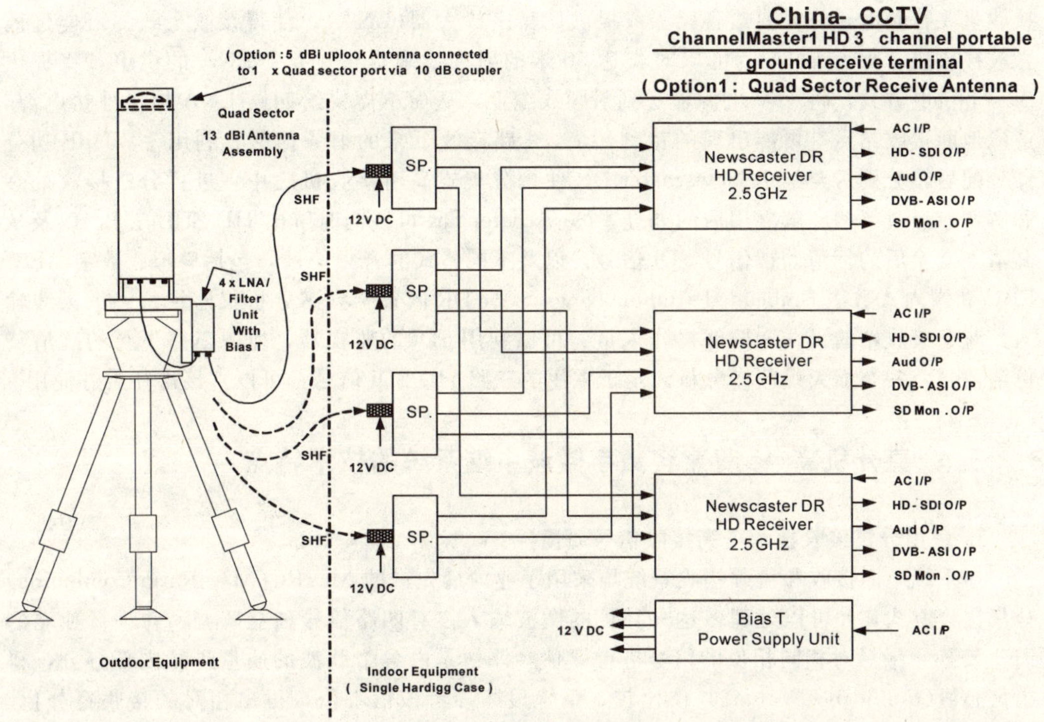

图 5 地面中央接收系统

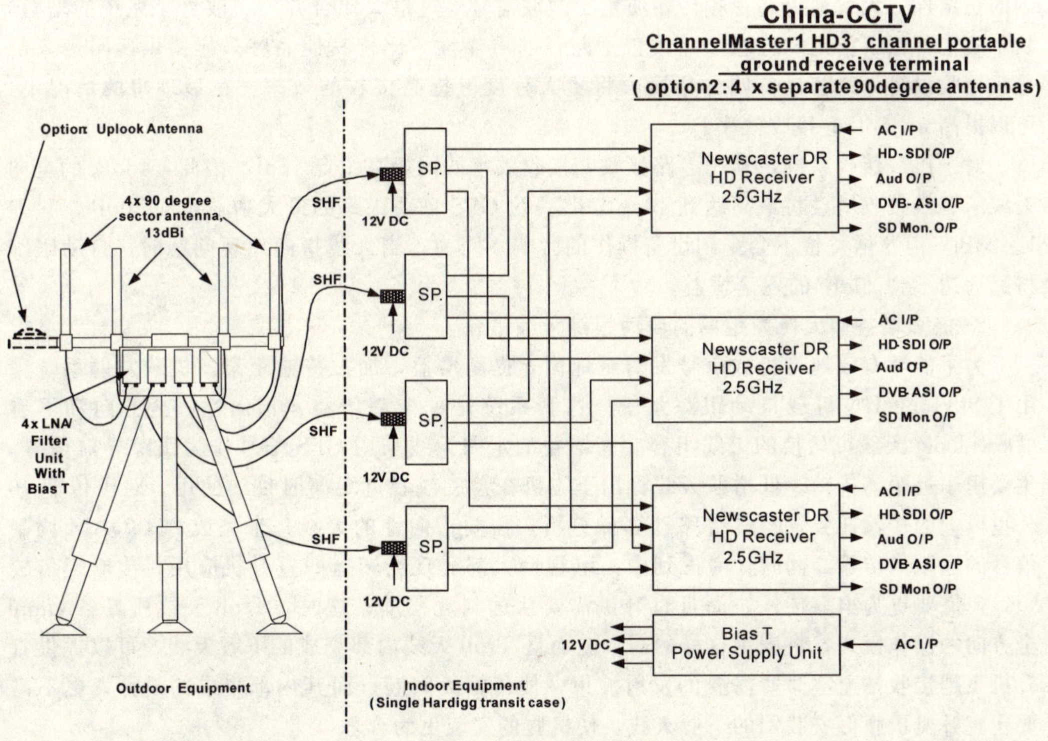

图 6 地面中央接收系统

(2)接收/解码机部分

接收/解码机部分主要由低噪声放大器、SHF(超高频)无源功分器组件、Newscaster DR 分集接收单元组成。当外出转播，由于转播环境等因素，对天线架设地点需要远离微波接收机飞行箱时，将需要给各路天线提供低噪声放大器(LNA)，使得接收天线尽可能远离微波接收机。加入 LNA 后可以对长达 50 米的射频线缆提供补偿。LNA 的供电，将提供 Bias-T 供电方式，将 12V 电源输送到射频线缆上，从而不需要给四路 LNA 提供外接电源，适应地面接收站点有可能出现的苛刻环境。4 路接收下来的射频信号，利用 1∶36dB 功分器分配后，分别送至三个 Newscaster DR 便携分集式高清接收机之中，进行分级接收处理和解调。经过解调和解复用后的处理，Newscaster DR 可以同时解出 HD-SDI 信号，以及从高清下变换后的标清监视信号 SDI 信号，以及不同格式的音频信号，包括模拟、数字 AES/EBU 和嵌入式数字 Embedded Audio。Newscaster DR 内置了频谱分析仪监视每一个天线输入，对于接收站的天线和微波操作人员，可以利用 SDI 的监视器，监视三路下行的高清转标清信号，并叠加天线频谱分析。至于主用的三路 HD-SDI 信号，可以直接送往后方使用。

三、 直升机高/标清兼容数字微波中继系统的技术特点

1. 采用分集接收技术提高接收信号质量

本系统地面接收和机载接收系统均采用了业内最先进的 MaxRC(Max Ratio Combining)分集接收方式，并可以处理多达“四路”的微波输入。对四路信号独立解调，并进行独立的 FFT 转换，最后对相同相位的信号进行评估。评估是由各个载波的质量进行内部打分，得出信心值(Confidence Value)并作比较。系统最终参考该信心值，得出相对的接收百分比，并按比例合并成相对较好的信号。分集接收能够非常有效地改善在高数据率下 COFDM 调制的稳定性，大大地提高视频传输质量。微波信号经过最大比合并后，改善了系统的增益，从本质上补偿了信道的缝隙，并改善了路径的可靠性。比较其他品牌只能提供两路输入的分级接收设备，此套设备四分集接收将更大程度上提高接收的效率。在最理想的情况下，可以提高 5～6dB 的接收效率。

对于机载接收系统，利用多路接收，接收效率如同提高了 5～6dB。因此，13dBi 的全向天线的有效接收增益将最高达到 18～19dBi，比 GPS 自动跟踪的最大增益，即 20dBi，只差 1～2dBi。但这增益将不会受到设备操作的影响。因为，当天线指向出现问题时，自动跟踪将远远达不到 20dBi 的理论增益。

2. 提高增益加大传输距离的自动跟踪天线吊仓

为了能够有效地将机载信号发射至地面，提高增益，加大传输距离，机载发射系统采用了 SkyLink HD 机载自动跟踪系统。这套系统是一个高增益、指向性、全方向和下看(Downlook)天线可切换的天线组合。高增益的定向天线采用 GPS 信号作为跟踪导航信号，主要用于远距离传输。低增益天线将用于飞机在盘旋或者近距离时传输使用。对于传输 40 公里以上的传输任务，经过链路计算和分析，需要指向性的天线，来完成对 16QAM 调制信号的远距离传输。同时，考虑到中央电视台大部分现场转播的直升机应用，传输距离较短，但需要更为牢靠传送，而且直升机需要从远到近移动；这时，Troll 天线所具备 Omni 全方向的操作模式，将满足这样的需求。而且 Troll 天线内部集成的下看天线，可以提供直升机飞越接收站上空时所需要的发射波束，使传输无间断；而其内部集成的设计，更不需要在直升机机腹再安装别的下看天线，使机腹的安装更为合理。

各个天线的切换都可以利用机上的 C100 Troll 天线控制器完成。包括天线、无线及编码部分等所有的微波设备控制均集成在一个 5 英寸的面板式安装的控制器中，即 C100。它可以对第三方无线设备提供完全的支持，而不再需要额外的控制部件。C100 中的活动地图不断更新飞机的方位，同时显示远程接收站点的位置，并且清晰地指示操作员一个最佳传

输路径。作为选择，数字和模拟无线设备都可以用，因此简化了安装，降低了整个系统的重量和复杂性。而且，Troll 提供了两路天线模式同时输出的功能，即 Omni 和 Downlook 之间的主备切换。主路的天线传输将传输 90％的信号能量，而备路天线传输 10％的信号能量。这样，操作员便可以灵活地根据直升机离开地面接收站的位置，调整主路和备路的天线，使传输更为牢靠。Troll 天线的各个使用模式，请参考图 7。SkylinkHD 通过多种航空认证和适合各种机型。

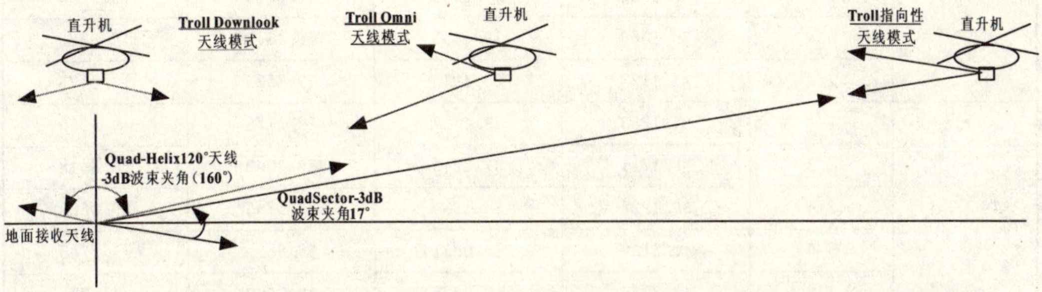

图 7　Troll 机载天线的三种使用模式(Directional、Omni、Downlook)

3. 机载信号处理系统信号分层次耦合

此套系统，在机载高清信号处理过程中，信号在经过高功放和滤波器之后，进入耦合器组件，如图 4 所示，设计中独有的信号分层次耦合，在理论计算中，可以发现，比较重要的机上高清摄像机的载波 f_1，在经过耦合后，它的衰减只有 2 dB。然而，第二路载波 f_2 的衰减为 3 dB。而第三路的载波 f_3，它的衰减约为 3.5 dB。相比 3 合 1 的耦合器，各个端口的衰减将大于 6 dB。这样的耦合处理，保证每一路信号，包括两路需要中继的上行高清和机上航拍的高清信号，都得到相应的输出功率，而且没有合并复用和发送，使各个信号在传送时相对独立和互不干扰。

四、 电视转播中直升机高/标清兼容数字微波中继系统的应用

直升机航拍微波中继系统在大型活动转播中扮演着重要的角色，系统是航拍信号传送和中继信号传送的组合系统，实际转播中会根据不同的电视转播信号制作要求，适时地调整系统。同时，根据电视转播节目制作中，对传输稳定度及画面质量的要求，适时调整整套系统参数，使经过系统传输的信号符合电视信号制作要求。多次大型活动转播中，直升机航拍中继系统的使用，一般遵从 DVB-T 标准的 COFDM 调制方式，16QAM、QPSK、64QAM 调制，6/7/8、16MHz、20MHz 带宽，FEC 和 G.I 按照传输时现场条件及电视制作信号质量决定。比如，传输环境较为简单，可以使用较高比特率的 FEC＝5/6 方式，最高可用的比特率将达到 40.2139Mbps。但如果要求传输牢靠，建议利用 FEC＝1/2，最高可用的比特率能达到 24.1283Mbps。如果需要更佳的稳定性，可采用 QPSK 的方式，而最高的比特率只能达到 21.1123Mbps。虽然传输的稳定度有所提高，但所传送的高清图像质量将会比 16QAM 逊色。对于不同的参数设置和其最大可用比特率值，请参考表 1 之 DVB-T 模式参数和可用比特率对应表。

表1 模式参数和比特率对应表

Modulation System	FEC	Guard Interval			
		1/32	1/16	1/8	1/4
Bandwidth＝16MHz Data Rata(Mbit/s)					
QPSK	1/2	12.6417	11.7093	11.0588	9.9529
	2/3	16.0856	15.6124	14.7451	13.2706
	3/4	18.0962	17.5640	16.5882	14.9294
	5/6	20.1069	19.5155	18.4313	16.5882
	7/8	21.1123	20.4913	19.3529	17.4176
16QAM	1/2	24.1283	23.4187	22.1176	19.9059
	2/3	32.1711	31.2249	29.2902	26.5418
	3/4	36.1925	35.1280	33.1765	29.8588
	5/6	40.2139	39.0311	36.8828	33.1765
	7/8	42.2246	40.9827	38.7059	34.8353
64QAM	1/2	39.1925	35.1281	33.1765	29.8588
	2/3	48.2567	46.8374	44.2353	39.8118
	3/4	54.2887	52.6920	49.7647	44.7882
	5/6	60.3208	58.5467	55.2941	49.7647
	7/8	63.3396	61.4740	58.0588	52.2529

1. 国际马拉松比赛电视转播

国际马拉松比赛的电视转播最锻炼的是微波传送技术，利用微波将移动转播车、摩托车摄像机信号接收并传送。实际微波信号接收点又必须在制高点且尽可能无直接遮挡建筑。由于马拉松比赛线路比较长，而且都在城市中穿梭，寻找实际接收移动转播车信号的微波接收点有时会因为外界因素变得困难，而且线路比较长，加之城市中建筑的遮挡等，往往需要大量的微波设备收发设备甚至中转信号，最终传回电视信号制作点，这对设备和人员都是一个严峻的考验。直升机中继航拍系统应用到马拉松电视转播信号制作中去，中继信号可以有效地减少固定微波的使用，减少转播点，解决转播中因建筑物遮挡、设备缺陷等带来的实际困难，同时提供了高空中航拍的信号，一举多得，因此得到了马拉松电视制作团体的青睐。中央电视台的航拍微波中继系统多次参加厦门马拉松电视转播工作，三个地面直升机航拍接收点，接收到信号就可以覆盖整个马拉松赛程，有效地利用了资源。

厦门马拉松比赛中，直升机航拍接收点分别位于厦门广电中心楼顶、鼓浪屿、金利蓝湾海边。三个航拍地面接收点相继接收直升机信号，航拍中继信号无缝覆盖马拉松全程。各路接收信号送回厦门广电中心制作。厦门广电中心楼顶接收点、鼓浪屿接收点接收到信号通过光纤传送至信号制作中心，金利蓝湾海边接收点利用固定微波送到金利蓝湾高楼，中继后光纤回广电中心制作。

2. 直升机航拍中继系统在奥运会中的应用

2008年北京奥运会期间，中央电视台航拍系统是在国产直－95型直升机上加装高清航拍设备和高清微波中继系统。航拍设备为美国Cineflex公司C1550V14高清陀螺仪稳定器。此套直升机高清航拍、微波中继系统在奥运会北京火炬传递转播中完成了航拍、地面移动转播车电视信号微波中继和传输机上航拍信号的任务。担负着北京奥运会、残奥会开闭幕式的空中直播信号传送任务，承担了北京赛区奥运赛事的航拍工作，完成奥运场馆和北京风景空中拍摄。直升机航拍中继系统传输机载陀螺仪摄像机航拍的电视信号和机上节目主持人地面连线的画面，根据飞行航线提供 HD－SDI 和嵌入音频直播、直传电视信号，同时在机上提供了高清录像机，记录所有航拍资料。

奥运会期间，设置在中央电视台现址方楼楼顶和国贸二期楼顶上的航拍接收点，负责接收直升机航拍及机上主持人与地面连线的 2 路高清信号，参与到中央电视台奥运节目信号制作。奥运期间，中央电视台奥运信号制作在新台址服务楼内，位于现址方楼楼顶的接收点将接到的信号通过高清视频线直送到现址总控，总控通过现址——新址光纤送至新址服务楼奥运信号制作系统；位于国贸二期楼顶的接收点直接利用光纤传送到新址服务楼。图 8 展示了整套直升机航拍信号传送系统。

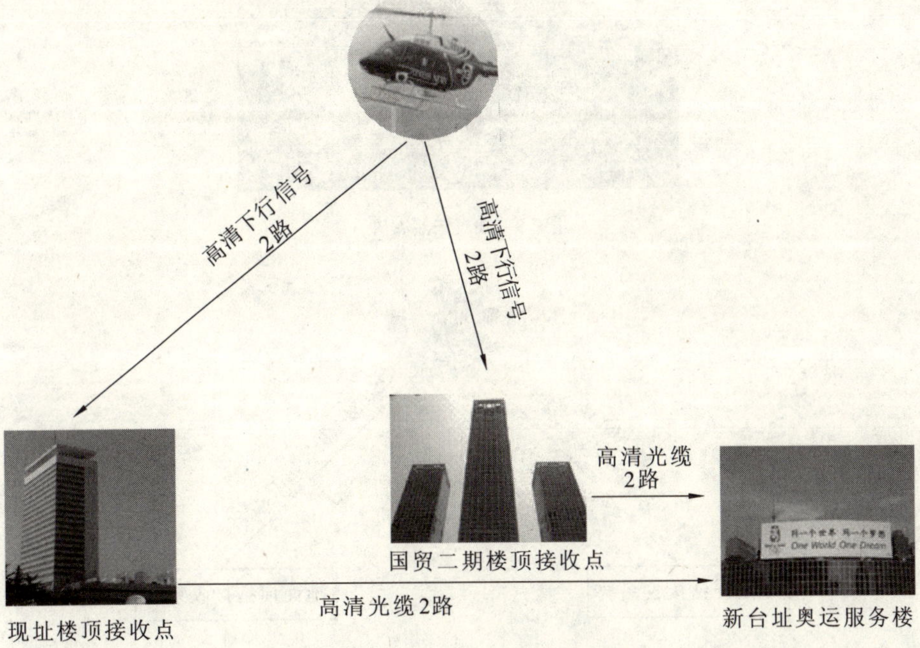

图 8　奥运期间直升机航拍信号传送系统

(1)中央电视台现址接收系统搭建

中央电视台现址的航拍接收系统位于方楼顶层，设置接收天线在方楼顶层平台，并根据实际直升机航线和周边建筑物遮挡情况，对天线进行了布阵，采用 Nucomm 天线整体单元和平板天线相结合，天线整体单元为四个水平方向波束夹角为 90°，垂直方向波束夹角为 17°扇面天线，增益 13dBi。平板天线为水平波束 120°，增益 13dBi。图 9 所示为现址的天线布阵方式，通过实际的演练，这种布阵方式方便移动，天线方便调整，且接收覆盖四个方向，18km 范围内接收效果好，接收指标优良。奥运会航拍的北京工业大学体育馆内羽毛球赛场(距现址直线距离 14.83km)和朝阳公园沙滩排球赛场(距现址直线距离 15.81km)，现址接收电平平均－86dBm(门限电平－94dBm)，接收 S/N 在 9dB 以上，信号连贯，无马赛克与静帧出现。

接收到的信号送至后方，参与信号制作。为了与后方其他制作设备更好地兼容，接收点对信号做了一定的处理，直升机航拍系统将航拍信号以 ASI 码流发送至地面，地面接收后，送入 Tandberg RX1290 解码器，解出标准高清信号，通过佳耐美 L-7CHD 电缆线送入后方。处理过程如图 10 所示。

图 9　现址天线布阵

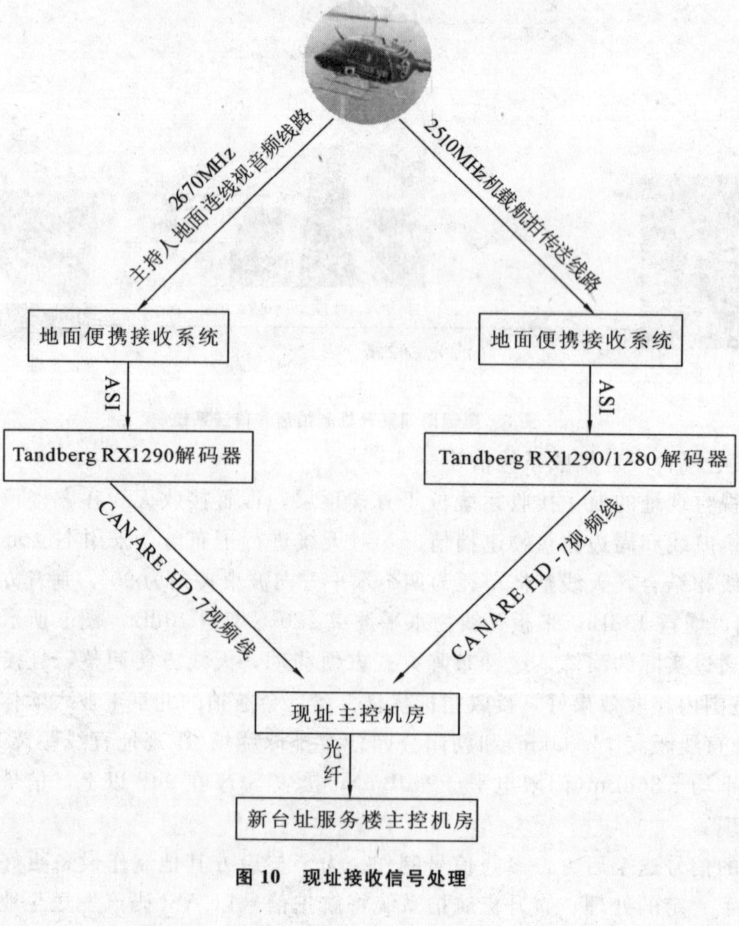

图 10　现址接收信号处理

其中，现址铺设了方楼楼顶天台至总控机房的传输航拍信号的专用传输通道，采用了140m 75ΩCANARE L-7CHD高清数字同轴电缆线传输高清航拍信号。经过在中央电视台

800 平方米高清演播室测试的高清信号传输，测试环境完全与实际信号传输至总控的环境一致。测试结果为 140mCANARE L-7CHD 高清数字同轴电缆线传输时，眼图明显，10KHz 抖动为 0.086UIp-p，100KHz 抖动为 0.095UIp-p。测试中，不断加长 L-7CHD 线长，最远传输距离为 220m。当 CANARE L-7CHD 高清数字同轴电缆线为 240 米时，CRC 报错（频率：1 个/秒）。采用图 11 所示的测试方式。

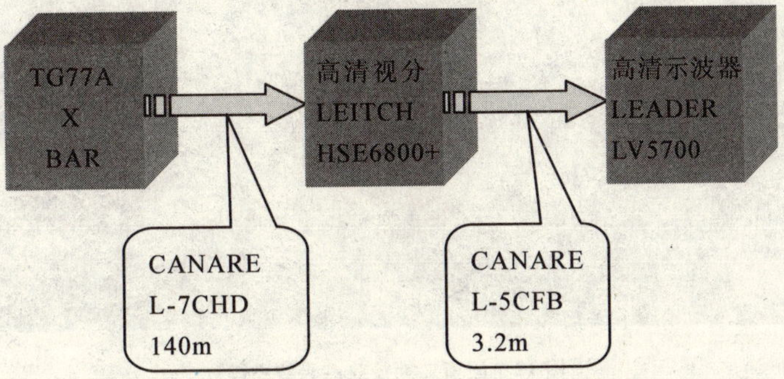

眼图测试结果：

滤波器频率(Hz)	信号幅度(mv)	抖动(UIp-p)
100K	790	0.095
10K	790	0.086
10	787	0.274

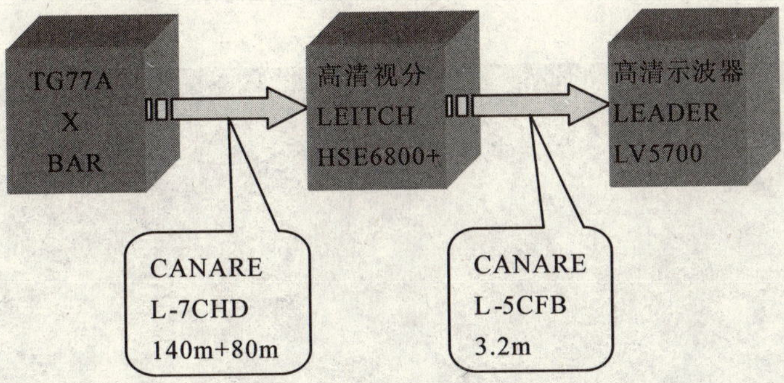

眼图测试结果：

滤波器频率(Hz)	信号幅度(mv)	抖动(UIp-p)
100K	787.5	0.186
10K	790	0.191
10	785	0.239

图 11　高清信号传输测试结果

(2)国贸接收系统搭建

国贸二期接收平台比较宽阔，采用了并列散开的天线阵列，如图 12 所示。四个天线的选型是扇面天线，水平方向波束夹角为 90°，垂直方向波束夹角为 17°，增益 13dBi。根据飞行航线的不同，调整四个天线指向方位不同。接收到的 ASI 信号经过上面同现址一样的 Tandberg 解码后，直接通过光纤将高清信号送至新址奥运服务楼主控机房。

图 12　国贸二期接收点天线布阵

奥运会期间，直升机陀螺仪航拍信号通过 2510MHz 频率、以高清 4∶2∶2 格式传送，机上主持人天地连线视音频信号通过 2670MHz 频率、以高清 4∶2∶2 格式嵌入音频方式传送，直升机发射功率 25mw，采用 16QAM 调制方式，带宽 16MHz，FEC 1/2，保护间隔(G. I)1/8，两个地面接收点分别对应相应频率接收，两个接收点接收下来的画面清晰，主持人声音真切、接收机最差接收情况时，接收电平大于接收机门限(－94dBm)指标 10～15dBm，S/N 最小 7dB。利用接收机本身带有的频谱分析仪，可以实时监看每支天线频谱图，接收电平。图 13 所示为实际转播中，监视器显示的航拍画面和画面上叠加的整套设备性能参数。

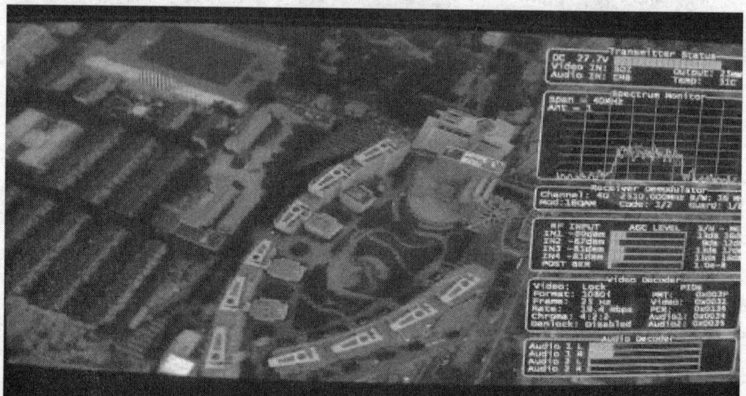

图 13　叠加了设备性能参数的直升机航拍接收画面

另外，为防止频率干扰影响传输画面质量，奥运期间 2603.5MHz 作为了备用传送频率，同时启动了奥运会期间应急预案。地面上行系统在移动转播车上热备一套发射机和一套功率放大器，机载微波中继系统热备一套接收机、一套发射机和一台功放。机外安装了一套升降臂全向发射天线，在 GPS 定位系统发生故障，或高增益指向天线不能工作时，改为全向发射。地面接收系统热备一套微波接收机。

3. 直升机航拍系统在残奥会转播中的使用

2008 年中央电视台作为残奥会的持权转播商，制作残奥会的公用信号。其中，直升机航拍系统在残奥会开、闭幕式上传送的精彩高空航拍信号，展现给观众不同的视角，并将开闭幕式上大气磅礴的场面参与到公用信号的制作。残奥会开、闭幕式中，在凯迪克大酒店楼顶天台设置了直升机航拍系统的地面接收系统，直升机在国家体育场上空盘旋，为达到良好的接收效果，接收天线采用 4 个 90°天线集成的阵列。接收下来的高清视频信号，通过 2G 频段固定高清微波，采用指向性天线，传送给国家体育场里的接收点，有效地将航拍视音频信号送入 TV COMPOUND CCTV 主转播车讯道内，参与公用信号制作。参见图 14。同时残奥会期间也采用了与奥运会相同的应急预案。

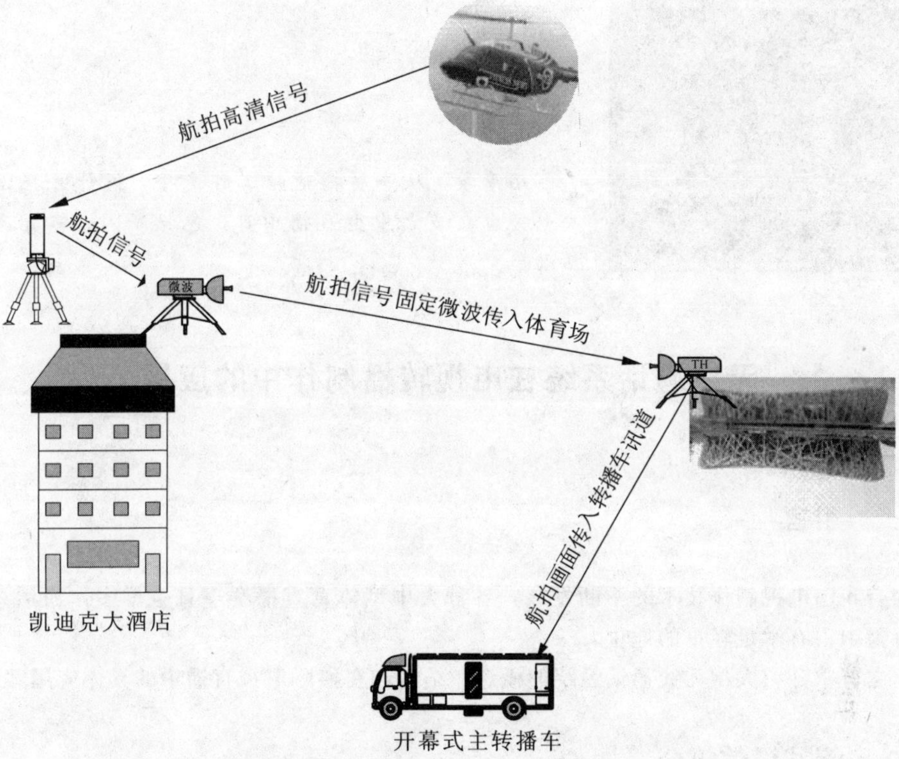

图 14 残奥会直升机航拍系统

此外，直升机航拍中继系统在国际 F1 大赛的电视转播中被频繁使用，提供高空航拍信号，中继地面上行信号，参与电视转播信号制作，提供讯道信号。

五、 结束语

随着电视事业的发展，特别对于大型活动的现场直播，需要从更高层次、更高水准上来考虑电视节目的制作，这需要不同角度、广视角的电视画面，直升机航拍中继系统能够提供此种信号，它的高空航拍信号，可以中继地面信号，可以快速地跟踪移动场景变化等，这些都为直升机航拍中继系统的使用带来了广阔的空间。

胡重学，从事转播通信工作7年，设计并搭设过中央电视台众多大中型直播项目，包括新闻、体育及文娱活动。

无线通话系统在电视转播制作中的应用

一、引言

随着我国电视制作技术的不断发展，各种大中型体育直播赛事日益增多，通话系统在电视直播中占有举足轻重的地位。

本文着重介绍大型无线通话系统的概念、结构和在实际电视直播中的具体应用案例。

二、无线通信简介

1. 概述

无线通信主要是指通过无线电波方式传输声音信号，提供单工或双工方式的通话。按电波波长可分为超短波、短波、中波、长波，按电波传播方式可分为直接波传播、视距传播、散射传播等，无线通话系统中主要使用按直接波传播的超短波波段设备。

超短波包括甚高频 VHF30～300MHz 和特高频 UHF300～3000MHz。

UHF 优点：

(1)UHF 频段没有 VHF 频段“拥挤”。

(2)UHF 频率灵活，使用范围广。

(3)UHF 系统的功率输出高于 VHF，动态范围更好，信噪比优于 VHF。

VHF 优点：

(1)VHF 在可控发射功率下，发射范围广。

(2)VHF 信号传播性强。VHF 的波长较长，不易被人体吸收。

2. 频率信号

超短波通信设备主要受三个因素影响。

(1)收发距离：信号强度与收、发射机间的距离成反比，且与天线高度、频率、大气状况及地形条件等因素有密切关系。

(2)遮挡损耗：损耗率与遮挡物(如建筑物、山峦)高度和密度成正比。

(3)多径传播：接收设备被直接波、反射波叠加所合成信号的变化造成快速衰落。

无线电波通信的工作距离取决于发射机功率、天线增益、天线高度、接收机灵敏度、电波传播等因素。

在实际工作中，无线通信系统采用多信道同时工作，信道间隔较窄(25kHz)，由于它与信道载频相比很小，所以各信道载频相差不多，基本属于同一数量级。

其中对信号影响较大的是互调干扰，包括发射机互调、接收机互调和外部效应引起的互调。当系统中存在两个(或更多)信号时，通常会产生很强的互调产物。两个信号(f1 和 f2)的二次谐波(2f1 和 2f2)会进一步产生互调失真，其最大的互调产物就是三阶互调(2f1－f2 和 2f2－f1)，会降低许多通信系统的性能。

三、 无线通话系统概述

1. 通话系统简介

通话系统主要分为：有线通话和无线通话。

有线通话系统又包括 Party-Line 会议系统及 Matrix 矩阵通话系统。

无线通话系统主要指通过无线通信设备收发信号，通过电磁波在空中传播进行无线传输的通话系统。无线通话系统的优势在于其单位通话位置灵活移动可变、安装拆卸简易方便，摆脱有线通话系统需布设繁多电缆的束缚。

现代直播通话系统中，几种模式多为相互混合使用。

2. 无线通话系统类别

无线通话系统按通话容量、信号范围可分为小型无线通话系统与大型无线通话系统。

小型无线通话系统主要应用于小范围、低容量的封闭式演播室或小型户外比赛活动。在中央电视台各个演播室均配有小型固定无线发射台，另可安装移动无线通话基站，与通话矩阵相连。主要分配给节目及技术人员，容量数个或可扩容至十余个。其随身佩戴一小型接收腰包，活动范围限于一二百平方米，接收距离有限。在大型电视转播活动中(如马拉松、大型户外比赛)，小型无线通话系统由于受到地域、环境等限制，可扩展性及实用性较小。

大型无线通话系统主要应用于范围广、高容量的大型场馆或户外比赛，其信号覆盖范围广、扩展性大的特性，可为各种大型活动提供更广、更多、更丰富的通话服务。

若设立专业级固定通话基站，无线通话范围可达百余平方千米，并与多个通话矩阵并联，可实现无盲区覆盖有线、无线通话。数个通话频道可容纳上百位人员使用。其随身携带一手持对讲机，可于信号可达范围内任意地点通话。

3. 无线通话系统的构成

无线通话系统主要由无线单、双工通话基站、天线、手持对讲机及通话矩阵等设备组成。

无线通话基站主要有两种：

(1)全双工模拟通话基站。

(2)全双工数字通话基站。

模拟通话基站有 TELEX 公司的 BTR 系列，主要用于演播室无线通话；Motorola 中继、车载台，用于户外大型无线通话。

数字通话基站有 Clear-Com 公司的 FreeSpeak 系列，主要用于演播室无线通话。

本文中主要应用摩托罗拉无线通话设备，附配手持对讲机。其中中继台、车载台为配合电视转播需要，特改装增加四线(4-wire)输入输出接口，且信号增益可控。图 1 为 Moto Gr950 中继台，图 2 为 Moto Gm950 车载台。

无线基站与通话矩阵相连，使无线通话系统成为有线通话系统中一单独通道，与各节点单位实现双向通话。

无线基站与调音台、电话耦合器相连，可使远端无线单位接听 PGM。

在实际转播中，无线系统根据不同需求，与多系统混合搭建，可提供各种复杂通话服务。

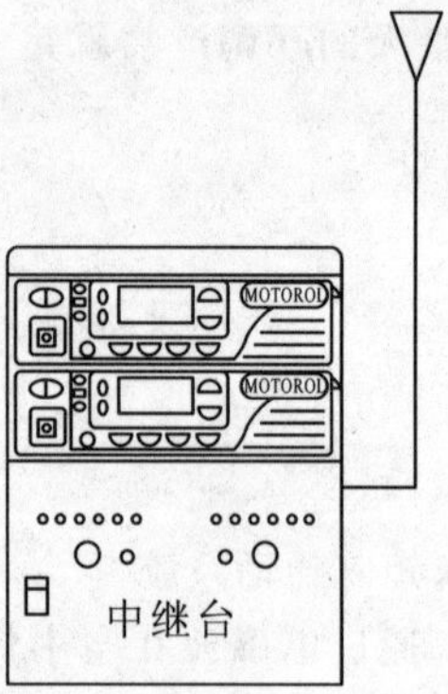

图 1

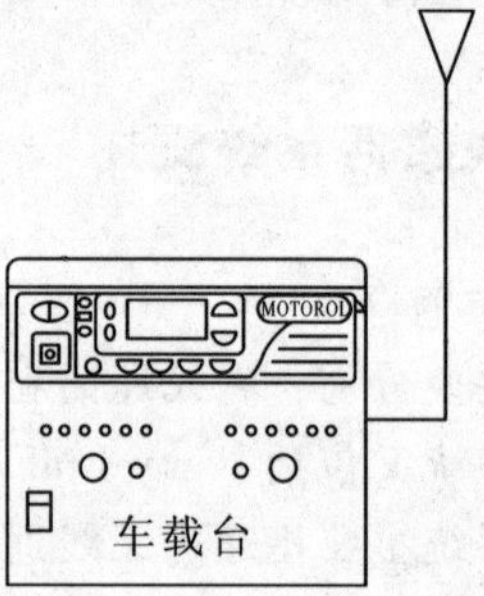

图 2

四、 无线通话系统在马拉松比赛直播中的应用

1. 概述

我国举办马拉松赛事有着悠久的历史，举办二十余年的北京国际马拉松赛和年轻的厦门国际马拉松赛等众多赛事蜚声中外，而作为电视直播系统，经过多年的摸索与学习，形成了完整成熟的技术方案。其中通信系统由简至庞、由乱至稳的过程，是经过众多技术人员经年累月开发和积累出的一套适合大型移动赛事转播方案。

与其他短距离比赛转播不同，转播马拉松比赛具有时间长、范围广、人员多的特点：转播时间长达 4 个小时；转播范围按比赛路线的不同可至 40 余公里；通话人员众多，通路繁杂。

马拉松比赛直播主演播室一般位于后方主信号接收制作区，根据起终点不同可设置一或二分直播区，移动直播车负责跟踪全程比赛，沿途设置多个摄像机位，另有直升机辅助拍摄。主演播室与各分点直播区、移动转播车、沿途机位与直升机，技术部门各自之间保持独立通信通道。

2. 实例

(1)概况

某中等城市举办国际马拉松赛，路线穿绕市区，起终点直线距离约 20 公里。主演播室位于市中心电视台内；起点设一转播车，负责比赛的起跑和终点的冲刺；移动转播车及摩托车负责全程拍摄；沿途设多个固定机位；直升机航拍全程辅助拍摄。

城区地处平原，高层建筑较多，街道密集，人口众多，频率使用率高。基站最方便设于电视台楼顶，但由于天线架设位置过低，电波被市内楼层遮挡，无法覆盖全部比赛路线，因此改架于市内最高点。

(2)方案

通信需求:

①主演播室总导演与起点转播车导演、移动转播车导演、各分点机位摄像、直升机摄像间的通话。

②所有外场导演、摄像收听 PGM。

③主演播室微波技术人员与其各分点及直升机微波人员通话。

无线频点按需求可设以下几个频点:

频道 1——总导演与分点导演、地面与直升机摄像、通话,并混入 PGM。

频道 2——演播室技术总监与移动转播车技术间通话。

频道 3——演播室微波技术与各分点、直升机微波技术间通话。

频道 4——外场联络。

具体方案参见图 3。

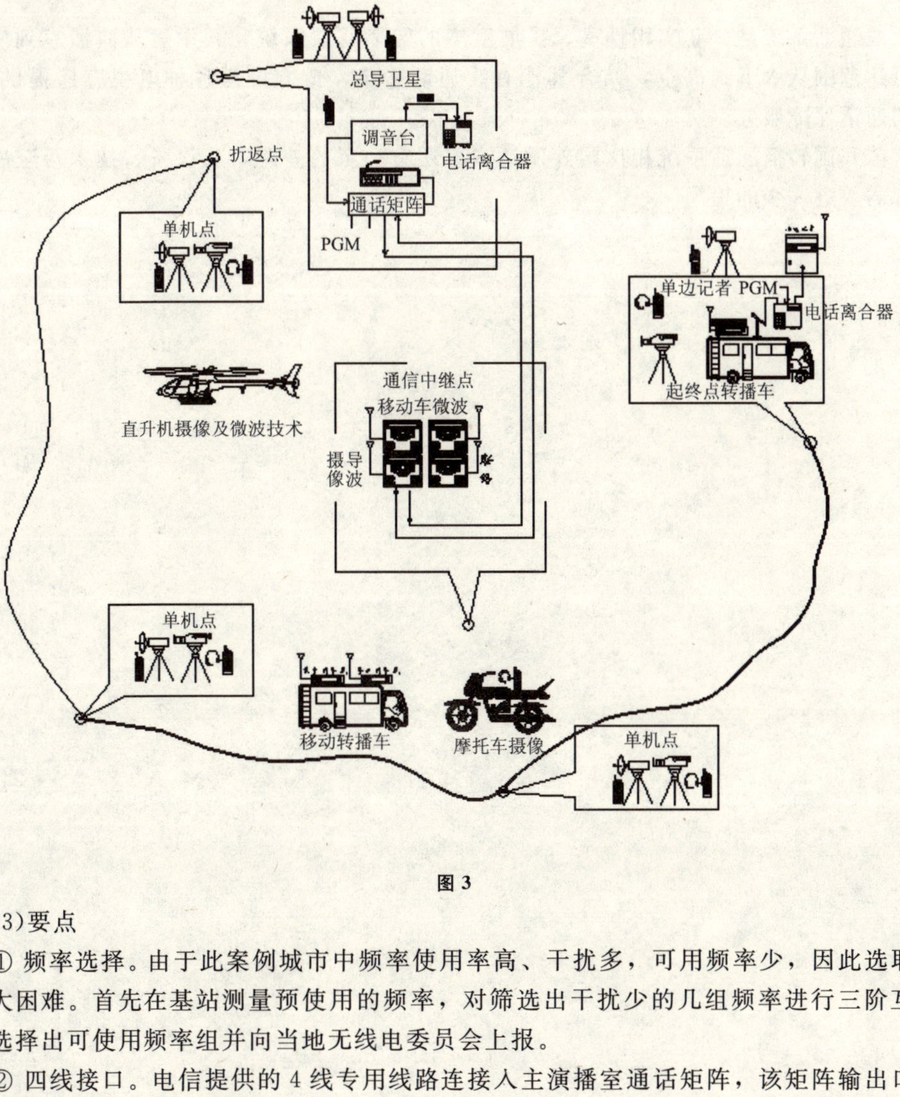

图 3

(3)要点

① 频率选择。由于此案例城市中频率使用率高、干扰多,可用频率少,因此选取工作有很大困难。首先在基站测量预使用的频率,对筛选出干扰少的几组频率进行三阶互调计算,选择出可使用频率组并向当地无线电委员会上报。

② 四线接口。电信提供的 4 线专用线路连接入主演播室通话矩阵,该矩阵输出口包括调音台送来的 PGM 及导演通话。

如若通话矩阵没有四线接口(如 Clear-com MS440)，可采用 2 线 4 线互转设备(如 IF4B)进行转接。

某些通话矩阵采用 RJ-45 接口，可按该设备说明自行制作接头。

需要注意的是 4 线 XLR 接头的“1”端不能与地壳相连，否则会产生杂声，影响通话质量。

③ 基站增益调节。与通话矩阵连接的基站增益应调节合适，调节不当会使声音产生啸叫、不清晰乃至失真。

④ 天线安装。发射天线因采用玻璃钢全向天线，所以架设地点周围不能有金属遮挡物或强电磁干扰设备。

⑤ 基站台检测。当信号出现巨大偏差，可对基站台进行检测。用功率计对其发射功率、反射功率(REF)、驻波比(SWR<2)分别测量。

五、 结束语

无线通话系统是一套实用性高、扩展度广的转播通话系统。其用途从演播室到广域赛事，可达范围从水下到高空，结合其他有线通话系统，全方位为各种电视直播提供安全、高效的通话保障服务。

目前我国转播通话系统相比国外发达国家还有一定的差距，从设备、技术乃至思维意识上都需要进一步的提高。